古代纪历文献丛刊④

陈子性藏书

[清]陈子性　撰
闵兆才　编校

(上册)

华龄出版社
HUALING PRESS

图书在版编目（CIP）数据

古代纪历文献丛刊.4/（清）陈子性撰；闵兆才编校.-- 北京：华龄出版社，2023.2

ISBN 978-7-5169-2465-5

Ⅰ.①古… Ⅱ.①陈… ②闵… Ⅲ.①古历法—文献—中国—丛刊 Ⅳ.①P194.3

中国国家版本馆 CIP 数据核字 (2023) 第 030621 号

责任编辑	李 健 彭 博	责任印制	李未圻
责任校对	张春燕	装帧设计	世纪拓普

书　　名	古代纪历文献丛刊 4	作　　者	（清）陈子性
出版发行	华龄出版社 HUALING PRESS	编　　校	闵兆才
社　　址	北京市东城区安定门外大街甲 57 号	邮　　编	100011
发　　行	(010) 58122255	传　　真	(010) 84049572
承　　印	三河市信达兴印刷有限公司		
版　　次	2023 年 4 月第 1 版	印　　次	2023 年 4 月第 1 次印刷
规　　格	710mm×1000mm	开　　本	1/16
印　　张	62.75	字　　数	963 千字
书　　号	ISBN 978-7-5169-2465-5		
定　　价	128.00 元（全三册）		

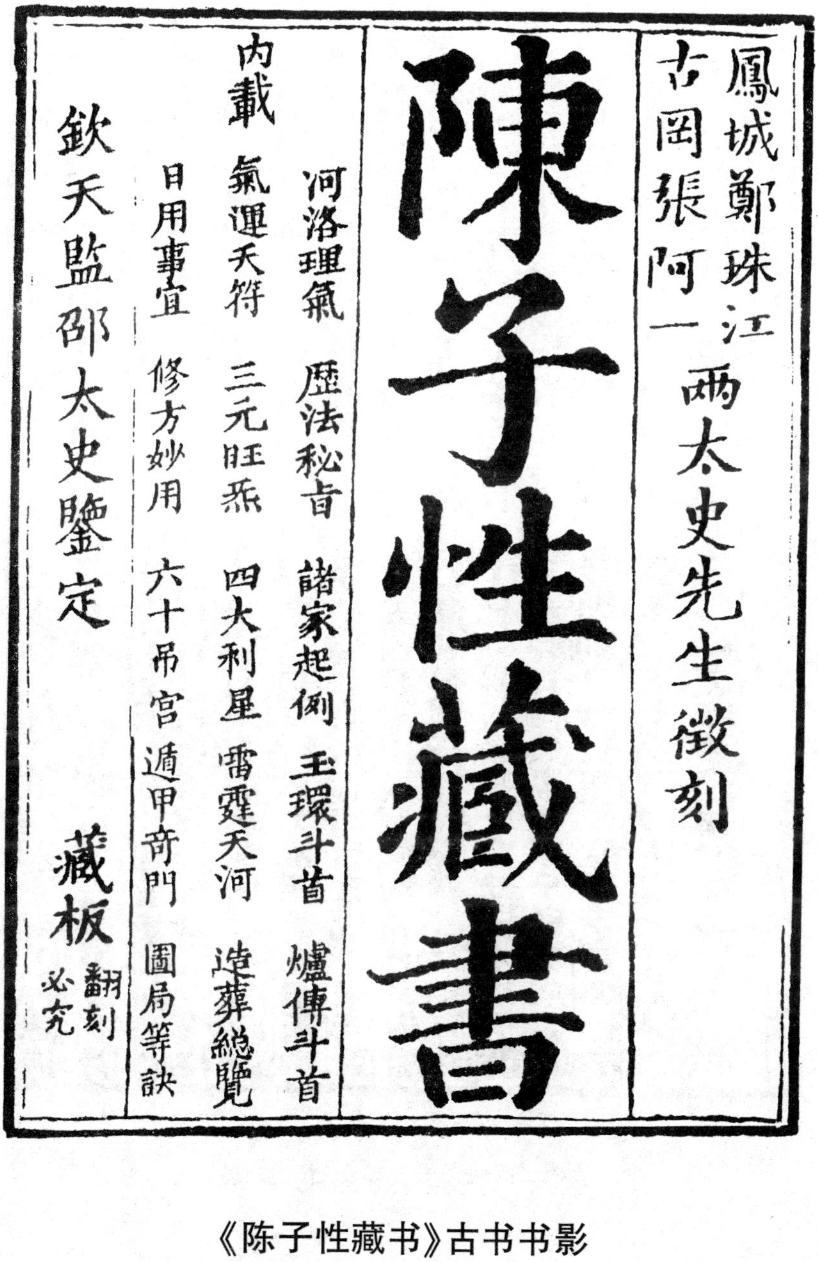
鳳城鄭珠江
古岡張阿一 兩太史先生徵刻

陳子性藏書

內載
河洛理氣 歷法秘旨 諸家趨例 玉環斗首 爐傳斗首
氣運天符 三元旺炁 四大利星 雷霆天河 造葬總覽
日用事宜 修方妙用 六十吊宫 遁甲奇門 圖局等訣

欽天監邵太史鑒定

藏板 翻刻必究

《陈子性藏书》古书书影

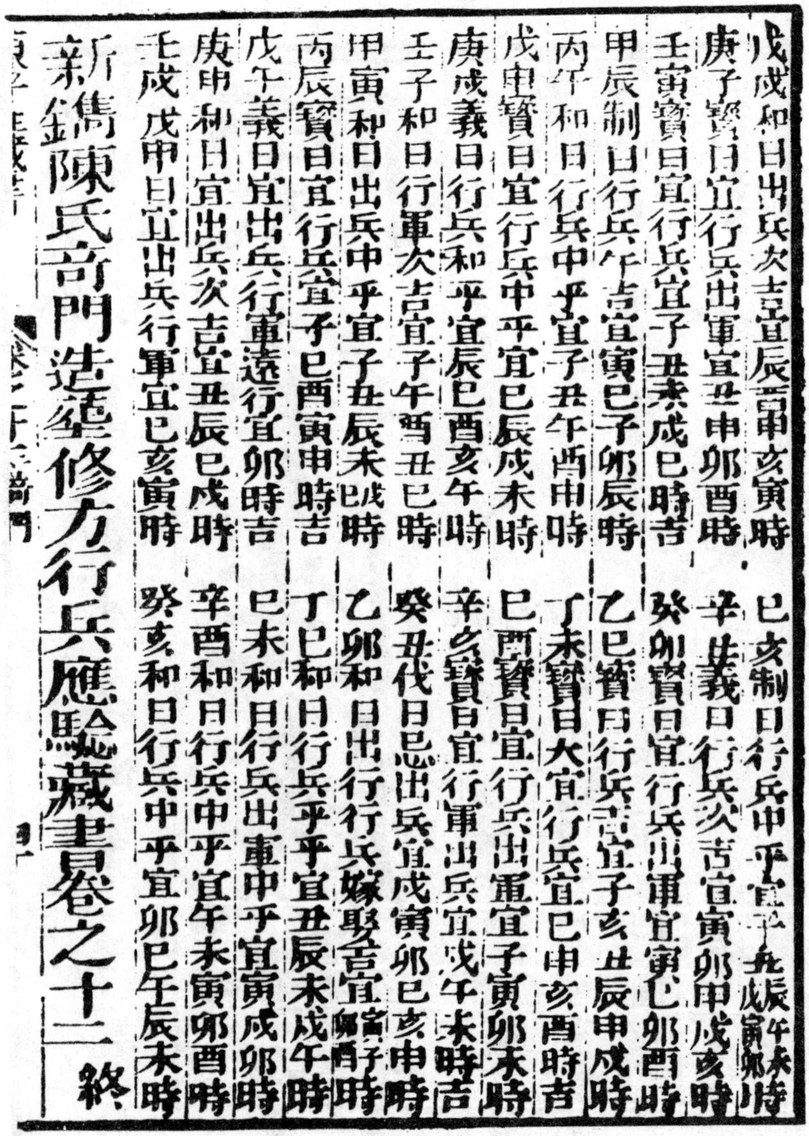

戊戌和日出兵次吉宜辰酉申亥寅時　己亥制日行兵中平宜子丑辰午未戌寅卯時
庚子寶日宜行兵出軍宜丑申卯酉時　辛丑義日行兵次吉宜寅卯申戌亥時
壬寅寶日宜行兵宜子丑未戌巳時吉　癸卯寶日宜行兵出軍宜寅巳卯酉時
甲辰制日行兵午吉宜寅巳子卯辰時　乙巳寶日行兵吉宜子亥丑辰申戌時
丙午和日行兵中平宜子丑午酉申時　丁未寶日大宜行兵宜巳申亥酉時吉
戊申寶日宜行兵中平宜巳辰戌未時　己酉寶日宜行兵出軍宜子寅卯未時
庚戌義日行兵和平宜辰巳酉亥午時　辛亥寶日宜行軍出兵宜戌午未時吉
壬子和日行軍次吉宜子午酉丑巳時　癸丑伐日忌出兵宜戌寅卯巳亥申時
甲寅和日出兵中平宜子丑辰未巳戌時　乙卯和日出行行兵嫁娶吉宜卯寅酉子時
丙辰寶日宜行兵宜子巳酉寅申時吉　丁巳和日行兵平平宜丑辰未戌午時
戊午義日宜出兵行軍遠行宜卯時吉　己未和日行兵出軍中平宜寅戌卯時
庚申和日宜出兵次吉宜丑辰巳戌時　辛酉和日行兵中平宜午未寅卯酉時
壬戌　戊申日宜出兵行軍宜巳亥寅時　癸亥和日行兵中平宜卯巳午辰未時

新鐫陳氏奇門造葬修方行兵應驗藏書卷之十二　終

《陈子性藏书》古书书影

序

余不敏,自承圣恩,简兹监副,日有兢兢,虑臣职难称,盖以历之为道,体精而用弘,非圣莫作,非贤莫述。克择家不解其奥,猥以管窥之见,争门各户,举一废百,甚者凶煞概置勿论,专取吉神制化。夫天道有吉凶,如人心之有理欲也,从理者必绝乎欲,趋吉者必避乎凶。今以吉而制凶,是仍吉凶互用也,必吉凶互用而后为奇,亦必理欲交乘而后为圣乎,此即制之而胜已,为古人之所必诛。况制之不胜则是以无所忌惮而自取败亡也,岂不殆哉!故余于地理一书,业既修而行世,他如璇玑、玉衡、历象、日月星辰、九河五岳诸书较论颇详,犹虑邪说未能尽息,彼山林之士必将有实获我心可肩羽翼之寄者,闻岭南有子性陈君,善用诸家,其所论断悉依古初作历之旨为心焉,识之奈道里阻长,思莫能致,壬戌秋思化汪子从泰西铎氏毕公来京师谒余于署。余询之日,子从粤来,必知粤事,子性陈君亦尝物色其人乎。汪子曰:是翁原为钦天监吏,值鼎革隐于诸生,以道中人言道中事,宜其亲切而著明也,若论世谊则彼仕胜国会与先祖君美公为同朝,迨为诸生又出于番禺县令,汉狮叔祖之间,师弟相得甚深。吾故执通家子礼事之,临别多所赠言,今请以质先生,因示以袖中所携诗歌,温柔敦厚,不愧风人,余沉吟久之,汪子曰:未也,复出《藏书》一帙,曰:是子翁命吾呈政先生者,余闻言而喜,盥手而受,每于瞻云望气之暇,焚香披阅,条分缕析,了如指掌,为之悠然神往,性情丰采若或见之,固知书名曰藏,非求问世,独是今天,子重历学,访遗书异时,临轩谘求,余将举是编以对,陈君虽欲终老名山,为一家言,不可得矣,藏云乎哉!

时

康熙岁次丙寅日躔寿星之次

奉政大夫钦天监左监副加二级年家眷侍生邵泰衢[①]顿首拜题

---

① 邵泰衢:字鹤亭,生卒年不详,钱塘(今浙江省杭州市)人。雍正初年任钦天监左监副。他精研礼学,兼算术。著有《史记疑问》《檀弓疑问》。(校者注)

公家训

子少事章句，渔猎百家，穷年乞石而艰于一第，无所发泄，退而游心历学，谬为海内见，推今老矣。夫士达而在上则行其道以经世，而事在立功；穷而在下则守其道以藏身，而事在立言。予读孔孟书，尊孔孟教，修辞明道未暇也。星历所掌特一艺耳，又非所以行世徒为子孙训耳，其于立言曷当焉，独计星历，虽云数学而究其实贯乎三才，经天纬地纪人毕寓于此。自大挠始作甲子，后世因之掌以天官，事关王制，谁敢自作聪明，创为奇说。迩者人心不吉，动非先型天符、天星、奇门、玉环、炉传斗首、四大利星，分开角户，举一废百，累朝历法，几为晦蚀。予窃忧之，为取古初作历之旨，合诸历代相传之正，参以己见，衷以诸家，编成一帙，名曰《陈氏藏书》。书而曰藏，止以明一家言，非敢以问世也。夫匹夫无罪，自用自专者其罪尔，子孙什袭藏之，若夫登诸梨枣，授诸坊人，播诸海内，非惟于力不足，抑且于分非宜，大非予志也。诫尔子孙，敬听子言。

时

康熙二十三年岁次甲子春玉吉旦祉田陈应选子性甫自言于奎壁堂中

辟偏论小引

克择之道，专为造福匪细故也。一要资禀灵通，二要博览群书，三要知历法源流，四要明星辰奥理，五要考正差化，六要辨明正错，七要明彻轻重，八要造练纯熟，九要潜心细订，十要举笔公直。近见各家纷出，自擅专门，不遵中正，互相诡遇，甚至执一偏之见，区区按图而索骥，嗟乎！俗学之淆乱也，有如斯夫，余乌得不辨，盖克择之法多门，有天符者，有天星者，有奇门者，有太极者，有六壬者，有律吕雷霆者，有四大利星者，有金精鳌极者，有炉传斗首者，有玉环斗首者，例虽不一，总要至当不易者为可宗。若徒用天符、天星、奇门、炉传、玉环、斗首、四大利星、雷霆、律吕、五运六气、金精、六壬、吊宫等例，概置诸家中之三杀、阴府、消灭及天星、地曜、天地官符、皇天炙退、克山龙运诸凶于不问，是犹顾藩篱之犬而忘当前之虎。欲求有利而无害也，得乎虽曰柱中取太阳、太阴、尊帝、捉杀、禄马贵人、三白九紫以制化，要之三杀、阴府、消灭、天星、地曜、官符、浮天罗睺诸凶乃最暴难制者，主人福厚、或可转移，稍有不敌，灾祸立见矣。襄予会作钦天监吏，历法精详，推验有素，遂见知于海内。凡择吉课，总以监历诸家为主，参以斗首为辅，若奇门、若天星、若金精气运、若天符雷霆及四大利、三星、六壬、吊宫诸例，则亦因时运用而已矣！凡五十五条论：

一论五行。以正五行论龙脉，论山头，论气运，论天星地曜。以双山三合五行论补山，以洪范五行遁山运。如专论都天太岁不顾洪范克山运者，非。专以双山三合五行论天星地曜，是舍本而从末者，固非。而用正五行论克山运者，尤非。如专论奇门斗首及天符，不顾诸家凶杀才，非。专论三星四大利，不顾诸家五行，又背监历，徒用制杀者，更非。

一论太岁，可坐不可向。三杀，可向不可坐。亦惟合得三位尊，俱与走马六壬方可，向杀如不合山合马架云可向杀者，非。有云吊太阳到山，坐杀向杀俱不忌者,尤非。又云太岁坐向俱忌者,亦非。

一论皇天炙退,乃三合死位是也。忌坐不忌向,亦惟合窍马帝星,不犯紧辟凶杀年不坐退,而月日时方可向退。如年坐退当取三合结局补旺山家方可坐葬。如年既坐退而月日时又向退者,非。今行家天干混兼为炙退者,非。又有架云不忌者,尤非。

一论阴府。惟傍阴府单用一字不忌,正阴府一字不可犯,如犯正阴府要制伏休囚,方能转凶为吉。谓合元辰武财生旺阴府作福者,非。

一论巡山罗睺是打头火星占向。造葬俱忌,此火星与日脚火星不同,谓巡山罗睺,火星不忌安葬者,非。

一论年方天地官符、穿山罗睺、山家困龙、天禁朱雀,山家刀砧、坐山罗睺、直山血刃,山家血刃、罗天退、四大金星、山家火血、白虎、阴中太岁、支神退、马前六害、都天太岁、金神七杀、翎毛禁向、八山头白消索年头空亡等杀,吉星能压过得窍马太极年月大利,造葬可用,如一概云忌者,非。

一论大月建、小儿杀、打头火。亦如六甲胎神之类,每月旋古八方及中宫。盖有中宫,然后有八方。中宫者,屋檐滴水之内是也。八方者,屋檐滴水之外是也。若出火拆卸坠造与白地开山葬坟,何有中宫,何有方位?惟修香火堂内方论中宫及论方位耳。通书注明修方二字,今庸师执泥错遇良期者,非。

一论二十八宿诗断。乃窃自演禽而来,前人释义不详,后人遂执以定吉凶,致捜良辰,悉行差遇。殊不知二十八宿周流于四时躔行六甲,各有所属,而四季之用,各有所宜。如凶宿属木,春凶则秋吉;凶宿属火,冬吉则夏凶,安得泥诗断而架言吉凶也?此无师不传之学,妄载以惑人耳。洪悟斋知其失而削去,自洪天与又复捕入,无怪乎不知者之众也。至于金符经一说,甚不近理。昔杨公为王丞相扦祖坟,曾公为邻人安葬,皆不合二十八宿金符经,俱致吉福,如执泥者,非。

一论未来历日旺与流年,通书日脚事宜,往往不合,岂无故哉?良由月游凶星凑值此日,故此有而彼无,宜忌不相符耳。如正月丙子之宜嫁娶,遇往亡及四离四绝等,或周堂值夫、值妇则不载。又如正月癸酉日之宜安葬,遇房、虚、昴、星四宿及月忌、晦日则不载。如此类是也,每见世俗不明,不看新通书往往执旧刻未来历日旺以自用者,非。

一论五音三斗火。通书所载以五音姓氏遁之，遇午为天火宜入赘，或抚养义子者，用何姓音？有抚食血抱不知姓氏，何所据焉？其午宫乃为火，而辰中戊土、癸水乙木、酉为辛金，是何地火人火乎？盖考史载黄帝时不遇姬姜数姓，及后因地而姓，因赐而姓，因继人而姓，因避难而改姓，将何稽其原乎？如造葬以五姓属音，取年月论吉凶者，非。

一论五音祖坟方道杀。正月犯辛杀八人，六月犯癸杀七人，九月犯庚，十月犯壬，俱杀人。考之月杀俱无干犯，何正月忌辛，而六月忌癸耶？又论雌雄殓鬼殃杀，或出某方杀六七人，某日回家杀某人，盖因一人之死而杀数人之多，则数人之歹又杀数人，不几绝灭乎？不经之甚，理宜削去。

一论六壬运白。如申子辰人既以寅卯辰年合例田，又为死运，巳酉丑人既以戌亥子年又为例田，又为死运，寅午戌人既以未申酉年为例田，又为死运，亥卯未人既以辰巳午年合例田，又为死运，理宜削去。按天机歌曰：天机妙诀值千金，不论行年姓与音。先贤立法，开首便教人不拘于年命，今俗师开口便谓某年生不合例田，某年生不合生运，是与古人大谬也。不知六壬紫白多门，彼吉而此凶，将何所据？甚至有正冲、傍冲、天元、地元、人元、刃雷，以一命而有数软之忌。又有阳的杀、阴的杀、年月的杀，身皇定命、命龙入土本命、官符，以一命而有数方之占，果何日而无妨？何方而得空乎？如专论壬运而蹉遇吉期者，非。

一论太阳。通书所载，七位太阳，一十三位帝星，岂理也哉？盖天无二日，民无二王。大抵太阳当以历数太阳为主，帝星当以《周易》出艮齐震，帝星为主。洪氏曰：天有阶级之分，而帝之多，未免天道乱矣。轮流值月值日入中宫，是编排天帝来当差也，岂不冒犯天帝，反遭遣青乎？诚哉是言也。盖太阳流行不息，庸师执之，而明师则不拘也。太阳乃召吉之神，非造命之神也。故山家以造命年月为主。吴景鸾曰：选择之良，莫如造命。天机歌曰：一要阴阳不驳杂，二要坐山逢三合。首言不及太阳者，恐俗师执于太阳而忽于造命也。先求年月与山家符合，后审太阳乃善择吉，若专执太阳而不论其年月三杀，冲破山家诸凶合与不合，亦犹医家不问病而专用参芩为补也，岂不误哉？但先贤杨、曾诸公，只以补山为紧，而太阳不必尽拘，屡用获福。今人专泥太阳到山向，遂以为吉课者，非。

一论正绝烟火。乃五行三合败日，以天干所属配地支日为之，其亥卯未月三合会木局，而木生在亥，败在子，乃天干甲属木，故甲子日是也。寅午戌月会火局，而火生在寅，败在卯，天干丁属火，故丁卯是也。申子辰月会水局，水败在酉，天干癸属水，故癸酉是也。巳酉丑月会金局，金败在午，天干庚属金，故庚午是也。惟甲子、丁卯、戊午、癸酉，此四日在干会局月分而已。有等通书增正、七月辰戌日，二、八月巳亥日，三、九月子午日，四、十月丑未日，五、十一月寅申日，六、十一月卯酉日，此是满、成之日，反为绝烟火，错误之例，此非真诀，理应改削。

一论李广箭，即刃是也。如将军之勇猛，锋芒之利害。其例起于天干甲山禄到寅，卯为阳刃，酉为冲刃。乙山禄到卯，辰为阴刃，戌为冲刃。丙山禄到巳，午为阳刃，子为冲刃。丁山禄到午未为阴刃，丑为冲刃。庚山禄到申，酉为阳刃，卯为冲刃。辛山禄到酉，戌为阴刃，辰为冲刃。壬山禄到亥，子为阳刃，午为冲刃。癸山禄到子，丑为阴刃，未为冲刃。此八干之寿禄，前一位为刃为箭，对冲为飞刃，为弓也。倘有用年月日时犯全者，谓弓箭两全，乃山家大旺为忌。若单有弓无箭，有箭无弓，不忌，人命亦然，惟乾坤艮巽四隅与地支，皆无用之筹，何为李广将军箭乎？

一论四魂入墓，其所载甚谬也。凡人死魂升于天，魄降于地，岂有其魂入墓之理乎？今通起例以年月日时数至辰戌丑未为四入墓者，甚可笑也。谚云：生不认魂，死不认尸，是也。盖葬者，藏尸骨也。乘地之生气，又得山向之利年月日时之符合。经云：生者，气之聚凝者，气之藏人死骨留。故葬者反气纳骨枯骸，得气遗体受荫，一气感召之义也。理应划削，姑录于此，幸忽泥之。

一论化命空亡。通书所载一十八款，多不准验，惟入地、冷地、落圹、寸土无光四位空亡，略近理，要之，屡用亦无害，何也？或避难而遗失亡命，或子幼而不知亡命，将何所据？杨公云：人生则有命，人死安有命耶？所重在合得山家，取年月日时上吉葬之，乃是亡人再生之命也。只要山头为紧，而亡命在其略矣。且堪舆书云：山川有灵而无主，枯骨有主而无灵。父母生存不能保其子，况死后复以枯骨能荫其子耶。不遇籍山川之灵，以荫某氏之子孙耳。观此则合山为紧，又何论其不根之空亡哉？

一论太岁压祭主本命。通书所载以葬日入掌中宫，遁太岁在坎，周轮祭主本命亦在坎。若用壬坎癸三山，则忌之。其太岁祭主及葬棺同在一山，乃为之压。如太岁与本命在坎，而葬别山者，非为压也。此说似亦近理。余谓每一岁而压六命,其例太拘,多不准验,何也?求得本命不犯岁压,而又遇山向不利,得山向利而本命又犯岁压,倘子孙蕃盛者,不压其长,即压其幼,父母何年得扫土耶!经云:太岁乃众杀之主,人命未必为殃。智者勿泥。

一论太岁,乃尊星也。遇吉则吉,遇凶则凶。如概谓不可逢者,非。

一论禄马贵人,乃吉神也。惟遇帝星则相辅为福。若遇内杀亦因而作祸,如专取禄马贵人而不顾凶杀者,非。

一论天地同流,天上三奇,地支三合,贵格也。亦要合山家、合本命方能为福。如专取贵格而不顾山命者,非。

一论重复丧,凶星也。惟丧葬忌之,如谓吉事俱忌者,非。又有概谓无重复丧例者,尤非。

一论受死,凶曜也。丧葬即不忌,如概云凡事皆忌者,非。

一论赤口,小疵也。惟立券交易、结契会客方忌,如概云凡事皆忌者,非。

一论土瘟、土符、土府、土忌、土公箭,涉疵也。如先日动土后行墙,即不忌,概云忌用筑墙者,非。

一论造宅动土如人之受胎,行墙如人之出世,上梁如人之加冠,必先有身而后有冠,先有墙然后上梁。后学不知次序,谓先上梁而后行墙,此颠倒错乱者,非。

一论上梁要上真梁,不可用竹代,上梁之日禀告天地神明,以此为定后墙成即移正安行桷盖瓦,不必另择坐椿吉日,但不告神可也。今俗师专择坐椿日,而不顾山向凶杀者,非。

一论乾坤艮巽四山兼阴宜用阴年月日时,兼阳宜用阳年月日时,如不论所兼,谓四隅山年年俱利者,非。

一论补山固用地支三合,天干亦不可犯杀。如专论地支而不顾天干,破鬼天星重叠者,非。

一论建庙祠,立社坛,固要坐向利,亦要论宅场方道,如专取坐向利而不顾凶杀占方,与住居有疑者,非。

一论竖造之款不一,有白地新建者,有革故鼎新者,有依现存石脚旧址而复建者,有近住宅香火堂之前后左右创建者,有坐宫修建者,有移宫修建者。择吉之法,各有不同,如出火拆起,只论坐向,不论中宫方道,如依傍香火堂起造,则论方道不可移易。每见俗师单取坐向利,不顾凶杀中之道与旧香火堂有疑者，非。

一论安葬之款亦不一。有曰七新葬者，有祖傍附葬者，有入墓合葬者，有改冢复葬者，有乘凶血葬者。择吉之法，各有不同，白地只论坐向，不问中宫方道，如陪葬在坟手穴内，则论中宫，穴外则论方道，非可以一概论也。每见世俗混而为一单取山向利，而不顾凶杀占中宫方道，与旧祖坟有疑者，非。

一论岁官交承，世人多用大寒节后五日，修造安葬并不忌诸凶神杀占山向，或就立春日时用事，意以交代之时，正如官司交代之际，离任匆匆，不暇管理，用之无害。但见其中亦有利，有不利者。因其年之气数已尽，福力不长，何能召吉？况官司尚有交盘交印往来驿路之阻，若天上星辰应时易位，分刻不爽，岂待盘印驿传乎？惟些小修营不妨，至于造葬大事，决不宜乱作也。

一论克应之例多门，有四大利时克应，有九星克应，有奇门克应，有六壬克应，皆似有理。偶中一二，遂以为福，其实无也。如北山用其时，南方有钟鼓声，则极南之山亦用此时，则钟鼓声又在北矣。或用此时，有马骑人之应，及时则有马产驹不能行，而人负之者以应之，设使好日多用，而别山又安得许多马产驹乎？克应之谬赖如此。近有术者，专论克应，巧于惑人，但世俗遂以为奇见而不误人者，弗信矣。

一论日家书，必以钦天监书为主。以明贤所注通书参互而用之可也。今人传得一书则曰：祝氏之家宝也，杨郭曾廖赖之秘传也，刘伯温之奥旨也。信之如神明，藏之如至宝。皆不论其阴阳消长之道，年月生克之理，但合之则云吉，不合则云凶，若此者何其误也。况所皆传巫卜之毕而抄写，未免不以甲为申，以戊为戌，乃遽然信用，召福未见，而祸已随之，非谓误人适，所以自误也。

一论辨日之谬，近有巧师伪立，辨已往之日，断人祸福，偶中一二，人皆信之。其亦巧于用术者，苟非明见君子，鲜不为其所惑也。余谓克择之法多门，合杨必不合曾，合曾必不合杨。如造命格局，取天符以气运，取天星以金水，取黄石以卦变，取奇门以超接，取金精以卦例，取斗首以化气等例，各有不同，而不可以兼论也。如执一书，妄言人之祸福者，非。

一论宅主宅男年庚，固要论年利，亦要论日主利，推命以生日为主，切忌用事之日冲克。如单论年利而不顾冲克日主者，非。单论父命，不顾子命者，亦非。

一论周堂之例甚多，有竖造周堂，埋葬周堂，上官周堂，入宅周堂，分火周堂,移床周堂,嫁娶白虎周堂,除灵出柩周堂。余未悉举,俱不本五行起例,不知始作何人,实无准验。惟嫁娶一款出自《监历》,有理义可信。其余殊无相生相克之理,徒拘于大月小月定局,本当删之,不足信也,如世俗执泥者,非。

论嫁娶周堂,值翁与值姑,临新妇归门时,宜少避之,次早拜见吉。其余值弟宅厨灶吉,惟值夫妇凶。如一概皆忌者,非。

论行嫁白虎,值床书“麒麟在此”贴床前,食其肉而寝其皮,不妨或用生肉及鸡缚在床脚,禳之吉。其余值睡死吉,值门堂路厨灶,用生肉禳之,亦吉。谓值床之日,总不利嫁娶者,非如值路概云忌者,尤非。

论女命夫星子息星系,论日干如以年干论者,非。又单论年而不论日,主相冲克者,尤非。

论何尚公杀即和尚杀,亦云本命三杀也,按古人如何原用亲迎之日,果印此杀,彼因无嗣,遂出家为僧,而后人故借以名之。然此杀在先,安知何尚公而名之乎？但古之男子俱行亲迎之礼,即今世俗亦有行,有不行者,非论男命,而何况此煞出自天机秘奥,大统历,正阴阳要旨。和尚是男子,只论男命与推大小利月,论女命不同。后学不察原本,专以女命行嫁论之,化言惑世,殊不知书载何尚公煞,非尼姑杀也。既以女命推利月,而此例又论女命,岂可以男命置之勿论乎？且只论日犯,不论年月时会局,但以归门之日不可犯矣。如谓论女命又添入三合会局忌者,非。

论一日十二时,惟子时上四刻尚属先一日管事,下四刻方属次日,其余十一时,俱属此时,谓十二时上四刻,俱属先一时至下四刻方系此时者,非。但子生肖鼠,乃奇偶之数也。

天神杀最繁,岂能尽避？在卓见者辩轻重而用之,不必拘也。然所谓不必拘者,亦必深明其衰旺生克之理,然后能不拘。苟不知其所以然,而徒借口于不拘,非特论误乎,人且自诬矣。抑又有说焉,天符之星杀如在上辅弼之臣,事之大者则主之,造葬之类星也。日家之杂煞,如在下之百寮,事之小者则主之,若出行之忌往亡,纳畜之忌死气是也。亦犹大臣不亲细事。小臣不敢专重权,各有所主耳！何世俗往往不问星煞之大小,畏之如虎,如赤口至小只忌交易议事耳！何以造葬入火嫁娶一概亦忌之哉！如此辨论,非敢闻之。斯世只可秘于家庭,亦庶几得以澈玄穷微、出入利用也云尔。

辟偏论

一论三娘杀、赤松子及冰消瓦解、横天赤口、朱雀等例，俱是硬局，不由五行生克而来，并无取义文，不知始作何人，理应削去，不足信也。如世俗执泥而错遇良期者，非。至于浮天空亡、巡山罗睺占向，若居前创后作坐宫修方论，亦可权用矣。

上册　目录

新镌陈子性河洛理气藏书卷之首

新镌陈子性二十四山造葬吉凶起例藏书卷之一

新镌陈子性二十四山造葬玉环斗首藏书卷之二

新镌陈子性二十四山造葬炉传斗首藏书卷之三

新镌陈子性二十四山造葬五运六气天符藏书卷之四

新镌陈子性二十四山向造葬四大利星藏书卷之五

新镌陈子性二十四山向造葬雷霆天河藏书卷之六

新镌陈子性氏河洛理气藏书卷之首

岭南　陈子性阐述　男衍参集　孙式基
式猷　纂辑

理气天体论

浑天壬仲云：天如鸡子，地如鸡子，黄地居天内，天大而地小。天表衷有水，天地各乘气而浮，载水而行。周天三百六十五度四分之一，又中分之则半覆地上，半绕地下，故二十八宿半见隐，天轮如车轮之运也，极也。

太极图

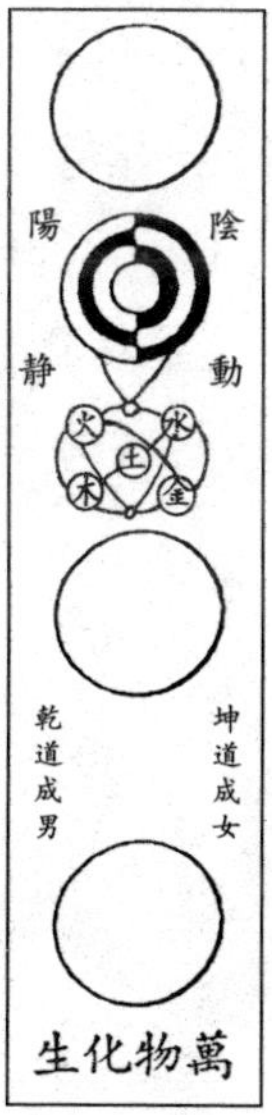

无极而太极,太极动而生阳,阳极而静,静而生阴,静极复动,一动一静,互为其根,分阴分阳,两仪立焉。阳变阴合而生水火木金土。天一生水,地二生火,天三生木,地四生金,天五生土,五气顺布,四时行焉。四时者:春木、夏火、秋金、冬水,土旺四季居于中。五行一阴阳也,阴阳一太极也,太极本无极也,五行之立也。各一其性无极之真,二五之精妙合而凝,乾道成男,坤道成女,二气交感,化生万物,生生变化而无穷焉。惟人也得其秀而最灵,形既生矣,神发知矣,五性感动而善恶分,万事出矣。圣人定之以中正仁义而主静,立人极焉,故圣人与天地合,其德与日月合,其明与四时合,其序与鬼神合。其吉凶君子修之吉,小人悖之凶。故《易》曰:立天之道曰阴与阳,立地之道曰柔与刚,立人之道曰仁与义。又曰:原始反终,故知生死之说。大哉,易也,斯其至矣。

周子作《通书》,太极只是天地万物之理,在天地则天地中有太极,在万物则万物中各有太极。未有天地之先,毕竟先有此理。

太极两仪图

太极生两仪,两仪生四象,四象生八卦,八卦定位则各专其令,各专其气矣。天道成,地道平,人道立矣。夫历家术学星辰神杀要亦不遇自八卦中六十甲子内而取之也,相生、相克、相刑、相绊、相冲、相害,合与不合,和与不和,两吉凶之星家立矣。世人不知此而昧于吉凶之趋,深为此惧,先毕通书之所以作也。今具一图,以觉后学之人之要领,盖使其知星辰神煞向位方所有自来矣。

易有太極

作易圖

是生兩儀

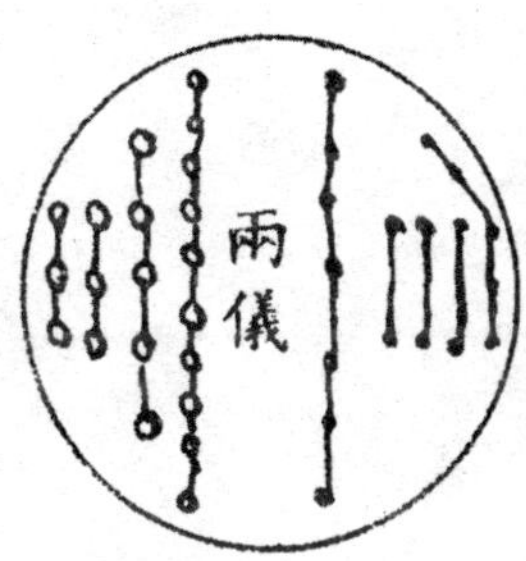

地二四六八爲偶屬陰
天一三七九爲奇屬陽

兩儀生四象

作易圖

四象生八卦

作易圖

天地定位图

天圆而地方,南高而北下,是以望之如倚著焉。地,东南下,西北高,是以东南多水,而西北多山也。天覆地,地载天,天地相函,故天上有地,地上有天,皇极经世天,天体圆,地体方,圆者动,方者静。天包地,地依天,天体周围三百六十五度四分度之一。凡一度为九百四十分四分度之一者,零数也。即一度九百四十分之二百二十五也。

天地定位之图

天圆如倚盖

地方如棋局

天倾西北界

地不满东南

两曜图说

（谓论日月出入蚀明魄望交会等事）

两曜之图

日者，太阳之精，主生养恩德，人君之象也。丽天左旋一日绕地一周，比天运为不及一度，日有中道（中道者，黄道也），半在赤道内，半在赤道外，日南去极远，昼短夜长则景长；日北去极近，昼长夜短则景短。景长寒，景短则暑。

日出于阳，谷浴于咸池，拂于扶桑，是谓晨明登于扶桑之上（东方之野），爰始将行，是谓朏明（朏，音斐，皓明将明也）。至于曲阿山名，是谓朝明临于会泉(东方多水之池),是谓早食次于桑野,是谓晏食臻于衡阳,是谓禺中对于昆吾(南方丘名),是谓正中靡于鸟坎(西南方山名),是谓小迁。至于悲谷大壑,是谓晡时回于女纪,是谓大迁。经于泉隅,是谓高春(未冥)长于连石,是谓下看欲寅爰止交和爰息六螭,是谓悬车日驾(六螭义和御之至虞泉回六螭)传于虞泉,是谓黄昏,愉于蒙谷,是谓定昏日人于虞涧之汜历于蒙野之浦,行九州上舍,有五亿万七千三百九里(《淮南·鸿烈解》)。

月者,太阴之精,主刑罚威权,后妃之象也,亦丽天左旋一日,不及天十三度。魄者,月之体也,月本无光,受日则光。合璧谓之朔近一远三,谓之弦相与为衡分天之中,则谓之望以远及舒光静体复则谓之晦。月光常满而有昡望晦朔者,所见之地不同也。

朔,月初之名也。朔苏也,月死复苏(生也)。晦,月尽之名也。晦灰也,死为灰,月光尽似之也。弦,月半之名也。其形一旁曲一旁直,若张弓弦也。望,月满之名也。日月遥相望也(释名)。对日之衡其大为日,日光不照谓之暗虚。暗虚逢月则为月蚀,同经同纬日为月掩,不得其光,则谓之日蚀也。

又云:罗睺为天首星,计都为地尾星,若日与睺计都二星同度,则掩其光,故为蚀矣。

罗睺、计都二星一十八个月移一宫,十九年一周天,诸星并顺行度逆行宫,惟罗计二星逆行度顺行宫。朔日遇日则日蚀,望日遇月则月蚀,不是朔望不蚀,乃横逆施恶之星。欲要细查过度,以七政历考之。

日蚀月蚀图

日月蚀之图

日行迟,一日止行一度。月行远,一日行十三度。行食日于朔月食于望。行迟,故食数少;行远,故食数多。日之朔月之望,与天首地尾二星会,为其度而始食矣。日何食朔,谓日月会于辰,遇首尾二星,则以月之阴气盛而得掩日之明,乃日食矣。月何食望,谓日月相望得日之气,而明遇首尾二星,则日之气为二星所夺,而月乃食矣。天首,罗睺也;地尾,计都也。其日一年一周天,月一月周天,则一年十二次,惟朔望则食也(日非朔不食,月非望不食,同度故也)。

晦朔弦望

晦朔弦望之图

晦朔之日，日照其表，人在其里，日月相叠，故不见其明晦（厌也），月死为厌矣。朔，苏也，月死复苏生也（朔后二日哉生明）。二弦之日，日照其侧，人观其旁，故半明半魄，是谓近一远三。上弦是月盈及一半，如弓之上弦。下弦是月虚及一半，如弓之下弦（朔后渐叠，望后渐无）。月望之日，日月相望，人居其间，尽睹其明，是谓相与为衡分天之中而为望（望后一日始生魄）。

明魄朔望图

明魄朔望之图

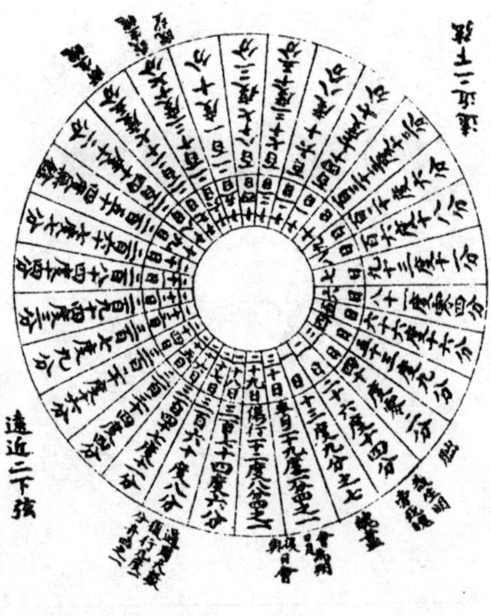

武城 旁死魄 哉生明 既生魄

康诰 哉生魄

召诰 既望 丙午朏

顾命 哉生明

毕命 庚午朏

日月交会图

十二次日月交会之图

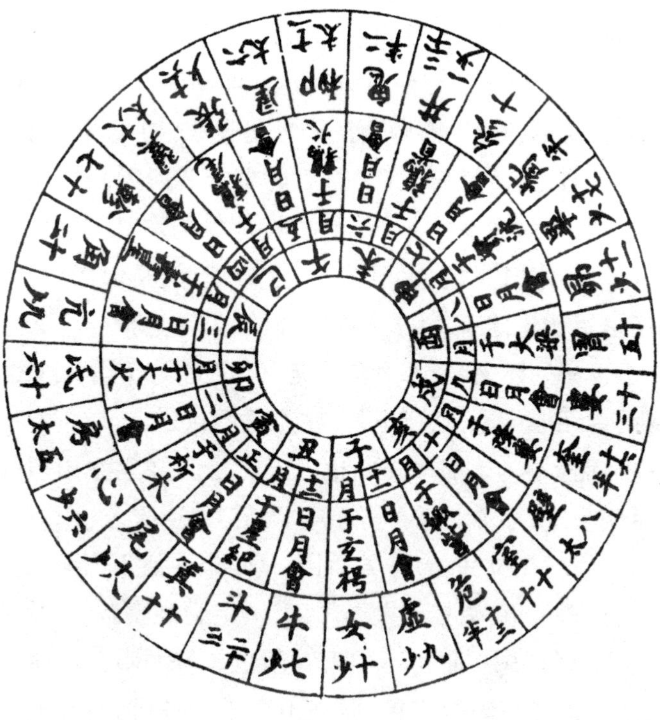

注云：一岁，日月十二次交会，所会之辰次，如正月辰在析木，二月在大火，是也。

诗云：析木本居寅，火卯寿星辰。三鹑巳午未，实沈居在申。梁酉降娄戌，娵訾亥上陈。子枵丑星舍，逆数掌中轮。

天符星曜

（谓论十一曜行躔宫度休咎等事）

夫日、月、木、火、土、金、水，谓之七政。紫气、月孛、罗睺、计都，谓之四余。合七政四余，谓之十一曜。凡天地之所以位，万物之所以育，与天四时之代谢，阴阳之消长，何果而非七政四余，为之运行，为之化施者乎，故人事之吉凶，悔吝得丧休咎，亦莫外此。而古之圣人，仰观天文以验人事，良有以也。然七政运行于天，有迟、有速、有顺、有逆，各司其职，如人君之有政事，故曰七政。日曰太阳，人君之象；月曰太阴，君后之象。其所照临之位，亦如君后所至，莫不福泽于民，是为诸星之主，象吉之首，但嫌与罗计同度则为天变日食，犯之大凶。五星者，木曰岁星，火曰荧惑，土曰镇星，金曰太白，水曰辰星，其行度各有顺逆迟留伏退之殊，当其顺轨入垣旺乐皆为福祥。如值退逆克关，大为凶咎，切不可犯。四余者，木之余曰紫气，水之余曰月孛，火之余曰罗睺，土之余曰计都，皆无形可见，默行于天，亦无迟留伏逆，吉凶各有所主，太抵紫气、月孛多助吉，而罗睺、计都多降凶也。近时虽颇知用太阳照临山向之诀，然不知究五星四余，故福亦无验。盖五星四余，人臣之象，职司诀法祸福，吉凶皆其所秉。虽太阳在位，固为吉矣，而五星四余或值不当顺轨之时，犹李林甫、秦桧、王安石、贾似道，诸权臣操弄国柄，圣主为之蒙蔽，黔黎遂遭其祸，故天机书必以五星四余为主，而初不拘于太阳也。若太阳在山向，而五星四余之中，又得升殿入垣旺乐顺轨之星，同在山方是为圣君贤相，上下同心，如尧舜在位，而皇稷契诸臣都俞吁弗于庙堂之上，而天下受其福矣。其通书诸神煞犹之在外之臣，与小官卑职之类，若朝延正宰辅贤，则被在下之人，孰敢不各安其位，或有不轨亦随灭之，以安天下，如尧舜之世，虽有四凶，安能为害？故通书之诸神杀，大抵皆听命于天符，如值天符之吉，虽凶神亦不敢肆，其恶而拱手归伏以为福；若值天符之凶，则吉神亦随变而为凶神，何也？譬之君子在上，则小人不敢肆其凶，而小人得值，则君子退藏，否则反受其害。其不思退藏，不惟其害者，必己之节亦随变，而不得为君子矣。故曰：请君专用太阳照，三合对宫福力兼。又云：金水二星并紫气太阴同用尤为玄。又曰：天星本有十一曜，但嫌伏逆祸炎炎。杨公于此固已尽泄天机之妙，但世人未得其传，鲜能知此。宋陈希夷注《青囊经》，亦尝详言之耳。

五星四余，依万年历杪其五星，有疾迟留退顺逆之不齐。宫宿度数，有阔狭不一，每月行度不同，繁而不能备。木星十二月移一宫，疾则五六个月移一宫，大抵十二年一周天。火星疾则五六十日移一宫，迟则三四个月移一宫，二年一周天。土星三年移一宫，五十九年一周天。金星一月移一宫，一年一周天。水星疾迟不同，大抵一年一周天。四余行度无疾迟留逆。紫气三年移一宫，二十八年一大周天。月孛九个月移一宫，九年一周天。罗睺、计都年半移一宫，十九年一周天。诸星并顺行度，逆行宫，惟罗孛二星逆行度，顺行宫。朔日遇日而日蚀，望日遇月而月蚀，不是朔望则不蚀，乃横逆恶星也。

右五星四余躔度难作定局，要明查过度，须将七政台历致而用之。

定诸星入垣

（图局定位载后，以便推览）

天顺行，诸星亦顺行，每日一时，诸星居垣入局则吉。但登垣入局元有所定，四土四日四月定在子午卯酉之宫，善推步者以中星定之，则知某日时诸星居垣入局，造葬百事吉利。如星宿失位，或侵垣局，若上官赴任，必有休官退败之祸。当祥之，不可忽略。

立春日，日在虚宿一度，其日子时正一刻，虚宿在子，张宿在午，诸星居垣入局。余仿此。

星曜分野八庙之图

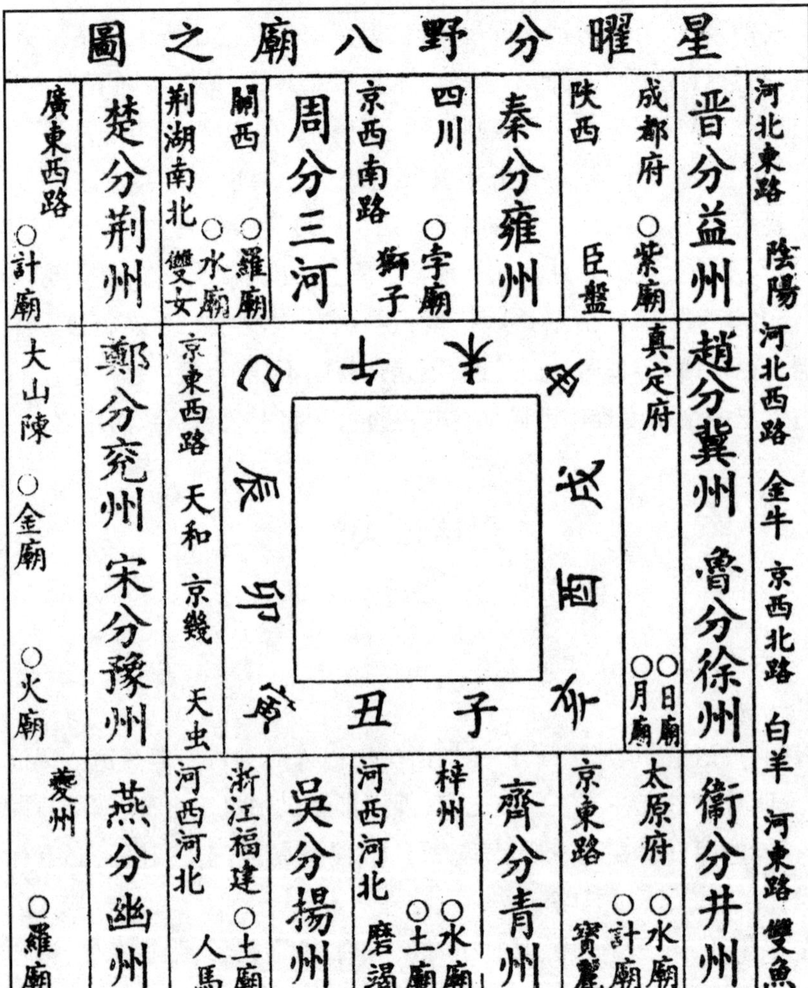

凡星曜入庙，极为得地，虽在迟留亦为福神。若合时合为福本大，纵有难星同度亦不能为害，又为极星矣。

星曜旺乐喜好之图

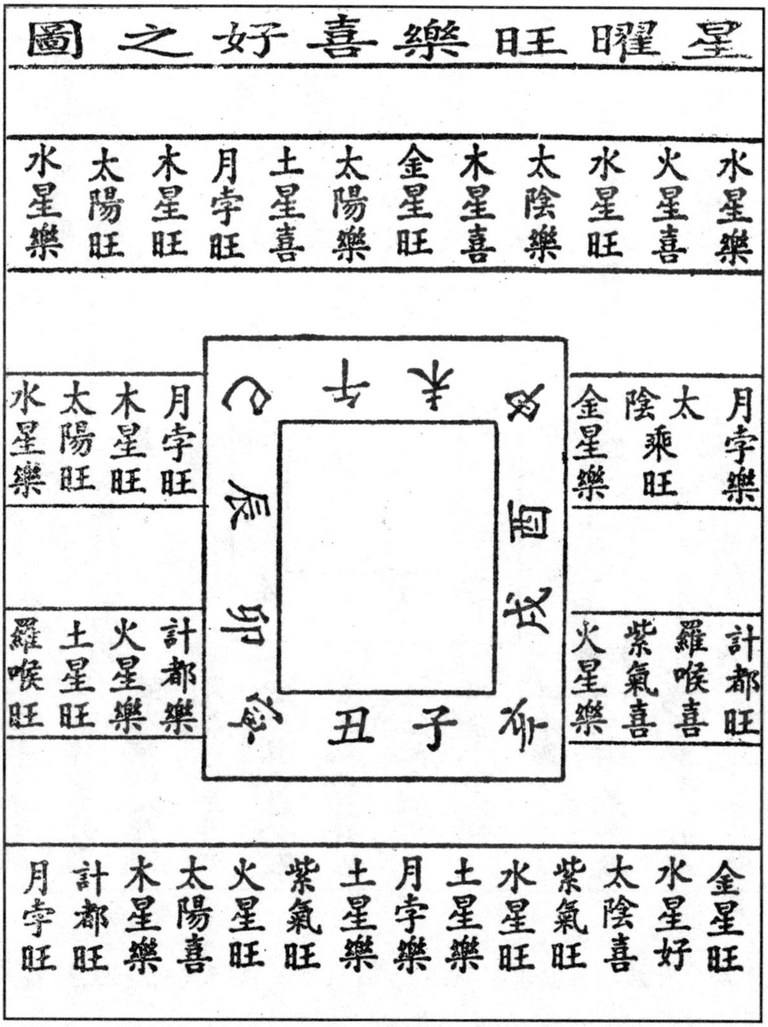

凡星曜旺乐喜好之地,谓之得势,最能为福。虽遇诸恶同宫不能加害,若更得合时令十全美利,或值迟留亦能为福,以其得地故也。

星曜之升殿之图

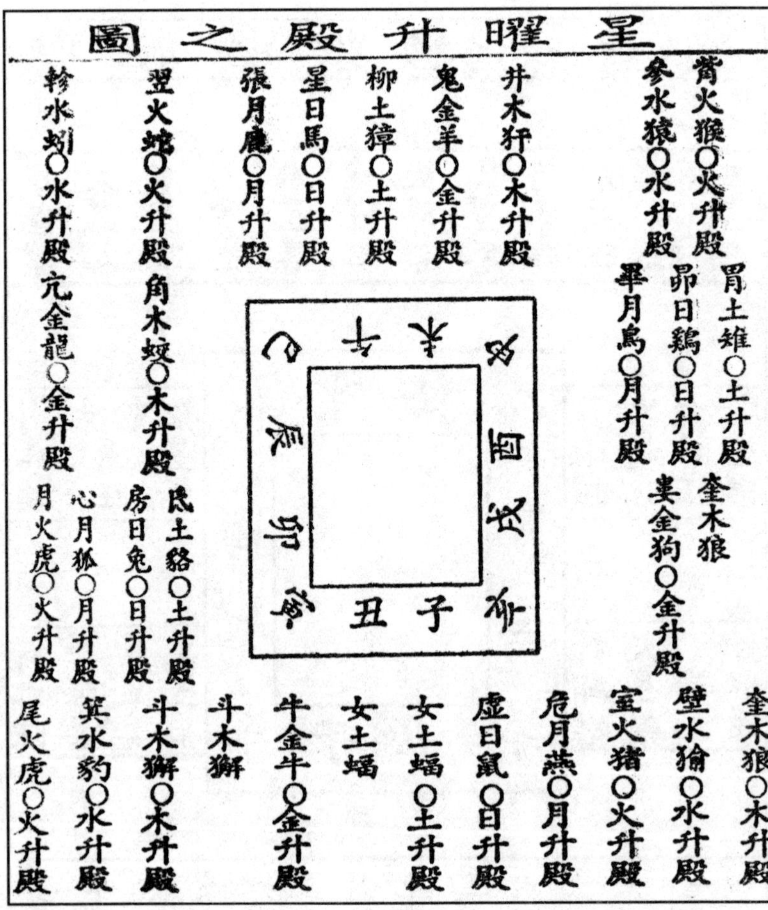

此星曜之升殿与入垣颇相类，但入垣只到其宫即是而升殿，须各分度下，如子宫太阴在危度为升殿，在虚女度，即非升殿。

星曜入垣之图

夫星辰之入垣，如仕宦之在朝当权秉政，爵禄丰而位显，耀恩泽及于民，亦非小宦卑职可比，故吉位干常。

约太阳行度过宫诀

太阳行度不虚行，大寒五日子相迎。
雨水五日居亥上，春分初七戌分明。
谷雨九晨临酉位，小满十日便过中。
夏至九朝归未上，大暑九日午中行。
处暑当加十日巳，秋分十二始来辰。
霜降十三乌出卯，小雪十二始居寅。
冬至八日来丑位，十二宫中不暂停。

夫日者，阴中之阳也。其德至刚，其体至健，一日一周天，而在天为不及一度一岁之积，恰与天会，故曰有三道，北至东井去极近，南至牵牛去极远，东至角，西至娄。去极中东道、南道、北道为三道也。盖极南至于牵牛则为冬至，极北至于冬井则为夏至，南北极中则为春秋分。其行西陆谓之春行，南陆谓之夏行，东陆谓之秋行，北陆谓之冬行，所以成阴阳寒暑之节也。

周天一十二宫，分二十八宿，总统三百六十五度四分度之一，以应一年三百六十五日零二十五刻。或问：日一年期三百六十日而多五日零二十五刻者，何也？盖以旧年冬至日起，等至今年冬至日止，谓之一年，是得其数也。太阳一日行一度，一年一大周天。

约太阴行度过宫诀

欲识太阴行度时，正月初一起于危。
一月常行十三度，五日两宫次第推。
二奎三胃四从毕，五井六柳张居七。
八月翼宿以为初，龙角季秋任游立。
十月房宿作元神，十一箕土细寻觅。
十二牛女切须知，周天之度无善忒。

夫月者,阳中之阴也。其德至柔,其体至顺,其行天所以佐理太阳,验之夜影,以为消息。月本无光,丽日而有明,以不明之体言之则纯阴。其行天之度,一月一周而与日会于辰次之年,以为一岁,十二会得三百五十四日九百四十分,日之三百四十八分而与天会,是为一岁也。故月有九道,九道者,乃黑道二(立冬、冬至)出黄道北,赤道二(立夏、夏至)出黄道南,白道二(立秋、秋分)出黄道西,青道二(立春、春分)出黄道东,并黄道共为九道也,故立春、春分从青道分在鬼度。立秋、秋分从白道分在庚度。立冬、冬至从黑道分在壬度。立夏、夏至从赤道分在丙度。其日月会合之辰,三合所照之方,故为天德、月德之星也。

周天一十二宫,二十八宿总统三百六十五度四分度之一,以应一月三十日,每日十二个时,一月共计三百六十时。太阴一时行一度,日行十三度,一月一小周天。

太阳过宫躔度

周天三百六十五度四分度之一太阳躔度过宫图

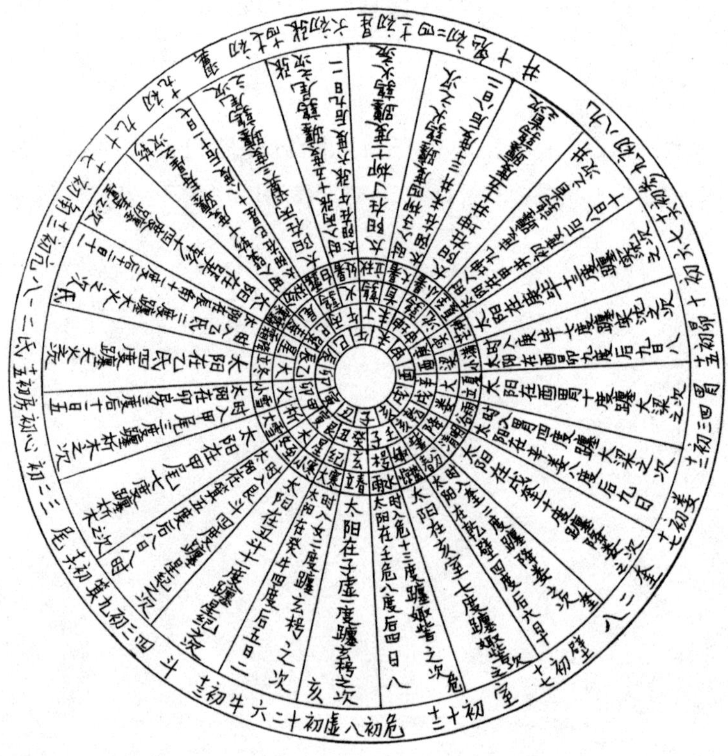

二十八宿过宫诗诀：

奎二过戌谓四酉，毕七从申未井九，柳四方躔过午行。（如午宫柳四度起，是也。）

张十五度归蛇首，轸十遇辰氐二卯。（如辰宫氐一度止，是也。）

尾三遇寅斗四丑，女星二度过子宫，危十三亥是其筹。（如亥宫奎一度止，亢三十一度，是也。）

太阴过宫躔度

周天三百六十五度四分度之一太阴躔度过宫图

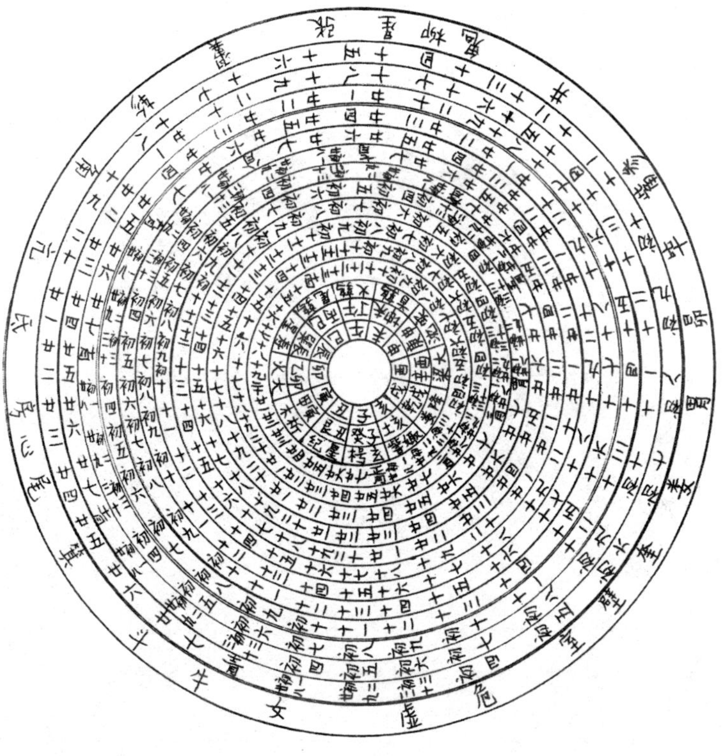

子宫:女二度至危十二度。 丑宫:斗四度至丑一度。

寅宫:尾三度至斗三度。 卯宫:氐二度至尾二度。

辰宫:轸十度至氐一度。 巳宫:张十五度至轸九度。

午宫:柳四度至张十四度。 未宫:井九度至柳三度。

申宫:毕七度至井八度。 酉宫:胃四度至毕六度。

戌宫:奎二度至胃三度。 亥宫:危十三度至奎一度。

闰法岁余图

闰月定时成岁之图

岁余法一万
一百二十七分

岁法三百五十四
日三百四十八分

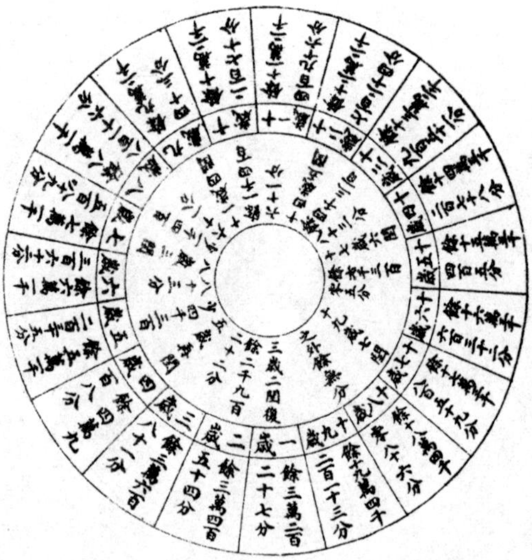

月法二万七千
七百五十九分

日法计
九百四十分

按律历诸书与《周髀》皆云：日行一度，月行十三度十九分度之七，周天三百六十五度四分度之一，故曰：一周天为岁。岁十二月而无整数，故以闰月定四时，三岁一闰，五岁再闰，及十九而余一百九十日一万五千七百十三分。

以日法除之共得二百六日六百七十三分为七闰之数，是谓一章。然必以十九岁而无余分者，盖天数终于九，地数终于十，十九者，天地二终之数，积八十一章则其盈虚之余尽而复始。推此以定四时岁功，其有不成平。一推闰月捷法，总之无中气即是闰月，仿此。

五声八音六律六吕之图

五声八音六律六吕之图

问曰：律吕何豫于选择乎？答曰：盖六律为万事之根本，律历所通八正之气，天所以成熟万物也。律吕音和天地兆泰，神人克谐，万物资芘，鸟兽协群，故八风随时而布，日月次合而定，风雨以调，人民以康。善选择者，明损益相生；知五行者，宜调停律吕以和气运，以应人事，顺乎天理之正气，以召太和。

律吕论

昔黄帝使伶伦目大夏之阴，昆仑之阴，取竹于解谷以生而空窃厚薄均者，断两节间而推之，以为黄钟之宫数十二筒以准，凤鸣是为律本。其后舜律度是衍周礼以六律六吕，合阴阳之声。及秦灭，学其道寝微。汉兴，张答言音律不能审备，史迁有律书，其法略详。至京房方以六律之水衍而相生，既始于黄钟极于申吕，文立执如去灭南氏之名以毕之，自十二律变为六十律，犹《易》以八卦变为六十四卦也。其器虽传，知之者少。迨宋钱荣之复因南事之余，引而伸之，至为三百律，终于安连，总为三百六十律，日当一管其律，绱随未之论于江都论丧。

候气之法，为室三重户，闭涂搅必周密，布缇缦室中，以木为案，每律各一案，内卑外高，从其方位加律其上，以葭灰实其端，按历而候之，其月气至则灰飞而管通也。太抵冬至阳气距地面九寸，而止惟黄律一管达之，故黄钟为之应，正月阳气距地面八寸，而止自太簇，以上皆达，黄钟、大吕先以虚，故推太簇一律飞灰，如人用缄澈其绱渠，则气随缄而出矣。

（新镌陈子性氏河洛理气藏书卷之首）

新镌陈子性二十四山
造葬吉凶起例藏书卷之一

岭南　陈子性阐述　男衍参集　孙式基
式猷　纂辑

罗经论

按罗经之制祖于洛书，图位自帝尧放中星，周公定都洛，止有十二支辰，至玄女授赤松子，添入八干四维，合为二十四位。此时只用内盘正针为定方立向之准。即王赵卿之诗云：

虚危之间针路明，南方张度上三乘。
坎离正位人难识，差却毫厘断不灵。

迨宋何潜斋始作外盘缝针，为权宜加减之用。即厉伯韶之诗云：

先将子午定山冈，却把中针来较量。
更加三七与二八，莫与时师说短长。

是知无正针固不足，以立缝针之体；无缝针亦不足，以全正针之用。总之，定向必以正针主，倘堂局砂水不就不得已，权宜消息于缝针。此造化一定之理，亘古而不易者也。夫何俗有专执正针、定针、缝针定向，喙喙争鸣，哓哓致辨，此无他，不识天地正位故耳！独不观诸邵子之诗云：冬至子之半，天心无转移。又不观诸大统历之二十四向乎，子午卯酉居四正，乾坤艮巽居四隅，若缝针以子癸午丁之间为正，则乾居北、巽居南、子偏东、午偏西矣。正针缝针作用，不辨自明，择吉者其审诸。

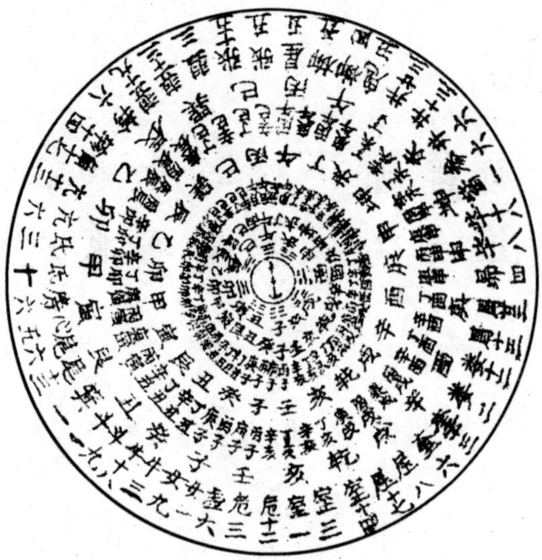

八宅例

一层天池中分阴阳。

二层后天八卦方位。

三层指南车十二支。

四层正针二十四山。

五层正针旺相分金。

六层缝针二十四。

七层缝针旺相分金。

八层周天度数之吉

乾六天五祸绝延生

坎五天生延绝祸六

艮六绝祸生延天五

震延生祸绝五天六

巽天五六祸生绝延

离六五绝延祸生天
坤三延绝生祸五六
兑生祸延绝六五天

选择日诀

凡选择竖造，修方立向，安葬吉期，先要山向合得用年通天窍诸吉大利，然后用洪范五行论变运。若甲山庚向以甲山洪范五行属水，则水土库居辰。若乙丑年用可将五虎元遁乃乙庚之岁戊为头，遁行变庚辰金运，遇纳音属火为克山也。但金山要论冬至前后用，如冬至前用可，要用先年五虎元遁变运。若冬至后用则将本年五虎元遁变运，又要查阴府太岁乃八卦纳甲配合十干化曜犯克者是。若乾坤艮巽子午卯酉八山名曰正阴府，甲庚丙壬乙辛丁癸八干及寅申巳亥辰戌丑未八支名曰傍阴府也。如乾山外爻纳壬配丁化木，忌乙庚二干化金为正阴府，取用年月日时，不可犯。若年月有犯者，宜取日时枭制之。李广箭者，此乃坐山之羊刃，如甲山以甲禄到寅，甲卯为羊刃，酉为飞刃。故甲山以卯酉二支为刃，雷全名曰：李广箭，若犯单支谓之有弓而无箭，则无碍矣。更经查年月勿犯三杀、天地官符与剑锋、小儿杀、大月建、诸火星、浮天头白诸空亡、隐伏诸血刃、巡山等罗睺。又查所使日时亦要勿犯凶神，其诸凶神杀俱载上掌者，实宜避之，详后图局明矣。其制化诀法最要日进有进气者，恶曜休囚方可制，用制化得宜返获吉福，若失毫厘即有误矣。其竖造阳宅，亦宜查坐向不犯前诸凶神，再以造主本命为主。衙门桥梁以正宫本命为主，俱要用日时相生、相合，不可相冲、相克。本命更遁得禄马贵人、历数太阳、天月二德与奇禽、通天窍等诸吉并临本山，又合造命贵格三合会局补山相主，此为上吉之兆也。其五音三斗火之例乃曰《灭蛮经》，据此，若有入赘者、螟蛉子者用何姓音为准？此例甚谬。即六壬生运例由年月，屡用不准，宜削，不可信耳。其安葬亦要查出头大利否，然后用亡者本命为主，用日时避入地、冷地、落圹等空亡，纳音克亡命，名曰：寸土无光，山运克并分金克亡命曰：刺血杀刺穴杀。又查祭主与用日时无冲克太岁压本命，如祭主多孙辈，犯者宜避之，不到葬山亦吉。此屡用之返为吉也,但要查不可犯阴府年月日时克为重,再以本山与亡命合禄马贵人,兼合历数太阳、乌兔太阳、天月二德、尊帝二星、三奇、吉门、窍马、盖山黄道照临葬穴,并造命贵格三合会局补山相主,此乃安葬上吉之局也。更合天星、理气、分金、倒杖、龙穴砂水秀丽者用之,无不获福矣。其移徙亦要居屋坐向大利,并与宅主本命无克犯者吉。如居屋未利,暂移徙宜将家先福神安在边傍,不可安在中宫,切不可犯红嘴朱雀入中宫之日,犯者不吉,屡见甚验。若犯雷霆大杀、白虎等疵入中宫,宜从小门进入,其中宫不宜鼓乐,待大利选择吉日,将祖先福神香火安奉于中宫。更有制法,详在移居入宅门类下,更有修造阳宅有避香火修方,论有坐宫修方论,详在修造门类。其修墓亦要避中宫凶神,更有上官、出行、求财诸用,各采查门类吉日,与官类日辰对合吉凶神杀各日宜忌,详查吉凶宜忌门类下。余今将应验各门法例并吉凶神起例掌诀图局,及假如年月日时宜忌注明类辑于左,以便后查阅。

诸家起例指掌

十天干所属:甲乙东方木,丙丁南方火,戊己中央土,庚辛西方金,壬癸北方水。

四维:乾坤艮巽。甲丙戊庚壬,属阳,顺行。乙丁己辛癸,属阴,逆行。

十二地支所属:子水,丑土,寅木,卯木,辰土,巳火,午火,未土,申金,酉金,戌土,亥水。

子寅辰午申戌属阳,顺行。丑卯巳未酉亥属阴,逆行。

起长生例:长生、沐浴、冠带、临官、帝旺、衰、病、死、墓、绝、胎、养。

十干生位:甲木生在亥,乙木生在午,丙戊生在寅,丁己生在酉,庚金生在巳,辛金生在子,癸水生在卯,壬水生在申。

五行生克

五行总论长生:金生在巳,木生在亥,火生在寅,水土长生居申是也。

五行相生:金生水,水生木,木生火,火生土,土生金。

五行相克:金克木,木克土,土克水,水克火,火克金。

五行生克歌诀

克我者为官鬼,我克者为妻财,生我者为父母,比和者为兄弟。阳见阳、阴见阴为鬼,阴见阳、阳见阴为官。

天干相生:甲生丁,乙生丙,丙生己,丁生戊,戊生辛,己生庚,庚生癸,辛生壬,壬生乙,癸生甲。阳生阴,阴生阳,是也。

天干相克:甲克戊,乙克己,丙克庚,丁克辛,戊克壬,己克癸。

庚克甲,辛克乙,壬克丙,癸克丁。阳克阳,阴克阴,是也。

十天干合:甲与己合,乙与庚合,丙与辛合,丁与壬合,戊与癸合。

十二支合:子与丑合,寅与亥合,卯与戌合,辰与酉合,申与巳合,午与未合。

十二支刑:寅刑巳,巳刑申,申刑寅,丑刑戌,未刑丑,午刑午,子刑午,卯刑子,辰刑辰,酉刑酉,戌刑未,亥刑亥。

十二支冲:子午冲,丑未冲,寅申冲,卯酉冲,辰戌冲,巳亥冲。

岁德合:如甲年己为岁德合。岁刑:如申年巳即为岁刑。余仿此。

天干化气:甲己化土乙庚金,丁壬化木丙辛水,戊癸南方火炎炎(逢龙则化)。

天干三合:乾甲丁木局,艮丙辛火局,巽庚癸金局,坤壬乙水局。

地支三合:亥卯未木局(阴),寅午戌火局(阳),巳酉丑金局(阴),申子辰水局(阳),辰戌丑未合成土局。

地 支所藏:子(癸水),丑(己土癸水辛金),寅(甲木丙火),卯(乙木),辰(乙木戊土癸水),巳(丙火戊土庚金),午(丁火己土),未(乙木丁火己土),申(庚金壬水戊土),酉(辛金),戌(辛金丁火戊土),亥(壬水甲木)。

地支六害:

六害子未不堪亲,丑穿午兮寅巳嗔。
卯害辰兮申害亥,酉戌相穿祸见深。

遁月例寅上起即五虎遁,遁洪范山运及禄马贵人同用此诀。

甲己之年丙作首,乙庚之岁戊为头。

丙辛之岁逢庚上,丁壬之年起壬寅。

若问戊癸何方发,甲寅正月好追求。

假如甲己年正月于寅上起丙寅顺行。

遁时例子上起即五鼠遁,正五行遁龙运同用。

甲己还加甲,乙庚丙作初。

丙辛从戊起,丁壬庚子居。

戊癸何方发?壬子是真途。

假如甲己日子时,便从子上起甲子。余仿此。

五行旺相休囚死例:戊己辰戌丑未属四季土令,春(甲乙寅卯):木旺火相水休金囚土死(东令)。夏(丙丁巳午):火旺土相木休水囚金死(南令)。秋(庚辛申酉):金旺水相土休火囚木死(西令)。冬(壬癸亥子):水旺木相金休土囚水死(北令)。

支属三季:寅申巳亥为四孟,子午卯酉为四仲,辰戌丑未为四季。

干支属八卦:壬子癸属坎,丑艮寅属艮,甲卯乙属震,辰巽巳属巽宫,丙午丁属离,未坤申属坤,庚酉辛属兑,戌乾亥属乾宫。

干纳八卦:乾(甲壬),坎(戊),艮(丙),震(庚),巽(辛),离(己),坤(乙),兑(丁)。

支纳八卦:乾(子午),坎(寅申),艮(辰戌),震(子午),巽(丑未),离(卯酉),坤(丑未),兑(巳亥)。

干支纳卦:乾(申),坎(癸申辰),艮(丙),震(庚亥未),巽(辛),离(壬寅戌),坤(乙),兑(丁巳丑)。

九星纳卦:乾(戌亥壬),兑(辛),艮(丑寅申),离(丁),巽(辰巳丙),震(乙),坤(未申庚),坎(癸)。

阳刃飞刃:甲年(卯酉),乙年(辰戌),丙年(午子),丁年(未丑),戊年(午子),己年(未丑),庚年(酉卯),辛年(戌辰),壬年(子午),癸年(丑未)。阳刃禄前一位是飞刃,对冲是也。

六十花甲子纳音五行所属歌

甲子乙丑海中金,丙寅丁卯炉中火。
戊辰己巳大林木,庚午辛未路傍土。
壬申癸酉剑锋金,甲戌乙亥山头火。
丙子丁丑涧下水,戊寅己卯城头土。
庚辰辛巳白腊金,壬午癸未杨柳木。
甲申乙酉泉中水,丙戌丁亥屋上土。
戊子己丑霹雳火,庚寅辛卯松柏木。
壬辰癸巳长流水,甲午乙未沙中金。
丙申丁酉山下火,戊戌己亥平地木。
庚子辛丑壁上土,壬寅癸卯金泊金。
壬子癸丑桑柘木,甲寅乙卯大溪水。
丙辰丁巳沙中土,戊午己未天上火。
庚申辛酉石榴木,壬戌癸亥大海水。

右纳音五行本义,用甲己子午九,乙庚丑未八,丙辛寅申七,丁壬卯酉六,戊癸辰戌五,巳亥二支四,总合以大衍之数五十,其用四十有九之法。如甲子乙丑共得三十四数,以四十九数算欠一,十五除十剩五,五数属土,取土能生金,故甲子乙丑属金也。余仿此。河图所谓:一水、二火、三木、四金、五土之数也。

生克制化歌

沙中剑锋两般金,若居震土便相侵。
外有四金须忌火,剑砂无火不成形。
水见天河大海流,二者不怕土为仇。
外有数般须忌土,一生衣禄必难求。
松柏杨柳桑柘木,石榴大林忌金刀。

惟有坦然平地木，无金不得不青云。
覆灯炉火共山头，三者原来怕水流。
外有三般不怕水，一生衣禄近王侯。
城头屋上与壁上，三土原来怕太冲。
外有三般不怕木，一生清贵步蟾宫。

真禄例

甲禄在寅，乙禄在卯，丙戊禄在巳，丁己禄在午，庚禄居申，辛禄居酉，壬禄在亥，癸禄在子。

真马例

申子辰马居寅，寅午戌马居申，巳酉丑马在亥，亥卯未马在巳。

阴阳贵人例

甲戊庚牛羊丑未，乙己鼠猴乡子申，丙丁猪鸡位亥酉，壬癸兔蛇藏卯巳，六辛逢马虎午寅。此是贵人方。

起岁活禄马贵人诀

假如甲子年二月修坎山，以甲禄到寅，申子辰马居寅，贵人甲戊庚牛羊，用甲子年五虎元遁，遁得禄是丙寅，马亦是丙寅，遁得贵人是丁丑辛未，即将二月月建丁卯入于中宫，顺寻得丙寅到坎，此谓得真禄、真马到坎山，吉。贵人丁丑到乾，辛未到震，此年修坎山，谓之修得真禄真马也。书云：禄到山头人富贵，马到山头人润肥。余仿此。

起命活禄马贵人诀

假如丁卯生人，用甲子年修作坎山，以本命丁卯，则丁禄在午，亥卯未马在巳，贵人丙丁猪鸡位，是酉不用。本命五虎元遁，遁得禄是丙午，马是乙巳，贵人是巳酉辛亥。书云：太岁入中寻命贵。即将甲子太岁入中宫，顺寻得丙午到坤，乙巳至坎，己酉到中宫，辛亥到兑，此年修坎山，遁得命马到坎山，吉。余仿此。其竖造山宅主水命论安葬，用亡命论。

顺宫排山掌

起小儿煞诀:阳年中宫阴起离,如属阳年从中宫起正月,阴年从离宫起正月,并顺行,一卦管三山。

起月家天地官符诀:起禄马贵人同用。以月支入中宫,顺轮,寻年天地官符,如甲年亥为天官符。子为地官符,将用月支在中宫,寻此二者,即知泊在何宫上。

飞宫覆钟掌法

起年月八白用此诀。

起山运掌诀

丑未四墓库之地，木库居未，火库居戌，金库居丑，水土库居辰。每从庚宫起五虎，元遁遇墓库止。假如癸酉年起甲寅，遇丙辰即在辰水土库，丙辰土运也。

番卦掌诀

假如癸酉年起甲寅，遇丙辰即在辰水土库，丙辰土运也。

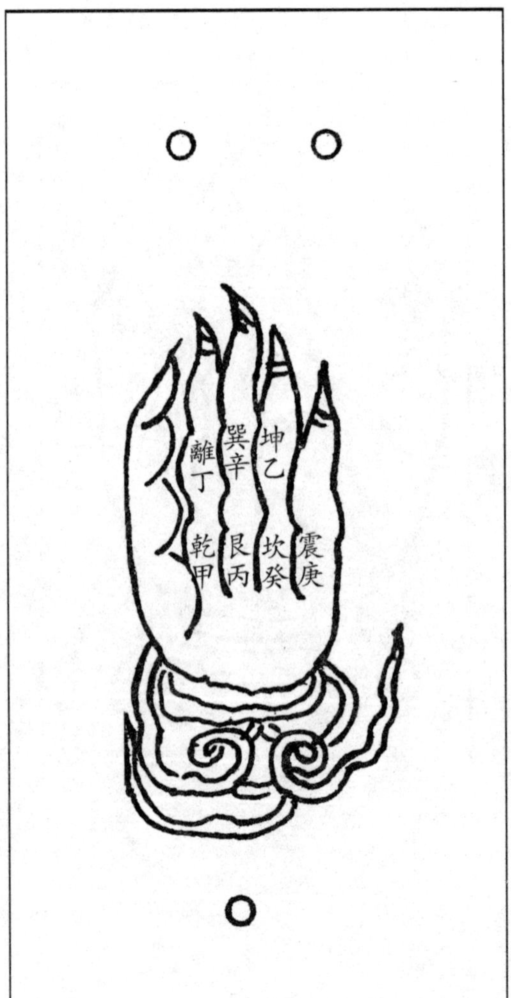

二十四位筹头掌诀

起年三煞:如申子辰长生居申,顺轮,巳上,逢绝,午上胎,未上养,三方为三杀,照此轮之。起月三杀、通天窍、走马六壬等,亦用此掌轮。

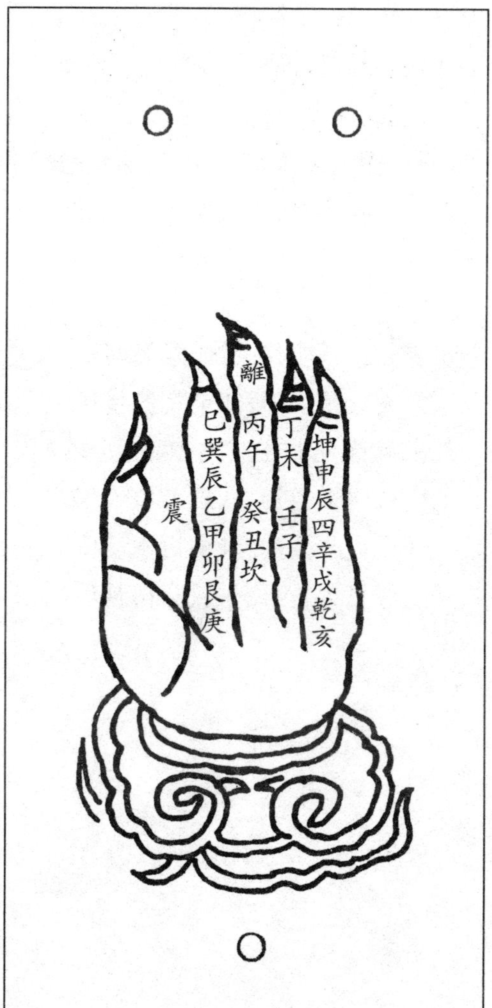

论历数真太阳

太阳姓孙名开字子真。

当将历数考诸天，天上星辰万万千。
终到五更星尽没，唯有阳乌亘古今。
请君好把太阳照，茅屋光辉亿万年。
此是先贤真口诀，那个时师得秘传。

真太阳乃星中天子，初出诸星皆没，吉曜遇之增辉，凶星逢之拱手敛伏。

木星掩太阳光，如子年酉山忌角斗奎井，与太阳同临不宜用。

土星掩太阳光，如亥年申山忌氐女胃柳，与太阳同临不宜用。

太阳歌诀

正亥娵訾登明将，二戌降娄河魁向。
三酉大梁是从魁，四申实沈传送上。
五未鹑首月小吉，六午鹑火胜光的。
七巳鹑尾太乙神，八辰寿星天罡职。
九卯太火与太冲，十寅析木功曹宫。
子丑二星大吉日，牛鼠玄枵神后同。

太阳躔十二月掌诀

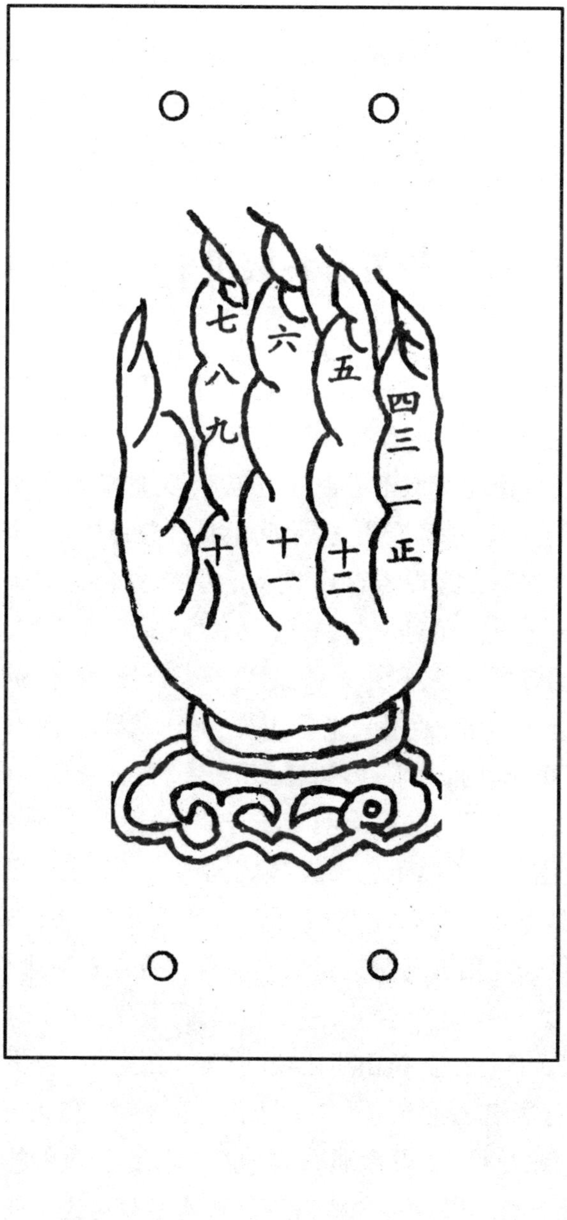

太阴出没临方例诀

太阴姓唐名未字天贤。

初三庚兮初八丁，十三乾上月华临。
十八巽宫念三艮，念八坤兮五日轮。

初三日月匪庚匪，初七日在震庚亥未，初八至十二日月在兑丁巳丑，十三日月魄盈申，至十七日在乾申，十八日月生魂，至二十日在巽申，二十三日月下弦，至二十七日在艮丙，念八日月晦主，初二日在坤乙。

论五行各取用不同

按正五行，古人多用之遁山运，近世只用以遁龙运。然论五运六气应用正五行，论择吉三合格局补山则用双山五行。至于洪范五行遁山运所必用矣，若夫八卦五行，论向局似不必泥玄空五行，论向放水生入克出为进神，浑天五行取合卦例，斗首五行论化气，元武生时贪破休囚，七家五行各有取法，合当兼而用之。如遁龙运以入首一节来龙为主，遁山运以坐山七分为主，龙运山运俱宜克出生进。年克家长忌，月克宅母忌，日克众妇忌，时克子息忌。或遇四柱中有纳音制伏者，则并无忌，谓之子来救母，化杀为权，反凶作吉出。凡冬至后五行之山俱变，通书只谓金山变，而水火木土四山不变者，讹以传讹，未合乎理气也，何则冬至一阳初动，万物皆动，宁独并山变而水火木土皆不变哉！况自今年正月初一日至明年正月初一日，谓之一年，自今岁冬至日至来岁冬至日，谓之一岁。革象书云：阳生于子，节交之至巳属次岁，亦犹夜半以后即属次日也。胡舜申云：今年子月遂为明年事理。故运随岁变，岂可以年拘运也？洪悟斋用五子遁运得之矣。若用五虎遁则金山何不用本年之五虎，而用先年之五虎也？冬至十一月中始属下年，如子时上四刻，尚属上日，下四刻始属次日也。盖遁山运之说，有至正五行者，辟洪范五行为《灭蛮经》，洪理之历府池纪之通书是也。有主洪范五行者，移正五行以遁龙，吴景鸾之《进呈表》，顾乃得之《发微通书》是也。要之，不可偏执，且正五行正气之体，洪范五行变气之用，各有生则有墓，有墓则有运也。偏执正五行者，固非偏执，洪范五行者，亦非也。谓二家五行墓运，俱不足信者，更非也。余意则首以洪范五行为主，次以正五行为兼用，两相合吉，斯为至当。尚得此而失彼，则制彼以合此，亦观其气运生旺何如耳。徐金玉曰：山家得天符之旺岁，虽克墓何能为害？苟天符弗旺墓，在克出安能为福旨哉？言乎且变运之说有二，用正五行遁冬至后五山俱变，人人皆知，独用洪范五行遁一日冬至后五山俱变，一日冬至后，惟金山变木水火土不变，要之以理气揆之，惟五行俱变之言为得旨也。即观王鹗真经，陶公与郑图起造巽山乾向，用辛卯、辛丑、辛未、辛卯，所注水运，月日土克山取年时水制之，又白玉源地未山丑向安葬，用丙午、辛丑、丁酉、壬寅，所注水运，月土克取时金化之。后学者详之。

五行歌诀

正五行

亥壬子癸大江水，寅甲卯乙巽木宫。
巳丙午丁皆属火，申庚酉辛乾金逢。
辰戌丑未坤艮土，此是五行老祖宗。

取遁龙运不论横邪正受，但将入首一节来脉，阳顺阴逆以月建入中，冬至顺夏至逆，寻泊处，看其生克旺泄，断其吉凶，此只论泊宫不论纳音相克，如申庚酉辛乾来龙，皆属金遁运看泊宫。

洪范五行

甲寅辰巽大江水，戊坎辛申水一同。
艮震巳山原属木，离壬丙乙火为宗。
兑丁乾亥金山处，丑癸坤庚未土中。

取遁山运纳音所属，其运克年月日时吉，不可使年月日时克山运凶，年月日时生运吉，运生年月日时凶，比和皆吉。如克山有制或有化亦可用，但时克不可强制也。

八卦五行

兑丁巳丑乾申金，巽辛震庚木宫寻。

亥卯未向俱是木，艮丙坤乙土为今。

坎癸申辰洪水发，离壬寅戌火烧林。

取遁向运，纳音所属年月日时冲克。然山向不能两合，但补山不宜补向，若补向谓之助鬼杀，反克山矣。时俗以一半补山，一半补向，亦不可用。假如金向入首，忌寅卯乙巽入首为犯鬼煞矣。

玄空五行

丙丁乙酉原属火，乾坤卯午金同坐。

亥癸甲艮是木星，戌庚丑未土同论。

子寅辰巽辛兼巳，申与壬方是水中。

取遁水纳音所属年月日时冲克，此不是纳音克，如乙丑金运，忌辛未年月日时。余仿此。此以放水论之。

双山五行

壬子乙辰坤申水，癸丑巽巳酉庚金。

艮寅丙午辛戌火，甲卯丁未乾亥水。

取论三合不在遁运，如艮寅丙午辛戌六山，宜用寅午戌年月日时补之。坤申壬子乙辰六山，宜用申子辰年月日时补之。巽巳庚酉癸丑六山，宜用巳酉丑年月日时补之。乾亥甲卯丁未六山，宜用亥卯未年月日时补之。但俗师壬子癸山、庚酉辛山用财局，甲卯乙山、丙午丁山用印局，误也。

浑天五行

离火北坎水，乾金与兑同。

坤艮俱属土，震巽俱木山。

八方随卦例，一卦管三山。

取论卦例不在遁运，如乾戌亥庚酉辛金山，宜用金年月日时补之。甲卯乙辰巽巳木山，宜用木年月日时补之。壬子癸水山，宜用水年月日时补之。

丙午丁火山,宜用火年月日时补之。未坤申丑艮寅土山,宜用土年月日时补之。最吉。

龙运起例诗

月建中宫遁龙运,冬至顺飞夏逆飞。
独有临宫主财发,得田得地复何疑。
长生贵人并禄马,状元及第子孙可。

其法以月建入中宫,冬至顺飞,夏至逆飞,寻龙运泊处有其吉凶。但泊中宫,旧本有寄离、寄艮、寄坤、寄巽,愚谓泊中宫属土,即以土论其生克也。

泊宫吉凶

泊宫吉凶	纳音金运	纳音木运	纳音水运	纳音火运	纳音土运
长生	巽巳	乾亥	坤申	艮寅	坤申
沐浴	离	坎	兑	震	兑
冠带	未坤	丑艮	戌乾	辰巽	戌乾
临官	坤申	艮寅	乾亥	巽巳	乾亥
帝旺	兑	震	坎	离	坎
衰	戌乾	辰巽	丑艮	未坤	丑艮
病	乾亥	巽巳	艮寅	坤申	艮寅
死	坎	离	震	兑	震
库	丑艮	未坤	辰巽	戌乾	辰巽
绝	艮寅	坤申	巽己	乾亥	巽己
胎	震	兑	离	坎	离

（续表）

泊宫吉凶	纳音金运	纳音木运	纳音水运	纳音火运	纳音土运
养	辰巽	戌乾	未坤	丑艮	未坤
印	坤艮	坎	乾兑	震巽	离
比	乾兑	震巽	坎	离	坤艮
财	震巽	坤艮	离	乾兑	坎
杀	离	乾兑	坤艮	坎	震巽
泄	坎	离	震巽	坤艮	乾兑

龙运干	甲	乙	丙	丁	戊	己	庚	辛	壬	癸
禄	艮	震	巽	离	巽	离	坤	兑	乾	坎
贵人	艮坤	坎坤	乾兑	乾兑	艮坤	坎坤	艮坤	离艮	巽震	巽震
刃	震兑	巽乾	离坎	坤艮	离坎	坤艮	兑震	乾巽	坎离	艮坤

空亡

乙丑戊辰辛未运甲子旬，乾甲戌丁丑庚辰癸未运甲戌旬，坤兑丙戌巳壬曰戌运甲申旬，离坤乙未戊戌辛丑运甲午旬，巽巳甲辰丁未庚戌运甲辰旬，艮震丙辰己未壬戌运甲寅旬。

二十四位龙运泊宫吉凶定局

坤丑未三龙阴土生酉，
丁　巳二龙阴火生酉，
乾庚申三龙阴金生巳，

八龙同墓在丑。

咸池在离，劫杀在艮。官符刑坤，灾杀在震。马在乾宫，岁杀在巽。

坤壬未丁巳乾六龙运

十一月:先年冬至后乾,十二月、六月:泊中,正月:泊坎,二月、十月:泊离,三月、九月:泊艮,四月、八月:泊兑,五月、七月:夏至前乾,五月夏至后巽,十一月:今年冬至前坎。

甲己年乙丑金运

十一月:刃和凶衰病,十二月、六月:土生金印,正月:贵泄绝,十二月:煞败,三月、九月:印墓绝,四月、八月:和旺,五月、七月:衰病和空刃,十一月:死泄贵。

乙庚年丁丑水运

十一月:贵印冠临,十二月、六月:土克水煞,正月:和旺,二月、十月:禄财胎,三月、九月:刃杀病衰,四月、八月:贵卯败空,五月、七月:冠临印贵,五月:墓绝泄,十一月:和旺。

丙辛年丑火运

十一月:财墓绝,十二月、六月:火星土泄,正月:贵胎煞,二月、十月:禄和旺空,三月、九月:生刃泄养,四月、八月:财死,五月、七月:财墓绝,五月:冠印临,十一月:杀临贵。

丁壬年辛丑土运

十一月:刃泄冠临,十二月、六月:土土比和,正月:财旺,二月、十月:贵印胎,三月、九月:贵和病衰,四月、八月:禄泄败,五月、七月:冠临泄刃,五月:墓绝杀空刃,十一月:财旺。

戊癸年癸丑木运

十一月:生煞养,十二月、六月:木克土财,正月:禄印败,十二月:泄死,三月、九月:财冠刃空,四月、八月:胎煞,五月、七月:生养煞,五月:衰和病贵,十一月:败印禄。

以上龙运库丑。

庚申酉辛壬子六龙运

酉辛二龙属阴,金生子,壬子二龙属阴,水生申。

四龙同墓在辰。

劫杀刑巽,灾杀在离。岁杀在坤,咸池在兑。官符在乾,马在艮。

龙运

十一月:泊离冬至后,十二月:泊艮,正月:泊兑,十一月、十月:泊乾,三月、九月:泊中,四月、五月:泊坎五月:夏至后同,五月:泊离夏至前,六月:泊坤夏至前,七月:泊震,八月:泊巽,十一月:泊兑冬至前。

甲己年戊辰木运

十一月:死泄刃,十二月:冠临财贵,正月:胎煞,二月、十月:生养煞上,三月、九月:木克土财,四月、五月:败印刃,五月:死泄刃,六月:墓绝财贵,七月:旺和,八月:衰病和禄,十一月:胎煞。

乙庚年庚辰金运

十一月:败煞,十二月:墓绝印贵,正月:旺和空刃,二月、十月:衰病和,三月、九月:土生金印,四月、五月:死泄,五月:败煞,六月:冠临印空贵禄,七月:胎财刃,八月:生养财,十一月:旺和空刃。

丙辛年壬辰水运

十一月:胎财空刃,十二月:衰病杀,正月:败印,二月、十月:冠临印禄,三月、九月:土克水杀,四月、五月:和旺刃,五月:胎财空刃,六月:生养煞空,七月:死泄贵,八月:墓地泄贵,十一月:败印。

丁壬年甲辰火运

十一月:和旺,十二月:泄生养贵空禄,正月:财死刃,二月、十月:财墓绝,三月、九月:火生土泄,四月、五月:胎煞,五月:和旺,六月:泄衰病贵,七月:印败空刃,八月:印冠临,十一月:财死刃。

戊癸年丙辰土运

十一月:胎印刃,十二月:衰病和空,正月:败泄贵,二月、十月:冠临泄贵,三月、九月:壬土比和,四月、五月:旺财空刃,五月:胎印刃,六月:生养和,七月:死煞,八月:墓绝杀禄,十一月:败泄贵。

以上龙运库辰。

癸亥寅甲卯乙六龙运

癸亥二龙属阴,水生卯寅申三元龙属阴,水生亥。

四龙同墓在未。

劫杀在坤,灾杀在兑。岁杀刑乾,咸池在坎。官符在艮,马共巽巳。

龙运

十一月:泊震,先年冬至后,十二月、九月:泊坤,正月、八月:泊坎,二月、七月:泊离,三月:泊艮,四月:泊兑,五月:泊乾夏至前,五月:泊巽夏至后,六月:泊中,十月:泊震,十一月:泊巽冬至前。

甲己年辛未土运

十一月:死煞,十二月、九月、生养和,正月、八月:财旺,二月、七月:胎印贵,三月:衰病和贵,四月:败泄禄,五月:至前冠临泄空刃,五月:至后墓绝杀刃,六月:壬土比和,十月:死煞,十一月:墓绝煞刃。

乙庚年癸未木运

十一月:旺和贵,十二月、九月:墓绝财空刃,正月、八月:败印禄,二月、七月:死泄,三月:冠临财刃,四月:胎煞空,五月:生养煞,五月:衰病和贵,六月:木克土财,十月:旺和贵,十一月:衰病和贵。

丙辛年乙未金运

十一月:胎财,十二月、九月:克临印贵,正月、八月:死泄贵,二月、七月:败煞,三月:墓绝印,四月:旺和,五月:衰病和刃,五月:生养财空刃,六月:土生金印,十月:胎财禄,十一月:生养财空刃。

丁壬年丁未水运

十一月:死泄空,十二、九月:生养杀刃,正月、八月:和旺,二月、七月:胎财禄,三月:衰病杀空刃,四月:败印,五月:冠临印贵,五月:墓绝泄,六月:土克水杀,十月:死泄空,十一月:墓绝泄。

戊癸年己未火运

十一月:印败,十二月、九月:泄衰病刃贵,正月、八月:胎杀空贵,二月、七月:和旺禄,三月:泄生养空刃,四月:财死,五月:财绝墓,五月:印冠临,六月:火生土泄,十月:印败,十一月:冠印临。

以上龙运库未。

巽艮辰戌丙午六龙运

卯乙巽三龙阴木生午,艮辰戌三龙阴土生寅,丙午二龙阴火生寅。

八龙同墓在戌。

劫杀在乾,咸池在震。灾杀在坎,官符在巽。岁杀刑艮,马在坤中。

龙运

十一月:泊乾先年冬至后,十二月、九月:泊中先年,十二月、正月:泊巽,二月、七月:泊震,三月、六月:泊坤,四月:泊坎,五月、十月:泊离夏至前,五月:泊坎夏至后,八月:泊巽,十一月:泊坎本年冬至前。

甲己年甲戌火运

十一月:财墓绝,十二月、九月、火生土泄,正月:印冠临,二月、七月:印败刃,三月、六月:泄衰病空贵,四月:胎煞,五月、十月:和旺,五月:胎煞,八月:印冠临,十一月:胎杀。

乙庚年丙戌土运

十一月:冠临泄贵,十二月、九月:土土比和,正月:墓绝煞禄,二月、七月:死煞,三月、六月:生养和空,四月:旺财刃,五月、十月:胎印空刃,五月:旺财刃,八月:衰病和空禄,十一月:败印刃。

丁壬年庚戌金运

十一月:衰病和,十二月、九月:土生金印,正月:生养财,二月、七月:胎财空刃,三月、六月:冠临印禄贵,四月:死泄,五月、十月:败杀,五月:死泄,八月:生养财,十一月:死泄。

戊癸年壬戌水运

十一月:冠临印禄,十二月、九月:土克水杀,正月:墓绝泄贵,二月、七月:死泄贵,三月、六月:生养杀,四月:和旺空刃,五月:胎财刃,五月:和旺空刃,八月:墓地泄贵,十一月:和旺空刃。

以上龙运库戌。

龙运泊宫克应吉歌

泊贵人:天乙贵人垣,及第必争先,贵子光天德,安邦名世传。

泊禄宫:飞禄禄天来,官贵发钱财,加官增品秩,六畜旺无灾。

泊马宫:天马为第一,儿孙迁官职,贵人同会合,仍得横财入。

泊财宫:运入财宫昌,儿孙显姓香,爵禄加增级,庶人富非常。

泊生宫:龙运长生宫,贵子显文风,贵人谋事遂,进人横财丰。

泊旺宫:帝旺星可夸,迁官俸禄加,庶人得合此,世代主荣华。

泊冠宫:临官冠带宫,贵子振门风,贵人同位照,白屋出三公。

泊中宫:中宫不等闲,生旺福天长,为官加俸秩,庶人富田庄。

泊生宫:相生最可逢,白鬓寿彭公,有分登科第,儿孙佐圣聪。

比和宫:比和世所钦,造葬福弥深,官显声名播,经商足宝珍。

泊库宫:龙运库超群,葬埋获珠珍,周年生贵子,及第耀祖宗。

泊印宫:生印福非经,世代袭簪缨,俊秀文章伯,声名振帝京。

泊临冠:临官福自臻,世代戴簪缨,笔力夸韩柳,加官佐圣明。

龙运泊宫克应凶歌

泊死宫:龙逢死绝方,必定少年亡,损刑人财散,损刑不可当。

泊空宫:空亡不可亲,颠倒事无成,财宝成秋露,儿孙折骨贫。

泊羊刃:羊刃实可哀,伤人又破财,所为皆不遂,动闹祸重来。

泊咸池:咸池不堪临,游荡若浮萍,女人多淫欲,人亡祸不停。

泊官符:官符实可悲,锁枷不曾离,横事常时见,落孕又扛尸。

泊劫杀:劫杀不可当,奔走利名场,祖业消磨散,何如得久长。

泊灾杀:灾杀足恶神,恶死坏尸身,吉多方解救,也主有疾人。

泊岁杀:岁杀最不祥,财散雪朝阳,造埋值此运,要主死他乡。

泊刑宫:刑宫大不祥,红粉泪堪伤,妻子并兄弟,无情寿不长。

泊泄宫:耗泄福何期,柔懦定无为,纵得山水吉,财消人孰知。

泊败宫:暴败最堪伤,人亡及火殃,阴人多病患,灾祸是非乡。

泊煞宫:杀连起官方,尤嫌宅长亡,凶丧常不绝,冷退甚栖惶。

得全吉者为上运,吉多凶少者为中运,凶多吉少者为下运,全无吉者为凶运。

造命总诀

按吴景鸾曰：选择之良，莫如造命。杨筠松曰：年月端如造命法，装成好命资人为。《天机诀》云：四中失一却无妨，若是平分便非法。此二名乃造命之大吉，万古不能易也。盖造命之法，日天干一气者，取其堆禄马贵之法也。日地支相同者，取其冲禄马之法，或合禄马贵之法，或赶岁命之禄，或拦岁命之马也。不得四柱俱全，天干三朋者，象天干一气格也。地支三朋者，象地支一气格也。故曰：四中失一却无妨也。蝴蝶双飞者，乃以年日相同月时相同，或年月相同日时相同，皆两对为四柱，名曰双飞格也。数格论之，除天地同流地支相同，二格不以三合取而天干一气，格格中之支或申辰子申，或午戌寅午，或巳丑酉巳，或卯未亥卯，又未常不以四行三合而会一局也。是格格之中无非三合结局以为用，以补龙、补山、补命也。若是阴阳平分，便是无三合矣。既无三合，安得结成一局哉？故曰：非法也。又曰：四中失一却无妨者，失年则以月日时结成三合，失月则以年日时结为三合，失时则以年月日结为三合，皆纯阴纯阳成局有用，故曰：无妨。至于贵龙用官格，富龙用财格，上地宜上格，中地宜中格，下地宜下格，如干支一气，或两干两支皆上格也。如三阳一阴，三阴一阳，或三合填实，或三台三奇皆中格也。如半阳半阴，虽为下格，或成两干两支不集，又能补山相主者，乃为上格之变，又非中下者比。故凡地支不宜边多边少，若多寡不均纵合堆子亦成山格，仍要四柱不克墓运为吉。倘不以山命为主，而专论财官印绶，非也。若专以造命为主，而全不顾紧杀凶神，亦非也。

过窍马诀

夫分阴阳者，以坐向分阴阳，论岁时之不乖戾也。以乾亥壬子癸丑巽巳丙午丁未十二坐向，属纯阴，宜用亥卯未巳酉丑阴年月日时配格局。艮寅甲卯乙辰坤申庚酉辛戌十二坐向，属纯阳，宜用寅午戌申子辰阳年月日时配格局。过合通天窍,此之谓阴阳不驳杂,岁时不乖戾也。俗谓阳岁东西利,阴年南北通者,亦此义也。此阴阳家之常经也。如子午卯酉甲庚丙壬居四正之位,壬窍不能两合,阴阳可以兼用,壬子山用申子辰局,丙午山用寅午戌局,甲卯山用亥卯未局,庚酉山用巳酉丑局,此之谓合走马六壬三合补山。又如壬山用甲四壬,癸山用四癸,此谓之一气堆干,乃阴阳家之变法也。苟非真龙土地,不必用此格局,苟非真师明主,亦不能用此格局。

合山命诀

合山谓之补山,合命谓之相主,合山如用卯丁未乾亥山,宜亥卯未年月日时。艮寅丙午辛戌山,宜用寅午戌年月日时。坤申壬子乙辰山,宜用申子辰年月日时。巽巳庚酉癸丑,宜用巳酉丑年月日时。相主如拱禄拱贵,遥禄遥贵之类。拱者,暗拱一字。遥者,遥一字不可填实。经云:补山要明显,相主要暗藏,是也。大抵合山为紧,合命次之。《天机歌》云:天机妙诀值千金,不论行年与姓音。此先贤开首教人不在年命,恐俗师拘于六壬紫白,而差遇吉日也。

趋吉神诀

召吉如历数太阳、乌兔、雷霆、四利、帝星,如紫微、天帝、尊帝、差方禄马、天月二德、盖山黄道、八节、三奇、金精月华、五运六气、超神接气、玄堂太阴、三元紫白、五龙五库、金函总圣。至于收天禽、步地兽、天符、七政、迟留、伏逆、归垣入庙之类,大抵先要合山为紧,如不合山,纵有吉神,焉能为我用也。

避凶神诀

阴府者,天干之杀也。三杀者,地支之杀也。克墓运者,纳音之杀也。此三者坐山之所忌也。浮天空亡,天干之杀也。巡山罗睺者,天干之杀也。太岁者,地支之杀也。此三者朝向之所忌也。炙退金神者,修方之所忌也。已上皆年家之杀也。天地官符者,山向方之所共忌者也。大月建、小儿杀、打头火,修方之所忌也。已上皆月家之杀也。火星、受死,造宅之所忌也。重丧、密日,安葬之所忌也。乃日家之杀也。此皆紧关凶杀,切宜避忌,不可苟且强制以致误人。若炙退亦忌脑坐山,惟能取三合以旺之方无碍,地官符不忌占,向傍阴府单犯一字,有制化不忌。

排四柱诀

夫排四柱者,所以排列年月日时之四柱也。或干支一气,或两干两支,四柱对待而不偏者,为上格。一柱驳杂者,为中格。

禄马贵人格

合禄格:如癸命人禄在子,用丑年月日时,暗合子,又用甲辰年月日时以合之。

遥禄格:如甲命人禄在寅,用午年戌日午月戌时,三合以虚邀之是也。

拱禄格:如甲命人禄在寅,用丑年卯月丑日卯时是也。又名夹禄,最忌填实。

冲禄格:如辛命人禄在酉,用卯年月日时暗冲出酉是也。忌酉字明见。

健禄格:如甲命人禄在寅,用寅年月日时是也。

堆禄格:如甲命人禄在寅,用四壬寅。乙命禄在卯,用四辛卯,是也。

赶禄格:如丙命人禄在巳,有辰年月日时以赶之。

赶马格:如甲命人马在寅,用午年月日时以赶之。

拦马格:如寅午戌命人马居申,用酉以关之。

拦贵格:如庚命人贵在未,用庚申壬午拱未,是也。忌填实。

正官格:如丁命人用亥壬为正官,或用壬亥年月日时,是也。

偏官格:如丁命人用子癸为偏官,或用子或用癸年月日时,是也。

正印格:如甲命人用癸,乙命人用壬,不用壬癸,而甲用子,乙用亥为印绶带禄。

偏印格:如甲命人用亥,壬为偏印,用四亥或四壬年月日时,是也。

正财格:如乙命人用辰戌,戊为正财,取四辰、四戌或四戊,是也。

三奇格:乙丙丁为天上三奇,取天干三位相连,是也。甲戊庚为地下三奇,辛壬癸为人中三奇,取用俱同。

三德丛聚:如壬年三月之壬日壬时,甲年六月之甲日甲时,丙年九月之丙日丙时,庚年十二月之庚日庚时是也。取其岁德、天德、月德、同会之格也。

禄马同乡:如壬日主临午,壬以丁为财马,巳为官禄督午也。癸日加临巳位。癸以丙为财马,戊为官禄,在巳也。

禄马交驰:如乙未命,禄在卯,马在巳,年月日时见卯巳者,是日时互见者,尤妙。

蝴蝶双飞:如庚申、壬午、庚申、壬午四柱是也。又庚寅、戊寅、癸卯、乙卯亦是。

两干不杂:如甲子、乙亥、甲戌、乙丑,甲乙二干不乱,是也。又名两干连珠也。

两支不杂:如甲子、戊子、庚辰、庚辰,二支不乱,是也。

凡四柱成格,先要合命之印绶、财官、禄马,又要合山头、气运、天符等吉方为妙用。否则课虽合上格,倘刑冲于山命,譬犹仇家之贵人,非徒无益而反害之。冲者如课申子辰冲寅午戌山命也,克者如课壬癸克丙丁山命也,刑者如寅刑巳申命是也。

命格妙诀

夫命格者,未可以格成便言吉,谓必以人命山向所令何格为财官、禄马贵人、印食有用方为吉课。否则课自为课,与人命山向何干哉!故曰:以山向人命为体,以年月日时为用,后学者知之。

天机克择歌

吉地须宜择吉日,风水如舟日如楫。年月推凭造命精,催富催贵旺人丁。一要山头旺有气,四大利星美。二要明历法,天度七政非小补。三要推五运六气,孤虚须切避。四要正五行论龙,二至看泊宫。五要洪范遁山运,宜克出生进。六要阴阳不驳杂,坐山逢三合。七要堆干堆地支,拱禄马贵奇。八要牧天禽地兽,三奇诸德凑。日月合朔与会晶,尊帝其雷霆。走马六壬通天窍,暗局过乃妙。大小月建论修方,造葬总无妨。克山有制亦无差,阴府宜枭忌生旺。弓箭宜单不宜双,灸退忌山不忌向。山头有煞怎奈何,贵人禄马喜比和。吉神有气小成大,恶曜休囚发福多。宅主年命不冲克,何论三元与运白。化命空亡寸土闲,先师专取山头合。补山相主助来龙,年月谁知大有功。不得真龙得年月,也应发福旺气窍。

二十八宿演禽吉凶宜忌总断

角木蛟:在寅午戌吉,造葬主子孙聪明,商得价,土得禄。寅日登垣(三台云:凡事吉,葬凶,勿泥)。

亢金龙:在亥卯未百事皆吉,在未尤吉(三台云:造葬,凡事不宜,勿泥,裁衣得食)。

氐土貉:在申子辰吉,辰为尤吉。辰日登垣(三台云:凡事造葬不宜,勿泥)。

房日兔:在巳为伏断,忌出行、安葬、嫁娶。在丁丑、辛丑吉,在酉尤吉。常行巳酉丑宫,酉日登垣,竖造俱吉。喜己巳、丁巳、己酉、丁丑、辛丑、癸酉日,惟葬大忌(三台云:凡事皆吉,裁衣益吉)。

心月狐:凡事皆忌,寅日登垣。

尾火虎:在亥卯未葬凶,在巳卯尤凶,余卯可用。在未入陷,卯日登垣(三台云:几大事吉)。

箕水豹:在申子辰百事忌,在子得食吉。辰日登垣犯伏断(三台云:凡事吉)。

斗木獬:在巳泄气,在丑伏断,在酉吉。丑日登垣(三台云:凡事利,裁衣益利)。

牛金牛:在戌吉,在寅为绝地,百事忌。惟在壬寅吉。午日登垣(三台云:凡事不利,勿泥。裁衣进喜)。

女土蝠:在亥卯未为穷宿,癸亥尤极穷也。亥日登垣(三台云:凡事不宜勿泥)。

虚日鼠:在申子辰吉,在辰为得地尤吉。子日登垣,犯伏断凶。喜甲子、庚子、戊申、庚申、丙辰、戊辰日,吉。惟葬忌密日也。忌丙子、壬子、丙申、甲申、甲辰、戊子、壬申、壬辰日,凶(三台云:凡事凶,勿泥)。

危月燕:在巳酉丑百事吉,在酉为尤吉。丑日登垣(三台云:凡事不宜,勿泥)。

室火猪:在寅午戌吉,惟丙寅、壬寅、甲午造葬尤吉。午日登垣(三台云:凡事俱利)。

壁水貐:在亥卯未百事忌,冬月尤宜忌之。亥日登垣,裁衣获吉。

奎木狼:在申文星失陷凶,在子绝处逢生吉,在庚子尤吉。在辰半吉。申日登垣,裁衣得财(三台云:造作吉,凡事凶,勿泥)。

娄金狗:在酉为旺地吉,在丑半吉,在巳为入厨尤吉,酉日登垣(三台云:凡事利,裁衣增寿)。

胃土雉:在寅挫志,在戊寅极凶,忌嫁娶竖造。戌日登垣,犯伏断(三台云:凡事忌)。

昴日鸡:在未挫志,在乙卯、丁卯吉。常行亥卯未宫,卯日登垣,嫁娶吉。喜乙亥、辛亥、丁卯、乙卯、癸卯、丁未、乙未、辛未日。忌癸卯日失财吉多方可用,喜癸卯时,禽相生葬凶,造作吉,余凶。

毕月乌:在申子辰吉,惟在申号月挂坤山嫁娶、造葬吉。申日登垣(三台云:凡事吉)。

觜火猴:在巳为夺气,在酉极吉。在丑为得地吉,丑虽不上安葬丁丑、辛丑日得觜宿,主富贵双全,大利。酉日登垣,犯伏断(三台云:凡事不宜,勿泥)。

参水猿:文星照耀,竖造开门、放水吉。惟不利婚姻、安葬。戌日登垣。

井水犴:在亥卯未百事吉,在□为入庙,尤吉。未日登垣(三台云:百事吉,葬凶,勿泥)。

鬼金羊:不利竖造、嫁娶,只利安葬。子日登垣(三台云:惟葬吉,凡事凶。裁衣吉祥)。

柳土獐:在寅戌忌造葬,惟在午百事吉。巳日登垣(三台云:凡事不宜,勿泥)。

星日马:在寅午戌百事吉,在午为入庙,尤吉。在申登驾造吉,葬凶。喜甲寅、丙寅、壬寅、甲午、丙午、戊午、庚戌日,吉(三台云:惟起造吉,余事凶,勿泥)。

张月鹿:在亥卯未吉,未日登垣犯伏断(三台云:凡事吉,裁衣逢欢)。

翼火蛇:在申子辰百事吉,在辰为旺地,尤吉。子日登垣(三台云:凡事不宜,勿泥,裁衣得财)。

轸水蚓:在巳酉丑吉,惟亥山大忌。轸宿在丑为旺地吉。巳日登垣(三台云:凡事利)。

年月日时吉凶神煞注解诗例总局

起例时诀大多难以尽录,今纂紧要者载之,以便详览。

年月开山立向修方吉神注解

诸家通书神煞方位皆有差讹,今校正详录于内。

通天窍、走马六壬

申子辰年宜用申子辰寅午戌月日时,巳酉丑年宜用巳酉丑亥卯未月日时,寅午戌年宜用寅午戌申子辰月日时,亥卯未年宜用亥卯未巳酉丑月日时。合得六壬星主十二年田蚕、血财大旺,添丁进业。此与别星不同,大有功验。

盖山黄道

合吉星到,造葬修方大利。

都天转运

合得吉星,修方大利。又云:遇吉星则吉,遇凶星即凶。

玉皇銮驾

合吉星到,能制诸凶。开山、立向、修方大利。

紫微銮驾、紫微帝星又紫微銮驾年龙月兔日虎时牛

注与玉皇同。

周仙罗星

到山向方,主大利。

星马贵人

合得到处主旺大财,大发富贵,百事皆吉。

都天宝照

合吉星,百事大利。

北辰帝星

合吉星,主大利。

官国星

主催官禄,招财进喜。

四利三元

又名压杀帝星,四吉临处,凡修作诸事大吉。

捉煞帝星

主催官旺人财召吉最紧,能制诸杀。

三元尊帝星

此为福最大,用之造葬修方,主富贵绵远,百事皆吉。能压诸凶杀,甲己丙辛戊癸年时日,正月艮坤,二离坎,三月坎离,四坤艮,五月震兑,六月巽乾,七月乾巽,八兑震,九月艮坤,十离坎,十一离坎,十二坤艮星。又乙庚丁壬年时日,正月震兑,二巽乾,三月乾巽,四兑震,五月艮坤,六离坎,七月坎离,八坤艮,九月震兑,十巽乾子乾巽丑兑震是。

三奇帝星

三奇乃贵人韩福之气,能制压凶神,发现吉祥,北中宫坐向得合之用,造葬诸事中吉。

中宫銮驾帝星

帝星入中宫,宜修葺中宫。

紫微銮驾值月入中宫

同上。

飞天马

飞天禄马对照山向一用工起造,十二年气明,年年发福荣昌。又云:马到山头人富贵,禄到山头人润肥。又云:忽然禄马皆同到,定知富贵出公卿。

守天太阳

主及第大富贵,能制凶福。

守殿太阴

主发财禄及主女贵,与阳贵如同能制小儿杀。

一行禅师四利三元

又名转天关,凡事用之最吉,若误犯他煞者,即于四吉方并工修之,其灾自缄。

解神

能解诸凶神杀,及解官讼。山向修方用之,百事并吉。

紫白

凡开山立向修造合得紫白最吉,主招财发福,六畜生旺。若犯火星一三元白星白水星能制之,凡小儿杀,九紫能制之,但要有气为吉,不然力轻。诗曰:子午卯酉起八白,寅申巳亥一黑求。辰戌丑未五黄起,掌上飞宫用逆游。又十二年分三元例,子午酉年为上元,元月起八白,二月七赤,三月六白。辰戌丑未年为中元,正月起五黄,二月四绿,三月三碧。寅申巳亥年为下元,正月起二黑,二月一白,三月九紫。用逆行以求直月葬即得直月星,即移入中宫顺飞入方,白星到方吉。

岁天德

集忌云:此天地极福之神,阴阳感动之位,几修造、动土、移徙、嫁娶、出入,百事向之及用此日,大吉利。

岁位合

集总云:此五行相合之辰而相扶助者也,动土、修造、嫁娶、出入,百事向之,大吉。又其日动作有冥福助之。

岁位德

集云:五行同类同异位之德,阴阳交会之辰,修造、安葬、嫁娶、出入,百事向之,大吉。

支德合

集云：此阴阳恩义相逊之德，五行相和之辰，举动百事上百福助之。总云：修造动土吉利。

岁支德岁位德

此方向造葬、修营，百事吉。

天德合月德合

其方位修造葬理，百事吉。

岁德

集云：此方向之百事大吉，只忌深掘池塘。诗曰：甲年在甲乙年庚，丙逢丙位丁壬连。戊德在戊己德甲，庚同庚位辛年丙。壬德寻壬癸寻戊，岁德临方百福骈。如壬子年甲辰月作壬山，天德月德岁德到壬方，修之大吉利。

岁合

集云：修作百事大吉。

岁支合

起造动土，百事用之大吉。

天道

此方修作，百事大吉。诗曰：正巳二申三月亥，四酉丑子六寅是。七丑八卯九月午，十辰仲未十二戌。

人道

修造大吉，总云：百事六吉。

利道

集总云:修作主进人口、田宅、资财、牛马六畜,吉。

四大利道

其法常在太岁之前,十字取四位,每位占支与干二位,一年干支其八位大吉。

岁天道

此阴阳开通之地,修造、嫁娶、移徙,主大吉。

左辅

不入中宫,但行八方,修造大吉。

右弼

集云:右弼、左辅同说。

武曲

修作大吉,主进横财、田宅、牛马、奴婢等事。

贪狼

此方修作加官禄,益人口、田蚕、六畜、资财,百事大吉。

青龙

集云:修造、嫁娶有喜事。忌云:其方禁五十步,恐与太阳、吊客同位。

华盖

忌云:造填埋葬误犯皇帝八座日并方者。主杀宅长、师人,可与华盖下避其祸福。诗例:子年戌土丑年亥,寅年子位卯岁丑。辰逢寅位巳年卯,午年辰方未年巳。申岁午位酉年未,戌年申位亥年酉。生气华盖并同位,百年事用之日日新。

生气

其方宜嫁娶、起造、出入，百事吉。

牛星

集云：修作有非常之庆，此即库楼内天牛星也。

房星

集云：百事向之吉，即库楼内房显星。

金匮

集云：大宜修作，进益人口。

驿马

集总云：其方远行，百事吉。驿马方：寅午戌马在申，亥卯未马在巳，巳酉丑马在亥，申子辰马在寅。

人仓

集云：宜修作仓库，立宅吉。

博士

集云：此岁之贵神忌动土兴工，候岁为月德到位，泰修造作无忌。注云：此喜神方修作吉利。

一金

忌云：大吉。二历云：修之加官禄旺宝货，大宜安戕，吉。

一木

忌云：吉。二历云：修其方进财宝。

一土

忌云:大吉。二历云:修其方大吉庆。

一水

忌云:大吉。二历云:吉,不可大修作。

驿马临官

山向造葬,大吉。

附通天窍四大利向

其法,申子辰寅午戌六年杀在南北,惟甲庚乙辛坤艮向大吉。巳酉丑亥卯未六年杀在东西,惟丙壬丁癸乾巽向大吉。

天乙贵人

造葬主发财福贵禄,百事大吉。

天德神

百事大吉。

月德神

百事大吉。

历数真太阳

此星中天子垂临水方,或对照,或三合拱照者,宜造作修营,诸事大吉,能制压诸案凶神恶杀。

天赦星

能解诸家凶神,用之大吉。诗曰:正五九月在戌方,二六十月赦午上。三七十一月龙见,场八十二月寻羊。若遇天赦神来救,纵有大罪也无妨。

水德星

能制压诸家火星，修造诸事吉。

乌兔太阳

制压凶星，凡修作等事大吉。

差方禄马贵人

此修作方向，主生贵子，招官禄，六畜生旺，与岁命禄马贵人同吉。

罗天大进

若合到方向中宫，宜修造，主进财禄，旺人丁、六畜，百事大吉。起年例：甲子常将兑上游，循环九局顺无休。寻年泊处方为进，一卦三山便可求。起月例：罗天大进少人通，岁后五位起乾宫。有人遇着罗天进，天赐黄金鬼送银。如子年后五位申上如乾，七月顺飞，到三月在中宫，四五六三个月上天。余仿此。

催官鬼使

能催官贵财福，吉。

升玄雷震

此若修造、埋葬，主大发财福，生贵子，大吉。

五龙五库

凡造作、理葬，主大吉。

撼龙帝星

此若是修造等事，自然家道兴隆，大吉。

附四利三元十二年例吉凶神同位

一太岁,堆黄同。

二太阳,帝车同。

三丧门,帝舍与堆黄杀同忌堆木植。

四太阴,损阴人小口,病疾招阴私。

五官符,地官符岁位合房屋。

六死符,岁支德小耗同位。

七岁破,大耗同。

八龙德,地轮同。

九阴符,白虎同。

十福德,皇帝八座同。

十一吊客,飞天为火,华盖太阴青龙牛气牛星同位。

十二病符,帝辂同。

日家吉神注解

天德

集云:此方为福之地,可兴工动土、修营、上官。又宜藏胎衣,宜起造、安葬、移居、入宅、求财、出行、求福、结婚。又云:百事大吉。各月吉星诗例:正丁二申三辰逢,四辛五亥六甲用。七癸八寅九丙是,十乙冬月巳日穷。十二月寻庚日是,百事营为福自崇。

月德

洪范论云:此阴阳同类异位之德,亦各生气福德之辰,所在方万福咸集,可以封拜、上表、谒贵、求贤、上官、赴任、修造、动土、嫁娶、移徙、纳财、牲畜、市贾、契券，百事并吉。诗例：寅午戌月丙上推，亥卯未月甲木栖。申子辰月壬日是，巳酉丑月逢庚地。

天德合

百事所作，无有弗吉。诗例：正壬二已三逢丁，四丙五寅六巳停。七戌八亥九辛常，十庚十一月逢申。十二月中寻乙用，百事施为尽合情。

月德合

洪范论云：此五行生气之辰，用扶为福，所在天百事存焉，可以封拜、上官、祭祀、修造、开张、动土、远行、结好、婚姻、移徙、市贾、纳财畜、种植，百事吉。惟忌词讼。诗例：寅午戌月合在辛，亥卯未月巳于亲，申子辰月寻丁火，巳酉丑月乙为林。

月恩

宜起造、入宅、移居、出行、婚姻、嫁娶、造葬，百事吉。诗例：正丙二丁三九庚，四已五戊六恩辛。七壬八癸十逢乙，十一月恩甲上停。

月空

李淳风云：此日内阴之辰，吉庆之位，宜设筹谋、定计策、陈利言、虞章疏、造床帐、修产室。注云：动土、取土、修造并吉。诗例：寅午戌月逢壬地，亥卯未月合庚金。申子辰月求丙火，巳酉丑月申木寻。

月财

此黄帝招财之地，若起造、出行、移居，令人得财，凡兴造即掘其地，方圆二尺，取土埿堆填实。并告诗曰：正午二乙三巳宫，四未五酉六亥穷。七午八月仍原乙，九巳十一月酉逢。十二月则何处觅，原来亥上是真踪。

天恩

宜覃恩、肆赦、上官、参选、受封、造葬、婚姻、嫁娶，百事吉。诗例：四季何日是天恩，甲子乙丑丙寅连。丁卯戊辰间己卯，庚辰辛巳壬午言。癸未隔求己酉日,庚戌辛亥亦同联。壬子癸丑无差误,此是天恩吉日传。

天瑞

宜上官、佩印、受贺、纳礼,百事吉。诗例:四季天瑞是何辰,戊寅己卯辛巳真,庚寅壬子无差别,百事逢之瑞气臻。

天赦

宜众狱、施恩、祀神、赛愿、修造、起工、入宅、移居,百事吉。今俗云:五月甲午,十一月甲子为天赦,却与天地转移日同,加以月建厌动,凡修造、起工、动土极凶,宜避之。诗例:春逢戊寅夏与午,秋值戊申天赦路。冬月甲子最为良,百事逢之多事达。

要安、玉堂、金马、圣心、益后、续世、福生、普护、敬心

俱宜起造、作事、求嗣、上官、移居及嫁娶、安葬、出行、治病,百事吉。福生宜作道场、设齐、祭祀、祈福、求财,大吉。普护宜祈福、出行,百事大吉利。敬心宜作道场、设齐、祭祀,吉。诗例:正寅二申三起卯,四酉五辰六戌先。七巳八亥九起午,十子十一未上专。十二月从何处起,却来丑上起回旋。要安玉堂与金马,龙虎罪至敬心连。普护福生并受死,圣心益后续世吉。假如正月从寅上,顺加要安十二垣。

传星(紫微銮驾)

显星(玉皇銮驾)

曲星(天皇銮驾)

宜造葬、葬埋、修营、上官、泰竭、入学、科举、进士,诸事大吉。其显星即显贵星,名曰青龙天德符,系玉皇銮驾。曲星即直星,名曰金柜符,系天皇銮驾。传星,即八专,名曰太阴金符,系紫微銮驾。若得值日,曰合金符经。

吉庆、幽微、满德、活曜

宜万事吉利,与受死同日则凶。诗例:正午二亥三是申,四丑五戌六卯

真。七子八巳九寅上,十未仲冬辰上亲。更有十二月酉地,顺行十二求星辰。大煞天祸并玄加,吉庆大凶幽微星。死气天杀及满德,神后口舌活曜轮。

天喜

宜与取积同日,宜纳采问名、受贺、取索债负。诗例:正戌二亥三鼠喜,四牛五虎六兔是。七辰八巳九马逢,十羊十一猴腊鸡。

六合

宜求婚、送礼、嫁娶、交易、作和合事。诗例:正亥二戌三酉飞,四申五未六午是。七巳八辰九卯轮,十寅十一丑上栖。十二月寻子为的,假如正寅合在亥。二戌三酉逆行程,百事逢之最合宜。

天仓

宜修作仓库、起造,俱吉。诗例:正寅二丑三逢子,四亥五戌六酉是。七申八未九午擒,十巳十一辰相宜。十二月申寻卯日,修仓作库最堪为。

驿马

宜造葬、出军、远行、治病,百事吉。诗例:寅午戌月马居申,亥卯未月逢巳真,申子辰月马居寅,巳酉丑月马亥亲。

五富

宜造葬并作仓库,百事吉。诗例:寅午戌月五富亥,亥卯未月寅日推。申子辰月逢巳日,巳酉丑月申日排。

天富

宜造葬,作仓库,百事吉。诗例:逐月满日名天富,正辰二巳顺行图。一月一位无差错,百事逢之是吉途。

天财

宜报方、填基泥节、造葬仓库,百事并吉。诗例:正七逢辰二八午,三九值申为财日。四十戌五十一子,六十二月遇跃虎。

母仓

宜起造、婚姻、作仓库等事,俱吉。诗例:春逢亥子号母仓,夏值寅卯日为良。秋喜辰戌丑未日,冬遇申酉好收藏。

生气

即开日。五行诗云:此岁月极福之辰,亦名为天官时阳,百事俱吉,葬凶。诗例:月月逢开生气神,正子二丑三月寅。四卯五辰六巳顺,十二支中解类轮。三季月与天贼同,不可开张店肆行。

旺日

宜上官、赴任、入学、应举、出行、造葬、婚姻,百事吉。诗例:春旺寅甲丑土宜,夏火丙相巳午位。秋旺庚辛申酉金,冬旺亥壬子癸水。相日:赴任、入学、赴举、出行、造葬、婚姻,百事吉。诗例:春相丙丁巳午火,夏相须知四墓神。秋相亥壬子癸日,冬相甲乙寅卯木。

天乙贵人

宜造葬、上官、赴举、受封、兴修,百事吉。诗例:甲戊庚牛羊,乙己鼠猴乡。丙丁猪鸡位,壬癸兔蛇藏。六辛逢马虎,天乙贵人方。

天官贵人

宜造葬、施恩、拜封、上官、赴举、造作,百事并吉。诗例:甲日逢鸡乙猴家,丙寻鼠子锦添花。丁猪戊兔己虎位,庚壬同马辛癸蛇。

福星贵人

宜兴修、安葬、婚姻、恭贺,百事俱吉。诗例:甲骑猛虎丁寻鸡,戊猴己羊庚马居。辛蛇壬龙癸寻觅,乙遇牛猪贵可知。丙见福星在何处,鼠犬原来不必推。

十干喜神

宜嫁娶、交易、宴会、添贺、相合事。诗例:甲己寻寅卯,乙庚戌亥推。丙辛申酉位,丁壬午未栖。戊癸辰巳位,十干喜神居。

天福

宜上官、入宅、送礼,诸事吉。诗例:四季天福最堪亲,己卯庚寅辛卯寻。壬辰癸巳并己亥,庚子辛丑乙巳真。

天马

宜远行、出军、经商,吉。诗例:正七南离天马地,二八猴三九犬推。四十鼠五十一虎,六十二月寻龙螭。

三合

宜出行、合伴、求婚、嫁娶、交易、和合等事,吉。诗例:寅月逢午戌,卯与亥未同。辰会子申日,巳酉丑相逢。午遇寅戌会,未与亥卯通。申与子辰会,余月可推穷。

天医

宜求医、治病、针炙、服药、合凡、报瘟。诗例:日月寻开是天医,正丑二寅三卯栖。四辰五巳六午日,七未八申九酉是。十戌仲冬逢亥日,十二月求子示疑。

相日时德

上官、赴任、入学,百事吉。诗例:春三月寻午,夏三月求辰。秋三月知子,冬三月问寅。

阳德

宜赴任、佩印,百事吉。诗例:正七遇戌二八子,三九寅四十辰窥。五十一月午端的,六十二月申无移。

阴德

百事大吉。诗例:正七逢酉二八未,三九巳四十卯遇。五十一月丑无差,六十二月亥不移。

解神

宜报方、退煞、散讼、检察、刑狱,并吉。诗例:正申二酉三戌推,四亥五子六丑是。七寅八卯九辰当,十巳十一子贵未。

六仪

百事吉。诗例:正月寻龙是六仪,二兔三虎四牛推。八鸡九猴十羊居,十一月丙南寻马,十二月中蛇逶迤。

青龙黄道

青龙半吉。诗例:正七月逢鼠,二八虎头当。三九龙居水,四十马方求。五十一猴泪,六十二犬忧。

天宝金柜

宜修造、求嗣,百事大吉。诗例:正七跨龙去,二八骑马走。三九听猿叫,四十嫌犬呕。五十一鼠吟,六十二虎吼。

天对天德

修作百事吉。诗例:正七蛇当路,二八羊归栈。三九金鸡唱,四十野猪伤。五十一牛走,七十二兔还。

天宝玉堂

宜修作、安床帐、开仓库、店肆,百事吉。诗曰:正七羊来二八鸡,三九猪四十丑。五十一月玉兔走,六十二月蛇南首。天玉明星天库少微天成日。

明堂黄道

宜修作、上官，百事吉。诗曰：正七寻牛二八兔，三九逢蛇四十羊。五十一月听鸡唱，六十二月把羊详。执诸明星贵紫微吉人同。

司命黄道

宜修造，百事吉。诗曰：正七逢犬二八鼠，四十乘龙三九虎。五十一月马行迟，六十二月猴来舞。凤辇、天喜、明星、天官、禄库同。

神在

宜求福、设齐、赛愿，诸事吉。

明星

宜上表、造葬，百事吉。诗曰：正七逢申二八戌，三九子四十寅足。五十一月逢辰上，六十二月牛催促。

上吉次吉

百事大吉。

不将

宜嫁娶，吉。

时家吉神注解

青龙黄道、天乙星、天贵星

用事半吉，如会唐符、国印、福星、天乙贵人同到，可作全吉用。

明堂黄道、贵人星、明辅星

百事用之,大吉。

天德黄道、宝光星、天德星

百事大宜,用之大吉。

福德星、金匮黄道、月仙星

忌发兵,凶。其余百事大吉。

玉堂黄道、少微星、天开星

玉堂泥灶,不利,其余百事并吉。

司命黄道、凤辇星、日仙星

司命日间用,百事吉。夜间用事不利。

五符、唐符、国印

宜出入、远行、见贵、求财、上官、赴任、捕盗,万事用之吉。

福星贵人、天乙贵人、天官贵人、八禄驷马

凡上官、出行、求财、见贵,万事大吉。

太阳、太阴、金星、水星、木星

百事大吉。

贪狼、武曲、左辅、右弼

与吉星诸事吉。

三合、六合、喜神

宜求婚、嫁娶、送礼、交易、和合等事,俱利也。

凡择时取黄道贵人、唐符、国印、五符、福德、日仙、太阳会合、四大吉时到,并不忌已下诸凶时神。凡竖造安葬合得吉神,及得时干支扶助日主生旺,并三合主命生旺有气,合成格局之时,为大吉。不必专泥时下凶多而不用也。

年家开山凶神注解

年克山家

今按《吴景鸾进呈表》文,以洪范五行起遁坐山墓运。凡新立宅舍、修造、动土、停丧,逾月安葬并论,竖宅净尽拆去旧屋、倒堂、竖造论依原见存居址,不动土基地则并不论。时例山运原是坐山起堪舆要约一同议,年克山家丧宅长,月克山家宅母亡。日克山家新妇夭,时克山家子孙危。如年克山家无宅长不忌,月克山家无宅母不忌,日克山家无新妇不忌,时克山家无子孙不忌。地理云:年克奴婢小口,月克次家长,日克正家长,时克子孙亡。木土山受克主重病、破财,金水火山受克必主伤人。墓克岁兮财禄至,岁克墓兮祸患侵。相生相旺家富贵,相克相刑损家门。若四柱纳音中有制,则亦无咎,金用火制,木用金制,火用水制,当令不能制,要制神生旺,克神休囚,制伏则吉,先贤屡用制化吉。

正阴府太岁

如年月犯者,安葬主六十日,百二十日内主杀人,牢狱官灾。竖造犯之,在三五年内其祸方至。若日犯者,造葬主六十日,百二十日内主人杀人,病患、官事。如时犯者,有制压损人畜。此杀惟忌山头,若坐山头,若坐家或先造堂屋后造厅廊作向,系是修方论则亦不忌,如安葬切不可犯,见福尤速。又曰:正阴府若在生旺,半字不可犯,决主几人官灾横祸。若值休囚,四柱得枭杀透露,制化得宜,方主吉福。如单犯一字者,虽生旺屡损血财小口。

傍阴府太岁

值八干八支者,名曰:傍。值八卦,名曰正。若修造埋葬与正阴府并此者则同,剖法亦同。诗云:阴府杀人不用刀,克我伊旺命难逃。阴府杀人不可最,我旺伊弱发福强。年月日时俱同论。

正傍阴府总例

乾甲兑丁巳丑山,乙庚二字莫相干。艮丙巽辛山四座,甲己年月日时祸。坤乙坎癸申辰山,丙辛二字最为殃。震庚亥未山四位,年月日时忌戊癸。离壬寅戌四山神,阴府太岁忌丁壬。此出自八卦纳甲,谓乾卦外三爻纳壬,兑卦外三爻纳丁,丁与壬合化木,忌乙庚化金年月日时克。乾兑二山为正阴府。乾纳甲,兑纳丁,巳丑与兑三合,故甲丁巳丑四山为傍阴府。艮卦外三爻纳丙,巽卦外三爻纳辛,丙与辛合化水,忌甲己化土年月日时克。艮巽二山为正阴府,艮纳丙,巽纳辛,故丙辛二山只忌甲己为傍阴府。离卦外三爻纳己,与甲合化土,忌丁壬化木年月日时克。离山为正阴府,离纳壬,寅戌与离三合,故壬寅戌三山为傍阴府。震卦外三爻纳庚,与乙合化金,忌戊癸化火年月日时克。震山为正阴府,震纳庚,亥未与震三合,故庚亥未三山为傍阴府。

八山变运诗

艮巽水为宗,纳甲互相通。火居坤坎位,木入兑乾宫。东震属金位,南离变土风。五行真妙诀,能有几人通。乙庚金,阴府臬用戊癸化火制,正用辛克乙丙克庚,又化水泄之。丙辛化水,阴府臬用甲己化土制,正用壬克丙丁克辛,又化木泄之。甲己化土,阴府臬用丁壬化木制,正用庚克甲乙克己,又化金泄之。丁壬化木,阴府臬用乙庚化金制,正用癸克丁戊克壬,又化火泄之。戊癸化火,阴府臬用丙辛化水制,正用甲克戊己克癸,又化土泄之。

原五化气

盖寅属虎,辰属龙物之变化不测,莫龙虎若也。是戊甲己之年,正月建丙寅,丙火生土,理之常也,数至辰月建戊土是甲己化土也。乙庚之年,正月建戊寅,戊土生金,理之常也。数至辰月建庚金是乙庚化金也。丙辛之年,正月建庚寅,庚金生水,理之常也。数至辰月建壬水是丙辛化水也。丁壬之年,正月建壬寅,壬水生木,理之常也。数至辰月建甲木是丁壬化木也。戊癸之年,正月建甲寅,甲木生火,理之常也。数至辰月建丙火是戊癸化火也。此化气之妙，又谓之间气。

论阴府死活

坤壬乙申子辰六山忌丙辛阴府，变得山运属水，此乃活阴府也。艮丙辛寅午戌六山忌丁壬阴府，变得山运属木，此乃活阴府也。乾甲丁亥卯未六山忌戊癸阴府，变得山运属火，此乃活阴府也。巽庚癸巳酉丑六山忌乙庚阴府，变得山运属金，此乃活阴府也。但活阴府可用，若坤宫六山变运非水而犯丙辛，艮宫六山变通非木而犯丁壬，乾宫六山变运非火而犯戊癸，巽宫六山变运非庚而犯乙庚，皆死阴府，不可用。经云：死的阴府生灾祸，活的阴府送财多，是也。如修造不拘此。凡竖造安葬，傍阴府不可犯。二字全合化，如有丙无辛，有乙无庚，有甲无己，有丁无壬，有戊无癸，则不忌。若正阴府不明四柱天干地支生旺、休囚、制伏，半字不可犯，后之学者不可强制，误事也。

五子打劫

开山犯之主损六畜、血财，若合三奇、禄马贵人、尊帝，得一吉星到，则不忌。诗例：丑未之年庚杀乾，巳亥之年艮上存。辰戌南离艮兑犯，岁逢丑未艮山门。子午卯酉年何处，西南坤土不堪安。此与下段丘公五子打劫血刃同。

天禁朱雀

一名山家官符，一名横天朱雀。若造葬犯之，连年小口官非，若合太阳、三奇、帝星、天月二德到，不妨。若与天官符同位，见官事。

山家困龙

一名巡山大耗。造葬犯之，只损六畜，纵是阴宅阴地虽吉难以发福，若合得通天窍、走马六壬，作之不妨。

坐山官符

一名空山大罗睺，造葬犯之，当招疾病是非。若合太阳、三奇、天月二德到，作之不妨。坐山官符、山家因龙、天禁朱雀，名曰三连杀。诗云：甲己戌乾亥不祥，乙庚申庚酉难当。丙辛戌丁未是杀，丁壬辰巽巳为殃。戊癸之年何处犯,寅申卯上打官防。

山家血刃

一名阳府太岁。主损血财,得台十阳、三奇、解神、贵人临位,则不妨。诗曰:甲己犯乾兑,乙庚坎巽中。丙辛坤艮上,丁壬下震宫。戊癸南离位,血财尽成发。

值山血刃

主损六畜。诗云:甲己申酉乙庚壬,丙辛辛子枯血刃。丁壬亥酉不堪立,戊癸巳畜养无成。

山家火血

当年犯之,损血财。诗曰:寅午戌怕丙壬方,申子辰上甲庚当。巳酉丑忌乙辛位,亥卯未中丁癸殃。

山家刀砧

忌云:损六畜。诗曰:子酉二年乙辛山,丑辰寅午用甲庚。卯未巳亥丁癸上,帛戌二载丙壬乡。山家若犯刀砧杀,岁君常见血财伤。

支神退

犯主冷退。诗曰:午未乾山退,子丑巽兑凶。申酉坤艮位,戌亥离不通。寅卯辰巳岁,君休下坎宫。

皇天炙退

一名山家灸退,又名马前炙退,一名曲直神柜杀,六害阳卯杀。如申子辰年属水,马居寅,即三合死位,水长生于申,死于卯,故又名致死。一本云:马前六害,惟甲庚丙壬切忌立向,皇天炙退占子午卯酉忌作山并修方。口诀云:其年正忌修作,本年所坐山并修方,主冷退。又云:宁可向之不可坐之。天皇灸退猛如雷,犯着家财化为灰。任尔闭门深处坐,祸从天上入家来。

三杀

劫杀、灾杀、岁杀，名曰三杀。此杀犯之，立见杀人。法以月建入中宫，飞得所犯正杀，纳音五行所属，泊在何宫，如逢生旺之宫，或一周一月，立见杀小口横凶。若修方值之亦然。故曰：三杀可向不可坐。诗曰：火局北方亥子丑，水局南方巳午未，金局东方寅卯辰，木局西方申酉戌。

坐杀、向杀

犯主损失人财退散，凶。八山刀砧同位。诗曰：阳年丙壬丁癸向，阴年甲乙庚辛上。八山刀砧同一论，本年三合月为殃。

阴中太岁

一名阴中杀，又名游山官符。埋葬主凶。诗例见“白虎杀”下。

白虎杀

一名阴符，又名阴中官符。犯之主阴私公事。此杀即是四利三元十二年内白虎。诗例：白虎杀例子年中，顺行十二看其停。阴中太岁加未逆，二杀遁行不差轮。

坐山罗睺

招官灾、白蚁。诗曰：猪鼠入乾寻，牛羊艮上奔。虎震兔离位，龙兑蛇马犬。猴鸡居坎猪，犬得巽风生。此杀开山犯之主阴退，若选合太阳禄马三奇贵人禄马到位，亦不忌。

开山立向修方凶神注解

四大金星

一名寒鹊昭曜，犯主损日，开山修方并忌，其杀得丙丁奇年月日家九紫到有气,作之则亦不妨。诗曰:甲己岁寻丁,乙庚巽上停。丙辛莫作申,丁壬乾不宁。戊癸年庚上,犯之目不明。

浮天空亡

按金精廖氏云:一年止占一字,忌立向,犯之主招官讼。遁得真贵人、太阳、三奇、尊帝、解神到向,用朱砂书:九星三奇常方符报。再选中刑年月为吉。诗例:壬年占甲甲年壬,十二年中弱患侵。癸年忌乙乙年癸,十六年中讼病嗔。庚不向丁丁不庚,十八年中讼病生。辛不丙兮丙不辛,十年财谷化为尘。戊坤己乾若不向,二十年间官病临。

八山空亡

与浮天空亡同位,造葬山向并忌折星,改坟凶,安门立向亦忌。古历云:对中一位即是。按魏氏云:一年只占一字。诗曰:甲己辛年作丙壬,十二年中祸患生。乙庚戊岁迁丁癸,疾病官灾十四春。丙癸乙辛十八载,丁壬庚申犯双旬。如甲己辛年忌作丙山向,主寅午戌退。乙庚戊年犯丁癸,主申子辰退。丙癸己年忌乙辛,主巳酉丑年退。丁壬忌甲庚,主亥卯未退。

年头空亡

诗例:子年庚向丑年辛,寅年乾向卯年上。辰年癸向巳年艮,午年甲向莫相逢。乙向未年申岁巽,酉年丙向祸相嗔。丁向戌年须忌作,亥年坤向起灾逆。

头白空亡

山头或向犯之,至官灾、横事、疾病、退败。一云:即浮天空亡,巽名丙丁立向以坐山向二位论若非也。诗曰:壬岁乾山甲向离,乙庚丁岁坎山离。丙作戊上辛年艮,寅岁东方巳兑西。此例忌坐山,甲己辛年向丙壬,乙庚戊岁癸丁亲。丁壬休向庚和甲,丙癸之年忌乙辛。此例忌立向。

消索空亡

诗曰:甲己之年甲庚辛,乙庚之岁到坤丁。丙辛巽癸丙壬向,丁壬年甲乙艮宜。戊癸乾壬山忌取，患着灾危六十春。

巡山罗睺

一名无头火星。此杀二年占一字。百忌云：宅墓并忌，下此向犯主三五六年内造见官灾、横事，虽有吉星不能压制，宜一白水局年月。诗例：子作乙向君休作，辰岁须知巽向凶。辛向申年尤切忌，寅年艮巽莫相逢。丁向子年须莫犯，戊年癸向不相容。丙向巳年皆要退，酉年乾向隔相攻。壬向丑年灾祸起，亥年庚向祸重重。卯年甲向还须忌，未岁尤嫌坤向中。

马前六害

最忌立向，犯主退败、灾患。详见前开山皇天炙退下。诗曰：太岁须寻病死间，假如水局甲午许。金壬火局从庚位，木局原从丙火看。

翎毛禁向

忌云：损血财。诗例：子忌甲庚丙壬向，丑艮甲庚乙辛当。寅卯亥嫌丙壬向，辰岁甲庚丁癸藏。巳申忌丙壬丁癸，午年甲庚丙壬场。未岁甲庚酉壬庚，戌忌逢辛庚向安。

升玄、顺逆血刃

主血财损耗，若作栏椆最忌山向，修并忌。占干为逆，占支为顺，年月择论。诗曰：甲己顺蛇逆甲求。今术昔更作六甲年，血刃涟忌，但逢甲年避与申，而不知寻太岁所在。如甲子年又犯卯癸是也。逆血刃之祸连，紧于顺血刃，或谓年月日时同用此例，并不会有骑虎寻月建之说，皆后人强自准寅未可以为午。诗曰：甲己顺蛇逆甲求，乙庚顺子逆辛申。丙丁顺申逆在丙，丁壬顺亥逆庚游。戊癸顺从寅上起，逆从壬上起星头。

孙钟仙、顺逆血刃

主损人口、六畜。忌作山头向及修方。如得八节、三奇、月家日家九紫，先从壬上起手，相次作之，或有兼用断性以忠是□。占干为逆，古支为顺，逆血刃祸速于顺血刃。诗曰：甲己顺申逆丙游，正六十一月同求。二七腊顺亥庚逆,二八顺寅逆壬筹。四九顺己逆甲位,五十顺子逆辛头。乙庚顺寅逆壬飞,正六十一月同期。二七腊顺己逆甲,三八顺子逆辛推。四九顺申逆在丙,五十顺亥逆庚栖。丙辛顺子逆辛金,正六十一月同轮。二七腊顺申逆丙,三八顺亥逆庚寻。四九顺寅逆壬走,五十顺巳逆甲林。丁壬顺亥逆庚方,正六十一月同看。二七腊顺子壬逆,三八顺己逆甲当。四大顺子逆辛去,五十顺甲逆丙方。戊癸顺己逆甲真,正六十一月同寻。二七腊顺子辛逆,三八顺申逆丙丁。四九顺亥逆庚上,五十顺寅逆居壬。

开山立向凶神注解

天官符

其名有五:曰天太岁、州官符、州牢杀、宅长杀。口诀云:一年止占一字。山向有犯直见公讼,吉不能制,凡修方犯亦大凶。宜用三奇、通天窍年月,得年命贵人吉星到方,先从吉方上起手,连及不利之方,得白星南气方更吉。假如子年官符在亥,或从乾方,或从壬子方,连及亥方,在吉方住手。诗曰:天官符杀在临官,水局须知亥地看。火局巳宫木寅位,金局申宫一切防。

地官符

其名有五:曰死气官符、县官符、县牢杀、畜官符。口诀云:一年止占一字。修造、安葬、开山、立向犯之,主官灾,口舌。如遁得泊宫受制在君与作其人,合得走马六壬年月中吉星到山向方,主进绝户寡母田产横财,兼用三奇,并年月日一白水星以制,为吉。修方如合三奇诸吉星到方,并月日一白到,从吉方起手,修作大吉。如合得走马六壬吉星到,单修其方,先进绝户田产横财,后进六畜,无吉星主损血财。地官符属火,若得月日白水星以制,吉。诗曰:岁君起建须守□,定字原来是此神。泊宫生旺紧回避,山向犯官事临。

九天朱雀

与天官符同位,极凶。口诀云:开山立向修方犯之,周年内主官讼、口舌。诗曰:九天朱雀势浮空,阴收阳平原是踪。岁君刑位休同位,巡按来拿叫上苍。

丘公五子打劫血刃

捉鱼柚反应多吉,起造卯昏切莫问。修方立向君须忌,牛马猪羊化作尘。同年二戴如人死,更有公事人牢门。时师不位但将试,远年修造细推原。开山立向修方求三奇、禄马、转运帝星到位,帝旺到方,但得一吉到,则不忌。

八山刀砧

犯之损人口、六畜,若单修其方最忌。诗曰:子午寅申辰戌年,丙壬丁癸到来厘。丑未卯酉巳亥岁,甲庚乙辛灾祸连。开山修方犯此忌,更有月犯与同年。

铁扫帚

犯主人财耗散。诗曰:子午二年丁癸方,寅申巳亥丙壬当。卯酉二年甲庚位,辰戌丑未乙辛光。

李广将军箭

鬼道同位此杀,即羊刃飞刃也。古云:李广将军箭似仓,有人犯着祸难当。一箭一人死,二箭三人当。三箭并四箭,父子尽皆亡。年月日时同山向修方并忌。诗曰:甲庚卯酉年为祸,乙辛辰戌杀人多。丁癸牛羊休踏踩,丙壬子丁动干戈。乾巽猪蛇为大祸,坤艮猴虎不堪过。天干有箭支无箭,犯着灾临不奈何。

岁杀

一名岁杀。开山立向修方,主官灾、疾病、失财。百忌云:杀子孙。集云:

此阴毒害之神，皆在岁之死地，大禁同位。诗曰：岁杀辰与大禁同，胎养之同大祸宫。三合长生寻岁杀，假如水局养羊迹。

地轴

宅干杀同位，山向修方得吉星到，作之不忌。诗曰：太岁寻危帝山星，子年未上莫修营。犯之宅母身难保，余岁须知此例亲。

帝舍

长男杀丧门土瘟同位，居得吉星，作之不妨。诗曰：帝舍星名杀长男，丧门土瘟其处详。岁君寻满为真诀，子岁寅方不等闲。

帝车

新妇杀太阳同位，有吉星制则不妨。已上地轴、帝舍、帝车与宅母杀长男、杀新妇杀同位，故不重载。诗曰：四利三元遁太阳，太岁二位法消详。但逢除位君休造，犯主新妇入泉乡。

帝辂

病符同位，向修方得吉星到，作之不忌。诗曰：帝辂须从闭上寻，子年亥上时真情。太岁十二病符位，却与帝辂一同论。

修方凶神注解

破败五鬼

忌云：修造大凶。诗曰：甲壬二载居巽方，乙癸须知艮户藏。丁震丙坤戊离位，巳坎辛乾庚兑防。

隐伏血刃

修作动土损血财。诗例:甲己乾空吴,乙庚子未场。丙辛寅合戌,丁壬乾亥乡。戊癸卯遥丑,隐伏血刃方。

千斤血刃

损六畜。诗曰:甲己相猴官,乙庚畏虎同。丙辛寻老鼠,丁壬猪莫逢。戊癸居何处,大蛇路不通。

升玄燥火

犯主火灾。诗曰:甲己犯牛丁,乙庚占申猴。丙辛龙辛上,丁壬羊癸求。戊癸寻乙狗,此方不可修。

金神

一名金神七杀。其杀大忌修方,动土。求得三奇或日月家九紫到方有气,作之无害。一云:主目患。诗曰:五虎正有日遁金神,每月干支并纳音。天金即是天金论,地支纳音金方真。

九良星

忌修整,主见灾殃。诗例:丙寅庚午辛未年,辛巳乙酉丙戌连。辛卯壬辰丙申岁,辛丑癸卯乙巳全。丙午壬子并乙卯,俱在天宫按本言。乙亥庚辰丁酉宫,己亥辛亥壬戌同。六年九良占何处,寺观不许乱修营。甲子社庙乙丑厨,丁卯后门寅艮居。占及神庙与道观,戊辰庚辰寺观栖。己巳申方并寺观,壬申在厕不须疑。癸酉寅艮卯午方,又占后门莫修为。甲戌庙州并占县,丙子中庭不可欺。丁丑厨井与寅方,戊寅东北须当记。己卯后门僧尼寺,又观壬午在神庙。癸木水步并井栏,甲申中庭及正厅。丁亥大门及己丑,又兼僧寺莫修干。戊子厨灶休相犯,己丑寅方厨舍防。庚寅一年占午宫,癸巳大门僧寺凶。甲午戊亥方休作,乙未水步并亥同。戊戌相县及僧堂,城隍社庙不须看。庚子中庭占厅上,壬寅东北丑午方。又兼厨井桥门路,甲辰僧堂社庙藏。丁未僧堂社庙防,城隍切莫去修装。戊申中庭正厅忌,己酉寺观社庙藏。癸丑僧寺观社庙。甲寅丑方君休造。丙辰寅辰方要防,丁巳前门九良到。戊午戊亥并厨灶,己未在井庚申桥。社庙门路并栏干,辛酉午方休问作。癸亥占船及巳方,九良犯着祸恓惶。若得太阳来下照,三奇拥护如无妨。

九良杀

忌修作。诗曰:子丑二载占中庭,丑岁排来到厨寅。丑上寅年为何吉,卯辰后堂动无宁。能见寅辰皆不利,巳门酉向亦非宜。马立戌亥万难折,羊从水路不易行。堂庙莫于戌年整,寺观的在亥岁灵。此杀修营君须避,却是京本九良神。

太岁堆黄

即本年太岁。集云:本皇之精,岁之君也,所在之处不可修作、动土、安葬、移居,百事凶。犯之杀宅长,行军布填不可向之。忌云:禁百二十步,犯之破家,凶。俚语人君之象,后一斡名李广箭跟驾也。前一斡象君阑门也。故曰:一百二十年空亡,此也。俱不可犯也。诗曰:太岁建位号堆黄,又名宅长杀同看。泊宫受制万无咎,泊宫旺地切须妨。

太阴

集云:土星之精,太岁之后妃,当居岁后一辰,凡兴工、动土、移徙抵犯并向,损女人小口,招阴司之厄。百忌云:女人病只宜学道吉。诗曰:太阴子上从戌起,十二顺行逢酉止。兴工动土有阴私,伤损人丁并归女。

将军

集云:金神之精,方伯之神,百事不可抵,犯之周年亡者八九,唯宜修饰吉,动土凶。总圣云:或与太阴大杀岁厌岁刑恶神会于一方,名群丑。经云:大天凶殃必在群丑,若尔寻北方亥子日水,如犯之法当灭。口诀云:禁一百步犯之,三年死。岁厌见后卷。日地败寻酉,东方寅卯辰,败子不须轮。南方巳午未,火败卯宫是,西方申酉戌,金败干位实。

岁刑

集云:此五行生旺之气,恃强相刑,其方不可兴工,主事开血光。忌云:防子孙公事不可出兵,及传戏。诗曰:子刑卯上卯刑子,寅刑巳上巳刑申。申刑寅上戌刑未,丑刑戌上定其真。酉刑酉兮午刑午,亥刑亥兮辰刑辰。

岁破

一名大耗。集云:太岁所冲天上之天罡也,其地不可兴工、动土、移徙、嫁娶、远行、安葬,犯之杀宅长。凡岁破之日,亦不可修造动土,其杀正忌修方,更忌立仓库,置庄厢,犯之损六畜。若大修作,得三奇太阳到兼年月日星同到其方,从吉方起手,连及大耗不利之方,却又从吉方不住手。假如子年大耗在午,从丙丁方起手用工,连及午方,又从丙丁方住手,大耗司岁破,故不重载。诗曰:大耗须知问破乡,又为岁破二同群。假如子年午是破,年支冲处较君量。

小耗

一名死气,一名净栏杀。死符事部同杀,止忌修方。集正云:其方不可造仓库。百忌云:犯之损六畜,从吉方起手而后连及小耗不利之方,却又从吉上住手。如子午卯酉年与三杀方厨位,切忌单修此方,犯之六畜损耗、衰败、不旺,曾见人偷修日在小耗方上修整栏椆,三年后其灾亦应。诗曰:小耗年年论执方,死符停司一项看。净栏围后原同论,修之财畜不收藏。

大杀

一名霹雳火,犯之主官刑、衰败人口,凶。忌云:千戊明口。诗曰:大杀原居帝旺乡,申子辰岁子贼详。从北二隅俱可识,犯主官非人口灾。

劫杀

一名害气，一名杀气。犯之招盗贼，损人口。诗曰：水局午应才处寻，金寅火亥本申真。兴作立主伤人口，盗贼频招失却银。

灾杀

犯之人则衰耗，灾生不测。口诀云：合通天窍吉星三奇到方，走从吉方起手，如子年先从巽上起手，连至丙上住手，或从丙上起手连及巽住手，盖巽丙丁坤但其方有吉星盖照，连及巳午未亦可修作。忌单修巳午未方。诗曰：三合年寻胎是踪，水原午地金卯真。木酉火子君须记，犯之人财衰耗凶。

岁杀

一名岁杀，一名人口杀，月杀。同已上劫杀、灾杀、的杀即三杀也。诗曰：的杀原从何处穷，申子辰年未是踪。水局长生申上起，数到分处例雷同。

年流杀

其杀止日方道，如小可修葺，犯之便损血财，若大修作选得三奇、转运帝星、月家阳龙阴兔帝星到方，宜大修作，吉星能压。经云：捉着流财财便发。诗例：龙虎兔猴居子丑，马羊蛇鼠戌乾方。鸡犬猪牛未坤上，便是流财杀作殃。

山官符

犯之退田产。诗例：子丑巳午年，乾上不堪言。庚卯辰申岁，亥子丑方忌。未酉戌亥首，莫下未申酉。

大祸

诸历云：犯之有灾咎。大祸有二：曰伏兵，大祸也，有次大祸与驿马同位，不为深害，其方若有凶杀即大凶。诗曰：大祸原来胎养间，水局原来丁火乡。

金局乙方火局癸，木局原来辛位详。

崩腾

犯之主杀宅长，以至灭门，三年内应。集云：千年崩腾，犯之主杀长子及忌行丧。诗曰：子地丑天寅岁辛，卯乙辰丙巳居壬。年庚未甲申年癸，酉丁戌巳亥鸡鸣。

独火

一名飞祸，即盖山黄道年月内朱雀五鬼独火星在舍位，一年止占一字，惟忌修营，盖长动土主见火灾破财，惟葬不忌。且如甲子年用离卦，五鬼在艮，是独火。又如丑寅年用坤卦，五鬼在震，是独火。此用中年一卦犯之大凶，台杀将月建入中宫，顺飞钓得丙丁二字到本年独火方上，修作动土，犯之其火即发，吉不能制。或其年独火上，得月家一白水星同到，本年独火方上有气作之吉，无气不利，或得壬癸水，如独火方上作之，即地下五星中独火忌去火。内禁无步数主破败，百事凶，主失火血光官事。如丁未年独火在离二日，遁起癸卯入中宫顺飞，到离上见丁未，近见一家动土修造，误犯离方，则其火随手烧屋，盖飞得丁字到离故也。诗曰：子年山上丑寅雷，卯坎辰巳怕风摧。午兑未申离方地，戌亥祸从天上来。

黄幡

集云：此太岁之墓也。五行之墓并在四季属土，其色黄封树如旌幡，以黄为其封，故名黄幡。忌开门取土及嫁娶、纳财、牲畜，主损失。忌云：孤寡凶时日，水局寻辰墓，火局在戌乡，木局原在未，金墓居丑场。

豹尾

与黄幡对位，合云黄幡。所精随而变之动则疾，连如豹尾，主忌嫁娶及作百事，损人丁六畜，禁五十步。诗例：申子辰太岁，冠带是其方。金局逢未地，火局烧龙伤。木局年何处，金牛豹尾乡。

八座

即黄帝大座。圣云:其方并日大忌,于造填安葬及造作凶,主杀宅长、师人。诗曰:八座寻收此诀真,子午酉位遇败神。开山立向居其位,杀师须知早避身。

千斤杀

损六畜,忌单修。诗曰:鼠狗蛇怕寅,马牛猪犯辰。兔猴忌亥上,羊虎相片经。龙鸡占何处,长蛇当路侵。

飞廉

一名飞廉大杀,乃岁乙阴神。忌云:起造、动土、移徙、嫁娶,百事凶。主公事、疾病。诗曰:子午寅申丑未年,遁寻戌位是飞廉。卯酉巳亥辰戌岁,但逢满位掌中传。

五鬼

集云:主虚耗失财,病患。如值岁月合日,祭祀修福助之吉。诗例:子年干位逆加辰,丑岁须知逆卯真。寅见寅兮卯见丑,辰逢子地巳猪从。午寻戌地未寻酉,申遇申兮鸡未鸣。戌向午宫亥向巳,五鬼亥上莫修营。

力士

犯之主瘟疫,防手足。诗曰:亥子丑衰病,夹处求寅卯。辰巽宫不用,擒巳午未坤地何。须记申酉戌,乾宫力士实。

土皇游

集云:犯之一年内,主瘟疫非灾。忌云:凡在一方则游对冲一方,一方各占三位,其刑如师。子部从甚,众公馆私家,切忌动作,犯之人家破败、口舌、怪梦。陈希夷云:犯之令人血光。仍分阴阳轻重断之,秋分后五日得风地观卦用事气碍。诗曰:子丑寅巳年,乾巽主忧煎。寅卯戌亥岁,坤艮灾殃起。午申酉三载,子午方上载。惟有未太岁,卯酉为不利。

天命杀

一名年游,一名赤寿。起造动土大凶。公馆犯之,人前所防。庶人犯之,大杀十人。诗曰:子午年辰酉,丑未卯宫岁。寅申年在亥,卯酉年蛇壬。辰戌随牛走,蛇猪值未方。此名天命杀,犯着泪汪汪。

伏兵

集总云:犯之主有暗伤灾咎。诗曰:胎绝相夹号伏兵,巳午之间丙是真。申子辰年水局例,举此一端教君论。

蚕官、蚕室

大忌春间修作。集云:蚕室在将军后三辰前,将军之妻,犯之年年损蚕,每遇岁夜以香黍米果于其方,烧为祭之,令年年得蚕。诗曰:官支室卦细推分,亥子丑年居未坤。寅卯辰年戌乾上,巳午未岁丑艮门。申酉戌年辰巽住,作犯之时必见迍。假如亥子丑太岁,友未坤卦与君论。

蚕命

忌云:犯之损蚕。诗曰:子羊丑马寅猪位,卯犬辰蛇巳怕牛。午虎未猴申占兔,酉龙戌鼠亥鸡椆。

病符

犯之主疾病损人。集云:主瘟疫。口诀云:存吉神照,作之不妨。诗曰:太岁前一是病符,岁前二位吊客居。丧门岁后福一位,位上修造人损处。

丧门

集云:造作,百事凶。及不宜出丧,诗例同上。

吊客

犯之主招哭泣、疾病,诗例同上。

天太岁

集总云:犯之损宅长,诗例同前天官符。

地太岁

集云:犯之损宅母及小口。诗曰:子申二年去寻羊,丑酉两载畏蛇伤。寅戌骑龙卯亥虎,辰牛巳猪午犬乡。及有未年猴作载,犯之人口受畏灾殃。

禄存

犯之大凶,主损产妇及招贼盗。诗曰:子年兑上逆行踪,数到坎宫复转申。申震酉巽戌中论,亥乾逢之是禄存。

文曲

犯之主退财、招瘟、损人口、宅妇。诗曰:子年加艮逆兑宫,数至坤宫复震陈。申巽酉申戌乾上,亥年遇兑损胎凶。

巨门

犯之为灾,不至猛烈,主损血财,局主退死。诗曰:巨乾辰离坎值坤,一年一位逆行遵。数至八年逆须转,十二支神九宫分。

廉贞

犯之大凶,主讼事、大火、退人口。诗例见上。

破军

犯主大凶,诗例同上。

奏书

集云:此岁之吉神,天之掌记,其方不可穿窟修营,候岁月天道天德星到位,可以修饰。注云:喜禄也,向之吉,与博士同论,说见后天德注下。诗云:亥子丑乾同,寅卯辰艮乡。巳午未年巽,申酉戌坤方。此为奏书杀,博士对宫坤。

牛飞廉

其方犯之,主牛畜凶。诗曰:子丑杀在辰,寅卯居午真。辰巳立申上,午未怕戌嗔。申酉寻子路,戌亥好避寅。

二金

忌云:大凶,禁气远道宫辰云,犯之主刀具刑禁之。诗曰:子乾丑寅寻鼠踪,卯兔辰巳向马踪。午坤未申巽上立,酉鸡戌亥犬居东。

二土

犯之主土压凶。诗云:子午居坎丑寅乾,卯辰艮巳居坤垣。未申占酉酉年巽,戌亥二年在卯边。

二木

犯之土木打凶。诗曰:子年午上午年子,丑寅二岁共坤处。卯年酉上本年卯,辰巳在乾皆一路。未申居艮不须轮,戌亥二年居巽户。

畜官

一名县官符。集云:不可兴工、动土造作百事及犯补牢,主防小口六畜。诗云同前地官符。

碎金杀

一名碎并三杀,犯之主私情公讼破财。诗曰:四孟拜鸡四仲蛇,辰戌丑未间羊家。时人若犯碎金杀,破财官事更淫邪。

暗刀杀

犯之损人,忌单修。诗例:庶马岁嫌龙,牛羊总兔踪。虎猴猪莫犯,鸡兔忌猴远。龙犬嫌牛走,猪蛇羊最凶。

月开山立向修方凶神注解

月克山家

与前年克山家诗同。

阴府太岁

与前阴府太岁注同。

山家朱雀

忌开山,主口舌。若与天官符、地官符同位,大凶。诗曰:正离坎坤宫,三九巽户两雷同。四十月乾休要作,五十一月艮兑中。唯有七月居离震,六十二月兑为凶。

飞宫天官符

有四名,说见前。开山立向注同犯之吉不能制,主杀宅长及非黄官灾。若有禄马同到其宫,见祸尤速。诗例:常将月建入中宫,顺寻年建位何逢。假如水局亥为禁,正建入中亥占中。

飞宫地官符

凡三名,注见前。占舍位五十步尚不可犯,而飞宫又不可犯。若犯山头官灾日□纳发。若立向及修方官灾向外来,又名畜官。动土兴工修作,损小口,损六畜。二官符起遁所属见前注诗例:每寻定字为年禁,建顺中飞遁禁神。子岁定辰为禁字,建中寻禁在何停。

月修方凶神注解

大月建

一名暗建煞,一名逆小儿煞。古历并云:一行军师以此为阴中太岁,凡将军、大煞、官符及诸凶神犯者,尚可怀□,惟此不可犯,主先杀宅长,次杀子孙,立见衰败。百忌又云:按三白九紫之方造作,不避太岁禁煞,并官长凶年,只忌犯此月建年破,非三白之无功也。假如庚戌年正月起艮上逆行,二月兑,三月乾,四月中宫,五月巽之类也。诗例:甲癸丁庚起艮宫,乙辛戊岁起中央。丙己壬年坤位发,逆走九宫定建方。

小儿煞

一名小月建,一名顺小儿煞,一名阴阳月建。修造动土犯之,主损坏日,然阳宅滴水檐外尤紧,禁无步数犯之,即见凶祸。诗曰:阳起中宫阴起离,阴阳二年并顺推。九宫数至遇何日,到此一宫煞小儿。假如申子辰寅午戌阳年正月在中宫,二月乾,三月兑,四月艮,五月离之类,每一卦占三宫。其余仿此。

打头火

忌修方,整换随手火发与引火星不同,惟葬不忌。打头火寅午戌属火旺在午,亥卯未属木旺在卯,申子辰属水旺在子,巳酉丑属金旺在酉。盖子午卯酉各在本宫旺乡,又是飞宫,故犯之,其火即发。如飞天独火,申子辰属水死于卯,巳酉丑属金死于子,寅午戌属火死于酉,亥卯未属木死于午。盖子午卯酉火星皆在本宫死地,虽是飞宫故其火无应,若与打头火飞宫同位,及年独火飞得丙丁字同到方道,则此火即发。诗曰:三合之年寻旺宫,水局子上定其踪。火局午未木局卯,金局酉地火飞红。

飞天独火

若与月家火、打头火同位,火即发。诗曰:三合年飞死位寻,假如水局卯宫真。巳酉丑岁死居子,金火二局例堪轮。假如子年正月以寅入中宫顺行,到乾见卯字即是。若与打头火同位,其火即发。余仿此推。

月游火

占舍位止忌一字,与打头火同位其火即发。诗曰:子丑年居艮,寅年震上装。卯辰居巽位,巳年在离乡。午未游坤堪,申年兑上藏。酉戌寻乾主,亥年占坎方。此为正月例,次第顺推详。

巡山火星

犯之主灾殃。诗曰:正月十二火星乾,二坤三四坎宫跟。五入中宫六上卯,八酉九十艮忧煎。十一巽离君好记,犯之红火定连天。

丙丁独火

说见前修方注。此煞将月建入中宫,吊得丙丁二字,本年独火方上,盖丙丁属火,则其火乡发。如丁未年独火在离,二月用事,将月建癸卯入中宫顺行,到离上见丁未,近见丁未,近见一家动土修造谓犯离方,其火即发。盖飞得丁字到离,凶。诗曰:正月十一巽上空,二腊卯巽九乾真。三月卯坤四坤子,丑月子午艳飞红。六月艮午七酉艮,八月乾酉火相逢。

隐伏血刃

修造动土主损血财。诗曰:甲己正月兑顺隐,离上逆隐遍九宫。乙庚孟著巽伏顺,逆子乾上是行踪。丙辛顺坎逆震位,丁壬震顺逆走中。戊癸顺离坤不顺,一卦相定吉凶宫。

升玄血刃

犯之主血财损耗。

丘公暗刀杀

其杀忌修整,若修厅杀宅长,修堂杀宅母,修门杀次长,修厨杀新妇。值丙年楼仓库犯之,主见祸患。若鼎新造作则不避忌。诗例:遁甲还从甲上起,正月时师仔细推。甲己之年甲戌起,乙庚之岁甲申游。丙辛之年甲午出,丁壬之岁甲辰求。戊癸但从甲寅起,顺行十二与周流。

饥渴血刃

饥则食肉,渴则饮血,不论方道,惟忌修作中宫。若修作中宫并动土,主损血财。若合得三奇诸德贵人、太阳、解神、生气临中宫则吉。又按先贤口诀,以月建入中宫属木,能克中宫之土,或月日家九紫得一吉到中庭,修作无妨,诗曰:甲己蛇戌子密中,乙庚龙鸡未月逢。丙辛兔猴亥当避,丁壬羊虎酉无踪。戊癸马猪申月犯,饥食渴饮血财空。

日家凶神注

(谓丛神总论吉凶,同录此,便观览)

天地争雄

忌出军、行兵、立寨营、嫁娶、出行、经商、行船,百事凶。诗例:正巳午日二亥子,三午未四子丑是。五未申六丑寅逢,七申酉八虎兔踪。九酉戌十卯辰当,十一戌亥腊辰巳。不信犯着争雄日,江河皆灾绝出军。用此日不久遭亡灭,行嫁用此日生离并死别,出行用此日本利尽消折,行船用此日波浪遭况没。每月有二日，凶败难宜说。世人若避之，代代逢明月。若合吉星多，解救无他说。

绝烟火日

忌分居、入宅、作灶、烧窑。诗例：正七辰戌莫分居，二八巳亥亦同忌。三九子午休居火，四十丑未不堪为。五十一月寅申日，六十二月卯酉殃。移居入宅君须记，犯着烟灭人多危。

八风日

忌行舡。诗曰：春忌己酉丁丑日，夏畏甲申甲辰凶。秋嫌辛未与丁未，冬恶甲戌甲寅逢。

四穷日

忌入宅、分居、安门。诗例：春乙夏丁秋辛穷，冬癸干畏支亥同。假如主之亥为例，四穷值日莫相逢。

财离日

忌分居、经商、合伴、牧放、财物。诗例：正龙二牛三犬是，四羊五虎六鼠子。七鸡八马九猪头，十兔十一申腊巳。

灭门日

忌造作、安修门路。又云：造葬损人财。诗例：正巳七亥号灭门，二辰八戌三卯载。九酉四寅十申地，五丑十一未上亲。六子十二月居午，造葬逢之损少丁。

九良星

所占处修作损人口，凶。诗例：正二良星占在陛，三四厨房不用猜。五六东方及水路，七在丙兮八巳午。九秋十月大门神，仲冬十二占中庭。

伏龙

总云:不可犯之,凶。诗例:春在中庭四五堂,六七西墙八井乡。九十十一西南占,十二灶上见历惶。

咸池

忌宴饮、嫁娶和台主口舌是非。诗云:寅午戌月卯日忌,亥卯未月子无疑。申子辰月酉日是,巳酉丑月子上推。

蛟龙

忌行舡、载货物及造桥梁、作陂。诗曰:正八未二四十申,三五逢犬浪涯深。六牛七九龙行水,十一鼠腊蛇生嗔。

反激

忌行舟、载物、造桥梁、作陂。诗云:春逢己未莫行舟,夏遇戊辰最生悉。秋值己丑不如位,冬畏戊戌有煎忧。

离别

忌嫁娶、出行,凶。诗例:正七丙子二癸五,四月丙辰三丙寅。五六丁巳八庚辰,十二癸巳九辛未,十月十一丙午临。

往亡

忌上官、嫁娶、出行、移徙。诗曰:立春后七日,京直(惊蛰)十四直。清明二十一,立夏后八晨。芒种一十六,小暑日四日。立秋方九日,白露十八明。寒露二十七,立冬十朝灵。大雪三十位,小寒三十沉。

归忌

忌远回、入宅、嫁娶。诗例:正四七十原居丑,二五八十一寅同。三六九腊求子日,入宅远回嫁娶凶。

三不返

忌上官、赴任、出行、行兵。诗例:正月庚戌辛亥共,二子午卯酉日同。三月甲辰四寅未,五月卯午远行凶。六月辰巳未日忌,七月辰巳申莫逢。八月卯酉午不足,九月戌未寅卯终。十月戌亥申尤畏,十一须将酉日穷。十二月寻丑戌亥,远行定是不回踪。

五不遇

忌出行、求财、牧捕、进谒。诗曰:正犬二亥求,三马四羊游。五虎六是兔,七龙八蛇头。九逢鼠子位,十牛十一猴。腊月听鸡唱,目损明难守。

四虚败

忌开仓库、分居、入宅。诗例:春逢巳酉夏甲子,秋值辛卯冬庚午。此是四穷虚败日,开张库铺如荒芜。

天地凶败

百事并忌,极凶。诗例:孟夏初七廿一推,仲春十九是凶败。季春十二并初一,孟夏初九廿五是。仲夏十五及廿五,季夏朔月二十忌。孟秋初八二十一,仲秋初二十八知。季秋初三十六值,孟冬初一十四期。仲冬十四还十五,初九廿五腊无疑。

天休废

忌上官、入宅,凶。诗例:寅申巳亥四个月,初四初九与君论。二五八十一月中,十三十八皆无别。辰戌丑未凶季月,廿二廿七无余诀。

杨公忌

忌入宅、分居。诗例:正月十三二十一,三月初九四初七。五月初五六初三，七月初一廿九实。八逢廿七九廿五，十月廿三还值渠。子月二十腊十九，一年周知不计余。神仙定下十三日，不犯凶神祸自无。

天乙绝气

宜作厕、冠笄、搽仙、缠足。忌余事。诗例：月上起日逆行程，数值酉宫绝气神。假如正建寅初一，初六逢酉诀为真。

长短星

官历忌市贸、交易、裁衣、求财。诗例：正月初七并廿一，二月初四十九是。三月初一十六逢，四月初九廿五忌。五月十五兼廿五，六月初十二十栖。七月初八廿二日，八月初二五不移。还有十八十九日，九月初三初四推。十六十七日还是，十月初一十四窥。仲冬十二廿二日，腊冬初九廿五知。

瘟星出入

忌入宅、修造、六畜栏枋。诗例：正初六入初九出，二初五入原不失。三月初三四是真，四廿五入无差忒。五月廿四七端然，六逢廿二六无别。七月二十廿三连，八忌廿七与三十。九值十七二十日，十月十三六共说。仲冬十二五同亲，腊十一入十四出。

四方耗

忌出行、开张、商贩、买卖、立仓库。诗例：正五九逢初二日，二六十月初三真。三七十一初四值，四八十二初五嗔。

四不祥

忌上官、赴任、行兵、出行。诗例：每月初四并初七，十六十九定凶期。廿八日为四不祥，有人犯着见凶至。

大空亡

忌求财、出行、经商、出财、上官。诗例：初一每从月建首，周数掌支皆顺走。数至财局为空亡,遁至辰戌名赤口。亥卯未支三侣空,先到小空后至大。行商坐贾申支忌,赤口纳畜定可否。

小空亡

忌出行、经商、求财、出财,宜作寿木。诗例见上。

天刑

忌词讼、上官、嫁娶、入宅、称居、修舍宇,犯之主杀人口、损六畜。诗例:正七寻寅二八辰,三九午四十逢申。五十一月知应戌,六十二月子宫停。

天牢

忌出行、词讼、移居。诗例:正七是申二八戌,三九值子四十寅。五十一月寻辰地,六十二月午上明。

罪刑

忌词讼。诗例:春木冠带丑,夏火罪刑辰。秋金在未上,冬水定戌神。

死刑

忌上官、嫁娶、安床、入宅、出行、移徙。诗例:春木逢养值戌神,夏火言寻丑金辰。冬水但寻未为是,生离死别两无情。

不举

忌上官、移居、婚姻、交易、入学。诗例:春木逢子是败鸡,夏火值卯不顺详。秋金遇午君须忌,冬水还居在酉场。

天罡钩绞

诗例:天罡正绞蛇,二子三羊嗟。四寅五鸡唱,六辰七猪余。八午九午诀,十猴兔仲冬。十二敬犬吠,经络讼忌逢。

河魁钩绞

诗例:河魁正绞猪,二马三午居。四猴五兔猿,六犬七蛇轮。八鼠九羊死,十虎十一鸡。冬季河位上,龙蟠清渠栖。

赤口

忌云:交易主口舌争兢,不宜会客礼之吉。诗例同上。

蚩尤

忌行兵、出阵、冠笄,不吉。诗例:正七逢寅二八辰,三九午上四十申。五十一月原居戌,六十二月子为真。

雷公

忌移徙、居处。诗例:正上原鼠二八虎,三九逢辰四十午。五十一月弄猿猴,六十二月戌为祖。

飞流

忌上官、嫁娶、词讼。诗例:正七求卯二八巳,三九未上四十酉。五十一月亥为真,六十二月丑上栖。

朱雀

忌入宅、分居、词讼。诗曰:正七兔中取,二八蛇头当。三五羊居栈,四十鸡栖藏。五十猪圈定,六十二牛栏。

月忌

百事并忌。诗云:初五十四二十三,动君有钱莫去担。

四耗

忌开张、出财、造仓库。诗曰:春逢壬子不为良,夏值乙卯莫商量。秋当戊午皆不利,冬季辛酉耗须详。

四废

忌修造、交易、安床。诗曰:庚申辛酉为春飞,壬子癸亥夏时当。甲寅乙卯秋月值,丁巳丙午冬季防。

五虚

忌开张库铺店肆。诗云:春嫌巳酉丑,夏恶申子辰。秋忌亥卯未,寅午戌冬嗔。

五墓

忌百事,凶。诗曰:乙未正二切须防,三六九腊戊辰当。四五月忌丙戌日,七八辛丑入墓藏。

九空焦坎

忌种植、开仓库、出行、出财、商贾。诗例:正辰二丑三戌防,四未五卯六子场。七酉八午九寅上,十亥仲申腊巳当。

无翘

忌嫁娶。诗例:正亥二戌并逆飞,三酉四申五未栖,六午七巳八辰日,九卯冬月次第推。

龙禁日

忌行舡、装载、造桥梁、作陂。诗例:初二初八并,十四二十丑,六月皆龙禁。立石安桥及行舡,并宜忌之。

血忌

忌针灸、刺血、弄剑、割六畜。诗例:正丑二冲未,三寅四申是。五卯六酉日，七辰八戌忌。九巳申十亥，十一午腊子。

血支

忌针灸、割六畜、穿牛。诗例：月月须寻开，正丑二寅推。一月一位论，血支定佳期。

灭没

忌百事，凶。诗例：弦日逢虎晦遇娄，朔辰遇角望亢求。虚鬼遇牛为灭没，凡为百事尽皆休。

离巢

合吉星则吉，与建、破、平、收、魁罡日同则凶，有壬申、壬子、戊申、辛亥修太阴太阳所照之辰，考正无拘。诗曰：丁卯戊辰己巳歌，壬申戊寅辛巳遇。壬午戊子己丑是，戊戌己亥辛丑多。戊申辛亥戊午日，壬戌癸亥德离窠。

九丑

九丑，乃天地淫泆之日，忌出行、嫁娶、移徙、安葬，吉多不忌。内有己卯、己酉、辛酉合太阴太阳所照之辰，合者正无拘也。诗云：己卯壬午并乙酉，戊子辛卯己酉愁。壬子戊午及辛酉，九日原来名九丑。

九土鬼

按百忌云：上官、起造、动土忌之。赵世庵云：凡事有始无终，其日与建、破、魁罡相并者则凶，有吉星相扶则无妨，今依《遁甲符应经》所忌壬寅、己酉、甲午日干生支为宝日，上吉。戊午、辛丑支生干为义日，正吉。不可以土鬼论之。诗例：乙酉癸巳连甲午，辛丑壬寅己酉苦。庚戌丁巳戊午期，值此有头无尾显。

败亡猖鬼

忌猖鬼败亡，考诸历不同，若其日与建、破、收、平同败，凶。余有吉星则无妨,内有壬申、戊申、辛亥、庚申合太阳吉星,乃是天地间遇太阳所照之辰,百事用之大吉。今已考正无拘此日。诗曰:丁卯戊辰并戊寅,辛巳戊子己丑真。戊戌己亥辛丑日,戊戌戊午壬戌嗔。

八专日

忌行军、出阵、安营。诗曰:丁未癸丑连甲寅,乙卯己未及庚申。良古流传八专日,行军出阵及安营。

五不归日

忌远行、商贾。诗曰:己卯辛巳丙戌是,壬辰丙申己酉忌。辛亥壬子丙辰连,庚申辛酉五不归。

天地殃败

忌百事,凶。诗例:正月每日卯宫起,逆从寅丑子亥十。一月一支定佳期,遇回十二支辰取。

七元伏断

甲子值虚加一元,二奎三毕四鬼联。五翼六氐七巽宿,七上轮来仍一元。若值鬼金须退转,伏断俱在一元边。

伏断定例

宜作厕、塞穴、断白蚁。忌上官、行嫁。诗曰:子虚丑斗寅嫌至,卯女辰箕房巳凶。午角未张申怕鬼,酉觜戌胃亥壁同。

独火日

忌修造、作屋舍宇。诗曰:正月独火加巳飞,二辰三卯四虎是。一月一位逆支求,腊月原来逢午位。

天火日

忌盖层舍宇。诗例:正五九月打鼠子,二六十月起鬼儿。三七十一骑马走,四八十二听鸡啼。

地火日

忌栽种五谷百里。诗曰:正月加巳二加午,三未四申五酉居。一月一位并顺飞,犯之种植尽焦枯。

火星日

忌竖造、修盖屋宇舍、裁衣、造作木栏龙灶。诗曰:孟月乙丑甲戌是,癸未壬辰辛丑实。庚戌己未一同看。四孟起乾寻七赤。四仲甲子并癸酉,壬午辛卯庚子等。己酉戊午值火星,仲月七赤夹兑游。四季壬申辛巳凶。庚寅己亥两雷同。戊申子巳艮宫发,犯遭回禄绝虚空。修造切忌,惟葬埋不忌。

徒隶、伏罪

诗例:四季原逢绝,徒隶例无差。伏罪缘何起,长生位上查。春木夏火起,秋金冬水加,长生并绝地,即是二神加。

天棒

即白虎黑道,忌词讼、出行。诗曰:正七南骑马,二八舞猴孙。三九闲犬吠,四十鼠呻吟。五十一寻虎,六十二龙亨。

冰消瓦陷日

忌修造。诗例:正巳二子三逢丑,四申五卯六戌求。七亥八午九未逢,十寅十一酉宫游。十二月中辰日忌,瓦陷冰消似水流。

天贼

忌动土、竖造、兴修、入宅、开仓库、葬埋,犯主招贼盗。诗例:孟满仲破季逢开,犯之贼从天上来,灾人白兮贼不至,白人灾兮定劫财。

地贼

忌造葬、出行、入宅、仓库、栽植、开池。诗例:地贼星辰不自出,正七逢开二八收。三九逢危四十执,五十一月向平求。六十二月逢开位,犯着斯星招贼偷。

荒芜

即九苦、八穷,百事凶。诗例:孟子仲破季逢收,百事营为尽不周。惟有埋葬原无忌,总然大事也休囚。

受死

上官、起造、嫁娶等凶,宜安葬。诗曰:正戌二辰三亥取,四巳五子六午栖。七丑八未九寅日,十申十一兔腊鸡。

天地空

天空忌修造,地空忌埋葬。种植有,吉多不忌。诗曰:八宫掌上教君穷,午值天空子地空。寅申巳亥叠二载,子午卯酉定年踪。假如子年正加子,初一初九地空宫。初五十三天空值,举凡须当触类通。

四离四绝

忌上官、嫁行。诗曰:四立当知先一日,名为四绝不须疑。二分二至原何日,前一日兮定四离。

起上下兀

忌上官、赴任、入学、求师。诗曰:阳年正月起乾宫,巽离坤坎艮顺通。明年正月原加巽,依法从离顺走坤。但从月上起初一,坎离乾艮吉无凶。巽立坤下皆为兀,闰月仍居本月同。上兀本官下百姓,师上弟下教君穷。六轮元丙从头数，休咎难将一笔终。

大败六不成

出军、谋营、求婚，百事并凶。诗例：四孟建日四季破，二午三酉八子歌。十二月中寻玉兔，六不成同大败凶。

鸡缓

修作、动土，主手足疯颠。诗例：丁卯甲戌连辛丑，戊子乙未壬寅求。乙酉丙辰癸酉日，纳买奴婢事不问。

六甲胎神

修作门户、厨灶火炉、碓磨、床帐，有胎者忌之。诗例：甲己之日占在门，乙庚碓磨休移动。丙辛厨灶莫相干，丁壬仓库忌修作。戊癸房床若移整，犯之孕妇管孩童。

六甲胎

所占修方，损孕妇。诗曰：子午二鸡日虽须忌，丑未厕道莫修移。寅申火炉休要动，卯酉大门修当避。辰戌鸡栖巳亥床，犯着六甲身坠胎。

龙虎

起造、入山伐木宜收六畜。诗曰：正巳二亥三午当，四子五未六丑藏。七申八寅九居门，十卯十一戌须防。十二辰日值猪犬，惟有鬼神不宜礼。

游祸

官历忌服药。诗曰：正五九月巳日忌，二六十月寅须防。三七十一亥莫用，四八十月申中详。祭祀服药君须忌，游祸须知疾不祥。

二死神

总忌动土。诗曰：每月寻平号死神，正巳二午可详评。二未四申五在酉，一月一位顺行程。

水隔

开塘族鱼合得申子辰日，纳音属水，及建日不避水隔。诗曰：正七须知犬，二八看猿猴。三九骑马走，四十扳龙头。五十虎笑口，六十二子愁。

人隔

娶妇进入口、合嫁娶日，则不忌人隔。诗云：正七金鸡叫，二八羝羊眠。三九蛇当路，四十兔儿见。五十一牛叫，六腊猪作梦。

地隔

安葬合通天窍、走马六壬、天罡年月、阳龙阴兔、帝星年月到山临向，兼求三奇、禄贵人、銮驾诸帝星同到不避。地隔种合收成日吉，亦不避之。诗云：正七龙吐珠，二八虎啸风。三九鼠子叫，四十犬相逢。五十一猴舞，六腊马为空。埋葬兼种植，费力总无功。

神隔

祈福、祭祀合天德、月德、黄道、敬心、普护、福生，如祭祀合神在日，亦不避此神隔。诗例：正七蛇吐焰，二八兔儿眠。三九酉牛塑，四十还猪愿。五十一鸡呼，六腊羊归圈。求神空费力，绘塑无灵验。

天隔

出行、求官、进表，合得黄道，不避天隔。诗曰：正七逢虎二八鼠，三九犬四十猴是。五十一月马蹄香，六腊黄龙下海去。出行求财六不神，申文进章总成虚。

火隔

合火日不避。诗曰：正七马腾空，二八龙归海。三九虎啸风，四十鼠过街。五十一犬吠，六腊猿猴来。窑冶炉及灶，煨尽几多柴。

林隔

张捕合月杀，飞廉执收日不避林隔。诗例：正七逢卯是，二八临丑支。三九逢亥上，四木酉日是。五十一未日，六十二巳窥。出行并捕猎，犯此空回去。

山隔

入山伐木合吉星，亦不避之。诗例：正合逢未二八巳，三九卯四木丑是。五十一亥腊原酉，入山捕猎空劳去。

鬼隔

忌祀鬼神，合黑道壬癸日及癸亥日，不避鬼隔。诗例：正七原申二八午，三九辰四十是虎。五十一子腊戌真，祭祀祟邪无应护。

州隔

忌合六壬理诉日，定日不避州隔。诗例：正七寻猪三八鸡，三九羊四十蛇儿。五十一兔腊牛走，投词告状无准时。

天地正转

忌起造、修营、动土基地，开池穿井。诗曰：癸卯春来忌，丙午夏不良。秋值丁酉日，庚子冬不祥。

天地转杀

忌开田土、修作陂堰、结勘垣墙。诗例：春卯二莫逢，夏午五不用。秋酉八月防，冬子仲冬凶。

天转地转

忌其日起工、修作，大主见祸。诗例：春遇乙卯辛卯凶，夏忌丙午戊午逢。

秋值癸酉与辛酉,壬子丙子冬莫用。

披麻杀

忌嫁娶、入宅,依禳法不忌。诗例:五行胎处是披麻,假如火局子无差。亥卯未月酉为例,水午金卯其胎家。

木马杀

忌合寿木、起工架马。诗曰:正蛇二羊三凤舞,四猿五犬六鼠露。七猪八牛九兔头,十虎十一龙腊马。

斧头杀

忌起工、架马。诗例:春看飞龙上九天,夏赶湖羊草底眠。秋听金鸡啼五夜,冬归鼠子遇仓前。

宅空

忌入宅,造火建庙宇,吉多可用。诗例:春听山猿弄笛声,夏则白虎啸风清。秋庙南蛇朝北海,野猪冬冷对南汪。

伏尸

忌疗病、远行、入山、出军。诗曰:春怕猴鸡夏虎牛,秋嫌猪犬两煎忧。冬怕龙蛇相会虑,远行疗病入山愁。

天上大空

宜合寿木,开生基。诗曰:丁丑丁未连戊寅,壬辰癸巳及戊申。壬戌癸亥此八日,名为天上大空神。

天聋地哑

诗曰:丙庚壬共子,戊丙两同辰。丙午寅申共,天聋不用轮。乙辛癸在丑,丁辛共酉交。丁巳卯同处,辛巳乙未是。己辛原共亥,地哑此中推。

大杀白虎

忌修方、宴会。诗曰:申子常将坎上亲,九宫顺走教君轮。假如戊癸起中卯,即是大杀占中庭。

雷霆白虎

忌修方、宴会。诗例:甲己顺坤走,乙庚逆马游。丙辛从震起,丁壬顺巽求。戊癸起兑顺,甲子任为仇。

阴错

诗例:正寻庚戌二辛酉,三庚申四丁未求。五丙午六丁巳防,七甲辰八乙卯秋。九甲寅十月癸丑,十一壬子求束手。十二癸亥不堪亲,阴错须当牢记守。

阳错

忌出行、移居,诸事大凶。诗例:正甲寅兮二乙卯,三甲辰兮丁巳咎。四丙午兮六丁未,七庚申兮八辛酉。九庚戌兮十癸亥,十壬子兮腊癸丑。

宅龙

总云:犯之损人口、六畜,凶。诗曰:春灶四五占大门,六七墙头八灶原。九房十室常相守,十一十二在堂厅。

胎神

所占之处,修作主坠胎,凶。诗例:正十二月在床东,二三九月门户中。四六十一灶炉犯,五申七子八厕凶。

五离

忌出行、嫁娶、店肆等事,凶。诗曰:甲申乙酉天地离,丙申丁酉日月离。

戊申己酉人民离,庚申辛酉金石离。壬申癸酉江河离,五离犯者随事议。

水痕

忌穿井、修池塘陂堰、行舡。诗曰:大月初一七十一,十七廿三并三十。小月初三初七逢,十二廿六无差失。

田痕

忌开垒、田畴并耕种。诗曰:大逢初六八无差,廿二廿三共一家。初八十一三值小,十七十九再无他。

山痕

忌入山伐木。诗曰:大月初二八左宗,十二十七二十共。小月初五十四日,廿二廿三山痕凶。

土痕

忌动土。诗例:大月初三五七同,十五十八尽相通。小月初一二与六,廿二六七在其中。

金痕

忌铸铁造金银器物。诗例:大月忌初五六七,共有廿七九雷同。小月初二廿八九,此是金痕忌铸熔。

天百穿

忌盖屋、开池、作陂堰。诗曰:朔逢三五求,十二三六七。十九二十九,三十皆穿流。

天百空

忌开池、盖屋、作陂堰。诗曰:每月初五与初七,十三六七九廿一。廿七廿九天百空，盖屋犯之流雨财。

十恶大败

忌百事，不吉。诗曰：甲己正月戊戌正，癸亥十月十丙申。十二丁亥日大忌，丙辛三月辛巳嗔。八忌庚辰七甲辰，乙庚四月壬申慎。乙巳五月莫相亲，戊癸六月己丑侵。年值丁卯无恶败，遇此须知罪不仁。

冰消瓦解

忌修造作，值子午日尤凶，诗例：年上加月月起日，顺行十二掌中心。年为瓦解子冰消，子午日值为灾疾。假如子岁正加子，二月在丑起初一。初六瓦解十二冰消，此解类余可推。

孤辰寡宿

忌婚姻。诗例：定是寡宿开孤辰，子年辰寡戌孤真。假如亥日卯时寡，酉是孤辰不必轮。

旬中空亡

忌出行、行军阵，宜合寿木。诗例：甲子旬中戌亥空，甲戌旬中申酉凶。甲申旬中午未值，甲午旬中辰巳逢。甲辰旬中寅卯是，甲寅旬中子丑穷。阳日阴时为正空，阴日阳时空是踪。

截路空亡

出行军阵、宜合寿木。诗曰：六甲原来壬癸空，壬癸水隔是其宗。假如甲子逢申酉，申酉天干壬癸逢。

黑游神

修造凶。诗例：立春占艮春分异，不作东兮春月嗔。夏不南兮立夏震，夏至在亥动生嗔。秋不作西夏至坤，秋分在离不堪亲。九秋霜降仍离位，立秋不西岂庚轮。立冬后收不作北,冬至后乾腊同评。此是黑游神杀地,修造犯着祸难生。

游废煞

忌修造,凶。诗曰:正月立春后在巳,二月春分居巽位。三月春分后卯宫,四月立夏占寅是。五六夏至后在子,七月立秋镇坤地。八月秋分后酉宫,九逢霜降后离栖。十月立冬未坤上,十一冬至午宫推。十二冬至依然午,游废修犯主灾危。

四旺

忌修作,犯者于占方上报之吉,四季方旺,即是帝车格舍百忌,别无凶。诗曰:正寅二卯三辰游,四巳五午六未求。七申八酉九戌是,十亥十一子腊丑。

地崩腾

忌修造、动土。诗例:正申二三酉是踪,四六子上忌相逢。五亥七寅八九卯,十丑又与腊雷同。更有十一居巳位,正犯甲寅丙壬凶。

大时

集云:大时所在名曰聚殃,往来其下必致死门。诗曰:正五九月望玉兔,二六十月捉旭鼠。三七十一金鸡唱,四八十二马蹄轻。

小时

犯之令小儿肚胀、泻痢。诗例:金鸡啼到正五九,野马二六十月嘶。三七十一逢卯上,四八十二子宫推。

月火血

阴阳书,天罗地网修造主杀人,大凶。诗曰:正五九月猴舞跳,二六十月发猪类。三七十一打猛虎,四八十二白蛇缠。

白奸

集总云:捕盗搏戏载争皆云吉。诗曰:正五九月寻猪虎,二六十月虎为踪。三七十一蛇入穴,四八十二看猴熊。

螣蛇

集总云:犯之主相争、口舌、官灾。诗曰:正月辰上是行程,二卯三寅并逆轮。一月一位依次去,月支占处螣蛇神。

玄武

集总云:犯之招盗贼、水厄。诗曰:玄武正月加亥行,二子三丑四逢寅。一月一位并顺走,犯之盗贼自相侵。

伤刀

修作、上官,凶。诗曰:正丑九丑子伤刀,二六十月卯不好。三七十一午为仇,四八十三酉难保。

土朔

忌会客、作乐。诗曰:己巳己亥及丁亥,乙亥癸亥癸巳是。辛巳辛亥并乙巳,更有丁巳同安排。

土公

诗曰:正二三东及灶凶,四五六南占门风。十九月西并古尹,惟有八月与门同。十月南北中庭立,十一在此中庭戌。十二中庭并占此,用此动土祸来钟。

天狗

忌嫁娶、祈嗣。诗曰:正辰二巳三是午,四未五申六酉户。七戌八亥九子逢,十丑十一月寻虎。十二月中居卯地,天狗逐月依例数。

害气

起造凶。诗曰:申子辰年蛇作害,巳酉丑岁虎为仇。寅午戌年猪气害,亥卯未岁猿猴来。

死气官符

起造动土,吉多无咎,又忌安产室,凶。诗曰:定日原来死气真,忌逢朱雀与同辰。修造动土君须记,吉胜凶星不必嗔。

罪至

词讼、上官、进章诸书事,凶。诗曰:正午二子三未是,四丑五申六寅字。七酉八卯九戌逢,十辰十一亥腊巳。

玄武黑道

犯主女人私情,盗失财物。诗曰:正七逢鸡二八猪,三九寻牛四十兔。五十一月会蛇去,六十二月寻羊位。

勾陈黑道

犯主退败田土。诗曰:正七剩猪二八牛,三九卯四十蛇休。五十一羊程奔走,六十二路上难留。

白虎黑道

忌修造、嫁娶、针灸,诗曰:正七马朝天,二八近猴边。三九犬为伴,四十鼠正鸣。五十一虎走,六十二龙眠。

黄黑道

吉多凶少,无咎。惟行兵、收捕、发文,吉。诗曰:正七起子二八寅,三九原来却在辰。四十须知午上始,五十一月并居申。六十二月起于戌,黄道为祥黑道连。加道远畿时通远,路遥何月还乡轮。有之尧者为黄道,无之黑道自分明。

风波白浪河伯

忌造舡、行舡。诗例:年建月为风波,月建日为白浪,前年日为河伯。

四逆

出行求财等事。诗曰:甲不远行去,酉出离不祥。逢七莫远出,遇八休转乡。

天瘟

竖造、修六畜、栏椆,凶。诗曰:正月羊位执日权,二月逢危事却偏。三五十月寻建上,七十一除不周全。四收八开腊满位,记取天瘟莫犯焉。

月厌

嫁娶、造酒醋,凶。诗曰:正犬二鸡三猴来,四羊五马六蛇当。七龙八兔九虎口,十牛十一鼠腊亥。

飞廉

忌六畜取纳,宜张网。诗曰:正五六七十一腊,伐日逢马飞廉杀。二三四八九十月,指寻满日君须察。

五离日

忌嫁娶。诗曰:五离正二四六七,九十腊月酉上留。惟有三五八十一,皆从申位可推求。

六壬空亡

忌求嗣。

地瘟

忌动土、开池井。

大耗

百事忌,只宜男子服药。

小耗

忌开仓库、出纳财。

厌对阴阳将

忌嫁娶。

月杀

忌出纳财、开仓库,只宜开张捕。

月建土府土符

忌动土。

弦望盈虚朔日

忌治病。

社日伏日

忌沐浴。

三丧

忌丧葬。

太阳密日

房星昴□四宿,忌破土、启攒、出柩、安葬、除灵。

八座

忌行丧、出柩、启攒、安葬。

重日重丧复丧

俱忌发丧、除灵、出柩、破土、启攒、安葬、合寿木、立生基、重丧。诗例:正甲二乙三六九,腊月己日总同求。四丙五丁七庚金,八辛十壬不可有。十一月癸日为凶,依法禳之免泪洗。

反支

忌上表章。诗例:子丑六日反,寅卯丑日反。辰巳四日反,午未三日反。申酉二日反,戌亥一日反。假如初一是子丑则初六是反支。余仿此。

倒家杀

忌竖造、上梁,监历不忌。诗例:甲己之年庚午是,乙庚甲山宜知避。丙辛戊戌最为凶,丁壬壬子真可忌。戊癸年上怕甲寅,正是倒家杀日克。

债不

忌放债及门开居。例诀:大月,初二、十一、十九、二十七。小月,初二、初十、十八、二十六日是。

天翻地覆

忌造船、行船。例诀:正、七月,初一、初七、十三、十九、二十五。二、八月,初六、十一、十八、二十四、三十日。三、九月,初五、十一、十七、二十三、二十九。四、十月,初二、初八、十四、二十、二十六日。五、十一月,初三、初九、十五、二十一、二十七日。六、十二月,初四、初十、十六、二十二、二十八日。

鲁班刀砧杀、跌蹼杀、木呼木髓等杀。

俱忌起工架马、修木料。

红嘴朱雀、雷霆大杀、白虎占中宫

忌入火安神。

晦穷日

大月三十,小月二十九是也。凡事少用。

六甲穷

癸亥日星,凡事少用。

时家凶神注

（谓六十日时家吉凶神注并诗例等事）

天刑黑道、天刑星

利用出师,战无不克。公人、军人用事,凶。动作不宜,大忌词讼。诗例:已下黑道俱同月家例,如子日同十一月建子,戌上即是天刑黑道。其余仿此。

朱雀黑道、天讼星

说例同上。

白虎黑道、天杀星

宜行兵、游猎、祭礼,吉。余事不利。

天牢黑道、锁神星

阴人用事,小吉。余者皆不利。

玄武黑道、天狱星

君子合天道用事,小吉。小人用事,凶。防败盗,忌词讼、搏戏。

勾陈黑道、地狱星

百事皆凶。

天罡

诸事忌用。若与黄道、福星、天乙贵人、唐符、国印诸吉并亦可用。若与黑道、截路、旬中空、禄陷杀并愈凶。诗例:即同月家天罡钩绞以月建论,如子日用十一月卯上是。余仿此推。

河魁

诸事忌用,诗例同上。

时建

诸事忌用。例云:即本日支辰之时,谓之时建,如子日子时是也。

时破

诸事忌用。例云:即本日支时相冲之时,谓之时破,如子日午时是也。

时刑

诸事不利。诗例:寅刑巳上巳刑申,丑戌申寅亥丑侵。子刑卯上卯刑子,辰午酉亥自相刑。

时害

诸事忌用。诗曰:六害子未不堪亲,丑害午兮寅巳嗔。卯亥辰兮申害亥,戌相达转见深。子日从未上起,逆行是也。

截路空亡

忌纳表进章、出行、远门、开张店肆。如行船、修造诸并不忌。诗例:甲己申酉最为愁,乙庚午未不须求。丙辛辰巳何劳周,丁壬寅卯一场忧。戊癸子丑高堂坐,时犯空亡万事休。

旬中空亡

宜合寿木、作生坟。葬埋不忌,余事并忌。诗云:见前上注下。

十恶大败、禄陷空亡

惟埋葬不忌，余事并忌。诗例：壬申日陷辛亥时，庚辰申兮不堪是。辛巳见鸡空是喜，甲辰逢虎不为奇。癸亥时亥子刻至，己巳日落卯星移。丙申戊戌开蛇口，己丑丁亥避马蹄。

五不遇时

诗例：甲怕庚兮乙怕辛，庚兼丙火辛嫌丁。丁忌癸水戊忌甲，己畏乙兮丙畏壬。己嗔乙木壬遭戊，癸水尤嫌己土侵。

五鬼

忌嫁娶、入宅，有吉并不忌。诗例：甲己日巳午，乙庚寅卯乡。丙辛子丑定，丁壬戌亥乎。戊癸是何处，申酉五鬼是。

孤辰

忌婚姻。诗例：见前注下。

寡宿

诗例同前。

火星

南方火之精，忌修作，主招火灾。诗曰：甲乙己在申，丁壬酉庚未。戊癸辰上是，丙辛卯位寻。

土星

中央土之精，忌兴动土，主招灾病。诗例：戊癸子酉申，丁壬巳上凶。甲己辰乙卯，丙辛未庚亥。

罗睺

其星不能兴善，凡事不宜用之。诗例：午壬丙丁辛，甲己巳乙寅。庚戊癸丑戊，罗睺不顺情。

计都

此星为灾不浇，凡事不宜用之。诗例：戊癸丙辛申，乙丁壬遇辰。甲己庚卯位，计都不由人。

天燥火

不宜造葬。例云：壬子巳甲申酉六山，忌寅申时。丑未坤辰巽辛六山，忌巳亥时。丙午亥三山，忌子午时。艮丁癸三山，忌卯酉时。寅卯庚三山，忌辰戌时。乙乾戌三山，忌丑未时。

地燥火

不宜种植。例云：壬子巳甲申酉六山，忌巳亥时。丑未坤辰巽辛六山，忌寅申时。丙午亥三山，忌卯酉时。艮丁癸三山，忌子午时。寅卯庚三山，忌丑未时。乙乾戌三山，忌辰戌时。

修方凶神起例歌诀

都天太岁

忌修方。诗云：甲己正都居坎位，游都兑上不堪亲。戊己杀居辰巳上，犯之灾祸莫能伸。乙岁正都乾上立，南离火地见游都。戊己子丑连寅卯，所占之宫切莫图。丙岁游都巽上眠，正都坎地主忧煎。戊己戌亥君须记，犯着人丁入九泉。丁年游都入震生，行震乾上起灾萌。戊己申酉宫中立，动土修为祸莫平。戊年正都居兑泽，游都坎上莫修为。戊己午未休相犯，祸及生民不可追。己岁游都入震宫，正都离位祸损攻。戊己辰巳方休作，犯主人财两下空。庚年游都坎位居，正都巽地起灾危。戊己子丑并寅卯，犯着凶灾立便随。辛年离位正都临，乾上游都祸必淫。戊己戌亥休去作，犯着灾生苔莫禁。壬年正都临巽上，游都兑位祸无边。戊己申酉休修作，犯却灾殃不可言。癸年游都离上停，正都震位动雷声。戊己杀神居午未，有人犯着不安盅。

傍都天

忌修作。诗云：甲己傍都艮兑宫，乙庚年上住乾中。丙辛之岁居申巽，丁壬二载震坤逢。戊癸安居离坎位，虎寻戊己是真踪。此是傍都真定局，时师孰与几人通。

坐家都天

忌修方。诗云：五虎元中寻岁君，其中动作起灾迍。傍寻戊己宫莫犯，杀占支辰并顺轮。

五行都天

吉多不忌。诗云：五木年中杀在乾，五金巽土不堪眠。水上一年坤莫犯，火年艮土不遇全。不问阴阳并顺行，如甲己年将丙寅入中宫，寻本年太岁何宫，即是年家都天。

月家都天

忌修方。诗云：寅上起戌顺行程，数到当年便起正。月到犯方冲动祸，再寻岁建便知因。

都天总诀

阳年逆走顺阴年，五虎原中戌字根。遇子正都游遇午，犯之不得太平天。

戊己杀

忌修方。诗曰：戊己分明怕到山，到山三纪不堪安。时师误杀人多少，百事重重第一圈。戊主祸紧损男，己主祸缓损女，即土皇杀也。起例见前。

都天总诀

七回都天占权机，世间能有几人知。马前杀刃如同位，犯着灾殃定不移。已上正游傍都及戊己杀、羊刃飞刃并忌，惟修方动土堆垛等件，其祸尤紧。若历数太阳到，谓之家主，作之无妨。惟正都杀宅长，游都损阴人次丁，傍都亦损次丁，坐家都戊己杀损宅母、宅长次丁，坐家都反傍都，若到中宫不吉。若值吉星多照，屡犯亦吉。

月家都天例诀

月月常将戊土连，周流好问八山仙。对冲所谓先当克，若克支辰我向前。都天若遇其三杀，为君仔细问行年。我占先天真妙诀，真言不与术人传。假如正月，就正月起戊将月入戊宫，寻戊子在何方，就戊字入中宫，寻月建何方是也。

日都天例诀

假如甲子日起甲子，数至戊辰，就将甲子入中宫，寻戊辰属木克土命人，因其法专以戊己居中央之正宫，在山最忌，到向次之。论六山六向，寅山甲向，甲山寅向；辰山戌向，戌山辰向；子山午向，午山子向，分配二十四山。其例皆从年月日时到干遁五虎元从寅上起，至戊己到山最难，到向次之。若冲动尤紧。如寅山甲向，乙庚年遁戊寅，己卯在中宫。

吊宫土皇杀例

甲己年不作寅卯二山，乙庚年不作子戌亥丑四山，丙辛年不作申酉二山，丁壬年不作午未二山，戊癸年不作辰巳二山。其法以五子元进十二支，再数一遍见戊己是。

交经黄道

甲子至癸酉年不作辰巳山，甲戌至癸未年不作寅卯山，甲申至癸巳年不作子丑山，甲午至癸卯年不作戌亥山，甲辰至癸丑年不作申酉山，甲寅至癸亥年不作午未山。诀云：己山不可犯己针，亦不可用己日，名犯家长杀，于一百二十分金取之，其戊己日，若太阳二德临山，作之，不妨。

游天地燥火例

甲申酉壬子巳六向,寅申日为天火,巳亥日为地火。

丙午亥三向,子午日为天火,卯酉日为地火。

癸未坤巽辛辰六向,巳亥日为天火,寅申日为地火。

丑艮丁三向中,卯酉日为天火,子午日为地火。

乙戌乾三向,丑木日为天火,辰戌日为地火。

庚寅卯三向,辰戌日为天火,丑未日为地火。

子天火,丑寅卯地火。

辰巳午天火,未申酉地火。

诀云:甲申酉向辰起,乙戌乾向巳起,丙午亥向午起,癸未坤向未起。

庚寅卯向申起,丑艮丁向酉起,壬子巳向戌起,巽辛辰向丑起。从上数下,值子午为天火,忌竖造,值卯酉为地火,忌埋葬。

日流太岁例

子山戊子旬,丑山己丑旬,寅山戊寅旬,卯山己卯旬,辰山戊辰旬,巳山己巳旬,午山戊午旬,未山己未旬,申山戊申旬,酉山己酉旬,戌山戊戌旬,亥山己亥旬。

凡阳山忌戊,阴山忌已。如子山忌戊子旬中十日纳音克山,谓之日流太岁,不吉。其不克山者,不忌。外天干山及乾坤艮巽山则无此星,如壬山兼子忌戊子兼亥,忌己亥亦通。

黄泉曜气杀例

乾金山忌壬午火日,坎水山忌戊辰土日,艮土山忌甲寅木日,震木山忌庚申金日,巽木山忌辛酉金日,离火山忌己亥水日,坤土山忌乙卯木日,兑金山忌丁巳火日。

假如乾山,以乾卦浑天起,数三四爻值壬午火,必乾金,谓之曜气杀,克山凶。余仿此。

双山五行例

此正五行例,先贤屡用应验。

寅甲卯乙巽木山,忌用庚辛金二干全,克山为天星开只申酉全为地曜杀人。巳丙午丁火山,忌用壬癸水二干全,克山为天星开只亥子水全为地曜杀人。申庚酉辛乾金山,忌用丙丁火二干全,克山为天星开只巳午火全地曜杀人。亥壬子癸水山忌戊己土二干全,克山为天星开只辰戌丑未土全地曜杀人。辰戌丑未坤艮土山,忌甲乙木二干全,克山为天星开只寅卯木全地曜杀人。

天星地曜例

乾甲丁亥卯未木山以庚癸为天星,巳酉丑地曜。艮丙辛寅午戌火山,以壬乙为天星,申子辰地曜。巽庚癸巳酉丑金山以丙辛为天星,寅午戌地曜。坤壬乙申子辰水山以戊己为天星,辰戌丑未地曜。此论三合会局屡无准验,本当删去,姑存于此,智者鉴之。

正消灭例

辛丑辛未日消乾甲山,乙卯乙酉日消艮丙山,丙子丙午日消巽辛山。已上阴爻消阳爻为消也。

庚子庚午日灭坤乙山,甲辰甲戌日灭兑丁山,丁卯丁酉日灭震庚山。已上阳爻灭阴爻为灭也。

巽纳辛丙，初爻辛丑外初爻辛未，消子乾之初爻，故乾甲山忌辛丑辛未二日，其辛卯、辛酉、辛亥日不忌。

坤纳乙，内三爻乙卯外三爻乙酉，消于艮之三爻，故艮之丙山忌乙卯乙酉二日，其乙丑、乙未、乙巳、乙亥日不忌。

艮纳丙，内二爻丙午外二爻丙子，消于巽之二爻，故巽辛山忌丙子丙午二日，其丙寅、丙申、丙辰、丙戌日不忌。

震纳庚丙，内初爻庚子外初爻庚午，灭于坤之初爻，故坤乙山忌庚子庚午二日，其庚寅、庚申、庚辰、庚戌日不忌。

乾纳甲，内三爻甲辰外三爻甲戌，灭于兑之三爻，故兑丁山忌甲辰甲戌二日，其甲子、甲午、甲寅、甲申日不忌。

兑纳丁，内二爻丁卯外二爻丁酉，灭于震之二爻，故震庚山忌丁卯丁酉二日，其丁丑、丁未、丁巳、丁亥日不忌。

丙坎离辰戌丑未寅申巳亥十支山乃阴阳之正，故无消灭兼干亦宜忌之。

消灭图

☴巽辛消乾甲　　☳震庚灭坤乙

☷坤乙消艮丙　　☰乾甲灭兑丁

☶艮丙消巽辛　　☱兑丁灭震庚

此山忌放水造葬，切勿犯之，故犯消者穷，犯灭者绝。即有吉星，恐不能制。

☲离乃乾之体而得坤之正气，故离壬退居于乾而纳已土，故离纳于壬。

☵坎乃坤之体而得乾之正气，故坎癸退居于坤而纳戊土，故坤纳于癸。

每月朔望则日月交会，故日藏于壬，月藏于癸。

穿山甲立成定局

	甲己年	乙庚年	丙辛年	丁壬年	戊癸年
壬子山	丙子水	戊子火	庚子土	壬子木	甲子金
癸丑山	丁丑水	己丑火	辛丑土	癸丑木	乙丑金
寅艮山	丙寅火	戊寅土	庚寅木	壬寅金	甲寅水
甲卯山	丁卯火	己卯土	辛卯木	癸卯金	乙卯水
乙辰山	戊辰木	庚辰金	壬辰水	甲辰火	丙辰土
巳巽山	己巳木	辛巳金	癸巳水	乙巳火	丁巳土
丙午山	庚午土	壬午木	甲午金	丙午水	戊午火
丁未山	辛未土	癸未木	乙未金	丁未水	己未火
申坤山	壬申金	甲申水	丙申火	戊申土	庚申木
酉庚山	癸酉金	乙酉水	丁酉火	己酉土	辛酉木
辛戌山	甲戌火	丙戌土	戊戌木	庚戌金	壬戌水
乾亥山	乙亥火	丁亥土	己亥木	辛亥金	癸亥水

右穿山甲例，惟十二山忌用，其天干山及四隅山则不论此星，但选日先以穿山甲定年月日时，不可克本山太岁，名曰：崩天太岁。宅长煞，本命座即本命的煞也。

（新镌陈子性造葬诸家神杀起例藏书卷之首终）

新镌陈子性二十四山
造葬玉环斗首藏书卷之二

岭南 陈子性阐述 男衍参集 孙式基
式猷纂辑

选择要旨

一论五运六气;二论大利年月;三论龙运生死;
四论山运生克;五论太阳太阴;六论星宿垣庙;
七论奇门斗首;八论演禽星象;九论天河转运;
十论雷霆太阳;十一论真禄马贵人;十二论生命化命;
十三论三白吉星;十四论差方禄马;十五论星宿日持;
十六论五气元辰;十七论推官推富,十八论补龙补运;
十九论修方修向;二十论阴府吉凶;廿一论捉煞帝星;
廿二论时克应。

玉环斗首五行起例诀

五子巽巳辛戌土,乙庚辰酉是金神。
坤申甲卯元属水,艮寅丁未木成林。
戊癸丙午本属火,乾亥癸丑火同宗。

斗首五行二十四山图说

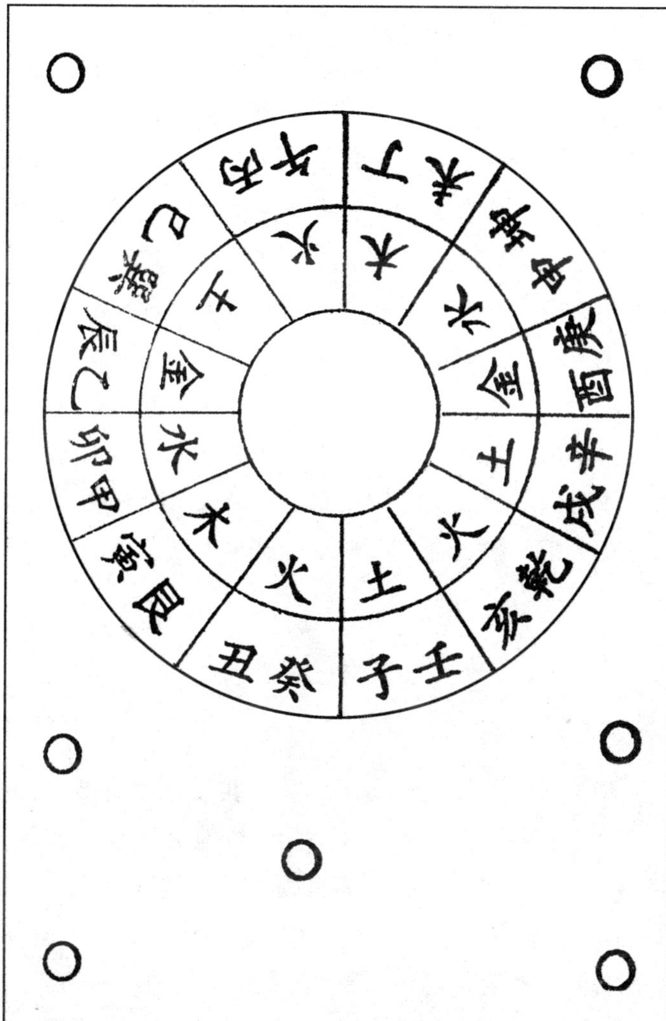

甲己属土,乙庚属金,丙辛属金,丁壬属木,戊癸属火。

年月日时元辰五气立成定局

壬子土山	元辰土	廉贞水	武财火	破军金	贪官木
癸丑火山	廉贞金	武财木	破军土	贪官水	元辰火
艮寅木山	武财水	破军火	贪官金	元辰木	廉贞土
甲卯水山	破军木	贪官土	元辰水	廉贞火	武财金
乙辰金山	贪官火	元辰金	廉贞木	武财土	破军水
巽巳土山	元辰土	廉贞水	武财火	破军金	贪官木
丙午火山	廉贞金	武财木	破军土	贪官水	元辰火
丁未木山	武财水	破军火	贪官金	元辰木	廉贞土
坤申水山	破军木	贪官土	元辰土	廉贞火	武财金
庚酉金山	贪官火	元辰金	廉贞木	武财土	破军水
辛戌土山	元辰土	廉贞水	武财火	破军金	贪官木
乾亥火山	廉贞金	武财木	破军土	贪官水	元辰火

论元辰

凡论斯格,俱以坐山所属五行所主为我。我生他者为廉贞,为子孙;他生我者为贪狼,为官鬼;我克他者为武曲,为妻财;他克我者为破军,为破鬼也。但廉贞为子孙只喜一位,不宜重见。廉贞损子孙与我同类者,为元辰,宜生旺有气,宜生出,不宜死绝受克。生我者为贪官,不宜生入克入,宜休囚月上,相生无害,不宜在日时。我克他者为武财,宜生旺有气,宜生入克入,吉;不宜生出克出。克我者为破鬼,宜克出,又宜休囚无气,而两头关得到者无妨,正所关鬼鬼衰鬼自灭者是也,不宜在日时。若见生旺有气,立见损人退财,大凶。重则人命官非,轻则丁粮耗散。凡择日期,以年月为上、为外、为出,日时为下、为内、为入。凡武财决宜生入克入,不宜生出克出,立见退财;生入克入,立见进财。又看纳音四柱属何星,即以先大数断之,水一、火二、木三、金四、土五,数之百发百中,万无一失。

论周流四千千世,分经造化,化六十四卦,龙分经十干化气。

卦者番复问真龙,逐岁元辰定见踪。
斗柄夜如天上照,北辰维远在离宫。
以天合地问支干,要合元辰问鼠即。
乙庚鸡唱龙吟处,北极元辰斗上藏。
唯有三白存一位,乃求太岁与元辰。
丙辛宫中属水神,兔猴照见斗星辰。
戊癸马牛猪一队,丁壬羊虎一同群。
甲己鼠蛇同戌犬,阴阳变化义由深。
一生元辰魁斗曜,太初一气是为灵。
二仪分判三才祖,万物因兹性命生。

杨公口诀,元辰之理,天地之间,此道隐妙深微,不可言传外人!精究留与子孙,在乎人之聪明作用,用之得宜,祸福有验,万无一失。

体用五气之法

山为体兮柱为用,用干化气观生克。
克休破鬼最为凶,武财吉曜体之赋。
生体贪官反不顺,我生廉子忌多得。
金见金兮为元辰,元辰福德为和域。

此法以山头五行为体、为内、为主,以四柱为外、为用、为客。要客来生主,用来救主为吉。如火山喜柱中亥卯未木局生入,内忌申子辰水局克入,比和生扶者吉,克入泄气者凶。又以年月日时十干化气与山头五行,论生克比和,而分五曜以山头之生化气者为廉贞、为子孙,如金山见丙辛二干也。以山头之克化气者为武财,如金山见丁壬二干是也。以化气克山头者为破鬼,如金山见戊癸二干是也。以化气生山头者为贪官,如金山见甲己二干是也。以山头与化气同类者为元辰、为福德,如金山见乙庚二干是也。

元辰立法论

太初元辰始先天，气在天，管星斗；在地应人间万物之性命；在御街管官禄之星。玄释修持此宗成道，若见元辰五气，三阳交泰，日月光辉，春雷震动，万物发生，夜雨时临，诸苗皆秀。若无元辰五气，有天不成形，阴阳皆失度，种子也焦枯，修而无成，花发一场空，如鱼之失水，诸物皆不成。若无辰五气全，万物皆化生，诸命喜完成，盖载之吉也。

论元辰起例歌

要求太岁与元辰，须向干头仔细明。
衰病绝宫无福力，长生墓旺始为荣。
造葬若逢元辰旺，富贵荣华日日新。
时师若会元辰诀，莫把诸家误杀人。
修方造葬皆如此，立宅安坟要贵人。
阳损家长阴损魂，坐穴管造逢消息。
何怕同宫恶星辰，安坟自有神龙护。
立宅须知有贵人，分配五行星祸福。
更无玄妙与追寻，甲己甲子起于元。
乙庚丙子起廉贞，丙辛戊子逢武曲。
丁壬庚子破军边，戊癸壬子贪先数。
五星逢鼠便一般，永定元辰皆此法。

专用天干所用年月日时，而言之年月日时，皆从壬子顺行，甲己即是元辰，壬子为正元，廉、武、贪、破、巽巳、辛戌为偏元。廉贞生旺为生气，有气进人为吉利，重坐廉贞犯子孙，但要仔细与推分。解曰：此星不宜重见，必损子孙。

论元辰注魂例

修造忌生命犯元辰,埋葬忌亡命犯元辰。

大地阴阳二气分，清为阳物浊为阴。
阴阳二气为根本，主出元辰作祸魂。
安坟立宅为主曜，次论星宿护元辰。
寻取五行相聚会，何愁祸福不骈臻。
休将本命为宫主，错认神魂误杀人。
修方造葬皆如此，阳损家长阴损魂。

论元辰阴阳

立宅安坟要别阴阳。

注曰:立舍用阳气,为灭没元辰;安坟用阴气,为元魂,仍要入墓,乃得龙神拥护。立宅,星辰扶持,夫五气为福也。若埋葬,务要五气交度,遇生旺者,大贵也。若休囚者,家长亡。若然人命刑冲元辰,正杀家长。若犯元神魂,损亡人,克子孙,顺相生相合福德也。且如甲己年,忌甲子、甲戌、己巳亡命,生命忌修方下向。如乙庚年忌乙酉、庚辰二命。丙辛年忌丙申、辛卯二命。丁壬年忌丁未、壬寅二命。戊癸年忌戊午、癸丑、癸亥三命。余仿此。

论五气吉凶

同我者为元辰,元辰宜生旺有位有气,宜生出不宜死绝受克、失陷刑冲。

我生他者为廉子,子只喜一有气,不可重犯,重犯则泄气,反损子孙,纵山水紧拱亦主慢发,盖无辰亦关系子孙。若值死绝、刑冲空陷,则二三相扶,有气反吉,清闲一生,子孙兴旺昌盛。刑冲破损失子孙。

他生我者为贪官，番气为杀，故名凶曜。官家可用，只许一位，多则反害。或贪财去职必被降。庶民得之，若当山头衰时，则因官破财，或生好子孙。交官被败，妄求幸图富贵而致祸，官非牢狱不免。居年月位上为外，逢内克出无妨。若居日时为内，不时克入为凶，不宜有位有气。如火生在寅日有位旺在午，午日有气。大凡造、葬多而有气，有位更重，则主人命官非，轻则丁粮耗散。如值死绝空亡，亦损六畜，口舌官非，生旺年月见。若居死绝或月上相生克出亦无大害，不宜生入克入，及在日时上，生旺为忌。

我克他者为武曲、为妻财，宜生旺有气，宜生入克入，不宜生出克出。喜三武共一家，清纯无刑冲克害、失陷死绝，则生旺三合之年，发财以先天之数，水一、火二、木三、金四、土五，天数年月，纳音断之，再合奇门，主大发财富贵。如刑冲克破，非损妻亦破财。若无气失陷，虽重见无益，逢败绝位，即使四柱清纯，立见破财。

他克我者为破鬼，是凶星。偏宜建庙立社建学堂，日时带鬼生克出，干不受制鬼旺灵，建学堂要鬼生克出，内鬼干头生贪官，宜禄、马、贵人到山头本命，官鬼生旺岁高迁。立宅安坟嫌贪破，重重损财丁。若逢生旺克入，不出周年灾殃现。又怕干头化气制，制着廉子损丁亡，制着元辰家长死，制着武曲克妻财。又要两头关得住，破鬼无气莫甚嫌。大凡吉神，要生入半吉，凶宜克出。元辰及天干、地支化气俱要相生和合。吉星生入为顺也，凶星克出亦宜。以年月为外、为上，日时为内、为下，克出自下克上，克入自上克下。

元辰武财廉子为吉神，贪官破鬼为凶曜。吉神要当阳进气，生旺得位，又从外宜生入，从内宜克出，不宜生出。年月为外、为上，日时为内、为下。长生为有位，帝旺为有气，生旺为著，胎养为微，库、墓稍吉，嫌病、死、绝、空亡。三元三武喜为一家，廉子只宜一位，不宜重见。泄气吉神遇子生子，遇财进财。若无气、刑冲、死绝、败陷损子破财。

贪官破鬼生旺，主官非人命退败。若值休囚败绝，亦主六畜小口之灾。不宜生入克入，生旺克制破鬼，干斗最忌番化克制，制廉克子，制财损财，制元辰损家长。

论元辰五气配合

合者,阴阳交度;刑者,三刑五逆。又曰:合者,周回配合元辰,五气中和是也。诗曰:

静里乾坤不可言,玄中妙理在阴阳。
元辰不合阴阳道,纵有诸家总徒然。

又曰:

先看元辰生不生,次看元辰向何星。
五气配合元辰旺,坐山立向气相通。
山向元辰被克散,断定瘟害灾病衰。
冲破刑害损家长,冲山克向见灾殃。
上克下冲出人夭,休囚死绝万物枯。
贪鬼廉贞瘟灾至,必然岁岁官非连。
五无元辰喜生合,全凭吉曜得生旺。
妻财子孙逢三合,定出清高富贵人。
克出生回须兴旺,无财空禄果刑人。
一辰一财三千位,四山五气六合运。
元辰五气成造化,克出生入福千般。

论元辰五气相生

元辰五气要相生,生我元辰定富荣。
生辰有力方为吉,退气休囚福不成。
乙庚金生丙辛水,定断其家福无比。
若逢马虎猪鸡贵,必定才子登科第。
丙同狗鼠游,辛蛇是福生。

丙辛水生丁壬木，三六九年退官禄。

亥卯未年生贵子，人口安宁长发福。

木应三六九及亥卯未年,喜东方,忌乙庚伤元辰。

丁壬戊癸好修装,进入田园岁岁昌。

六畜田产多兴旺,蚕丝丰足出贤良。

火应寅午戌一七四年期,喜南方,忌丙辛三合火局。

戊癸火生甲己土,生旺吉地人发福。

元辰若得寅午戌,金银财宝入门屋。

要坐四库怕丁壬木伤,应辰戌丑未年,乙庚金局泄气。

甲己土生乙庚金,定是金门富贵人。

辰戌丑未年应旺,加官进职是丰盈。

金喜秋生得令,巳酉丑合局,应克出生回,遇财进禄,刑伤忌火局。

凡五气元辰要相生,勿相克制为吉。五气干头生入者为顺。

论五气克制

大抵要吉星克恶曜,如水克火,阳胜阴衰为克制。

乙庚克制丁壬木，犯者须臾便杀人。

苍木气衰病无休，百般美事化为尘。

丁壬克制甲己土，造葬退败见贫苦。

元辰再行木旺地，定主家长命先死。

甲己制伏丙辛水，未辰受病见祸殃。

造葬渺茫应年到，血财牛羊绝除踪，

丙辛克制戊癸火，元辰遭逢有徒流。

离到夫妇浪荡死，误杀世间多少人。

戊癸火克乙庚金，多少营谋费用心。

若不退财并损失，亦教福禄一时倾。

丁壬乙庚只忌多，三合格局反成磨。

泄气身衰兀旺相，退败妻财怎奈何。

甲己仍愁丁壬木，柱中亥卯未难当。
户头因见淫欲事，泄气之年有祸殃。
乙庚最忌戊癸火，寅午戌年出疯狂。
五气再行衰绝地，一家人眷反连亡。
丙辛秋怕甲己土，大煞元辰不可当。
定断瘟火退田庄，口舌官灾闹一场。
戊癸丙辛反为殃，必连官事损丁粮。
五气再逢休囚地，人丁六畜尽皆伤。

牧牛师口诀曰：自甲子至癸亥六十日，日日可立坟，在人活法用之，智者能知，则气化护荫山命，富贵立至。时师拘泥大葬之日，反致凶祸，是不知元辰五气之法也。

牧牛师即杨公。

总断元武诗诀

三元三武共一家，子孙世代享荣毕。
时师若会元辰法，必出公侯宰相家。
立宅安坟元辰主，次论星辰护元辰。
寻取五行相聚会，何愁福禄不臻荣。
元辰为吉又为凶，受气临官总不同。
若逢生旺墓为吉。或逢衰病即成空。
五气亦要生旺墓，死绝衰病定为凶。
元辰死绝不可用，五气死绝病亦凶。
二气得合方为吉，冲伤山向气不钟。
若然克山在外此，男子不死过房郎。

论贵人

修造喜逢天乙星，上曜临方下曜临。
更明五星生旺气，何愁同位恶星辰。
立法须合山与向，造葬修方要贵人。

牧牛师论元气有无贵人诗,惟六壬、六癸、六辛有之,其余元辰无贵人。

论命杀

祸福元来有所钟，天星地曜命同求。
申子辰年杀已命，命入衰方不可修。
但将太岁干神遁，遁见三杀便杀人。
识得元辰中和气，何愁凶曜破元辰。

论明鬼官

忌曜重重见鬼贪,定要破败见伤残。
家中积得千金宝,恰知水溢浪淘沙。

如修桥梁坐元辰,不可坐子孙方,看有克子孙在何方？若在方道,定杀子孙。破贪怕居日时,若有气为祸甚速。若用之建庙,起儒学,生出克上亦可。

贪官廉贞若言凶，要合山向妙理通。
五气交度番成贵，何愁太岁急相逢。
不宜相克遇太岁，泄气身衰定有凶。

牧牛师曰:立舍用阴气,为灭没元辰,安坟用阴为元魂,故曰:阳损家长阴损魂,损魂便杀克子孙。仍要入墓方得龙神拥护,葬埋务要五气交度,吉星生旺墓,生入不生出,无刑冲克害、败死绝空。若休囚家长亡,若然年命刑冲元辰,主杀家长。犯元辰魂损亡人,克子孙。

如:甲己年,忌甲子、甲戌、己巳亡命,盖甲己元辰子巳戌土。

乙庚年,忌庚辰、乙酉二命,盖乙庚辰酉元辰金。

丙辛年,忌丙申、辛卯二命,盖丙申辛卯元辰水。

丁壬年,忌壬寅、丁未二命,盖丁壬寅未木成林。

戊癸年,忌戊午、癸亥、癸丑三命,盖戊癸元辰本属火。

亥丑午位总一同,乃命犯元辰,修造忌生命,安坟忌亡命,犯之凶。又忌阴府太岁,忌主重凶损户。

论元辰兴衰法

元辰为吉又为凶,受气临官总不同。

若逢生旺墓为吉,衰病死绝即成空。

甲己元辰子巳戌,坎山元辰最旺,为福最厚。戌山冠带福力平,巳山元辰逢绝无气,然坎山甲子年正旺,何主退不利,盖犯伏吟。甲年元辰,大利三合。甲辰年,元辰入墓,吉。甲午年冲山,家长凶。戌年冠带甚好,然向犯伏吟,不利家长。甲辰年冲山,反吟,不利家母。甲午半吉。乙庚辰酉元辰金,如酉山用酉年造、葬,元辰虽旺,然冲向伏吟,不利。卯年冲山,反吟不利。巳年逢生,大吉。丑年入墓,吉。未年冠带,半吉。乙亥年无气有病。

丁壬寅未木元辰,木生在亥,甲寅年值临官,吉。又甲寅山丁卯年、丁亥年生,丁未年墓、库,吉。壬申年冲山反吟,主退。未山用丑冲山主退。丁卯年旺,吉。壬辰年衰,巳年病,无气主退。

丙辛卯申元辰水,丙申年,水长生,其福最厚。若卯山逢死气,如申山用丙申造、葬,冲向伏吟,主退。丙子年正旺,大发。丙辰年入墓,大吉。丙戌年冠带,半吉。寅年死气,冲山反吟,凶。余同此。

戊癸元辰亥丑午火,如午山用戊寅年,逢生大吉。戊子年冲山,主退,反吟。戊午年冲向,主退,伏吟。戊辰年冠带,戊申逢败,戊戌年入墓,吉。癸亥年火绝,不吉。坤申老母冲寅山,犯必衰不可止,向用三七分经,乾亥天门,巽巳地户。

论先天元辰

人之一身,配分天地元辰,应阴阳五气,合乎六甲五气,应分五行六运,应分六甲。盖五行有旺有衰,有顺有逆,合者阴阳交度,刑者忤逆不调。元辰不离五气,五气不离元辰,二仪有应相生,盖顺荣华显达。甲己坐于勾陈,丙丁定见发福,戊己天干为主,四柱要在生旺辰戌丑未四墓之地。甲己元辰,四季刚强,逢乙庚便是子孙金多泄气,反害子孙。

丁壬木逢伤而有祸,主伤户头。入得丙辛结局,天地荣贵,克出生回,切忌戊癸生旺荣配而得和。木气喜在东方,春生荣昌,甲乙有根,亥卯未成祥,丙辛化水墓辰旺子,木根水养,水盛木漂。乙庚忌见有杀,反凶,伤破元辰,家损退败。赤天火气,正在南方,炎帝之精。丙丁之地,木主生火,切忌丙辛三合水局,有刑有害。墓旺午戌,火生于寅,五行上贵元辰,配于六合之地。甲己当权,子孙必然发福。

乙庚元辰,庚辛之地,白帝之方。乙逢庚旺,秋令刚强,墓旺酉丑巳土长生,克出生回,迎财就禄。若见刑伤,家业飘散。甲己化木,金赖土生,祖宗有根,子孙必贵。金能生水,多则泄气。元辰破克,吉地反凶。克出生回,而因财库居生旺之地,龙运得合造化者贵。

玄天水气,即分壬癸丙辛,透露壬癸为奇。甲己官星见煞为凶,乙庚父母,养育为根。丁壬木为子孙,喜逢三合,青云得路,水居冬旺,生于丙辛,子孙富贵。木多泄气,水能生木,损其母,不祥。长生墓旺便遇吉昌,龙凤呈祥。水土发阴火,龙凤三台,水金化者,微理难明。

已上元辰妙论,大抵欲五气生回,元辰及气生于生旺之月,及地支三合结局助旺。如元辰旺甚,虽见贪官而不忌,克见破鬼而不忌泄。若得破鬼,有转生之妙,则反为福。若见元辰不旺,求五气回生,又宜在中和。若木无根,遇水而浮,金轻微遇土而沉晦,火将灭逢湿木而反息是也。如生中不生,夏木见水而无用,冬火见木而反寒是也。又如元辰空亡,刑冲破害,皆无受生受用之地。及元辰太旺,反为无依,孤克而断。经所谓:生旺过甚喜剥削,衰病太过宜生扶。又曰:生我之神再喜,生神之为吉;克我之煞重,忌扶煞之为殃,此四句足以尽一篇之大旨。

论生旺克制

如辛亥年作甲山庚向,天元辛化水,是元辰大忌。辛卯、辛亥遁得辛卯地元,纳音属木,自旺见亥,乃木之长生。辛水临官亥地,天元临水不死。

论金五行生旺

乙辰庚酉四山属金。

乙庚化金,惟庚辰乙巳年宜作庚酉甲卯向。乙庚得卯酉,天元有气,庚辰本家自旺,又辰为养金,为有气,天元水如旺宫,宜用壬寅到,遁得巳酉戌土金器。或用辛巳为长生,须遁武财元辰金见吉。是年不宜坐酉,是反吟、伏吟,破财退败。

论木五行生旺

艮寅丁未四山属木。

丁壬化木,惟有丁亥长生,丁卯旺,壬寅临官,壬戌养。如丁卯年天元丑,丁壬化木巳为天元,木旺在卯,遁得壬寅为元辰木,临元有气。盖艮、寅山属木,用丁卯年五虎遁得壬寅,丁壬化木,至寅为临官,有气也。坤向为向,驿马扶元辰吉,壬寅寅午戌合马居申是也,宜坐寅。丁亥年天元自生地元,土临官在亥,人元遁得丁未,见元辰入墓,吉。宜坐丁未、壬戌年天元养,宜坐艮寅吉。且如丙子、丙辰、丙戌、辛亥、辛未宜作坤申山,遁得丙申化真水,是人中和行。

论火五行生旺

乾亥癸丑丙午六山属火。

戊癸化火，推戊寅长生，戊午自旺，戊戌库，戊子胎，宜作丙、午山。盖丙午属火，生寅，旺午，库戌，故也。戊辰、癸丑、癸未宜作乾亥山，大发也。

论水五行生旺

甲卯坤申四山属水。

丙辛化水，惟丙子、丙申、丙辰、丙戌、辛亥、辛未宜作坤申、辛亥，遁得丙辛化真水，元辰长生在申，旺在子，冠在戌，墓在辰，胎在午，养在未，临官在亥，皆吉。若卯丑字出是为无气。

论土五行生旺

壬子巽巳辛戌六山属土。

土旺辰戌丑未及申子辰年月日时，得气大吉。且如甲己化土，宜坐壬子巽巳辛戌六山。用亥月乃临官，有气大吉。宜亥子午未，大吉。余多凶。

论元辰生旺年月日时

如：丙、午山，宜用戊、癸、丙、丁、寅、午、戌年月日时。

艮、丁山，宜用甲、壬、丁、己、亥、卯、未年月日时。

坤、申山，宜用丙、辛、戊、癸、申、子、辰年月日时。

庚、酉山，宜用乙、庚、甲、巳、酉、丑年月日时。

如甲己元辰，土旺辰、戌、丑、未山，取四季月日及戊己辰戌丑未申子辰之支，如水山吉，喜冬月五十日。火山喜夏月，土山喜四季月，金山喜秋月，木山喜春月，各以司令之气而断其衰旺，以五运六气司令之月，而定之为妙。

论元辰诗诀

元辰一曜最相关，大忌刑冲并死亡。
有位有气兼交度，人财昌盛世荣光。

元辰者，与山头五行相同是也，最为紧关，最要有位有气，无冲克害，空亡死绝之地，凶。或得运气生扶及天干来助则山家有气矣。既有气，即能生育，即能担当利名。纵聚凶杀，反谓之身杀两停，假杀为权之美，如以贵人禄马、阳虎、阴兔、帝星临照，三奇到方，则昌盛富贵矣。但元辰有隐见吉凶之异，不可不察。如壬山属土，柱中见元辰土，是元辰见也。若四柱并无元辰土出是元辰隐也。若见最怕刑冲破害、空亡死绝、带刃劫杀，其祸紧速。又怕破鬼、贪官、克剥之灾。若元辰隐，而山头之五行亦忌刑冲破害、空亡死绝、带刃劫等凶杀，及无位无气，克剥之害，但祸稍缓耳。

论五气所由生

山为体兮柱为用，用干化气观生克。
克体为鬼用为武，生我贪官又无益。
生用廉子生子孙，元辰即是山家客。
如火见火同一类，最喜生旺方得力。

此皆由干头化气所由生也。如山属火，见甲己干头化土，火生土。我生者为廉子也，见丙辛干头化水，水克火。克我者为破鬼，见乙庚干头化金，火克金。我克他为武财，见丁壬干头化木，木生火。生我者为贪官，见戊癸干头化火，火见火为比和，为元辰是也。其余仿此而推。

论干头化气

甲己化土,乙庚化金,丁壬化木,丙辛化水,戊癸化火。

论五行生旺墓

火生寅旺午墓戌,木生亥旺卯墓未。

水、土生申旺子墓辰,金生巳旺酉墓丑。

第一要山家旺。如木山要春天,要柱中有丁壬二字及亥卯未,或有壬癸亥子水来则吉。火山头要夏天,要戊癸二字,及寅午戌或甲乙寅卯吉。金山头要秋天,要乙庚二干出及巳酉丑吉。水山头要冬天,要壬癸亥子及丙辛二字,及庚辛申酉子辰出吉。土山头要四季月,要甲己及辰戌丑未丙丁申子辰出则吉。

第二要元辰有气。如土山见土是元辰土,生旺申子辰及四季月,要柱见申子辰支及甲己干,吉。

第三要武财有位有气。

第四要贪鬼无位无气,要居外下,要生入,要空亡冲散。

第五要禄、马、贵人。

第六要知吉凶何事,如贪破有位有气,遇土甲主事破败官司,如见金主事主争财,见水主水利,见木争五谷,树木见火主因火烧矣。

已土所属五行俱以酉柱干头起五子元遁至本山止。如干山亦数到木山所附之支,看得何干而化气论之。

武财论

武者,武曲也,属金,为北斗九星中之至吉也。财,妻财也,合者为妻,不合者为财。财乃养命之源，亦是吉曜，故曰：武财。以山头克者为武财，然克之中又有生我之妙。只患我所克者无气力，不旺而已。倘旺相当权，我反得其生扶之美，自无财旺身衰之嫌，所以为美也。倘元辰衰，而武财旺，财主退败之余而有再兴之兆，故牧牛师所谓：三元三武共一家者，殆有见乎！最怕空亡死绝败衰病之乡，及刑冲克害关克之凶，最有坐于库、墓、长生之位，则用之不竭。

断因祖业之财

如年上见财，坐冠带、帝旺、临官之地。而日之干支交合之，则主因上祖之财业享福。若年月刑冲破衰害病空亡，及与日家冲刑克害，及年月上逢马，则祖业退败，或有福不享矣。

断因妻子之财及本身进退

以日干为自己，以日支为妻妾。或曰：以日为自己，以时之干支为妻妾。如日上带财，得五气交生于无刑冲等杀，又得内外有位有气，或自坐长生、胎、养、库之宫，则自进财。若得禄、马、贵人，主因贵人得财，或因财得官。若带劫刃等杀，财因空手求来，或艺术得之，或多聚散，或合日支及时之干支交合位，气及武财入于时座亦三合交气，定因妻子进财。倘日时刑冲克害，空亡死绝等定是破荡贫贱。又见劫刃等，或因抢劫致死见孤寡华盖，定因入僧道而食闲饭矣。

牧牛师曰：武财宜生旺有气，宜生入。年月为出，日时为入，财位在年月而生日时为生入。或财在年月，而日时有位有气，亦是财在外克入，是财来克身，大吉。喜三武共一家，财格局清纯，无刑冲克害，失陷死绝，则生旺三合之年主发财。如犯刑冲等，非损妻亦破财。若无气失陷，虽重见无益，逢败绝位，虽四位清纯，立见败财。

廉子论

廉者,廉贞也;子者,子孙也。以山头所生者为廉子,主生育子孙,后裔长久之事,亦为吉曜。但元辰生他为泄气,而廉子一变,又为元辰之所克者而盗气,为深使元辰衰,或山头失令无助,则有衰弱不兴之兆。纵生子孙,亦是幼失所养,贫贱懦夫矣。况四柱之中,不可多见。经曰:廉子不宜重见,重见则克子孙。不克子孙,则损父母,又怕刑冲破害、克贼鬼关、空亡死绝、败病,带凶神恶煞,无位无气,非多生少养,则是不生不育。非忤逆愚顽、不送亲老,则幼失所夭、中道死亡。若廉子带禄、马、贵人等,则子孙出贵矣。

贪官论

贪者,贪狼也;官者,官星也。经曰:生我者为贪狼官星。人曰:贪狼乃恶曜也。盖其贪如狼,其凶可知。况生我之门,反为克我之户,如火生土,火变而木之类。一而官星至重,又非庸常之人,浅薄之地所常者。夫山既受克,则畏官,而祸害不免矣。第一怕贪官有位有气,争月令之势而生入克入,纵元辰有合旺生墓之美,亦谓之两败。流年遇生扶贪官之干支,则贪官恃党而作祸矣。第一喜贪官无位无气,库墓无妨,居于衰、病、死、绝、败、胎之位,或敌、刑冲破害、空亡之地,纵有亦不生祸矣。经曰:贪官重见最为凶,又嫌有位并有气。造、葬犯多而有位有气,重则人命官非,轻则丁粮耗散。如值死绝空亡,亦损六畜,口舌官非。生旺年月若见居死、绝,或月上相生克出,无大害。若有位有气,又居时日之内,及年月中见,而克入者带凶神恶煞,其祸难遣矣。

牧牛师曰:人皆知贪官之恶煞,而不知恶有美者。使元辰健旺,山头有气,武财三合有位,最喜贪官一位,有气则有财,旺生官之美,富贵两全之妙。盖贪官生财,财生元辰,此所谓五气交度者也。若贪官又混什破鬼则谓之官煞,混什多不成格。又如建学堂、起官衙、士大夫门第及架高楼亭阁,及世族官家修整工堂,则用　位不为凶,反为进贵加官之庆。又要贪官在外,生入在内，克出带禄贵马元，与元辰交互，及命主与之生合，则可催贵矣。

又若山家秉令得奇门阳乌等神，及山头有贵禄有气，四柱中天干地支生扶，阴阳不驳，或天干地支一气与山头有情，而贪官四见，或见三见而无位无气，未可断为凶也。所谓官多无官，鬼多无鬼，亦平平而已。若遇刑冲则终必有灾矣。

破鬼论

破者，破军也；鬼者，鬼煞也。以克山头者为破鬼，其符又已凶，又能盗窃元辰之气，使人忘其克入为祸而不知。盖破鬼一化而为我所生者，其贪灾乐祸何如，故甚忌之。若秉令当阳进气有生、临官、冠、库生扶之位，而克入居内，则凶灾甚速。重则瘟病死亡，丧服叠见，加以劫刃等凶星，则主强盗、抢夺、杀伤、服药、悬梁、水火之灾，图赖之恶，轻则破财，贼病连累亏负，小则窃盗之祸，亦主家中不和，及淫逸诸荡，血光之厄，官非口舌，积年不散。纵逢空亡亦主六畜之灾。阴宅中克亡命，主亡人作怪，迁变不定，水蚁之患。若居死地无位，无气刑冲破害在外克出，无妨。若单见并无贪官重混，有廉独旺，则可以反祸为祥，其吉凶略同贪官。

贪鬼总断

忌曜重重见鬼贪，定遭破败见伤残。
家中积得千金宝，恰如水溢浪淘沙。

破军总断

立宅安坟见破军，叠叠官灾不可论。
官鬼两混俱占位，合家灾殃死无存。

此言贪破之凶,人曰:贪而见官,必因贪财取祸。有官者败职,名节扫地。无位者,放利而行,廉耻尽丧。而富贵之家,不久亦败。此句是指言元辰,衰败者有此,而贫贱者,凶可先知矣。人曰:破而见鬼,必主先破败家国,财产费尽。因飞败暗昧之事,而充军徒流,断之以财败人亡之惨,而入鬼录矣,用者详之。

若破鬼带禄贵马元,在外生入,及生元辰,或在内克出或生山头,及干头有制化,纵有位有气,亦无妨。及因祸变福,永世无灾,不过虚惊而已,及起官衙连社庙学堂,一切大事俱可用之。亦要带吉神,无妨。若小事无吉神,亦不忌。

贪官廉贞不言凶，要合山向妙理通。
五气交度番成贵，何愁太岁急相逢。
此言变凶反为吉，相生相顺方为吉。
克出生回何必定，若然相克泄身命。
太岁生扶两泪汪。

五气总断

若五气吉凶之曜,俱以山向为主,建山论山、修向论向、修方论方。元辰及天干地支化气,俱要相生和合,吉星生入为顺也,凶星克出亦宜。年月位为上、为外,日时为下、为内。大抵要吉神生入克入,凶星要生出克出。若吉星生出克出,其福亦薄,居于外地亦然。凶星克入,其祸重矣。吉星亦要当阳进气,生旺得位,凶星要受制克,又要克倒,如水克火,水旺火衰,曰克倒。

牧牛师曰:凡吉凶进期,各以生三合之年主发财,以先天水一、火二、木三、金四、土五,天数年月纳音所属断之。

论何吉凶

不论吉凶神煞,各以人之本命支干化气三合生克断之。如甲己化土,申子辰年类，如甲是破鬼得己人命是，如贪官无位无气属水，见申子辰人是也。及本命归禄马等，及刑冲破害之凶矣。

断生子事

元辰亦为子孙，若元辰有位有气，虽无廉子出现，亦主多育。若空亡死绝，纵别宫有位有气，亦是多生少养，螟蛉侧室之儿。若元辰无气无位，犯前项之凶，又无廉子，或有廉子，亦居败绝空亡冲刑，则平生不育，多生女子。或廉子被干头化气制着，或两头开克，多是胎不成而生不育矣。元辰廉子无气，则生子夭折不寿矣。

断夭折不寿

山家休囚，元辰无位无气又泄气，或多居在沐浴、病、死、胎、绝之地，则出夭寿之人。

断人财利进退吉凶

一要元辰克五气，五气怕克元辰，五气生元辰，吉。元辰生五气为泄，泄多则凶，故曰：泄气太重，当代贫穷；泄气稍轻，当代必兴。先看本山休旺之年，次怕神煞生旺之岁，五气吉者亦应三合之年。吉神衰绝者，亦怕死绝之岁应验矣。

论五气中别用吉凶神煞

第一要参入列宿，如：

木元辰要用角、亢、氐、房、心、尾、箕七宿;

水元辰要用斗、牛、女、虚、危、室、壁七宿;

金元辰要用奎、娄、胃、昴、毕、觜、参七宿;

火元辰则用井、鬼、柳、星、张、翼、轸七宿。

又曰:木山宜用四木宿,水山宜用四水宿,火山宜用四火宿,

土山宜用四土宿,金山宜用四金宿。此为真诀。

第二要明五运六气及四时旺相,合乎山头。见四卷下。

第三要合奇门遁甲,必使奇门到山向为尽善。见十二卷。

第四要推禄、马、贵人。见后卷。如申子辰年月日时,马在艮寅山。余仿此。

论元辰会天乙贵人、福星贵人诗例

金鸡啼起惹殷勤,飞向申酉对虎林。
马带钉铃人不识,此星拱北对南辰。
秦臣辅位登金殿,楚地风波作贵人。
惟有九宫留日月,年头定见斗元辰。

《经》曰:元辰入庙,须要天乙、福星二贵人合之,对君臣会宾主方出贵也。

金鸡者,六辛年遇戊子日,申乃丙申长生,元辰有气。

如坤申向艮寅,是为贵人。六辛逢马、虎,六辛遇寅午山向年月日时,并是辛字为上,甚吉。马带钉铃者,如甲年坐子癸山向午丁,是天乙、福星二贵人。对元辰为福德临官贵人,辛年月日时吉。

秦臣辅位,是六癸年作乾亥山,是元辰向巽巳,六癸逢贵也。

且如癸酉年元辰逢酉不可作用。如九宫得戊癸二干化气,作丙午山,盖元辰有气,金精交度,遇者发福。作子午还禄元辰,对贵人禄马到吉日月,取天乙贵人对元辰,年年斗曜不增空,二十四神十二宫,惟有天乙贵人难,寻还其向日月轮。

大抵要禄、马、贵人同到山为上,或到时或时子禄贵到合妙。

论忌三煞

如申子辰年,煞在南方巳午未,及巳午未命。余仿此。又忌阴府太岁重,主损户丁。凡造、葬二事有分别,立宅乃生人所居,有活动之理,故以天干化气之元辰主之,为阳元辰。第一要干德干禄干马五气生旺之,而遇刑冲破害,虽凶但稍轻,而祸易过耳!

至若埋葬,乃死者阴魂所依,欲其永世保固,如地支之不动,故以下轮之化气,观气之交度、会合、刑冲、破害等而断其吉凶。

第一要元辰入墓,方得龙神拥护,百年发福。若阳宅元辰入墓,则不为全美,主出人愚昧,但亦享安逸老寿之体。

《经》曰:立舍用阴气,为灭没凶;埋葬用阴气,为元魂,此理最妙。又曰:埋葬又要五气交度生旺,主大吉。若休囚者,主家长亡。若人命冲刑元辰,主杀家长。若犯元魂,主损亡人,克子孙。且如甲己年忌甲子、甲戌、己巳亡命,忌修方、下向,盖甲己元辰子戌巳是也。

两头关格　相关吉凶

诗曰:

相关相克两头强,中有人关反鬼关。
关鬼鬼衰鬼自灭,关人人必受灾殃。
关财须要财乡旺,冲破财乡退一场。
或是元辰亦生旺,贵人进物喜非常。

或关年月或关日时。且如年时是甲己,月日是乙庚,依此之类,为两头关格焉。

两头关格　金山头

己　乙　乙　己
卯　亥　亥　酉

贪　元　元　贪
官　辰　辰　官
火　金　金　火

解曰：此是两头关，火克入中心，金关绝子孙。纵有酉为金之旺，见卯冲之元辰，自坐病位，亦为凶。幸火居败死之地，则亦无大害矣，难为子孙也。

法以年时天干是甲己，乃甲己化土，土生金，山为贪官。再以甲己起甲子，遁至辰酉见戊辰、癸酉，贪官之下系戊癸化火，年时属火，再以乙亥月日，天干是乙，乃乙庚化金为元辰金。再以乙庚起丙子遁至辰酉，是庚辰乙酉番化，又是乙庚属金。余仿此遁。

番化捷诀

乙　己　甲　乙
丑　酉　申　酉

武　廉　廉　武
财　子　子　财
木　金　金　木

元元武化贪，官鬼子孙财。只此两句即知。

解曰：元辰化元辰，武财化贪官，五气朝元，回者，即此也。贪官化破鬼，五气克元辰者，即此也。破鬼化子孙，盗气泄元辰，此也。子孙化五财，原忌子孙为泄，元辰番化武财，元辰克泄太甚，故廉子忌多，只取一位为美。

编者注：上文左端"乙酉，武财木"等，为编者所加。

十二星断

建宜出行收嫁娶，定宜冠带满修仓。
破除疾病执宜捕，危本安床闭葬良。
成开所作百事吉，平乃作事总平常。

十二星所属

建计除阴满是罗，平火定金执水河。
破土危阳成是土，收气开金闭字过。

校者注："十二星所属"一节，以下内容原书无，现根据《象吉通书》补全。

建日相逢造葬凶，颠狂乱舞破家风。
行嫁出行上任吉，教牛教马此事良。
建日可谋本为事，若改前为再莫宗。
总计建除平日收，出兵斩破大有功。

建者，健也，乃健旺之气。宜教马、教牛、习武、行兵、出行，亦吉。惟正、四、七、十一月不宜出行。最忌架造、埋葬，主出行妄之人，酒色昏迷，胡作乱为，破坏家门。只宜行嫁、谒贵、上书，吉。如二、五、八、十二月遇建日，又更利害是木旺在卯午，火旺之类，余未正。

除遇娶妻并造葬，求宜上任阻前程。
经商出行及移徙，兴工动土楚战秦。
疗病捉贼除服好，宜合帷帐除邪精。
削毒断蚁塞鼠穴，解释冤愆一切灵。
贪酷官吏恶人类，除日告之问假真。

除者，乃除旧生新之象。宜除服、疗病、断邪、塞鼠穴、出行、嫁娶，亦吉。埋、葬修葬遇吉宿好，生旺亦吉。又曰：最忌嫁娶埋葬。凡求官、上任、经营、移徙、出行并起工、动土俱忌，只宜做帐帷及宜解释冤愆、治邪魔、斩鬼精、捉盗贼、断白蚁、告贪恶人。

满宜造仓并作柜，诸事为之大吉昌。

婚姻结义完全好，一园春色百花香。

古云满日土瘟是，架造可为葬不良。

不宜栽种并服药，开凿池塘鱼满江。

满乃丰亨豫大溢之义也，号曰：土瘟。不可动土、栽种、布菜，只宜造仓箱笼柜、婚姻结义、开池。如合好宿，宜架造，出富强壮。忌埋葬，然葬者，藏也，不用满日决不能受益，岂能藏乎？

平宜收益及收瘟，剥削除灾百事亨。

又宜教畜及行嫁，遇伐逢金断贼根。

造葬埋之俱平过，余皆守分及高增。

平者乃绳纠齐一之义，平常之谓。宜行船、收捕、治邪瘟、治病、除灾、行嫁、教牛马与平治道及场屋地基、修造、泥饰墙壁等事。若遇伐日及逢金禽，宜出兵、除贼根。造、葬用之亦是平常。

定可冠带及安床，余作虽为事不良。

招惹官非名死气，纵逢吉曜也平常。

造葬若逢此定日，好事生来却有妨。

定者，死气也，忌做六畜栏、经商、出行、移徙、入宅、词讼、见官，俱凶。只宜冠笄、安床、嫁娶、上任、求官，若造、葬纵得宝、义、专日及合日、月、水宿，福不周全也。

执有威仪总势权，得遇之星出大贤。

捕贼擒凶称妙手，任教捆绑自心安。

若合宝义专好宿，用之大吉有威权。

执乃固执之义，亦曰：执持操守之义也。又有威仪权势，宜捕贼擒凶，此执日宜逢造、葬、嫁娶三件。若遇水宿登垣，生出文明贤士，宜宝、义、专日，吉，及月宿亦吉。

破日造葬嫁娶凶，诸事交关无好终。

说合不和谋不就，经商买卖求不通。

纵好宝义专好宿，用之亦在破败中。

疗病针灸皆可用，秀士赴考夺天工。

破者，刚旺破败之义，百事俱忌。婚姻不谐，纵合宝、义、专日及好宿，决不能成，是破败矣。若遇辰、戌、丑、未月值木宿，逢此破日，秀才赴考，名为破天荒。并求医疗病、服药、针灸、破屋坏垣、破贼障亦可。

危日登高及行船，日良宿好却多缘。

作事交关全得好，所谋百事独称先。

危日安床亦可许，造屋移迁亦不安。

危乃危险之义，高大之象，荒唐之谓。最忌登高、履险、行船。若履险峻渊深之地，必有阻抑作惊之事。又遇伐日并逢弱、怒二宿，主见伤人之祸。若遇宝、义、专日及好宿，最宜与人交关，全得利益。经营、求官，谋为百事，俱吉，独称先过人。惟造、葬、嫁娶俱凶，但安床可也。

成日百为诸事谐，造葬分明待贵来。

娶妻必定生贵子，求名求利亦快哉。

若问隔年新旧事，结冤结仇不须栽。

成者，结果成就之义。凡为百事，只有成就之机。但主先难后易，终有合和之义。若遇日吉宿好，百为俱吉。造、葬、出贵、嫁娶、生贵子、求名利，遂意皆成就。若事已成，不必再谋更移，别结冤仇，亦不必谋为去栽种也。

收日旺妻造葬吉，又好出行及买生。

若遇宝义专好宿，百为皆美及作商。

架造不宜用收日，阳若宜显阴藏宅。

收者，收天下之溟也，有收成之义。又为纳藏之象。此日遇宝、义、专日及好宿，最宜娶妻，定生贵子，葬必出贵，及经商、出行、移徙俱得利益。实卖金银财物、收贮千箱、收买田地屋宇、纳财取债，诸事吉利。入学、捕捉、畋猎、收置仓廒等件，若此收日，纵合宝、义、专日及好宿，亦不宜架造。盖阳居宜显，阴宅要收藏也。

开日相逢百事昌，天开生气到生方。
最宜造架生贵子，开门放水进田庄。
嫁娶移徙出行吉，求名利益喜增光。

开者，乃天下也，系生气之位，最宜造架、生贵子、开门、放水、进田庄、嫁娶、移徙、出行、求财等事，宜用开日。如遇太阳登垣驾之日，主生贵子，福禄至独。埋葬主大灾祸，极凶，切不可用。

闭日埋葬及藏宝，遇此为之终到老。
六畜栏坊造亦宜，架造匠日最不好。
施针下灸不当为，塞路合帐称妙巧。
又宜娶妇不妄动，守静闺门留好名。

闭者，坚固之义也，最宜埋葬。生得富贵，大喜收金藏宝不被盗贼偷劫、造六畜栏坊、合帐帷、塞路、断蚁鼠穴、修筑墙垣、作厕等件。忌医目、针灸、上任、经商、移出，诸事不宜。又忌架造屋宇。如遇坐牢闭而不通，定主暗祸。此日娶妇，主本妇静守不妄动，闺门端正，留好名誉也。

斗首二十八宿宜忌解

虚日鼠，星日马，昴日鸡，房日兔，四太阳禽，乃人君之象，名曰双喜。宜用日间时登驾驾登垣日，大宝义专日诸事吉，丧葬凶。若遇制日定日，其福减半。遇伐日凶。

心月狐，毕月乌，危月燕，张月鹿，四太阴禽，乃后妃之象，名曰善宿。宜用夜间时，须看上下弦与晦朔无光望后全光，其登垣生身及登驾日，宝义事日吉，制伐凶。

翼火蛇，室火猪，尾火虎，觜火猴，四火禽，乃南方荧惑之星，文明之象，名曰燥宿。登垣日仍有宝义专制伐日之分，又有日主相生相就方有所宜忌，独埋葬吉。宜用寅午日时及登垣日，宝义专日，并月木火时禽俱吉，忌用未申戌亥日时。日时禽用之必凶，为商主外死，架造主火灾不已。用未申戌亥支最怕寅干生旺。

箕水豹，参水猿，轸水蚓，壁水㺄，四水禽，乃北方辰星，玄冥之象，名曰弱宿。造、葬百专俱凶，识犯之，主男女不正，被人欺凌，多招官讼、疾病。嫁娶犯之，遭淫犯之诬。

角木蛟，奎木狼，斗木獬，井木犴，四木禽，乃东方木星文明之象，名曰文宿。登垣之日仍有宝义专制伐之分，并日相生克者，百事俱吉。若遇宝义专生旺日出大贵。造、葬宜忌同月禽之科，宜亥卯生旺之时，禽非日时禽，俱吉。忌申未辰之时。

鬼金羊，牛金牛，亢金龙，娄金狗，四金禽，乃西方太白星，名曰威星。造葬、嫁娶、移徙、作事并忌，只宜上任、征伐、出行、钉门、作灶别事。合着登垣若遇宝义专日半吉也。

氐土貉，胃土雉，柳土獐，女士禽，乃中央镇星，黄帝之像也。名曰怒宿。百事俱忌，定主官符不祥之兆，独嫁娶遇丙戌日大吉，宜用申子辰时。

日月宜年月日木宿吉，星木土仓。夏月用四火宿吉，忌用金属。秋月用四金宿，忌用木禽。冬月用四水宿，忌用火禽。义日者，地支生天干足。宝日者，天干生地支。专日，干支比和。制日者，天干克地支。义日者，地支克天干是也。

论斗宿生旺到方克应时

（昔时人穴克应）

元辰坐山为主，元辰持时主贵人坐马持金，或有亲人来，喜运财物进入益。廉贞持时，主有人抱儿来，或孕发来，鸟声应之。武曲持时贵人相物财来，女人送生气物来，白衣人来应。破鬼持时，有武官军器或儿童师巫人禅僧之人来应。

六十甲子十二日斗母所临方位

甲子、乙丑、丙寅三日，临乾亥、壬子、癸丑、艮寅方。

丁卯、戊辰、己巳三日，临丙午、丁未、坤申、庚酉、辛戌方。

庚午、辛未、壬申三日，临乾亥、壬子、艮寅、甲卯乙方。

癸酉日，临甲卯、乙辰方。

甲戌日，临中宫及二十四向。

乙亥日，朝天，修方用之大吉。

右斗母太阴临照之方，凡天曜地杀尽能制伏。太阴乃后妃之象，最能制伏九良、小儿等杀。至于赤松子、横天朱雀及三娘杀，俱是依局不由五行起例，无义理可信。不知始作何人，实无准验，本当删之，庶不错过良期也。

(新镌陈子性二十四山造葬玉环斗首藏书卷之二终)

新镌陈子性二十四山造葬炉传斗首藏书卷之三

岭南　陈子性阐述　男衍参集　孙式基
式猷　纂辑

炉传斗首造命藏本记

传云:二叟素纂斗首,开一叟在青云庵,精通此道,执百金宝,行肘膝礼,致敬拜求,讲究月余,已知其概,复求书本。一叟曰:此道传诀不传书,传书不传诀,子既得诀何用书,为日无书无凭诀。恐讹失,再拜至恳,师时围炉,乃将炉书厌传写真诀一十七篇,故曰:传炉斗首造命。再拜姓名,师曰:天地晦姓,至人晦名子,何若苦问也。故其徒亦不留其名,但曰一叟传二叟也,后杨筠松待此传之注,东女婿谭仲简第十八世孙谭文谟,会附剞劂,天嫌其泄,凡火其板者三,既而觉之,俯身悔罪,誓为藏板。

先天元辰斗首序

先天乾南人位,后天退居西北亥方,亥司天门,居紫微垣为众斗之首,主地,右旋也,故为元辰之始。本先天乾南而为火元者,生生不已之谓,是以乾亥火生戌辛土,土生酉庚金,金生申坤水,水生未丁木,木生午丙火,火生巳巽土,土生辰乙金,金生卯甲水,水生寅艮木,木生丑癸火,火生子壬土,终焉始终一南气也，盖以亥并乾南为火气之始，壬纳南离为火气之终，终则有始也。

后天五气序

五气者，后天八卦浑天六爻之气也。卦有阴阳，气分迟速，乾为天为父，而子震坎艮四卦属阳，其体刚健，其气上升，乃各先透一年而值事。坤为地为母，而女巽离兑四卦属阴，其体柔顺，其气下降，乃各后二年而值事。

如乾宫甲子水，甲寅木，甲辰土，壬午火，壬申金，壬戌土，先于亥年而值事。以子为玄天水气，一卦三山戌乾亥，此乾亥火元以亥年为玄天水气，克元辰谓之不利。戌同乾卦属土，元在亥年遇子水为元克气，亦为不利。到子年值甲寅爻为苍天木气，乾亥值之为气生元，大利。戌山则为气克元，不利。丑年乃第三爻甲辰为黄天土气，乾亥为元生气，吉。戌山为元气比和，皆吉。寅年第四爻壬午为赤天火气，值乾亥为比和，戌山为气生元，俱利。卯年为第五爻壬申为素天金气，在戌为元生气，利。在乾亥为元克气，不利。辰年乃第六爻壬戌土气，乾亥为元生气，戌为元气比和，俱吉。巳年同亥，午同子，未同丑，申同寅，酉同卯，次宫戊寅爻始丑，先进一年也。

又如坤宫初爻，乙未土二爻，乙巳火三爻，乙卯木四爻，癸丑土五爻，癸亥水六爻，癸酉金后干戊年起初爻为乙未黄天土气。坤卦三山未坤申，其年之爻值事者，土克坤申水，元辰未为木元克土气，俱不利。亥年二爻乙巳火在坤申为元克气，不利。在未为元生气，大利。子年三爻乙卯木在坤申为元生气，未则为元气比和，俱吉。丑所癸丑上气一元克气，一气克元，俱不利。寅年五爻癸亥水气一为比和，一为气生元，俱利。卯年六爻癸酉金气，坤申气生元，吉，未山气克元不利也。以例推之则巽宫辛丑初爻，辰年起离宫，己卯初爻午年起兑宫，丁巳初爻申年起，皆后二年例也。

盖五气本浑天一卦管三山，故三山之元辰有异而气不异也。五气本六爻分五行，故五气之流年有定而元气之生克不一也。缘元气合双山，五气本八卦双山，曰乾南乾为天南，阳明之地，故谓之天光下临。八卦重坤，坤为地，地德上载也。所以每卦独立土二爻，重土之义耳。上载者，五阴气左旋；下临者，元辰右转，此亦乾旋坤转任自然也。凡元与气相生相比，谓之阴阳交媾，为大利之年。气与元相克者,谓之夫妻反目,为不利之岁。或欲琴瑟调和尤当知金精月华五运六气天令吊爻太阳福主,以及按阳抑阴之法,一掀天揭地之手也,往古先师多用此法。详斗首篇。

夫天光下临,地德上载,不过立元气之休耳。必须历运其间始有得于时行物生之妙。历者,化气也。如甲己化土,乙庚化金,丙辛化水,丁壬化木,戊癸化火,皆先天元辰生旺方为福,其中以生我为贪,克我为破,我生为廉,我克为武,比和为元。元辰与化气分元廉武破贪,化气合元辰能催财催官及催子。五星者,大意以元廉武为三吉,贪破为二凶,置三吉于旺相,摈二凶于休囚则得之矣。

启元篇

先天论元辰,如人之一身;后天论五气,如身之四体,元辰一定生克由化气所推一定者,如乾亥火元终天地而不变其火,戊辛土终天地而不变其土之类,由化气所推者,如乾亥火元逢丁壬化木,木生火为贪狼。丙辛化水,水克火为破军。戊癸化火与元辰比和,即名元辰。乙庚化金,元克金为武财。甲己化土,元生土为廉子。如欲催丁,用廉催财,用武催官,用贪破,若元辰则般般好也。

五气无常,六甲应流年而布。

此指浑天卦爻之气也,每山一年一爻,轮流布,如震宫初爻庚子,先亥年为水气,次子年为庚寅木气,三爻庚辰土气布在丑未年,四爻庚午火气布在寅申年,五爻庚申金气布在卯酉年,六爻庚戌土气布在辰戌年是也。各卦浑天补录于后。艮纳丙,初爻丙辰土,二爻丙午火,三爻丙申金,四爻丙戌土,五爻丙子水,六爻丙寅木,先卯年管初爻。坎纳戊,初爻戊寅木,二爻戊辰土,三爻戊午火,四爻戊申金,五爻戊戌土,六爻戊子水,先丑年管初爻。巽纳辛,初爻辛丑土,二爻辛亥水,三爻辛酉金,四爻辛未土,五爻辛巳火,六爻辛卯木,后辰年管初爻。离纳己,初爻己卯木,二爻己丑土,三爻己亥水,四爻己酉金,五爻己未土,六爻己巳火,后午年管初爻。兑纳丁,初爻丁巳火,二爻丁卯木,三爻丁丑土,四爻丁亥水,五爻丁酉金,六爻丁未土,后申年管初爻。

元气有生有克，有比和，五行司令。

如火元火气，土元土气皆是比和。火元水气，水元火气，皆曰克。火元木气，木气水元，皆是生。司令者，如春木、夏火、秋金、冬水。又如木，生亥、旺卯、墓未、冠丑、官寅、养戌，皆云司令之年月日时也。

化气能衰能旺能克，四季操权。

此言十干化气于四时所值不同，如春夏秋冬木金火水土之各值其时，司其令，而操其权也。若火在秋，木在秋，皆为战克也。戊癸丁壬本不衰，以彼操权者能衰耳。甲己化土，每季旺十八日，四库寄旺之义。又生申、旺子、墓辰，水土不离其乡之义，如甲己为廉，遇寅卯为战克，损少丁，柱中再透出丁壬则损家长，用申年月日时为长生之地，柱中透出一点，乙庚能佐廉毓俊秀之子，若遇火气之年，元气得地，福荫非常。

乾亥癸丑火元戊癸，寅午戌同家，此为乾巽辛戌壬子绝火局。土体甲己季甲子辰秉政，此为坤厚载物局。酉庚金逢巳酉丑，此为真金天宝局。乙庚并荣，申坤水遇申子辰，此为汪洋福海局。丙辛同气，艮寅丑未太岁无过亥卯未宫，此为茂盛纯火局。午丙炎阳，妙用虎马，火方巳巽，土固宜季旺，猴龙鼠可与同群，辰乙金不必秋光，巳酉丑便是美类，申卯水同坤申气，合得令四时，何须会局，联珠三合不必当权。是故乾卦甲壬而司令火木炎兴，坤宫乙癸以当权水金流庆坎戊，盈盈水土，富而且贵，兑丁炯炯，土金精而又清。巽辛水土离巳木燥，震遇金水而发福，艮逢火木以荣昌，火元遇土气亦昌，水神逢木爻尤吉，金元生水见水气，而清土可产金，会金年亦美。木元火岁须乘木旺，发荣华气泄元辰，只取元昌坚福寿，但嫌元气相克，贵得相生。

启天篇

天者，天干也。斗首以化气为天元，故曰启天。

丙辛化水，生申、旺子、墓辰，甲卯坤申四山元辰同气，亥壬子癸二水五气同源，作火元之破军，为土元之武曲，金元用为廉子，木山藉作贪狼，时值秋冬能增千层之浪，候逢春夏难兴三汲之波。功在地元能微能著，用须着意，慎无忽之。

乙逢庚旺化金神，乙辰庚酉同声用，应庚申辛酉四气，同气相求，作木元之破，为火地之财。土元用为廉子水，主遇作贪狼，季值秋逢，万丈光芒，右爱夏间冬月一生一墓堪怜。巳生、酉旺、墓丑乡，地元得位，败午、衰戌、休卯地，支地无情。

甲逢己旺，土镇中央，辛戌巳巽子壬山元辰，其至辰戌丑未戊己气，五气同门，作水元之破，为木辰之财，火主用以为兄，金元逢之为印，每季旺十八日。势若丘山，借局申子辰位，积哪厚垒阴阳配，在人元有日成功，天地无情，地宿无情，何用。

戊癸化火，光辉南离，亥乾午丙丑癸炎运同原，木金神之破为水府之财，乃木元之子孙，系土山之父母。春夏得时，赫赫焰火朗照。秋冬遇景，微微暖气熏蒸，重逢巳午，发福非常，两遇戊寅，富而贵。

丁壬化木，生亥、旺卯、墓未，丁未艮寅四山元辰一气，寅甲卯乙二宫，五气同原，破土山而生火元，为金武而作子水，茂乙兮春冬，寻常兮秋夏。人元合用三槐庆衍门墙，天地元亏，丛桂馨香阀阅。

此言地元十二支也，以胎养为微，生旺为著。堪怜者，有可取而不足之词，金至冬有金寒水冷之疵，地元中或温土以资之，或用温火以暖之，如辰字巳字是也。旺相之位为有日也。

启用篇

一元三武共一家，世享荣华富贵。

三元三武者，谓天元天干，地元地支，人元吊咎四柱逢生旺，最吉。

一破一贪居外职，司文英武权衡。一位破贪居外，内有吉星应之，主出文武铨曹。独廉时日，支辰生旺，产麟儿。孤鬼月提拘锁，休囚题虎榜。

元武二星在四柱，或一或二，或三或四，多多益善，惟廉及贪破不宜重见，但廉位宜内要四柱旺相，贪破宜外要四柱休囚，拘锁年一日夹柱，月拘休囚也。

太岁逢贪，武曲月提招富贵。月提遇印，破军岁显文章。

如年上是贪狼，须择武财旺相之月，则能制化之，盖天元之武能克贪，为制人元，吊帑年生月也，为化，故吉。如年上属破军，月上亦可取贪狼为催官，盖以破生贪生人也。

年上廉贞，贪破月提宗嗣绝。月提子位，关逢元武利名昌。

若逢太岁，是廉子月上见贪受克，见破受敌，即干星坐下生旺，定见外徙不归，若休囚则大凶矣。若廉子月提年月得元武拱夹关住，必主生贵人，名利俱全。

关住贪狼，一举首登龙虎榜。全联元曜，几多身到凤凰池。

关住者，要上下制化，左右支位休囚也，使贪不得生旺为妙。

用一武而成功，取单元而发福，破贪拱武，灾祥劳碌，兴财官鬼朝元，祸福奔波，发贵，柱有一元一武得生旺者，必能召祥。武为运财之神，破贪为惹灾之鬼，夹武毕竟要逢凶化吉。劳碌兴财朝元者，以破生生卯印生乎身之谓也。大抵贪性偏，破性燥，逢此偏燥之性难安静，故有此奔波而后成其志也。

三吉降内权虚惊鬼怪，一官从外制有益官方，三破坏垣三场人命，二贪关局两度官非。重廉若遇休囚，徒嗟伯道；一破偶逢生旺，谁恸颜渊。

一位破在时元，廉武在年月日制之，破虽旺相不能为实福，亦主虚惊鬼怪之事也。若一贪在外旺武财，数支或生旺墓制之，虽不免官方，然亦不永所事为终叶也。至如三破坏垣，二贪关局则凶矣。柱中两重，廉子坐下休囚则不能生子，一破生旺，断然损男。

四重廉贞，元气刚强可用。满盘破鬼，先天盈气堪逢。

廉子要兴元气，并得生旺，破鬼四柱休囚，兼得金精月华到穴。

贪官四位全逢，反成富贵。元武一门纯粹，定是荣华。武曲财神全逢最吉，若居生旺发福无疆。

贪官全四柱为一气官印格，以吊帑俱属破军也。仍要元气有眼贪坐休囚方可，又不可驳杂，以他星激发贪性，为过不浅。

启格篇

论山向之主宰，表虚实之重轻。

凡生旺冠临墓，实也，重也。胎沐养，轻也。病死衰绝，虚也。立格先要元辰四柱得重实地为主宰。

克战刑冲,灾殃必重。比和旺相,福禄永祯。五气盈而出,定生卿相,当朝三元。整整成家,必产奇才联国,克出生回,富贵满堂。金玉元媾,气交荣华,闾里光辉。贪鬼破军,瘟灾立至。元辰武曲,福祉频来。

克战者,或元辰与五气克战,或贪破与元辰克战,或贪破与廉贞克战,俱不美。又或误用武以助贪威,误用贪以济破恶,皆是。然都有个虚实轻重的消息,刑冲亦然也。若夫五气与元辰,两两皆旺相之地,而天十为出面,自获大吉之兆。

启星篇

元辰要知元辰为吉,亦可为凶。受气临宫,宫殊异应。

元辰为吉曜之首,要合五气临宫,生受何如?荣枯何如?如元辰坐生旺之宫,日吉兼受五气之生旺,尤吉。若五气休囚减福,若元坐下休囚,虽金聊元曜,反为祸也。以其凶枉伤损元气故耳,故元辰之吉凶,有临宫之异应。

化气同情,贵支神之得地。天干异休,嫌暗杀之攒攻。

如火元用甲己为廉子,廉得地支申子辰为有气,但会成水局又伤其元,是谓暗杀。或用一位寅支为火元长生之地,以益元,尤嫌冲伤了甲己生气之宫,亦谓之暗杀。又如火元用三四位武财坐旺相之宫,如四乙酉金旺在酉,才神广大也。俗见观之似为最妙,不知元辰四柱无眼填实死气,为才多身弱,亦无用矣,亦谓之暗杀。又或天元压制太过,人元乘载不起,吊帑助杀耗神。例虽不一皆是暗杀攒攻,须触类而通之可也。

一辰得地,三方官杀总皈依。数主失支,满目吉祥全幻伪。

一位元辰透出数位,地支生扶,即有贪破在局中,亦自皈依矣。若干头三四点元辰地支无一位生气,如枯槁厌成幻伪矣。

最喜吉星助旺,尤宜武气交生。

如水元木子用亥支,为助旺火,元金武用巳支,为五旺,或用元济廉,廉济武,俱宜仿例。

盖元辰首出,吉星发生,诸秀斗首五行生曜,压服群凶。

元辰在化气为第一吉星，在斗首为第一主宰。

廉子廉贞，吉星继元秉政。独彰生旺，能教天赐麒麟。重坐休囚，顿令地枯兰桂。用廉子只宜一位，则不盗元辰母气，若用两点，则泄气矣。若再坐下休囚，虽生不育也。四柱扶元辰，是元辰旺矣。不为子多母病，更得金匮，或天喜或太阳到山向，必主多子。

喜逢武曲，蕃丁怕见贪狼。压孕天元，入局弄璋更捷。文场地宿有情，生子又兴财产。

如金元柱中用丁亥辛亥，此武曲有情，于廉子柱中见庚申庚辰为八局矣。

昆山片玉，忽产朝郎，三柱甲己一点乙庚是也。桂林一灯，能生卿相，三木一火，贵火焕文昭出擎天一柱，火元自旺一点甲己。金龙吐瑞，酿成辅国奇才，如乙丑庚辰庚申丙子者。大海产珠，安邦大宝，如辛亥丙申丁亥辛亥者。明珠取用，获福无疆，明星言子星也。太岁廉贞得用，全凭武曲，月提子位开回，定见元财。

此言廉在外，主后世子孙好遨游而忘返，紧用元武在内生旺，使彼恋父母家资而思归矣。再兼取干支六合三合邀合，而日时上布子星旺相之气为妙用。武贡武曲，财神济元厚福。旺神聚局，食禄万钟，生气满堂，人财两盛。

元辰得武曲支位，互相生旺，为最上局。济元者，元为寿命之元也。

化贪狼而有用，制破鬼而无凶。

盖武曲吊宫受贪狼吊宫之生，贪狼天元受武曲天元之克，克明威也，生心腹也，是贪狼之性偏武能化之。又武曲天干主破鬼之天干，破鬼吊宫又受武曲吊宫之克，生是阳患之克，是阴制之使，彼不得为凶也。务必破贪气微武势强旺为妙也。

一星得令，能教一举成名。满柱有情，定拟满门朱紫。

一位生旺者为一，四柱生旺者为满。

日月坐荣，生旺也。最喜元廉时日，年时价旺不妨。贪破中藏，仍要休囚，关住兴隆，偶进田园万顷，只要坐下生旺，诸星皆可关也。门开衰败，条倾家业千金。

昔有用辰山取壬辰、庚戌、丁亥、辛亥，葬公示子曰，此门开衰败也。后果有破舟之厄，予后以独廉济武日，武日廉时为用，廉武拟以亥卯未，复兴果验。

外居无气，偏宜贴壁贪狼。内居有基，最喜把门破鬼。

原本载乙山用癸酉、庚申、丁卯、庚戌，课以丁武坐下帝旺，又胎酉养戌为有基，而元辰又得官旺为元，厚福也。用把门破鬼如守库之神，自是钱财积聚，财旺生官，后三年科甲联捷，亦喜一戌字用之于时，便破军有藉，所以能催官也。若再见申酉卯午时，犹奴隶不占主人恩泽。又为尽法无民，反自劳苦，不可不知破军，破军恶曜用抑无扶，单见休囚，扶拘法以，何曾为祸重逢生旺，扶也，不测灾来一位旺两支。鼓盆立见，两干逢一地，男女频伤，有气党同贪官，讼遭人命。无威权遇武曲，反受君恩。居外无权，能助武元宣吉。关间兴霸，全凭廉子救危。

此杀总不宜旺相，不宜重，不宜四柱有藉，藉者，生旺官冠墓也。除此则可以同三吉而为福，今人不知此法，误用旺相于时日者，势必为害。其不害者，以有廉子制之。

威据女书，内见有先登甲健。外居元气，关逢廉武利名昌。

破在年，贪在月，凭得胎养冠，干坐下元，武生旺于时日，又要破贪坐下于元武，有藉元武坐下，使贪破无日，诚能催官，抑必使有藉方为有光有据，在用法之妙旺，不为灾。曾遇先天盈气健能降福，恰遇元武支生。

先天盈气，精月临山之气也，例见后。临山则化凶为吉，又或元武交相生旺，即破军逢时，亦由盛世之君圣臣良。君子道长，何杀不为之用也。

全柱都逢，先凶后吉。

全柱者，犹世之强梁，朋比合成一气，应有一体之视也。但系此星，性情暴戾，未免有失之凶，然久之以翼习既谐，亦必吉也，能与反贼收心者比。

一干旺相，前险后灾。

一干旺相上无吉星制伏，下有助虐之基，所以终始一凶也。

重杀锁元，男女苦遭瘟火。轻凶逼武，家财进败讼非。

一为生旺锁元，一为冠养关武曲者。

不杀不威，善制始能用杀。无伤无贵，失调岂能遭伤。在哲士之请求，用杀制凶。《易》曰：王公设险，以守其国。是故凶星之不可不用者，但要明天时地利之何如。置此杀于得宜处，以守之，如水破不可施于秋冬，火破不可用于春夏，则易制矣。

由智能之操，用化难生恩。

如火元以丙辛为难星，若其年系木气，则丙辛之水以生木气，木复生火元,此化难生恩之法也。火气之年则受敌矣。又或用之于春,春木旺、火相、水休囚,能使弱从强,泄水生木而生火矣。亦为化难生恩也。用之于秋冬则不可耳。又土气之年,宜立火元之眼,二三重子星止宜一重生旺,在坐下为妙,取母气旺相生土,用子制杀亦可,以化难也。若廉子邀局,则是水土同宫,未免暗诱亲子,反资仇敌,务宜慎之。

外有桥梁公署,却喜休囚。

桥梁用一位破军可以制,蛇龙司河泊亦宜休囚,或用胎养冠墓,无权而有主,依元而效用,乃使桥梁巩同,地方安逸。若误用官旺与生,反惹灾招祸,兴盗贼也。公署用此为理刑之司,不有此星则百姓刀风起而百官无威权,难以显达。若养若冠之气为宜,倘误用生旺则必致贪官污吏,残虐生民,多凶讼,损百物,一纪之外始乎。宁盖公署,乃生民动履之地,非鬼神幽暗之所,不可使旺相也。

坛庙宗祠,偏宜旺相。

神庙乃五祀受享之所,破军为五行显应之神,亦能主宰万灵也。惟其旺相则能受祭祀,有感应福,庇儿孙恩泽百姓也。盖破军为斗首之鬼杀,偏能宣扬幽气,建祠庙所以得宜。

贪狼贪狼,恶杀喜遇休囚。有制无凶,尽堪作福生旺。内逢偶被退财,官讼休囚。外遇或为官贵文书,元气遇元辰,塞翁失马,有根逢子位丙吉问牛。

贪官吊宫克元却生元也,若元旺贪衰,因祸致福,元衰贪旺,因福起祸也。如塞翁失马,反得其福。贪克廉两两相克,固属可嫌,加以贪有根,为祸必矣。夫子以厩焚不问马丙吉,反是亦伤人甚矣。

时上衰居降伏,合凭三吉。元廉武日中弱,遇拘收定见两财。

贪狼不宜居日,诸家有遇此课者,不可据作凶断,但看他日支休囚,两财旺相便能拘收贪性化为良星,犹世之不学好人,处贪贱则妄作,妄为肆恶,一量富足,亦能知保身家,顾廉耻矣。

作用操四时之令,施为随五曜之权。

四时,春夏秋冬也。五曜,即流年之五气也。言贪虽恶杀,斟酌权宜在时令为之,主使贪本不得自专,若四柱中三吉旺相,贪气休囚,此君子道长之时也。倘食官时四柱生旺,又小人道长之意也,消长之道全在四时。

为吉为凶,不出四时之柄,用权用杀,难逃五曜之评。

如火元火气见一柱，贪官木气休囚元辰量相，若丁巳壬午之类则为权矣。若值水气之牢，用相亥壬寅使作杀断，用法须评吊宫水气休囚，火元有藉使木盗水以生元，亦一法也。

年月贪狼日时，求全则吉。

昔贤有用午山取丁巳、丁未、壬寅、壬寅，葬后科第者，益以天元生山吊帑克山为一气，官杀格亦然，贵在避中元气重重生旺也，用此年月日，不可杂以他星，激发贪性，则为祸矣。

中期双遇年时，关住不均。

昔有用壬山取壬戌、戊申、癸未、己未，日月两贪，年头一破，喜时上元辰，四柱有气，而五气互旺为主，葬后损女三口，讼祸三遭，至乙亥始发一秀，嗣后方好。

损妇滞名，重贪遇旺名利近贵，贪反逢衰，家庙祠坛，惟爱衰居桥梁衙署，偏宜旺相，斗首以贪狼为文书，家庙寺观塔院见之为经堂为好，礼乐惟彼休囚则性自纯静，倘值旺相则燥暴之性不能自安，必致家庭嚣讼，寺观俗恶衙门用之旺相，何也？盖贪性属阳为轩昂好动之神，百理公务，故宜也。一落休囚，非柔慈委靡，则疲倦无能，难以支技政事矣。

启遁篇

遁元机运，因岁而迁。生旺休囚，为祥为咎。

例以本年五子遁，遁至本山是何星，即为遁元值生旺则吉。

遁逢生气，添丁更可兴财。元值旺宫，厚产犹堪兴子。乾亥火元，戊癸年先得母气，戊癸年遁得癸亥纳音属水，此火绝于亥，而音又克之，似为不美，却得先遁癸丑火养之地，次遁戊午火旺之支，而音生音，比以相辅吉，故曰先得母气。此例以先遁为母元，次遁为子元，三遁为本元。其他元只论两遁者，惟论母子。

辛戌土体，甲己岁得令本宜。

甲己年遁甲戌，以冠带之气，似未甚丰，然纳音生之，故曰得令。

庚酉金元，乙庚年两元并益。

本元遁乙酉金旺之地，纳音虽水旺不畏泄，且得母遁庚辰金扶之，故曰两元并益。

坤山水主，丙辛岁本质得生，遁逢生。地未本木元，丁壬年有情于本母。

元遁壬寅得临官为美，但纳音金似克尤喜，木元水音能泄金气，以滋本元生生之意，舒配有情于本母也。

丙午火方，戊癸还旺于自家。自家者，本山遁班而音又益之。

巳巽则甲己年沾荣前后。

本遁己巳非荣也，喜先遁甲子旺益，未遁甲戌冠辅而火音生之，丙相夹辅而沾荣前后也。

辰乙而乙庚岁感德观躬。以本遁遇养地逢金音。

卯申用丙辛子力，全凭善吊。

本遁辛卯，非益辛子遁丙申旺，气得力柱中须丙申为善。

寅艮用丁壬本元贵在音调。本元壬寅音相克柱中，须用一位丁未水音为贵人。

丑癸火元，本音喜逢戊癸。此母元养位而音生之。

子壬土体，甲己妙见，吾门本遁旺纳音金，为玉涧山辉。

已上元辰太岁，遁理备呈，余各流年因时推测。

此害元廉武破贪，各因流年之主旺休囚，在作者之自行推测。如火元太岁廉子当头，戊辰冠气未可云旺，但纳音属木，木能生火则妙矣。其中生克制化，皆可推测。

每年虽有遁元，揆仓还凭五气。

元绝处有生成气局，旺相中审兴废踪巾。

如甲己土元用于甲巳寅申年，其年火气主事，四月造葬遁得元到巳为绝气，却喜五气属火，火临官巳，生土大吉。又如乾亥火元用于戊癸，子午年其年木气主事，十月造葬遁得元到亥为绝气，却喜五气属木，木生亥能生火，大吉。余仿此。

转旋在一字之功。

凡遁元五气，配合四柱之中，转旋只在一字，如壬子土元用乙庚，卯酉年火气或取三申，全无火气安藉，则气虚元孤，必无厚福。善用四柱中取一字藉气，即是有配为妙。余仿此。

酝酿有三元之遁。此举斗首之成格而言，虽遁元要取生旺而化气，天元吊官，地元四柱，地支，人元俱要和合右气，方能酝酿福泽。

启气篇

后天五气取用，专门作用法成家之妙。成家，三合是也。推测宗纳甲子荣，五气纳甲之理最妙，学者推究宜精。例如壬申从乾分水，本庚辛震巽纳为金，兑丁艮丙南方火，坎戊离巳厚土深，阴干水木谁知是，乙癸逢源会在坤。

乾对内三爻甲，处三爻壬，震六爻庚，巽六爻辛，兑六爻丁，艮六爻丙。余仿此。

如乾亥火元，遇木气之年乃是寅宫甲木生元，合纳甲之气。

坎宫壬子土元，逢土气之年乃是辰戌二宫戊土。

震宫卯甲水元，逢金气之年乃是申宫庚金。

巽宫巳巽土元，遇金气之年乃酉宫辛金。

离宫午丙火元，遇土气之年乃丑未中巳土。

坤宫坤申水元，遇木气之年乃是卯中乙木。

凡元气生比和固吉，又合纳甲为最吉。如水元卯中乙，在纳甲为子，在元辰为贪，若乃制化得宜，最善催官。又如乾之甲宜催子，巽之辛宜催财，柱中宜见一位宣扬出来为得力，八卦中惟艮兑二宫无纳气，但天上五艮宫有生气，贪官兑宫有福德。武曲为三吉六秀之门，虽无纳气，但要相生为美。

生比元辰，福缘善庆，顺嗣山气，俾无后艰，有气得生元之实，无根见比体之虚。

气生元，四柱要立五气之眼。元生气，四柱要立元辰之眼。眼者，地支生旺墓冠临为上。胎养为轻，有眼便谓有根基可藉，所谓得生元之实也，乃若元气和专补元辰为上，然而有生旺不同处，益先天后天之别也。缘元辰本先天，先天专以寅申巳亥为生，子午卯酉为旺，若后天五气则阳顺阴逆之分耳。如癸山用卯，火气主事，乃属戊午中丁火，此元辰之火生于寅，五气之火生于酉，彼此相反。若用寅字补山，则五气病；若用酉字补气则元辰逢死，是之谓比体之虚。今欲扶元，又欲益气，柱中当用巳午二字填实，四柱使元辰五气，五得官旺两全其美,如此则再下寅酉字,亦不妨也,总要看其所重何如。

岁值克元,蹈光养志。年逢元克,健旺成功。

岁谓当年,言年岁之五气也,非谓年干化气也。此与前局不同,前则元气并立其眼,今若丑气克元,专补元辰,若元辰克气,则专补五气,乃得扶抑之法也。

家长遭伤,盖谓元辰克气。儿丁祸损,乃因五气伤元。

郭仙云:元辰克气损家长,气克元辰子孙当。欲免灾殃明扶抑,施仁济困好商量。

身致太平,曾遇先天盈气。家经安乐,盖因六运当时。

此云不识扶抑之法者,或偶遇盈气,或六运卦气得免灾危,详后外篇。

启关篇

斗首元辰论遁元,五气论关元。关元者,本每卦管三山而推也。如乾坤艮巽以寅申巳亥为关,坎离震兑以子午卯酉为关,是为正关,为体。取以年月日时纳音为副关,为用。

其法俱以纳音为正论。例如戌乾亥三山以亥为正关,逢甲己年遁甲子,轮到本山为乙亥纳音属火,其一甲子年音属金,其年五气属木,用乙亥月音属火,戊寅日音属土,乙卯时音属水,此关系一关火与木气相生,吉。二关金克气未利,三关土被气克,俱属正关,相生何化也,亦作吉论。四关水生气大利,此格全在第四关舒配有情,中二关金音克气,全凭四关化之,以其贪生忘克故耳。合之则木生火,火生土,土生金,金生水,水生木是也。是之生生不已,化凶为吉之局。余仿此推。

关元休咎,遁见纳音,四柱有情,自求多福。一枝能救,众保平安。

此即前例,月作一关年二日三时四一关,初代二三四位细推详。

生比此关,贵显定逢此代。克刑斯柱,庸常定际斯时。

如五气属土,年月日时纳音火与金者,皆曰相生,若属木则克气属水,被气克皆不宜也。其中要知木克者,用一柱火音可泄克者,喜一点金音能化耳。

一化有情,能令三方皆秀。群关无玷,定因比屋可封。

一化例如前,无玷者谓相生相比,全无克犯也。

木得水生,作就南阳梁栋。金逢土庇,养成北境珠玑。木火通明,土载庙廊之任。此言土元火气,关元水音。

火土布暖,金鸣珂佩之声。此言火元土气,关元金音。

金水呈滋,丹桂有根门第。全元水气木音。

气元生息,合因无限精神。已上吉元气相生,关音有情者。

水释金锋,枯木又逢春至。此言木元金气之年,元被气克,但得关音属水,可以解开。

土清火酷,黄金正值当时。此言火元金气,喜关音属土。

火木生辉,大地阳回九垒。土元木气火关。

土金重宝,向天两泽于源。水元土气金关。

水润木芳,暗火开红独照。火元水气木关。

气刑元病,纳音化难生恩。已上言元辰与五气相克,一化生恩者。

比和同气相生,富贵殊常余庆。倘若四柱得一满柱沾荣,是犹一子受恩,全家食禄。

启帑篇

五元吊帑,名曰人元。

此以十干化合,从五子遁至本山,看天干二字为遁元,即为人元,又名吊帑,共义论内外生克。

克出生回,满堂金玉。克回生出,一路功名。此批一气生克,克无为言。

凶门吉室,吉星生起无凶。吉外凶家,吉曜克归,克归有吉。

凶门者,贪破居外。吉室者,武元廉居内。如土元壬子时,上起破军,吊帑为金日土。丙辛武财,吊帑属火,月上乙庚廉子,吊帑属水,年上甲己吊帑属土,此二吉生旺有气,逐位克入时。

贪生裹武,时无匮之之忧。武济内贞,世有克家之子。两贪遂主,难言克出为荣。三破逼廉,未许三回作吉。两武双元生出吉,三元一子克回祥。两头克入,中心奚堪为吉。目内生归,首尾孰吉孰凶。中间克出,两头曷仁曷暴。上下生来,中处谁是谁非。以分五曜于天,妍媸咫尺。点检四支干生旺,福祸天渊。

启秀篇

催官之秀,禄马贵人合则显祖荣宗,逢则登门及策。爱临山向,喜对元辰,甲戌庚年丑癸丁未山受贵。乙与巳岁艮寅丙午方为祥。课值丙丁甲卯巽巳亥当令,柱头壬癸乾戌庚酉同时,六辛天乙贵人,坤艮壬子四柱干头主取贵朝元,如年命甲禄到寅应坤申而利达,乙禄到卯,庇酉庚以荣昌。丙戊巳宫得禄,乾亥英华。丁巳午位临官,子壬畅茂。庚禄到艮,寅辛禄逢甲卯,壬禄巽蛇而脱化,癸逢丙马以生光。巳上禄到元辰,总是青云得路。

申子辰马居寅,坤申发秀。巳酉丑马在亥,巽巳当荣。亥卯未逢乾,亥癸福。寅午戌动艮,寅昌,此为禄马朝元贴实登科第。

甲得坤申己逢丑,癸乙年己未风光。庚遇壬子,辛逢乾亥,丙岁辰离虽秀,丁来卯用享荣。壬见辛戌而昌盛,戊逢寅艮以宣扬。癸临庚酉福星,大贵取用固宜。当到坐相邀,尤喜对元辰是实星。虽入三元快捷,必经一秀知土测理词不重烦。

附录　福星诀

甲虎乙猪牛,丙同犬子游。
丁鸡戊猴走,己羊庚马头。
辛蛇癸爱兔,壬独占龙头。

启人篇

每岁到山遁甲,名为遁甲人元。各值岁之星,移凶作吉。表三元之局,变动灾祥。

例如破军作太岁，遁到木山是廉子，须于干头见一子星，则可以移凶作吉，化煞为权，更遇贵人禄马，主生贵子贤孙。是用破军之所以催丁，子星出头得地，而此煞亦不复有他意也。倘如柱中再露破杀，结党作祸，又如武曲，太岁本吉，却遁到山系贪狼，若柱中误用贪狼，反为凶也。其中消息重在遁甲到山，一字系祸福根本，移凶作吉，改祸成祥，在人圆通变化。

斗首以化气为天元，地支为地元，吊帑为人元，此为正三元。其所以表三元之局者，功在人元遁甲，太岁一字如贪狼之年遁得破军，柱中再见破军，必然为祸，休囚祸轻，旺相则不可言也。武曲之年遁贪狼到山，柱中误用贪狼，伤人财必矣。亦看休囚旺相，以断凶之重轻，此武曲之吉反主助灾。如破军之年遁甲到山系廉贞，柱中若用廉贞旺相，则破军之凶杀反为催丁之吉神，所谓表三元之局变动灾祥也。若廉贞年遁得武曲到山，善用者，柱中用出武才旺相之位，表动出来，其家大有利益，自获福祉，不善用者，置之开地，亦无为矣。大抵遁甲一字似根荄，地支生旺是苗稼，天干发露是硕果，不然则苗而不秀，秀而不实者矣。

是故每一岁遇廉贞武才，当今年逢破鬼廉子施生，贪狼年遇破军要调停，武曲岁遇廉贞登驾驭人元，武曲透财星家宜丰富。遁甲破军，消鬼杀身，赖安廉贪，不见贪永无官讼。子能保子，条有贵儿，贪官宜制，尤嫌伏制至伤。破军宜攻，不必攻锄太过。武曲宜人，不可财多身弱。廉贞宜佐，那堪子众母虚。元子同荣眷属，同沾福禄，武廉并健，人财并得兴隆。身杀两停，藏杀化权为贵。山贪比势攻贪，助我为荣。如破与元生旺两停，柱中单表元不可表破，又贪与元同归旺相，柱中亦单表元，切勿表贪。以出头者得力，不出头者为用也。如破军用廉制贪狼，用开武制廉武，固宜官旺，生冠养墓，贪破固宜衰病死绝之地。若四柱俱如此，则谓制伏太过也。谓之尽法无民。书云：无小人不为君子，无君子不养小人。故柱亦要一位，或胎或养，以安他君子，使小人亦蒙恩受庇，中心悦服而为我用，否则以越分视之，不反为寇仇乎？以故用廉子者，固宜生旺，而元辰不可休囚，休囚则母虚。用武曲者固宜旺相，而元气尤宜旺相，不致身弱，年以子孙旺而富贵永矣。

启外篇一

金精月华斗首,外格先天盈气,众曜独尊,元气不孚相克也。曾吉福破贪难避入宫,不得为殃。莫言苟免,全赖先天。家康户泰,精童仅得,独呈财遂名成。全月偶逢并曜,先天月照太阳,同到产麟儿,金地华生,元武共临登用榜。大抵元气相孚,何须此类,夫妻反目,妙见于斯。取用有情,还堪造福,纵横无局,仅可消愆,抚外无权。贪破也。金月必生节度,捕天三吉。元廉武。精光定产朝郎,武沟气盈,富堪敌国,元月同备,朱紫满门,廉健金华。产神童之秀,贪居精月,成案顺之名。此中无限神机,总在高人妙用。幸毋轻泄,各自珍藏。

启外篇二

五运六气斗首,外寻,三局四时,诸山内究,寒木向阳,辅吊有情,全福寿三阳当火,容爻无犯享荣毕。三火兼秀,主廊庙之良才。一土冲和,出朝廷之吉辅。金丽秋华,名成利就。水清冬海,家富身荣。客犯主翁。气克元。爻气化逢凶免,主将客泄。天时旺遇灾消,若逢金月同临,亦能造福。或得精华独丽,仅可沾荣乾道。冬至金水坚寒,宁庆庚沾露,土金瑞保平安。丁泾小暑,丹炉宿火清光。癸历小寒,柱圃灵泉雅洁。甲逢京直而茂巽居。立夏而则丑承水入木,林畏土爻,喜逢金助,巳随之传火冷宜木助,最怕水伤震火。初炎宜助,酉金乍暖,爱泥涵未土便,宜木火亥元喜透土金。斗首外格,惟此最神,补全同五曜之功,反四作吉赞相成,三元之道,助福臻祥。

丑艮寅甲四山乃厥阴风木主气,逢冬至阳生之时为向阳。二阳当系少阴君火主事,至少阳相火三气,为三阳开泰时也。四气湿土为冲和,五气入秋随阳明燥金值事。六气甲子乃太阳寒水主事也。此以主客克泄,吊此六运卦爻,化解最妙。

三局者,主气客气为一局,每气之运卦爻为二局,三令气候为三局也。若元气不交之年,必欲用事,须子诸局之内,合得一局到山,可免灾愆。合得二局可致福泽。三局俱全,当贵双全,而多子也。

用神不可冲。

扦穴欲知有用神,用神冲破事非轻。
叮咛可知不可说,只恐时师认未真。
不忌黄泉与刑墓,但要穴与龙相就。
亡命绥是水火宫,葬期宜用卯时候。
巳酉二宫有酉藏,宜用卯冲神始受。
子孙如有亥未人,合起坤星真不谬。
金原居巳亥中藏,金禄轮来申酉方。
冲动禄年官即至,冲动马处祸须防。

马在病中宜生合,禄居官位要轩昂。
官贵官禄受在胎,维持却喜遇长生。
劝君冲生勿冲胎,冲胎却恐根原坏。
惟从生处一冲之,维持原合天机诀。
劝君冲墓莫冲旺,冲旺却恐设施妄。
惟从墓处一冲之,自然应验无遮障。
金贵却在寅午中,贵人可合不可冲。
合起贵人冲动禄,何愁富贵不相逢。
敢问贵人如何合,金贵寅午用戌合。
寅午二方有其曜,戊命生人有其妙。
子孙若是卯酉生,富贵重重相辐辏。

先天盈气说

例日,一甲二辛三丙四乙五庚六丁,以甲丙辛为后天散气,乙庚丁为先天盈气。其义木月气而推,以金为质,太阴之精神,每月弦晦朔望,以六爻象取,如坤宫纳乙月,三十日暗晦无光,时象之正坤乙之气耳。月虽无光,无光而光气渐盈,谓之光明进气。月初三日,光明始生,夜出于庚,震庚之象。初十日月光正旺,夜出于下兑丁之象,故自乙庚丁为月光渐盈,禀受先天盈气,所以谓之盈气也。十有五日月光全满,夜出于甲,乾甲之象,光虽盈而气渐倾,谓之光明退气。每月望六日光气初倾,夜出于巽,巽辛之象,二十五日月光大倾夜出于丙,艮丙之象,故自甲辛丙光明退气,为后天散气。盖光从坤乙本气,而先天盈从乾甲满气,而后天倾以八三二十四位,于卦支神立成,天地人三才之象为掌诀,便于推测。如坤纳乙癸,兑纳丁,巽纳辛,立为初爻,地之下极,穴名浊。乾纳甲壬,艮纳丙,震纳庚,三阳所属之干立为二爻,地之上极,穴名清。辰戌丑未诸墓立三爻,为人之下极,穴名浊。寅申巳亥诸卦四生之支立,为人之上极,穴名清。子午卯酉为四正之卦立,为天之下极,穴名浊。乾坤艮巽立六爻,为天之上极,穴名清。故八卦位天,纳甲位地,八支位人。每爻居山有四,四六二十四,每年各卦各爻气值下上清浊,一定之例,便于推求清浊,非他上下之意也。其法以上岁泊处起一甲二辛三丙四乙五庚六丁,数到本山见盈散二气,月气自天,故八卦正体立天极而应地,感人同此年月也,同此八卦纳甲支辰也。造命遇盈气者,则能化凶为吉。故曰:遇三吉则愈增福,逢凶亦不作他灾。何以言之?盖日月为阴阳之主宰,日休刚健运万物以化生。月气盈虚,行四时之吉凶。盖金精本一气,运行以无二休,乃随盈虚而别之。观盈虚则知有先后二天之分,知先后便知有盈散二气之别,推盈虚便知有化凶为吉之神。不然日月照临,浑然吉兆,何以有神杀之殊途?学者依此推而广之,则悬象著明有鬼神为神之理也,故即元气相克,破贪难避,逢此盈气便能变动灾祥,化凶为吉也。

月华起例

月华者,即金精所吐之华也。义本金精在内,发光华于外。其法每年以一甲二辛三丙四乙五庚六丁为序,以推金精到山为主。如子山用子年二辛到穴,辛与乙对,则辛外有乙,故以乙为华,乃于月头即起四乙,是初一至初五乃四乙,初六至初十乃五庚,十一至十五乃六丁,十六至二十乃一甲,二十一至二十五乃二辛,二十六至三十乃三丙。又如午山用午,用其年乃三丙到穴死外无华，即以丙为华，故每月头初一至初五乃三丙，初六至初十乃四乙，十一至十五乃五庚，十六至二十乃六丁，二十一至二十五乃一甲，二十六至三十乃二辛。斯六者理见干相对之义也。其中如甲庚相对，乙辛相对，丙丁无对，好以丙丁为华也。故金精至山如庚则甲起，甲则用庚起，乙用辛，辛用乙，丙丁则用丙丁起者，以局中无壬癸也，故丙丁金精即吐丙丁月华。

例日，坎丑艮寅震乾巳离子兑寅坤巽辰。此即起卦气诀也，坎卦初爻寅先一年丑。余仿此。

如巽山用丑未年，以辰加初爻顺数至四爻太岁所泊之处，就太岁所泊之处起一甲二辛三丙四乙五庚六丁，此系四乙到初爻，五庚到六爻，而金精人穴，又辰土起初爻，数至二爻是巳年，就二爻起一甲，初爻二辛，六爻是三丙。

又乙山寅年太岁初爻起巳，数到四爻是太岁，就四爻起一甲，三爻二辛，二爻三丙，初爻四乙，金精到穴也。

排定六爻掌诀

六爻 乾坤 艮巽				一甲二辛三丙四乙		
五爻 子午 卯酉				五庚六丁自上数下		
四爻 寅申 巳亥	三爻 辰戌 丑未	二爻 甲庚 丙壬	初爻 乙辛 丁癸	天	人	地

化气系一阴一阳，以两而合，逢辰而化。甲己从五子遁而得戊辰，乙庚而得庚辰，丙辛而得壬辰，丁壬而得甲辰，戊癸而得丙辰。

浑天五行：甲子水、乙丑土，不从天干而从地支。

如乾金卦起六爻初爻，甲子水为子孙，二爻甲寅木为才，三爻甲辰土为父，四爻壬午火为官，五爻壬申金为兄弟，六爻壬戌土为父是也。余可类推。

金精鳌极主山定局

谓配卦取义合斗首，以明天地气运，究五行生克旨内。

二十四山 定 位	支 穴 山	六爻 天穴清 乾坤艮巽	五爻 天穴浊 子午卯酉	四爻 人穴清 寅申巳亥	三爻 人穴浊 辰戌丑未	二爻 地穴清 甲庚壬丙	初爻 地穴浊 乙辛丁癸
壬山 子山 癸山	太岁○ 爻 穴 气 五行	子午年 戊子水 天穴清 玄天水 癸水司令	巳亥年 戊戌土 天穴清 黔天气 戊土司令	辰戌年 戊申金 人穴清 素天金 庚金司令	卯酉年 戊午火 人穴浊 赤天火 丁火司令	寅申年 戊辰土 地穴清 黄天土 戊土司令	丑未年 戊寅木 地穴浊 苍天木 甲木司令
艮山 丑山 寅山	太岁○ 爻 穴 气 五行	寅申年 丙寅木 天穴清 苍天木 甲木司令	丑未年 丙子水 天穴浊 玄天水 癸水司令	子午年 丙戌土 人穴浊 黄天土 戊土司令	巳亥年 丙申金 人穴浊 素天金 庚金司令	辰戌年 丙午火 地穴清 赤天火 丁火司令	卯酉年 丙辰土 地穴浊 黄天土 戊土司令
卯山 甲山 乙山	太岁○ 爻 穴 气 五行	辰戌年 庚戌土 天穴清 黄天土 戊土司令	卯酉年 庚申金 天穴浊 素天金 庚金司令	寅申年 庚午火 人穴清 赤天火 丁火司令	丑未年 庚辰土 人穴浊 黄土气 戊土司令	子午年 庚寅木 地穴清 苍天水 甲木司令	巳亥年 庚子水 地穴浊 玄天土 癸水司令
巽山 辰山 巳山	太岁○ 爻 穴 气 五行	卯酉年 辛卯木 天穴清 苍天木 乙木司令	寅申年 辛巳火 天穴浊 赤天火 丙火司令	丑未年 辛未土 人穴清 黄天土 己土司令	子午年 辛酉金 人穴浊 素天金 辛金司令	巳亥年 辛亥水 地穴清 玄天水 壬水司令	辰戌年 辛丑土 地穴浊 黄天土 己土司令
午山 丙山 丁山	太岁○ 爻 穴 气 五行	巳亥年 己巳火 天穴清 赤天火 丙火司令	辰戌年 己未土 天穴浊 黄天土 己土司令	卯酉年 己酉金 人穴清 素天金 辛金司令	寅申年 己亥水 人穴浊 玄天水 壬水司令	丑未年 己丑土 地穴清 黄天土 己土司令	子午年 己卯木 地穴浊 苍天木 乙木司令
坤山 未山 申山	太岁○ 爻 穴 气 五行	卯酉年 癸酉金 天穴清 素天金 辛金司令	寅申年 癸亥水 天穴浊 玄天水 壬水司令	丑未年 癸丑土 人穴清 黄天土 己土司令	子午年 乙卯木 人穴浊 苍天木 乙木司令	巳亥年 癸巳火 地穴清 赤天火 丙火司令	辰戌年 乙未土 地穴浊 黄天土 己土司令
辛山 庚山 酉山	太岁○ 爻 穴 气 五行	丑未年 丁未土 天穴清 黄天土 己土司令	子午年 丁酉金 天穴浊 素天金 辛金司令	巳亥年 丁亥水 人穴清 玄天水 壬水司令	辰戌午 丁丑土 人穴浊 黄天土 己土司令	卯酉年 丁卯木 地穴清 苍天木 乙木司令	寅申年 丁巳火 地穴浊 赤天火 丙火司令

（续表）

二十四山定位		支 六爻 穴 天穴清 山 乾坤艮巽	五爻 天穴浊 子午卯酉	四爻 人穴清 寅申巳亥	三爻 人穴浊 辰戌丑未	二爻 地穴清 甲庚壬丙	初爻 地穴浊 乙辛丁癸
乾山 戌山 亥山	太岁〇 爻 穴 气 五行	辰戌年 壬戌土 天穴清 黄天气 戊土司令	卯酉年 壬申金 天穴浊 素天金 庚金司令	寅申年 壬午火 人穴清 赤天火 丁火司令	丑未年 甲辰土 人穴浊 黄天土 戊土司令	子午年 甲寅木 地穴清 苍天木 甲木司令	巳亥年 甲子水 地穴浊 玄天水 癸水司令

日精明暗到穴定局

造葬流年横看	子午年	丑未年	寅申年	卯酉年	辰戌年	巳亥年
一甲暗凶	寅申辰 丁未酉	癸巳丙 申戌山	辛亥 壬艮山	卯巽 坤庚山	午乾山	子丑乙山
二辛暗凶	子丑乙山	寅申辰 丁未酉山	癸巳丙 申戌山	辛亥 壬艮山	卯巽 坤庚山	午乾山
三丙暗凶	午乾山	子丑乙山	寅申辰 丁未酉山	癸巳丙 申戌山	辛亥 壬艮山	卯巽 坤庚山
四乙明吉	卯巽 坤庚山	午乾山	子丑乙山	寅申辰 丁未酉山	癸巳丙 申戌山	辛亥 壬艮山
五庚明吉	辛亥 壬艮山	卯巽 坤庚山	午乾山	子丑乙山	寅申辰 丁未酉山	癸巳丙 申戌山
六丁明吉	癸巳丙 申戌寅山	辛亥 壬艮山	卯巽 坤庚山	午乾山	子丑乙山	辰甲辰 丁未酉山

右如辰年作寅山申向，赤天之气五庚明气到穴。其他仿此。

月华明暗气日到六定局

	一甲	六丁	五庚	四乙	三丙	二辛
子午年	寅申辰 丁未酉山	癸巳丙 申戌山	辛亥 壬艮山	卯巽 坤庚山	午乾山	子丑乙山
丑未年	癸巳丙 申戌山	辛亥 壬艮山	卯巽 坤庚山	午乾山	子丑乙山	寅申辰 丁未酉山
寅申年	辛亥 壬艮山	卯巽 坤庚山	午乾山	子丑乙山	寅申辰 丁未酉山	癸巳丙 申戌山
卯酉年	卯巽 坤庚山	午乾山	子丑乙山	寅申辰 丁未酉山	癸巳丙 申戌山	辛亥 壬艮山
辰戌年	午乾山	子丑乙山	寅申辰 丁未酉山	癸巳丙 申戌山	辛亥 壬艮山	卯巽 坤庚山
巳亥年	子丑乙山	寅申辰 丁未酉山	癸巳丙 甲戌山	辛亥 壬艮山	卯巽 坤庚山	午乾山

初一至初五日　○五庚　○六丁　●一甲　●二辛　●三丙　○四乙
初六至初十日　○六丁　●一甲　●二辛　●三丙　○四乙　○五庚
十一日到十五日　●一甲　●二辛　●三丙　○四乙　○五庚　○六丁
十六日至二十日　●二辛　●三丙　○四乙　○五庚　○六丁　●一甲
二十一日至二十五日　●三丙　○四乙　○五庚　○六丁　●一甲　●二辛
二十六日至三十日　○四乙　○五庚　○六丁　●一甲　●二辛　●三丙

五天气泊定局

以年分论吉凶 但墓气半吉得 年数减半论之		八十一年	六十四年	三十四年	四十一年	四十九年	二十九年	二十六年	三十六年				
横看年月日时同		子	丑	寅	卯	辰	巳	午	未	申	酉	戌	亥
苍天木气	甲乙木司令	败	冠	官	旺	衰	病	死	墓	绝	胎	养	生
		病	衰	旺	官	冠	败	生	养	胎	绝	库	死
赤天火气	丙火戊土司令	胎	养	生	败	冠	官	旺	衰	病	死	墓	绝
		绝	库	死	病	衰	旺	官	冠	败	生	养	绝
黅天土气	丁火己土司令	胎	养	生	败	冠	官	旺	衰	病	死	墓	绝
		绝	库	死	病	衰	旺	官	冠	败	生	养	胎
素天金气	庚辛金司令	死	养	绝	胎	库	生	败	冠	官	旺	衰	病
		生	库	胎	绝	养	死	库	衰	旺	官	冠	败
玄天水气	壬癸水司令	旺	衰	库	死	病	绝	胎	养	生	败	冠	官
		官	冠	败	生	养	胎	绝	库	死	病	衰	旺

右五天气及金精月华之诀，凡得胎养之气，主人口盛。生旺之气，主财谷盈丰。冠临之地，主官禄近贵。墓库之气，主血败昌盛衰败。减气，主讼退财病死。病气，主凶祸病亡。绝减气，主人丁败替。凡造、葬用事课得四乙、五庚、六丁，谓之先天盈气，吉。次求生旺年月日时不犯减气，然后详论支干生克制化，有山者为吉局。若值一甲、二辛、三丙，谓之后天败气，凶。若取生旺之气反自害也。

论五气生旺局

苍天木气，值酉年月日时，得胎气添旺二十六年。戌亥年月日时得养生气添旺三十六年。丑寅年月日时得冠带临官气添旺六十四年。卯年月日时得添旺三十四年。未年月日时得墓气二十九数,墓气半吉,添旺十四年。即如丹天火、黅天土、玄天水、素天金四气,皆仿此而推添旺进年月日时。

右言胎、养、生、旺、冠带、临官、墓年月日时,合先天盈气各若干数,年家门清吉,发福无涯。再遇流年太岁生、旺、冠带、胎、养相合扶助,克应吉兆。设若后天散气,虽得胎、养、生、旺,不能为吉局也。逢流年虽是生旺扶合,亦不能为吉,更遇衰、病、死、绝愈加凶兆矣。

五气减退局

苍天木气,值子年月日时,得沐浴败气,减退八十一年。辰巳年月日时,得病衰气减退四十一年。午年月日时,得死气,减退四十九年。申年月日时,得绝气,减退二十九年。即如丹天火、黄天土、玄天水、素天金四气皆仿此而推。

右言败衰死病绝年月日时,减退福气若干年数,若遇先天盈气,乙庚丁颇得平和,虽然不吉,亦不凶。遇后天甲辛丙散气,愈加凶兆,照依减退年数,克应如神。

五气正垣局

苍天木气得丁、壬、甲、乙、亥、卯、未年月,系角、亢、氐、房、心、尾、箕主事,宜作艮、寅、甲、卯、乙、辰山向造、葬,合东方旺气,荫三十四年,吉。

丹天火气得戊、癸、丙、丁、寅、午、戌年月,系井、鬼、柳、星、张、翼、轸主事,宜作巽、巳、丙、午、丁、未山向造、葬,合南方旺气,荫四十九年,吉。

黄天土气得甲、戊、己、申、子、辰年月,宜作乾、坤、艮、巽山向造、葬,合中央旺气,荫一百年,吉。

素天金气得乙、庚、辛、巳、酉、丑年月,系是奎、娄、胃、昴、卯、毕、觜、参主事,作坤、申、庚、酉、辛、戌山向造、葬,合西山旺气,荫二十六年,吉。

玄天水气得丙、辛、壬、癸、申、子、辰年月,系斗、牛、女、虚、危、室、壁主事，宜作乾、亥、壬、子、癸、丑山向造、葬，合北方旺气，荫八十一年，大吉。

已上吉局天合五气正垣地，得五方正位，登垣入多吉之元兆。凡造、葬得斯造化，秉列宿之英灵，受五行之旺气，入局归垣，神藏杀没，年月四柱总得吉旺气若干数荫若干年月，造葬皆宜用之。大地用大格局，小可之地只宜小可格局。设若大地用此年月葬者，便是亡人再生之日，受气之吉，得地之正，何怕后人附葬。盖先者得生旺年受气，自然享福；得生旺年月穴又得龙真脉正，子孙富贵。后葬者不受地气，必主败绝。如用此局之吉，不怕山凶水走，亦主大发，众地满然。古人云：夏旱秋涝，此长彼短，无可疑者。起造安葬同论。

假如五气登垣入殿，如木躔东方七宿，又值寅、甲、卯、乙、辰、丙、庚年月日时，如星近太阳之傍有日，青云得路便朝天，身贵显名扬，此是神仙真妙诀，时人如逢此吉局，金榜名香近帝前。

吉气合垣局

苍天木气得丁壬甲乙四干齐全，在年月日时合得天市太微垣，护旺三十四年，吉。丹天火气得戊癸丙十四干齐全，在年月日时合得太微垣，护旺四十九年，大吉。黅天土气得甲戊己三干齐合，在年月日时合勾陈金关垣局，护旺一百余年，吉。玄天水气得丙辛壬癸四干齐全，在年月日时合得紫微垣局，护旺八十一年，吉。素天金气得乙庚辛三干齐全，在年月日时合得天苑垣局，护旺二十六年，大吉。

已上五气年月时，合得此气齐全，得若干年限增添旺气，龙神护卫，恶煞潜藏，添人进产，家宅安宁。

论减福泄气局

苍天木气得丙丁巳午，纳音火属，或寅午戌三字齐全者，不吉。丹天火气得戊己辰戌丑未，纳音属土，或申子辰三字齐全者。黅天土气得庚辛申酉，纳音属金，或巳酉丑三字齐全者。素天金气得壬癸亥子，纳音属水，或申子辰三字齐全者。玄天水气得甲乙寅卯,纳音属木,或亥卯未三字齐全者。此局我去生他,为减福泄气。

编者注:下面歌诀为编者所加。

歌曰

泄气之局,是我生子,泄我气元,漏胎之母,害子荫孙,亦有可取。
无子有孙,方宜用此,庆及曾孙,荫注后昆,不宜太泄,用固本源。
根深蒂固,泄又何干,不识根蒂,是为生气,木破火泄,水来救济。
金破水泄,土亦能制,有泄无救,必知伤寿,泄气太重,世代贫穷。
泄气化轻,后代当兴,四课为主,吉凶可睹,朝元泄气,请看山水。
山聚水渚,用泄可许,山走水去,用泄有阻,泄重不好,人无寿考。
木化灰飞,男儿死早,大化灰尘,随胎懊恼,土化铿锵,衣食难讨。
金化泉流,性命难保,水化萌芽,父子相盗,土泄难当,冬雪浇汤。
火金泄重,新妇终亡,水木泄重,悲衰相伤,轻重可测,智者精详。

论生克制害

生我者,父母,生气朝元也。比和者,兄弟,元气入庙也。是斯二者,一曰福得,一曰护旺,皆至贵之神。不拘年月日时,连见杂出,愈多愈妙。在天干,主新创屋宇,兴旺人丁。在地支,主基址丰隆,牛马长进。在纳音,主产业增崇,财禄自至。入局者,主利富贵,人物亨通。入局者,如丹天火气得纳音木及亥卯未三字齐全,为朝元入局。得寅午戌三字齐全,为护旺入局也。

我生者,子孙,泄元害气也。如黄天土气,值年月日时进,或纳音支干有金为泄气漏胎,当时害子荫孙。若泄太重,为祸尤深;泄若稍轻,得火来生救本元,为谓之根深蒂固,反主荣华。若得持无子有孙须泄,何害。

克我者,为官鬼,元气受伤也。假如苍天木气得一金为官,更逢生旺。吉局相扶,是为官贵名利无疑。若众金作党为鬼,或巳酉丑齐全为鬼局,更加秋令当权,鬼来相攻,元气受伤必主大败也。

我克者,妻财,木气之仇也。如玄天水气见一火为财,生气旺气相吉局,可作吉推。如干支纳音见三两重火,财多则损己,反为成仇,是则谓之偏制,反主退败也。

五运

一论五天五方立运之气也。

天分五气,地列五行。五气分流,散于其上。平如列宿,下合以方偶则命之以为五运,即五方之气也。

论五运之气

即五行之气。

苍天之气经于危、室、柳、鬼四宿之上下,临丁壬之位,立为木运,则主东方之气用事。

丹天之气经于牛、女、奎、壁四宿之上下,临戊癸之位,立为火运,则主南方之气用事。

黅天之气经于角、亢、心、尾四宿之上下,临甲己之位,立为土运,而主中央之气用事。

素天之气经于亢、氐、昴、毕四宿之上下,临乙庚之位,立为金运,而主西方之气用事。

玄天之气经于张、翼、娄、胃四宿之上下,临丙辛之位,立为水运,而主北方之气用事。

此五气所经二十八宿十二分位,根临因以纪五天而立五运,是五方之气流行,消长阴阳之妙用矣。

五运六气配金精生制论

冬至、小寒、大寒、立春四气，厥阴风木司天。宜甲、乙、寅、卯、巽五山谓本气，极吉。巳、丙、午、丁四山，生气亦吉。庚、兑、辛、申、乾五山为财气，次吉。辰、戌、丑、未、艮、坤六山为克气，极凶。亥、壬、子、癸四山，为泄气，次凶。

以上六气各以本山正属论。

雨水、惊蛰、春分、清明四气，少阴君火司令同 谷雨、立夏、小满、芒种四气，皆少阳相火司令。此八节气少阴火、少阳火。巳、丙、午、丁四山谓本正气，极吉。辰、戌、丑、未、艮、坤六山为生气，亦吉。亥、壬、子、癸四山为财气，次吉。庚、兑、辛、申、乾五山为克气，极凶。寅、甲、卯、乙、巽五山为泄气，次凶。

各以本山克气为财也。

夏至、小暑、大暑、立秋四气皆太阴湿土司令。辰、戌、丑、未、艮、坤六山谓本气，极吉。庚、兑、辛、申、乾五山为生气，亦吉。寅、甲、卯、乙四山以土为财气，次吉。亥、壬、子、癸四山为克气，极凶。巳、丙、午、丁四山为泄气，次凶。

处暑、白露、秋分、寒露四气皆阳明燥金司天令。庚、兑、辛、申、乾五山谓本气，极吉。亥、壬、子、癸四山为生气，亦吉。巳、丙、午、丁四山为财气，次吉也。寅、甲、卯、乙、巽五山为克气，极凶。辰、戌、丑、未、艮、坤六山为泄气，次吉。

霜降、立冬、小雪、大雪四气皆太阳寒水司天令。亥、壬、子、癸四山谓本气，极吉。寅、甲、卯、乙、巽五山为生气，亦吉。辰、戌、丑、未、艮、坤六山为财气，次吉。巳、丙、午、丁四山为克气，极凶。庚、兑、辛、申、乾五山以水为泄气，次凶。

凡二十四气分为六节。金、木、水、火、土。取用法：用木气者兴自旺；用生气者，自立、自成；合财气者，自成、自创；合克煞者，自伤、自亡；合泄气者，自退、自败。至验，屡试屡应。大凡五运六气之理，选择善知者，则回天命，造、葬以夺神功，岂为虚语哉！

（新镌陈子性二十四山造葬炉传斗首藏书卷之三终）

新镌陈子性二十四山
造葬五运六气天符藏书卷之四

岭南　陈子性阐述　男衍参集　孙式基 式猷　纂辑

五运六气歌诀

五运歌括诀

甲己土运敷化黄,乙庚金素运审平。
丙辛玄水司静顺,丁壬苍木敷和然。
戊癸升明丹火运,太遇不及审其年。

逐年五运歌

大寒木运始行初,清明前三火运居。
芒种后三土运是,立秋后六金运推。
立冬后九水运复,周而复始万年如。

逐年六气歌

子午少阴君火尊,丑未温土太阴临。
寅申少阳相火位,卯酉阳明值燥金。
辰戌太阳寒水是,巳亥厥阴风木侵。

逐月六气歌

厥阴木气大寒初,君火春分二上居。
小满少阳三候主,太阴大暑四交之。
秋分五定阳明位,寒水终于小雪欤。

逐月主气歌

初气逐年水主先,二君三相火排运。
四来是土常为主,五气金生六冰天。

逐年客气歌

每年退二是客乡,上临实数下临万。
初中六气排轮取,主克兴衰定弱强。

五运化气天符龙御论

甲己之岁,戊为统龙,以土司化黄天土气。乙庚之岁,庚为统龙,以金司化素天金气。丙辛之岁,壬为统龙,以水以司化玄天水气。丁壬之岁,甲为统龙,以木司化苍天木气。戊癸之岁,为丙统龙,以火司化丹天火气。统龙天德上下临御,以成变化品果元亨,故丙遇辛得申子辰而奋发,乙遇庚得巳酉丑而掀轟,丁遇壬得亥卯未而清贵,戊遇癸得寅午戌而光明,甲遇己得辰戌丑未而旺相。是以五行以五宫为正庙,我入母宫是为福德,我入子宫为泄气,我入鬼宫为刑伤,我入妻宫为财帛,子反能克制于凶煞,仍究煞气制之,所以五运造无穷生克制化。

甲与己合化土,有二而化,一不能化,则还本位之性。

乙与庚合化金,一不能化也。

丙与辛合化水，一不能化也。

丁与壬合化木，一不能化也。

戊与癸合化火，一不能化也。

所谓一不能生物，必两也，此天干一阴一阳，如夫如妇配合成偶，亦能变化成形。阴阳不合，安能得化机之宜哉？

甲己化土，喜戊辰时四季月生旺有气为上。

乙庚化金，喜庚辰秋月生旺有气为上。

丙辛化水，喜壬辰时冬月生旺有气为上。

丁壬化木，喜甲辰春月生旺有气为上。

戊癸化火，喜丙辰时夏月为上。忌冲激损坏。

大凡化气只取日干而言配合之辰，或生年月日时皆可用，但要日辰旺气干时耳。若不得月中旺气，只取时上旺气亦可。倘得月中旺气而时上不乘旺气，则不可用；若月与日时俱得旺气，此为全吉之日。如柱中干支一纯，此乃天元一气，极吉，尤祥，气旺极有力，一联之干或二三之联地支一气，各取生旺，自生无不吉，动天地之气候，臻世人之福泽也。

天符运气说

夫五运者，乃十天干化运之五行也。六气者，乃十二支所值之五行也。凡开山、造、葬宜取山向与年月运气相生则吉，比和次之。山音克运气吉，运气克山音凶。

论化合篇

十干合而化者，阴阳之配，夫妇之道也。遇六则合，遁三则化，以五子斡数也，至己上得合，既合遁虎统龙，龙主阳德司天而成变化者也。子者，坎之位，天一之水媾精之象，胎辰阳中，故男子从子左行，三十至巳，阳也，故三十而娶。女子从右行，二十至巳，阴也，故二十而嫁。此人事合五行之造化，讵可遇于此期哉。

东壬子至丁巳，六数，故丁与壬合。丁壬化木，甲德统龙。

南戊子至癸巳，六数，故戊与癸合。戊癸化火，丙德统龙。

西庚子至乙巳，六数，故乙与庚合。乙庚化金，庚德统龙。

中甲子至己巳，六数，故甲与己合。甲己化土，戊德统龙。

北丙子至辛巳，六数，故丙与辛合。丙辛化水，壬德统龙。

推五运论

夫十干者，行天地之运。天地之气有正有邪，相为消长，正气衰，则邪气盛；邪气弱，则正气强，此阴阳消长之必然也。故五行之气有本初之气，有更革之气。本初者，正气也；更革者，邪气也。正气有定位，邪气无定位，古人于此深致意焉。

法则：

甲己化土，一六同宗；乙庚化金，二七同道；

丙辛化水，三八为朋；丁壬化木，四九为友；

戊癸化火，五十同途。

此五运化气，皆为天地更革之气，不得中正也。阳年五运，化气太过；阴年五运，化气不及，过与不及悉能为殃。是故六甲之岁，堆阜之纪，岁土太过，湿气流行，其邪于水，羽音为孤。余说详见五运例。

定六气论

夫十二支辰者，行地之气。五行之气，生乎地中，有盛衰消长。夫金水木土俱以形化，惟火以气化者也，故木分则小，金分则轻，水分则竭，土分则弱。独火则愈分愈盛，况火又为天地之化气，故金木水土各一而火独二者，按京房《太元王策》以太阳化寒水，阳明化燥金，以少阳化相火，太阴化湿土，少阴化君火，厥阴化风木，为阴阳六气运化之气。

以支辰推之，子午之岁，少阴司天，阳明在泉。丑未之岁，太阳司天，太阴在泉。寅申之岁，少阳司天，厥阴在泉。卯酉之岁，阳明司天，少阴在泉。辰戌之岁，太阴司天，太阳在泉。巳亥之岁，厥阴司天，少阳在泉。

以气朔推之，则自大寒日至春分日，八十七刻半，厥阴风木主之，谓之生气。自春分日至小满日，八十七刻半，少阴君火主之，谓之舒气。自小满日至大暑日，八十七刻半，少阳相火主之，谓之长气。自大暑日至秋分日，八十七刻半，太阴湿土主之，谓之化气。自秋分日至小雪日，八十七刻半，阳明燥金主之，谓之收气。自小雪日至大寒日，八十七刻半，太阳寒水主之，谓之藏气。

其法以一气运于甲子，二气运于甲戌，三气运于甲申，四气运于甲午，五气运于甲辰，六气运于甲寅，随天而左旋。一元甲子、三元丙子，二元戊子，四元庚子，五元壬子，随地而右转，是以即元起运，即运行气，气有消长，运有逆顺。用以消息天地，察理阴阳，明道在心，通达造化之妙，与天地同功，周流而行者也。

推五运诀

此即十干化气乃天运行之气也。

六甲之岁	敦阜之纪	岁土太过	阴气盛行	其邪干水	羽音为孤
二乙之岁	从革之纪	岁金不及	炎火盛行	其邪干金	商音为虚
六丙之岁	流衍之纪	岁水太过	寒气流行	其邪干火	徵音为孤
四丁之岁	委和之纪	岁木不及	燥金盛行	其邪干木	角音为虚
四戊之岁	赫义之纪	岁火太过	炎暑盛行	其邪干金	商音为孤
四己之岁	卑监之纪	岁土不及	风气盛行	其邪干土	宫音为虚
二庚之岁	坚成之纪	岁金太过	燥金盛行	其邪干木	角音为孤
四辛之岁	涸流之纪	岁水不及	湿土盛行	其邪干水	羽音为虚
六壬之岁	发生之纪	岁木太过	风气盛行	其邪干木	宫音为孤
四癸之岁	伏明之纪	岁火不及	寒气盛行	其邪干火	徵音为虚

右前邪气所干之行，遇其山音所值者，并不宜扦立，是名天运空亡，犯之大凶，切宜忌之。通书以山头作化气而为阴府太岁者，全非也。君子宜洞然

斥之,勿惑可也。

升明之纪,谓戊辰、戊戌二年也,火本太过,上逢天刑克之,减而得其平也。癸巳、癸亥二年,火木不及,上逢顺化,天气生之助之,而得其平也,气化得均。

敷化之纪,谓己丑、己未二年,上逢太乙天符助之,得其平也,气化均。

番平之纪,谓庚子、庚午二年,上逢君火。庚寅、庚申二年,上逢相火,天刑克之,减而得其平也。乙丑、乙未二年,上逢顺化生之。乙卯年天符,乙酉年逢太乙天符助之,得其平也,气化均。

静顺之纪,谓辛酉、辛卯二年,上逢顺化,生之得其平也,气化均。

敷和之纪,谓丁巳、丁亥二年,土本不及,上逢天符助之,得其平也,气化均。

此十八年得气化之均,山头无空亡之犯。

发生之纪,六壬之年,岁木太过,风气流行,土受其邪,岁星明见。

赫义之纪,戊子、戊午、戊寅、戊申四年,岁火太过,金受其邪,荧惑星明见。

敦阜之纪,六甲之年,岁土太过,湿气流行,水受其邪,镇星明见。

坚成之纪,庚辰、庚戌二年,岁金太过,木受其邪,太白星明见。

流衍之纪,丙子、丙午、丙寅、丙申四年,岁水太过,火受其邪,辰星明见。

委和之纪,丁未、丁丑、丁卯、丁酉四年,岁木不及,木受其邪,太白星光芒。

伏明之纪,癸丑、癸未、癸卯、癸酉四年,岁火不及,火受其邪,辰星光芒。

卑监之纪,己卯、己酉、己巳、己亥四年,岁土不及,土反受邪,岁星光芒。

从革之纪,乙巳、乙亥二年,岁金不及,金反受邪,荧惑星光芒。

涸流之纪,辛丑、辛未、辛巳、辛亥四年,岁水不及,水反受邪,镇星光芒。

此则天运五行,有正受其邪,有反受其邪。知造化者,当察其天时以明地利,天时地利既明,方能召于人和也,未有背天时而得地利,能召人和之理。

法以大五行推之,盖阳干为太过,阴干为不及,当抑其太过,而扶不及。如甲土太过,而水受弱,用角以抑其太过,用商以扶其弱之不及。以月日时裁之,以岁会之岁会平之,以相合及交气日时干相合,则得为己助,号曰:平气,吉矣。

假令辛亥年作癸山,阴年得水运不及,遇亥属北方水,相佐平矣。又每年交初气十年前大寒之日,如丁亥交司之日,遇日则与壬合,名曰:干德符合,亦为平气。若交司之时遇壬,亦曰:干德相符。除此交初气日时之后相遇,皆不相济也。

又阴年中,若逢月干相符合,若相济未逢胜而见之干合者,亦为平气。若行胜以后，行复已毕，逢月干合者，则得正位，故平气之岁，不可预纪之十干之下，列以阴阳年而纪之，此乃大概，设此庶易知也。平气纪须以当年之辰日时，以法推之。

木运太角岁曰发生是为太过，少角岁曰委和是为不及，正角岁曰敷委是为平气。

火运太徵岁曰赫义是为太过，少徵岁曰伏明是为不及，正徵岁曰屏平为平气。

土运太宫岁曰敦阜是为太过，少宫岁曰卑监是为不及，正宫岁曰敷化是为平气。

金运太商岁曰坚成为太过，少商岁曰从革是为不及，正商岁曰审平为平气。

水运太羽岁曰流衍是为太过，少羽曰涸流是为不及，正羽岁曰静顺是为平气。

上各以纪之太过、不及，悉能为殃。若气平则同正化，无太过、不及也。又详太过运中有为司天之气，所抑者亦为平气，则赫义之纪寒水司天，二年戊辰、戊戌临成之纪，二火司天，四年庚子、庚午、庚寅、庚申皆平气之岁也。余以类推。

五运六气循环图局

三阳生三阴

冬至，冬至后得甲子少阳，雨水二甲子阳明君火天，各两三甲子太阳相火小寒风木。天令第一气始京直令，第二气主六十日立夏天令，第三气旺六大寒生六十日，其候尚寒，春分其气未盛，其候始暄，小满十日其气盛行，其立春风气流行，万物萌芽，清明草木茂盛。芒种候炎暑火雨霖淫，夏至四甲子少阴湿土天令，处暑五甲子厥阴燥金天令，霜降六甲子太阴寒水小暑令，四气主六十日，承天白露令，五气主六十日阳巳立冬天令，六气主六十大暑阳余阴初生，其候暑秋分衰阴渐盛，其候清凉，小雪日阴极盛，其候寒，立秋湿泽蒸气流金，乐石寒露风清冷，万物冷凋，大雪凝凛烈，山雪河冰。

右五运有璩玑之机，六气有迟早之变。天以是终始之因于地，地以是终始之因于物。五运者，即五行也。六气者，五行之变风炎暑湿燥寒也。故一气主六十日,六六三百六十日,六甲终以为阴阳寒暑之运而成一岁。冬至后得甲子为早,或在十二月节为中,或在正月为迟,夏至仿此。故物之生落迟早感应于此矣。

六十年主客气

	主气司天		少阴司 子午年	太阴司 丑未年	少阳司 寅申年
厥阴	初气居之	雨水 惊蛰 春分 清明	太阳 寒水切烈 霜雪冰冻	厥阴 大风发荣 雨生毛虫	少阴 热风伤人 时热流行
少阴	二气居之	谷雨 立夏 小满 芒种	厥阴 为风湿雨 雨生毛虫	少阴 天下瘟疫 以正得位	太阴 时雨
少阳	三气同天	夏至 小暑 大暑 立秋	少阴 大暑炎光	太阴 雷雨电雹	少阳 其热暴至 芽美河乾 温风霜雨
太阴	四气居之	处暑 白露 秋分 寒露	太阴 大雨淫注 霖雨雷电	少阳 炎热沸腾	阳明 清风雾露
阳明	五气在泉	霜降 立冬 小雪 大雪	少阳 温风乃至	阳明 大凉澡疾	太阳 早寒
太阳	六气在泉	冬至 小寒 大寒 立春	阳明 燥寒劲切	太阳 大寒凝冽	厥阴 寒风飘荡 雨生鳞虫
厥阴	初气居之	雨水 惊蛰 春分 清明	太阳 风雨凝阴 不散	少阳 为豆疫至	阳明 清风雾露 蒙昧

（续表）

	主气司天		阳明司 卯酉年	太阳司 辰戌年	厥阴司 巳亥年
少阴	二气居之	谷雨 立夏 小满 芒种	少阳 大热旱行 疫病乃行	阳明 温凉不时	太阳 寒雨润热
少阳	三气同天	夏至 小暑 大暑 立秋	阳明 凉风间发	太阳 寒气间至 热浮水雹	厥阴 热风大作 雨生羽虫
太阴	四气居之	处暑 白露 秋分 寒露	太阳 霖雨润物	厥阴 风雨摧拉 雨生螺虫	少阴 热气反风 泽乎暴雨
阳明	五气在泉	霜降 立冬 小雪 大雪	厥阴 凉风大作 雨生介虫	少阴 秋气温凉 热病时行	太阴 时雨沉阴
太阳	六气在泉	冬至 小寒 大寒 立春	少阴 蛰虫出见 流水不冰	少阴 凝阴寒雪 地气温凉	少阳 冬温蛰出 流水不冰

交六气时日

交六气时日		申子辰年	巳酉丑年	寅午戌年	亥卯未年
厥阴风木	大寒日交 立春 雨水 惊蛰	初之气始于寅初刻终于子正八十七刻半	初之气始于卯正之中巳初刻终于子一十二刻半	初之气始于申初一刻终于午正之中	初之气始于亥初一刻终于酉正之中
少阴君火	春分日交 清明 惊雨 立夏	二之气始于丑六十七刻终于戌正四刻	二之气始于卯一十二刻六分终于丑正四刻	二之气始于午三十七刻终于辰正四刻	二之气始于酉六十二刻终于未正四刻
少阳相火	小满日交 芒种 夏至 小暑	三之气始于亥初气终于本正之中	三之气始于寅初一刻终于子正八十刻	三之气始于巳初一刻终于未正一十一刻半	三之气始于申初一刻终于午正之中
太阴湿土	大暑日交 立秋 处暑 白露	四之气始于酉六十刻终于未正四刻	四之气始于子八十七刻六分终于戌正四刻	四之气始于午一十二刻六分终于丑正四刻	四之气始于午三十七刻终于辰正四刻
阳明燥金	秋分日交 寒露 霜降 立冬	五之气始于申初刻终于午正之中	五之气始于亥初刻终于酉正之中	五之气始于寅初一刻终于子八十七刻半	五之气始于巳初一刻终于卯正一十二刻
太阳寒水	小雪日交 大雪 冬至 小寒	六之气始于午正三十七刻终于辰正四刻	六之气始于酉六十二刻终于未正四刻	六之气始于子八十七刻终于戌正四刻	六之气始于卯十二刻六分终于丑正四刻

六气玄机定局

子午二年	少阴君火司天 阳明燥金在泉	火胜金衰　皇极属水　壬子壬午		
初气	大寒至立春	主气厥阴风木	客气太阳寒水	土气受邪
二气	春分至小满	主气少阴君火	客气厥阴风木	金气受邪
三气	小满至大暑	主气少阳相火	客气少阴君火	金气受邪
四气	大暑至秋分	主气太阳湿土	客气太阳湿土	水气受邪
五气	秋分至小雪	主气阳明燥金	客气少阳相火	金气受邪
六气	小雪至小寒	主气太阳寒水	客气阳明燥金	火气受邪

卯酉二年	阳明燥金司天 少阴君火在泉	金胜火衰　皇极属木　乙卯乙酉		
初气	大寒至春分	主气厥阴风木	客气太阳湿土	土气受邪
二气	春分至小满	主气少阴君火	客气少阳相火	金气受邪
三气	小满至大暑	主气少阳相火	客气阳明燥金	金气受邪
四气	大暑至秋分	主气太阴湿土	客气太阳寒水	水气受邪
五气	秋分至小雪	主气阳明燥金	客气厥阴风木	水气受邪
六气	小雪至大寒	主气太阳寒水	客气少阴君火	火气受邪

辰戌二年	太阳寒水司天 太阴湿土在泉	土胜金衰　皇极属水　甲辰甲戌		
初气	大寒至春分	主气厥阴风木	客气少阳相火	金气受邪
二气	春分至小满	主气少阴君火	客气阳明燥金	金气受邪
三气	小满至大暑	主气少阳相火	客气太阳寒水	火气受邪

辰戌二年	太阳寒水司天 太阴湿土在泉	土胜金衰　皇极属水　甲辰甲戌		
四气	大暑至秋分	主气太阴湿土	客气厥阴风木	土气受邪
五气	秋分至小雪	主气阳明燥金	客气少阴君火	金气受邪
六气	小雪至大寒	主气太阳寒水	客气太阴湿土	水气受邪

丑未二年	太阳湿土司天 太阳寒水在泉 土胜水衰 皇极属木 己丑己未			
初气	大寒至春分	主气厥阴风木	客气厥阴风木	土气受伤
二气	春分至小满	主气少阴君火	客气少阴君火	金气受伤
三气	小满至大暑	主气少阳相火	客气太阴湿土	水气受伤
四气	大暑至秋分	主气太阴湿土	客气少阳相火	水气受伤
五气	秋分至小雪	主气阳明燥金	客气阳明燥金	水气受伤
六气	小雪至大寒	主气太阳寒水	客气太阳寒水	火气受伤

寅申二年	少阳相火司天 太阳寒水在泉 火胜金衰 皇极属水 戊申戊寅			
初气	大寒至春分	主气厥阴风木	客气少阴君火	金气受邪
二气	春分至小满	主气少阴君火	客气太阴湿土	水气受邪
三气	小满至大暑	主气少阳相火	客气少阳相火	金气受邪
四气	大暑至秋分	主气太阴湿土	客气阳明燥金	木气受邪
五气	秋分至小雪	主气阳明燥金	客气太阳寒水	火气受邪
六气	小雪至大雪	主气太阳寒水	客气厥阴风木	土气受邪

巳亥二年	厥阴风木司天 少阳相火在泉 火胜金衰 皇极属水 辛巳辛亥			
初气	大寒至春分	主气厥阴风木	客气阳明燥金	木气受邪
二气	春分至小满	主气少阴君火	客气太阳寒水	火气受邪
三气	小满至大暑	主气少阳相火	客气厥阴风木	金气受邪
四气	大暑至秋分	主气太阴湿土	客气少阴君火	水气受邪
五气	秋分至小雪	主气阳明燥金	客气太阴湿土	木气受邪
六气	小雪至大寒	主气太阳寒水	客气少阳相火	火气受邪

已上各气受伤之说，如主、客皆火，即金受伤。如主木、客土，则土受伤。余可类推。盖不拘主、客，只以胜者为盛，盛之所克者，即受邪矣。此六气者乃司天在泉之客气，凡生旺生气者吉，克泄主气者凶也。

六气诀

大寒在丑，厥阴风木生气，始艮、中寅、末甲。春分在震，少阴君火舒气，始乙、中辰、末巽。小满在巳，少阳相火长气，始丙、中午、末丁。大暑在未，太阴湿土化气，始坤、中申、末庚。秋分在酉，阳明燥金收气，始辛、中戌、末乾。小寒在亥，太阳寒水藏气，始壬、中子、末癸。

一气运于甲子，冬至之朔，比卦。

二气运于甲戌，霜降之朔，小过。

三气运于甲申，大暑之朔，讼卦。

四气运于甲午，处暑之朔，讼卦。

五气运于甲辰，谷雨之朔，中孚。

六气运于甲寅，雨水之朔，明夷。

夫甲己土运，在穴曰合，在气曰注。丙辛水运，在穴曰井，在气曰出。乙庚金运，在穴曰经，在气曰行。丁壬木运，在穴曰愈，在气曰过。戊癸火运，在穴曰荣，在气曰流。

六气应候

大寒日起，立春、雨水、惊蛰末日止，此四节乃厥阴风木司苍天木气，所主为生气。

春分日起，清明、谷雨、立夏末日止，此四节乃少阴君火司丹天火气，所主为舒气。

小满日起，芒种、夏至、小暑末日止，此四节乃少阳相火司丹天火气，所主为长气。

大暑日起，立秋、处暑、白露末日止，此四节乃太阴湿土司黄天土气，所主为化气。

秋分日起，寒露、霜降、立冬末日止，此四节乃阳明燥金司素天金气，所主为收气。

小雪日起，大雪、冬至、小寒末日止，此四节乃太阴寒水司玄天水气，所主为藏气。

上六气，生、舒、长、化、收、藏乃二十四山之主气，各应其候，遇其山家与气相符，按临节候，凡有扦立，大吉之兆也。

二十四山气运例诀

如坎山从申起至子为天建，经凡再从子至辰为地建。逢九从辰又至申，为人建。逢九宜合，寒水令为居垣，燥金令为得势，龙水合度，发福无替，余山仿此。

凡各山主气自有一定不移，各山墓运，每从冬至后，以五子元用老五行亥壬子癸，大江东之真气变运，勿用洪范五行。

凡论化气者，乃天运行之气为天运也；墓气者，乃地运行之气为山运也。然天运有孤虚，有平复，山运有克有制。

亥、壬、坎、癸四山正气属水，羽音，太阳寒水主守之位，为天玄水气。自小雪日起，至小寒末日止，为之藏气。

艮、坤、辰、戌、丑、未六山属土，宫音，太阴湿土主守之位，为黄天土气，自大暑日起，至白露末日止，为之化气。

水土十山皆墓在辰水山，凶。天运，甲年为孤，辛年为虚，甲子、辛亥年平气，吉。土山，天运壬年为孤，己年为虚，壬辰、壬戌、己丑、己未年为平气，吉。

申、兑、庚、辛、乾五山，正气属金。商音，阳明燥金主守之位，为素天金气，自秋分日起，至冬至末日止，为之收气。

金山，墓丑金山天运，戊年为孤，乙年为虚，凶；戊申、乙酉年为平气，吉。

震、巽、寅、申、乙五山，正气属木，角音，厥阴风木主守之位，为苍天木气，自大寒日起，至惊蛰末日止，为之生气。

木山，墓未木山天运，庚年为孤，丁年为虚，凶；庚寅、丁卯年为平气，吉。

离、丙、巳、丁四山，正气属火，徵音，君相二火主守之位，为丹天火气，自春分君火主之为舒气，自小满相火主之为长气。

火山，墓戌火山天运，丙年为孤，癸年为虚，凶。丙寅、癸丑二年为平气，吉。

右水、土二山，造、葬用申、子、辰、亥年月日时，为大吉，戌、午、未为次吉。

右金山造、葬宜用巳、酉、丑、申年月日时，为大吉，未、卯、辰为次吉。

右木山造、葬宜用亥、卯、未、寅年月日时，为大吉，丑、戌为次吉。

右火山造、葬宜用寅、午、戌、巳年月日时，为大吉，辰、丑为次吉。

凡山家墓运，年克家长，忌月、克宅母，忌日克众妇，忌时克子孙，若遇四柱中纳音有制伏者，则并无忌也。谓子来救母，化杀为权，反凶为吉也。

已上二十四山主忌客，依其月节候，按临其山，取生旺有气得合禄、马、贵人、三奇、尊帝、太阳、太阴、金水二星及差方禄马贵人、太阳到，则任意造作，切勿弃生旺于不顾，用休囚而误人，戎之。

五气受邪诀论

金气受邪忌用纳音金日	甲子 乙丑	壬申 癸酉	庚辰 辛巳	甲午 乙未	壬寅 癸卯	庚戌 辛亥
木气受邪忌用纳音木日	壬子 癸丑	庚申 辛酉	戊辰 己巳	壬午 癸未	庚寅 辛卯	戊戌 己亥
水气受邪忌用纳音水日	丙子 丁丑	甲申 乙酉	壬辰 癸巳	丙午 丁未	甲寅 乙卯	壬戌 癸亥
火气受邪忌用纳音火日	丙寅 丁卯	甲戌 乙亥	戊子 己丑	甲辰 乙巳	戊午 己未	丙申 丁酉
土气受邪忌用纳音土日	庚子 辛丑	戊寅 己卯	庚午 辛未	庚午 己酉	戊申 己酉	丙戌 丁亥

右各气受邪日，仍看其候。若木气受邪，其用在寅卯木旺之月。火气受邪，其候在巳午火旺之月。金气受邪，其候在申酉金旺之月。水气受邪，其候在亥子水旺之月。土气受邪，其候在辰戌丑未土旺之月，皆为平气不受邪而无忌。天是气也，一日司天，一日在泉，乃气之对待也。司天者，天之气候也；在泉者，地之气候也。然天地之气天符中而行八万四千里，一日计行二百三十二里一十六步六尺六寸六分。凡卜择须看地之脉气长短，而步算其气，得其多寡，然后分测其气克应一纪、二纪至数十纪之中，天符岁会交变何如？祸

福兴替何如？则天地之气，运山川造化之生气，不待通说而知之，既知之，则审主气临其候者而用之。如太阳寒水，自小雪至小寒未候气临亥、壬、子、癸山是也。盖亥、壬、子、癸山乃太阴寒水所治之地，伏揆其冬候，乃太阳寒水为主气也。诸山仿此。

太乙天符、一六气诀

夫历以五日为一候，三候为一气，六气为一时，一岁二十四气也。七百二十气为三十年，一千四百四十气为六十年，太过、不及于斯可见矣。经曰：显明之右，在卯地君火之位。君火之右退行一步，相火治之；复行一步，湿土治之；复行一步，燥金治之；复行一步，寒水治之；复行一步，风木治之。故每气一步，各司六十日，又余八十七刻半，总之，乃三百六十五日二十五刻。春温、夏热、秋凉、冬寒，以成一岁之令，千载则一。此主气之常也，故曰：地气静而守位也。

是以大寒至惊蛰，厥阴风木主事，谓之生气，临丑、艮、寅、申山。春分至立夏，少阴君火主事，谓之舒气，临卯、乙、辰、巽山。小满至小暑，少阳相火主事，谓之长气，临巳、丙、午、丁山。大暑至白露，太阴湿土主事，谓之化气，临未、坤、申、庚山。秋分至立冬，阳明燥金主事，谓之收气，临酉、辛、戌、乾山。小雪至小寒，太阳寒水主事，谓之藏气，临亥、壬、子、癸山。又逐年司天客气加于守位主气之上，而推其变，故曰：天气动而不息也。其六气之源则同，而六气之绪则异，何也？盖天气始于少阴，终于厥阴；地气始于少阳，终于太阳。是故当其时，行变之常，非其时行变之灾也。客气克泄其主气者，祸之端也。客气旺相其主气者，福之源也。仍客气义有德化政令之常时，有暴风疾雨、迅雷飘雹之变。冬有燥石之热，夏有凄风之清，秋有凝寒冻雪之苦，此无他，乃天地之气胜复郁之所致也。然地气有温暖纯淑之常，时有寒淫温湿骨节胎息之变。生者感冒，是气必有风寒暑湿之变；死者终乘，其气必有吉凶祸福之应。此岂有他，亦坦气胜败兴衰之所致也。是说也，丽乎五气太过、不及之气微也。又有所谓平气，故有天符、岁会、同天符、同岁会、太乙天符，凡此五者，所谓敷和、升明、备化、审平、静顺之纪，乃都天太岁之正气也。

天符、岁会例

运气相同曰天符

丙辛水运，辰戌太阳寒水司天，运气皆水，丙辰、丙戌为天符水。

丁壬木运，巳亥厥阴、风木司天，运气皆木，丁巳、丁亥为天符木。

戊癸火运，子午少阴君火，寅申少阳相火司天，运气皆火，戊子、戊寅、戊午、戊申为天符火。

乙庚金运，卯酉阳明、燥金司天，运气皆金，乙卯、乙酉为天符金。

甲己土运，丑未太阴湿土司天，运气皆土，己丑、己未为天符土。

六十年中，有此十二年天符也。内乙卯属天地真木运气天符，又属金。丁巳属天地真火运气天符，又属木。夫天地后专位尊而天符卑也，则乙卯可以天地真木专位也，丁巳可以天地真火专位也。

运临本气之位曰岁会

丙辛水运，水律，子正旺，亥次旺，运律皆水，丙子、辛亥为岁会水。

丁壬木运，木律，卯正旺，寅次旺，运律皆木，丁卯、壬寅为岁会木。

戊癸火运，火律，午正旺，巳次旺，运律皆火，戊午、癸巳为岁会火。

乙庚金运，金律，酉正旺，申次旺，运律皆金，乙酉、庚申为岁会金。

甲己土运，土律，丑未辰戌属土正旺，运律皆土，甲辰、甲戌、己未、己丑未为岁会土。

六十年中有此十二岁会也。内有壬寅、庚申、辛亥、癸巳，不以为岁会者，谓不当正中之令也。

同天符、同岁会例

太过之运加地气曰同天符

丁壬木运，寅申厥阴、风木在泉，运气皆木，壬寅、壬申同天符木。

乙庚金运，子午阳明、燥金在泉，运气皆金，庚子、庚午同天符金。

甲己土运，辰戌太阴、湿土在泉，运气皆土，甲辰、甲戌同天符土。

六十年中有此六年同天符也。

不及之运加地气曰同岁会

丙辛水运，丑未太阳、寒水在泉，运气皆水，辛丑、辛未同岁会水。

戊癸火运，卯酉少阴、君火，巳亥少阳、相火在泉，运气皆火，癸酉、癸酉、癸巳、癸亥、同岁会火。

六十年中有此六年同岁会也。

天符岁会相合曰太乙天符

戊火运，午君火司天，午律属火运，气律皆火，戊午太乙天符火。

乙金运，酉燥金司天，酉律属金运，气律皆金，乙酉太乙天符金。

己土运，丑未湿土司天，丑未律属土运，气律皆土，己丑、己未合太乙天符土也。

六十年中有此四年太乙天符也。

按六气司天者，主行天之令上之位也。岁运者，主天地间人物化生之气中之位也。盖泉者，主地之化，行乎地下之位也。一岁之中，有此上、中、下三气，各行化令，而气偶符会而同者，则同其化，是谓当年之中，司天之气与中气运同者，名曰天符，符之为言合也。天符共十二年，又当年十干化运与年辰十二律。五行同者,名曰岁会,气之平也,岁会共八年,外有四年。壬寅者皆木,庚申皆金,癸巳皆火,辛亥皆水,亦运与年辰五行相会,故曰:次岁会也。又当年有天会、岁会、运会,三者相同,名曰太乙天符。太乙天符,太乙者,尊之号也,止有四年,故曰:天符为取法,岁会为行令,太乙天符为贵人。邪气中执法者,其祸速;邪气中行令者,其祸迟;邪气中贵人者,其祸必致败绝。凡运气与在泉,合其气化,阳年曰同天符,阴年日同岁会。故六十年中,太乙天符四年,天符十二年,岁会八年,次岁会四年,同天符六年,同岁会六年。六者分而言之,共四十年;合而言之,只有二十九年。经年二十四岁者,不言岁会也。如是则变行有多少,贵贱有轻重,祸福有迟速,按经推步可知。

六气年月相克例

大气长辛戌寒水年月不可下,子午君火,寅申相火,戊癸化火山。
乙庚卯酉燥金年月不可下,巳亥风木,丁壬年月化木山。
丁壬巳亥风木年月不可下,丑未湿土,甲己化土山。
甲巳丑未湿土年月不可下,辰戌相克寒水,丙辛化水山。
戊癸子午君火,寅申相火年月不可下,卯酉燥金,乙庚化金山穴。

天符秘旨论

大凡选择惟以来龙取年月日时,其与坐而甚不相干,但天地止有五运六气运行不息而已,有如选择年月日时,合得龙神本气并无间集者,各曰正气天符。或用本气,或用生气,或用财气,名曰杂气天符。名虽不同,其作福一也,虽不合七政星盘,亦能作福。若又得七政星盘皆合局者,尤万选得一之期也。此外有太过者则宜损,以就中有不及者则宜引,以至干小由是则制化得中,与正气无异。定要查得七政星盘合格者,方成全局,否则,作福亦无凭,又有龙气旺者,柱中虽用克泄无妨。龙气衰弱者,必用生扶方吉。此皆变化在人,然天符正局虽初学能用,倘或一时难遇,此外又有化象局、类象局、六格局,三局皆吉。亦与天符正局相似。吉神只要取得太阳到坐向,或帝星到坐向,其余诸吉不必尽拘。凶星正查,三杀不可坐,太岁不可向而已,其他凶神亦不必尽避。若龙当气旺之时,而三杀值衰弱之候者,虽不忌可但龙衰杀旺,其祸必大,不可犯也。此乃迁拣正经门途,大利可以建都立国,小则可以安坟立宅。但造命之法以,以日干为主,月令为提纲,年为基本,时为结果,排下八字看合何局吉,则用之。否则更择择得吉局,又须审坐向星盘何如,由是吉可趋,凶可避,而造化之全功在是焉。然此法甚简易,亦甚玄妙,必先察其气运之盛衰,龙穴之真伪,砂水之向皆然后日时有成功,否则,得其用而不得其体,虽曰造命,毕竟无益,惟然苟非五行在手阴阳独擅者,谁能与干此哉?

天符正经论

凡造葬以安魂魄,修造以利生人,事体无大于此者,首察运气,次审龙神,故黄帝命容成综六术以定气运,此天符之气以作也。鬼区得之而有神历之作,岐伯得之而有内经之传,赤松子发之于《青囊经》,黄石公著之于《青囊传》。至陈希夷又支分节解,各极其趣,阐五运六气之机,发生扶克泄之秘,其理甚备,其法甚精,惜乎后世惑于术人之妄谈,而不顾龙神原属何五行,其不锄伤本根者几希。予今取用,惟古圣贤之成法是尊,外是颇僻之论,悉置之勿究。

陈希夷曰:凡东方行来之龙,皆风皆木之气主之。凡南方行来之龙,皆君火相火之气主之。凡四隅行来之龙,此湿土之气主之。凡西方行来之龙,皆燥金之气主之。凡北方行来之龙寒水之气主之。自主气之外皆宜气也,详列于后。

天符年月日时定局

戊寅、戊申、戊子、戊午、丙辰、丙戌、丁亥、丁巳、乙丑、己未、乙卯、乙酉。

此乃气与司天者合,故曰:天符。

岁会天符

甲辰、甲戌、己丑、己未、乙酉、庚申、丙子、辛亥、壬寅、丁卯、戊午、癸巳。
此乃化气与年辰相合,故曰:岁会天符。

同天符

甲辰、甲戌、庚子、庚午、壬寅、壬申。
此乃阳年化气与在泉者相合,故曰:同天符。

太乙天符

乙未、己丑、乙酉、戊午。
此是天符,又是岁会,故曰:太乙无符。

长生天符

戊寅、癸酉、丙申、辛卯。
此是化气临长生,故曰:长生天符。

东龙正气天符年月日时定局

壬寅、壬申、丁卯、丁巳、丁亥。

东龙杂气天符年日

壬寅、壬申、丁卯、丁巳、丁亥、丙辰、丙戌、丙午、丙申、辛丑、辛卯、辛未、辛亥。又甲辰、甲戌、己未、己丑。

东龙杂气天符月时

壬寅、甲辰、辛亥、辛卯、辛丑、丙申、丁卯、辛未、壬申、甲戌、丙子。又时:辛丑、己丑。

外化气太过不及天符

壬子、壬辰、壬午、壬戌、丙寅、丙午、甲子、甲寅、甲午、甲申。

此皆化气太过。

丁丑、丁未、丁酉、辛巳、辛酉、辛卯、己卯、己巳、己酉、己亥。

此皆化气不及。

南龙正气天符年月时定局

戊子、戊午、戊寅、戊申、癸卯、癸酉、癸巳、癸亥。

南龙杂气天符年日

戊子、戊午、戊寅、戊申、癸卯、癸酉、癸巳、癸亥、壬寅、壬申、丁卯、丁巳、丁亥。又庚子、庚午、庚申、乙卯、乙酉。

南龙杂气天符月时

乙卯、丁巳、戊午、庚申、癸亥、壬寅、癸卯、戊申、戊寅、乙酉、丁亥、戊子。又时,庚子。

外化气太过不及天符

戊辰、戊戌、壬子、壬午、壬辰、庚寅、庚辰、庚戌。

此皆化气太过。

癸丑、癸未、丁未、丁酉、丁丑、乙巳、乙未、乙亥。

此皆化气不及。

四隅龙正气天符年月日时定局

甲辰、甲戌、己丑、己未、戊寅、戊申、戊午、戊子、癸卯、癸酉、癸巳、癸亥。又丙子、丙申、丙辰、丙戌、辛丑、辛未、辛卯、辛亥。

四隅龙杂气天符年日

甲辰、甲戌、己丑、己未、戊寅、戊申、戊午、戊子、癸卯、癸酉、癸巳、癸亥。又丙子、丙申、丙辰、丙戌、辛丑、辛未、辛卯、辛亥。

四隅龙杂气天符月时

辛未、癸酉、甲戌、丙子、丙辰、戊午、己未、癸亥、癸巳、辛卯、丙申、辛丑。又时:戊子。

外化气太过不及天符

甲子、甲午、甲寅、甲申、戊辰、戊戌、丙寅、丙午。
此皆化气太过。
己卯、己酉、己巳、己亥、癸未、癸丑、辛巳、辛酉。
此皆化气不及。

西龙正气天符年月日时定局

庚子、庚午、庚申、乙卯、乙酉。

西龙杂气天符年日

庚子、庚午、庚申、乙卯、乙酉、甲辰、甲戌、己丑、己未。又壬寅、壬申、丁卯、丁亥、丁巳。

西龙杂气天符月时

辛未、癸酉、甲戌、丙子、丙辰、戊午、己未、癸亥、癸巳、辛卯、丙申、辛丑。又时:戊子。

外化气太过不及天符

甲子、甲午、甲寅、甲申、戊辰、戊戌、丙寅、丙午。
皆化气太过。
己卯、己酉、己巳、己亥、丁丑、丁未、丁酉。
此皆化气不及。

北龙正气天符年月日时定局

丙子、丙辰、丙戌、丙申、辛丑、辛未、辛卯。

北龙杂气天符年日

丙子、丙辰、丙申、丙戌、辛卯、辛未、辛亥、辛丑、庚子、庚午、庚申、乙卯、乙酉。又戊子、戊午、戊寅、戊申、癸卯、癸酉、癸巳、癸亥。

北龙杂气天符月时

辛卯、辛丑、癸巳、丙申、庚子、戊寅、乙酉、丙戌、戊子、乙卯、丙申、戊午、庚申、癸亥。又时:戊子、丙子。

外化气太过不及天符

丙寅、丙午、戊辰、戊戌、庚寅、庚辰、庚戌。

此化气太过。

辛巳、辛酉、癸丑。

此化气不及。

化象局

天干双化,地支三合。上下必要如此作用。

类象局

木龙取木类,火龙取火类,土龙取土类,金龙取金类,水龙取水类。地支三合成局,或各方各局全。

六格局

定须取得各合正格,如宫弱身弱者宜用印,身旺者宜财,印轻者喜官,印重者喜财多,喜官杀财弱怕劫。食神只喜一位,三位只作伤官。看伤官身旺喜财煞,身弱喜印绶,但财印不必俱彰。子平云:伤官财印此俱彰,将何发福?此数句说尽子平道理。

选择者,诚能察运气审龙神矣,其于贵人禄马尤不可不用之,以临方位。盖临官之地则有禄,三合局于长生上起贪狼,数至破军则马,假如卯山用乙年月日时,乃禄也。亥山用巳酉丑年月日时,乃马也。

禄马歌

有人会得飞宫诀，方见山山得禄多。
有人会得飞宫马，禄马如临十二山。

遁本命禄马贵人临宫

假如甲子生人遁得丙寅为正禄，又为正马，辛未、丁丑为正贵，以用年入中宫顺飞，看禄马贵人到向宫。

遁三候禄马贵人临宫

以用年看候当局，阳遁顺飞，阴遁逆飞。假如甲子年在冬至上候，则从一宫起甲子顺飞，中候则从上宫起甲子，下候则从四宫起甲子，寻禄马贵人到何宫。

三奇禄马贵人临宫

除禄马贵人外，又得乙丙丁所到者为日月星三奇。其法照节气三候顺逆飞起甲子，查当年所遁乙丙丁所到之宫，以当年用五子遁起三奇。余仿此。

天星禄马贵人临宫

假如丙子生人，丙禄在巳，以水星为禄元。马到寅，以木星为马元。丙贵在酉亥，以木星金是为贵人，如作戌山辰向，以火星为命主，若流来金木火土在戌，谓之守垣，在辰向谓之朝年。杨公为人救贫，岂只单指太阳在山向哉？观其作许家坟，甲戌年作寅山申向，甲年禄在寅，水星为禄元。戌年马在申，水星为马元。庚午月适水木二星同躔参度于中宫，对照寅山，谓之禄马朝年，最为上格。其后许氏兄弟同拜朝命，御赐袍马，仕宦不绝。此除天五星上根水之谓，非泛泛者比，但算计艰难，十中无一，故曰：禄马朝元自古稀。

造命诀

年月八字须合起山头生旺有气，以山家命位（师坐出）为体，年月为用。

体要克用,用宜生体。埋葬以亡人生年干为主,阳宅修造以宅长生年干为主,要山头及年月与命不相冲克,宜相生旺,食神禄马财官印绶各成其局,故曰:三元要成格局,四柱喜见财官。若夫推星之法,必以七正台历为主,皆在山向方隅上用之。如太阳、太阴、帝星、恩星皆至吉之神,令星、用星、福星皆行吉之神,岁德、天德、月德、文昌、文魁、科名、科甲、天官、天元等星皆防吉之神。或到山到向,或到命宫,或在三方,或在四正,或在得时有用之宫,或在左右拱夹之宫,皆吉兆也。至若仇星、难星、三杀、大杀、太岁等神皆当避之。倘若乘旺得地,为祸必大。盖吉则趋之,凶则避之,此选择之要法也,今之论造命者,或重坐向,或重亡命,或重祭主,竖造或重作主,皆非也。盖人之生也,以落地为命元,命元既是纯粹,必然一世荣昌。人之死也。以入地为命元,命元既是旺相,则子孙定是受荫,此固至理之不可诬,至妙之不可忽也。若坐向刻定于开辟之初,生命则定于降生之始,亡命则既以死不可再生,此不过避其对冲而已矣。以此为忌造命云乎哉,有所谓生庚者,盖忌亡人之生年,不可用是日葬也,与子孙空命无相于染,盖人既亡矣,焉得有运,且一十八条亡运例有何所折衷,俗术先看山家所属阴阳利否,然后择年有年家,然后择月要纯阴纯阳,阳龙阳向收阳山阳水,亦要阳年月日时,斯之谓不驳杂,此迂活之论也。然所谓不驳龙者,恐穴中浠乱,欲得专向以受纯气,非谓并年月而偏于一也,盖试之生命者,果中和者优乎?偏枯者优乎?

选时诀

时与山每每相应,凡定时之法,必须逐时逐刻考验,方查得星躔度之次,否则定有误事。盖地支十二时一定之局,而天干十二时即间于地支之两旬,如亥正三刻起至子初二刻正,此属壬时,于初三刻起至正二刻止,方是子时,以下俱如此推,此考星躔之法,学者不可不知。

选时之法,要六神藏,四煞没,六神者,螣蛇、朱雀、勾陈、玄武、白虎、天空也。若今贵人临乾则六神受制而藏矣,巳杀谓寅午戌杀在丑,亥卯未杀在戌,申子辰最在未,酉丑杀在辰。

其所临之十二辰,非人生之岁,则行年之年也。若加临于乾坤艮巽之上,则四杀没于四隅矣。今孟月用甲庚壬丙,仲月用乾坤艮巽,季月用乙辛丁癸者,日在十二次正中时谓之耳。若云某日某时有某应,此巫皮之粉饰其术,不可轻信。每日有六时吉、六时凶,不可不知。大选时之法多端,惟遁甲奇门为上。

十二日六吉时

	子	丑	寅	卯	辰	巳
	午	未	申	酉	戌	亥
金柜福德月仙时	子	寅	辰	午	申	戌
天德宝光时	午	未	申	酉	戌	亥
玉堂少微天开时	卯	巳	未	酉	亥	丑
司命凤辇日仙时	午	申	戌	子	寅	辰
青龙天贵天乙时	申	戌	子	寅	辰	午
明堂贵人天辅时	酉	亥	丑	卯	巳	未

十二日六凶时

	子	丑	寅	卯	辰	巳
	午	未	申	酉	戌	亥
白虎天煞时	寅	辰	午	申	戌	子
天牢锁神时	辰	午	申	戌	子	寅
玄武天狱时	巳	未	酉	亥	丑	卯
勾陈地狱时	未	酉	亥	丑	卯	巳
天刑黑道时	戌	子	寅	辰	午	申
朱雀黑道时	亥	丑	卯	巳	未	酉
孤辰时	辰	巳	子	丑	寅	卯
寡宿时	戌	亥	午	未	申	酉

旬中空亡时:将日干数去,见甲乙者是。阳空阳,阴空阴,范葬不忌。

截路空亡时:逐日内之壬癸时是。只忌上官、赴任、应科、入火也,行开市求财。

神藏杀没歌

方方位位有杀神,侵占山头向又寻。
只有山家自旺处,天机妙诀好留心。
支如不合干中取,凶煞消除吉宿临。
任是罗睺阴府位,也都藏伏九泉临。

千金歌诀

天机妙诀值千金,不用行年姓与音。(行年即例田壬运及四魂六轮枕申六道者。例姓音即五音仙附年月。)

但看山头并命位,(山头,龙也,命位坐下。)五行旺处好追寻。(如正气天符、杂气天符是旺也。)

一要阴阳不驳杂,(言阳龙要阳向,阴龙要阴向。)二要坐山逢三合,(如乾甲子亥卯未乃三合木局,若龙值此局中之阳龙则当仙,此局内之阳向,若龙值此局中之阴龙则留过此局之阴向。余局可以类推。)

三要明星入座来,(明星乃命与年之真禄真马真贵也,要逆得或到山,或到向,或三方合四正拱左右夹,皆言太阳帝星到山向俱可。)四要尊星当六甲,(尊星即显曲传三星。)

四中失一亦无妨,若是平分便非法。(如阳山用三阳一阴,阴山用三阴一阳,若二阴二阳平分,则驳杀有杀矣。)

山头有杀怎奈何?贵人禄马喜相过。

三吉诸星能降煞,吉制凶神发福多。(故曰:三要明星入座来。)

二位尊星宜值日,(故曰:四要尊星云。)一气堆干为第一。(故曰:当六甲。)

拱禄拱贵喜到山,飞马临宫为愈吉。(此二向即明星入向来去。)

三元合格最为上,(三元乃八字中天干地支人元也;合格者,如化象类象之例推。)四柱喜见财官旺。(此即六格局例,是二向谓明星、尊星,虽得合,故又详言此分,如四在合,若皆吉。)

用支不可有损伤,取干最宜逢健旺。(说来说去,俱要四柱得令。)

生旺得令喜相逢,须明克破与刑冲。(又叮咛用天符,亦要趋吉避凶。)

吉星有气小成大,恶曜休囚不作凶。(此二句见克破刑冲,亦有好处,然非神而明之敢道双字。)

山家造命既合局,周天度数推躔伏。

日华照处是光辉,更要金水来相逐。(造命即所用年月日时合山向之命合局,如一气三合之类,更考其天度,详其躔伏,取太阳拱照山方,取金水而不言木火土者,盖金水与太阳辅行也。如金山要金星归垣升殿,又为紧要。水木土火山可以类推。)

七个太阳三个紧,中间历数第一亲。(有历数太阳,而乌兔太阳、雷霆太阳、四利太阳、厌后太阳,虽有七个太阳而乌兔、雷霆四位吉,而历数又其第一也,盖天无二日,安得许多太阳?谓其福力亦与历数太阳同功,故借名之。)

前后照临扶山脉,不可坐山支干缺。(言其招临扶助山脉,而坐干支不可缺此星也。)

更得玉兔照坐处,能使生民沾福泽。(玉兔,月也。谓太阴也。更得太阴与太阳会晶合朔到山,或望日对招皆能发福。)

字字如金实可夸,会使天机锦上花。

不得真龙得善日,也应富贵旺人家。

太阳躔度歌

大寒五日癸山场,雨水四朝进壬疆。
春分一七寻乾位,杀雨九夕漾辛方。
小满九辰临庚地,夏至九日照坤光。
大暑八朝丁上守,处暑九日出丙乡。
秋分十一移巽座,霜降十二乙宫当。
小雪十一居甲上,冬至一八艮中央。

又云

春子雨壬敬亥兴,分乾清戌杀辛仍。
立酉满庚芒申位,夏至坤小未大丁。
立秋午处丙白巳,分巽寒辰降乙并。
立卯小甲大寅到,冬艮小丑大癸尽。

太阴时到山向

三辰五巳八午升,初十在未十三申。
十五酉时十八戌,二十亥上记共神。
二十三从子时出,二十六日丑起程。
二十八日寅宫觅,三十加来卯上轮。
逐日寻字俱卯起,太阴盖照压凶星。

假如初三日即以辰加卯上,巳行辰,午行巳,顺轮将去便可知某时月在某宫中矣。余仿此。

太阳太阴合朔到山

正月:亥壬。二月:戌乾。三月:辛酉。四月:甲庚。五月:未坤。六月:丁午。七月:巳丙。八月:辰巽。九月:卯乙。十月:寅申。十一月:丑艮。十二月:子癸。

歌云

两轮日月照乾坤,临处江山万物春。
管取修营女葬益,双全富贵作珍珠。

如正月作亥壬山向,亦能压杀。

太陽躔度	冬至小寒大寒立春雨水京直春分清明谷雨立夏小滿芒種
一日	癸四寅斗十度牛三辰虚癸危七壬室亥壁三度奎九度婁七辛胃九酉卯八度畢十一
二日	五寅十一艮四丑二子八壬八亥四乾十戌八辛十酉九庚十二庚
三日	六寅十二艮五癸三子九壬九亥五乾十一戌九辛十一酉十庚十三庚
四日	七寅十三艮六癸四子十壬十亥六乾十二戌十辛十二酉畢初庚十四申
五日	八艮十五艮女初癸五子十一[illegible]壬十亥七乾十三戌十一辛十三酉一庚十五申四一
六日	九艮十五丑一牛初癸六子十二壬十二亥八乾十四戌十二辛十四酉二庚十六申
七日	十艮十六丑二癸七子十三壬十三亥奎初降四乾十五戌胃初辛十酉三庚參一申
八日	一艮十七丑三癸八子十四壬十四亥乾十六戌辛昴卯初度四庚二申
九日	乾二艮十八丑四癸九子十五壬十五亥一乾十七戌一辛十一酉五庚三申室
十日	四艮十九丑五癸危度室一度十六亥二乾婁一度梁三辛一酉六庚四申
十一日	五艮二十丑六癸一子二壬十七亥四乾一戌四辛三酉七庚五申
十二日	六艮廿一丑七癸三子三壬十八亥五乾三戌五辛四酉八庚六申
十三日	七艮廿二丑八癸四子四壬壁初度六乾四戌六辛五酉九庚七申
十四日	八艮廿三丑九癸五子五壬一 亥七乾五戌七辛六酉十庚八申
十五日	九艮廿四丑七癸六子六壬二 亥八乾六戌八辛七酉十一庚九申
陰局	夏至小暑大暑立秋處暑白露秋分寒露霜降立冬小雪大雪
一日	井初度井十四度井廿九度柳十度張五度丑辛一度丑辛八度軫十三角九度氐三度房二度尾二度
二日	一坤十五坤三十未十一丁六午四丙十九巳十四巽十辰四乙三卯七申
三日	二坤十六坤鬼初度十三丁七午五丙軫初度十五巽十一辰五乙四卯八申
四日	三坤十七坤一未星初度八午六丙一巳十六巽十二辰六乙五卯九甲
五日	四坤十八未二未一丁九午七丙二巳十七巽亢初度七卯心一甲十寅
六日	五坤十九未柳初丁二午十午八丙三巳十八辰一辰八卯二甲十一寅
七日	六坤二十未一丁三午十一丙九巳四巽角初辰二乙九卯三甲十二寅
八日	七坤廿一未二丁四午十二丙十巳五巽一辰三乙十一卯五甲十三寅
九日	首八坤廿二未三丁五午十三丙十一巳六巽二辰四乙十二卯五甲十四寅
十日	九坤廿三未鬼四丁六午十四丙十二巳七巽三辰五乙十二卯六甲十五寅
十一日	十坤廿四未五丁張度尾土五丙十三巳八巽四辰六乙十三卯尾初甲十六寅
十二日	十一坤五未六丁一午十六丙十四巳九巽五辰七乙十四卯一甲十七寅
十三	十二坤廿六未七丁二午十七丙十五巳十巽六辰九乙十五卯二甲箕初度八
十四	十三坤廿七未八丁三午翌初度十六巳星十巽七辰氐大乙十六卯木三甲一寅
十五	十四坤廿八未九丁四午三丙十七巳十二巽八辰一乙卯房初五甲度三尾四甲二寅

太阴斗母临山定局

月	正	二	三	四	五	六	七	八	九	十	十一	十二
壬子山	初一	廿六	廿四	廿二	十九	十七	十五	十二	初十	初八	初五	初三
壬子山	初二	廿七	廿五	廿三	二十	十八	十六	十三	十一	初九	初六	初四
壬子山　娵訾	初三	廿八	廿六	廿四	廿一	十九	十七	十四	十二	初十	初七	初五
乾亥山	初四	初一	廿七	廿五	廿二	二十	十八	十五	十三	十一	初八	初六
乾亥山　降娄	初五	初二	廿八	廿六	廿三	廿一	十九	十六	十四	十二	初九	初七
辛戌山	初六	初三	初一	廿七	廿四	廿二	二十	十七	十五	十三	初十	初八
辛戌山　大梁	初七	初四	初二	廿八	廿五	廿三	廿一	十八	十六	十四	十一	初九
庚酉山	初八	初五	初三	初一	廿六	廿四	廿二	十九	十七	十五	十二	初十
庚酉山	初九	初六	初四	初二	廿七	廿五	廿三	二十	十八	十六	十三	十一
庚酉山　实沈	初十	初七	初五	初三	廿八	廿六	廿四	廿一	十九	十七	十四	十二
坤申山	十一	初八	初六	初四	初一	廿七	廿五	廿二	二十	十八	十五	十三
坤申山　鹑首	十二	初九	初七	初五	初二	廿八	廿六	廿三	廿一	十九	十六	十四
丁未山	十三	初十	初八	初六	初三	初一	廿七	廿四	廿二	二十	十七	十五
丁未山　鹑火	十四	十一	初九	初七	初四	初二	廿八	廿五	廿三	廿一	十八	十六
丙午山	十五	十二	初十	初八	初五	初三	初一	廿六	廿四	廿二	十九	十七
丙午山	十六	十三	十一	初九	初六	初四	初二	廿七	廿五	廿三	二十	十八
丙午山　鹑尾	十七	十四	十二	初十	初七	初五	初三	廿八	廿六	廿四	廿一	十九
巽巳山	十八	十五	十三	十一	初八	初六	初四	初一	廿七	廿五	廿二	二十
巽巳山　寿星	十九	十六	十四	十二	初九	初七	初五	初二	廿八	廿六	廿三	廿一
乙辰山	二十	十七	十五	十三	初十	初八	初六	初三	初一	廿七	廿四	廿二
乙辰山　大火	廿一	十八	十六	十四	十一	初九	初七	初四	初二	廿八	廿五	廿三
甲卯山	廿二	十九	十七	十五	十二	初十	初八	初五	初三	初一	廿六	廿四
甲卯山	廿三	二十	十八	十六	十三	十一	初九	初六	初四	初二	廿七	廿五
甲卯山　析木	廿四	廿一	十九	十七	十四	十二	初十	初七	初五	初三	廿八	廿六
艮寅山	廿五	廿二	二十	十八	十五	十三	十一	初八	初六	初四	初一	廿七
艮寅山　星纪	廿六	廿三	廿一	十九	十六	十四	十二	初九	初七	初五	初二	廿八
癸丑山	廿七	廿四	廿二	二十	十七	十五	十三	初十	初八	初六	初三	初一
癸丑山　玄枵	廿八	廿五	廿三	廿一	十八	十六	十四	十一	初九	初七	初四	初二

三元旺气太阳歌诀

乾宫

戌乾亥也。节值立冬乾旺为上元,霜降为戌旺为中元,小雪亥旺为下元,此三元三气各旺一十五日。若修造、移徙、嫁娶各事,宜在此三元四十五日内,正太阳正照,作事大吉,过此不及。

坤宫

未坤申也,节气值立秋坤旺为上元,大暑未旺为中元,处暑申旺为下元,此三元三气各旺一十五日,共四十五日。若修造等事,宜此节气内为太阳正照吉,过此不及。

艮宫

丑艮寅也。节值立春艮旺为上元,大寒丑旺为中元,雨水寅旺为下元,此三元三气各旺一十五日,共四十五日。宜修方起造于此节气内,天道照临百吉,过此不及。

兑宫

庚酉辛也。节值秋分兑旺为上元,白露庚旺为中元,寒露辛旺为下元,此三元三气各旺一十五日,共四十五日。凡各修造,宜在三元气内吉。

坎宫

壬子癸也。节值冬至坎旺为上元,大雪壬旺为中元,小寒癸旺为下元,此三元三气各旺一十五日,共四十五日。宜在此节气修造等事吉。

离宫

丙午丁也。节值夏至离旺为上元,芒种丙旺为中元,小暑丁旺为下元,此三元各旺一十五日,共四十五日。凡宜依此节气作为吉。

震宫

甲卯乙也。节值春分震旺为上元,京直(即惊蛰)甲旺为中元,清明乙旺为下元,此三元各旺一十五日,共四十五日。为太阳正照,依此节气作为吉。

巽宫

辰巽巳也。节值谷雨辰旺为中元,立夏巽旺为上元,小满巳旺为下元,此三气各旺一十五日,共四十五日。凡有作为当节气照临,俱吉。

太阳尊帝歌

伏真到山制煞灭,飞到向上吉祥临。
三合吊照山向利,合人富贵福非轻。

赋云:四正三方见日月而光生宇宙,夹宫坐向逢二曜而瑞满乾坤。又云:山家若东南到山甚吉,居址如在西北到向甚宜,茅屋生辉,盖为太阳有力,佳城腾耀,只因日丽中天。太阳之行则气候帝驾之临地,始有灵可见太阳,亦要善用。

(新镌陈子性二十四山造葬五运六气天符藏书卷之四终)

新镌陈子性二十四山向造葬四大利星藏书卷之五

岭南 陈子性阐述 男衍参集 孙式基式猷 纂辑

三星克择秘诀

金土旺其鞍马,水木进其田园。

双金威仪且勇,独火要以为权。

是以克出迎财,与相生而并吉,刑来是鬼值疏,避以为先。双木成林,二金成器,水与水为比和,土得土而吉利。最怕雨火相烧,能使浑家绝裔。金克木而灾祸俱生,土断水而田园退败。水射土而子孙逃亡,水杀火而瘟疸并作。要知畜养骓难,金被火来烧却。凶在休囚之土,可灭灾殃。吉归生旺之方,爵官职值。克之为祸,疏则除殃。父母既被刑克,子孙焉得知谐。且如水受土刑,宜得木救木生。火旺不怕金来,九曜大亨须宜。用心穷究,五行差错,要在用意推裁。

五行生克论

金宜生不宜克,克则金轻。不惟田土退败,且人瞎眼少亡。

木宜生不宜克,克则木折。不惟退田土而伤人,主痨病少亡。

土宜生不宜克,克则土崩。不惟田土退,而男女定主浮肿之疾。

水宜泄不宜生旺,生旺则犯水,主人多游荡,丧亡他乡。

火宜泄不宜生旺,生旺则犯火,主伤人官非,寅午戌月招致也。

凡克皆不利,惟有明堂则可克山,不克明堂则无财,盖明堂宅水所注,与诸官并方隅无碍,正所谓“山管人丁水管财”之说也。山克明堂主发财,明堂生旺则发人。

四兽三会法

孟年寅申为元首,仲子季辰巽位推。

顺取厌星三位吉,世巫谁解识天机。

升元经年自干维起月向支下起,即是四直黄道都天宝照紫微年月。

此下系年支横看山位并坐向						寅申巳亥年天停	子午卯酉年地停	辰戌丑未年人停
青龙	木	破	天罡	夫杀破败		寅甲山穴	癸子山穴	辰巽山穴
明堂	土	巨	太乙	贵人玉堂		卯乙山穴	丑艮山穴	巳丙山穴
天刑	火	禄	胜光	天堂官保	獐光吉	辰巽山穴	寅甲山穴	午丁山穴
朱雀	火	禄	小吉	天牢五鬼		山穴	卯乙山穴	未申山穴
金柜	火	贪	传送	进益宝福	凤凰吉	午丁山穴	辰巽山穴	申庚山穴
天德	土	廉	从魁	进财卯杀	半吉向	未坤山穴	巳丙山穴	酉辛山穴
白虎	金	廉	龙向	天败用客		申庚山穴	午丁山穴	戌乾山穴
天堂	水	武	登明	禄库财库	玉堂吉	酉辛山穴	未坤山穴	亥壬山穴
天牢	水	文	神后	天刑天瘟		戌乾山穴	申庚山穴	子癸山穴
玄武	水	文	大吉	天淫朱雀		亥壬山穴	酉辛山穴	丑艮山穴
司命	水	贪	功曹	天官禄往	麒麟吉	癸子山穴	戌乾山穴	寅甲山穴
勾陈	土	辅弼	大吉	天哭丧门		丑艮山穴	亥壬山穴	卯乙山穴

辅弼卦吉凶论

张九仪曰:九星定序,贪巨禄文廉武破辅弼,定位从艮起,故罗经艮注贪狼,巽注巨门,乾注禄存,离注文曲,震注廉贞,兑注武曲,坎注破军,坤注辅弼。以之审龙,格之转换辨砂体之方位,确不可易。此水法从辅起其序,则辅武破廉贪巨禄文,而位则二十四向各从向起辅,依序定位,故每一位皆有辅武破廉贪巨禄文名目。值辅武贪巨则吉,值破廉禄文则凶,转移之巧,不胜言已。

兑　震
坤　坎
巽　艮
离　乾
辅武破廉贪巨禄文

从上起下落,下起上落,中起中落,边起边落。

二十四向定局横看		辅	武	破	廉	贪	巨	禄	文
乾向	甲同	乾	离	艮	巽	坎	坤	震	兑
离向	壬寅戌同	离	乾	巽	艮	坤	坎	兑	震
艮向	丙同	艮	巽	乾	离	震	兑	坎	坤
巽向	辛同	巽	艮	离	乾	兑	震	坤	坎
坎向	癸申辰同	坎	坤	震	兑	乾	离	艮	巽
坤向	乙同	坤	坎	兑	震	离	乾	巽	艮
震向	庚亥未同	震	兑	坎	坤	艮	巽	乾	离
兑向	丁巳丑同	兑	震	坤	坎	巽	艮	离	乾

四大利二十四向宜忌年月日时定局

子癸向

天干宜用庚辛丙丁壬，忌用戊己癸甲乙。地支宜用寅申巳亥丑，忌用子午卯酉，而辰戌未，亦凶。

丑艮向

天干宜用丙丁壬癸戊己，忌用甲乙庚辛。地支宜用子午卯酉寅，忌用辰戌丑未，而申巳亥，亦凶。

寅甲向

天干宜用壬癸戊己，忌用庚辛。地支宜用辰戌丑未卯，忌用寅申巳亥，而子午酉，亦凶。

卯乙向

天干宜用壬癸甲，忌用庚辛乙。地支宜用寅申巳亥辰，忌用子午卯酉，而戌丑未，亦凶。

辰巽向

天干宜用丙丁壬癸戊己，忌用甲乙。地支宜用子午卯酉巳，忌用辰戌丑未，而寅申亥，亦凶。

巳丙向

天干宜用甲乙庚辛丁，忌用壬癸丙。地支宜用辰戌丑未午，忌用寅申巳亥，而子卯酉，亦凶。

午丁向

天干宜用甲乙丙,忌用壬癸丁。地支宜用寅申巳亥未,忌用子午卯酉,而辰戌丑,亦凶。

未坤向

天干宜用丙丁壬癸戊己,忌用甲乙庚辛。地支宜用子午卯酉申,忌用辰戌丑未,而寅巳亥,亦凶。

申庚向

天干宜用戊己甲乙辛,忌用丙丁庚壬癸。地支宜用辰戌丑未酉,忌用寅申巳亥,而子午卯,亦凶。

酉辛向

天干宜用戊己甲乙庚,忌用丙丁辛壬癸。地支宜用寅申巳亥戌,忌用子午卯酉,而辰丑未,亦凶。

戌乾向

天干宜用丙丁壬癸戊己,忌用甲乙庚辛。地支宜用子午卯酉亥,忌用辰戌丑未,而寅申巳,亦凶。

辛壬向

天干宜用庚辛丙丁癸,忌用戊己壬甲乙。地支宜用辰戌丑未子,忌用寅申巳亥,而酉卯午,亦凶。

又乾向忌戌年,巽向忌辰年,艮向忌丑年,坤向忌未年,为犯太岁。

总圣金函四大利星,又名乾坤二监,又号天地转运图及三水,此乃品水仙,龙景仙、郭璞仙、李淳风仙、青鹤仙、一行禅师、七贤、吴许仙、孙仙钟仙同择,凡一百二十家神杀通和,悉可制化,开列于左。

横看年月日时	子	丑	寅	卯	辰	巳	午	未	申	酉	戌	亥
一位	子癸	丑艮	寅甲	卯乙	辰巽	巳丙	午丁	未坤	申庚	辛酉	戌乾	亥壬
二位	丑艮	寅甲	卯乙	辰巽	巳丙	午丁	未坤	庚申	酉辛	戌乾	亥壬	子癸
三位	寅甲	卯乙	辰巽	巳丙	午丁	未坤	申庚	酉辛	戌乾	亥壬	癸子	丑艮
四位	卯乙	辰巽	巳丙	午丁	未坤	申庚	酉辛	戌乾	亥壬	癸子	丑艮	寅甲
五位	辰巽	巳丙	午丁	未坤	申庚	酉辛	戌乾	亥壬	癸子	丑艮	寅甲	卯乙
六位	巳丙	午丁	未坤	申庚	酉辛	戌乾	亥壬	子癸	丑艮	寅甲	卯乙	辰巽
七位	午丁	未坤	申庚	酉辛	戌乾	亥壬	子癸	丑艮	寅甲	卯乙	辰巽	丙巳
八位	未坤	申庚	酉辛	戌乾	亥壬	子癸	丑艮	寅甲	卯乙	辰巽	巳丙	午丁
九位	申庚	酉申	戌乾	亥壬	子癸	丑艮	寅甲	卯乙	辰巽	巳丙	午丁	未坤
十位	酉辛	戌乾	亥壬	子癸	丑艮	寅甲	卯乙	辰巽	巳丙	午丁	未坤	申庚
十一位	戌乾	亥壬	子癸	丑艮	寅甲	卯乙	辰巽	巳丙	午丁	未坤	申庚	酉辛
十二位	亥壬	子癸	丑艮	寅甲	卯乙	辰巽	巳丙	午丁	未坤	申庚	酉辛	戌乾

第一位破军罗睺凶断

刃岁　青龙　黑道　死煞　地劫　蚕命
怨病　建除　天罡　血刃　亡神　天败使

罗睺凶星主丧棺，虎咬蛇伤事不平。
纵有高官忙卸职，重重口舌祸多端。
不过三年并二载，如霜如雪主家寒。

主财散人亡凶事，并火烧贼盗及遭官、损小口、牛羊，公事忤逆飘荡，主绝迩走，应在巳酉丑年月见之，四十年大败。

孟姜远远寻夫主，子午年上犯凶神。
颜子天年因甚事，未年艮上去修宫。

造葬却莫犯罗睺罗，疾病迟留恶抱头。日月会之须见食，迁埋犯者一生愁。

犯之主家长，长子长孙媳妇定见泣哭之事，风声、暗昧、贼却、死亡，大凶。

第二位辅弼紫气星吉断

紫气　明堂　珠库　黄道　贪狼　太白　明星
招财　满平　蚕库　太乙　太阳　总龙　捉杀使

紫气星临大吉昌，若逢此宿最为良。
一百日满横财至，兴隆富贵足田庆。
周岁三年生贵子，居官进职好儿郎。
生气入门犹可喜，田蚕禾谷遍村乡。

此星先招横财，蚕丝大旺，遇贵人举荐引接，好事大吉。

贪禄星照主亨通，贵人提携喜重重。
主人富贵尤全美，便救贫家转富荣。
六畜周年一百日，家生贵子进田庄。

此星主七十日进横财、田蚕、六畜，周年生贵子，富贵不绝。紫气用之，不问将军、太阳、太，岁能制凶神压杀，极吉。

第三位廉贞火星凶断

火星　天刑　天牢　黑道　禄存　劫杀　毛头
蚕死　胜光　月孛　五凶　祸龙　足破　天贼使

火曜凶神不可闻，犯之百日定遭凶。
落水伤亡并虎咬，哭声重叠在家中。
老大长病血光死，瘫疮刀斧损颜容。
田宅蚕丝皆耗散，子孙世代受贫穷。

犯此凶星主见口舌、公事，田蚕皆大耗、瘟火、刀斧、杀伤，大凶。

王陵慈母昔遭刑，申年申日亥修坤。

项羽自训诸军败，卯岁修壬自丧身。

燥火原来星恶神，时师误用便家贫。

三年两度招瘟火，寅午戌年祸及身。

此星犯之，三月内或三十日内损血财、见官灾、打伤、血光、疾病死，三十年大败。

第四位破军太阴星凶断

朱雀　曲星　黑道　大罗　五谷　　碓龙

蚕散　金火　清池　死龙　天祸使　小吉

没神临位不堪安，大小眉头尽不宽。

此星若犯三年后，奸淫必定见入门。

凶星主百日周年内淫乱、风声、公事、损伤六畜、家事不安、牵连成讼，应寅午戌年。

项羽身亡基业定，巳年修申遭遇凶。

世人若犯此神杀，家败儿孙嗣绝宗。

没神一杀号天囚，若犯官司便可忧。

浅学时师如误用，十家败了九家穷。

此星主伤阴人、小口、田蚕、牛畜、奸淫、公事、暗昧、横非、疾病、官司。

第五位武曲太阳星吉断

太阳　金匮　帝星　黄道　武曲

蚕降　传送　台将　总龙　天福使

太阳临照最为良，百日内见进田庄。

合主外人来计物，更招古器作祯祥。

横财牛马年年进，为官必定列朝堂。

安坟主宅如逢遇，代代儿孙福禄长。

此星主一百二十日内进入横财，婚姻，奴婢成行，庄田入门，自然家门大壮。

万朝十国来朝贡，寅年子上建先堂。

张公修此太阳位，便出张良佐汉王。

南极宫中号太阳，财爻第五位中强。

人间修造并营葬，发积资财用斗星。

此星照临，富贵双全，升官进职，田蚕大发，主人寄物，应在寅午戌年见之。

第六位贪狼没神金神吉断

金星　天德　水星　黄道　开月　金申　月德

蚕德　从魁　天罡　辅弼　明阴龙　连害使　天耗使

金水加临大富强，周年百日见荣光。

先招古器来为福，金宝银丝主满箱。

横财横物尤堪喜，自此牛羊遍满间。

此星半吉，更将三合吉星，甚妙。

辅弼星临大吉昌，儿孙代代旺田庄。

巳年巳日来修乙，便见朝君佐圣王。

金斗牛斗水位居，第六财爻半吉推。

更用吉星来会局，三合吉时须助功。

此星先招横财、田产、奴婢、六畜，又得吉器入门，自然家门大旺。

第七位破军计都星凶断

计者　水星　白虎　天刑　黑道　破败　破军
鬼杀　建隆　蚕死　河魁　土厚　败龙　天狱使

计都凶星若到来，家长命中先见灾。
横来宜事退田地，血光腰脚独难开。
喑痖耳龙瘫疮病，口舌重重主血财。
虎咬蛇伤并树打，盗贼风声官事来。

此星犯之，家门暗退，女人风声，见祸败，不吉。四十年败绝。

此星临位不为吉，家亡破败主人亡。
时师晓取先贤论，暗昧凶殃不可当。
年月凶申是计都，坏人家业化虚无。
安坟入宅须回避，犯者遭官枉受待。

此星犯之，主贼扳指公家、女人淫乱、口舌、煌病、溺水、损六畜。

第八位左辅木星吉断

黄道　六龙　禄库　木星　绮罗　河魁　贪狼
登明　宝盖　玉堂　蚕星　荣贵　福龙　进职使

木星为福最非常，照方作向没灾殃。
庄田牛马年年进，八十年中旺一场。
又得身荣方接引，人丁富贵绿衣郎。
六畜田蚕皆大旺，永荫儿孙代代昌。

此星主一百二十日内招横财、牛马、田庄、奴婢、金银，应在申子辰寅午戌年月。

韩信登坛为大将,未年未月去修寅。
彭祖酉年修乾位,富贵荣华八百春。
木德东方人吉神,又名东斗一财星。
修埋遇者家荣贵,大发资财一百春。

此星到方,不问凶神恶杀,一百二十日添横财、田产、地业、六畜、牛马,大旺三十年,从此富贵不绝。

第九位文曲月孛凶星断

天牢　天火　黑道　禄存　雠杀　常招　足折
蚕死　神后　燥火　安凶　盗贼　衰死　天厄使

月孛凶星不可问,小儿灾病命难延。
田庄退散人丁败,更有家母入黄泉。
出入偏房偷盗事,坠胎腰脚病频仍。
耳声喑症多灾病,家门灭绝又伶仃。

此星犯之,一百二十日内招盗贼、官事、瘟火之厄,田地退散,六畜损耗,伶仃之。

恶曜当方月孛星,家门灭绝又伶仃。
遭官枉打人劳碌,盗贼牵连事不停。
年月凶当被禄存,火风盗贼败家门。
长孙宗子当先绝,雷作枉打更遭瘟。

此星主火殃、公事、刑狱、刀主血火、瘟煌,在三四十日内,两纪之中,家门灭绝。

第十位破军土星凶断

亥武　地转　黑道　禄存　凶亡
破危　蚕破　神后　盗贼　病龙　黑煞使

土星原来不可迁，年年祸患退庄田。
自然言语生灾祸，合家大小哭皇天。
女人逐落官司动，溺水悬梁事可怜。
周年便见血财死，百般祸患尽相缠。

此星主自缢溺水、风声、牛马、小儿、六畜、伤财、遭瘟、失火、横招官司，应亥卯未年。

中鼓杀爻官瘟败，寅年亥上犯凶神。
金牙阵死堪相哭，申年丙上葬先亡。
土宿凶星不可当，招灾横祸更灾官。
风声暗昧人传笑，落水离乡且百般。

此宿主损阴人小口、牛羊六畜、死耗、淫奸、不祥公事之祸，人丁自然退散。

第十一位巨门金星吉断

太阴　日映　采蚕　黄道　武曲　进禄
成收　蚕旺　福禄　水潦　迎财　进龙　崔宫使

太阴福曜福兴隆，儿孙官职至三公。
更有客人来寄物，三年两度庆重重。
天财蚕丝年年旺，横财吉气入门中。
招人丑音财与产，富贵荣华比石崇。

此星进南方徵音人入地田、牛马、印信、文书、丝蚕大旺，应在寅午戌年月见之。

甘罗十二为丞相，寅年子上立先堂。
赵王丙上未年葬，戌年三月坐朝堂。
北斗之星太阴财，财爻十一位中寻。
迁营遇着家家发，财积贤财胜益金。

此星主四十日内，横财进田谷大旺，亥卯未年加官职，代代见之。

第十二位禄存土星凶断

天金　土星　勾陈　太白　黑道　廉贞
怨杀　塍蛇　耗散　太冲　受死　怨龙　蹇困使

太阳凶星最不中，长子长孙命先终。
阴人小口当伤死，柱打雷伤立见凶。

此星主瘟火、公事、牢狱、盗贼、长病、落水、雷伤、树打等项，应在申子辰年月见凶。

太宗史兄井杀弟，未年午丁去修葬。
世人若犯此神杀，不管王侯亦被伤。
而今哭泣见凄惶，长男伤死更伤妻。
五十年前人败绝，落水离乡树打亡。

此星犯之，瘟颠井桂打死人口血财，五十日内主长病连绵，贼劫公事凶，应在寅午戌年见之。

第一破军罗睺属火最凶，主损家长，子孙离乡，亡人白骨，水浸有蚁，当头入棺木下脚烂，主血光、风痰、黄肿、盲聋、产亡、瘟瘟、溺水之厄，招门舍官非，外亡。金水命人犯官灾则法，土命人风声作贼，寅午戌应，四十年败绝，葬龙唇，接龙角，不过三年家消索。诗曰：罗睺白虎计都凶，世出螟蛉长子穷。

第二辅弼紫气星大吉。主小房先发，旺田蚕、六畜，主个姓人进物件，官舍紫气，主儿孙清贵，为官将相，并出为高僧，二六年发福。土木命人主贵，主招得贤妻家产，金水命戌大发财源，申子辰年小房有应，十四年兴旺。葬龙头，接龙耳，不三年官至。诗曰：紫气之星福最强，房房以匀坐朝堂。

第三廉贞火木凶。主三房皆凶，子孙不聪明，大亡目病，孤寡，招人入舍。棺内有并虫蚁，风重等事官灾，巳酉丑年命人其年凶，三十年败绝，申子辰年火死外亡。葬龙目，接龙腰，丑恶风声并舍票。诗曰：天火之星不可犯。

第四破军星太阴最恶。主亡人斜侧翻棺头侧倒，主子保孤寡，因女人公事，自□雷虎水伤枉死。申子辰年衰，遇长房衰败，兄弟分散，妻子寅午戌年人死。此向不吉，葬龙尾，接其□，好歌无谓。诗曰：太阴之星出孤寡。

第五武曲太阳星为最吉。其穴内五色土紫石，此格出人聪明、贤良、高寿，发福非常，人财六畜大旺，长房先发，中次后发，六十日发财，九十日进田地。火土命人长寿，水木命人贵，若面前朝山拱秀于吉位，定出朝官，爵禄非常。若无则不及坎第言之，葬龙颊，接龙鼻。诗曰：太阳之位生节义，不读诗书人爵至，到此方知此宿奇。

第六贪狼没神星大吉。主二房大发，此星各为催官使者，出子孙清贵聪明。若两山朝来，定出人贵，主四亲得田财，申子辰年大旺，金水火命人贵，葬龙腰，接其肠。诗曰：没之位接贪狼，家出公侯及第郎。

第七破军计都之星最不祥。主出人恶死、坏口、招官事，动庶火、退田财、外死、蛇虚，水火伤害，儿女悖逆，产死，白蚁入棺，水浸一百日，周年长房俱不吉。亥卯未损人口，葬龙□，接龙唇。诗曰：不吉不吉极不吉，福消祸长名其实。

第八左辅木星大吉之兆。其穴内五色土地暖紫藤，此星主三房代代为官不歇，招得美妻带财，二纪必应。水木命人聪明，巳酉丑应，葬龙耳，接龙胸。诗曰：木星贵显无奢华，多因六畜旺其家。

第九月孛文曲星大不祥。主亡人水浸白蚁，结□棺内。三房皆不吉，申子辰年辰房外死，小房花酒赌博所迷带疾，金木水火恶死，葬龙腰，接龙目。诗曰：月孛犯之人少死，内乱生离少共躔。

第十破军土星最凶恶。主生多女，官事、聋哑、风颠、狂□、血光、刑伤，三房不吉。以军做贱，葬龙足，接龙尾。诗曰：可伤可伤犯畔向，三年之内必断肠。

第十一巨门金星最吉。主三房大发，先长后次，出巨富，大贵。儿孙好道学道,双生贵子贵女。水木命人为官,后十二年大发,卯酉年应。五色土亡人棺内似生人,葬龙鼻,接龙头。诗曰:西方太白最吉昌,定出儿孙好善良。

第十二禄存土星最恶。黄土生,木棺退白蚁食,初葬下有十二年颇宁,三房出妖媚不正之人,田园退落孤寡,申子辰见验,葬龙肠,接龙□。诗曰:土宿之星僧道星,九流之未艺□精。安葬若然犯此位,白鹤神仙也不灵。

九局分布吉凶八节图

三吉六凶,每年分八节推看。

子年立春九局,春分二局,立夏三局,夏至九局。
子年立秋五局,秋分六局,立冬六局,冬至九局。
丑年立春六局,春分九局,立夏一局,夏至一局。
丑年立秋二局,秋分四局,立冬六局,冬至七局。
寅年立春三局,春分九局,立夏一局,夏至一局。
寅年立秋五局,秋分五局,立冬七局,冬至七局。
卯年立春八局,春分八局,立夏九局,夏至七局。
卯年立秋四局,秋分九局,立冬八局,冬至九局。
辰年立春四局,春分八局,立夏九局,夏至一局。
辰年立秋四局,秋分九局,立冬八局,冬至六局。
巳年立春三局,春分九局,立夏九局,夏至二局。
巳年立秋五局,秋分五局,立冬九局,冬至九局。
午年立春二局,春分六局,立夏七局,夏至四局。
午年立秋六局,秋分一局,立冬三局,冬至四局。
未年立春一局,春分六局,立夏六局,夏至一局。
未年立秋七局,秋分一局,立冬三局,冬至二局。
申年立春九局,春分四局,立夏七局,夏至八局。
申年立秋八局,秋分四局,立冬八局,冬至一局。
酉年立春九局,春分四局,立夏三局,夏至六局。
酉年立秋八局,秋分四局,立冬三局,冬至二局。

戊年立春八局，春分三局，立夏四局，夏至七局。

戊年立秋八局，秋分四局，立冬二局，冬至一局。

亥年立春八局，春分三局，立夏四局，夏至七局。

亥年立秋九局，秋分五局，立冬五局，冬至一局。

吉凶诗断

若遇伤星坏，必被人图赖。
骨肉遭刑伤，外死无棺材。
痨伤及孕妇，长子自当伤。

若犯此刑星，就起损人丁。
还过三年后，悲伤怕受刑。
外伤并恶死，干连有虚惊。
旧宅迁居改，新宅断无成。

主子财大旺，富贵寿兼全。

主人才骈臻，福禄寿绵远。

主人财昌盛，科甲永流传。

若犯罗神位,图赖事不齐。
只因军贼事,退财意不如。

若遇此杀星,盗贼途中劫。
光棍脱财凶,更加遭财劫。

若犯败星位,田产尽无留。
横遭飞事至,人口见悲伤。

若犯死星位，困外及败财。

奴婢逃亡夫，小口损人丁。

此台帝将三星，是上界金关紫微星，用周天星象，天下凶神皆拱伏朝揖，能飞伏一百二十位。地下神杀，升玄九劫之中不敢作动，三元、九良、五子打劫、官符、三杀一切凶恶，但遇此三吉星，则诸神杀变凶为吉，不能为害。此吉星临位，管领四十日内便见喜进，禄马贵人不问诸凶恶曜，凡造葬修方坐向，百事吉。

赖仙歌

切问人间爵禄兴，安坟立宅遇明星。
斗中台星兼帝将，三曜临之福最荣。
进职求官皆显达，起惟禄马认来情。
修方起坐逢三吉，状似奇门布战兵。
九位星神分善恶，尊星三位最分明。
三奇禄马贵人会，六壬命运认真情。
起造埋葬修坐向，插到凶神化吉星。

甲己年：辰山罗星，巳山败星。乙庚年：寅山伤星，卯山刑星。
乙庚年：子山败星，丑山刑星。丙辛年：戌山劫星，亥山死星。
丁壬年：申山伤星，亥山死星。戊癸年：午山伤星，未山罗星。
最忌日时冲动，则伤三五丁。

断曰：

恶星分明怕到山，到山之纪必不安。
时师误杀人多少，下杀女人上杀男。

男生年：子丑寅卯辰巳午未申酉戌亥。
命忌年：未申酉戌亥子丑寅卯辰巳午。
女生年：子丑寅卯辰巳午未申酉戌亥。
命忌年：卯寅丑子亥戌酉申未午巳辰。

修改旧宅续气兴废长短年限断

祖代若居不计年，莫门分居来路迁。
门向主房虽合卦，抽爻换象最幽玄。
坤宅十七乾十五，震宅进气二十年。
巽旺十三坎十二，离火二十二三间。
艮宅二十零三载，兑金二十一年间。
此年此气皆尽绝，穿宫修造吉处祭。
此名大义共山诀，时师勿作等闲看。
不知改作接生气，凶伤人口渐贫寒。

论杀管向并管小金屋住宅，作至将衰败时，为事奇应断。

子午卯酉军贼杀，乙辛丁癸生羊杀。
辰戌丑未奴仆杀，寅申巳亥山塘杀。
丙壬庚甲天娘杀，乾坤艮巽官吏杀。

凡各杀主断屋败，所谓讼事照式相符。

（新镌陈子性二十四山向造葬四大利星藏书卷之五终）

新镌陈子性二十四山向造葬雷霆天河藏书卷之六

岭南　陈子性阐述　男衍参集　孙式基式猷　纂辑

雷霆曜气

(谓雷霆太阳十二星并正煞方例等事)

升玄人室歌

世人徒知有年月,竞把诸经谬区别。
或云曜气或尊星,或说九星天圣诀。
乱装名目有千般,其中妙诀少人通。
只在雷霆四局中,雷霆合气动天地。
出将入相得其功,一守位行九宫转。
传音直符于此同,谁人敢作钧卦使。
竟游方位不知踪,唯有杨曾得真趣。
各令年月归中路,谩言会者抵千金。
纵有千金莫传度,能教白屋出公卿,
能使贫人家致富,灾祥祸福若合符。
定断死生皆有据,阳神便是损男儿。
阴位妻娘终进露,一论年、二论月。

三论日时真妙诀，四论生命细推详。
煞人须审阴阳命，仍看何姓属何宫。
于此五行为准定，论死论生论官贵。
论贫论贱皆神圣，将军太岁及官符。
七杀金神皆不惧，作着流财财便发。
作着官符官超越，身皇定命好施工。
万世千年无休绝，推察五行知妙理。
祸福灾祥如屈指，血刃金星损血财。
阴人小口同其灾，太阳作君喜气浓。
资财驴马便亨通，月孛须知烧野火。
克除新妇手槌胸，金水星名居位吉。
居官便得公侯职，台将上星君要知。
煞临宅母并孙媳，有胎牛马不生同。
八位如逢为半吉，
（八位者：乃甲、庚、丙、壬、乙、辛、丁、癸是也）。
天罡金星君修作，巳酉丑年多快乐。
西方财马自来迎，印信文书终不错。
土滒凶星损户头，肿病瘟瘇家退落。
唯有奇罗乃吉星，白衣变作绿衣人。
又忧燥火烧厨屋，宅母阴人主哭声。
丙乙凶星也不祥，临到八干方半吉。
支惟专主损阴娘，遭瘟被溺受灾殃。
丧长更须防小口，正犯当头人便亡。
凶星水位不堪临，兴灾起祸命逡巡。
合家长幼皆不利，资财耗散病来侵。
第一吉星君作着，元气惟所主和乐。
出官致产此中来，要看五行相克剥。
吉凶十二位尊星，一一为君说明白。
若能作用细推详，万事施为必无错。

十干年起星例

(即年合气)

甲庚血刃丙壬金，丁癸还从月孛寻。

六己三台紫气戊，乙辛年向太阳行。

明师合得幽微理，富贵灾祥指上陈。

假如甲年将血刃星入中宫,乙年太阳火入中宫,丙年将金水入中宫,丁年将月孛入中宫,戊年紫气入中宫,己年台星入中宫,顺飞。余年依此推。

六甲求月例

(局例见后六十年十二星起例图)

遁法常将太岁停,却将停上起于正。

逆寻本月星辰处,星入中宫顺九程。

如甲子年从,亥上起寻,太岁停宫,就停上起正月星月孛,二月太阳,三月血刃,四月紫气,五月水潦、六月丙乙。依次。如六月以丙乙入中宫,顺寻山向值何星,以辨吉凶。

月将起例诗

雷霆顺逆求其月,合气逆求方见真。

合使本顺星飞去,始知在下吉凶星。

承定丑上起血刃,子上系太阳星逆行十二辰位,如正月起月孛,二月是太阳,三月血刃。余仿此推。

月星起例

(此又一例即月合气)

丙辛燥火甲己罡,乙庚血刃入中央。

丁壬紫气戊癸孛,将入中宫飞九方。

日星起例

(即日合气)

丑上原来是血星,星移逆回四三辰。

假如午日寻方道,便把奇罗入内行。

丑日血刃,子日太阳,亥日月孛,戌日金水,酉日台将,申日天罡,未日土溽,午日奇罗,巳日燥火,辰日丙乙,卯日水潦,寅日紫气。此是十二宫求定例。又将日下星入中宫,顺飞此方为例。

十干日取时例

(即时合气)

遁时一法少人知,甲己先从燥火时。

元始乙庚寻日用,天罡还是丙辛奇。

月孛丁壬当位数,戊与癸兮紫气推。

就中四局人难晓,识者终须赖指迷。

如甲乙日用未时,将燥火入中宫,顺飞到震庚亥未,值紫气时,吉。日即太阳也。

雷霆停宫太阳起例

甲子寻猪甲戌寅，甲申辰上好安身。
甲午木宫扶上马，甲辰中上始排轮。
惟有甲寅居戌土，每求隔节去相寻。
如数丑寅连接去，逢癸中央跳两辰。
如行子丑为仇路，就于年月起原因。

运行年吉凶方例

甲庚燥火丙壬罡，丁癸还归水潦场。
六戊奇罗已土溽，乙辛丙乙运身方。
若到宫主中行发，看他方位好修装。

如甲子生人，三十五岁起修造，则一十起巳，巳主系燥火，二十午奇罗，三十未上土溽，三十一申上天罡，三十二酉上台将，三十三戌金木，三十四亥上月孛，三十五子上太阳，行年吉，又将太阳入中宫，顺飞。乾甲月孛，金水兑，其方大吉。

定行年灾宫例

金忌火年并火月，瘟瘽疾病皆流血。
木犯金方重犯金，兄弟灾伤更主刑。
水犯土时人必死，火须避忌北方神。
土忌东方甲乙木，疯邪黄肿丧其身。
两金两木并两火，水土双见主倾危。
双神未好重相见，祸患重遭百事嗔。

传音诀例

传音一诀报君知,遁甲从寅甲子推。
逆走三元从艮发,吉凶逐一莫猜疑。

但将本日五子元遁。如庚辰作乾方。经云:逆走三元从艮发,乙庚戊为头。戊寅在艮,己卯在兑,庚辰在乾,此日传音在乾。其辰随星推断,吉星则福,凶星则殃。

直符例

直符急事疾如飞,天门甲子起星移。
顺走三元寻本日,凶星传音一例知。

甲子起乾,甲戌起兑,吉,甲辰起坎,甲寅起坤,甲申起艮,甲午在离,装起乾上起甲子。如庚午日作震方,乾上起甲子兑乙丑,艮上丙寅,离丁卯,坎戊辰,坤己巳,震庚午即直符在用卯乙方,余仿此,宜入雷霆传音直符例。

雷霆四箭例

雷霆四箭切须知,十二宫中仔细推。
但以月建加三合,申子辰位一例推。
初一初三十二三,十七廿一透天关。
廿五廿九皆雷煞,年年月月在人间。
年年月月可兴雷,只怕凡人学不来。
四箭雷霆颠倒用,帝星到处莫施为。

假如卯年太岁在卯,即于卯上起亥,逆寻到亥,即见卯为年雷霆。又本年卯上起正月逆行,数至本月。假如五月数到未,就于未加亥顺行卯,在亥为月雷霆。又于本月未上起初一,逆至本月初九在亥,即于亥上起亥逆行寻卯,在未为日雷霆。又于亥上起子逆行,寻本时如在未,即于未上起亥逆行寻卯,在卯上即时雷霆也。

宴雷霆潺音直符忌例

雷霆合气要星同,有气方知动土穹。

树打射方并起例,时师虽众少人通。

凡射方要坐吉星方,打凶星方。如辛卯二月坐丁巳癸向,人家主克户头。或次长宫事瘟气,损血财。传音木星到山头,只动三六九,木锄打杀人,用过月将,方可用也。天罡、水潦、月孛、奇罗、土潺、金水、紫气、丙乙,此八星是雷路,若到亥卯未申子辰方,此雷有气,日时皆应。若年月皆到卯上打奴婢,皆到亥上打树,并牛马为例。雷霆杀者,卯为雷,打奴婢,亥为人牛,午为树木。

雷霆杀

戌亥子日艮宫寻,未申酉日巽为真。

辰巳午日坤方是,丑寅卯日乾上亲。

解雷霆例,看月煞在何位,如杀在子,即入中宫飞看至何位,如卯至艮,雷路在艮,艮属木,亥卯是也。将木椿在地,用槌打一百下,退犯用此解之即好。

雷霆正杀

太岁停宫便起正，逆于宫主月知情。

便使亥时加顺转，卯时住处是雷神。

家星之时君且忌，金刚犯着也戍尘。

假如动雷年月日时到震庚亥卯未方与五行相战,是每从太岁起正月逆行,如到月上便将亥加月上数去,至卯是雷杀停处,此大验也。

又如乙酉年十月己酉日,作乾方巽向。年头泊在寅,从寅上起正月逆数,二月在丑,十月在巳,至申上是十月月建建亥,却从巳上将亥顺数至酉,见卯寅是雷霆杀也。艮上奇罗,离上燥火,坎上丙乙,坤上水潦,震上紫气,血刃在巽。乙酉年,泊头在寅,寅上系本位紫气,将紫气入中宫,飞山乾是血刃。己酉日遁甲起丙寅,从艮上丁卯在离,戊辰在坎,逐一数去,癸酉在乾,又名传音杀。

动雷法祈雨例

兼用流金白虎直符会方。

手把天心正诀推，天罡相会便兴雷。
就中恶曜推血刃，暴风疾雨如倒岸。
月孛那堪逢水潦，先雷后雨满天来。
金水若虽逢水潦，兴雷致雨莫疑猜。

凡动雷年月日时,下到震庚亥卯未上,与五行相战,是以辛卯二月作震庚亥未方,须动雷打妇人即其应也。

编者注:以下几行文字为编者所加。

如辛卯年在寅紫气上,便以紫气入中宫,顺飞土㴬到震庚亥未上。二月在卯水潦上,以水潦入中宫,顺飞天罡在震庚亥未上,是土㴬、天罡相会在震,本宫相会克应,凡占雷雨要土、木、水星守宫,然后飞宫星辰,有气方有,如无气天阴此门。凡看天晴须要金、火星守宫,然后飞宫星辰有气到火宫,方晴,无气天晴方应。

雷霆晴雨

天晴雷雨气何求,五子元中仔细搜。
五行旺相虽求应,无气终须雨自收。

一元孛阳丙奇燥,主晴;二元台刃孛滆罡,主雷;三元潦金罡刃孛紫,主雨。

雷霆纳甲例

乾甲,坤乙,艮丙,巽辛,坎癸申辰,离壬寅戌,兑丁巳丑,震庚亥未。

飞宫掌诀图

四 巽	九 离	二 坤
三 震	五 中	七 兑
八 艮	一 坎	六 乾

此飞宫掌诀,依此一、二、三、四、五、六、七、八、九之数,周而复始而行。

编者注:飞宫图上的数字和图右边的两行文字,为编者所加。

雷霆停星例

自甲子数至癸亥便识停星法。

血刃常居丑逆行,周游十二甚分明。

雷霆合气藏于此,惟恐时师晓未精。

血刃在丑,太阳在子,逆行布十二位。甲子寻猪亥上起,乙丑在酉,丙寅在申,丑寅连授去丁卯在午,戊辰在辰,己巳在寅,子丑为仇路,庚午伏在亥,辛未在酉,壬申在未,癸酉在辰,逢癸跳两辰,甲戌在寅,便从寅上红气是正月星,将此星用排山掌飞入中宫,血刃到乾甲方逐一数去,其图于左。

八宫纳甲

四巽辛	九离壬寅戌	二坤乙
三震庚亥未		七兑丁巳丑
八艮丙	一坎癸申辰	六乾甲

此八宫纳甲图,即是二十四山配后十二星年月日时定局吉凶之事。

编者注:以上两行字为编者所加。

排山掌诀图

辰一	巽辛四	中五	戌九	乾甲六
	震庚亥未三			兑丁巳丑七
	坤乙二			艮丙八
	坎癸甲			离壬寅

此排山掌诀定局,从一坎顺行向二坤、三震、四巽至九离,周流九宫是也。

编者注:以上两行字为编者所加。

十二星定局图

巳燥火	午奇罗	未土潺	申天罡
辰丙乙			酉台将
卯水潦			戌金水
寅紫气	丑血刃	子太阳	亥月孛

歌曰：血刃掌居丑逆行，周流十二甚分明。雷霆合气藏于此，只恐时师识不精。

编者注：以上两行文字为编者所加。

雷霆箭

甲己丁壬乾巽宫，乙庚莫与丙壬同。
戊癸丙辛坤艮位，对方必定见灾凶。

正例诀断

将星逢生旺，传音要气神。
本年并有月，正月及时辰。
四局星同例，当方便杀人。
阴人阴位讨，阳命察阳神。
动火须忧火，兴蝗水土轮。
故将真妙诀，仔细与君论。

台将星到乾亥伏煞之地,血刃星到甲庚申坎伏杀之地,丙乙星到离壬丙乙伏杀之地。

雷霆太阳数

血刃太阳月孛神,金水台将天罡陈。
土潺奇罗并燥火,丙乙水潦紫气轮。

论气诀

钓卦星辰要顺飞,方知时下得星奇。
五行顺则皆言吉,相克相刑莫施为。
金神须要火郎君,使须祸害不相侵。
木甲庚辛金始吉,水求土宿甚为均。
火盛原来须壬癸,土宿大喜木成林。

凡怕方木克射星便发灾,如血刃到丙,土星过辰戌丑未,吉凶便发。木星正月、二月吉,西方凶,有气不发。

雷霆白虎大杀例

以排山九宫掌轮依顺逆数之可见。

甲己顺坤白虎方,乙庚之月逆离乡。
丙辛震逆雷声响,丁壬顺巽动瘟瘟。
戊癸分明从兑顺,祸福从头仔细详。
甲子周回日建生,随宫分布虎头常。

起例:

白虎凶　帝星吉　麒麟吉　人剑凶　进宝吉　福慧吉
朱雀凶　天富吉　凤凰吉　官符凶　魁星吉　三台吉

法以日建住处，白虎，若到坎、离、震、兑四宫，即以子、午、卯、酉加白虎而无顺逆之分也。若到乾、坤、艮、巽四宫，阳局以白虎加四生之位，阴局以白虎加四库之位。若到中宫，冬至后以亥加白虎，夏至后以申加白虎。假如甲己月丙寅日，依例坤上起甲子，顺行至巽上是丙寅，即巳上白虎，午上帝星，未上麒麟，申上人剑，酉上进宝，戌上福慧，亥上朱雀，子上天富，丑上凤凰，寅上官符，卯上魁星，辰上三台。余仿此推。

此遇白虎，到处不可修作，主损人口血财。遇帝星、天富、进宝、魁星、福慧、三台，吉。遇麒麟、凤凰者能灭白蚁，能降虎形、蜈蚣，凶地也。

雷霆中宫箭例

甲己蛇犬走悠悠，乙庚龙鸡不可修。
戊癸马猪方奇宿，丁壬羊位虎啾啾。
丙辛兔向猴边坐，箭射中宫实可愁。
时师莫犯中宫箭，三台须教九口忧。

假如甲己年巳戌方是中宫箭，不可犯也。又如甲年遁见甲□戌支，巳年己干见巳支，故巳戌二方是犯中宫箭，不可修造。

大凡用此，先识木岁，次识传音，三论月将，四论直符，五论八卦盛衰，六论五行，匹夫七论四时生旺，八论元星合气，此乃八煞之元也。

克应诗断(起例)

玉辇皇恩殿，用着鬼神惊。
修造逢斯吉，不问恶星辰。
牙旗独火杀，千万莫修营。
若箭其方位，枉死更遭瘟。

鼓响天门开,诸星箭人来。
若得吉神旺,能使祸患衰。
鸾鹭圣明君,修造福来迎。
不惟家宅旺,长寿更安宁。
金吾排岁位,其凶不可闻。
葬埋并起坐,哭泣不离门。

雷霆箭运式大局

星名次序:

雷公凶	火烈凶	飞剑山	吉祥吉	太阳吉	风云凶
雷母凶	鬼火凶	血刃凶	吉祥吉	旺相吉	亡没凶

年例以雷公星起诗诀

甲己顺未逆巽宫,乙庚顺寅逆壬同。
丙辛顺犬逆坤位,丁壬顺丑逆乾宫。
戊癸顺龙逆居艮,此为年例宛行踪。

月例以雷母星起诗诀

甲己顺猪逆向庚,乙庚顺马逆乙行。
丙辛顺虎逆壬位,丁壬顺蛇逆申寻。
戊癸顺猴逆起丙,此为月例遁其真。

日时例以飞剑星起诗诀

甲己顺羊逆癸乡，乙庚顺虎逆坤方。
丙辛顺犬逆乙位，丁壬顺午逆丁藏。
戊癸顺龙逆辛地，日诗共例细推详。

犯煞用救生例图局

甲己丁壬戊癸阳，但从顺路发其踪。
乙庚辛丙为阴局，逆转循还定吉凶。

如阳月以向外顺辟开加本月将，如阴月以向内逆辟天加本月将，凡月将要到中气后，数日用之方验。

此雷霆依例分作三局，只有旺相吉祥，太阳木神吉，余凶。若犯凶可用内层辟开加月将，寻救生、德旺、宝库、女星四吉，救之亦可。灭祸。此箭杀在十二支神者，为顺煞也。在干、四维者，逆杀也。顺则煞外，逆则煞内，如遇所碍之物，要除之，动雷者此也。

已上年月日时霆煞乃俱在雷路，丑时在雷门，万无一失。凡起煞以此为例，若是落子丑上不堪行，用雷煞乃黄泉之地也，仍此气候，若缵簇便为行事。雷乃三界之号令，霆乃五方之正气，相生者晴，相克者阴，三克者两逆克者雷。

年用雷公局

日时用飞剑犯杀用救生局

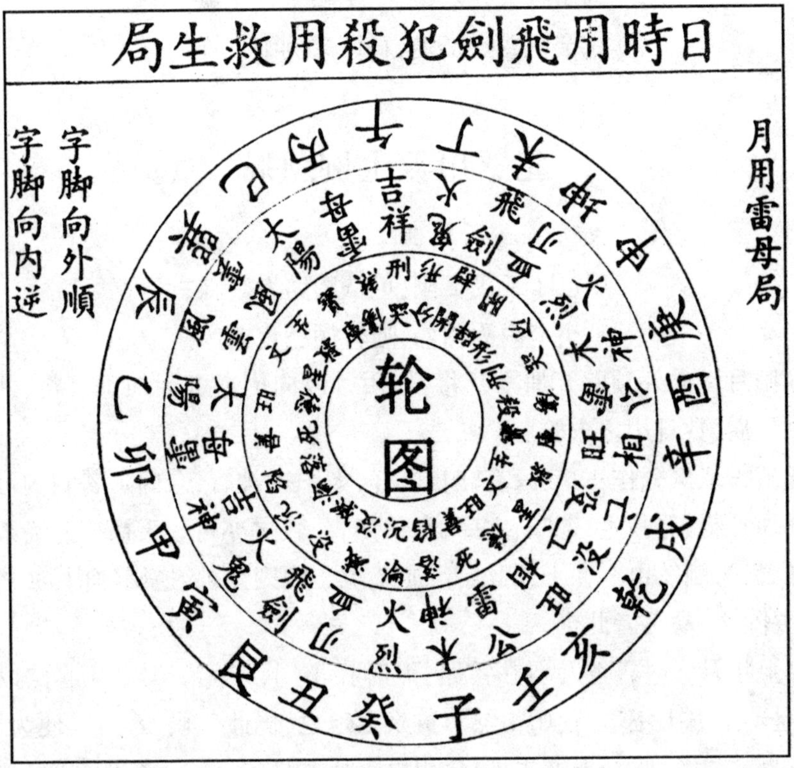

此雷霆箭运式大局，千发千中，故曰：顺射阳年急如箭，逆射阴年克日见；救神勿见莫施行，切忌相逢无改变。

十二星有内外顺逆，看他发箭，若能承其时令之气，用之可以，克定日期，杀人动雷比，非特杀人动雷，亦能伐神坛社庙破凶，山打乾泉伐树木，治邪怪，破山魈，打五道，发火烧物，可以作水火、血火、风雨掣雷、除陂堰恶物之类，能发火发瘟、官方杀、贼盗等事，亦能济贫作富，坟宅巧效，不可言也。

雷霆年停星起例定月局

丙寅　甲辰　乙酉辛未丙子壬午　甲寅　甲子庚午乙亥 辛巳丙戌丁酉

申　天罡　酉　台将　〇戌　金水　亥　月孛

癸巳　乙卯　丁亥戊戌己酉庚申　壬辰癸丑己未 戊申癸卯

壬申丁丑戊子　谁佳路

〇未　土潺　〇子　太阳

己亥庚戌辛酉　不数

丁卯戊寅癸未　谁佳路

〇午　奇罗　〇丑　血刃

甲午乙巳丙辰　不数

己丑　庚子　戊辰癸酉己卯甲申　辛丑　己巳　甲戌庚辰 乙酉辛卯

〇巳　燥火　〇辰　丙乙　〇卯　水潦　〇寅　紫气

辛亥　壬戌　乙未丙午丁巳庚寅　壬子　壬寅　丙申戊午 丁未癸亥

推定六十年在十二位,就本年上起正月。如甲子加在亥,系月孛加正月,二月太阳,三月血刃,四月紫气,五月水潦,六月丙乙,七月燥火,八月奇罗,九月土潺,十月天罡,十一月台将,十二月金水。将本月星入中宫顺飞,如正月月孛入中宫之类。

雷霆六十年十宫求月定局

	宫	丁癸年		乙辛年		甲庚年	戊年		横看年月 直看星辰		己年		丙壬年
甲子庚午乙亥辛巳丙戌丁酉癸卯戊申癸丑己未壬辰	亥	正	二	三	四	五	六	七	八	九	十	十一	十二
甲寅年	戌	二	三	四	五	六	七	八	九	十	十一	十二	正
乙丑戊戌辛未丙子己酉丁亥壬午庚申	酉	三	四	五	六	七	八	九	十	十一	十二	正	二
丙寅甲辰乙卯癸巳	申	四	五	六	七	八	九	十	十一	十二	正	二	三
己亥丁丑壬申庚戌戊子辛酉	未	五	六	七	八	九	十	十一	十二	正	二	三	四
丁卯癸未戊寅乙巳丙辰甲午	午	六	七	八	九	十	十一	十二	正	二	三	四	五
庚子辛亥癸丑丑壬戌	巳	七	八	九	十	十一	十二	正	二	三	四	五	六
戊辰癸酉丙午己卯甲申庚寅丁巳乙未	辰	八	九	十	十一	十二	正	二	三	四	五	六	七
辛丑　壬子年	卯	九	十	十一	十二	正	二	三	四	五	六	七	八
己巳甲戌壬寅丁未庚辰乙酉辛卯戊午癸亥丙申	寅	十	十一	十二	正	二	三	四	五	六	七	八	九

雷霆年月山向方位定局

十二月:戊癸,乙庚丁壬,丙辛,甲己。十二支日:亥子丑寅卯辰巳午未申,酉,戌。十干日取时:丁士乙庚,戊癸,甲己,丙辛。

中宫	月孛太阳血刃紫气水潦丙乙燥火奇罗土潺天罡台将金水
乾甲	金水月孛太阳血刃紫气水潦丙乙燥火奇罗土潺天罡台将
兑丁巳丑	台将金水月孛太阳血刃紫气水潦丙乙燥火奇罗土潺天罡
艮丙	天罡台将金水月孛太阳血刃紫气水潦丙乙燥火奇罗土潺
离壬寅戌	土潺天罡台将金水月孛太阳血刃紫气水潦丙乙燥火奇罗
坎癸申辰	奇罗土潺天罡台将金水月孛太阳血刃紫气水潦丙乙燥火
坤乙	燥火奇罗土潺天罡台将金水月孛太阳血刃紫气水潦丙乙
震庚亥未	丙乙燥火奇罗土潺天罡台将金水月孛太阳血刃紫气水潦
巽辛	水潦丙乙燥火奇罗土潺天罡台将金水月孛太阳血刃紫气

编者注:下面两行字和“日时山向方定局”为编者所加。

直看山向,横推星曜吉凶。

雷霆日方:日方例从丑上起血刃逆行,如子日将太阳入中宫,太阳血刃中宫星,此例。

日时山向方定局

	子 丑 寅 卯 辰 巳 午 未 申 酉 戌 亥
中宫	太阳血刃紫气水潦丙乙燥火奇罗土滹天罡台将金水月孛
乾甲	月孛太阳血刃紫气水潦丙乙燥火奇罗土滹天罡台将金水
兑丁巳丑	金水月孛太阳血刃紫气水潦丙乙燥火奇罗土滹天罡台将
艮丙	台将金水月孛太阳血刃紫气水潦丙乙燥火奇罗土滹天罡
离壬寅戌	天罡台将金水月孛太阳血刃紫气水潦丙乙燥火奇罗土滹
坎癸申辰	土滹天罡台将金水月孛太阳血刃紫气水潦丙乙燎火奇罗
坤乙	奇罗土滹天罡台将金水月孛太阳血刃紫气水潦丙乙燎火
震庚亥未	燥火奇罗土滹天罡台将金水月孛太阳血刃紫气水潦丙乙
巽辛	丙乙燥火奇罗土滹天罡台将金水月孛太阳血刃紫气水潦

雷霆时方例:如甲、己日,将燥火入中宫,丙乙到乾甲,燥火即系中宫星。

十二星吉凶断

太阳紫气奇罗木,离壬寅戌偏为福。
欲知金水旺何方,兑丁巳丑喜相逢。
天罡震庚并亥未,须知此处多利宜。

土溽须知损户头，雷伤六畜可忧愁。
四季更防时病忧，要知半载祸方休。
水潦癸宫人眷哭，三年切忌火烧屋。
若还凶少吉星多，宅母阴人须忌目。
月孛须忧到甲宫，失财公事祸重重。
欲知灾祸何时应，春季蛇虫咬小童。
设使凶星皆不利，伤胎血痢本人当。
燥火到壬非吉曜，逢冬贼盗扰其乡。
更忧午丑交争起，衰旺须宜断吉殃。
台将火星凶恶曜，坠胎台吊教人看。
定知四季损牛羊，年年财物自消亡。
丙乙偏宜卯乙方，女人脚上定遭伤。
夏月更防蚕不起，因此烧屋及困仓。

雷霆正杀射藏歌例

此杀六十年吉方定局巳乾在修方类。

子刃丑阳寅孛星，卯金辰将巳罡神。
午溽未奇申燥火，酉丙戌潦亥紫神。
气藏元来雷至宫，便将外局气加中。
顺布八宫星宿位，月将轮时始得逢。

如丙午年七月作射杀方，太岁停在辰上，就辰上起正月逆行。七月在戌上，即以亥字加戌上顺转，卯字在寅上，故寅为雷。致藏气之地，将寅上月孛星至中宫，飞得土溽至离壬寅戌土，其寅方须见六畜败，凶。

又如丙午年五月修巽山乾向屋，太岁在辰，就辰上起正月逆行，五行到子，从子上起亥巳顺行，至辰上是卯住处，乃雷霆藏气之地，却将辰土台将星入中宫顺飞，天罡到乾吉，血刃到乾凶，寅午戌年月日时杀在乾亥乃吉。动凶方，此主人家损户头、血财、瘟火、死亡，主六九数年月见之。盖巽属木，故三六九应之。

天河转运诀

（谓四星发用年月休咎等事）

昔五世国师杨救贫,传之于大唐国师孙真一先生。曾文辿天河转运玄文选出于雷经上下二局,杨公总成三局,常为救贫,接济万民。某年月日时分为上中下三局,山向方隅年月用合吉星,方能发福。如第二局星辰不利天河天轮大局吉星照山运用,则发福无穷。并要五龙五库同照,方得全美。若用诸家杂月,年月与此不同,若用此者,更宜仔细推之。

按:大明洪武甲子中元起坎,正统九年甲子下元起乾至,弘治十七年甲子上元起乾至,嘉靖四十三年甲子系中元,从坎宫起甲子飞顺入宫掌不入中宫寻太岁,泊宫为尊星,对宫为帝星。余仿此。每一卦管三山。

天河转运年家起例诗

上元甲子乾宫起,中元甲子坎宫推。

下元甲子依乾取,不入掌中寻岁支。

太岁到处尊星是,岁君对宫帝星居。

顺飞入宫寻掌上,到山方向任施为。

年家天河转运定局

上下元尊星帝星局

一卦管三山	尊星	帝星	玉清	玉印
甲子　壬申　庚辰　戊子 丙申　甲辰　壬子　庚申	乾	巽	艮	坤

（续表）

一卦管三山	尊星	帝星	玉清	玉印
乙丑　癸酉　己巳　乙丑 丁酉　己巳　癸丑　辛酉	兑	震	离	坎
丙寅　甲戌　壬午　庚寅 戊戌　丙午　甲寅　壬辰	艮	坤	乾	巽
丁卯　乙亥　癸未　辛亥 己亥　丁未　乙卯　癸亥	离	坎	兑	震
戊辰　丙子　甲申　壬辰 庚子　戊申　甲申　丙辰	坎	离	震	兑
己巳　丁丑　乙酉　癸巳 辛丑　己酉　乙酉　丁巳	坤	艮	巽	乾
辛未　己卯　丙戌　丙子 癸卯　辛亥　丙戌　丙子	震	兑	坎	离
辛未　己卯　丁亥　乙未 癸卯　辛亥　丁亥　己未	巽	乾	坤	艮

中元尊星帝星定局

一卦管三山	尊星	帝星	玉清	玉印
甲子　壬申　庚辰　戊子 丙申　甲辰　壬子　庚申	坎	离	震	兑
乙丑　癸酉　己巳　己丑 丁酉　己巳　癸丑　辛酉	坤	艮	巽	乾
丙寅　甲戌　壬午　庚寅 戊戌　丙午　甲寅　壬辰	震	兑	坎	离
丁卯　乙亥　癸未　辛亥 己亥　丁未　乙卯　癸亥	巽	乾	坤	艮
戊辰　丙子　甲申　壬辰 庚子　戊申　甲申　丙辰	乾	巽	艮	坤

（续表）

一卦管三山	尊星	帝星	玉清	玉印
己巳　丁丑　乙酉　癸巳 辛丑　己酉　乙酉　丁巳	兑	震	坎	离
辛未　己卯　丙戌　丙子 癸卯　辛亥　丙戌　丙子	艮	坤	乾	巽
辛未　己卯　丁亥　乙未 癸卯　辛亥　丁亥　己未	离	坎	兑	震

尊帝二星月家起例定局

诗曰：

阳年正月艮宫寻，阴年正月震宫停。
不入中宫皆顺走，本月住处是尊星。

尊帝星局

阳年局	尊星	帝星	玉清	玉印	阴年局	尊星	帝星	玉清	玉印
正、九	艮	坤	乾	巽	正、九	震	兑	坎	离
二、十	离	坎	兑	震	二、十	巽	乾	坤	艮
三、十一	坎	离	震	兑	三、十一	乾	巽	艮	坤
四、十二	坤	艮	巽	乾	四、十二	兑	震	离	坎
五	震	兑	坎	离	五	艮	坤	乾	巽
六	巽	乾	坤	艮	六	离	坎	兑	震
七	乾	巽	艮	坤	七	坎	离	震	兑
八	兑	震	离	坎	八	坤	艮	巽	乾

尊帝二星日家起例定局

一卦管三宫。

诗曰：

冬至乾宫甲子寻，夏至坎位甲子轮。
不入中宫皆顺走，本日住处是尊星。

冬至后局直推，夏至后局直推。

日家尊帝二星定局

日家尊帝二星定局	尊星	帝星	玉清	玉印	尊星	帝星	玉清	玉印
甲子 甲申 庚辰 戊子 丙申 甲辰 庚申 壬子	乾	巽	艮	坤	坎	离	震	兑
乙丑 癸酉 己巳 己丑 丁酉 己巳 癸酉 辛酉	兑	震	离	坎	坤	艮	巽	乾
丙寅 甲戌 壬午 庚寅 戊戌 丙午 甲寅 壬戌	艮	坤	乾	巽	震	兑	坎	离
丁卯 乙亥 癸未 辛卯 己亥 丁未 乙卯 癸亥	离	坎	兑	乾	巽	乾	坤	艮
戊辰 丙子 甲申 壬辰 庚子 戊申 丙辰	坎	离	震	兑	乾	巽	艮	坤
己巳 丁丑 乙酉 癸巳 辛丑 己酉 丁巳	坤	艮	巽	乾	兑	震	离	坎
庚午 戊寅 丙戌 甲午 壬寅 庚戌 戊午	震	兑	坎	离	艮	坤	乾	巽
辛未 己卯 丁亥 乙未 癸卯 辛亥 己未	巽	乾	坤	艮	离	坎	兑	震

尊帝二星时家起例定局

乾宫阳日子时寻，坎宫阴日子时轮。
不入中宫乃顺走，本时住处是尊星。

尊帝时家阳局

	子申	丑酉	寅戌	卯亥	辰	巳	午	未
尊星	乾	兑	艮	离	坎	坤	震	巽
帝星	巽	震	乾	坎	离	艮	兑	乾
玉清	艮	离	乾	兑	震	巽	离	坤
玉印	坤	坎	巽	震	兑	乾	坎	艮

尊帝星时家阴局

	子申	丑酉	寅戌	卯亥	辰	巳	午	未
尊星	坎	坤	震	巽	乾	兑	艮	离
帝星	离	艮	兑	乾	巽	震	坤	坎
玉清	震	巽	坎	坤	艮	离	乾	兑
玉印	兑	乾	离	艮	坤	坎	巽	震

六壬运白年命论

六壬利田例	生	冠	官	旺	胎	养	败	衰	病	死	墓	绝
申子辰属水	申	戌	亥	子	午	未	酉	丑	寅	卯	辰	巳
巳酉丑命金	巳	未	申	酉	卯	辰	午	戌	亥	子	丑	寅
寅午戌命火	寅	辰	巳	午	子	丑	卯	未	申	酉	戌	亥
亥卯未命木	亥	丑	寅	卯	酉	戌	子	辰	巳	午	未	申

一例	合利田吉	六壬生运吉	六壬死运凶
申子辰命水	亥子丑寅卯	申酉戌亥子	丑寅卯辰巳午未
巳酉丑命金	申酉戌亥子	巳午未申酉	戌亥子丑寅卯辰
寅午戌命火	巳午未申酉	寅卯辰巳午	未申酉戌亥子丑
亥卯未命木	寅卯辰巳午	亥子丑寅卯	辰巳午未申酉戌

以上两例,前一例以长生、冠带、临官、帝旺、胎、养位为吉,以败、衰、病、死、墓、绝位为凶,可以准信。后一例有合利田吉者,而合六壬运则凶,不合利田者而六壬运则吉。其他十二命,修造命刑、命杀、墓杀、天杀、地杀、天官、三虚、五墓、三灾星、太岁入宅、破墓、破宅、身运三元、集正三元、盘古三元、老子三元、破军三元、女柳三元、永定总圣三元、迎天穷、九星大小运、天镜图、玄机图、天福经、帝星运、五甲三元、猪头身壬、金楼运、五行壬运、五音胎运、五音三斗火,一十八局通六壬走马中六壬五杀年月,琼林血海种种异名,互相矛盾,殊无理趣。堪信义山所用无验,且彼吉此凶,将安所据?今直删去,使不惑世。天机歌云:天机妙诀值千金,不论行年姓与音。先贤开首便教拘于年命,恐后学泥于六壬运白而错过吉日出。

本命十恶大败无禄日

丙寅生人忌壬申日,甲戌生人忌庚辰日。
乙亥生人忌辛巳日,己辰生人忌丁亥日。
甲戌生人忌戊辰日,壬寅生人忌丙申日。
□辰生人忌戊戌日,乙未生人忌己辰日。
辛亥生人忌乙巳日,丁□生人忌癸亥日。
以上无禄日,支冲而干不克,亦忌之。

(新镌陈子性二十四山向造葬雷霆天河藏书卷之六终)

古代纪历文献丛刊④

陈子性藏书

[清]陈子性　撰
闵兆才　编校

（中册）

华龄出版社
HUALING PRESS

中册　目录

新镌陈子性二十四山向造葬应验藏书卷之七

新镌陈子性造葬日用事宜应验藏书卷之八

新镌陈子性二十四
山向造葬应验藏书卷之七

岭南　陈子性手著　男衍参订　孙式基
式猷纂辑

造葬要论

余谓选择多端，造、葬为要。先以正五行而遁龙运，以洪范五行而遁山运，以双山五行取三合会局，次以八卦五行选合向局吉凶。如开山、立向宜过走马六壬、通天窍、太极年月，其墓龙变运正阴府忌克山家、三杀、皇天灸退、坐杀、冲破方、箭全、正消灭等类，只忌开山。浮天空亡，巡山罗睺、劫杀、岁杀、向杀等类，则忌立向，最紧不可犯，虽有吉星不能制犯。其余傍阴府、山家官符、众山罗睺、山家困龙、天禁朱雀、山家刀砧、坐山罗睺、直山血刃、山家血刃、四大金星、山家火血、白虎、阴中太岁、支神退、马前大喜、翎毛禁向，八山头白、消索、年头空亡等杀，选合太阳、太阴、禄马贵人、窍马、太极、天赦、解神、三奇、三德、尊帝、三白诸吉照临以压制之，屡用无害。及至月家天地官府，亦不可犯，其打头火、飞天独火、月游火、巡山大火、月建、小儿杀、罗天退止忌坐宫修方与开山、立向，造、葬无干焉。如修方之法，先将罗经中宫格定，次看年家逐月紧杀所占何宫，依法格方所作制化何如。故曰：制伏得宜，反生吉憶。大抵修造以宅主本命为主，无犯刑冲克则已。至例田生运年及三元运日皆不必拘，其余宅众，倘有干碍权避贞吉埋葬，以祭主本命为主，亦取其无犯刑冲克而已，祭众不必概泥。至若化命无凭，惟寸土无光，理当忌之，其落圹、入地、冷地空亡皆不拘焉。杨公云：人生则有命，死则无命。今人多因化命空亡小疵，悉为拘忌，致今吉日良辰竟为磋适，故辨论于篇首，以俟后之学者。

二十四山家墓运总览

入首龙运用正五行，阳顺阴逆，山运用洪范五行，逢库而变，冬至后并用下年运。

起遁诗诀

水土墓辰木库未，火山戌位金居丑。
但将大岁五虎遁，遁至墓宫克最忌。

龙运

丁巳二龙阴火，生酉旺巳，同库在丑，用正五行。未坤丑三龙阴土，生酉旺巳，乾中庚三龙阳金，生巳旺酉。

山运

乾亥丁酉四山金，生巳旺酉，同库在丑，用洪范五行。

甲己年宜用先年冬至后乙丑金运，忌用年月日时纳音属火克山龙运，如甲辰己丑之类是也，余仿此。

乙庚年用先年冬至后丁丑水运，忌用年月日时纳音土克山龙运，如庚午庚子之类是也。

丙辛年用先年冬至后己丑火运，忌用年月日时纳音水克山龙运，如丙子丙午之类是也。

丁壬年用先年冬至后辛丑土运，忌用年月日时纳音木克山龙运，如壬午壬子类是也。

戊癸年用先年冬至后癸丑木运，忌用年月日时纳音金克山龙运，如癸酉癸卯类是也。

龙运

壬子二龙阳水,生申旺子,同库在辰,用正五行。

辛酉二龙阴金,生子旺申,同库在辰,用正五行。

山运

甲寅辰巽戌子申辛八山属水,生申库辰同,用洪范五行。

癸丑庚坤未五山属土,生申库辰同,用洪范五行。

甲己年用戊辰木运,忌用年月日时纳音金克山龙运,如甲子甲午之类是也。

乙庚年用庚辰金运,忌用年月日时纳音火克山龙运,如乙亥乙巳之类是也。

丙辛年用壬辰水运,忌用年月日时纳音土克山龙运,如丙戌辛未之类是也。

丁壬年用甲辰火运,忌用年月日时纳音水克山龙运,如丁丑壬辰之类是也。

戊癸年用丙辰土运,忌用年月日时纳音木克山龙运,如戊辰癸未之类是也。

龙运

寅甲二龙属阳木,生亥旺卯,同库在未用正五行。癸亥二龙属阴水,生卯旺亥,同库在未,用正五行。

山运

艮卯巳三山属木,生亥旺亥,用洪范五行。

甲己年用辛未土运,忌用年月日时纳音木克山龙运,如己巳己亥之类是也。

乙庚年用癸未木运,忌用年月日时纳音金克山龙运,如乙丑庚辰之类是也。

丙辛年用乙未金运,忌用年月日时纳音火克山龙运,如丙寅丙申之类是也。

丁壬年用丁未水运，忌用年月日时纳音土克山龙运，如丁亥丁巳之类是也。

戊癸年用己未火运，忌用年月日时纳音水克山龙去，如癸巳癸亥之类是也。

龙运

午丙二龙属阳火，生寅旺午，同库在戌，用正五行。

艮辰戌三龙属阳土，生寅旺午，同库在戌，用正五行。

卯乙巽三龙属阴水，生午旺寅，同库在戌，用正五行。

山运

午壬丙乙四山属火，生寅旺午，同库在戌，用洪范五行。

甲己年用甲戌火运，忌用年月日时纳音水克山龙运，如甲申甲寅之类是也。

乙庚年用丙戌土运，忌用年月日时纳音木克山龙运，如庚寅庚申之类是也。

丙辛年用戊戌木运，忌用年月日时纳音金克山龙运，如辛巳辛亥之类是也。

丁壬年用庚戌金运，忌用年月日时纳音火克山龙运，如丁卯丁酉之类是也。

戊癸年用壬戌水运，忌用年月日时纳音土克山龙运，如戊寅戊申之类是也。

按变运之说有二，用正五行遁冬至后五山俱变，人人皆知，独用洪范五行遁日冬至后俱变一日，冬至后惟金山变而木水火土四山不变，予谓俱变乃妥。

开山凶神

（此凶神只忌占坐山，不忌向）

岁干	甲	乙	丙	丁	戊	己	庚	辛	壬	癸
正阴府一字勿犯	艮巽	乾酉	坤子	午	卯	艮巽	乾酉	坤子	午	卯
傍阴府忌二字全	丙辛	甲丁 己丑	乙癸 申辰	壬寅 戌	庚亥 未	丙辛	甲丁 己丑	乙癸 申辰	壬寅 戌	庚未
山家困龙即巡山大耗	乾	庚	丁	巽	甲	乾	庚	丁	巽	甲
山家官符即天禁朱雀	亥	酉	未	巳	卯	亥	酉	未	巳	卯
穿山罗睺即阳府官符	戌	申	午	辰	寅	戌	申	午	辰	寅
直山血刃	申酉	壬	辛子	酉亥	巳	申酉	壬	辛子	酉亥	巳
山家血刃即坐山太岁	乾兑	坎巽	坤艮	震	离	乾兑	坎巽	坤艮	震	离
四大金星即灾阳暗耀	丁	巽	甲	乾	庚	丁	巽	甲	乾	庚
头白空亡	离	坎	巽	坎	□	兑	坤	艮	乾	震

岁支	子	丑	寅	卯	辰	巳	午	未	申	酉	戌	亥
皇天炙退	卯	子	酉	午	卯	子	酉	午	卯	子	酉	午
三杀	巳 午 未	寅 卯 辰	亥 子 丑	申 酉 戌	巳 午 未	寅 卯 辰	亥 子 丑	申 酉 戌	巳 午 未	寅 卯 辰	亥 子 丑	申 酉 戌
坐杀	丙丁	甲乙	壬癸	庚辛	丙丁	甲乙	壬癸	庚辛	丙丁	甲乙	壬癸	庚辛
岁破	午	未	申	酉	戌	亥	壬	丑	寅	卯	辰	巳
李广月箭	丙弓 壬箭	丁弓 癸箭	坤弓 艮箭	庚弓 甲箭	辛弓 乙箭	乾弓 巽箭	壬弓 丙箭	癸弓 丁箭	艮弓 坤箭	甲弓 庚箭	乙弓 辛箭	巽弓 乾箭

（续表）

岁支	子	丑	寅	卯	辰	巳	午	未	申	酉	戌	亥
坐山罗睺	乾	艮	震	震	兑	坤	坤	艮	坎	坎	巽	乾
山家火血	甲庚	乙辛	丙壬	丁庚	甲庚	乙辛	丙壬	丁癸	甲庚	乙辛	丙壬	丁癸
山家刀砧	乙辛	甲庚	甲庚	丁癸	甲庚	丁癸	甲庚	丁癸	丙壬	乙辛	丙壬	丁癸
白虎杀	申	酉	戌	亥	子	丑	寅	卯	辰	巳	午	未
阴中太岁	未	午	巳	辰	卯	寅	丑	子	亥	戌	酉	申
支神退	巽兑	巽兑	坎	坎	坎	坎	乾	乾	艮坤	艮坤	离	离
五子打劫	坤	艮	乾	坤	离	巽	坤	艮	乾	坤	离	巽
天官符即临官位	亥	申	巳	寅	亥	申	巳	寅	亥	申	巳	寅
地官符	辰	巳	午	未	申	酉	戌	亥	子	丑	寅	卯

立向凶神

（此凶神只忌占向，不忌坐山）

岁干	甲	乙	丙	丁	戊	己	庚	辛	壬	癸
浮天空亡	壬	癸	辛	庚	坤	乾	丁	丙	甲	乙
八山空亡	丙壬	丁癸	乙辛	庚甲	丁癸	丙壬	丁癸	丙壬	申庚	乙辛
头白空亡	丙壬	丁癸	乙辛	庚甲	丁癸	丙壬	丁癸	丙壬	申庚	乙辛
消索空亡	甲 庚辛	坤丁	巽癸 丙壬	甲 乙艮	壬乾	甲 庚辛	坤丁	巽癸 丙壬	甲乙 艮	壬乾

岁支	子	丑	寅	卯	辰	巳	午	未	申	酉	戌	亥
巡山罗睺	乙	壬	艮	甲	巽	丙	丁	坤	辛	乾	癸	庚
太岁	子	丑	寅	卯	辰	巳	午	未	申	酉	戌	亥
马前六害	甲	壬	庚	丙	甲	壬	庚	丙	甲	壬	庚	丙
年头空亡	庚	辛	乾	壬	癸	艮	甲	乙	巽	丙	丁	坤
翎毛禁向	甲庚 丙壬	甲庚 乙辛	丙壬	丙壬	甲庚 丁癸	丁癸 丙壬	甲庚 丙壬	甲庚	丁癸 丙壬	庚壬	庚辛	丙壬
劫杀	巳	寅	亥	申	巳	寅	亥	申	巳	寅	亥	申
灾杀	午	卯	子	酉	午	卯	子	酉	午	卯	子	酉
岁杀	未	辰	丑	戌	未	辰	丑	戌	未	辰	丑	戌
向杀	丙丁	甲乙	壬癸	庚辛	丙丁	甲乙	壬癸	庚辛	丙丁	甲乙	壬癸	庚辛

修方月凶神

大月建

	正	二	三	四	五	六	七	八	九	十	十一	十二
甲癸丁庚年	艮	兑	乾	申	巽	震	坤	坎	离	艮	兑	乾
乙辛戊年	申	巽	震	坤	坎	离	艮	兑	乾	申	巽	震
丙壬己年	坤	坎	离	艮	兑	乾	申	巽	震	坤	坎	离

六子年山向吉凶定局 六子年山向凶神定局

五子年山向吉凶定局

通天窍日,水之位煞在南方巳午未,水长生居申,死在卯,以卯位为皇天炙退,故卯山酉向,造葬俱不利。巳山、丙山、午山、丁山、未山俱犯坐三杀,不利。辛山巡山罗睺占向,不利。亥山、癸山、丑山三杀亦不利。惟壬子山丙午向合马,大利。经云:太岁可坐不可向,三杀可向不可坐。不得以向杀忌之,谨将各山向大小中利,详列于左。

横看	甲子年	丙子年	戊子年	庚子年	壬子年
乾山 兼戌卯兼亥杀 卯大利坐山随	中利 田龙血刃	小利年克	中利天运空	不利正阴府	小利 四大金星 头白空亡
壬山 合走马六壬 吉李广箭	小利	小利	小利	小利 直山血刃	小利 傍阴府
子山 合走马六壬 吉合太岁吉	小利年克	不利 正阴府直 山血刃	小利	大利	大利
艮山 兼卯利兼丑 杀四大利星	不利正阴府	小利山家火血	不利 向浮天空亡	小利	小利 天运空亡
寅山 合壬窍吉	次利年克	次利	小利 穿山罗睺	又次	小利 傍阴府
甲山 火血禁向	小利年克	小利四大金星	小利 山家困龙	次利 傍阴府	小利 八山头 白空亡
乙山 合壬窍马 吉山家月砧	中利	不利 浮天空亡 傍阴府	大利	大利	大利
辰山 合壬穷四大利 星地官符	小利年克	小利傍阴府	大利	大利	大利

（续表）

横看	甲子年	丙子年	戊子年	庚子年	壬子年
巽山 兼辰吉兼 巳杀四大利 支神退	不利 年克正阴府	大利	大利	大利 四大金 星火血	大利山家困龙
坤山 兼申吉兼 未杀四大利 壬子劫	小利年克	不利 正阴府山 家血刃	大利	大利 头白空亡	大利 天运空亡
申山 合壬穷吉白虎杀	小利 年克直山火	小利	大利 天运空亡	大利 穿山罗睺	大利
庚山 火血禁向大害	小利年克	大利	小利 傍府天运空 四大金星	大利 山家困龙	不利 浮天空亡
酉山 支神退	大利 直山血刃 山家血刃	小利年克	大利天运空亡	不利 正阴府 山家官符	大利 直山血刃
戌山 合壬穷四大利	小利 年克穿山罗睺	小利	小利	小利	小利 傍府天运空

五子年吉神临山向方定局

通天窍：大吉艮寅，进甲甲卯，青龙乙辰，迎财坤申，进宝庚酉，库朱辛戌。

走马六壬：传送坤申，河魁辛戌，神后壬子，功曹艮寅，胜光丙午，天罡乙辰。

内台宝照：天机申，国富庚，天马辛，天贵癸，天库艮，天魁寅，进气坤。

甲壬戊年紫微鸾驾：天乙庚酉，天定乾亥，太乙壬子，五星甲卯，金轮巽巳，水星丙午。

庚丙年紫微鸾驾：天乙甲卯，天定癸丑，太乙壬子，五星庚酉，金轮丁未，水星丙午。

甲壬戊年周仙罗星：紫气庚酉，太阴乾亥，太阳壬子，水星甲卯，金星巽巳,水星丙午。

庚丙年周仙罗星:紫气甲卯,太阴癸丑,太阳壬了,水星庚酉,金星丁未,水星丙午。

甲壬戌年紫微帝星:紫微壬子,太乙艮寅,宝台甲卯,天乙丙午,荣光坤申,朗曜庚酉。

庚丙年紫微帝星:紫微壬亥,太乙辛酉,宝台庚申,天乙丙巳,荣光乙卯,朗曜甲寅。

压杀帝星:太阳丑,太阴卯,龙德未,福德酉。

捉财帝星:天福丑艮,进职辰巽,天禄未坤,仓库戌乾。

都天转运:贪狼申,巨门乾,武曲坎,左辅震,右弼巽。

都天宝照:太阳坤申,贪狼辛戌,巨门壬子,武曲艮寅,左辅乙辰,右弼丙午。

盖山黄道:黄罗震坤亥未,天皇兑丁巳丑,紫檀坤乙,地皇巽辛。

星马贵人:太乙艮寅,天定丙午,天乙辛戌。

五龙五库:贵人丑艮,五龙辰巽,武库未坤,五库戌乾。

一白中,六白坎,八白震,九紫巽。

五子年月家吉神定位

	正	二	三	四	五	六	七	八	九	十	十一	十二
一白	兑	艮	离	坎	坤	震	巽	中	乾	兑	艮	离
六白	震	巽	中	乾	兑	艮	离	坎	坤	震	巽	中
八白	中	乾	兑	艮	离	坎	坤	震	巽	中	乾	兑
九紫	乾	兑	艮	离	坎	坤	震	巽	申	乾	兑	艮

五子年月家凶星定位

子年月家	正	二	三	四	五	六	七	八	九	十	十一	十二
飞天马	中	兑	乾	中	巽	震	坤	坎	离	艮	兑	乾
罗天进	震	巽	中	天	天	天	乾	兑	艮	离	坎	坤
进禄星	未	乾	辰	未	乾	辰	未	乾	辰	未	乾	辰
解神	巽	中	乾	兑	申	乾	兑	艮	离	坎	坤	震
劫向山忌	亥	申	巳	寅	亥	申	巳	寅	亥	申	巳	寅
三杀灾	子	酉	午	卯	子	酉	午	卯	子	酉	午	卯
的杀	丑	戌	未	辰	丑	戌	未	辰	丑	戌	未	辰
天官符忌山向	中	巽	震	坤	坎	离	艮	兑	乾	申	兑	乾
地官符忌山	兑	乾	中	兑	乾	中	巽	震	坤	坎	离	艮
小儿杀 已后忌修方	中	乾	兑	艮	离	坎	坤	震	巽	申	乾	兑
打头火	乾	中	巽	震	坤	坎	离	艮	兑	乾	申	兑
飞天独火	乾	中	兑	乾	申	巽	震	坤	坎	离	艮	兑
罗天退	天	天	巽	震	坤	坎	离	艮	兑	乾	申	天
月游火	艮	午	子	坤	震	巽	中	乾	酉	艮	子	午

五丑年山向吉凶定局

通天窍日，金之位煞在东方寅卯辰，金生居巳，死在子，以子位为皇天炙退，故子山午向造葬俱不利。壬丙山犯巡山罗睺，占向不利。未山向太岁，冲破不利。寅山、甲山、卯山、乙山、辰山俱犯坐三杀，不利。申山、辛山、戌山俱犯向三杀，亦不利。惟庚酉山甲卯向，向杀合走马六壬大利。经云：三杀可向不可坐,不得以向杀忌之。谨将各山向合大小中利,详列于左。

横看	乙丑年	丁丑年	己丑年	辛丑年	癸丑年
乾山 兼亥利兼巳 杀合壬窍吉	不利正阴府	小利 四大金星	小利 年克凶 龙血刃	小利	小利
亥山 合壬窍四大利	小利	小利 直山血刃	小利 年克山家 官符	小利 天运空亡	小利 傍阴府
壬山 合四大利星	小利 直山血刃	小利 傍阴府	小利 八山头白空	不利 天空亡八 山天运空	小利
癸山 合壬窍禁向 五鬼李广箭	大利 八山头白凶	大利	大利	大利 傍府天运 空亡年克	大利年克
丑山 合壬窍坐太岁	小利 傍阴府	小利年克	大利	小利年克	小利年克
艮山 兼丑利兼寅杀	小利年克	大利	不利 正阴府	大利 日家火血 头白空亡	大利
巽山 兼巳吉兼申 杀去坤退合	大利 山家火血 四大金星	小利 山家困龙 天运空亡	不利 正阴府浮 天空亡	大利年克	大利年克
巳山 合壬窍四大 利地官符	小利 傍阴府年克	小利 山家官符	大利	大利	大利 直山血刃 天运空亡
午山 阴中太岁	大利	不利 正阴府	大利	大利 穿山罗睺	大利 山家血刃 天运空亡
丁山 合壬窍吉李广箭	不利 浮天空亡	大利	小利年克	大利 山家困龙	大利 天运空亡
坤山 兼未吉兼申杀	大利	小利年克	小利	不利 正阴府天 运空亡	小利年克
庚山 合走马六壬吉 刀龙禁向杀吉	大利 山家困龙	大利 八山头白空亡	大利	大利	大利 四大金星
酉山 向杀吉白虎杀	不利 正阴府山 家官符	大利 直山血刃	大利 直山血刃	大利	大利

五丑年吉神临山向方定局

通天窍:大吉乾亥,进田壬子,青龙癸丑,迎财巽巳,进宝丙午,库珠丁未。

走马六壬:传送丁未,河魁庚酉,神后乾亥,功曹壬子,天罡申卯,胜光巽巳。

内台宝照:天机丑,国富艮,天马甲,天贵丙,天库丁,天魁未,进气癸。

已壬癸年紫微銮驾:天乙辛戌,天定壬子,太乙癸丑,玉皇乙辰,金轮丙午,水星丁未。

乙辛年紫微銮驾:天乙艮寅,天定壬子,太乙乾亥,玉皇坤申,金轮丙午,水星巽巳。

丁已癸年周仙罗星:紫气辛戌,太阴壬子,太阳癸丑,木星乙辰,金星丙午,水星丁未。

乙辛年周仙罗星:紫气艮寅,太阴壬子,太阳乾亥,木星坤申,金星丙午,水星巽巳。

壬子癸年紫微帝星:紫微壬子,太乙艮寅,宝台甲卯,天乙丙午,荣光坤申。朗曜庚酉。

乙辛年紫微帝星:紫微壬亥,太乙辛酉,宝台庚申,天乙丙巳,荣光乙卯,朗曜甲寅。

压杀帝星:太阳寅,太阴辰,龙德甲,福德戌。

捉财帝星:天福寅申,进职巳丙,天禄庚申,仓库亥丑。

都天转运:贪狼巽,巨门中宫,武曲离,辅弼坤震。

都天宝照:太阳乾巽,贪狼癸丑,巨门甲卯,武曲巽巳,左辅丁未,右弼庚酉。

盖山黄道:黄罗艮丙,天皇巽辛,紫檀离壬寅戌,地皇兑丁巳丑。

星马贵人:太乙乾亥,天定甲卯,天乙丁未。

五龙五库:贵人寅甲,五龙巳丙,武库申庚,五库亥壬。

一白中,一白兑,六白震,八白中,九紫乾。

五丑年月家吉神定位

	正	二	三	四	五	六	七	八	九	十	十一	十二
一白	坎	坤	震	巽	中	乾	兑	艮	离	坎	坤	震
六白	乾	兑	艮	离	坎	坤	震	巽	中	乾	兑	艮
八白	艮	离	坎	坤	震	巽	中	乾	兑	艮	离	坎
九紫	离	坎	坤	震	巽	中	乾	兑	艮	离	坎	坤

五丑年月家凶神定位

五丑月家	正	二	三	四	五	六	七	八	九	十	十一	十二
飞天马	中	巽	震	坤	坎	离	艮	兑	乾	中	兑	乾
罗天进	坤	震	巽	中	天	天	天	乾	兑	艮	离	坎
进禄星	未	乾	辰	未	乾	辰	未	乾	辰	未	乾	辰
解神	震	巽	中	乾	兑	中	乾	兑	艮	离	坤	坎
劫杀忌杀向	亥	申	巳	寅	亥	申	巳	寅	亥	申	巳	寅
三杀灾	子	酉	午	卯	子	酉	午	卯	子	酉	午	卯
的杀	丑	戌	未	辰	丑	戌	未	辰	丑	戌	未	辰
天官符忌山向	坤	坎	离	艮	兑	乾	中	兑	乾	中	巽	震
地官符忌山	艮	兑	乾	中	兑	乾	中	巽	震	坤	坎	离
小儿杀	离	坎	坤	震	巽	中	乾	兑	艮	离	坎	坤
打头火已后忌修方	震	坤	坎	离	艮	兑	乾	中	兑	乾	中	巽
飞天独火	乾	中	巽	震	坤	坎	离	艮	兑	乾	中	兑
罗天退	天	天	天	巽	震	坤	坎	离	艮	兑	乾	中
月游火	艮	午	子	坤	卯	巽	中	乾	兑	艮	离	坎

五寅年山向吉定凶局

通天窍日,火之位煞在北方亥子丑,故亥山、壬山、子山、癸山、丑山,俱犯坐三杀,不利。巳山、丁山、未山俱向三杀,亦不利。火艮生在寅,死在酉,以酉位为皇天炙退,故酉山卯向小利。坤山犯巡山罗睺占向不利。申山坐岁破,向太岁,亦不利。惟丙午二山壬子向虽云向杀,但合走马六壬利用。经云:三杀可向不可坐。不得以向杀忌之,谨将各山向合大小中利,详列于左。

横看	甲寅年	丙寅年	戊寅年	庚寅年	壬寅年
乾山 兼戌利兼亥五子打	中利 困龙血刃	中利	中利 天运空	不利 正阴府	中利 四大金星 头白空亡
艮山 兼寅利兼李广箭	不利 正阴府	中利 山家火 血年克	不利 浮天空亡	大利	大利
寅山 合壬窍太岁吉	大利	大利	小利 穿山罗睺	大利	小利 傍阴府
甲山 山家刃马前六	大利	中利 四大金星	中利 山家困龙	小利 傍阴府	小利 八山头白空
卯山 四大利坐山罗	大利	小利 年克	不利 正阴府山 家官符	大利	大利 山家火
乙山 合壬窍四大利	中利年克	不利 浮天空亡 傍阴府	中利年克	小利年克	大利
辰山 合壬窍	大利	次利 傍阴府	中利	大利	中利
巽山 兼辰吉兼巳杀	不利 正阴府	中利 头白空亡	小利	中利 山家血刃 四大金星	中利 山家困龙
丙山 合马六壬火 四禁向向杀	不利 浮天空 亡傍府	大利	大利年克	大利	大利
午山 合走马六 壬向杀吉	大利 头白空 亡年克	大利 穿山罗睺	大利 山家血 刃年克	大利 山家血 刃年克	不利 正阴府

（续表）

横看	甲寅年	丙寅年	戊寅年	庚寅年	壬寅年
庚山 山家刀砧	中利	中利	次利 傍阴府 四大金星	中利 山家困龙	不利 浮天空
辛山 合壬窍四大利	次利 傍阴府	中利 宜山血刃八 山头白空	中利 天运空亡	大利	大利
戌山 合壬窍白虎杀	中利 穿山罗睺	大利	大利	大利	小利 傍阴府

五寅年吉神临山向方定局

通天窍：大吉坤申，进田庚酉，青龙辛戌，迎财艮寅，进宝申卯，库珠乙辰。

走马六壬：传送丙午，河魁坤申，神后辛戌，功曹壬子，胜光乙辰，天罡艮寅。

内台宝照：天机寅，国富甲，天马乙，天贵丁，天库坤，天魁申，进气艮。

甲壬戊年紫微銮驾：天乙乾亥，天定癸丑，太乙艮寅，玉皇巽巳，金轮丁未，水星坤申。

庚丙年紫微銮驾：天乙癸丑，天定乾亥，太乙辛戌，玉皇丁未，金轮巽巳，水星乙辰。

甲壬戊年周仙罗星：紫气乾亥，太阴癸丑，太阳艮寅，木星巽巳，金星丁未，水星坤申。

庚丙年周仙罗星：紫气癸壬，太阴乾亥，太阳甲戌，木星丁未，金星巽巳，水星乙辰。

甲壬戊年紫微帝星：紫微壬子，太乙艮寅，宝台甲卯，天乙丙午，荣光坤申，朗曜庚酉。

庚丙年紫微帝星：紫微壬亥，太乙辛酉，宝台庚申，天乙丙巳，荣光乙卯，朗曜甲寅。

压杀帝星：太阳卯，太阴巳，龙德酉，福德亥。

捉财帝星：天福卯乙，进职午丁，天禄酉辛，仓库子癸。

都天转运:贪狼震,巨门巽,武曲艮,辅弼坎坤。

都天宝照:太阳艮寅,贪狼乙辰,巨门丙午,武曲坤申,左辅辛戌,右弼壬子。

盖山黄道:黄罗艮丙,天皇巽辛,紫檀寅庚,地皇兑丁巳丑。

星马贵人:太乙坤申,天定丑子,天乙乙辰。

五龙五库:贵人卯乙,五龙午丁,武库酉辛,五库子癸。

一白兑,六白震,八白中,九紫乾。

五寅年月家吉神定位

	正	二	三	四	五	六	七	八	九	十	十一	十二
一白	巽	中	乾	兑	艮	离	坎	坤	震	巽	中	乾
六白	离	坎	坤	震	巽	中	乾	兑	艮	离	坎	坤
八白	坤	震	巽	中	乾	兑	艮	离	坎	坤	震	巽
九紫	震	巽	中	乾	兑	艮	离	坎	坤	震	巽	中

五寅年月家凶神定位

年月家	正	二	三	四	五	六	七	八	九	十	十一	十二
飞天马	坤	坎	离	艮	兑	乾	中	兑	乾	中	巽	震
罗天进	坎	坤	震	巽	中	天	天	天	乾	兑	艮	离
进禄星	未	乾	辰	未	乾	辰	未	乾	辰	未	乾	辰
解神	坤	震	巽	中	乾	兑	中	乾	兑	艮	离	坎
劫忌山向	亥	申	巳	寅	亥	申	巳	寅	亥	申	巳	寅
三杀灾	子	酉	午	卯	子	酉	午	卯	子	酉	午	卯
的杀	丑	戌	未	辰	丑	戌	未	辰	丑	戌	未	辰

(续表)

年月家	正	二	三	四	五	六	七	八	九	十	十一	十二
天官符忌山向	艮	兑	乾	中	兑	乾	中	巽	震	坤	坎	离
地官符忌山向	离	艮	兑	乾	中	兑	乾	中	巽	辰	坤	坎
小儿杀	中	乾	兑	艮	离	坎	坤	震	巽	中	乾	兑
打头火已后忌修方	离	艮	兑	乾	中	兑	乾	中	巽	震	坤	坎
飞天独火	震	坤	坎	离	艮	兑	乾	中	兑	乾	中	巽
罗天退	中	天	天	天	巽	震	坤	坎	离	艮	兑	乾
月游火	卯	巽	中	乾	酉	艮	午	子	坤	卯	巽	中

五卯年山向吉凶定局

通天窍日,本之位煞在西方申酉戌,故申山、庚山、酉山、辛山、戌山俱犯坐三杀,不利。寅山、乙山、辰山俱向三杀,亦不利。木生在亥,死在午,以午位为皇天炙退,帮午山子向不利。惟中卯二山合马利用。经云:三杀可向不可坐。不得以向杀忌之,谨将所利山向列于左。

横看	乙卯年	丁卯年	己卯年	辛卯年	癸卯年
乾山 兼亥利兼戌杀合 壬窍四大利	不利 正阴府	大利 四大金星	中利 困龙血刃	大利	中利
亥山 合壬窍白虎杀	中利	大利 直山血刃	大利 山家官符	大利	次利 阴府年克
壬山 六害禁向	大利 直山血刃	次利 傍阴府年克	中利 八山头白空	不利 浮天空亡	大利
子山 支神退	大利 山家血刃 头白空亡	大利 头白空亡	中利	不利 正阴府直 山血刃	大利
癸山 合壬窍血 刃刀砧	小利 八山头白空	大利	中利	次利 傍阴府	中利

（续表）

横看	乙卯年	丁卯年	己卯年	辛卯年	癸卯年
丑山 合壬窍四大利	小利 旁阴府	中利	中利 天运空亡	中利	中利
艮山 兼丑吉六壬 吉四大利星	小利	中利	不利 正阴府 天运空	大利 山家火血 头白空	小利
甲山 合走马六壬吉方箭	小利 旁阴府	不利 浮天空亡	大利	小利 四大金星	大利 山家困龙
卯山 合走马六壬吉 坐太岁吉	大利	大利	大利	大利	不利 正阴府山 家官符
巽山 兼巳吉兼辰 杀四大利星	中利 山家火血 四大金星	中利 山家困龙 天运空亡	不利 正阴府	中利	中利
巳山 合壬窍吉	次利 傍阴府	中利 山家官符	中利	大利	中利
丙山 翎毛禁向	中利	小利年克	次利 傍阴府八 山头白空	中利 八山头白空	中利 天运空亡
丁山 合壬窍吉火血刀砧	不利 浮天空亡	大利	大利 四大金星	大利 山家困龙	中利 年克天运空
未山 合壬窍四大利 星地官符	大利	大利	中利 火运空亡	大利 山家官符	小利 傍阴府
坤山 兼未吉兼甲杀 四大利五子	大利	大利	中利	不利 正阴府	大利

五卯年吉神临山向方定局

通天窍:大吉巽巳,进田丙午,青龙丁未,迎财乾亥,进宝壬子,库珠癸巳。

走马六壬:传送巽巳,河魁丁未,神后庚酉,功曹乾亥,胜光甲卯,天罡癸丑。

内台宝照:天机亥,国富壬,天马癸,天贵乙,天库巽,天魁巳,进气乾。

己丁癸年紫微銮驾:天乙壬子,天定艮寅,太乙甲卯,玉皇丙午,金轮坤申,水星庚酉。

乙辛年紫微銮驾:天乙壬子,天定辛戌,太乙庚酉,玉皇丙午,金轮乙辰,水星甲卯。

己丁癸年周仙罗星:紫气壬子,太阴艮寅,太阳甲卯,木星丙午,金星坤申,水星庚酉。

乙辛年周仙罗星:紫气壬子,太阴辛戌,太阳庚酉,木星丙午,金星乙辰,水星甲卯。

己丁癸年紫微帝星:紫微壬子,太乙壬寅,宝台甲卯,天乙丁巳,荣光坤申,朗曜庚酉。

乙庚年紫微帝星:紫微壬亥,太乙辛酉,宝台庚酉,天乙丙巳,荣光乙卯,朗曜甲寅。

压杀帝星:太阳辰,太阴午,龙德戌,福德子。

捉财帝星:天福辰巽,进职未坤,天禄戌乾,仓库丑艮。

都天转运:贪狼坤,巨门震,武曲兑,辅弼离坎。

都天宝照:太阳巽巳,贪狼丁未,巨门庚酉,武曲乾亥,左辅癸丑,右弼甲卯。

盖山黄道:黄罗乾甲,天皇离壬寅戌,紫檀巽辛,地皇坤乙。

星马贵人:太乙巽巳,天定庚酉,天乙癸丑。

五龙五库:贵人辰巽,五龙未坤,武库戌乾,五库□□。

一白震,六白艮,八白坎,九紫坤。

五卯年月家吉神定位

	正	二	三	四	五	六	七	八	九	十	十一	十二
一白	兑	艮	离	坎	坤	震	巽	中	乾	兑	艮	离
六白	震	巽	中	乾	兑	艮	离	坎	坤	震	巽	中
八白	中	乾	兑	艮	离	坎	坤	震	巽	中	乾	兑
九紫	乾	兑	艮	离	坎	坤	震	巽	中	乾	兑	艮

五卯年月家凶星定位

卯年月家	正	二	三	四	五	六	七	八	九	十	十一	十二
飞天马	艮	兑	乾	中	兑	乾	中	巽	震	坤	坎	离
罗天进	离	坎	坤	震	巽	中	天	天	天	乾	兑	艮
进禄星	未	乾	辰	未	乾	辰	未	乾	辰	未	乾	辰
解神	坎	坤	震	巽	中	乾	兑	中	乾	兑	艮	离
劫刃忌山主向	亥	申	巳	寅	亥	申	巳	寅	亥	申	巳	寅
三杀灾	子	酉	午	卯	子	酉	午	卯	子	酉	午	卯
的杀	丑	戌	未	辰	丑	戌	未	辰	丑	戌	未	辰
天官符忌山向	中	兑	乾	中	巽	震	坤	坎	离	艮	兑	乾
地官符忌山	坎	离	艮	兑	乾	中	兑	乾	中	巽	震	坤
小儿杀	离	坎	坤	震	巽	中	乾	兑	艮	离	坎	坤
打头火巳后忌修方	乾	中	兑	乾	中	巽	震	坤	坎	离	艮	兑
飞天独火	离	艮	兑	乾	中	兑	乾	中	巽	震	坤	坎
罗天退	乾	中	天	天	天	巽	震	坤	坎	离	艮	兑
月游火	巽	中	乾	酉	艮	午	子	坤	卯	巽	中	乾

五辰年山向吉凶定局

通天窍日，水之位杀在南方巳午未，故巳山、丙山、午山、丁山、未山俱犯坐三杀，不利。亥山、癸山、丑山俱向三杀，亦不利。水长生在申，死在卯，以卯位为皇天炙退，故卯山、酉山不利。乾山犯巡山罗睺占向不利。戌山坐岁破，向太岁，不利。惟壬子山丙午向虽云向杀，但阳山宜阳年合走马六壬利用。经云：三杀可向不可坐。不得以向杀忌之，谨将各山向合大小中利，详列于左。

横看	甲辰年	丙辰年	戊辰年	庚辰年	壬辰年
壬山 合走马六壬吉向杀吉	大利 八山头白空	大利	大利	大利 直山血刃	小利 傍阴府
子山 合走马六壬吉坐太岁向杀吉	大利	不利 正阴府	大利年克	大利	大利年克
艮山 兼寅吉兼丑杀	不利 正阴府	小利 山家血刃	不利 浮天空亡	小利年克	小利 天运空
寅山 合壬窍四大利	中利	小利年克	次利 穿山罗睺年处克	中利 天运空	次利 傍阴府
甲山 四大利星火血刀砧禁向	大利	中利 年克四大金星	小利 山家困龙年克	次利 傍阴府 天运空	次利 八山头白空年克
乙山 合壬窍吉方箭	大利	不利 浮天空亡	大利	大利 天运空	大利
辰山 合壬窍坐太岁吉	大利	大利 傍阴府年克	大利年克	大利	中利穿山年克
巽山 兼辰吉兼巳杀	不利 正阴府	小利 年克头白空	中利年克	中利 血刃金星 天运空	小利 山家困龙年克
坤山 兼甲吉兼未杀合壬窍吉	大利	不利 正阴府[ ]中利年克	大利	中利年克	
申山 合壬窍四大利地官符	大利 直山血刃	大利 年克傍阴府	大利 年克天运空	大利 穿山罗睺	大利 年克
庚山 四大利星火血刀砧六空	大利	大利	次利 傍阴天运空 四大金星	大利 山家困龙	大利 浮天空亡
酉山 坐山罗睺	中利 血山山家血刃年克	大利	中利 天运空亡	不利 正阴府	大利 直山血刃
辛山 合壬窍吉方箭	小利 傍阴府	大利 直山血刃 八山头白空	大利年克	大利	大利年克

五辰年吉神临山向方定局

通天窍:大吉艮寅,进田甲卯,青龙乙辰,迎财坤申,进宝庚酉,库珠辛戌。

走马六壬:传送乙辰,河魁丙午,神后坤申,功曹辛戌,胜光艮寅,天罡壬子。

内台宝照:天机申,国富庚,天马辛,天贵癸,天富艮,天魁寅,进气坤。

甲壬戊年紫微銮驾:天乙癸丑,天定甲卯,太乙乙辰,玉皇丁未,金轮庚酉,水星辛戌。

庚丙年紫微銮驾:天乙乾亥,天定庚酉,太乙坤申,玉皇巽巳,金轮甲卯,水星艮寅。

甲壬戊年周天罗星:紫气癸丑,太阴甲卯,太阳乙辰,水星丁未,金星庚酉,水星辛戌。

庚丙年周天罗星:紫气乾亥,太阴庚酉,太阳坤申,木星巽巳,金星甲卯,水星艮寅。

甲壬戊年紫微帝星:紫微壬子,太乙艮寅,宝台甲卯,天乙丙午,荣光坤申,朗曜庚酉。

庚丙年紫微帝星:紫微壬亥,太乙辛酉,宝台庚申,天乙丙巳,荣光乙卯,朗曜甲寅。

压杀帝星:太阳巳,太阴未,龙德亥,福德丑。

捉财帝星:天福巳丙,进职申庚,天禄亥壬,仓库寅。

都天转运:贪狼坎,巨门坤,武曲乾,左辅艮,右弼寅。

都天宝照:太阳丙午,贪狼坤申,巨门辛戌,武曲壬子,左辅艮寅,右弼乙辰。

盖山黄道:黄罗兑丁巳丑,天皇震庚亥未,紫檀坎癸申辰,地皇艮丙。

星马贵人:太乙艮寅,天定丙午,天乙辛戌。

五龙五库:贵人巳丙,五龙申庚,武库亥壬,五库寅申。

一白坤,六白兑,八白离。

五辰年月家吉神定位

	正	二	三	四	五	六	七	八	九	十	十一	十二
一白	坎	坤	震	巽	中	乾	兑	艮	离	坎	坤	震
六白	乾	兑	艮	离	坎	坤	震	巽	中	乾	兑	艮
八白	艮	离	坎	坤	震	巽	中	乾	兑	艮	离	坎
九紫	离	坎	坤	震	巽	中	乾	兑	艮	离	坎	坤

五辰年月家凶神定位

辰年月家	正	二	三	四	五	六	七	八	九	十	十一	十二
飞天马	中	兑	乾	申	巽	震	坤	坎	离	艮	兑	乾
罗天进	艮	离	坎	坤	震	巽	中	天	天	天	乾	兑
进禄星	未	乾	辰	未	乾	辰	未	乾	辰	未	乾	辰
解神	离	坎	坤	震	巽	中	乾	兑	中	乾	兑	艮
劫忌山向	亥	申	巳	寅	亥	申	巳	寅	亥	申	巳	寅
三杀灾	子	酉	午	卯	子	酉	午	卯	子	酉	午	卯
的杀	丑	戌	未	辰	丑	戌	未	辰	丑	戌	未	辰
天官符忌山向	中	巽	震	坤	坎	离	艮	兑	乾	中	兑	乾
地官符忌山	坤	坎	离	艮	兑	乾	中	兑	乾	中	巽	震
小儿杀	中	乾	兑	艮	离	坎	坤	震	巽	中	乾	兑
打头火 已后忌修方	乾	中	巽	震	坤	坎	离	艮	兑	乾	中	兑
飞天独火	乾	中	兑	乾	中	巽	震	坤	坎	离	艮	兑
罗天退	兑	乾	中	天	天	天	巽	震	坤	坎	离	艮
月游火	巽	中	乾	酉	艮	午	子	坤	卯	巽	中	乾

五巳年山向吉凶定局

通天窍日,金之位杀在东方寅卯辰,故寅山、甲山、卯山、乙山、辰山俱犯坐三杀,不利。申山、辛山、戌山俱向三杀,亦不利。金长生在巳,死在子,以子位为皇天炙退,故子山午向不利。亥山犯岁破,经云:太岁可坐不可向。故凶。壬凶犯巡山罗睺,占向不利。惟庚酉山甲卯向,虽云向杀,但阴山宜阴年合走马六壬利用。经云:三杀可向不可坐。不得以向杀忌之,谨将各山向合大小中利,详列于左。

横看	乙巳年	丁巳年	己巳年	辛巳年	癸巳年
乾山 兼亥吉兼戌 杀却弓箭	不利 正阴凶	中利 四大金星	小利 困龙血刃	中利	中利
癸山 合壬窍四大利 刀砧禁向	大利 八山头白 空年克	小利	大利	次利 傍阴府 天运空	大利
丑山 合壬窍吉白虎杀	次利 傍阴府年克	小利	大利 天运空	大利	大利
艮山 兼丑吉兼寅杀	中利	次利年克	不利 正阴府	次利 山家火血头 白空亡	大利
巽山 兼丑吉兼辰杀为 壬窍打劫月伤	小利 四大金星 年克火血	大利 山家困龙	不利 正阴府	大利	大利
巳山 合壬窍坐太岁吉	小利 傍阴府	大利 山家官 符年克	次利年克	大利	中利 直山血 刃年克
丙山 合通天窍六害禁向	大利	大利	次利 傍阴府八山 头白空	中利 八山头白 空年克	大利
午山 合四大利星	大利	不利 正阴府	大利	中利 穿山罗睺年克	大利 山家血刃
丁山 合壬窍四大利 吉刀砧禁向	不利 浮天空亡	大利	大利 四大金星	中利 山家困龙	中利
未山 合壬窍吉	次利	大利	中利 天运空	大利 正阴府	次利 傍阴府

（续表）

横看	乙巳年	丁巳年	己巳年	辛巳年	癸巳年
坤山 兼未吉兼申杀 坐山罗睺	小利	中利	中利 天运空	不利 正阴府	中利
酉山 合走马六壬 向吉地官符	不利 正阴府	大利 直山血刃	大利	大利	大利

五巳年吉神临山向方定局

通天窍：大吉乾亥，进田壬子，青龙癸丑，迎财巽巳，进宝丙午，库珠丁未。

走马六壬：传送甲卯，河魁巽巳，神后丁未，功曹庚酉，胜光癸丑，天罡乾亥。

内台宝照：天机丑，国富艮，天马甲，天贵丙，天库丁，天魁未，进气癸。

己丁癸年紫微銮驾：天乙艮寅，天定乙辰，太乙巽巳，玉皇坤申，金轮辛戌，水星乾亥。

乙辛年紫微銮驾：天乙辛戌，天定坤申，太乙丁未，玉皇乙辰，金轮艮寅，水星癸丑。

己丁癸年周仙罗星：紫气艮寅，太阴乙辰，太阳巽巳，木星坤申，金星辛戌，水星乾亥。

乙辛年周仙罗星：紫气辛戌，太阴坤申，太阳丁未，木星乙辰，金星艮寅，水星癸丑。

己丁癸年紫微帝星：紫微壬子，太乙艮寅，宝台申卯，天乙丙午，荣光坤申，明曜庚酉。

乙辛年紫微帝星：紫微壬亥，太乙辛酉，宝台庚申，天乙丙巳，荣光乙卯，明曜甲寅。

压杀帝星：太阳午，太阴申，龙德子，福德寅。

捉财帝星：天福午丁，进职酉辛，天禄酉癸，仓库卯乙。

都天转运：贪狼离，巨门坎，武曲中，左辅兑，右弼艮。

都天宝照：太阳丁未，贪狼庚酉，巨门乾亥，武曲癸丑，左辅甲卯，右弼巽巳。

盖山黄道:黄罗兑丁巳丑,天皇震庚亥未,紫檀坎癸申辰,地皇巽辛。

星马贵人:太乙乾亥,天定甲卯,天乙子未。

五龙五库:贵人午丁,五龙辛酉,武库子癸,五库卯乙。

一白坤,六白兑,八白离,九紫坎。

五巳年月家吉神定位

	正	二	三	四	五	六	七	八	九	十	十一	十二
一白	巽	中	乾	兑	艮	离	坎	坤	震	巽	中	乾
六白	离	坎	坤	震	巽	中	乾	兑	艮	离	坎	坤
八白	坤	震	巽	中	乾	兑	艮	离	坎	坤	震	巽
九紫	震	巽	中	乾	兑	艮	离	坎	坤	震	巽	中

五巳年月家凶神定位

巳年月家	正	二	三	四	五	六	七	八	九	十	十一	十二
飞天马	中	巽	震	坤	坎	离	艮	兑	乾	中	兑	乾
罗天进	兑	艮	离	坎	坤	震	巽	中	天	天	天	乾
进禄星	未	乾	辰	未	乾	辰	未	乾	辰	未	乾	辰
解神	艮	离	坎	坤	震	巽	中	乾	兑	中	乾	兑
劫忌山向	亥	申	巳	寅	亥	申	巳	寅	亥	申	巳	寅
三杀灾	子	酉	午	卯	子	酉	午	卯	子	酉	午	卯
的杀	丑	戌	未	辰	丑	戌	未	辰	丑	戌	未	辰
天官符忌山向	坤	坎	离	艮	兑	乾	中	兑	乾	中	巽	震
地官符忌山	震	坤	坎	离	艮	兑	乾	中	兑	乾	中	巽
小儿杀巳后忌修方	离	坎	坤	震	巽	中	乾	兑	艮	离	坎	坤

（续表）

巳年月家	正	二	三	四	五	六	七	八	九	十	十一	十二
打头火	震	坤	坎	离	艮	兑	乾	中	兑	乾	中	巽
飞天独火	乾	中	巽	震	坤	坎	离	艮	兑	乾	中	兑
罗天退	艮	兑	乾	中	天	天	天	巽	震	坤	坎	离
月游火	午	子	坤	卯	巽	中	乾	酉	艮	午	子	坤

五午年山向吉凶定局

通天窍日，火之位杀在北方亥子丑，故亥山、壬山、子山、癸山、丑山俱犯坐三杀，不利。巳山、丁山、未山俱向三杀，亦不利。火长生在寅，死在酉，以酉位为皇天炙退，故酉山卯向凶。惟丙午二凶合马不忌向杀。经云：三杀可向不可坐。故吉。谨将所利开山立向，详列于左。

横看	甲午年	丙午年	戊年	庚午年	壬午年
乾山 兼戌吉兼亥杀四 大利支神退	大利 困龙血刃	大利年克	大利 年克天运空	不利 正阴府	大利 四大金星 年克天运
艮山 兼寅吉兼丑杀 四大利壬窍利	不利 正阴府	大利 山家血刃	不利 浮天空亡	大利	大利 天运空
寅山 合壬窍吉白虎杀	小利年克	大利	大利 穿山罗睺	大利	小利 傍阴府
甲山 合通天窍刀 砧六害禁向	大利年克	大利 四大金星	大利 山家困龙	次利 傍阴府	大利 八山头白空
卯山 合通天窍	大利	大利	不利 正阴府	大利	大利 山家火血

（续表）

横看	甲午年	丙午年	戊年	庚午年	壬午年
乙山 合壬窍吉	大利	不利 浮天空亡	大利	大利	大利
辰山 合壬窍四大利	小利年克	小利 傍阴府	大利	大利	大利 穿山罗 天运空
巽山 兼辰吉兼巳杀 合天窍四大利	不利 正阴府	小利 头白空亡	中利	中利 血刃金星	中利 山家困龙
丙山 合六壬向杀吉 火血弓箭禁向	小利 傍阴府入 山头白空	大利	大利	大利	大利
午山 合走马六壬坐 太岁向杀吉	大利 头白空亡	大利 穿山罗睺	小利 山家血刃	大利[ ] 不利 正阴府	
坤山 兼申吉兼未杀 四大利坐山罗睺	小利年克	不利 正阴府	中利	中利	中利 天运空亡
申山 合壬窍吉	小利 直山血 刃年克	小利 傍阴府	大利 天运空	中利 穿山罗睺	大利
庚山 合通天窍刀砧禁向	小利年克	中利	次利 傍阴府 大金星	中利 山家困龙	不利 浮天空亡
辛山 合壬窍吉	小利 傍阴府年克	大利 直山血刃入 山头白空	大利 天运空	大利	大利
戌山 合生窍四大 利星地官符	大利 穿山罗 睺年克	大利	大利	大利	小利

五午年吉神临山向方定局

通天窍：大吉坤申，进田庚酉，青龙申戌，迎财艮寅，进宝甲卯，库珠乙辰。

走马六壬：传送艮寅，河魁乙辰，神后丙午，功曹坤申，胜光壬子，天罡辛戌。

内台宝照：天机寅，国富甲，天马乙，天贵丁，天库坤，天魁申，进气艮。

甲壬戊年紫微銮驾:天乙甲卯,天定巽巳,太乙丙午,玉皇庚酉,金轮乾亥,水星壬子。

丙庚年紫微銮驾:天乙庚酉,天定丁未,太乙丙午,玉皇甲卯,金轮癸丑,水星壬子。

甲壬戊年周仙罗星:紫气甲卯,太阴巽巳,太阳丙午,木星庚酉,金星乾亥,水星壬子。

丙庚年周仙罗星:紫气庚酉,太阴丁未,太阳丙午,木星甲卯,金星癸丑,水星壬子。

甲壬戊年紫微帝星:紫微壬子,太乙艮寅,宝台甲卯,天乙丙午,荣光坤申,朗曜庚酉。

丙庚年紫微帝星:紫微壬子,太乙辛酉,宝台庚辛,天乙丙巳,荣光乙卯,朗曜甲寅。

压杀帝星:太阳未,太阴酉,龙德丑,福德卯。

捉财帝星:天福未坤,进职戌乾,天禄丑艮,仓库辰巽。

都天转运:贪狼艮,巨门离,武曲巽,左辅乾,右弼兑。

都天宝照:太阳坤申,贪狼辛戌,巨门壬子,武曲艮寅,左辅丙辰,右弼丙子

盖山黄道:黄罗巽辛,天皇艮丙,紫檀乾甲,地皇震庚亥未。

星马贵人:太乙坤申,天定壬子,天乙乙辰。

五龙五库:贵人未坤,五龙戌乾,武库丑艮,五龙辰巽。

一白乾,六白坤,八白巽,九紫中。

五午年月家吉神定位

	正	二	三	四	五	六	七	八	九	十	十一	十二
一白	兑	艮	离	坎	坤	震	巽	中	乾	兑	艮	离
六白	震	巽	中	乾	兑	艮	离	坎	坤	震	巽	中
八白	中	乾	兑	艮	离	坎	坤	震	巽	中	乾	兑
九紫	乾	兑	艮	离	无	坤	震	巽	中	乾	兑	艮

五午年月家凶神定位

午年月家	正	二	三	四	五	六	七	八	九	十	十一	十二
飞天马	坤	坎	离	艮	兑	乾	中	兑	乾	中	巽	震
罗天进	乾	兑	艮	离	坎	坤	震	巽	中	天	天	天
进禄星	未	乾	辰	乾	辰	未	乾	辰	未	乾	辰	乾
解神	兑	艮	离	坎	坤	震	巽	中	乾	兑	中	乾
劫忌山向	亥	申	巳	寅	亥	申	巳	寅	亥	申	巳	寅
三杀灾	子	酉	午	卯	子	酉	午	卯	子	酉	午	卯
的杀	丑	戌	未	辰	丑	戌	未	辰	丑	戌	未	辰
天官符忌山向	艮	兑	乾	中	兑	乾	中	巽	震	坤	坎	离
地官符忌山	巽	震	坤	坎	离	艮	兑	乾	中	兑	乾	中
小儿杀忌巳后忌修方	中	乾	兑	艮	离	坎	坤	震	巽	中	乾	兑
打头火	离	艮	兑	乾	中	兑	乾	中	巽	震	坤	坎
飞天独火	震	坤	坎	离	艮	兑	乾	中	兑	乾	中	巽
罗天退	离	艮	兑	乾	中	天	天	天	巽	震	坤	坎
月游火	坤	卯	巽	申	乾	酉	艮	午	子	坤	卯	巽

五未年山向吉凶定局

通天窍日,木之位杀在西方申酉戌,故申山、庚山、酉山、辛山、戌山俱犯坐三杀,不利。寅山、乙山、辰山俱向三杀,亦不利。木长生在亥,死在午,以午位为皇天炙退,故午山子向不利。丑山犯岁破,向太岁,经云:太岁可坐不可向,故凶。艮山犯巡山罗睺,占向不利。惟甲卯山庚酉向,但阴山宜阴年合走马六壬不忌向杀,经云:三杀可向不可坐,故吉。谨将合大小中利开山立向，详列于左。

横看	乙未年	丁未年	己未年	辛未年	癸未年
乾山 兼亥吉戌杀合 壬窍吉及神退	不利 正阴府	大利 四大金星	大利 困龙血刃年克	大利	大利
亥山 合壬窍四 大利官符	大利	大利 直山血刃	大利 山家官 符年克	大利 天运空亡	小利 傍阴府
壬山 合天窍四大 利马箭火害	大利 直山血刃	小利 傍阴府	大利 八山头白空	不利 巡山罗睺	大利
子山 合通天窍 阴中太岁	大利 山家血刃 头白空亡	大利 头白空 亡年克	大利	不利 正阴府	小利年克
癸山 合壬窍吉火 血刀砧月箭	次利 八山头 白空亡	小利	中利	次利 傍阴府年克	小利年克
甲山 合走马六壬 向杀吉禁向	小利 傍阴府	大利 山头白 空年克	大利	大利 四大金 星年克	大利 山家困 龙年克
卯山 合走马六壬 向杀吉白虎杀	大利年克	大利	大利	大利	大利 正阴府
巽山 兼巳吉兼辰 杀合壬吉	中利 火血金星	次利 困龙天 运空年克	不利 正阴府	小利年克	中利年克
巳山 合壬窍四 大利星	次利 傍阴府年克	大利 山家官符	中利	中利	大利 血刃天 运空亡
丙山 合通天窍 四大利星	大利	中利	中利	大利 八山头 白空亡	中利 天运空
丁山 合壬窍吉刀 砧火血弓箭	不利 浮天空亡	大利	大利 四大金 星年克	中利 山家困龙	小利 天运空亡
未山 合壬窍太岁吉	中利	小利年克	中利	中利 山家官 符年克	次利 傍阴府 年克
坤山 兼未吉兼申杀	大利	中利年克	中利	不利 正阴府年克	小利年克

五未年吉神临山向方定局

通天窍:大吉巽巳,进田丙午,青龙丁未,迎财乾亥,进宝壬子,库珠癸丑。

走马六壬:传送癸丑,河魁申卯,神后巽巳,功曹丁未,胜光乾亥,天罡庚酉。

内台宝照:天机亥,国富壬,天马癸,天贵乙,天库巽,天魁巳,进气乾。

己丁癸年紫微銮驾:天乙乙辰,天定丙午,太乙丁未,玉皇辛戌,金轮壬子,水星癸丑。

乙辛年紫微銮驾:天乙坤申,天定丙午,太乙巽巳,玉皇艮寅,金轮壬子,水星乾亥。

己丁癸年周仙罗星:紫气乙辰,太阴丙午,太阳丁未,木星辛戌,金星壬子,水星癸丑。

乙辛年周仙罗星:紫气坤申,太阴丙午,太阳巽巳,木星艮寅,金星壬子,水星乾亥。

己丁癸年紫微帝星:紫微壬子,太乙艮寅,宝台申卯,天乙丙午,荣光坤申,朗曜庚酉。

乙辛年紫微帝星:紫微壬亥,太乙辛酉,宝台巽申,天乙丙巳,荣光乙卯,朗曜甲寅。

压杀帝星:太阳申,太阴戌,龙德寅,福德辰。

捉财帝星:天福申庚,进职亥壬,天禄寅甲,仓库巳丙。

都天转运:贪狼兑,巨门艮,武曲震,辅弼申乾。

都天宝照:太阳乾亥,贪狼癸丑,巨门甲卯,武曲巽巳,左辅子未,右弼庚酉。

盖山黄道:黄罗坤乙,天皇坎癸申辰,紫檀震庚亥未,地皇乾甲。

星马贵人:太乙巽巳,天定庚酉,天乙癸丑。

五龙五库:贵人申庚,五龙亥壬,武库寅甲,五库巳丙。

一白巽,六白离,八白坤,九紫震。

五未年月家吉神定位

	正	二	三	四	五	六	七	八	九	十	十一	十二
一白	坎	坤	震	巽	中	乾	兑	艮	离	坎	坤	震
六白	乾	兑	艮	离	坎	坤	震	巽	中	乾	兑	艮
八白	艮	离	坎	坤	震	巽	中	乾	兑	艮	离	坎
九紫	离	坎	坤	震	巽	中	乾	兑	艮	离	坎	坤

五未年月家凶神定位

未年月家	正	二	三	四	五	六	七	八	九	十	十一	十二
飞天马	艮	兑	乾	中	兑	乾	中	巽	震	坤	坎	离
罗天进	天	乾	兑	艮	离	坎	坤	震	巽	中	天	天
进禄星	未	乾	辰	未	乾	辰	未	乾	辰	未	乾	辰
解神	乾	兑	艮	离	坎	坤	震	巽	中	乾	兑	中
劫忌山向	亥	申	巳	寅	亥	申	巳	寅	亥	申	巳	寅
三杀灾	子	酉	午	卯	子	酉	午	卯	子	酉	午	卯
的杀	丑	戌	未	辰	丑	戌	未	辰	丑	戌	未	辰
天官符忌山向	中	兑	乾	中	巽	震	坤	坎	离	艮	兑	乾
地官符忌山修方	申	巽	震	坤	坎	离	艮	兑	乾	中	兑	乾
小儿杀已后忌修方	离	坎	坤	震	巽	中	乾	兑	艮	离	坎	坤
打头火	乾	中	兑	乾	申	巽	震	坤	坎	离	艮	兑
飞天独火	离	艮	兑	乾	申	兑	乾	中	巽	震	坤	坎
罗天退	坎	离	艮	兑	乾	中	天	天	天	巽	震	坤
月游火	坤	卯	巽	中	乾	酉	艮	午	子	坤	卯	巽

五申年山向吉凶定局

通天窍日,水之杀在南方巳午未,故巳山、丙山、午山、丁山、未山俱犯坐三杀,不利。亥山、癸山、丑山俱向三杀,亦不利。寅山犯岁破,向太岁。经云:太岁可坐不可向,故凶。水之长生在申,死在卯,以卯位为皇天炙退,故卯山酉向凶。乙山犯巡山罗睺占向,亦凶。惟壬子山丙午向,但阳山宜阳年,合走马六壬不忌向杀。经云:三杀可向不可坐,故吉。谨将合大小中利开山立向,详列于左。

横看	甲申年	丙申年	戊申年	庚申年	壬申年
乾山 兼戌吉兼亥 杀五子打劫	小利 困龙血刃	小利	中利 天运空	不利 正阴府	中利 四大金星 头白空亡
壬山 合走马六壬向 杀吉刀砧禁向	大利 八山头 白空	大利	大利	大利	中利 傍阴府
子山 合走马六壬四 大利坐山罗睺 地官符	大利	不利 正阴府	大利	大利 山家血刃 头白空亡	大利
艮山 兼寅吉兼丑杀 合壬窍弓箭支神	不利 正阴府	小利 山家血 刃年克	不利 浮天空亡	次利	次利 天运空
甲山 合通天窍 山家火血	中利	小利 四大金星	次利 山家困龙	次利 傍阴府	次利 八山头 白空亡
辰山吉 合壬窍白 虎杀	大利	次利 傍阴府	大利	大利	大利 穿山罗睺 天运空
巽山 兼辰利 兼巳杀	不利 正阴府	大利	大利	大利 火血金星	大利 山家困龙
坤山 合壬窍吉弓 通支中退	大利	不利 正阴府	大利	大利 头白空亡	大利 天运空亡

（续表）

横看	甲申年	丙申年	戊申年	庚申年	壬申年
申山 合壬窍坐 太岁吉	大利 直山血刃	次利 傍阴府	大利 天运空亡	大利 穿山罗睺	大利
庚山 火血六山吉	大利	小利	次利 傍阴府 四大金星	大利 山家困龙	不利 浮天空亡
酉山 合四大利星	大利 直山血刃 山家血刃	大利	大利 天运空	不利 正阴府	大利 直山血刃
辛山 合壬窍四 大利星	大利 傍阴府	大利 直山血刃八 山头白空	大利 天运空	大利	大利
戌山 合壬窍吉	中利 穿山罗睺	大利	大利	大利	次利 傍阴府 天运空

五申年吉神临山向方定局

通天窍：大吉艮寅，进田甲卯，青龙乙辰，迎财坤申，进宝庚酉，库珠辛戌。

走马六壬：传送壬子，河魁艮寅，神后乙辰，功曹丙午，胜光辛戌，天罡坤申。

内台宝照：天机申，国富庚，天马辛，天贵癸，天库艮，天魁寅，进气坤。

甲壬戊年紫微銮驾：天乙巽巳，天定丁口，太乙坤申，玉皇乾亥，金轮癸丑，水星艮寅。

丙庚年紫微銮驾：天乙丁未，天定巽巳，太乙乙辰，玉皇癸丑，金轮乾亥，水星辛戌。

甲壬戊年周仙罗星：紫气巽巳，太阴丁未，太阳坤申，木星乾亥，金星癸丑，水星艮寅。

丙庚年周仙罗星：紫气丁未，太阴巽巳，太阳乙辰，木星癸丑，金星乾亥，水星辛戌。

甲壬戊年紫微帝星：紫微壬子，太乙艮寅，宝台甲卯，天乙丙午，荣光坤申，朗曜庚酉。

丙庚年紫微帝星:紫微壬子,太乙辛酉,宝台庚甲,天乙丙巳,荣光乙卯,朗曜甲寅。

压杀帝星:太阳酉,太阴亥,龙德卯,福德巳。

捉财帝星:天福酉辛,进职子癸,天禄卯乙,仓库午丁。

都天转连:贪狼乾,巨门兑,武曲坤,辅弼巽申。

都天宝照:太阳艮寅,贪狼乙辰,巨门丙午,武曲坤申,左辅辛戌,右弼壬子。

盖山黄道:黄罗坤乙,天皇坎癸申辰,紫檀震庚亥未,地皇乾甲。

星马贵人:太乙艮寅,天定丙午,天乙辛戌。

五龙五库:贵人酉辛,五龙子癸,武库卯乙,五库午丁。

一白巽,六白离,八白坤,九紫震。

五申年月家吉神定位

	正	二	三	四	五	六	七	八	九	十	十一	十二
一白	巽	中	乾	兑	艮	离	坎	坤	震	巽	中	乾
六白	离	坎	坤	震	巽	中	乾	兑	艮	离	坎	坤
八白	坤	震	巽	中	乾	兑	艮	离	坎	坤	震	巽
九紫	震	巽	中	乾	兑	艮	离	坎	坤	震	巽	中

五申年月家凶神定位

申年月家	正	二	三	四	五	六	七	八	九	十	十一	十二
飞天马	中	兑	乾	中	巽	震	坤	坎	离	艮	兑	乾
罗天进	天	天	乾	兑	艮	离	坎	坤	震	巽	中	天
进禄星	未	乾	辰	未	乾	辰	未	乾	辰	未	乾	辰
解神	中	乾	兑	艮	离	坎	坤	震	巽	中	乾	兑

（续表）

申年月家	正	二	三	四	五	六	七	八	九	十	十一	十二
劫忌山向	亥	申	巳	寅	亥	申	巳	寅	亥	申	巳	寅
三杀灾	子	酉	午	卯	子	酉	午	卯	子	酉	午	卯
的杀	丑	戌	未	辰	丑	戌	未	辰	丑	戌	未	辰
天官符忌山向	中	巽	震	坤	坎	离	艮	兑	乾	中	兑	乾
地官符忌山	乾	中	巽	震	坤	坎	离	艮	兑	乾	中	兑
小儿杀已后忌修方	中	乾	兑	艮	离	坎	坤	震	巽	中	乾	兑
打头火	乾	中	巽	震	坤	坎	离	艮	兑	乾	中	兑
飞天独火	乾	中	兑	乾	中	巽	震	坤	坎	离	艮	兑
罗天退	坤	坎	离	艮	兑	进和	中	天	天	天	巽	震
月游火	酉	艮	午	子	坤	卯	巽	申	乾	酉	艮	午

五酉年山向吉凶定局

通天窍曰，金之位杀在东方寅卯辰，故寅山、甲山、卯山、乙山、辰山俱犯坐三杀，不利。金生在巳，死在子，以子位为皇天炙退，故子山午向不利。申山、辛山、戌山俱向三杀，不利。巽山犯巡山罗睺，占向亦不利。惟庚酉二山虽向杀，但阴山宜阴年，合走马六壬可用，经云：三杀可向不可坐，故吉。谨将所合大小中利各山向，详列于左。

横看	乙酉年	丁酉年	己酉年	辛酉年	癸酉年
乾山 合壬窍四大利星	不利 正阴府	大利 四大金星	小利 困龙血刃	小利	小利年克
亥山 合壬窍吉	小利	中利 直山血刃	次利 山家官符	小利	次利 傍阴府年克

（续表）

横看	乙酉年	丁酉年	己酉年	辛酉年	癸酉年
壬山 合通天窍	中利 直山血刃	次利 傍阴府年克	次利 八山头白空	不利 浮天空亡	小利
癸山 合壬窍吉	小利 八山头白空	大利	大利	小利 傍阴府	大利
丑山 合壬窍四大 利地官符	小利 傍阴府	大利	大利 天运空	大利	大利
艮山 兼丑吉兼寅杀 四大利支神退	大利	大利	不利 正阴府	大利 山家火血 头白空亡	大利
巳山 合壬窍吉白虎杀	小利 傍阴府	大利 山家官符	大利	大利	大利 直山血刃 天运空亡
丙山 合通天窍 六害禁向	大利	大利年克	小利 傍阴府八山 头白空	大利 八山头白空	大利 天运空亡
午山 合通天窍	大利	不利 正阴府	大利	大利 穿山罗睺	大利 山家血刃 天运空亡
丁山 合壬窍吉	不利 浮天空亡	大利	大利 四大金星	中利 山家困龙	小利 天运空亡
未山 合壬窍四大利	大利	大利	中利 天运空亡	小利 山家官符	次利 傍阴府
坤山 兼未吉兼申杀 四大利月劫支退	中利	中利	大利 天运空亡	不利 正阴府	中利
庚山 合走马向杀 吉弓箭禁向	大利 山家困龙	大利 八山头白空	大利	大利	小利 四金 星傍阴府
酉山 合走马六壬向 杀吉坐太岁吉	不利 正阴府	大利 直山血刃	大利 山家血刃	大利	大利年克

五酉吉神临山向方定局

通天窍:大吉乾亥,进田壬子,青龙癸丑,迎财巽巳,进宝丙午,库珠丁未。

走马六壬:传送乾亥,河魁癸丑,神后申卯,功曹巽巳,胜光庚酉,天罡丁未。

内台宝照:天机丑,国富艮,天马甲,天贵丙,天库丁,天魁未,进气癸。

己丁癸年紫微銮驾:天乙丙午,天定坤申,太乙庚酉,玉皇壬子,金轮艮寅,水星甲卯。

乙辛年紫微鸾驾:天乙丙午,天定乙辰,太乙甲卯,玉皇壬子,金轮辛戌,水星庚酉。

己丁癸年周仙罗星:紫气丙午,太阴坤申,太阳庚酉,木星壬子,金星艮寅,水星甲卯。

乙辛年周仙罗星:紫气丙午,太阴乙辰,太阳甲卯,木星壬子,金星辛戌,水星庚酉。

己丁癸年紫微帝星:紫气壬子,太乙艮寅,宝台甲卯,天乙丙年,荣光坤申,朗曜庚酉。

乙辛年紫微帝星:紫微壬亥,太乙辛酉,宝台庚申,天乙丙巳,荣光乙卯,朗曜甲寅。

压杀帝星:太阳戌,太阴子,龙德辰,福德午。

捉财帝星:天福戌乾,进职丑艮,天禄辰巽,仓库未坤。

都天转运:贪狼中宫,巨门乾,武曲坎,辅弼震巽。

都天宝照:太阳巽巳,贪狼丁未,巨门庚酉,武曲乾亥,左辅癸丑,右弼甲卯。

盖山黄道:黄罗离壬寅戌,天皇,乾甲,紫檀艮丙,地皇坎癸申辰。

星马贵人:太乙乾亥,天定乙卯,天乙巳未。

五龙五库:贵人戌乾,五龙丑艮,武库辰巽,五库未坤。

一白艮,六白巽,八白乾,九紫兑。

五酉年月家吉神定位

	正	二	三	四	五	六	七	八	九	十	十一	十二
一白	兑	艮	离	坎	坤	震	巽	中	乾	兑	艮	离
六白	震	巽	中	乾	兑	艮	离	坎	坤	震	巽	中
八白	中	乾	兑	艮	离	坎	坤	震	巽	中	乾	兑
九紫	乾	兑	艮	离	坎	坤	震	巽	中	乾	兑	艮

五酉年月家凶神定位

酉年月家	正	二	三	四	五	六	七	八	九	十	十一	十二
飞天马	中	巽	震	坤	坎	离	艮	兑	乾	中	兑	乾
罗天进	天	天	天	乾	兑	艮	离	坎	坤	震	巽	中
进禄星	未	乾	辰	未	乾	辰	未	乾	辰	未	乾	辰
解神	兑	中	乾	兑	艮	离	坎	坤	震	巽	中	乾
劫忌山向	亥	申	巳	寅	亥	申	巳	寅	亥	申	巳	寅
三杀灾	子	酉	午	卯	子	酉	午	卯	子	酉	午	卯
的杀	丑	戌	未	辰	丑	戌	未	辰	丑	戌	未	辰
天官符忌山向	坤	坎	离	艮	兑	乾	中	兑	乾	中	巽	震
地官符忌山	兑	乾	中	巽	震	坤	坎	离	艮	离	坎	坤
小儿杀已后忌修方	离	坎	坤	震	巽	中	乾	兑	艮	离	坎	坤
打头火	震	坤	坎	离	艮	兑	乾	中	兑	乾	中	巽
飞天独火	乾	中	巽	震	坤	坎	离	艮	兑	乾	中	兑
罗天退	震	坤	坎坎	离	艮	兑	乾	中	天	天	天	巽
月游火	乾	酉	艮	午	子	坤	卯	巽	中	乾	酉	艮

五戊年山向吉凶定局

通天窍日,火之位杀在北方亥子丑,故亥山、壬山、子山、癸山、丑山俱犯坐三杀,不利。巳山、丁山、未山俱向三杀,亦不利。火生在寅,死在酉,以酉位为皇天炙退,故酉山卯向不利。辰山坐岁破,向太岁不利。惟丙午二山虽云向杀,但阳山宜用阳年,合走马六壬不忌。经云:三杀可向不可坐,故吉。谨将所合大小中利各山向,详列于左。

横看	甲戌年	丙戌年	戊戌年	庚戌年	壬戌年
乾山 兼戌吉兼亥杀 合通天窍打劫	中利 困龙血 刃年克	中利	中利	不利 正阴府	中利 四大金星 头白空亡
艮山 兼寅吉兼丑 杀合壬窍	不利 正阴府	大利 山家血刃	不利 浮天空亡	大利年克	大利 天运空亡
寅山 合壬窍四大 利地官符	大利	大利年克	大利 穿山罗 睺年克	大利 天运空亡	次利 傍阴府年克
甲山 合通天窍四 利六害禁向	大利	中利 四大金 星年克	小利 山家困 龙年克	次利 傍阴府 天运空	次利 八山头白 空亡年克
卯山 合通天窍	大利	大利	不利 正阴府	小利 天运空年克	大利 山家火血
乙山 合壬窍弓箭禁向	大利	不利 浮天空亡	大利	大利 天运空亡	大利
巽山 兼辰利兼巳 杀坐凶罗睺	不利 正阴府	次利 头白空 亡年克	次利年克	次利 血刃金星 天运空亡	小利 山家困 龙年克
丙山 合壬窍六壬向 杀吉火向刀砧	不利 浮天空亡	大利	大利	大利	大利
午山 合走马六壬白虎 杀打劫支神退亡	大利 头白空	大利 穿山罗睺	大利 山家血刃	大利	不利 正阴府

（续表）

横看	甲戌年	丙戌年	戊戌年	庚戌年	壬戌年
坤山 兼甲吉兼辰 杀合壬窍	中利	不利 正阴府	小利年克	中利 头白空亡	小利 天运空 亡年克
申山 合壬窍四大利	中利	次利 傍阴府年克	小利	中利 头白空亡	小利 天运空亡
庚山 合窍四大利星	中利	中利年克	中次利 傍阴府 四大金星	中利 山家困龙	不利 浮天空亡
辛山 合壬窍吉弓箭	小利 傍阴府	大利 年克血刃 天运空亡	大利年克	大利	大利年克
戌山 合壬窍坐太岁吉	中利 穿山罗睺	中利年克	中利年克	中利	次利 傍阴府年克

五戌年吉神临山向方定局

通天窍：大吉坤申，进田庚酉，青龙辛戌，迎财艮寅，进宝甲卯，库珠乙辰。

走马六壬：传送辛戌，河魁壬子，神后艮寅，功曹乙辰，胜光丙午，天罡坤申。

内台宝照：天机寅，国富甲，天马乙，天贵丁，天库坤，天魁申，进气艮。

甲壬戌年紫微銮驾：天乙丁未，天定庚酉，太乙辛戌，玉皇癸丑，金轮甲卯，水星乙辰。

丙庚年紫微銮驾：天乙巽巳，天定甲卯，太乙艮寅，玉皇乾亥，金轮庚酉，水星坤申。

甲壬戌年周仙罗星：紫气丁未，太阴庚酉，太阳辛戌，木星癸丑，金星甲卯，水星乙辰。

丙庚年周仙罗星：紫气巽巳，太阴甲卯，太阳艮寅，木星乾亥，金星庚酉，水星坤申。

甲壬戌年紫微帝星：紫微壬子，太乙艮寅，宝台甲卯，天乙丙午，荣光坤申，朗曜庚酉。

丙庚年紫微帝星:紫微壬亥,太乙辛酉,宝台庚申,天乙丙巳,荣光乙卯,朗曜甲寅。

压杀帝星:太阳亥,太阴丑,龙德巳,福德未。

捉财帝星:天福亥戌,进职寅申,天禄巳丙,仓弼坤震。

都天转运:贪狼巽,巨门中宫,武曲离,辅库甲庚。

都天宝照:太阳丙午,贪狼坤申,巨门辛戌,武曲壬子,左辅艮寅,右弼乙辰。

盖山黄道:黄罗坎癸申辰,天皇坤乙,紫檀兑丁巳丑,地皇离壬寅戌。

星马贵人:太乙坤申,天定壬子,天乙乙辰。

五龙五库:贵人亥壬,五龙寅申,武库巳丙,五库甲庚。

一白离,六白中,八白兑,九紫艮。

五戊年月家吉神定位

	正	二	三	四	五	六	七	八	九	十	十一	十二
一白	坎	坤	震	巽	申	乾	兑	艮	离	坎	坤	震
六白	乾	兑	艮	离	坎	坤	震	巽	中	乾	兑	艮
八白	艮	离	坎	坤	震	巽	中	乾	兑	艮	离	坎
九紫[ ]离	坎	坤	震	巽	中	乾	兑	艮	离	坎	坤	

五戊年月家凶神定位

戊年月家	正	二	三	四	五	六	七	八	九	十	十一	十二
飞天马	坤	坎	离	艮	兑	乾	申	兑	乾	中	巽	震
罗天进	中	天	天	天	乾	兑	艮	离	坎	坤	震	巽
进禄星	未	乾	辰	未	乾	辰	未	乾	辰	未	乾	辰
解神	乾	兑	中	乾	兑	艮	离	坎	坤	震	巽	中

（续表）

戊年月家	正	二	三	四	五	六	七	八	九	十	十一	十二
劫忌山向	亥	申	己	寅	亥	申	巳	寅	亥	申	巳	寅
三杀灾	子	酉	午	卯	子	酉	午	卯	子	酉	午	卯
的杀	丑	戌	未	辰	丑	戌	未	辰	丑	戌	未	辰
天官符忌山向	艮	兑	乾	中	兑	乾	中	巽	震	坤	坎	离
地官符忌山	中	兑	乾	中	巽	震	坤	坎	离	艮	兑	乾
小儿杀巳后忌修方	中	乾	兑	艮	离	坎	坤	震	巽	中	乾	兑
打头火	离	艮	兑	乾	申	兑	乾	中	巽	震	中	坎
飞天独火	震	坤	坎	离	艮	兑	乾	中	兑	乾	中	巽
罗天退	巽	震	坤	坎	离	艮	兑	乾	中	天	天	天
月游火	乾	酉	艮	午	子	坤	卯	巽	中	乾	酉	艮

五亥年山向吉凶定局

通天窍日，木之位杀在西方申酉戌，故申山、庚山、酉山、辛山、戌山俱犯坐三杀，不利。寅山、乙山、辰山俱向三杀，亦不利。巳山犯岁破，向太岁，不利。木生在亥，死在午，以午位为皇天炙退，故午山子向不利。惟甲卯二山虽云向杀，但阴山宜阴年，合走马六壬可用。经云：三杀可向不可坐，故吉。谨将所合大小中利各山向，详列于左。

横看	乙亥年	丁亥年	己亥年	辛亥年	癸亥年
乾山 兼亥吉兼戌 杀合壬窍弓箭	不利 正阴府	大利 山家血刃	大利 困龙血刃	大利	大利
亥山 合壬窍坐太岁吉	中利	大利 直山血刃	大利 山家官符	小利 天运空	小利

（续表）

横看	乙亥年	丁亥年	己亥年	辛亥年	癸亥年
壬山 合壬窍吉六害禁向	大利 直山血刃	次利 傍阴府	小利 八山头白空	不利 正阴府	大利
子山 合窍吉四大利	小利 山家困龙 年克白空	大利 头白空亡	中利	不利 正阴府	中利
癸山 合壬窍火血	次利 八山头白 空年克	大利	大利年克	次利 傍阴府 天运空	大利
丑山 合壬窍吉	次利 傍阴府年克	中利	中利 天运空	中利	小利
艮山 兼丑吉兼寅杀	中利	次利年克	不利 正阴府	次利 山家血刃 头白空亡	小利
甲山 合走马六壬	不利 傍阴府	不利 浮天空亡	不利	不利 四大金星	不利 山家困龙
卯山 合六壬四大利 向杀吉地官符	大利	大利年克	大利年克	大利 山家血刃	不利 正阴府
巽山 兼巳吉兼辰杀 合壬窍弓箭	次利 火血金星年克	小利 山家困龙	不利 正阴府	中利	中利
丙山 合通天窍六壬禁向	小利	次利	次利 傍阴府八 山头白空	小利 八山头白 空年克	大利
丁山 合壬窍四大 利火血刀砧	不利 浮天空亡	中利	大利 四大金星	中利 山家困龙	中利
未山 合壬窍白虎杀	小利年克	中利	中利 天运空	小利 山家官符	小利 傍阴府
坤山 兼未吉兼甲杀 合壬窍	小利年克	中利	大利 天运空	不利 正阴府	中利

五亥年吉神临山向方定局

通天窍:大吉巽巳,进田丙午,青龙丁未,迎财乾亥,进宝壬子,库珠癸丑。

走马六壬:传送庚酉,河魁乾亥,神后癸丑,功曹甲卯,天罡巽巳,胜光丁未。

内台宝照:天机亥,国富壬,天马癸,天贵乙,天库巽,天魁巳,进气乾。

己丁癸年紫微銮驾:天乙坤申,天定辛戌,太乙乾亥,玉皇艮寅,金轮乙辰,水星巽巳。

乙辛年紫微銮驾:天乙乙辰,天定艮寅,太乙癸丑,玉皇辛戌,金轮坤申,水星丁未。

己丁癸年周仙罗星:紫气坤申,太阴辛戌,太阳乾亥,木星艮寅,金星乙辰,水星巽巳。

乙辛年周仙罗星:紫气乙辰,太阴艮寅,太阳癸丑,木星辛戌,金星坤申,水星丁未。

己丁癸年紫微帝星:紫微壬子,太乙艮寅,宝台甲卯,天乙丙午,荣光坤申,朗曜庚酉。

乙辛年紫微帝星:紫微壬亥,太乙辛酉,宝台庚辛,天乙丙巳,荣光乙卯,朗曜甲寅。

压杀帝星:太阳子,太阴寅,龙德午,福德申。

捉财帝星:天福亥壬,进职寅甲,天禄巳丙,仓库申庚。

都天转运:贪狼震,巨门巽,武曲艮,辅弼坎坤。

都天宝照:太阳丁未,贪狼庚酉,巨门乾亥,武曲癸丑,左辅甲卯,右弼巽巳。

盖山黄道:黄罗坎癸申辰,天皇坤乙,紫檀兑丁巳丑,地皇离壬寅戌。

星马贵人:太乙巽巳,天定庚酉,天乙癸丑。

五龙五库:贵人子癸,五龙卯乙,武库午丁,五库酉辛。

一白离,六白中,八白兑,九紫艮。

五亥年月家吉神定位

	正	二	三	四	五	六	七	八	九	十	十一	十二
一白	巽	中	乾	兑	艮	离	坎	坤	震	巽	中	乾
六白	离	坎	坤	震	巽	中	乾	兑	艮	离	坎	坤
八白	坤	震	巽	中	乾	兑	艮	离	坎	坤	震	巽
九紫	震	巽	中	乾	兑	艮	离	坎	坤	震	巽	中

五亥年月家凶星定位

亥年月家	正	二	三	四	五	六	七	八	九	十	十一	十二
飞天马	艮	兑	乾	中	兑	乾	中	巽	震	坤	坎	离
罗天进	巽	中	天	天	天	乾	兑	艮	离	坎	坤	震
进禄星	巽	中	天	天	天	乾	兑	艮	离	坎	坤	震
解神	申	乾	兑	中	乾	兑	艮	离	坎	坤	震	巽
劫忌山向	亥	申	巳	寅	亥	申	巳	寅	亥	申	巳	寅
三杀灾	子	酉	午	卯	子	酉	午	卯	子	酉	午	卯
的杀	丑	戌	未	辰	丑	戌	未	辰	丑	戌	未	辰
天官符忌山向	中	兑	乾	中	巽	震	坤	坎	离	艮	兑	乾
地官符忌山	乾	中	兑	乾	中	巽	震	坤	坎	离	艮	兑
小儿杀已后忌修方	离	坎	坤	震	巽	中	乾	兑	艮	离	坎	坤
打头火	乾	中	兑	乾	中	巽	震	坤	坎	离	艮	兑
飞天独火	离	艮	兑	乾	中	兑	乾	中	巽	震	坤	坎
罗天退	天	巽	震	坤	坎	离	艮	兑	乾	中	天	天
月游火	子	坤	卯	巽	中	乾	酉	艮	午	子	坤	卯

乾山巽向

正针乾巽兼戌辰，分金坐丙戌向丙辰，缝针戌辰兼乾巽，分金坐庚戌向庚辰。

穿山壬戌丙辰，透地丁亥二，坐大壮卦，宿坐奎六度，向轸十二，吉。

正针乾巽兼亥巳，分金坐庚戌向庚辰，缝针乾巽兼戌辰，分金坐丙戌向丙辰。

穿山乙亥己巳，透地己亥本，坐夬卦，宿坐壁八度，向轸七度，吉。

山运

甲己年乙丑金，冬至后变丁丑水。丙辛年己丑火，冬至后变辛丑土。戊癸年癸丑木，冬至后变乙丑金。

庚乙年丁丑水，冬至后变己丑火。壬丁年辛丑土，冬至后变癸丑木。如乙丑金运忌年月日时纳音火克，变运亦然，柱中有制化迪吉，余运仿此。

凡选择必本太岁，而太岁之吉神固所当趋，太岁之凶杀尤所宜避。今详列于左。

趋吉神

通天窍、走马六壬同亥卯未巳酉丑局兼戊□巳山者。三元旺气宜用立冬上元，霜降中元，小雪下元。

天符正经，宜甲己天干双化地支三合。天地转运图，四柱宜用子午卯酉。

金精鳌极，宜用卯未酉丑寅申年。玉环炉传斗首，宜甲戊癸乙庚甲己天干。

五运，宜用辛癸甲丙年。六气，宜用大暑日起至立冬未日止之令。

太极，四柱宜用金土。雷霆，宜用亥卯未巳酉丑日。

避凶杀

正阴府，忌乙庚二干，一字不可犯。弓箭，忌亥□二支全，单不忌。傍阴府,忌戊年为孤,乙年为虚,戊辰年平气可用。消灭,忌辛未辛丑日,忌戊年为□。

日流太岁,兼戌兼亥,忌寅戊戌己亥,旬中克山日。曜气星,忌壬午日合格,补山亦可用。

坐三杀,兼戌兼亥,忌亥卯未寅午戌四柱。天星,忌丙丁二干全,单用一字不忌。

地曜,忌巳午地支全,单一字不忌。若以庚癸全为天星,以巳酉丑全为地曜者,非。

乾山巽向,兼戌辰属东西,除亥卯未年月日时坐杀,巳酉丑年向杀,乙庚年月日犯正阴府,及辰年犯巡山罗睺占向,并除月家天官符占山向,及地官符占山,俱不利,不备载录。谨将所利开山向年月日时定局,详列于左。

甲子年

竖造:正、三、四、七、八、十一月大利。

安葬:正、四、七、八月利,入墓八、十一月利。

丙寅年

竖造:宜用五、九、十二月大利。

安葬:五、十二月利,入墓十二月利。

壬申年

竖造:三、五、七、八、十一月大利。

安葬:五、七、八、十一月利,入墓八月利。

甲戌年

竖造:正、四、七、九、十一月利。

安葬:正、四、七、十一月利,入墓十一月利。

丁酉年

竖造:宜用三、四、七月中利。

安葬:四、七月利,入墓四月利。

戊寅年

竖造:宜用正、五、九、十一月利。
安葬:正、五、十一月利,入墓十一月利。

壬午年

竖造:宜用正、五、七、十二月利。
安葬:正、五、七、十二月利,入墓不利。

甲申年

竖造:三、四、七、八、十一月利。
安葬:四、七、八、十一月利,入墓八月利。

丙戌年

竖造:宜用四、五、七,九月利。
安葬:四、五月,七月利,入墓不利。

戊子年

竖造:正、三、四、八、十一月利。
安葬:正、四、八、十一月利,入墓四、八、十一月利。

甲午年

竖造:宜用正、七、九月,十二月大利。
安葬:正、七、十月利,入墓不利。

丙申年

竖造:宜三、四、五、七月利。
安葬:四、五、七月利,入墓四月利。

戊戌年

竖造:宜用正、四、五、九、十、一月中利。
安葬:正、四、五、十一月利,入墓十一月利。

壬寅年

竖造:宜正、五、十一、十二月利。
安葬:正、五、十一、十二月利,入墓十一、十二月利。

丙午年

竖造:宜用五、七、九、十二月利。
安葬:五、七、十二月利,入墓不利。

戊申年

竖造:宜四、五、八、十一月利。
安葬:四、五、八、十一月利,入墓四、八月利。

壬子年

竖造:正、三、七、八、二月利。
安葬:五、十一、八、十二月利,入墓八、十月利。

甲寅年

竖造:宜正、九、十一、十二月利。
安葬:正、十一、十二月利,入墓十一、十二月利。

戊午年

竖造:宜用正、五、九月大利。
安葬:正、五月大利,入墓不利。

壬戌年

竖造:宜正、五、七、十一月利。
安葬:正、五、七、十一月利,入墓十一月利。

乾山巽向兼戌辰逐月竖造安葬吉日定局

上层竖造

正月:甲午、丙午、戊午、壬午、丁酉、己酉、戊寅、甲寅。
三月:甲子、丙子、戊子、壬子、甲申、丙申、癸巳、己巳、戊寅、丙寅、壬寅。
四月:甲午、丙午、戊午、甲子、丙子、戊子、癸丑、己丑。
五月:甲戌、戊戌、壬戌、壬辰、甲辰、丙辰。
七月:甲子、丙子、戊子、壬子、甲申、壬申。
八月:戊寅、壬寅、壬辰、丙辰、癸巳、癸丑。
九月:甲戌、丙戌、戊戌、甲午、丙午、戊午、壬午、壬戌。
十一月:戊寅、丙寅、甲寅、壬寅、戊辰、甲辰、丙辰、甲戌、丙戌、壬戌。
十二月:戊寅、丙寅、甲寅、壬寅、甲申、丙申、己巳、癸巳。
右造吉日,不犯倒家杀、克山运可用。

下层安葬(除重复日不载)

正月:丙午、戊午、癸酉、丁酉、己酉、辛酉、戊寅、丙寅、壬寅。
三月:犯剑锋杀,安葬不利。
四月:甲午、戊午、甲子、戊子。
五月:壬申、甲申、丙寅、戊寅、壬寅、甲寅、丙申。
七月:壬辰、丙子、壬子、癸酉、丁酉、辛酉、己酉、壬申、丙申、戊申。
八月:戊寅、壬寅、甲申、丙申、戊申、壬□、丙□、丙寅、甲寅。
九月:犯剑锋杀,安葬不利丙。
十一月:戊寅、壬寅、甲辰、甲寅、甲申、丙申、戊申、壬申、壬辰、丙寅、丙辰。

十二月:壬子、壬寅、丙午、丙寅、甲寅、甲午、甲申、丙申、壬申、丙子。

右葬吉日,不犯太阳密克山运日可用。

时家定局

子、丑、寅、辰、巳、午、申、酉、戌,余时犯坐三杀不利。

右吉时不犯正阴府克山运可用。

乾山巽向,兼亥巳属南北,除寅午戌年月日时坐三杀,申子辰年向杀,除乙庚年月日犯正阴府,并除有官符占山向不利,俱不载录。谨将所利开山立向年月日时定局,详列于左。

丁卯年

竖造:二、六、七、十、十一月大利。

安葬:二、六、七、十、十一月利。入墓二、十、十一月利。

己巳年

竖造:二、三、四、八、十二月利。

安葬:二、四、八、十二月利。入墓二、四、十二月利。

辛未年

竖造:二、四、八、十月大利。

安葬:二、四、七、八、十月利。入墓一、八月利。

癸酉年

竖造:三、四、八、十月早利。

安葬:四、八、七月利。入墓八月利。

丁丑年

竖造:二、七、八、十、十二月大利。

安葬:二、七、八、十、十二月利。入墓二、八、十二月利。

己卯年

竖造:二、四、六、七、十一月大利。
安葬:二、四、六、七、十一月利。入墓十一月利。

辛巳年

竖造:二、三、四、八、十月中利。
安葬:二、三、四、八、十二月利。入墓二、四、十二月利。

癸未年

竖造:四、六、八、十、十一月大利。
安葬:六、八、十一月利。入墓八、十一月利。

丁亥年

竖造:二、六、七、八、十、十二月利。
安葬:二、六、七、八、十、十一月利。入墓八、十、十一月利。

己丑年

竖造:二、四、七、八、十二月中利。
安葬:二、四、七、八、十二月利。入墓二、八、十二月利。

辛卯年

竖造:二、四、七、十月大利。
安葬:二、四、七、十月利。入墓二月利。

癸巳年

竖造:宜用三、四、八月大利。
安葬:四、八月大利。入墓十月利。

丁酉年

竖造:三、八、十、十二月大利。
安葬:八、十、十二月大利。入墓八月利。

己亥年

竖造:二、六、七、八、十一月大利。
安葬:二、六、十一、八、十二月利。入墓八、十一月利。

辛丑年

竖造:二、四、七、八、十、十二月利。
安葬:二、四、七、八、十、十二月利。入墓二、八、十二月利。

癸卯年

竖造:四、六、十、十一月中利。
安葬:四、六、十、十一月利。入墓十、十一月利。

丁未年

竖造:二、六、七、八、十、十一月利。
安葬:二、六、十、八、十一月利。入墓二、十、十一月利。

己酉年

竖造:三、四、七、八、十二月利。
安葬:四、七、八、十二月利。入墓四、八月利。

辛亥年

竖造:二、七、八、十月大利。
安葬:二、七、八、十月利。入墓八月利。

癸丑年

竖造:宜用四、八、十月大利。
安葬:四、八、十月利。入墓八月利。

丁巳年

竖造:二、三、八、十二月中利。
安葬:二、八、十月利。入墓二、十二月利。

己未年

竖造:二、四、六、七、八、十一月利。
安葬:二、四、六、七、八、十一月利。入墓二、八、十一月利。

辛酉年

竖造:三、四、七、八、十、十二月大利。
安葬:四、七、八、十、十二月利。入墓四、八月利。

癸亥年

竖造:六、八、十、十一月大利。
安葬:六、八、十、十一月利。入墓八、十、十一月利。

乾山巽向兼亥巳逐月竖造安葬吉日定局

上层竖造

二月:丁未、癸未、己未、己亥、丁丑、癸丑、辛亥、丁亥、甲申、丙申、壬申、丁丑、己丑。

三月:己巳、癸巳、戊子。

四月:丁卯、癸卯、己卯、辛卯、丁巳、癸丑、戊子、丙子。

六月:丁亥、辛亥、丁未、己未、甲申、丙申。

七月:丁卯、癸卯、丁未。

八月:己巳、癸巳、丁巳、癸丑、丁丑、丙辰、壬辰、己丑。

十月:甲子、丙子、辛未、癸酉、丁酉、己酉、辛酉、戊子、壬子。

十一月:无吉日可取。

十二月:己巳、癸巳、甲申、丙申。

右造吉日不犯倒家杀、克山运可用。

下层安葬

二月:癸未、丁未、己未、甲申、丙申、戊申。

三月:犯剑锋杀,安葬不利。

四月:丁酉、癸酉、己酉、丁丑、己丑、癸丑、辛酉、戊子。

六月:丁卯、辛卯、癸卯、癸酉、丁酉、甲申、壬申、丙申、辛酉。

七月:丁卯、己卯、癸卯、丁未、癸未、己未、癸酉、丁酉、己酉、辛酉。

八月:丁丑、癸丑、甲申、丙申、戊申、壬辰、丙辰。

十月:丁未、己未、丁卯、己卯、癸卯、乙卯、辛卯、甲子、戊子。

十一月:无吉日可取。

十二月:丁卯、辛卯、癸卯、丁酉、癸酉、辛酉、甲申、丙申、壬申、戊申。

右葬吉日不犯太阳密克山运可用。

时家定局

子、丑、卯、辰、巳、未、申、酉、亥。吉时不犯阴府克山运可用。

按乾山正五行属阳金,宜用土金,当权之月用火月杀印相生次之。若用水木司令之时,则四柱必要生旺。第乾乃西北之隅,兼戌宜从西,须用阳年寅午戌局合坐山,上吉。申子辰局合向次之,亥卯未则坐杀,巳酉丑则向杀,俱不合坐向,不可用矣。兼亥宜从此须用阴年亥卯未局,合坐山上吉,巳酉丑局合向次之,寅午戌则坐杀,申子辰则向杀,不合坐向不可用矣。若太阳帝星照临,即用一字向杀,亦不必尽拘。书云"四中失一却无妨"是也。要之选择,悉遵监历诸家,而斗首天符三才群书,皆宜参合,方为尽善,今将各例分列于后,以备博览。

斗首乾山五行属火，宜用火木司令之月，天干用戊癸为元辰，宜有位有气。乙庚为武才，宜生入克入，申巳为廉子，只喜一位重见，多见则泄气。丁壬为贪官，只宜休囚，忌生入克入，宜避年月外，善于制化亦无妨。丙辛为破鬼，皆要休囚，不可居日时内，地支要用生旺胎养墓，微著得位，忌死绝无气。总之天元、地元、人元与元气之生克比和，均须调剂善用，至兼戌从土元，兼亥从火元，又炉传之例也。

三才乾山兼戌，天干宜用丙丁为相生，旺丁之星。壬癸为财禄之星。戊己为封辅益寿之星，大忌甲乙为七杀，生祸之星。庚辛为泄弱之星，地支宜用子午卯酉，为四大利，补龙之星。已为辅佐，永年之星，极忌辰戌丑未，为破军剥龙之星，寅申与亥俱为左锋凶曜之星。若夫兼亥又从亥上论此，以天干补向，以地支补山，选择家不可不晓，但不宜板泥，须在人变通之。

天符乾山属四隅，乃湿土之气主之，有正气天符，有杂气天符，皆用化气，外有化宜太过，化气不及，正气则用甲己变化，杂气则用甲己戊癸丙辛，太过则用甲戊丙，不及则用己癸辛。地支取三合类象局，又参合天星、三奇、贵人禄马，斯得之矣。

亥山巳向

正针亥巳兼乾巽，分金坐丁亥向丁巳。缝针乾巽兼亥巳，分金坐庚戌向庚辰。

穿山丁亥辛巳，透地辛亥金，坐泰卦，宿坐巽十八度，向巽十九吉。

正针亥巳兼壬丙，分金坐辛亥向辛巳。缝针亥巳兼乾巽，分金坐丁亥向丁巳。

穿山辛亥乙巳，透地癸亥水，坐乾卦，宿坐室十二度，向翼十三吉。

山运

己年乙丑金，冬至后变丁丑水。辛年己丑火，冬至后变辛丑土。癸年癸丑木，冬至后变乙丑金。乙年丁丑水，冬至后变己丑火。丁年辛丑土，冬至后变癸丑木。如乙丑金运忌年月日时纳音火克，变运亦然。柱中有制化迪吉，余运仿此。

凡选择必本太岁,而太岁之吉神固所当趋,太岁之凶杀尤所宜避。今详列于左。

趋吉神

通天窍、走马六壬,同用亥卯未巳酉丑局。三元旺气,宜用小雪旺下元节气。

天符正经,宜丙辛天干变化地支三合。天地转运图,四柱宜用辰戌丑未。

金精鳌极,宜用亥未巳丑子午年。玉环炉传斗首,宜用戊癸乙庚甲己天干。

五运,宜用庚丁壬己年。六气,宜用秋分日起至小寒未日止之令。

天极,宜用土全四柱。雷霆,宜用卯未日、巳酉丑辰日。

避凶杀

傍阴府,忌戊癸二干全,单一字不忌。弓箭,无妨。

气运,忌甲年为孤,辛年为虚,辛亥年平气,吉。消灭,兼乾忌辛未、辛丑日,兼壬不忌。

日流太岁,忌己亥旬中克山日。曜气星,忌壬午日。

坐三杀,忌寅午戌四柱。冲山,四柱忌巳。

天星,忌戊己二干全,单一字不忌。地曜,忌辰戌丑未全,单用一字不忌。

若以庚癸全为天星,以巳酉丑局为地曜者,非。

亥山巳向,除寅午戌年月日时坐三杀,申子辰年向杀,除巳年坐岁破向太岁,并除月家官符占山向,俱不利,谨将所利开山立向年月日时定局,详列于左。

乙丑年

竖造:二、七、八、十、十二月大利。

安葬:二、七、八、十、十二月利。入墓二、八、十二月利。

丁卯年

竖造:二、六、七、十、十一月大利。

安葬:二、六、七、十、十一月利。入墓七、十、十一月利。

辛未年

竖造:二、六、七、八、十、十一月大利。
安葬:二、六、七、八、十、十一月利。入墓二、八、十一月利。

癸酉年

竖造:三、七、八、十、十二月小利。
安葬:三、七、八、十、十二月利。入墓八月利。

乙亥年

竖造:二、六、七、八、十、十一月大利。
安葬:二、六、七、八、十、十一月利。入墓八、十一月利。

丁丑年

竖造:二、七、八、十、十二月大利。
安葬:二、七、八、十、十一月利。入墓二、八、十一月利。

己卯年

竖造:二、六、七、十、十一月大利。
安葬:二、六、十、十一月利。入墓二、十、十一月利。

癸未年

竖造:二、六、七、八、十、十一月大利。
安葬:二、六、七、八、十、十一月得。入墓二、八、十一月利。

乙酉年

竖造:三、七、八、十、十二月大利。
安葬:三、七、八、十、十二月利。入墓八、十二月利。

丁亥年

竖造:二、六、七、八、十、十一月利。
安葬:二、六、七、八、十、十一月利。入墓八、十、十一月利。

己丑年

竖造:二、七、八、十、十二月利。
安葬:二、七、八、十、十二月利。入墓二、八、十二月利。

辛卯年

竖造:二、六、七、十、十一月利。
安葬:二、六、七、十、十一月利。入墓二、十一月利。

乙未年

竖造:二、六、七、八、十一月大利。
安葬:二、六、七、八、十、十一月利。入墓二、八、十一月利。

丁酉年

竖造:三、七、八、十、十二月利。
安葬:三、七、八、十、十二月利。入墓八月利。

己亥年

竖造:二、六、七、八、十、十一月利。
安葬:二、六、七、八、十、十一月利。入墓八、十、十一月利。

辛丑年

竖造:二、七、八、十、十二月大利。
安葬:二、七、八、十、十二月利。入墓三、八、十二月利。

癸卯年

竖造:二、六、七、十、十一月中利。
安葬:二、六、七、十、十一月利。入墓三、十、十一月利。

丁未年

竖造:二、六、七、八、十、十一月利。
安葬:二、六、七、八、十、十一月利。入墓二、八、十一月利。

己酉年

竖造:七、八、十、十二月中利。
安葬:七、八、十、十二月利。入墓八月利。

辛亥年

竖造:二、六、七、八、十、十一月利。
安葬:二、六、七、八、十、十一月利。入墓八、十一月利。

癸丑年

竖造:二、七、八、十、十二月利。
安葬:二、七、八、十、十二月利。入墓二、八、十二月利。

乙卯年

竖造:二、六、七、十、十一月大利。
安葬:二、六、七、十、十一月利。入墓二、十一月利。

己未年

竖造:二、六、七、八、十、十一月利。
安葬:二、六、七、十、八、十一月利。入墓二、八、十一月利。

辛酉年

竖造:三、七、八、十、十二月利。
安葬:二、七、八、十二月利。入墓八月利。

癸亥年

竖造:二、六、七、八、十、十二月利。
安葬:二、六、七、八、十、十一月利。入墓八、十一、十二月利。

亥山巳向选逐月竖造安葬吉日定局

上层竖造(除四月申山不载)

二月:丁未、己未、辛未、癸未、乙亥、丁亥、辛亥、己亥、丑日、甲申、戊申。
三月:甲子、戊子、丙子、庚子、壬子、甲申、丙申。
六月:乙亥、辛亥、丁亥、甲申、丙申、庚申、丁未、辛未。
七月:乙未、辛未、丁未、丁卯、甲子、戊子、庚子、壬子、丙子。
八月:乙丑、丁丑、己丑、癸丑、壬辰、丙辰、庚辰。
十月:乙未、丁未、辛未、己酉、癸酉、丁酉、辛酉、壬子、壬申。
十一月:甲辰、戊辰、庚辰、丙辰、乙亥、丁亥、乙未、丁未。
十二月:甲申、丙申、庚申、乙丑、癸丑。
右造吉日,不犯倒家杀、克山运可用。

下层安葬(除重复日不载)

二月:癸未、丁未、己未、甲申、丙申、戊申、壬申、庚申、卯日。
三月:癸酉、乙酉、丁酉、辛酉、丁卯、辛卯、癸卯、乙卯、甲申、庚申。
六月:乙卯、丁卯、辛卯、癸卯、乙酉、癸酉、丁酉、辛酉、甲申、丙申、庚申、壬申。
七月:乙卯、丁卯、辛卯、己卯、乙酉、癸酉、丁酉、己酉、辛酉、丙子、壬子。
八月:丁丑、己丑、癸丑、甲申、丙申、戊申、庚申、壬申、丙辰、壬辰。

十月：乙卯、丁卯、辛卯、癸卯、己卯、庚子、乙未、丁未、己未、辛未、癸未。

十一月：戊辰、甲辰、丙辰、甲申、丙申、壬申、戊申、庚申，向杀。

十二月：丁卯、乙卯、辛卯、癸卯、癸酉、乙酉、丁酉、辛酉、甲申、丙申、庚申、壬申。

右葬吉日不犯太阳密、克山运，可用。

时家定局

子、丑、卯、辰、未、申、酉、亥。余时犯坐三杀不取。

按亥山正五行属阳水，宜用金水当权之月，若用水火土司令之时，则四柱必要生旺。论窍宜用纯阴，双山五行又属木，取亥卯未局补山，上吉。或谓木局泄气，非也。巳酉丑局亦合窍马，补向次之。或谓金克木犯地曜者，非。申子辰向杀之阳，不合窍马不可用，不得已则用三阴一阳，四中失一却无妨，惟二阴二阳，驳杂不利。若入寅午戌坐杀之阳占山，不合窍马，单一字不可犯也，并将斗首、三才、天符各例，详列于后。

斗首亥山五行属火，宜用夏火司权之令，或用春木司令之月，天干宜用戊癸为元辰，宜生旺有气，宜生出，不宜死绝受克。乙庚为武财，亦宜生旺有气，宜生入克入，不宜生出克出。甲己为廉贞，只喜一位，不宜重见。丁壬为贪官，不宜生入克入，宜休囚，居年月无害。丙辛为破鬼，宜克出，宜休囚无气，两头关得住者，不妨。要之天元固重，地元尤关，人元吊帑相须用也。地支宜生旺胎养，用子丑为微，寅辰巳午为著为眼。四柱由下而中而上一气透出，有根有苗，不驳不杂，乃成一家也。非专以四柱上三重元武之格，徒有其土，不顾其下，如无源之水，非悠久之道也。共一家者，或两柱元三柱元，元与武财并用，不分内外者也。四柱中以年月为外，日时为内，贪破二星为元，廉武三星之使者职，宜居外不宜入内。非若廉元武之可与一家论也。但取元辰有位气值火令，谓之比和，生元之实，倘水气司令是气克元，谓之战体，须要扶元抑气，气值金令是元克气，又要扶气抑元比体无虚乃为妙用，更避诸家凶杀，全美之课也。

三才亥山兼壬天干，宜用甲乙为相生旺丁星，庚辛为财禄星，丁为辅佐康健星，大忌壬癸为七杀祸患星，丙为触犯剥官星。地支宜用辰戌丑未为旺龙，四大利星，午为五吉明龙星，极忌寅申巳亥，为四大破军伤龙星，子与卯酉为左锋不利星，但选择家不宜执泥，当精于活用也。

天符亥山属北方寒水之气主之，有正气天符，有杂气天符，皆用化气。外有化气太过，化气不及，正气则用丙辛变化，杂气则用丙辛变化乙庚戊癸。化气太过则用丙戊庚，化气不及则用辛乙癸。地支用三合类象局，更参合天星、三奇、贵人禄马，并不犯山向凶杀，方为善用也。

壬山丙向

正针壬丙兼亥巳，分金坐丁亥向丁巳。缝针亥巳兼壬丙，分金坐辛亥向辛巳。

穿山癸亥丁巳，透地丙子水，坐困卦，宿坐室二度，向翼三度吉。

正针壬丙兼子午，分金坐辛亥向亥巳。缝针壬丙兼亥巳，分金坐丁亥向丁巳。

穿山甲子庚午，透地戊子火，坐师卦，宿坐危十一度，向张十三吉。

山运

甲己年甲戌火，冬至后变土。丙辛年戊戌木，冬至后变金。戊癸年壬戌火，冬至后变火。庚乙年丙戌土，冬至后变木。壬丁年庚戌金，冬至后变水。如甲戌火运忌年月日时纳音水克，变运亦然，柱中有制化迪吉。余运仿此。

凡选择必本太岁，而太岁之吉神固所当趋，太岁之凶杀尤所宜避。今详列于左。

趋吉神

通天窍，宜用辛卯未巳酉丑四柱。走马六壬，宜用申子辰寅午戌四柱。

天符正经，宜丙辛变化地支三合。三元旺气，宜冬至上元、大雪中元、小雪下元。

天地转运图，宜用辰戌丑未四柱。金精鳌极，宜用子午丑未巳亥年。

玉环炉传斗首，宜甲己丙辛乙庚六日。太极，宜用木火水四柱。

五运,宜用庚丁壬己年。六气,宜用秋分日起至小寒未日止之令。

雷霆,宜用子辰丑寅午戌日。

避凶杀

傍阴府,忌丁壬二干全,单不忌。弓箭,忌子午二支全,单一支不忌。

气运,忌甲年为孤,辛年为虚,甲子、辛亥二年平气,吉。消灭,无忌。曜气星,忌戊辰日。

日流太岁,忌巳亥旬中克山日。坐三杀,忌寅午戌四柱。

天星,忌戊己二干支,单一字不忌。地曜,忌辰戌丑未支全。

壬山丙向,除寅午戌年月日时坐三杀,除辛年犯浮天空亡占向,除巳年犯巡山罗睺占向,并除月家天官符占山向及地官符占山,俱不利。谨将所利开山立向年月日时定局,详列于左。

甲子年

竖造:二、三、四、七、八、十一、十二月利。

安葬:二、三、七、八、十二月利。入墓八、十一、十二月利。

乙丑年

竖造:四、六、七、八、十、十二月利。

安葬:六、七、八、十二月利。入墓八、十二月利。

丁卯年

竖造:二、三、四、七、十、十二月利。

安葬:二、七、十二月利。入墓二、十二月利。

戊辰年

竖造:三、四、七、八、十、十一、十二月利。

安葬:三、七、八、十一、十二月利。入墓八、十一、十二月利。

壬申年

竖造:二、三、四、七、八、十、十一、十二月利。
安葬:二、七、八、十一、十二月利。入墓八、十二月利。

癸酉年

竖造:四、六、八、十、十一、十二月利。
安葬:六、八、十一、十二月利。入墓八、十一月利。

乙亥年

竖造:二、三、四、六、七、十、十一、十二月利。
安葬:二、三、六、七、十一、十二月利。入墓十一、十二月利。

丙子年

竖造:二、三、四、七、八、十一、十二月利。
安葬:二、三、七、八、十一、十二月利。入墓三、八、十一、十二月利。

丁丑年

竖造:四、七、八、十、十二月大利。
安葬:七、八、十二月利。入墓八、十二月利。

己卯年

竖造:二、四、六、七、十、十一、十二月利。
安葬:二、六、七、十、十二月利。入墓二、十一、十二月利。

庚午年

竖造:三、四、七、八、十、十一、十二月利。
安葬:三、七、八、十一、十二月利。入墓八、十一、十二月利。

癸未年

竖造:二、三、四、六、七、十、十一、十二月利。
安葬:二、六、十一、三、十、十二月利。入墓二、十一、十二月利。

甲申年

竖造:二、三、四、七、八、十、十一、十二月利。
安葬:三、七、八、十一、十二月利。入墓八、十二月利。

乙酉年

竖造:四、六、八、十、十一、十二月利。
安葬:六、八、十一、十二月利。入墓八、十一月利。

丁亥年

竖造:二、三、四、六、七、十、十二月利。
安葬:三、六、七、十二月利。入墓十二月利。

戊子年

竖造:二、三、四、十一、八、十二月利。
安葬:二、七、十一、三、八、十二月利。入墓三、八、十一、十二月利。

己丑年

竖造:四、六、七、八、十、十二月利。
安葬:六、七、八、十二月利。入墓八、十二月利。

壬辰年

竖造:三、四、七、八、九、十一、十二月利。
安葬:三、七、八、十一、十二月利。入墓八、十一、十二月利。

乙未年

竖造:二、三、四、六、七、十、十一、十二月利。
安葬:二、三、六、七、十一、十二月利。入墓二、十一、十二月利。

丙申年

竖造:二、三、四、七、八、十、十一、十二月利。
安葬:二、三、七、八、十一、十二月利。入墓八、十、十二月利。

丁酉年

竖造:四、六、八、十、十二月利。
安葬:六、八、十二月利。入墓八月利。

己亥年

竖造:二、四、六、七、十、十一、十二月利。
安葬:二、六、七、十一、十二月利。入墓十一、十二月利。

庚子年

竖造:二、三、四、七、八、十一、十二月利。
安葬:二、三、七、八、十一、十二月利。入墓二、八、十一、十二月利。

癸卯年

竖造:二、三、四、六、七、十、十一、十二月利。
安葬:二、三、六、七、十一、十二月利。入墓二、十一、十二月利。

甲辰年

竖造:三、四、七、八、十、十一、十二月利。
安葬:三、八、十、十一、十二月利。入墓八、十、十二月利。

丁未年

竖造:二、三、四、六、七、十、十二月利。
安葬:二、三、六、七、十二、月利。入墓二、十二月利。

戊申年

竖造:二、三、四、七、八、十、十一、十二月利。
安葬:二、三、七、八、十一、十二月利。入墓八、十二月利。

己酉年

竖造:四、六、八、十、十一、十二月利。
安葬:六、七、十一、十二月利。入墓八、十一月利。

壬子年

竖造:二、三、四、七、八、十一、十二月利。
安葬:二、三、七、八、十一、十二月利。入墓二、八、十一月利。

癸丑年

竖造:四、六、七、八、十、十二月利。
安葬:六、七、八、十二月利。入墓八、十二月利

乙卯年

竖造:二、三、四、六、七、十、十一、十二月利。
安葬:二、三、六、七、十一、十二月利。入墓二、十一、十二月利。

丙辰年

竖造:三、四、七、八、十、十一、十二月利。
安葬:三、七、八、十一、十二月利。入墓八、十一、十二月利。

己未年

竖造:二、四、六、七、十、十一、十二月利。
安葬:二、六、七、十、十一、十二月利。入墓二、十一、十二月利。

庚申年

竖造:二、三、四、七、八、十、十一、十二月利。
安葬:二、三、七、八、十一、十二月利。入墓八、十二月利。

癸亥年

竖造:二、三、四、六、七、十、十一、十二月利。
安葬:二、三、六、七、十一、十二月利。入墓十一、十二月利。

壬山丙向选逐月竖造安葬吉日定局

上层竖造

二月:乙亥、丁亥、己亥、辛亥、辛未、庚未、丁未、甲丑、甲申,未丑日。
三月:甲子、丙子、戊子、庚子、壬子、甲申、丙申、己巳、癸巳、乙巳。
四月:丁卯、己卯、辛卯、癸卯、乙卯、丁丑、甲子、丙子、戊子、庚子、己丑、癸丑。
六月:乙亥、辛亥、丁亥、甲申、丙申、庚申、辛未。
七月:甲子、丙子、戊子、庚子、壬子、辛未、乙未、丁未、甲申、丙申。
八月:乙丑、丁丑、癸丑、己丑、癸巳、己巳、丁巳、庚辰、壬辰、甲辰、丙辰。
十月:甲子、丙子、戊子、庚子、壬子、辛未、乙未、丁未、丑酉日。
十一月:戊辰、庚辰、甲辰、丙辰、丙子、壬子。
十二月:己巳、癸巳、乙巳、甲申、丙申、庚申,丑日。
右造吉日,不犯倒家杀、克山运,可用。

下层安葬(除重复日不载)

二月:甲申、壬申、丙申、戊申、庚申、癸未、丁未、己未、卯日。

三月:甲子、丙子、壬子、庚子、甲申、壬申、丙申、庚申、癸酉、辛酉、丁酉、卯日。

四月:犯剑锋占向,安葬不利。

六月:甲申、丙申、壬申、庚申、癸酉、乙酉、丁酉、辛酉、辛卯、癸卯、乙卯、丁卯。

七月:丙子、壬辰、乙酉、丁酉、癸酉、辛酉、己酉、己卯、辛卯、癸卯、壬子、丙辰。

八月:丁丑、癸丑、甲申、丙申、戊申、庚申、壬申、甲辰、壬辰、丙辰、酉日。

十月:犯剑锋占山,安葬不利。

十一月:甲申、丙申、壬申、戊申、庚申、戊辰、壬辰、甲辰、丙辰、壬子。

十二月:甲申、壬申、丙申、庚申、癸酉、乙酉、丁酉、辛酉、辛卯、癸卯、乙卯、子日。

右葬吉日不犯太阳密、克山运,可用。

时家定局

子、丑、卯、辰、巳、未、申、酉、亥。余时犯坐杀不取。

右吉时不犯阴府、克山运,可用。

按壬山正五行属阳水,宜用金水当权之月。若用木火土司令之时,则四柱作用必要生旺。论窍马阴阳可以通用,纯阴合窍,纯阳合窍,即主阴一阳三、阳一阴二阳窍马两合俱可,非驳杂也。第双山五行又属水,取申子辰会水局补山,上吉。合马生旺不得以向杀论之。若亥卯未会木局,兼亥合山合窍亦上吉。或谓本局泄气者,非。巳酉丑局虽合窍壬水败绝之位,次吉。寅午戌局虽合马,但坐三杀,不可用矣。要之择日悉遵监历诸家,而斗首、天符、三才群吉,皆宜参合,方为尽善。今将各例分列于后,以备博览。

斗首壬山五行属土,宜用四季之令。天干宜用甲己为元辰,宜生旺有气,宜生出,不宜死绝受克。丙辛为武才,宜生旺有气,宜生入克入,不宜生出克出。乙庚为廉子，只喜一位，不宜重见，重见则泄气。戊癸为贪宫，宜休囚，居年月外，不宜生入克入。丁壬为破鬼，宜克出，又宜休囚无气，两头关得住者无妨，正所谓关鬼鬼衰鬼自灭者也。不宜居日时内，若生旺有气，立见损人退财，大凶。居年月外无害。地支用生旺胎养衰，微著得宜。忌死绝无气，天元天支，地元地支，人元吊替，俱要元气之生克比和，调剂善用可也。至兼亥兼子论地支不论天干，又炉传之例也。

三才壬山兼亥，天干宜用甲乙为相生，旺丁星。庚辛为财禄星，丁为辅佐星，大忌壬癸为七杀祸患星，丙为触犯剥官星。地支宜用辰戌丑未为旺龙，四大利星午为五吉明龙星。最忌寅申巳亥，为四大破军星。子与卯酉为左锋凶星。若夫兼子又从子癸论，但不宜执泥，宜变通活用也。

天符壬山属北方，乃寒水之气主之，有正气天符，有杂气天符，皆用化气。外有化气太过，有化气不及，正气宜用丙辛双化，杂气宜用丙辛乙庚戊癸，太过则用丙戊庚，不及则用辛癸。地支宜用三合类象局，尤须参合七政天星、三奇、贵人禄马，乃为得法矣。

子山午向

正针子午兼壬丙，分金坐丙子向丙午。缝针壬丙兼子午，分金坐辛亥向辛巳。

穿山丙子壬午，透地壬子水，坐解卦，宿坐危三度，向张五度吉。

正针子午兼癸丁，分金坐庚子向庚午。缝针子午兼壬丙，分金坐丙子向丙午。

穿山庚子丙午，透地乙丑金，坐□卦，宿坐虚六度，向张一度吉。

山运

甲己年戊辰木，冬至后变金。乙庚年庚辰金，冬至后变水。丙辛年壬辰水，冬至后变火。丁壬年甲辰火，冬至后变土。戊癸年丙辰土，冬至后变木。如戊辰本运忌年月日时纳音金克，变运亦然，柱中有制化迪吉。余运仿此。

凡选择必本太岁，而太岁之吉神固所当趋，太岁之凶杀尤所宜避。今详列于左。

趋吉神

通天窍，宜用亥卯未巳酉丑四柱。走马六壬，宜用申子辰寅午戌四柱。

天符正经，宜丙辛双化地支三合。三元旺气，宜冬至上元、大雪中元、小雪下元。

天地转运图，宜用寅申巳亥四柱。金精鳌极，宜用辰戌卯酉寅申年。

玉环炉传斗首，宜甲己丙辛乙庚天干。太极，宜用木水火四柱。

五运，宜用庚丁壬己年。六气，宜用秋分日起至小寒日止之合。

雷霆，宜用亥卯未巳丑寅日。

避凶杀

正阴府，忌丙辛二干，一字不可用。弓箭，忌午字冲山。消灭，无忌。

气运，忌甲午为孤，辛年为虚，甲子、辛亥二年平气吉。日流太岁，忌戊子旬冲克山日。

曜气星，忌戊辰日，合格补山亦可用。坐三杀，忌寅午戌年月日时。

天星，忌戊己二干全，单一字不忌。地曜，忌辰戌丑未支全。

子山午向，

除寅午戌年月日时犯坐三杀，巳酉丑年月日时犯坐炙退，除丙辛年月日犯正阴府，并除月家天官符占山向，地官符占山，俱不利。谨将所利开山立向年月日时定局，详列于左。

甲子年

竖造：宜用二、三、七月中利。

安葬：二、三、七月利。入墓二月利。

丁卯年

竖造：宜二、三、六、七、十一月利。

安葬：二、三、六、七、十一月利。入墓二、十一月利。

戊辰年

竖造:宜用七、十、十一月中利。
安葬:七、十、十一月利。入墓十一月利。

壬申年

竖造:宜用二、三、七、十一月利。
安葬:二、三、七、十一月利。入墓无利月。

乙亥年

竖造:宜二、三、六、七、十、十一月利。
安葬:三、六、七、十、十一月利。入墓十一月利。

己卯年

竖造:宜用二、七、十月大利。
安葬:二、七、十月利。入墓二、十月利。

庚辰年

竖造:宜用三、七、十、十一月利。
安葬:三、七、十一月利。入墓十一月利。

癸未年

竖造:宜二、六、七、十、十一月中利。
安葬:二、六、七、十、十一月利。入墓二、十一月利。

甲申年

竖造:宜用二、三、七、十月大利。
安葬:二、三、七、十月利。入墓不利。

丁亥年

竖造:宜二、三、六、七、十一月利。
安葬:二、三、六、七、十一月利。入墓十一月利。

戊子年

竖造:宜用二、七、十一月大利。
安葬:三、七、十一月利。入墓二、十一月利。

壬辰年

竖造:宜用三、七、十一月中利。
安葬:三、七、十一月利。入墓十一月利。

乙未年

竖造:宜二、三、六、七、十、十一月利。
安葬:二、六、七、十、十一月利。入墓二、十一月利。

己亥年

竖造:宜用二、七、十月大利。
安葬:二、七、十月利。入墓十月利。

庚子年

竖造:宜二、三、七、十一月大利。
安葬:二、三、七、十一月利。入墓二、十一月利。

癸卯年

竖造:二、六、七、十、十一月利。
安葬:二、六、七、十、十一月利。入墓二、十、十一月利。

甲辰年

竖造:宜用三、七、十月大利。
安葬:三、七、十月利。入墓十二月补助小利。

丁未年

竖造:二、三、六、七、十月中利。
安葬:二、三、六、七、十一月利。入墓二、十月利。

戊申年

竖造:宜二、七、十、十一月利。
安葬:二、七、十、十一月利。入墓不利。

壬子年

竖造:二、三、七、十一月大利。
安葬:三、七、十月利。入墓二、十一月利。

乙卯年

竖造:二、三、六、七、十月利。
安葬:二、三、六、七、十、十一月利。入墓十、十一月利。

己未年

竖造:宜用二、七、十月大利。
安葬:二、七、十月利。入墓二月利。

庚申年

竖造:二、三、七、十、十一月利。
安葬:二、三、七、十、十一月利。入墓八、十月补助小利。

癸亥年

竖造:二、六、七、十、十二月利。
安葬:二、六、七、十、十一月利。入墓十、十一月利。

子山午向选逐月竖造安葬吉日定局

上层竖造

二月:甲子、庚子、壬子、甲申、戊子。
三月:甲申、戊申、乙亥、己亥、癸未、丁未、己未、丁亥。
六月:甲申、庚申、乙亥、丁亥。
七月:甲子、庚子、壬子、戊子、乙未、丁未、丁卯。
十月:甲子、庚子、壬子、乙未、癸未、丁未、戊子。
十一月:庚辰、甲辰。
右造吉日不犯倒家杀、克山运可用,吉。

下层安葬(除重复日不载)

二月:甲申、壬申、庚申、丁未、己未、癸未。
三月:甲申、庚申、壬申、甲子、庚子、壬子、卯日。
六月:甲申、庚申、壬申、癸卯、乙卯、丁卯。
七月:壬辰、壬子、丁未、己卯、丁卯、癸卯、乙卯。
十月:甲子、癸未、乙未、丁未、己未、丁卯、己卯、乙卯、癸卯、庚子、戊子。
十一月:甲申、壬申、庚申、戊申、甲辰、壬辰。
右葬吉日不犯太阳密、克山运,可用。

时家定局

子、卯、辰、未、申、亥。吉时不犯太阳密、克山运,亦可利用。

按子山正五行属阳水,宜用金水当权之月,若用木火土司令之时,则四柱作用必要生旺。论窍马阴阳可以兼用,纯阴合窍,纯阳合马,即三阴一阳,三阳一阴,二阴二阳,窍马两合亦可,非驳杂也。第双山五行亦属水,用申子辰水局补山,上吉。合马生旺,不得以向杀论。亥卯未木局合窍向退,亦吉。巳酉丑虽合窍,但犯坐炙退,或用三进补助一退,亦不妨。若寅午戌坐三杀,虽合马一字,不可用矣。要之择日悉遵监历诸家,而斗首、天符、三才各例,俱宜参合,谨详列于后。

斗首:子山五行属土,宜用四季之令,天干用甲己为元辰,宜有位有气。丙辛为武才,宜生入克入。乙庚为廉子,只宜一位,不宜重见。戊癸为贪官,宜休囚无气,可居年月外。丁壬为破鬼,亦宜休囚,不可居日时内,若建庙立社,用贪破亦无妨。是在人之善用制化耳,天干宜用元武。地支要在生旺胎养墓,用辰午未为依,申子戌亥为著为眼,四柱元辰有位气,值土令谓之比和,生元之实也。倘值木气司令是气克元,谓之战体,须要扶元抑气。气值水令是元克气,又要扶气抑元比休无虚,总在元气之生克比和,均须调剂善用则得之矣。

三才:子山兼癸天干,宜用甲乙为相生,旺丁星。庚辛为财禄星,丙为辅佐康健星,大忌壬癸为七杀星,丁为凶恶厌向星。地支用寅申巳亥为四大利星,未为贪狼五吉星,极忌子午卯酉,为四大破军星,辰戌丑为差错凶星,但不可执于板局,在人变通之。

天符:子山属北方,乃寒水之气主之,有正气天符,有杂气天符,皆用化气。外有化气太过,化气不及,正气则用丙辛双化,杂气则用丙辛乙庚戊癸,太过则用丙戊庚,不及则用辛癸。地支则取三合类象局,必须参合七政星盘与贵人禄马为妙,选择家不可不晓也。

癸山丁向

正针癸丁兼子午,分金坐丙子向丙午。缝针子午兼癸丁,分金坐庚子向庚午。

穿山壬子戊午,透地丁丑水,坐夬卦,宿坐女八度,向柳十度吉。

正针癸丁兼丑未,分金坐庚子向庚午。缝针癸丁兼子午,分金坐丙子向丙午。

穿山乙丑辛未，透地己丑火，坐未济卦，宿坐女一，度向柳四度吉。

山运

己年戊辰木，冬至后变金。乙年庚辰金，冬至后变水。辛年壬辰水，冬至后变火。丁年甲辰火，冬至后变土。癸年丙辰土，冬至后变木。如戊辰水运忌年月日时纳音金克，变运亦然，柱中有制化迪吉。余运仿此。

凡选择必本太岁，而太岁之吉神固所当趋，太岁之凶杀尤所宜避，今详列于左。

趋吉神

通天窍、走马六壬，同用亥卯未巳酉丑四柱。三元旺气，宜用小寒旺下元节气。

天符正经，宜丙辛双化地支三合。天地转运图，四柱宜用寅申巳亥。

金精鳌极，宜用亥未巳丑子午地。五环炉传斗首，宜戊癸乙庚甲己天干。

五运，宜用庚丁壬己年。六气，宜用燥金寒水月。

太极，宜用水火土四柱。雷霆，宜用巳丑亥卯未寅日。

避凶杀

傍阴府，忌丙辛二干全，单不忌。弓箭，忌丑未二支全，单丑无未不忌。

气运，忌甲年为孤，辛年为虚，辛亥年平气可用。消灭，无忌。

月流太岁，忌戊子旬中克山日。曜气星，忌戊辰日。

坐杀，忌寅午戌四柱。向杀，忌申子辰局兼子亦可用。

天星，忌戊己二干全，单一字不忌。地曜，忌辰戌丑未支全。

如以丙辛全为天星，寅午戌火局为地曜者，非。

癸山丁向，除寅午戌年月日时犯坐三杀，申子辰年向杀，并除月家天官符占山向，及地官符占山凶星不载，谨将所利开山立向年月日时定局，详列于左。

乙丑年

竖造:四、七、八、十、十二月利。
安葬:四、七、八、十、十二月利。入墓八、十二月利。

丁卯年

竖造:二、三、四、六、七、十、十一、十二月利。
安葬:二、三、四、六、七、十、十二利。入墓十一、十二月利。

己巳年

竖造:四、六、七、八、十、十一、十二月利。
安葬:四、六、七、八、十、十二月利。入墓四、十二月利。

辛未年

竖造:二、三、四、六、十、十一月小利。
安葬:二、三、四、六、十月利。入墓二月利。

癸酉年

竖造:四、六、八、十、十一、十二月利。
安葬:四、六、八、十、十二月利。入墓八月利。

乙亥年

竖造:二、三、四、六、七、十、十一、十三月利。
安葬:二、三、四、六、七、十、十二月利。入墓十二月利。

丁丑年

竖造:四、七、八、十、十二月利。
安葬:四、七、八、十、十二月利。入墓八、十二月利。

己卯年

竖造:二、四、六、七、十、十一、十二月利。
安葬:二、四、六、七、十、十二月利。入墓二、十、十二月利。

辛巳年

竖造:四、六、八、十、十一、十二月利。
安葬:四、六、八、十、十二月利。入墓四、十二月利。

癸未年

竖造:二、三、四、六、七、十、十一月利。
安葬:二、三、四、六、七、十月利。入墓十一月利。

乙酉年

竖造:四、六、八、十、十一、十二月利。
安葬:四、六、八、十、十二月利。入墓四、八、十一月利。

丁亥年

竖造:二、三、四、六、七、十、十一、十二月利。
安葬:三、四、六、七、十、十二月利。入墓十、十二月利。

己丑年

竖造:四、七、八、十、十二月利。
安葬:四、七、八、十、十二月利。入墓八、十二月利。

辛卯年

竖造:二、三、四、六、十、十一、十二月大利。
安葬:二、三、四、六、十、十二月利。入墓十二月利。

癸巳年

竖造:四、六、七、八、十、十一、十二月利。
安葬:四、六、七、八、十、十二月利。入墓十二月利。

乙未年

竖造:二、三、四、六、七、十、十一月利
安葬:二、三、四、六、七、十月利。入墓二月利。

丁酉年

竖造:四、六、八、十、十一、十二月利。
安葬:四、六、八、十、十二月利。入墓八月利。

己亥年

竖造:二、四、六、七、十、十一、十二月利。
安葬:二、四、六、七、十、十二月利。入墓十、十二月利。

辛丑年

竖造:四、八、十、十二月小利。
安葬:四、八、十、十二月利。入墓八、十二月利。

癸卯年

竖造:二、三、四、六、七、十、十一、十二月利。
安葬:二、三、四、六、七、十、十二月利。入墓二、十、十二月利。

乙巳年

竖造:四、六、七、八、十、十一、十二月利。
安葬:四、六、七、八、十、十二月利。入墓四、十二月利。

丁未年

竖造:二、三、四、六、七、十、十一月利。
安葬:二、三、四、六、七、十月利。入墓二月利。

己酉年

竖造:四、六、八、十、十一、十二月利。
安葬:四、六、八、十二月利。入墓四、八月利。

辛亥年

竖造:二、三、四、六、十、十一、十二月利。
安葬:二、三、四、六、十、十二月利。入墓十二月利。

癸丑年

竖造:四、八、十、十一、十二月利。
安葬:四、七、八、十、十二月利。入墓八、十一月利。

乙卯年

竖造:二、三、四、六、七、十、十一、十二月利。
安葬:二、三、四、六、七、十、十二月利。入墓二、十二月利。

丁巳年

竖造:四、六、七、八、十、十一、十二月利。
安葬:四、六、七、八、十、十二月利。入墓十二月利。

己未年

竖造:四、六、七、十、十一月大利。
安葬:二、四、六、七、十月利。入墓二月利。

辛酉年

竖造:四、六、八、十、十一、十二月利。

安葬:四、六、八、十、十二月利。入墓四、八月利。

癸亥年

竖造:二、三、四、六、七、十、十一、十二月利。

安葬:二、三、四、六、七、十、十二月利。入墓十、十二月利。

癸山丁向选逐月竖造安葬吉日定局

上层竖造

二月:乙丑、丁丑、辛丑、癸丑、辛亥、己亥、乙亥、丁亥、癸未、丁未、己丑、己未、辛未。

三月:己巳、癸巳、乙巳、甲申、丙申、甲子、丙子、戊子、壬子。

四月:丁丑、癸丑、癸卯、乙卯、己卯、己丑、甲子、戊子、庚子、辛卯。

六月:乙亥、丁亥、辛亥、甲申、庚申、丁未、丙申。

七月:丁未、乙未、辛未、丁卯、甲子、丙子、戊子、庚子、壬子。

八月:乙丑、丁丑、己丑、癸丑、己巳、癸巳、丁巳、庚辰、壬辰、丙辰。

十月:乙酉、癸酉、丁酉、己酉、辛酉、乙未、丁未、甲子、戊子、庚子、壬子、辛未。

十一月:庚辰、甲辰、丙辰

十二月:己巳、癸巳、乙巳、甲申、丙申、庚申、丑日

右造日不犯倒家杀,克山运,可用。

下层安葬(除重复日不载)

二月:癸未、丁未、己未、甲申、壬申、戊申、丁丑、癸丑、丙申、庚申。

三月:癸酉、乙酉、丁酉、辛酉、丁卯、辛卯、癸卯、乙卯、甲子、甲申。

四月:癸酉、乙酉、丁酉、己酉、辛酉、乙丑、丁丑、己丑、癸丑、辛丑。

六月:乙酉、癸酉、丁酉、辛酉、壬申、甲申、丙申、乙卯、辛卯、癸卯、丁卯。

七月:癸酉、乙酉、丁酉、己酉、辛酉、丁未、乙卯、丁卯、己卯、癸卯、壬辰、甲日。

八月:丁丑、癸丑、甲申、壬申、戊申、庚申、丙申、丙辰、壬辰、酉日。

十月:癸未、乙未、辛未、己未、丁卯、丁未、己卯、乙卯、癸卯、辛卯、甲子、庚子、戊子。

十一月:剑锋杀占山,安葬不利。

十二月:癸酉、乙酉、丁酉、辛酉、甲申、壬申、丙申、庚申、卯日、子日。

右葬日不犯太阳密、克山运可用。

时家定局

子、丑、卯、辰、巳、未、申、酉、亥。余坐三杀不取。

右吉时不犯傍阴府、克山运可用。

按癸山正五行属阴水,宜用金水当权之月。若用木火土司令之时,则四柱作用必要生旺。论窍马宜用纯阴,第双山五行又属金,巳酉丑金局补山,纯阴不杂合窍马,上吉。亥卯未虽纯阴,合窍马补向,次吉。或谓兼丑不可用未支,冲山,用亥卯不妨。又谓木局泄水者,非。申子辰向杀之阳不合窍马,惟兼子合山可用,兼二则不可用,不已则用三阴一阳,三阳一阴,巳酉丑用三,申子辰用一,四中失一却无妨也。若二阴二阳,驳杂不利矣。寅午戌坐三杀之阳,一字不可用矣。凡选择悉遵监历诸家,而斗首、天符、三才各例,亦宜参合,谨详列于后。

斗首癸山五行属火,宜用夏火司令之月,或人春木司权之月。天干用戊癸为元辰,宜有位有气。乙庚为武财,宜生旺养墓生人克人。甲己为廉贞,只喜一位,不宜重见,重见泄气。丁壬为贪官,只宜休囚无气,宜居年月外,忌生人克人,若建造衙门学宫,纯用贪官亦不妨。丙辛为破鬼,亦宜休囚无气,不可居日时内,惟建庙立社用破鬼,亦有妙法。地支要生旺胎养墓,微著合宜。三元中在人之善为妙用也。至兼子兼丑,论地支不论天干,又炉传之例也。

三才癸山兼子,天干宜用甲乙,为相生旺丁星。庚辛为财禄星。丙为辅佐星,又忌壬癸为七杀星,丁为凶星压面星。地支宜用寅申巳亥为四大利星,未为贪狼五吉星，最忌子午卯酉为四大破军星，辰戌与丑为差错凶星，若夫兼丑又从丑艮论。论此以天干补向，以地支补山，选择家不可不晓，亦不可泥于板局也。

天符癸山属北方，乃寒水之气主之，有正气天符，有杂气天符，皆用化气。外有化气太过，化气不及，正气则用丙辛双化，杂气则用丙辛乙庚戊癸。太过则用丙戊庚，不及则用辛癸。地支取三合类象局，又参合天星、三奇、贵人禄马之法也。

丑山未向

正针丑未兼癸丁，分金坐丁丑向丁未。缝针癸丁兼丑未，分金坐庚子向庚午。穿山丁丑癸未，透地癸丑未，坐艮卦，宿坐半二度，向井一十九度吉。

正针丑未兼艮坤，分金坐辛丑，向辛未。缝针丑未兼癸丁，分金坐丁丑向丁未。穿山辛丑丁未，透地丙寅火，坐过卦，宿坐斗十八度，向井二十三度吉。

山运

己年戊辰土，冬至后变金。乙度庚辰金，冬至后变水。辛年壬辰水，冬至后变火。丁年甲辰火，冬至后变土。癸年丙辰土，冬至后变水。如木运忌年月日时纳音金克，变运亦然，柱中有制化迪吉。余运仿此。

凡选择必本太岁，而太岁之吉神固所当趋，太岁之凶杀尤所宜避，合详列于左。

趋吉神

通天窍、走马六壬，同用巳酉丑亥卯未。三无旺气，宜大寒旺为元节气。

天符正经，宜丙辛双化地支三合。天地转运图，四柱宜用子午卯酉。

金精鳌极，宜用卯酉寅申辰戌年。玉环炉传斗首，宜戊癸乙庚甲己天。五运，宜用乙丁戊庚年。六气，宜用君火相火温土司令月。太极，宜用土金四柱。雷霆，宜用申子辰寅午戌日。

避凶杀

傍阴府,忌乙庚二干全,单不忌。弓箭,无忌。气运,忌壬年为孤,己年为虚。消灭,兼癸无忌,兼艮忌用乙卯乙酉日。日流太岁,忌用巳丑旬中克山日。曜气星,忌甲寅日。坐三杀,忌用寅午戌四柱。冲山,忌未支。天星,忌用甲乙二干全,单干不忌。地曜,忌用寅卯二支全,单一支不忌。

如以丙辛二干全为天星,以寅午戌局为地曜者,非。

丑山未向,除寅午戌年月日时坐三杀,申子辰年向杀,除未年坐岁破向太岁,并除月家官符占山向,俱不利。谨将所利开山立向年月日时定局,详列于左。

乙丑年

竖造:二、八、十、十一、十二月利。

安葬:二、三、八、十、十一月利。入墓二、八、十二月利。

丁卯年

竖造:二、四、八、十一、十二月利。

安葬:二、四、八、十、十二月利。入墓二、八、十一、十二月利。

己巳年

竖造:二、三、七、八、十、十一、十二月利。

安葬:二、三、七、八、十、十一、十二月利。入墓二、十二月利。

癸酉年

竖造:二、三、七、八、十、十一、十二月大利。

安葬:二、三、七、八、十一、十二月利。入墓十一月利。

乙亥年

竖造:二、四、八、十二月中利。

安葬:二、四、八、十二月利。入墓八、十二月利。

丁丑年

竖造:二、三、七、八、十、十一、十二月利。
安葬:二、三、七、八、十、十一、十二月利。入墓二、八、十一、十二月利。

己卯年

竖造:二、四、八、十一、十二月利。
安葬:二、四、八、十一、十二月利。入墓二、八、十二月利。

辛巳年

竖造:二、三、七、八、十、十一、十二月利。
安葬:二、三、七、八、十、十一、十二月利。入墓二、十二月利。

乙酉年

竖造:二、八、十、十一、十二月利。
安葬:二、八、十、十一、十二月利。入墓二、八、十一月利。

丁亥年

竖造:二、三、四、八、十二月利。
安葬:二、三、四、八、十二月利。入墓八、十二月利。

己丑年

竖造:二、三、七、八、十、十一、十二月利。
安葬:二、三、七、八、十、十一、十二月利。入墓二、八、十一、十二月利。

辛卯年

竖造:二、四、八、十一、十二月利。
安葬:二、四、八、十一、十二月利。入墓二、八、十一、十二月利。

癸巳年

竖造:二、三、七、八、十、十一、十二月大利。
安葬:二、三、七、八、十、十一、十二月利。入墓二、十二月利。

丁酉年

竖造:二、三、七、八、十、十一、十二月利。
安葬:二、三、七、八、十、十一、十二月利。入墓二、八、十一月利。

己亥年

竖造:二、三、四、八、十二月中利。
安葬:二、三、四、八、十二月利。入墓八、十二月利。

辛丑年

竖造:二、三、七、八、十、十一、十二月中利
安葬:二、三、七、八、十、十一、十二月利。入墓二、八、十、十二月利。

癸卯年

竖造:二、四、八、十一、十二月大利。
安葬:二、四、八、十一、十二月利。入墓二、八、十一、十二月利。

乙巳年

竖造:二、八、十、十一、十二月大利。
安葬:二、八、十、十一、十二月利。入墓二、十二月利。

己酉年

竖造:二、三、七、八、十、十一、十二月大利。
安葬:二、三、七、八、十、十一、十二月利。入墓二、八月大利。

癸丑年

竖造:二、三、七、八、十、十一、十二月利。
安葬:二、三、七、八、十、十一、十二月利。入墓二、八、十二月利。

辛亥年

竖造:二、三、四、八、十二月利。
安葬:二、三、四、八、十二月利。入墓八、十二月利。

丁巳年

竖造:二、三、七、八、十、十一、十二月大利。
安葬:二、三、七、八、十、十一、十二月利。入墓二、十二月利。

乙卯年

竖造:二、四、八、十一、十二月大利。
安葬:二、四、八、十一、十二月利。入墓二、八、十一、十二月利。

癸亥年

竖造:二、三、四、八、十二月大利。
安葬:二、三、四、八、十二月利。入墓八、十二月利。

辛酉年

竖造:二、三、七、八、十、十一、十二月利。
安葬:二、三、七、八、十、十一、十二月利。入墓二、八、十一月利。

丑山未向选逐月竖造安葬吉日定局

上层竖造(除六月冲山不载)

二月:丁丑、辛丑、己丑、癸丑、乙丑、己亥、辛亥、丙申、戊申、甲申、丁亥、乙亥。

三月:己巳、癸巳、乙巳。

四月:丁丑、癸丑、己丑、丁卯、辛卯、癸卯、乙卯、己卯、乙日。

七月:丁卯、癸卯。

八月:乙丑、丁丑、癸丑、己丑、己巳、癸巳、丁巳、壬辰、丙辰、庚辰。

十月:丁酉、癸酉、己酉、乙酉、辛酉、五子日。

十一月:无吉日可取。

十二月:己巳、癸巳、乙巳、甲申、丙申、庚申。

右造日不犯倒家东、克山运可用。

下层安葬(除重复日不载)

二月:甲申、丙申、壬申、丁卯、戊申。

三月:丁酉、癸酉、辛酉。

四月:癸酉、丁酉、己酉、辛酉、辛丑、丁丑、己丑、乙丑、癸丑、乙酉、子日。

七月:癸酉、丁酉、乙酉、己酉、辛酉、辛卯、丁卯、己卯、乙卯

八月:丁丑、癸丑、甲申、丙申、壬申、戊申、壬辰、丙辰。

十月:庚子、甲子、戊子、丁卯、辛卯、己卯、癸卯、乙卯。

十一月:无吉日。

十二月:癸酉、丁酉、辛酉、乙酉、甲申、丙申、庚申、子日。

右葬日不犯太阳密、克山运可用。

时家定局

子、丑、卯、辰、巳、申、酉、亥。吉时不犯阴府克山可用。

按丑山正五行属阴土,宜用火土当权之月,若用金水木司令之月,则四柱作用必要生旺。论窍马宜用纯阴,第双山五行又属金,惟用巳酉丑全局补山,纯阴合窍马上吉。或谓金局泄丑气,非也。亥卯未虽纯阳,合窍马然会木局补向,次之。惟未支冲山,不可用。申子辰向杀之阳,又失窍马,不可用也。无巳则用三阴,巳酉丑用三,申子辰用一,四中失一却无妨。若二阳二阴,驳杂不利矣。寅午戌坐三杀之阳,一字不可犯也。若夫斗首、三才、天符各例,

皆宜参合,谨分列于左。

斗首丑山五行属火,宜用夏火春木司权之月。天干用戊癸为元辰,宜有气有位。乙庚为武财,宜生入克入。甲己为廉子,只喜一位,不宜重见。丁壬为贪官居年月外,宜休囚无气。丙辛为破鬼,亦宜休囚,不可居日时内。地支要生旺胎养墓。天元天干,地元地支,人元吊帑,皆当调剂善用也。

三才丑山兼艮,天干宜用丙丁为相生,旺丁星。壬癸为财禄星,戊己为旺相,助福星,大忌甲乙为克官煞向星,庚辛为泄弱星。地支宜用子午卯酉,为四大利补龙星,申为贪狼五吉星,极忌辰戌丑未,为七杀祸患星。寅与巳亥名为窒碍星,但不宜板泥,当变通活用也。

天符丑山属北方,乃寒水之气主之。有正气天符,有杂气天符,皆用化气。外有化气太过,化气不及,正气则用丙辛双化,杂气则用丙辛、乙庚、戊癸。太过则用丙戊庚,不及则用辛癸。地支用三合类象局,更参合七政、天星、贵人、禄马、三奇可也。

艮山坤向

正针艮坤兼丑未,分金坐丁丑向丁未。缝针丑未兼艮坤,分金坐辛丑向辛未。穿山癸山己未,透地戊寅土。坐谦卦,宿坐斗九度,向井十三度吉。

正针艮坤兼寅申,分金坐辛丑向辛未。缝针艮坤兼丑未,分金坐丁丑向丁未。穿山丙寅壬申,透地庚寅木。坐旅卦,宿坐斗一度,向井六度吉。

山运

甲己年辛未土,冬至后变木。乙庚年癸未木,冬至后变金。丙辛年乙未金,冬至后变水。丁壬年丁未木,冬至后变火。戊癸年己未火,冬至后变土。如土运忌年月日时纳音木克,变运亦然,但柱中有制化迪吉。余运仿此。

凡选择必本太岁,而太岁之吉神固所当趋,太岁之凶杀尤所宜避,今详列于左。

趋吉神

通天窍、走马六壬，同用局寅午戌申子辰局兼丑同申看。三元旺气，宜用立春上元，大寒中元，雨水下元。

天符正经，宜用甲己天干，地支三合。天地转运图，四柱宜用子午卯酉。

金精鳌极，宜用巳丑亥未子午年。玉环炉传斗首，宜丁壬甲己戊癸天干。

五运，宜用乙丁年戊庚年。六气，宜用君火相火温土司权月。

太极，四柱宜用土金。雷霆，宜用子亥巳酉丑日。

避凶杀

正阴府，忌甲己二干，单一字不利。弓箭，忌寅申二支全，单一字不忌。

气运，忌壬年为孤，己年为虚，壬辰、壬戌年平气吉。

消灭，忌乙卯、乙酉日。日流太岁，兼丑兼寅，忌巳丑戌寅旬中克山。曜气星，忌丙寅日兼寅，若合历亦可。

坐三杀，忌寅午戌巳酉丑四柱。向三杀，兼丑寅忌申子辰亥卯未会局。

天星，忌甲乙二干全，单一字不忌。地曜，忌寅卯二支全，单一字不忌。

如以壬乙全为天星，以申子辰全为地曜者，非。

艮山坤向，兼丑、未属南北，除寅午戌年月日时坐杀，申子辰年向杀，巳年犯正阴府，未年巡山罗睺占向，并除月家官符占山向，俱不载。谨将所利开山立向年月日时，详列于左。

乙丑年

竖造：三、六、八、十、十一月利。

安葬：三、八、十、十一月利。入墓八、十一月利。

丁卯年

竖造：宜二、四、六、十一、十二月利。

安葬：二、四、十一月利。入墓二、十一月利。

癸酉年

竖造:宜二、三、七、八、十、十二月利。
安葬:二、七、八、十月利。入墓二、八月利。

乙亥年

竖造:宜用三、四、六、八月大利。
安葬:宜用三、四、八月利。入墓八月利。

丁丑年

竖造:二、六、七、十一、十二月利。
安葬:二、七、十、十一月利。入墓二、十一月利。

辛巳年

竖造:二、三、六、七、八、十一、十二月利。
安葬:二、七、八、十一月利。入墓二月利。

乙酉年

竖造:三、六、八、十、十一月利。
安葬:三、八、十、十一月利。入墓八、十一月利。

丁亥年

竖造:二、四、六、十二月中利。
安葬:宜用二、四月利。入墓不利。

辛卯年

竖造:二、四、六、八、十一、十二月利。
安葬:二、四、八、十一月利。入墓二、八、十一月利。

癸巳年

竖造:二、三、七、八、十、十二月利。
安葬:二、三、七、八、十月利。入墓二月利。

丁酉年

竖造:二、六、七、十、十一、十二月利。
安葬:二、七、十、十一月利。入墓二、十一月利。

辛丑年

竖造:二、三、六、七、八、十一、十二月利。
安葬:二、三、七、八、十一月利。入墓二、八、十一月利。

癸卯年

竖造:二、四、八、十二月大利。
安葬:四、八月利。入墓二、八月利。

乙巳年

竖造:三、六、八、十、十二月利。
安葬:二、八、十一月利。入墓不利。

辛亥年

竖造:二、三、四、六、八、十二月利。
安葬:二、三、四、八月利。入墓八月利。

癸丑年

竖造:二、三、七、八、十、十二月利。
安葬:三、七、八、十月利。入墓二、八月利。

乙卯年

竖造:宜用四、六、八、十一月利。
安葬:四、八、十一月利。入墓八、十一月利。

丁巳年

竖造:二、六、七、十、十一、十二月利。
安葬:二、七、十、十一月利。入墓二月利。

辛酉年

竖造:二、三、六、七、八、十一、十二月利。
安葬:三、七、八、十、十一月利。入墓二、八、十一月利。

癸亥年

竖造:二、三、四、八、十二月利。
安葬:二、三、四、八月利。入墓八月利。

艮山坤向兼丑未选逐月竖造安葬吉日定局

上层竖造

二月:丁丑、癸丑、辛丑、乙丑、丁未、辛未、癸未、乙亥、辛亥、丁亥、丙申、戊申。

三月:癸巳、乙巳。

四月:丁丑、癸丑、丁卯、辛卯、癸卯、丙子、庚子、戊子。

六月:辛亥、丁亥、庚申、丙申、乙亥。

七月:辛未、丁卯、丁未、乙未。

八月:乙丑、丁丑、癸丑、癸巳、丁巳、丙辰、庚辰、壬辰。

十月:癸酉、丁酉、辛酉、辛未、丁未、乙未、丙子、庚子、戊子、壬子。

十一月:无吉日可用。

十二月:癸巳、乙巳、丙申、庚申。
右造日不犯倒家杀、克山运可用。

下层安葬(除重复日不载)

二月:癸未、丁未、丙申、壬申、戊申、庚申。
三月:辛酉、癸酉、丁酉、辛卯、丁卯、癸卯。
四月:癸酉、丁酉、辛酉、乙丑、丁丑、辛丑、癸丑。
六月:犯剑锋杀、占向不利。
七月:癸酉、丁酉、辛酉、丁卯、癸卯、丁未、辛卯。
八月:丁丑、癸丑、癸酉、丁酉、丙申、壬申、戊申、庚申、壬辰、丙辰。
十月:辛未、癸未、乙未、丁未、丁卯、癸卯、辛卯、甲子、庚子。
十一月:无吉日可取。
十二月:犯剑锋杀,占向安葬不利。
右葬日不犯太阳密、克山运可用。

时家定局

子、丑、卯、辰、巳、未、申、酉、亥。余时坐杀不备载录。
右吉时不犯正阴府、克山运可用。

艮山坤向,兼寅申属东西,除巳酉丑年月日时坐杀,亥卯未年向杀,甲年犯正阴府,戊年犯浮天空亡占向,并除月家犯官符占山向,俱不载。谨将所利开山立向年月日时,详列于左。

丙寅年

竖造:三、六、九、十一月大利。
安葬:三、九、十一月利。入墓十一月利。

庚午年

竖造:三、五、九、十一月大利。
安葬:三、五、九、十一月利。入墓十一月大利。

壬申年

竖造:二、五、六、九、十、十一月利。
安葬:二、五、九、十、十一月利。入墓无。

丙子年

竖造:正、二、三、六、九、十一月大利。
安葬:正、二、三、九、十一月利。入墓二、十一月利。

庚辰年

竖造:正、三、五、六、九、十、十一月利。
安葬:正、三、五、九、十、十一月利。入墓十一月利。

壬午年

竖造:二、五、七、九、十一月利。
安葬:二、五、七、九、十月利。入墓二、十一月利。

丙戌年

竖造:二、三、六、七、九、十一月利。
安葬:三、五、七、九、十一月利。入墓二、十一月利。

庚寅年

竖造:三、五、六、九、十一月大利。
安葬:三、五、九、十一月利。入墓十一月利。

壬辰年

竖造:正、二、五、六、九、十、十一月利。
安葬:正、二、五、九、十、十一月利。入墓二、十一月利。

丙申年

竖造:二、三、六、九、十一月大利。
安葬:二、三、九、十一月利。入墓不利。

庚子年

竖造:正、三、五、六、九、十、十一月利。
安葬:正、三、五、九、十、十一月利。入墓十一月利。

壬寅年

竖造:五、六、九、十一月大利。
安葬:五、九、十一月利。入墓十一月利。

丙午年

竖造:二、三、七、九、十一月利。
安葬:三、七、九、十一月利。入墓二、十一月利。

庚戌年

竖造:三、五、六、九、十一月大利。
安葬:二、五、九、十一月利。入墓十一月利。

壬子年

竖造:正、二、五、六、九、十、十一月利。
安葬:正、二、五、九、十、十一月利。入墓二、十一月利。

丙辰年

竖造:正、二、三、六、九、十一月利。
安葬:正、二、三、九、十一月利。入墓二、十一月利。

庚申年

竖造:三、五、六、九、十、十一月利。
安葬:三、五、九、十、十一月利。入墓无。

壬戌年

竖造:二、五、六、七、九、十一月利。
安葬:二、五、七、九、十一月利。入墓二、十一月利。

艮山坤向兼寅申选逐月竖造安葬吉日定局

上层竖造(除重复日不载)

正月:庚午、壬午、丙午、辛未、戊午、丁未。
二月:戊寅、庚寅、壬寅、丙申、壬申、戊申、庚申。
三月:丙子、戊子、庚子、壬子、丙申。
五月:戊戌、庚戌、壬戌、丙辰、壬辰、癸未、辛未、丁未、乙未。
六月:戊寅、壬寅、丙申、庚申。
七月:丙子、庚子、戊子、壬子、丁卯、乙未、辛未、丁未、丙辰、戊辰。
九月:庚午、壬午、丙午、戊午、丁亥、辛亥、癸亥、辛卯、癸卯、乙亥。
十月:庚午、壬午、丙子、戊子、庚子、壬子、戊午。
十一月:丙戌、戊戌、庚戌、壬戌、戊寅、庚寅、壬寅、庚辰、戊辰、丙辰。
右造日不犯倒家杀、克山运可用。

下层安葬(除重复日不载)

正月:壬午、丙午、丁卯、辛卯、癸卯、戊午
二月:戊寅、庚寅、壬寅、壬申、丙申、庚申。
三月:庚午、壬午、丙午、壬申、丙申、庚申、丁卯、辛卯、庚子、壬子、丙子、癸卯。

五月:戊寅、庚寅、壬寅、壬申、丙申、庚申、戊申。
六月:犯剑锋杀,占向安葬不利。
七月:丙子、壬子、壬辰、丁卯、辛卯、癸卯、丙辰。
九月:庚午、壬午、丙午、庚寅、壬寅、丙寅、子日。
十月:庚午、戊午、庚子、戊子。
十一月:庚寅、戊寅、壬寅、庚申、壬申、丙申、戊申、壬辰、丙辰。
右葬日不犯太阳密、克山运可用。

时家定局

子、寅、卯、辰、午、未、申、戌、亥。余时坐杀不可利用。
右吉时不犯正阴府克山运可用。

按艮山正五行属阳土,宜用火土当权之月,或用水财局次之。若用金木司令之时,则四柱作用必要生旺。第艮乃东北之隅,兼丑宜从北用阴。巳酉丑局合坐山上吉。亥卯未局,合向次之。寅午戌坐杀,申子辰向杀,不合坐向不可用也。兼寅宜从东用阳。寅午戌局右坐山,上吉。申子辰局合向次之。巳酉丑坐杀,亥卯未向杀,不合坐向不可用之。要之选择悉遵监历诸家,而斗首、三才、天符群书皆宜参合,方为尽善。今将各例分列于后,以备传览。

斗首艮山五行属木,宜用春木冬水司令之月。天干宜用丁壬为元辰,宜有气有位。甲己为武财,最宜生入克入。戊癸为廉贞,只宜一位,不宜重见,重见泄气。丙辛为贪官,只宜休囚无气,居年月外,善于制化,亦无妨。乙庚为破鬼,亦要休囚无气,不可居日时内。地支宜用生旺胎养墓,微著得位,三元调和,尤在人之善用也。至兼丑从火元,兼寅从木元,又炉传之例矣。

三才艮山兼丑,天干宜用丙丁为相生,旺丁星。壬癸为克禄星,戊己为帮辅益寿星,大忌甲乙而七杀压向凶星,庚辛为泄弱星。地支宜用子午卯酉,为四大利星,申为贪狼五吉星,极忌辰戌丑未,为破军祸害星。寅与巳亥亦为不利星,若夫兼寅,又从寅甲论。此以天干补向,以地支补山,选择家不可不知,亦不可泥于板局也,须在人神而明之矣。

天符艮山属四隅,温土之气主之,有正气天符,有杂气一符,皆用化气。外有化气太过,有化气不及。正气则用甲己双化,杂气则用甲己戊癸丙辛,太过则用甲戊丙,不及则用己癸辛。地支宜用三合类象局,更要参合天星、七政、三奇、贵人禄马,万为调剂善用也。

寅山申向

正针寅申兼艮坤,分金坐丙寅向丙申。缝针艮坤兼寅申,分金坐辛丑向辛未。穿山戊寅甲申,透地甲寅水,坐艮卦,宿坐箕一度,向参六度吉。

正针寅申兼甲庚,分金坐庚寅向庚申。缝针寅申兼艮坤,分金坐丙寅向丙申。穿山壬寅戊申,透地丁卯火,坐妄卦,宿坐尾十三度,向觜半度吉。

山运

甲年戊辰木,冬至后变金。庚年庚辰金,冬至后变水。丙年壬辰水,冬至后变火。壬年甲辰火,冬至后变土。戊年丙辰土,冬至后变木。如木运忌纳音金克,变运亦然,但柱中有制化迪吉。余仿此。

凡选择必本太岁,而太岁之吉神固所当趋,太岁之凶杀尤所宜避,今详列于左。

趋吉神

通天窍、走马六壬,同用寅午戌申子辰局四柱。三元旺气,宜用雨水下元节气。

天符正经,宜丁壬合化地支三合。天地转运图,宜用辰戌丑未四柱。

金精鳌极,宜辰戌卯酉巳亥年。玉环炉传斗首,宜丁壬甲己戊癸天干。

五运,宜用戊丙壬癸年。六气,宜用寒水风木司令月。

太极,宜用土金四柱。雷霆,宜用寅午戌申子辰日。

避凶杀

傍阴府,忌丁壬二干全,单用不忌。弓箭无忌。

气运,忌庚年为孤,丁年为虚,庚寅年吉。消灭,兼艮忌乙庚乙酉日,兼甲忌辛丑辛未日。

日流太岁，忌戊寅旬，合格亦可用。曜气星，忌丙寅日，合格补山亦可用。

坐三杀，忌巳酉丑四柱。向三杀，忌亥卯未局冲山，忌申四柱。

天星，忌庚辛全，单一字不忌。地曜，忌申酉支全，单亦不可用。

或以壬乙全为天星，以申子辰局全为地曜者，非。

寅山申向，除巳酉丑年月日时坐杀，亥卯未年向杀，除申年坐岁破向太岁，除月家官符占山，俱不利，不备载录。谨将所利开山立向年月日时定局，详列于左。

甲子年

竖造：正、二、三、五、六、九、十、十一月利。

安葬：正、二、三、五、六、九、十、十一月利。入墓二、十一月利。

丙寅年

竖造：三、五、六、九、十一月大利。

安葬：三、六、九、十一月利。入墓十一月利。

戊辰年

竖造：正、二、三、五、六、九、十、十一月中利。

安葬：正、二、三、五、六、九、十、十一月利。入墓二、十一月利。

庚午年

竖造：二、三、九、十一月利。

安葬：二、三、五、九、十一月利。入墓二、十一月利。

甲戌年

竖造：二、三、五、六、九、十一月大利

安葬：二、三、五、六、九、十一月利。入墓二、十一月大利。

丙子年

竖造：正、二、三、五、六、九、十、十一月大利。

安葬:正、二、三、五、六、九、十、十一月利。入墓二、十一月利。

戊寅年

竖造:三、五、六、九、十一月利。
安葬:三、五、六、九、十一月利。入墓十一月大利。

庚辰年

竖造:正、三、五、六、九、十、十一月大利。
安葬:正、二、三、五、六、九、十、十一月利。入墓二、十一月利。

壬午年

竖造:二、三、五、九、十一月大利。
安葬:二、三、五、九、十一月利。入墓二、十一月利。

丙戌年

竖造:二、三、五、六、九、十一月利。
安葬:二、三、五、六、九、十一月利。入墓二月利。

戊子年

竖造:正、二、三、五、六、九、十、十一月利。
安葬:正、二、三、五、六、九、十、十一月利。入墓二、十一月利。

庚寅年

竖造:三、五、六、九、十一月利。
安葬:三、五、六、九、十一月利。入墓十一月大利。

壬辰年

竖造:正、二、三、五、九、十、十一月利。
安葬:正、二、三、五、九、十、十一月利。入墓二、十一月利。

甲午年

竖造:二、三、五、九、十一月中利。
安葬:二、三、五、九、十一月利。入墓二、十一月利。

戊戌年

竖造:二、三、五、六、九、十一月利。
安葬:二、三、五、六、九、十一月利。入墓二、十一月利。

庚子年

竖造:正、二、三、五、六、九、十、十一月利。
安葬:正、二、三、五、六、九、十、十一月利。入墓二、十一月利。

壬寅年

竖造:三、五、九、十一月大利。
安葬:三、五、九、十二月利。入墓十一月利。

甲辰年

竖造:正、二、三、五、六、九、十、十一月利。
安葬:正、二、三、五、六、九、十、十一月利。入墓二、十一月利。

丙午年

竖造:二、三、五、九、十一月利。
安葬:二、三、五、九、十一月利。入墓二、十一月利。

壬子年

竖造:正、二、三、五、九、十、十一月利。
安葬:正、二、三、五、九、十一月利。入墓二、十一月利。

庚戌年

竖造:二、三、五、六、九、十一月利。
安葬:二、三、五、六、九、十一月利。入墓二、十一月利。

丙辰年

竖造:正、二、三、五、六、九、十、十一月利。
安葬:正、二、三、五、六、九、十、十一月利。入墓二、十一月利。

甲寅年

竖造:二、五、六、九、十一月利。
安葬:三、五、六、九、十一月利。入墓十一月利。

壬戌年

竖造:二、三、五、九、十一月利。
安葬:二、三、五、九、十一月利。入墓二、十一月利。

戊午年

竖造:二、三、五、九、十一月利。
安葬:三、五、九、十一月利。入墓二、十一月利。

寅山申向选逐月竖造安葬吉日定局

上层竖造(除重复日不载)

正月:甲午、壬午、庚午、戊午、丙午、辛未、丁未。
二月:丙寅、戊寅、庚寅、甲寅、壬寅。
三月:甲子、丙子、戊子、庚子、壬子。
五月:甲戌、戊戌、庚戌、壬戌、丙辰、壬辰、己亥。
六月:戊寅、甲寅、壬寅。

九月:庚午、甲午、丙午、戊午、壬午、卯日、亥日。

十月:庚午、壬午、戊午、甲午、甲子、丙子、戊子、庚子、壬子。

十一月:甲戌、丙戌、戊戌、庚戌、戊辰、庚辰、甲辰、丙辰、壬戌。

右造日不犯倒家杀克山运可用。

下层安葬(除重复日不载)

正月:丙午、壬午、□卯、辛卯、癸卯、乙卯、戊午。

二月:戊寅、庚寅、壬寅、甲寅。

三月:庚午、壬午、、甲午、甲子、丙子、庚子、壬子、卯日。

五月:戊寅、丙寅、庚寅、壬寅、甲寅。

六月:庚午、丙午、庚寅、壬寅、甲午、壬寅、甲寅。

九月:庚午、丙午、壬寅、庚寅、庚子、壬子、卯日。

十月:庚午、甲午、戊午、甲子、庚子、戊子。

十一月:戊寅、庚寅、壬寅、甲寅、丙辰、庚辰。右葬日不犯太阳密、克山运可用。

时家定局

子、寅、卯、辰、午、未、戌、亥。吉时不犯阴府、克山运可用。

按寅山正五行属阳木,宜用水木当权之月,若用火金土司令之时,则四柱作用必要生旺。论窍马宜用纯阳,第双山五行属火,用寅午戌火局补山,上吉。或谓火局泄气者,非。申子辰虽纯阳,合窍马亦吉。或谓结水局克火,犯地曜者,非。惟申支冲山不合利耳。亥卯未向杀之阴,失窍失马,不可用已。如用三阳,寅午戌用二,一阴亥卯未用一,四中失一却无妨。若用二阳二阴,驳杂不利。巳酉丑坐杀之阴不合窍马,一字不可犯。若夫斗首、天符、三才各例,亦宜参合,详列于后。

斗首寅山五行属木,宜用春木司令之月。天干宜用丁壬为元辰,宜生旺有气。甲己为武财,最宜生入克入。戊癸为廉子,只宜一位,不宜重见。丙辛为贪官,只宜休囚居年月外。乙庚为破鬼,亦要休囚,不可居日时内。地支要用生旺胎养墓之在也。

三才寅山兼甲天干，宜用戊己为相生旺丁星，甲乙为财禄星，辛为比和助吉之星，大忌丙丁为杀制灾祸星，庚为冲撞凶星，壬癸为泄弱星。地支宜用辰戌丑未，为旺龙。四大利星酉为五吉明龙星，忌寅申巳亥，为四大剥龙星。子午与卯亦为差错凶星，且选择家不可泥于板局，皆当变通治用矣。

天符寅山属东方风木气主之，有正气天符，有杂气天符，皆用化气。有化气太过，有化气不及，正气则用丁壬双化，杂气则用丁壬丙辛甲己，太过则用壬丙甲，不及则用丁辛己。地支用三合类象局，更参合天星垣局与贵人禄马天为妙用也。

甲山庚向

正针甲庚兼寅申，分金坐丙□向丙申。缝针寅申兼甲庚，分金坐庚寅向庚申。穿山甲寅庚申，透地辛卯木，坐随卦，宿坐尾四度，向毕八度吉。

正针甲庚兼卯酉，分金坐庚寅向庚申。缝针甲庚兼寅申，分金坐丙寅向丙申。穿山丁卯癸酉，透地辛卯木，坐随卦，宿坐心五度，向毕渡吉。

山运

甲己年戊辰木，冬至后变金。乙庚年□辰金，冬至后变木。丙辛年壬辰水，冬至后变火。丁壬年甲辰火，冬至后变土。戊癸年丙辰土，冬至后变木。如木运忌纳音金克，变运亦然，但柱中有制化迪吉。余仿此。

凡选择必本太岁，而太岁之吉神固所当趋，而太岁之凶杀尤所宜避。详列于左。

趋吉神

通天窍，宜用寅午戌申子辰四柱。走马六壬，宜用亥卯未巳酉丑四柱。

天符正经，宜用丁壬双化地支三合。三元旺气，宜用京直（编者注：即是惊蛰）中元节令。

天地转运图，宜用辰戌丑未四柱。金精鳌极，宜用卯亥辰戌巳酉年。

五环炉传斗首，宜丙辛戊癸丁壬天干。太极，宜用木火水四柱。

五运,宜用戊乙丙癸年。六气,宜用寒水风木当权月。雷霆,宜用亥卯戌酉丑。

避凶杀

傍阴府,忌庚乙二干全,单用不忌。弓箭,忌卯酉二支全,纯卯不忌。

气运,忌庚年孤,丁年虚,庚寅年吉。消灭,忌辛丑辛未日。

日流太岁,忌戊寅旬,合格亦可用。曜气星,忌庚辛未日。

坐三杀,忌巳酉丑四柱。天星,忌庚辛二干全,单一字不忌。

地曜,忌申酉二支全,单申字不忌。若以庚癸为天星以配丑局为地曜,非。

甲山庚向,除巳酉丑年月日时坐杀,丁卯、丁未二年犯浮天空亡占向,除亥年犯巡山罗睺占向,并除月家天官符占山向,及地官符占山,俱不利,不备载录。谨将所利开山立向年月日时定局,详列于左。

甲子年

竖造:正、二、五、六、七、九、十月利。

安葬:六、九、十月利。入墓二月利。

丙寅年

竖造:正、三、六、七、十一月利。

安葬:二、三、六月利。入墓十一月利。

戊辰年

竖造:正、二、五、六、七、九、十月利。

安葬:六、九、十月利。入墓二月利。

庚午年

竖造:正、三、六、七、十、十一月利。

安葬:六、十、十一月利。入墓十一月利。

辛未年

竖造:五、七、九、十月小利。
安葬:五、九、十月利。入墓不利。

壬申年

竖造:正、二、五、六、七、九、十月利。
安葬:二、五、六、九、十月利。入墓无。

甲戌年

竖造:正、三、七、十、十一月利。
安葬:三、十、十一月利。入墓十一月利。

丙子年

竖造:正、二、五、六、七、九、十月利。
安葬:五、九、十月利。入墓二月利。

戊寅年

竖造:正、三、六、七、十一月利。
安葬:三、六、十一月利。入墓十一月利。

己卯年

竖造:正、三、五、七月利,九、十月利。
安葬:五、九、十月利。入墓十月利。

庚辰年

竖造:正、二、五、六、七、九、十月利。
安葬:五、九、十月利。入墓二月利。

壬午年

竖造:正、三、六、七、十、十一月利。
安葬:六、十、十一月利。入墓十一月利。

癸未年

竖造:正、五、七、九、十月大利。
安葬:五、九、十月大利。入墓不利。

甲申年

竖造:正、二、五、六、七、十月大利。
安葬:二、五、六、九、十月利。入墓无。

丙戌年

竖造:正、三、七、十、十一月利。
安葬:三、十一月利。入墓十月利。

戊子年

竖造:正、二、五、六、七、九、十月利。
安葬:六、九、十月利。入墓二月利。

庚寅年

竖造:正、三、六、七、十一月利。
安葬:三、六、十一月利。入墓十一月利。

辛卯年

竖造:三、五、七、九、十月利。
安葬:□月、□月、□月、□月大利。入墓不利。

壬辰年

竖造:正、二、五、六、七、九、十月利。
安葬:六、九、十月利。入墓二月利。

甲午年

竖造:正、三、六、七、十、十一月利。
安葬:六、十、十一月利。入墓十一月利。

乙未年

竖造:正、五、七、九、十月利。
安葬:五、九、十月利。入墓无。

丙申年

竖造:正、二、五、六、七、九、十月利。
安葬:二、五、六、九、十月利。入墓无。

戊戌年

竖造:正、三、七、十、十一月利。
安葬:三、十、十一月利。入墓二月利。

庚子年

竖造:正、二、五、六、七、九、十月利。
安葬:二、五、六、九、十月利。入墓二月利。

壬寅年

竖造:正、三、六、七、十一月利。
安葬:三、六、十一月利。入墓十一月利。

癸卯年

竖造:正、三、五、七、九、十月利。
安葬:三、五、九、十月利。入墓十月利。

甲辰年

竖造:正、三、五、六、七、九、十月利。
安葬:二、五、六、九、十月利。入墓二月利。

丙午年

竖造:正、三、六、七、十、十一月利。
安葬:三、六、十、十一月利。入墓十一月利。

戊申年

竖造:正、二、五、六、七、九、十月利。
安葬:二、五、六、九、十月利。入墓不利。

壬子年

竖造:正、二、五、六、七、九、十月利。
安葬:二、五、六、九、十月利。入墓二月利。

庚戌年

竖造:正、三、七、十、十一月利。
安葬:三、十、十一月利。入墓十一月利。

乙卯年

竖造:正、五、七、九、十月利。
安葬:五、九、十月利。入墓不利。

甲戌年

竖造:正、三、六、七、十一月大利。
安葬:三、六、十一月利。入墓十一月利。

戊午年

竖造:正、三、六、七、十、十一月利。
安葬:三、六、十一月利。入墓十一月利。

丙辰年

竖造:正、二、五、六、七、九、十月利。
安葬:三、五、六、九、十月利。入墓二月利。

庚申年

竖造:正、二、五、六、七、九、十月利。
安葬:二、五、六、九、十月大利。入墓不利。

己未年

竖造:正、五、七、九、十月利。
安葬:五、九、十月利。入墓不利。

壬戌年

竖造:正、三、七、十、十一月利。
安葬:三、十、十一月利。入墓十一月利。

甲山庚向选逐月竖造安葬吉日定局

上层竖造(除重复日不载)

正月:甲午、丙午、壬午、戊午、庚午、丁卯、丁未。

二月：癸未、丁未、己未、己亥、乙亥、丁亥、辛亥、甲寅、丙寅、戊寅、壬寅、丙申、戊申、庚寅。

三月：甲子、丙子、戊子、壬子、甲申、丙申、庚子。

五月：甲戌、戊戌、壬戌、庚戌、己亥、丁亥、癸未、己未、丙辰、壬辰、丁未、辛亥、乙未。

六月：乙亥、丁亥、辛亥、戊寅、甲寅、壬寅、甲申、丙寅、丙申。

七月：丁未、乙未、丁卯、甲子、丙子、戊子、壬子、庚子。

九月：甲午、丙午、戊午、壬午、庚午、乙亥、甲亥、辛亥、癸卯。

十月：丁未、乙未、甲午、壬午、戊午、丙子、戊子、庚子、壬子、庚午。

十一月：甲戌、丙戌、戊戌、壬戌、甲寅、丙寅、戊寅、壬寅、丙辰、戊辰、甲庚、庚辰。

右造日不犯倒家杀、克山运可用。

下层安葬(除重复日不载)

正月：犯剑锋杀，安葬不利。

二月：壬寅、庚寅、甲寅、丙寅、戊寅、丁未、己未、癸未、甲申、丙申、壬申、戊申。

三月：丙午、壬午、庚午、甲午、甲申、丙申、壬申、甲子、丙子、庚子、壬子、卯日。

五月：庚寅、壬寅、戊寅、丙寅、甲寅、甲申、丙申、壬申、戌日。

六月：庚寅、壬寅、丙午、庚午、壬午、甲寅、丙寅、丁卯、癸卯、甲申、丙申、辛卯、壬申、乙卯。

七月：剑锋杀不利甲戌。

九月：壬寅、庚寅、壬午、丙午、庚午、甲午、甲寅、丙寅、丁卯、癸卯、辛卯、乙卯、子日。

十月：乙未、丁未、己未、癸未、丁卯、乙卯、己卯、癸卯、甲午、戊午、庚午、庚子、甲子。

十一月：壬寅、庚寅、甲寅、戊寅、甲申、壬申、丙辰、壬辰、戊辰、甲辰、庚辰、丙戌、壬申。

右葬日不犯太阳密、克山运可用。

时家定局

子、寅、卯、辰、午、未、申、戌、亥。余时坐杀不可利用。

右吉时不犯傍阴府、克山运可用。

按甲山正五行属阳木，宜用水木当权之月。若用火土金司令之时，则四柱作用必要生旺。论窍马阴阳可以兼用纯阳，窍纯阴合马，即三阳一阴，三阴一阳，即二阴二阳。窍马两合，亦可用，非驳杂之谓也。第双山五行亦属木，惟用亥卯未木局补山，上吉。合马生旺，不得以向杀论之。寅午戌局合窍兼寅合山亦上吉，非泄气也。申子辰局难合窍，甲木绝败衰之位，补山次之。巳酉丑局难合马，但犯坐三杀一字，不可用矣。然世人此皆知用亥卯未月日时，而亥卯未年不用，无怪庸术之满天下也。要之择日悉遵监历诸家，而斗首、三才、天符亦宜参合，方为尽善。今将各例分列于后，以便博览。

斗首甲山五行属水，宜用春木冬水司令之月。天干宜用丙辛，为元辰，宜有气生旺。戊癸为武财，宜生入克入。丁壬为廉子，只喜一位，不宜重见。乙庚为贪官，只宜休囚居年月外。甲己为破鬼，亦宜休囚不可居日时内。地支宜用生旺胎养墓，微著得位，此中比和，总在地元之得力也。兼寅从木元。兼卯从水元，论地支而不论天干，又炉传之例也。

三才甲山兼寅，天干宜用戊己，为相生旺丁星，甲乙为财禄星，辛为比和星，大忌丙丁为杀制星，庚为冲撞将军星，壬癸为泄弱星。地支宜用辰戌丑未，为四大利星，酉为五吉星，忌寅申巳亥为四大剥龙星，子午与卯亦为差错凶星。若夫兼卯又从卯乙，论此以天干补向，以地支补山，但选择家不可泥于板局，皆当变通活用矣。

天符甲山属东方，乃风水之气主之。有正气天符，有杂气天符，皆用化气，外有化气太过，有化气不及。正气则用丁壬双化，杂气则用丁壬丙辛甲己，太过则用壬丙甲，不及则用丁辛己。地支宜用三合类象局，更参合天星、七政、三奇、贵人禄马，斯为善用矣。

卯山酉向

正针卯酉兼甲庚，分金坐丁卯向丁酉。缝针甲庚兼卯酉，分金坐庚寅向庚申。穿山己卯乙酉，透地己卯土，坐屯卦，宿坐房一，度向昴四度吉。

正针卯酉兼乙辛，分金坐辛卯向辛酉。缝针卯酉兼甲庚，分金坐丁卯向丁□。穿山癸卯己酉，透地戊辰木，坐嗑卦，宿坐氐十度，向胃十二度吉。

山运

甲己年辛未土，冬至后变木。乙庚年癸未木，冬至后变金。丙辛年乙未金，冬至后变水。丁壬年丁未水，冬至后变火。戊癸年己未火，冬至后变土。如土运忌纳音木克，变运亦然，柱中有制化迪吉。余仿此。

凡选择必本大岁，而太岁之吉神固所当趋，太岁之凶杀尤所宜避，今详列于左。

趋吉神

通天窍，宜用寅午戌申子辰四柱。走马六壬，宜用亥卯未巳酉丑四柱。天符正经，宜丁壬令化地支三合。三元旺气，宜用亥卯未巳酉丑四柱，清明下元。

天地转运图，宜用寅申巳亥四柱。金精鳌极，宜用子午丑未寅申年。

玉环炉传斗首，宜丙辛戊癸丁壬天。太极，宜用木水火四柱。

五运，宜用戊己丙癸年。六气，宜用寒水风水当权月。

雷霆，宜用卯辰未巳酉丑日。

避凶杀

正阴府，忌戊癸二干，一字不可用。弓箭，无忌。气运，忌庚年、卯丁年，庚寅、丁卯年吉。消灭，兼甲忌辛丑辛未日，兼乙忌庚子、庚午日。日流太岁，忌己卯旬申克山日。曜气星，忌庚申日。坐三杀，忌巳酉丑四柱。天星，忌庚辛二干全，单一干不忌。地曜，忌申酉二支全。若以癸全为天星，巳酉丑为地曜者,非。

卯山丙向,除巳酉丑年月日时坐杀,申子辰年月日时犯坐炙退,除戊癸年月日时犯正阴府,并除月家官符占山向,俱不利。谨将开山立向年月日时,详列于左。

丙寅年

竖造:宜用正、六月中利。
安葬:正、六月中利。入墓不利。

丁卯年

竖造:正、五、九、十月大利。
安葬:正、五、九、十月利。入墓十月利。

庚午年

竖造:惟用十月利。
安葬:惟用十月利。取补助炙退小利。入墓权用十月

辛未年

竖造:五、十月大利。
安葬:五、十月大利。入墓不利。

甲戌年

竖造:用正、十月大利。
安葬:十月利。入墓权用十一月,取补助炙退日小利。

乙亥年

竖造:宜用五、九、十月大利。
安葬:五、九、十月利。入墓不利。

己卯年

竖造:正、五、九、十月大利。
安葬:正、五、九、十月利。入墓十月利。

壬午年

竖造:宜用正、六、十月大利。
安葬:正、六、十月利。入墓权用十一月,取补助炙退小利。

丙戌年

竖造:宜用正、十月利。
安葬:十月利。入墓权用十一月,取补助炙退日小利。

丁亥年

竖造:正、五、九、十月大利。
安葬:正、五、九、十月利。入墓十月利。

庚午年

竖造:大利,但一年俱无一月。
安葬:虽合利,如急则于三、七、十一月取补山日时龙用。

辛卯年

竖造:宜用正、五、十月大利。
安葬:正、五、十月利。入墓不利。

甲午年

竖造:宜用正、六、十月大利。
安葬:正、六、十月利。入墓权取十一月,补山日时小利。

乙未年

竖造:宜用五、九、十月中利。
安葬:五、九、十月利。入墓不利。

己亥年

竖造:正、五、九、十月大利。
安葬:五、九、十月利。入墓十月利。

壬寅年

竖造:宜用正、六月大利。
安葬:六月利。入墓权用十一月,取补助炙退日利。

丙午年

竖造:宜用正、六、十月大利。
安葬:正、六、十月利。入墓权用十一月,取补助炙退日时小利。

丁未年

竖造:正、五、九、十月大利。
安葬:正、五、九、十月利。入墓权用十一月,取补助炙退日时利。

庚戌年

竖造:宜用十月小利。
安葬:十月利。入墓权用十月,取补助炙退日时小利。

甲寅年

竖造:宜用正、六月大利。
安葬:正、六月利。入墓曜用十一月取补助炙退日时小利。

辛亥年

竖造:宜用正、五、十月大利。
安葬:正、五、十月利。入墓不利。

己未年

竖造:正、五、九、十月大利。
安葬:正、五、九、十月利。入墓不利。

乙卯年

竖造:宜用五、九、十月大利。
安葬:五、九、十月利。入墓不利。

壬戌年

竖造:宜用正、十月大利。
安葬:正、十月利。入墓权用十一月,取补助炙退月时小利。

卯山酉向选逐月竖造葬吉日定局

上层竖造(除重复日不载)

正月:甲午、庚午、丙午、壬午、丁未、辛未。
二月:乙亥、己亥、辛亥、丁亥、己未、丙寅、甲寅、庚寅、壬寅、丁未。
三月:无吉日。
五月:己亥、辛亥、乙亥、丁亥、辛未、乙未、甲戌、庚戌、壬戌。
六月:乙亥、辛亥、丁亥、丙寅、壬寅、甲寅。
七月:丁卯、辛未、乙未、丁未,补助权用。
九月:辛卯、丁亥、乙亥、辛亥、庚午、甲午、丙午、壬午。
十月:辛未、乙未、甲午、壬午、庚午、丁未。
十一月:丙寅、甲寅、甲戌、丙戌、庚寅、壬寅、丁未、庚戌、己戌,权用。

右造日不犯倒家杀、克山运可用。

下层安葬(除重复日不载)

正月:丙午、壬午、丁卯、乙卯、辛卯。
二月:庚寅、壬寅、丙寅、甲寅、丙未、丁未、己未。
三月:丁卯、庚午、壬午、辛卯、甲午、丙午、乙卯,俱权用。
五月:庚寅、壬寅、甲寅、丙寅。
六月:庚寅、壬寅、丙午、壬午、庚午、乙卯、辛卯、丙寅、甲寅、丁卯、甲午。
九月:庚寅、壬寅、丙午、壬午、庚午、甲午、乙卯、辛卯、甲寅、丙寅、丁卯。
十月:庚午、甲午、乙未、辛未、己未、丁未、乙卯、己卯、辛卯、丁卯。
十一月:丙寅、庚寅、壬寅、甲寅,补助权用。
右葬日不犯太阳密、克山运可用。

时家定局

寅、卯、午、未、戌、亥。吉时不犯阴府克山可用,余不利。

按卯山正五行属木,宜用水木当权之月,若用火土金司令之时,则四柱作用必要生旺。论窍纯阴合马,即三阴三阳一阴俱可,即二阴二阳虽云平分,但窍马两合,非驳杂也。第双山五行亦属木,惟用亥卯未木局补山,上吉。合马生旺,不得以向杀论之。寅午戌合窍向退,亦吉,非泄气之谓。申子辰虽合窍坐炙退,不可用。不已则用三进一,退亦不妨。巳酉丑坐杀虽合马一字,不可用矣。然世人皆知用亥卯未月日时,而卯亥未年不知用,无怪庸术之满天下也。若夫斗首、三才、天符亦宜参合,今将各例分列于后。

斗首卯山五行属水,宜用冬水春木司令之月。天干宜用丙辛为元辰宜有气生旺,戊癸为武财,宜生入。丁壬为廉子,只宜一位,不宜重见。乙庚为贪官,只宜休囚居外。甲己为破鬼,亦宜休囚,不宜居内。又宜取地支生旺胎养墓,乃得法也。又卯山兼乙,天干宜用戊己,为相生旺丁星,甲乙为财禄星,庚为助益延寿星,大忌丙丁为七杀伤害星,辛为触犯凶恶星,壬癸为泄弱晦滞星。地支用寅申巳亥,为四大利星,戌为辅佐五吉星,大忌子午卯酉,为四大破军星,辰与丑未亦为左锋凶星,活用为妙。

天符卯山属东方，风木气主之。有正气天符，有杂气天符，皆用化气，有化气太过，有化气不及。正气则用丁壬双化，杂气则用丁壬丙辛甲己。太过则用壬丙申，不及则用丁辛己。地支宜三合类象局，三奇、禄马贵人方用也为善。

乙山辛向

正针乙辛兼卯酉，分金坐丁卯向丁酉。缝针卯酉兼乙辛，分金坐辛卯向辛酉。穿山乙卯辛酉，透地庚辰金，坐震卦，宿坐氐三度，向胃五度吉。

正针乙辛兼辰戌，分金坐辛酉向辛酉。缝针乙辛兼卯酉，分金坐丁卯向丁酉。穿山戊辰甲戌，透地壬辰水，坐复卦，宿亢六度，向娄十一度吉。

山运

甲年甲戌火，冬至后变水。庚年丙戌土，冬至后变木。丙年戊戌木，冬至后变金。壬年庚戌金，冬天后变水。戊年壬戌水，冬至后变火。如火运忌纳音木克，变运亦然，柱中有制化迪吉。余仿此。

凡选择必本太岁，而太岁之吉神固所当趋，太岁之凶杀尤所宜避。今详列于左。

趋吉神

通天窍、走马六壬，同用申子辰寅午戌四柱。三元旺气，宜用清明下元节气。天符正经，宜丁壬合化地支三合。天地转运图，宜用寅申巳亥四柱。金精鳌极，宜用寅申辰戌卯酉年。玉环炉传斗首，宜乙庚丁壬丙辛。五运，宜用戊丙乙癸年。六气，宜用风木寒水当权之月。太极，宜用戊木火水四柱。雷霆，宜用申子辰寅卯午日。

避凶杀

傍阴府，忌丙辛二干全，一字不忌。弓箭，忌辰戌二支全，纯辰无戌不忌。气运，忌庚年孤，丁年虚，庚寅年吉。消灭，忌庚子庚□日。日流太岁，忌己卯旬中克山日。曜气星,忌庚申日,合格亦可用。坐三杀,忌巳酉丑四柱。向三杀,忌亥卯未局四柱,兼卯不妨。天星,忌庚辛二干全,一干不忌。地曜,忌申酉二支全,有申无酉不忌。

或以戊己全为天星,以辰戌丑未支全为地曜者,非。

乙山辛向,除巳酉丑年月日时坐杀,亥卯未年向杀,除丙年犯浮天空亡占向,甲年巡山罗睺占向,并除月家官符占山向,俱不利。今将所利开山立向年月日时,详列于左。

甲子年

竖造:正、二、五、六、七、九、十月利。

安葬:正、五、六、七、九、十月利。入墓不利。

戊辰年

竖造:正、二、五、六、七、十月利。

安葬:正、五、六、七、十月利。入墓不利。

庚午年

竖造:正、三、六、七、十、十一月利。

安葬:正、三、六、七、十、十一月利。入墓十一月利。

甲戌年

竖造:宜用正、七、十、十一月利。

安葬:正、七、十、十一月利。入墓十一月利。

戊寅年

竖造:正、三、六、七、十一月利。

安葬:正、三、六、七、十月利。入墓十一月利。

庚辰年

竖造:正、二、五、六、七、十月利。

安葬:正、五、六、七、十月利。入墓不利。

壬午年

竖造:正、三、六、七、十、十一月利。
安葬:正、三、六、七、十、十一月利。入墓十一月利。

戊子年

竖造:正、二、五、六、七、九、十月利。
安葬:正、五、六、七、九、十月利。入墓不利。

庚寅年

竖造:正、三、六、七、十一月利。
安葬:正、三、六、七、十月利。入墓十一月利。

壬辰年

竖造:正、二、五、六、七、十月利。
安葬:正、五、六、七、十月利。入墓不利。

甲午年

竖造:正、三、六、七、十、十一月利。
安葬:正、三、六、七、十、十一月利。入墓十一月利。

戊戌年

竖造:宜用正、七、十、十一月利。
安葬:正、七、十月利。入墓十一月利。

庚子年

竖造:正、二、五、六、七、九、十月利。
安葬:正、五、六、七、九、十月利。入墓不利。

壬寅年

竖造:正、三、六、七、十月利。
安葬:正、三、六、七、十月利。入墓十月利。

甲辰年

竖造:正、二、五、六、七、十月利。
安葬:正、五、六、七、十月利。入墓不利。

庚戌年

竖造:宜用正、七、十、十一月利。
安葬:七、十月利。入墓十一月利。

壬子年

竖造:正、二、五、六、七、九、十月利。
安葬:正、五、六、七、九、十月利。入墓不利。

甲寅年

竖造:正、三、六、七、十一月利。
安葬:正、三、六、七、十一月利。入墓十一月利。

戊午年

竖造:正、三、六、七、十、十一月利。
安葬:正、三、六、七、十月利。入墓十一月利。

壬戌年

竖造:宜用正、七、十、十一月利。
安葬:正、七、十、十一月利。入墓十一月利。

乙山辛向选逐月竖造安葬吉日定局

上层竖造(除重复日不载)

正月:甲午、壬午、戊午、丁未、辛未。

二月:甲申、戊申、丙申、壬寅、甲寅、庚寅、戊寅。

三月:甲子、戊子、丙子、壬子、甲申、丙申。

五月:丙辰、甲辰、甲戌、壬戌、戊戌、庚戌、乙未、癸未、辛未、丁未、己未。

六月:甲申、丙申、甲寅、戊寅、壬寅、丙寅。

七月:甲子、丙子、戊子、壬子、癸卯、乙未、辛未、丁卯。

九月:甲午、戊午、壬午、丙午、丁亥、辛亥、卯日。

十月:甲子、丙子、戊子、壬子、甲午、壬午。

十一月:戊辰、庚辰、甲辰、戊戌、甲戌、丙戌、庚戌、壬戌、壬寅、戊寅、庚寅、甲寅。

右造日不犯倒家杀、克山运方可用。

下层安葬(除重复日不载)

正月:壬午、丙午、丁卯、癸卯、乙卯、辛卯、戌日。

二月:犯剑锋杀,安葬不利。

三月:甲申、壬申、丙申、庚申、甲子、丙子、壬子、丙午、壬午、甲午。

五月:甲申、丙寅、壬寅、庚寅、戊寅、甲寅、戊申、丙申。

六月:壬申、甲申、丙申、壬寅、甲寅、庚寅、丙寅、壬午、丙午、甲午。

七月:丙子、壬子、壬辰、壬卯、丁卯、辛卯、癸卯、乙卯、丙辰。

九月:丙寅、壬寅、庚寅、甲寅、丁卯、辛卯、癸卯、乙卯、丙午、壬午、甲午、壬子。

十月:甲子、戊子、甲午、卯日、未日。

十一月:甲申、壬申、壬寅、戊寅、庚寅、甲寅、甲辰、丙辰、壬辰、戊申、庚申、丙寅。

时家定局

子、寅、卯、辰、午、未、申、戌、亥。余时坐三杀不利。

右吉时不犯阴府克山方可用。

按乙山正五行属阴木,宜用水木当权之月。若用火土金司令之时,则四柱作用必要生旺。论窍马不可用纯阳。第双山五行又属木,用申子局泄乙木者,非亥上吉。寅午戌虽纯阳合马,然纯火局补向次之。或谓火局泄乙木者,非亥卯未向杀之阴,不合窍马不可用。不已则用三阳一阴,四中失一却无妨。若二阴二阳,驳杂不利。惟巳酉丑坐杀之阴,又失窍马,一字不可用矣。要之选择悉遵监历诸家,而斗首、三才、天符群书,亦宜参合,方为妙用。谨将各例分列于后。

斗首乙山五行属金,宜用秋金司令之月。天干宜用乙庚,为元辰,宜有气有位。丁壬为武财,宜生入克入。丙辛为廉子,只喜一位,不宜重见,重见泄气。甲己为贪官,宜休囚居外。戊癸为破鬼,亦宜休囚,不可居内。地支要在生旺胎养墓,微著得位。此天元、地元、人元吊帑皆当调剂善用,亦在乎人之参合矣。至兼卯从水元,兼辰从金元,论地支不论天干,又炉传之例也。

三才乙山兼卯,天干宜用戊己,为相生旺丁星,甲乙为财禄星,庚为扶助益年星。大忌丙丁为七杀伤害星,辛壬癸为浅弱晦滞星。地支宜用寅申巳亥为四大利星,戌为辅佐五吉星。大忌子午卯酉,为四大破军凶星,辰与丑未亦为左锋凶星。若夫兼辰又从辰□论,选择家亦知之。

天符乙山属东方,乃风木之气主之,有正气天符,有杂气天符,皆用化气。有化气太过,有化气不及,正气则用丁壬双化,杂气则用丁壬丙辛甲己,太过则用壬丙甲,不及则用丁辛己。地支宜用三合类象局,更须参合七政、天星、三奇、贵人禄马为要也。

辰山戌向

正针辰戌兼乙辛,分金坐丙辰向丙戌。缝针乙辛兼辰戌,分金坐辛卯向辛酉。穿山庚辰丙戌，透地丙辰土，坐井卦，宿坐角九度，向娄一度吉。

正针辰戌兼巽乾，分金坐庚辰向庚戌。缝针辰戌兼乙辛，分金坐丙辰向丙戌。穿山甲辰庚戌，透地己巳木，坐鼎卦，宿坐角二度，向奎十三度吉。

山运

甲年戊辰木，冬至后变金。丙年壬辰水，冬至后变火。戊年丙辰土，冬至后变木。庚年庚辰金，冬至后变水。壬年甲辰火，冬至后变土。如木运忌纳音金克，变运亦然，柱中有制化迪吉。余仿此。

凡选择必本太岁，而太岁之吉神固所当趋，太岁之凶杀尤所宜避。今详列于左。

趋吉神

通天窍、走马六壬，同用申子辰寅午戌四柱。三元旺气，宜用谷雨中元气。天符正经，宜用丁壬合化地支三合。天地转运图，宜用子午卯酉四柱。金精鳌极，宜用辰戌卯酉巳亥年。玉环炉传斗首，宜乙庚丁壬丙辛天干。五运，宜用乙庚戊丁年。六气，宜用君火相湿土当令之月。太极，宜用木火四柱。雷霆，宜用寅亥卯未巳丑日。

避凶杀

傍阴府，忌丙辛二干全，单丙不忌。弓箭，无忌。气运，忌壬年孤，己年虚，壬辰年吉。消灭，丙午兼乙辛忌庚子庚午兼巽丙子午日。日流太岁，忌戊辰旬中克山日。曜气星，忌辛酉日中山忌戌支。坐三杀，忌酉丑四柱。向三杀，忌亥卯未会木局。天星，忌甲乙二干全，单一干不忌。地曜，忌寅卯二支，单寅不忌。

或以戊己全为天星，以辰戌丑未全为地曜者，非。

辰山戌向，除巳酉丑年月日时坐杀，亥卯年向杀，除戌年坐岁破向太岁，除月家犯官符占山向，俱不利，不备载录。谨将所利开山立向年月日时，详列于左。

甲子年

竖造:正、三、五、六、十一月利。
安葬:正、三、五、六、十月利。入墓十一月利。

丙寅年

竖造:正、五、七、十、十一月利。
安葬:正、五、七、十、十一月利。入墓十一月利。

戊辰年

竖造:正、三、五、六、七、十月利。
安葬:正、三、五、六、七、十月利。入墓不利。

庚午年

竖造:宜用二、五、七、十、十一月利。
安葬:二、五、七、十、十一月利。入墓二、十一月利。

壬申年

竖造:正、五、六、七、十、十一月利。
安葬:正、六、七、十、十一月利。入墓不利。

丙子年

竖造:正、三、五、六、十、十一月利。
安葬:正、三、五、六、十、十一月利。入墓十一月利。

戊寅年

竖造:正、五、七、十、十一月利。
安葬:正、五、七、十、十一月利。入墓十一月利。

庚辰年

竖造:正、三、五、六、七、十一月利。
安葬:正、三、五、六、七、十月利。入墓不利。

壬午年

竖造:宜用二、五、七、十、十一月利。
安葬:五、七、十、十一月利。入墓二、十一月利。

甲申年

竖造:宜用正、五、六、七、十月利。
安葬:正、五、六、七、十一月利。入墓不利。

戊子年

竖造:正、三、五、六、十、十一月利。
安葬:正、三、五、六、十、十一月利。入墓十一月利。

庚寅年

竖造:宜用正、五、七、十、十一月利。
安葬:正、七、十、十一月利。入墓十一月利。

壬辰年

竖造:正、三、五、六、七、十一月利。
安葬:正、三、五、六、七、十一月利。入墓不利。

甲午年

竖造:宜用二、五、七、十一月利。
安葬:二、五、七、十一月利。入墓二、十一月利。

丙申年

竖造:正、五、六、七、十、十一月利。
安葬:正、五、六、七、十、十一月利。入墓不利。

庚子年

竖造:正、三、五、六、十、十一月利。
安葬:正、三、五、六、十、十一月利。入墓十一月利。

壬寅年

竖造:宜用正、五、七、十、十一月利。
安葬:正、五、七、十、十一月利。入墓十一月利。

甲辰年

竖造:宜用正、三、五、六、七月利。
安葬:正、三、五、六、七月利。入墓不利。

丙午年

竖造:宜用二、五、七、十、十一月利。
安葬:五、七、十、十一月利。入墓十一月利。

戊申年

竖造:正、五、六、七、十、十一月利。
安葬:正、五、六、七、十、十一月利。入墓不利。

壬子年

竖造:正、三、五、六、十、十一月利。
安葬:正、三、五、六、十、十一月利。入墓十一月利。

甲寅年

竖造：宜用正、五、七、十一月利。
安葬：正、五、七、十一月利。入墓十一月利。

丙辰年

竖造：正、三、五、六、七、十月利。
安葬：正、三、五、六、七、十一月利。入墓不利。

戊午年

竖造：宜用二、五、七、十、十一月利。
安葬：二、五、七、十、十一月利。入墓二、十一月利。

庚申年

竖造：正、五、六、七、十、十一月利。
安葬：正、五、六、七、十、十一月利。入墓不利。

辰山戌向选逐月竖造安葬吉日定局

上层竖造（除九月冲山不载）

正月：庚午、壬午、甲午、戊午、丙午、辛未、丁未。
二月：甲申、丙申、戊申、甲寅、戊寅、庚寅、壬寅。
三月：甲子、丙子、戊子、庚子、壬子、甲申、丙申。
五月：壬辰、甲辰、丙辰、丁未、己未、辛未、癸未、己亥。
六月：甲申、庚申、戊寅、壬寅、丙寅、甲寅、丙申。
七月：甲子、丙子、戊子、庚子、壬子、乙未、丁未、辛未、丁卯。
十月：甲子、丙子、戊子、庚子、壬子、庚午、壬午、甲午。
十一月：戊辰、庚辰、甲辰、丙辰、戊寅、甲寅、庚寅、壬寅、丙寅。
右造日不犯倒家杀、克山运可用。

下层安葬(除重复日不载)

正月:壬午、丙午、丁卯、乙卯、辛卯、癸卯。

二月:壬申、甲申、丙申、戊申、庚申、庚寅、壬寅、戊寅、甲寅、丙寅。

三月:壬申、甲申、庚申、丙申、甲午、丙午、庚午、壬午、甲子、丙子、庚子、壬子、卯申日。

五月:壬申、甲申、丙申、戊申、庚申、丙寅、庚寅、壬寅、甲寅、戊寅

六月:壬申、甲申、庚申、丙申、庚寅、壬寅、丙寅、甲寅、丙午、庚午、壬午、甲午。

七月:甲子、壬子、壬辰、丙辰、丁卯、辛卯、癸卯、乙卯。

十月:庚午、甲午、戊午、甲子、庚子、戊子。

十一月:甲申、壬申、戊申、丙申、甲辰、丙辰、壬辰、戊寅、甲寅、庚寅、壬寅、戊申、丙寅。

右葬日不犯太阳密、克山运可用。

时家定局

子、寅、卯、辰、午、申、亥。吉时不犯阴府克山可用。

按辰山五行属阳土,宜用火土当权之月。若用金水木司令之时,则四柱作用必要生旺,论窍马宜用纯阳。第双山五行又属水,用申子辰局补山,合窍合马上吉。寅午戌局亦合窍马,但戌支冲山不可用,宜用寅午补向,次吉。亥卯未向杀之阴,不合窍马,不可用。不得已而用三阳一阴,四中失一却无妨。惟巳酉丑坐杀之阴皆失窍马,不可用耳。要之选择悉遵监历诸家,而斗首、天符、三才群书,皆宜参合,方为尽善。今将各例分列于后,以备博览。

斗首辰山五行属金,宜用秋金司令之月。天干宜用乙庚,为元辰,宜有气生旺。丁壬为武财,宜生入克入。丙辛为廉贞,只喜一位,不宜重见。甲己为贪官,只宜休囚居外。戊癸为破鬼,亦宜休囚,不宜居内。地支宜用生旺胎养墓,此中三元亦在人之善用矣。

三才辰山兼巽,天干宜用丙丁,为相生进丁星,壬癸为遇禄星,戊己为扶助益年星。大忌甲乙为七杀生祸星,庚辛为泄弱星。地支宜用子午卯酉,为

四大利补龙星,亥为辅佐永年星,极忌辰戌丑未,为破军剥龙星。寅申与巳为左锋凶星,但选择家不可不知其活用也。

天符辰山属东方,风木气主之,有正气天符,有杂气天符,皆用化气。有化气太过,有化气不及,正气则用丁壬双化,杂气则用丁壬丙辛,太过则用壬丙甲,不及则用丁辛巳。地支宜用三合类象局,又须参合天星、三奇、垣局、贵人禄马方得妙用也。

巽山乾向

正针巽乾兼辰戌,分金坐丙辰向丙戌。缝针辰戌兼巽乾,分金坐庚辰向庚戌。穿山丙辰壬戌,透地辛巳金,坐过卦,宿坐轸十三度,向奎六度吉。

正针巽乾兼巳亥,分金坐庚辰向庚戌。缝针巽乾兼辰戌,分金坐丙辰向丙戌。穿山己巳乙亥,透地癸巳水,坐巽卦,宿坐轸七度,向壁八度吉。

山运

甲己年戊辰木,冬至后变金。丙辛年壬辰年水,冬至后变火。戊癸年丙辰土,冬至后变木。乙庚年庚辰金,冬至后变水。丁壬年甲辰火,冬至后变土。如木运忌纳音金克,变运亦然,柱中有制化迪吉。余仿此。

凡选择必本太岁,而太岁之吉神固所当趋,太岁之凶杀尤所宜避,今详列于左。

趋吉神

通天窍、走马六壬,用亥卯未巳酉丑局兼局辰申。三元旺气,宜用谷雨中元,立夏上元,小暑下元。天符正经,宜甲己双化地支三合。天地转运图,宜用子午卯酉四柱。金精鳌极,宜用子午寅申丑未年。玉环炉传斗首,宜甲己丙辛乙庚天干。五运,宜用戊癸乙丙年。六气,宜用寒木风木之月。太极,宜用木水火四柱。雷霆,宜用申子辰寅午戌日。

避凶杀

正阴府,忌甲己二干,单干亦不忌。弓箭,忌巳亥二支全,单一支不忌。气运,忌庚年孤,丁年虚,庚寅丁卯年吉。消灭,忌丙子丙午。日流太岁,兼辰巳忌戊辰己巳旬克山日。曜气星,忌辛酉日。坐三杀,兼辰巳忌巳酉丑申子辰四柱。向三杀,兼辰巳忌亥卯未寅午戌会日。天星,忌庚辛二干全,单不忌。地曜,忌申酉二支全,单不忌。

或以丙辛全为天星,开日以寅午戌全为地曜者,非。

巽山乾向,兼辰戌属东西,除巳酉丑年月日是时坐杀,亥卯未年向杀,除甲己年月日犯正阴府,除月家官符占山向,俱不利。谨将所列开山立向年月日时,详列于左。

丙寅年

竖造:宜用正、二、七、十一月利。

安葬:正、二、七、十一月利。入墓二、十一月利。

戊辰年

竖造:宜用三、五、七、十月利。

安葬:五、七、十月利。入墓不利。

庚午年

竖造:宜用五、九、十、十一月大利。

安葬:五、十、十一月利。入墓十一月利。

壬申年

竖造:正、五、六、七、十、十一月利。

安葬:正、五、六、七、十、十一月利。入墓不利。

丙子年

竖造:正、三、六、十月大利。

安葬:正、六、十一月利。入墓十一月利。

戊寅年

竖造:宜用二、五、七、十一月利。
安葬:二、五、七、十月利。入墓二月利。

庚辰年

竖造:宜用正、三、五、六、十月大利。
安葬:正、五、六、十月利。入墓不利。

壬午年

竖造:宜用二、五、七、九、十、十一月利。
安葬:二、五、七、十月利。入墓二、十一月利。

丙戌年

竖造:宜用正、二、七、九、十一月利。
安葬:正、二、七、十一月利。入墓二、十一月利。

戊子年

竖造:宜用三、五、十一月大利。
安葬:宜用五、十月利。入墓不利。

庚寅年

竖造:宜用正、五、十、十一月利。
安葬:正、五、十、十一月利。入墓十月大利。

壬辰年

竖造:宜用正、五、六、七、十月利。
安葬:正、五、六、七、十月利。入墓不利。

丙申年

竖造:宜用正、六、七、十一月利。
安葬:正、六、七、十一月利。入墓不利。

戊戌年

竖造:宜二、七、十一月利。九月亦利。
安葬:二、七、十月利。入墓二月利。

庚子年

竖造:正、三、五、六、十、十一月利。
安葬:正、五、六、十、十一月利。入墓十一月利。

壬寅年

竖造:正、二、五、七、十、十一月利。
安葬:正、二、十、十一月大利。入墓二、十一月利。

丙午年

竖造:宜用二、七、九、十一月利。
安葬:二、七、十一月利。入墓二、十一月利。

戊申年

竖造:宜用五、七、十月大利。
安葬:五、七、十月利。入墓不利。

庚戌年

竖造:正、十、十一月利。一并九月利。
安葬:正、十、十一月利。入墓十一月利。

丙辰年

竖造:宜用正、三、六、七月利。
安葬:正、六、七月利。入墓不利。

壬子年

竖造:宜用正、五、六、十、十一月利。
安葬:正、五、六、十月利。入墓十一月利。

庚申年

竖造:宜用正、五、六、十、十一月利。
安葬:正、五、六、十、十一月利。入墓不利。

戊午年

竖造:二、五、七、九、十月利。
安葬:二、五、七、十月利。入墓二月利。

壬戌年

竖造:正、二、七、十、十一月利。九月亦利。
安葬:正、二、七、十、十一月利。入墓二、十一月利。

巽山乾向兼辰戌选逐月竖造安葬吉日定局

上层竖造(除重复日不载)

正月:庚午、戊午、壬午、丙午、辛未、丁未。
二月:丙申、戊申、丙寅、戊寅、庚寅、壬寅。
三月:丙子、戊子、庚子、壬子、丙申。
五月:庚辰、壬辰、丙辰、戊戌、庚戌、丙戌、壬戌、乙未、辛未、丁未、癸未。
六月:丙申、庚申、丙寅、戊寅、壬寅、庚寅。

七月:丙子、戊子、庚子、壬子、乙未、丁未、辛未、丁卯。

九月:戊午、庚午、丙午、壬午、乙亥、丁亥、辛亥、癸亥、丁卯。

十月:戊子、庚子、丙子、壬子、庚午、壬午。

十一月:丙辰、戊辰、庚辰、丙寅、戊寅、庚寅、壬寅、丙戌、戊戌、庚戌、壬戌。

右造日不犯倒家杀、克山运可用。

下层安葬(除重复日不载)

正月:壬午、辛卯、丁卯、癸卯、乙卯、戊午。

二月:壬申、丙申、庚申、丙寅、庚寅、戊寅、壬寅、戊申。

三月:剑锋杀,安葬不利。

五月:壬申、丙申、庚申、戊申、戊寅、庚寅、丙寅、壬寅。

六月:壬申、庚申、丙申、甲寅、壬寅、庚寅、丙寅、庚午、壬午、丙午。

七月:丙子、壬子、壬辰、丙辰、丁卯、辛卯、癸卯、乙卯。

九月:剑锋杀,安葬不利乙辛丁。

十月:庚午、戊午、庚子、戊子。

十一月:壬申、庚申、丙申、戊申、壬辰、丙辰、戊寅、庚寅、壬寅、丙寅。

右葬日不犯太阳密、克山运可用。

时家定局

子、丑、卯、辰、午、未、申、戌、亥。吉时不犯阴府克山可用。

巽山乾向,兼巳亥属南北,除申子辰年月日时犯坐三杀,寅午戌年向三杀,甲己年月日犯正阴府,除酉年犯巡山罗睺占山,并除月家犯天官符占山向,及地官符占山,俱不利,不备载录。谨将所利开山立向及年月日时定局,谨详列于左。

乙丑年

竖造:宜用正、四、五、十月利。

安葬:正、四、五、十月利。入墓不利。

丁卯年

竖造:正、二、四、六、九月利。
安葬:正、二、四、六月利。入墓十一月利。

辛未年

竖造:宜用四、六、八、九月利。
安葬:四、六、八月利。入墓八月利。

乙亥年

竖造:宜用正、八、九、十月利。
安葬:正、八、十月利。入墓八月利。

丁丑年

竖造:正、二、四、五、十、十二月利。
安葬:正、二、四、五、十、十二月利。入墓二、十一月利。

辛巳年

竖造:宜用二、四月大利。
安葬:二、四、八月利。入墓二、四月利。

癸未年

竖造:宜用正、八、九、十月利。
安葬:四、八、十月利。入墓八月利。

丁亥年

竖造:宜用正、二、九、十月利。
安葬:正、二、十月利。入墓十月利。

辛卯年

竖造:宜用二、四、六、八、九月利。
安葬:二、四、六、八月利。入墓二、八月利。

癸巳年

竖造:宜用二、四、五、八月利。
安葬:二、四、五、八月利。入墓二、八月利。

乙未年

竖造:宜用正、四、六、八、九、十月利。
安葬:正、四、六、八、十月利。入墓八月利。

辛丑年

竖造:宜用二、四、五月中利。
安葬:二、四、十二月利。入墓二、十二月利。

癸卯年

竖造:宜用二、四、八、九月利。
安葬:二、四、八月利。入墓二、八月利。

乙巳年

竖造:宜用正、四、五、八月利。
安葬:正、四、五、八月利。入墓四月利。

丁未年

竖造:正、四、六、九、十月利。
安葬:正、四、六、十月利。入墓不利。

辛亥年

竖造：宜用二、八、九月大利。
安葬：二、八月利。入墓八月利。

癸丑年

竖造：宜用二、四、五、十、十二月利。
安葬：二、四、五、十、十二月利。入墓二、十二月利。

乙卯年

竖造：宜用正、四、六、八、九月大利。
安葬：正、四、六、八月利。入墓八月利。

丁巳年

竖造：宜用正、二、四、五月大利。
安葬：正、二、四月利。入墓二月利。

癸亥年

竖造：宜用二、八、九、十月利。
安葬：二、八、十月利。入墓八、十月利。

巽山乾向兼巳亥选逐月竖造安葬吉日定局

上层竖造（除重复日不载）

正月：乙酉、癸酉、丁酉、辛未、丁未。

二月：乙丑、丁丑、辛丑、癸丑、乙亥、辛亥、丁未、癸未、丙寅、庚寅、戊寅、壬寅。

四月：丁丑、癸丑、丁卯、乙卯、癸卯。

五月：辛未、丁未、癸未、乙未。

六月:乙亥、丁亥、辛亥、丙寅、戊寅、庚寅、壬寅。

八月:丁丑、乙丑、癸丑、癸巳、丁巳、戊寅、庚寅、壬寅。

九月:乙亥、辛亥、丁亥、癸亥、辛卯、己卯、癸卯。

十月:癸酉、乙酉、丁酉、辛未、乙未、丁未、庚午、壬午。

十二月:癸巳、乙巳、丙寅、戊寅、壬寅。

右造日不犯倒家杀、克山运可用。

下层安葬(除重复日不载)

正月:乙酉、癸酉、丁酉、辛酉、丁卯、辛卯、癸卯、乙卯。

二月:癸未、丁未、丙寅、戊寅、庚寅、壬寅。

四月:癸酉、乙酉、丁酉、辛酉、乙丑、丁丑、庚午、丁午。

五月:无吉日,乙丑次利。

六月:癸酉、乙酉、丁酉、辛酉、乙卯、丁卯、辛卯、癸卯、壬午、庚午、庚寅、壬寅、丙寅。

八月:丁丑、癸丑、戊丑、戊寅、丙寅、庚寅、壬寅。

九月:剑锋杀,安葬不利。

十月:辛未、乙未、癸未、丁未、乙卯、丁卯、辛卯、癸卯、戊午、庚午。

十二月:癸酉、乙酉、丁酉、辛酉、乙卯、丁卯、辛卯、癸卯、庚午、壬午、丙寅、庚寅。

右葬日不犯太阳密、克山运可用。

时家定局

丑、寅、卯、巳、午、未、酉、戌、亥。余时坐杀不可用。

右吉时不犯正阴府、克山运可用。

按巽山正五行属阴木,宜用水木当权之月,用土财局次之,如用火金司令之时,则四柱作用必要生旺。第巽乃东南之隅,兼辰宜从东用阳,申子辰合坐山上吉,寅午戌合向次之。巳酉丑之阴坐东,亥卯未之阴向杀,不合坐向,不可坐也。兼巳宜从南用阴,巳酉丑合坐山上吉。亥卯未合向次之,申子辰坐杀,亦不必尽拘,书云"四中失一却无妨"是也。要之择日悉遵监历诸家,而斗首、天符、三才群书，皆宜参合，方为善用。今将各例分列于后，以备博览。

斗首巽山五行属土，宜用四季之令，。干宜用甲己为元辰，宜有位有气。丙辛为武财，宜生入克入。乙庚为廉贞，只喜一位，不宜重见。戊癸为贪官，宜休囚无气，日居年月外。丁壬为破鬼，亦宜休囚，不宜居日时内。若建庙堂社坛，用贪破亦无妨。地支要用生旺胎养墓，断不可使元武居死绝无气之位，神而明之，亦在乎人。至兼辰从金元，兼巳从土元，又炉传之例也。

三才巽山兼辰，天干宜用丙丁，为相生旺丁星。壬癸为遇禄星，戊己为扶助星，大忌用乙为七杀星，庚辛为泄弱星。地支用子午卯酉，为四大利星，亥为永寿星。极忌辰戌丑未，为破军星。寅申与巳为左锋星。若夫兼巳又从巳丙论，此以天干补向，以地支补山，不可不知也。

天符巽山属四隅，乃湿土之气主之。有正气天符，有杂气天符，皆用化气。有化气太过，有化气不及，正气天干则用甲己双化，杂气则用甲己戊癸丙辛。太过则用甲壬丙，不及则用己癸辛。地支三合类象局，及天星、三奇、贵人禄马之法也。

巳山亥向

正针巳亥兼巽乾，分金坐丁巳向丁亥。缝针巽乾兼巳亥，分金坐庚辰向庚戌。穿山辛巳丁亥，透地乙巳火，坐恒卦，宿坐翼十九度，向室十八度吉。

正针巳亥兼丙壬，分金坐辛巳向辛亥，缝针巳亥兼巽乾，分金坐丁巳向丁亥。穿山乙巳辛亥，透地丁巳土，坐蛊卦，宿坐翼十三度，向室十二度吉。

山运

乙年癸未木，冬至后变金。丁年丁未水，冬至后变火。癸年己未火，冬至后变土。辛年乙未金，冬至后变水。己年辛未土，冬至后变木。如木运忌纳音金克，变运亦然，柱中有制迪吉。余运仿此。

凡选择必本大岁，而太岁之吉神固所当趋，而太岁之凶杀尤所宜避，今详列于左。

趋吉神

通天窍、走马六壬，同巳酉丑亥卯未四柱。三元旺气，宜用小满下元节气。天符正经，宜戊癸双化地支三合。天地转运图，宜用辰戌丑未四柱。金精鳌极，宜用子午巳亥辰戌年。玉环炉传斗首，宜甲己丙辛乙庚天干。五运，宜用甲己辛壬年。六气，宜用风木君火相火当权之月。太极，宜用水火木四柱。雷霆，宜用午戌申子日。

避凶杀

傍阴府，忌乙庚二干全，单不忌。弓箭，无忌。冲山，忌亥。气运，忌丙年孤、癸年虚，癸巳年吉。消灭，兼巽忌丙子丙午日，兼丙忌乙卯乙酉日。日流太岁，忌己巳旬，合历合格亦不妨。曜气星，忌辛酉日，合历合格亦吉。坐三杀，忌申子辰四柱。向三杀，忌寅午戌局。天星，忌壬癸二干全，单用不忌。地曜，忌亥子二于全，单一字不忌。

或以丙辛全为天星，以寅午戌局全为地曜者，非。

巳山亥向，除申子辰年月日时坐杀，寅午戌年向杀，除亥年坐岁破向太岁，除月家犯官符占山向，俱不利，不备载录。谨将所利开山立向年月日时，详列于左。

乙丑年

竖造：宜用正、二、四、五、十二月利。

安葬：正、二、四、五、十二月利。入墓二、十二月利。

丁卯年

竖造：宜用正、二、四、六、八、九月利。

安葬：正、二、四、六、八、九月利。入墓二、八月利。

己巳年

竖造：宜用正、二、四、五、八月利。

安葬：正、二、四、五、八月利。入墓二、四月利。

辛未年

竖造:宜用二、四、六、八、九月利。
安葬:正、四、六、八、九月利。入墓八月利。

癸酉年

竖造:宜用正、二、五、八、十二月利。
安葬:正、二、五、八、十二月利。入墓二、八月利。

丁丑年

竖造:宜用正、二、四、五、十二月利。
安葬:正、二、四、五、十二月利。入墓二、三月利。

己卯年

竖造:正、二、四、六、八、九月利。
安葬:正、二、四、六、八、九月利。入墓二、八月利。

辛巳年

竖造:宜用正、二、四、五、八月利。
安葬:正、二、五、八月利。入墓二、四月利。

癸未年

竖造:宜用正、四、六、八月利。
安葬:正、四、六、八月利。入墓八月利。

乙酉年

竖造:宜用正二、五、八、十二月利。
安葬:正、二、五、八、十二月利。入墓二、八月利。

己丑年

竖造:宜用正、二、四、五、十二月利。
安葬:正、二、四、五、十二月利。入墓二、十二月利。

辛卯年

竖造:正、二、四、六、八、九月利。
安葬:正、二、四、六、八、九月利。入墓八月利。

癸巳年

竖造:正、二、四、五、八月大利。
安葬:正、二、四、五、八月利。入墓二月利。

乙未年

竖造:宜用正、四、六、八、九月利。
安葬:正、四、六、八、九月利。入墓三、八月利。

丁酉年

竖造:宜用正、二、五、八、十二月利。
安葬:正、二、五、八、十二月利。入墓二、八月利。

辛丑年

竖造:宜用正、二、四、五、八月利。
安葬:正、二、四、五、十二月利。入墓二、十二月利。

癸卯年

竖造:宜用正、二、四、六、八月利。
安葬:正、二、四、六、八月利。入墓二、八月利。

乙巳年

竖造:宜用正、二、四、五、八月利。
安葬:正、二、四、五、八月利。入墓二、四月利。

丁未年

竖造:正、四、六、八、九月利。
安葬:正、四、六、八、九月利。入墓八月利。

己酉年

竖造:宜用正、二、五、八、十二月利。
安葬:正、二、五、八、十一月利。入墓二、八月利。

癸丑年

竖造:宜用正、二、四、五、十二月利。
安葬:正、二、四、五、十二月利。入墓三、十二月利。

乙卯年

竖造:宜用正、二、四、六、八、九月利。
安葬:正、二、四、六、八、九月利。入墓二、八月利。

丁巳年

竖造:宜用正、二、四、五、八月利。
安葬:正、二、四、五、八月利。入墓二月利。

己未年

竖造:宜用正、四、六、八、九月利。
安葬:正、四、六、八、九月利。入墓八月利。

辛酉年

竖造:宜用正、二、五、八、十二月利。

安葬:正、二、五、八、十一月利。入墓二、八月利。

巳山亥向选逐月竖造安葬吉日定局

上层竖造(除十月冲山不载)

正月:癸酉、丁酉、己酉、辛未、乙酉、丁未。

二月:乙丑、丁丑、己丑、辛丑、癸丑、辛未、癸未、丁未、己未、丙寅、壬寅、戊寅、甲寅、庚寅。

四月:丁丑、癸丑、丁丑、己丑、丁卯、己卯、癸卯、辛卯、乙卯、甲午、丙午、戊午、壬午、庚午。

五月:辛未、癸未、丁未、己未、乙未。

六月:丙寅、甲寅、戊寅、壬寅

八月:乙丑、丁丑、己丑、癸丑、己巳、癸巳、丁巳、丙寅、戊寅、壬寅、庚寅、甲寅。

九月:丁卯、辛卯、己卯、癸卯。

十二月:癸巳、乙巳、丙寅、甲寅、戊寅、壬寅、己巳。

右造日不犯倒家杀、克山运可用。

下层安葬(除重复日不载)

正月:癸酉、乙酉、丁酉、己酉、辛酉、丁卯、辛卯、乙卯、己卯、癸卯。

二月:癸未、丁未、己未、丙寅、戊寅、甲寅、壬寅、庚寅。

四月:乙丑、乙酉、癸酉、丁酉、己酉、辛酉、丁丑、癸丑、辛丑、己丑、甲午、庚午、戊午。

五月:乙丑次吉。

六月:癸酉、乙酉、丁酉、辛酉、辛卯、丁卯、癸卯、乙卯、丙寅、甲寅、庚寅、甲午、丙午、甲寅。

八月:丁丑、癸丑、丙寅、戊寅、庚寅、壬寅、甲寅、己丑。

九月:癸酉、乙酉、丁酉、辛酉、丁卯、辛卯、癸卯、乙卯。

十二月:丙寅、庚寅、申寅、壬寅、癸酉、乙酉、丁酉、辛酉、庚午、甲午、壬午、丙午、卯日。

右葬日不太阳密克山运可用。

时家定局

丑、寅、卯、巳、午、未、酉、戌、吉时不犯阴府克山可用。

按:己山正五行属阳火,宜用木火当权之月。若用土金水司令之时,则四柱作用必要生旺,论窍马宜用纯阴,第双山五行又属金。用巳酉丑金局补山,纯阴合窍马上吉,亥卯未局补向次之。然四柱宜用卯未二支,亥字冲山不可用,寅午戌之阳向杀,不可全用,单一字向杀不妨。申子辰之阳,坐三杀大失窍马一字,不可用也。若夫斗首三才天符各例,亦宜参合,谨详分列于后。

斗首巳山五行属土,宜用四季之令,天干宜用甲己为元辰,宜有气有位。丙辛为武财,宜生入克入。乙庚为廉子,只喜一位,不宜重见。戊癸为贪官,宜休囚四无气,居年月外,丁壬为破鬼,亦宜休囚,不宜居内。地支宜用生旺胎墓,微著得地此中调剂,在支之得力也。

三才巳山兼丙天干,宜用庚辛为相生,旺丁星。丙丁为财帛星,癸为资利延龄星,大忌戊己为七杀凶星壬为触卯将军凶星甲乙为浅弱晦滞星地支用辰戌丑未为四大利,补龙星,子为辅佐五吉星。大忌寅申巳亥为四大破军凶星,午与卯酉为左券不利星。

丙山壬向

正针丙壬兼巳,分金坐丁巳向丁亥。缝针巳亥兼丙壬,分金坐辛巳向辛亥。穿山丁巳癸亥,透地壬水,坐家人卦,宿坐翼三度,向室二度吉。

正针丙壬兼午子,分金坐辛巳向辛亥。缝针丙壬兼巳亥,分金坐丁巳向丁亥。穿山庚午丙子,透地甲午金,坐明夷卦,宿坐张十三度,向危十一度吉。

山运

甲己年甲戌火,冬至后变土。乙庚年丙戌土,冬至后变木。丙辛年戊戌木,冬至后变金。丁壬年庚戌金,冬至后变木。戊癸年壬戌水,冬至后变火。如火运忌纳音水克,变运亦然,柱中有制迪吉。余仿此。

凡选择必本太岁,而太岁之吉神固所当趋,太岁之凶杀尤所宜避,今详列于左。

趋吉神

通天窍,宜用巳酉丑亥卯未四柱。走马六壬,宜用寅午戌申子辰四柱。天符正经,宜用戊癸双化地支三合。三元旺气,宜夏至上元,芒种中元,小暑下元节气。天地转运图,宜用辰戌丑未四柱。金精鳌极,宜用子午辰戌巳亥年。玉环炉传斗首,干宜戊癸乙庚甲己天。太极,宜用火木水四柱。五运,宜用甲辛壬己年。六气,宜用风木君火相火当令之月。雷霆,宜用巳酉丑亥卯日。

避凶杀

傍阴府,忌甲己二干全,单用不忌。弓箭,忌子午卯乙酉日。气运,忌甲年虚癸巳丙午年吉。消灭,忌乙卯乙酉日。日流太岁,忌己巳合历格亦可用。曜气星,忌巳亥日。坐三杀,忌申子辰四柱。天星,忌壬癸二干全,单一字不忌。地曜,忌亥子支全,单一支不忌。

若以壬乙全为天星,申子辰为地曜者,非。

丙山壬向,除申子辰年月日时坐杀,除丑年犯巡山罗睺占向,申年犯浮天空亡占向,除月家官符占山向,俱不利。谨将所利开山立向年月日时,详列于左。

丙寅年

竖造:二、四、五、六、八、九、十月利。

安葬:二、五、六、八、九月利。入墓二月利。

丁卯年

竖造:正、四、五、六、十、十二月利。
安葬:正、五、六、十二月利。入墓十二月利。

己巳年

竖造:正、五、六、八、十、十二月利。
安葬:正、五、六、八、十二月利。入墓十二月利。

庚午年

竖造:正、二、四、六、八、九、十月利。
安葬:正、二、六、八、九月利。入墓二、八月利。

辛未年

竖造:正、二、四、五、十、十二月大利。
安葬:正、二、五、十二月利。入墓二、十二月利。

癸酉年

竖造:正、四、五、六、十、十二月利。
安葬:正、五、六、十二月利。入墓不利。

乙亥年

竖造:正、二、四、五、六、十一月利。
安葬:正、二、五、六、十二月利。入墓十二月利。

戊寅年

竖造:二、四、五、六、八、九、十月利。
安葬:二、五、六、八、九月利。入墓二月利。

己卯年

竖造:正、四、五、六、十、十二月利。
安葬:正、五、六、十二月利。入墓十二月利。

辛巳年

竖造:正、五、六、八、九、十、十二月利。
安葬:正、五、六、八、九、十一月利。入墓十二月大利。

壬午年

竖造:宜用正、四、六、八、九、十月利。
安葬:正、六、八、九月利。入墓八月利。

癸未年

竖造:正、二、四、五、十、十二月大利。
安葬:二、五、十二月利。入墓二、十二月利。

乙酉年

竖造:正、四、五、六、九、十、十二月利。
安葬:正、五、六、九、十月利。入墓不利。

丙戌年

竖造:正、二、四、五、六、八、十月利。
安葬:正、二、五、六、八月利。入墓二、八月利。

丁亥年

竖造:正、二、四、五、六、十二月利。
安葬:正、二、五、六、十二月利。入墓十二月利。

庚寅年

竖造:二、四、五、六、八、九、十月利。
安葬:二、五、六、八、九月利。入墓二月利。

辛卯年

竖造:正、四、五、六、十、十二月利。
安葬:正、五、六、十二月利。入墓十月大利。

癸巳年

竖造:宜用正、五、六、八、十、十二月利。
安葬:正、五、六、八、十二月利。入墓八、十二月利。

乙未年

竖造:宜用正、二、四、五、十、十二月利。
安葬:正、二、五、十二月利。入墓二、十二月利。

丁酉年

竖造:正、四、五、六、九、十、十二月利。
安葬:正、五、六、九、十二月利。入墓不利。

戊戌年

竖造:宜用正、二、四、五、六、八、十月利。
安葬:正、二、五、六、八月利。入墓二、八月利。

己亥年

竖造:正、二、四、五、六、十二月利。
安葬:正、二、五、六、十月利。入墓十二月利。

壬寅年

竖造:宜用四、五、六、八、九、十月利。
安葬:五、六、八、九月利。入墓不利。

癸卯年

竖造:正、四、五、六、十、十二月中利。
安葬:正、五、六、十月利。入墓十二月利。

乙巳年

竖造:正、五、六、八、九、十、十二月利。
安葬:正、五、六、八、九、十二月利。入墓十二月利。

丙午年

竖造:正、二、四、六、八、九、十月利。
安葬:正、二、六、八、九月利。入墓二、八月利。

丁未年

竖造:正、二、四、五、十、十二月利。
安葬:正、二、五、十二月利。入墓二、十二月利。

己酉年

竖造:正、四、五、六、十、十二月利。
安葬:正、五、六、十月利。入墓不利。

庚戌年

竖造:正、二、四、五、六、十月利。
安葬:正、二、五、六、八月利。入墓二、八月利。

辛亥年

竖造:正、二、四、五、六、十二月利。
安葬:正、三、六、十月利。入墓十二月利。

乙卯年

竖造:正、四、五、六、十二月利。
安葬:正、五、六月利。入墓三月利。

丁巳年

竖造:正、五、六、八、九、十、十二月利。
安葬:正、五、六、八、九、十二月利。入墓十二月利。

戊午年

竖造:正、二、四、六、八、九、十月利。
安葬:正、二、六、八、九月利。入墓八月利。

己未年

竖造:正、二、四、五、十、十二月利。
安葬:正、三、五、十二月利。入墓二、十二月利。

辛酉年

竖造:正、四、五、六、九、十、十二月利。
安葬:正、五、六、九、十二月利。入墓不利。

壬戌年

竖造:正、四、五、六、八、十月大利。
安葬:正、五、六、八月利。入墓十月利。

癸亥年

竖造:正、二、四、五、六、十二月利。

安葬:正、二、五、六、十二月利。入墓十二月利。

丙山壬向选逐月竖造安葬吉日定局

上层竖造(除重复日不载)

正月:庚午、壬午、丙午、甲午、戊午、丁酉、己酉。

二月:乙丑、丁丑、辛丑、己丑、癸丑、癸未、丁未、己未、辛亥、丁亥、乙亥、五寅日。

四月:丁丑、癸丑、庚午、丙午、甲午、壬午、戊午、丁卯、己卯、癸卯、辛卯、己丑。

五月:甲戌、戊戌、庚戌、壬戌、丁未、辛未、乙未、癸未、己未、丙戌。

六月:丙寅、戊寅、壬寅、甲寅、丁亥、乙亥、辛亥。

八月:乙丑、丁丑、己丑、癸丑、丁巳、己巳、癸巳、戊寅、丙寅、甲寅、壬寅、庚寅。

九月:庚午、壬午、甲午、丙午、戊午、丁卯、辛卯、癸卯、丁未、乙未、辛亥。

十一月:丁酉、癸酉、辛酉、己酉、戊午、壬午、甲午、戊午、丁未、乙未、辛未。

十二月:己巳、癸巳、乙巳、戊寅、壬寅、丙寅、甲寅。

右造日不犯倒家杀、克山运可用。

下层安葬(除重复日不载)

正月:壬午、丙午、癸酉、丁酉、己酉、辛酉、丁卯、辛卯、癸卯。

二月:庚寅、壬寅、戊寅、丙寅、庚寅、甲寅、丁未、癸未、己未。

四月:剑锋安杀,葬不利。

五月:庚寅、戊寅、丙寅、壬寅、甲寅、丁丑、癸丑、乙丑。

六月:庚午、壬午、甲午、丙午、庚寅、壬寅、丙寅、甲寅、丁卯、辛卯、癸卯。

八月:庚寅、戊寅、庚寅、壬寅、甲寅、丁丑、癸丑、己丑、乙丑。

九月:庚午、壬午、甲午、丙午、庚寅、壬寅、丙寅、甲寅、癸酉、丁酉、辛酉、庚卯。

十一月:剑锋杀,安葬不利。

十二月:庚午、壬午、甲午、丙午、丙寅、甲寅、庚寅、壬寅、癸酉、丁酉、辛酉、寅卯日。

右葬日不犯太阳密、克山运可用。

时家定局

丑、寅、卯、巳、午、未、酉、戌、亥。余时坐三杀不取录。

右吉时不犯傍阴府、克山可用。

按丙山正五行属阳火,宜用木火当权之用,若用土金水司令之时,则四柱作用必要生旺。论窍马可以并用,不忌平分,纯阴合窍,纯阳合马,即三阴一阳,阴阳三阳一阴,二阴二阳,窍马两合,俱利,非驳杂也。第双山五行亦属火,惟用寅午戌火局补山,上吉。合马生旺不得以向杀忌之。巳酉丑同合窍兼巳补山,上吉。兼午亦吉,亥卯未局虽合窍,但丙火绝败衰之位次之,若申子辰局坐三杀,虽云合马,单一字不可用矣。然世人皆知寅午戌月日时合局可用,而寅午戌年合窍不知用,何其愚昧之术可笑也。要之选择悉遵监历诸家,而斗首、三才、天符,群书皆宜参合,方为尽善。谨将各例分列于后,以备博览。

斗首丙山五行属火,宜用夏火司令之月,或用春木之令。天干宜用戊癸为元辰,宜生旺有气。乙庚为武财,宜生入克入。甲己为廉贞,只宜一位,不宜重见,重见泄气。丁壬为贪官,宜休囚无气,居年月外。丙辛为破鬼,亦宜休囚,不宜居日时内。地支宜用生旺胎养墓,微著得位,总忌死绝无气,要之天元、地元、人元吊帑与元气之生克比和,在善用者神而明之矣。至兼巳从上元,兼午从火元,论地支不论天干,又炉传之例也。

三才丙山兼巳,天干宜用辛为相生,旺丁之星。丙丁为财帛之星,癸为资利延年之星,大忌戊己为克七杀凶星,壬为触犯将军之凶星,甲乙为泄弱之星。地支宜用辰戌丑未,为四大利补龙之星,子为辅佐五吉之星,最忌寅申巳亥,为四大破军剥官之星,午与卯酉为左劵凶星。若夫兼午又从午丁论,此以天干补向,以地支补山,选择家不可不知。

天符丙山属南方,乃君火相火之气主之。有正气天符,有杂气无符,皆用化气。有化气太过,有化气不及,正气天干则用戊癸双化,杂气则用戊癸丁壬乙庚,太过则用戊庚壬,不及则用癸丁乙。地支宜用三合类象局,贵参合天星、垣局、三奇、禄马贵人,始为善用也。

午山子向

正针午子兼丙壬,分金坐丙午向丙子。缝针丙壬兼午子,分金坐辛巳向辛亥。穿山壬午丙子,透地戊午火,坐寅卦,宿坐张五度,向危二度吉。

正针午子兼丁癸,分金坐庚午向庚子。缝针午子兼丙壬,分金坐两午向丙子庚子,透地辛未土,坐毕卦,宿坐张一度,向虚六度吉。

山运

甲己甲戌火,冬至后变土。乙庚年丙戌水,冬至后变木。丙辛年戊戌木,冬至后变金。丁壬年庚戌金,冬至后变水。戊癸年壬戌水,冬至后变火。如火运忌年月日时纳音水克,变运亦然,柱中有制化迪吉。余仿此。

凡选择必本太岁,而太岁之吉神固所当趋,而太岁之凶杀尤所宜避,详列于左。

趋吉神

通天窍,宜用巳酉丑亥卯未四柱。走马六壬,宜用寅午戌申子辰四柱。天符正经,宜戊癸双化地支三合。三元旺气,宜夏至芒种中元,小暑下元节气。天地转运图,宜用寅申巳亥四柱。金精鳌极,宜用寅申丑未卯酉年。玉环炉传斗首,宜用甲己辛癸乙庚天干。太极,宜用火木水四柱。五运,宜用甲己辛壬年。六气,宜用风木君火相火当令之月。雷霆,宜用寅午戌申子辰日。

避凶杀

正阴府,忌丁壬二干,单一字不利。弓箭,无忌。气运,忌丙年孤,癸年虚,癸巳丙午年吉。消灭,兼丙忌乙卯乙酉日,兼忌申辰戊日。日流太岁,忌戊午旬,合历合格可用。曜气星,忌巳亥日冲山忌干支。坐三杀,忌申子辰四柱。天星,忌壬癸二干全,单癸干不忌。地曜,忌亥子二支全,单亥不忌。

若以壬乙全为天星,申子辰全为地曜,非。

午山子向,除申辰年月日时坐杀,亥卯未年月日时坐炙退,除丁壬年月日犯正阴府,并除月家犯官符,俱不利。谨将所利开山立向年月日时,详列于左。

乙丑年

竖造:宜用正、四、八、九月利。

安葬:正、四、八、九月利。入墓八月利。

丙寅年

竖造:宜用四、五、八、九月利。

安葬:四、五、八、九月利。入墓不利。

己巳年

竖造:宜用正、五、八、九月利。

安葬:正、五、八、九月利。入墓不利。

庚午年

竖造:宜用正、四、八、九月利。

安葬:正、四、八、九月利。入墓八月利。

癸酉年

竖造:宜用正、五、十月大利。

安葬:正、五、十月利。入墓不利。

甲戌年

竖造:宜用正、四、五、八月利。
安葬:正、四、五、八月利。入墓八月利。

戊寅年

竖造:宜用五、八月大利。
安葬:宜用五、八月利。入墓不利。

辛巳年

竖造:宜用正、五、九、十月利。
安葬:正、五、九、十月利。入墓三月利。

乙酉年

竖造:宜用正、四、九、十月利。
安葬:正、四、九、十月利。入墓四月利。

丙戌年

竖造:宜用正、四、五月中利。
安葬:正、四、五月利。入墓不利。

乙丑年

竖造:宜用正、四、五、八、九月利。
安葬:正、四、五、八、九月利。入墓八月利。

庚寅年

竖造:宜用四、八、九月中利。
安葬:四、八、九月利。入墓不利。

癸巳年

竖造:宜用正、五、八、十月利。
安葬:正、五、八、十月利。入墓十月利。

甲午年

竖造:宜用正、四、八、九月利。
安葬:正、四、八、九月利。入墓八月利。

戊戌年

竖造:宜用正、五、八月大利。
安葬:正、五、八月利。入墓八月利。

辛丑年

竖造:宜用正、四、五、九月利。
安葬:正、四、五、九月利。入墓不利。

乙巳年

竖造:宜用正、八、九、十月利。
安葬:正、八、九、十二月利。入墓三月利。

丙午年

竖造:宜用正、四、九月大利。
安葬:正、四、九月利。入墓不利。

己酉年

竖造:宜用正、四、五、九月利。
安葬:正、四、五、九月利。入墓四月利。

庚戌年

竖造:宜用正、四、八月利。
安葬:正、四、八月利。入墓八月利。

癸丑年

竖造:宜用正、五、八月大利。
安葬:正、五、八月利。入墓八月利。

甲寅年

竖造:宜用四、五、八、九月利。
安葬:四、五、八、九月利。入墓不利。

戊午年

竖造:宜用正、八月大利。
安葬:正、八月利。入墓八月利。

辛酉年

竖造:正、四、五、九、十月利。
安葬:正、四、五、九、十月利。入墓四月利。

午山子向选逐月竖造安葬吉日定向

上层竖造(除重复日不载)

正月:庚午、戊午、甲午、壬午、丙午、癸酉、乙酉、己酉、庚寅。
四月:癸丑、庚午、甲午、丙午、戊午、己丑。
五月:甲戌、戊戌、丙戌、庚戌。
八月:乙丑、癸丑、己丑、癸巳、丙寅、戊寅、庚寅、己丑。
九月:庚午、甲午、丙午、戊午、甲戌、戊戌、庚戌、丙戌。

十二月:己巳、乙巳、癸巳、丙寅、戊寅、甲寅、庚寅。

右造日不犯倒家杀、克山运可用。

下层安葬(除重复日不载)

正月:戊午、丙午、乙酉、己酉、辛酉、戊寅、庚寅、壬寅、丙寅。

四月:庚午、甲午、丙午、戊午、乙酉、癸酉、己酉、辛酉、丁酉、乙丑、己丑、辛丑、癸丑。

五月:庚寅、戊寅、甲寅、壬寅、丙寅、乙丑。

八月:戊寅、丙寅、甲寅、庚寅、癸丑、己丑、癸酉、己酉、癸酉。

九月:庚午、丙午、丙寅、庚寅、甲寅、乙酉、癸酉、辛酉。

十二月:庚午、丙午、庚寅、甲寅、乙酉、癸酉、辛酉、甲午。

右葬日不犯太阳密、克山运可用。

时家定局

丑、寅、巳、午、酉、戌。吉时不犯阴府克山可用,余时不利。

按午山正五行属阳火,宜用木火当权之月。若用水土金司令之时,则四柱作用必要生旺。论窍马阴阳可以并用,纯阴合窍,纯阳合马,即三阴一阳,三阳一阴,二阴二阳,窍马合俱利。或谓驳杂者,非也。第双山五行亦属火,用寅午戌火局补山,上吉。合马生旺,不得以向杀论之。巳酉丑合窍向退,次吉,亥卯未虽合窍,但坐炙退不可用。不已则用二进一退,补助之法,亦不妨。惟申子辰虽合马,但坐三杀,一字不可犯矣。若夫斗首、三才、天符群书皆宜参合,乃为尽善。谨将各例分列于后,以备博览。

斗首午山五行属火,宜用夏火春木司令之月,天干宜用戊癸为元辰,宜有气有位。乙庚为武财,宜生入克入。甲己为廉贞,宜一位生旺,不宜重见。丁壬为贪官,只宜休囚居年月外。丙辛为破军,亦宜休囚无气,不宜居日时内。地支宜用丑戌为微,寅午辰巳为著为眼,则元辰有位,并值火气司令,谓之比和。倘值水气之令,是气克元,谓之战休,须要扶元抑气,气值金令是元克气,又要扶气抑元,比体无虚,在选择家之调剂善用矣。

三才午山兼丁,天干宜用庚辛,为相生旺丁星,丙丁为财禄星,壬为比和健寿星，忌用戊己为七杀汤火星。癸为冲压向首将军星，甲乙为泄弱木向星。地支宜用寅申巳亥为四大利之星，丑为贪狼五吉星，最忌子午卯酉为四大破军凶恶星，辰戌未支为紊乱凶星。但不宜执泥，当变通而用之。

天符午山属南方，乃君火相火气主之，有正气天符，有杂气天符，皆用化气。有化气太过，有化气不及，正气则用戊癸双化，杂气则用戊癸丁壬乙庚，太过则用戊庚壬，不及则用癸丁乙。地支宜用三合类象局，更合天星、贵人禄马，斯得其法也。

丁山癸向

正针丁癸兼午子，分金坐丙午向丙子。缝针午子兼丁癸，分金坐庚午向庚子。穿山戊□壬子，透地癸未水，坐离卦，宿坐柳十一度，向女九度吉。

正针丁癸兼未丑，分金坐庚午向庚子。缝针丁癸兼午子，分金坐丙午向丙子。穿山辛未乙丑，透地丁未木，坐革卦，宿坐柳四度，向女一度吉。

山运

己年乙丑金，冬至后变水。乙年丁丑水，冬至后变火。辛年己丑火，冬至后变土。丁年辛丑土，冬至后变木。癸年癸丑木，冬至后变金。如金运忌用年月日时纳音火克，变运亦然，但柱中有制化迪吉。余运仿此。

凡选择必本太岁，而太岁之吉神固所当趋，太岁之凶杀尤所宜避，今详列于左。

趋吉神

通天窍、走马六壬，同用亥卯未巳酉丑四柱。三元旺气，宜用小暑上元节气。天符正经，宜戊癸双化地支三合。天地转运图，宜用寅申巳亥四柱。金精鳌极，宜用卯酉巳亥辰戌年。玉环炉传斗首，宜丁壬甲己戊癸天干。五运，宜用甲己辛丁年。六气，宜用风木君火相火当权之月。太极，宜用水火木四柱。雷霆，宜用午戌申子辰日。

避凶杀

傍阴府，忌乙庚二干金，单一字不忌。弓箭，忌未丑二支金，单不忌。气运，忌丙年为孤，癸年为虚。消灭，忌甲辰甲戌日。日流太岁，忌戊午旬中克山日。曜气星，忌巳亥日，合格历亦可用。坐三杀，忌申子辰四柱。向三杀，忌寅午戌会局，兼午亦可用。天星，忌壬癸二干全，单不忌。地曜，忌亥子二支全，单亥支不忌。

或以癸全为天星，以巳酉丑局为地曜者，非。

丁山癸向，除申子辰年月日时坐杀，寅午戌年向杀，除乙年犯浮天空亡占向，除月家官符占山向，俱不利，不备载录。谨将所利开山立向年月日时，详列于后。

丁卯年

竖造：正、四、五、六、十、十二月利。

安葬：正、四、六、十、十二月利。入墓十、十二月利。

己巳年

竖造：正、五、六、八、九、十、十二月利。

安葬：正、六、八、九、十、十二月利。入墓十二月利。

辛未年

竖造：宜用正、二、四、五、十月利。

安葬：正、二、四、十月利。入墓二月利。

癸酉年

竖造：宜用正、四、五、六、十、十二月利。

安葬：正、四、五、六、十、十二月利。入墓不利。

丁丑年

竖造：宜用正、四、五、八、九、十月利。

安葬:正、四、八、九、十月利。入墓八月利。

己卯年

竖造:正、四、五、六、十、十二月利。
安葬:正、四、六、十月利。入墓十、十二月利。

辛巳年

竖造:正、五、六、八、九、十、十二月利。
安葬:正、六、八、九、十、十二月利。入墓十二月利。

癸未年

竖造:宜用正、二、四、五、十月利。
安葬:正、二、四、十月利。入墓二月利。

丁亥年

竖造:宜用正、二、四、五、六、十二月利。
安葬:正、二、四、六、十二月利。入墓十二月利。

己丑年

竖造:正、四、五、八、九、十月利。
安葬:正、四、八、九、十一月利。入墓八月利。

辛卯年

竖造:正、四、五、六、十、十二月利。
安葬:正、四、六、十、十二月利。入墓十二月利。

癸巳年

竖造:正、五、六、八、十、十二月大利。
安葬:正、六、八、十、十二月利。入墓九、十二月利。

丁酉年

竖造:正、四、五、六、九、十、十二月利。
安葬:正、四、六、九、十、十二月利。入墓不利。

己亥年

竖造:正、二、四、五、六、十二月利。
安葬:正、二、四、六、十二月利。入墓十二月利。

辛丑年

竖造:正、四、五、八、九、十月利。
安葬:正、四、八、九、十月利。入墓八月利。

癸卯年

竖造:正、四、五、六、十、十二月利。
安葬:正、四、六、十、十二月利。入墓十二月利。

丁未年

竖造:正、四、五、八、九、十月利。
安葬:正、四、八、九、十月利。入墓八月利。

己酉年

竖造:正、四、五、六、九、十、十二月利。
安葬:正、四、六、九、十、十二月利。入墓四月利。

辛亥年

竖造:正、二、四、五、六、十二月大利。
安葬:正、二、四、六、十二月利。入墓十二月利。

癸丑年

竖造:宜用正、四、五、八、十月大利。
安葬:正、四、八、十月利。入墓八月利。

丁巳年

竖造:正、五、六、八、九、十、十二月利。
安葬:正、六、八、九、十、十二月利。入墓十二月利。

乙未年

竖造;正、二、四、五、十月利。
安葬:正、二、四、十月利。入墓二月利。

辛酉年

竖造:正、四、五、六、九、十、十二月利。
安葬:正、四、六、九、十、十二月利。入墓四月利。

癸亥年

竖造:正、二、四、五、六、十二月利。
安葬:正、二、四、六、十月利。入墓十二月利。

丁山癸向选逐月竖造安葬吉日定局

上层竖造(除重复日不载)

正月:癸酉、己酉、乙酉、丁酉、丁未、辛未、壬午、甲午、丙午、戊午。
二月:癸未、辛未、丁未、己未、乙亥、丁亥、辛丑、己亥、癸丑、乙丑、五寅日。
四月:丁卯、辛卯、癸卯、乙卯、己卯、丁丑、癸丑、己丑、壬午、甲午、庚午。
五月:丁未、己未、乙未、癸未、辛未、戊戌、庚戌、壬戌、丙戌。

六月:乙亥、丁亥、辛亥、戊寅、丙寅、甲寅、戊寅。

八月:丁丑、己丑、乙丑、癸丑、己巳、丁巳、癸巳、丙寅、戊寅、庚寅、壬寅。

九月:辛卯、丁卯、癸卯、辛亥、乙亥、壬午、庚午、丙午、戊午。

十月:辛未、丁未、癸酉、丁酉、己酉、辛酉、乙未、庚午、壬午、甲午、乙酉。

十二月:己巳、癸巳、乙巳、丙寅、戊寅、壬寅、甲寅

右造日不犯倒家杀、克山运可用。

下层安葬(除重复日不载)

正月:癸卯、丁卯、辛卯、乙卯、癸酉、丁酉、乙酉、己酉、辛酉、壬午、丙午。

二月:癸未、丁未、己未、丙寅、戊寅、壬寅、甲寅、庚寅。

四月:癸酉、乙酉、丁酉、己酉、辛酉、乙丑、丁丑、己丑、辛丑、癸丑、午日。

五月:剑锋杀,安葬不利乙戊壬。

六月:辛卯、丁卯、癸卯、乙卯、癸酉、丁酉、乙酉、辛酉、丙寅、庚寅、甲寅、壬寅、午日。

八月:丁丑、己丑、癸丑、丙寅、庚寅、壬寅、甲寅、丁寅。

九月:丁卯、癸卯、癸酉、丁酉、辛酉、乙酉、乙卯、丙寅、庚寅、甲寅、壬午、丙午、向杀。

十月:辛未、癸未、丁未、己未、乙未、戊午、庚午、丁卯、己卯、乙卯、癸卯、甲午。

十二月:丁卯、辛卯、癸卯、乙卯、丁酉、辛酉、乙酉、癸酉、庚寅、甲寅、甲午、壬午、庚午。

右葬日不犯太阳密、克山运可用。

时家定局

丑、寅、卯、巳、午、未、酉、戌、亥。吉时不犯克山可用。

按丁山正五行属阴火,宜用木火当权之月,若用土金水司令之时,则四柱作用必要生旺。论窍马宜用纯阴,第双山五行又属木,宜用亥卯未木局补山,纯阴合窍合马上吉。巳酉丑虽纯阴,合窍马次吉。或谓结金为克木,犯地曜者,非。寅午戌向杀之阳,失窍失马不可全用,不已则用三阴一阳,四中失一

却无妨。若二阳二阴,驳杂不利。惟兼午合山亦次吉,申子辰坐杀之阳,一字不可用矣。若夫斗首、三才、天符群书,皆宜参合,谨将各例分列于后。

斗首丁山五行属木,宜用春木司令之月。天干宜用丁壬为元辰,宜有气有位。甲己为武财,宜生入克入。戊癸为廉贞,只宜一位,不宜重见。丙辛为贪官,只宜休囚居年月外。乙庚为破军亦宜休囚,不可居日内。地支用生旺胎养墓,微著合宜。总之元气之生克比和,均须调剂善用。至兼午兼未,论地支不论天干,又炉传之例也。

三才丁山兼午,天干宜用庚辛,为相生旺丁星,丙丁为财禄星,壬为比和星,忌用戊己为七杀星。癸为冲压向首星,甲乙为泄弱木向星。地支宜用寅申巳亥为四大利星,丑为贪狼星,极忌子午卯酉为四大破军星,辰戌未安为差错星。若夫兼未又从未坤论也。

天符丁山属南方,乃君火相火气主之。有正气天符,有杂气天符,皆用化气。有化气太过,有化气不及,正气则用戊癸双化,杂气则用戊癸丁壬乙庚,太过则用戊庚壬,不及则用癸丁乙。地支宜用三合类象局,更合天星、贵人禄马,斯为善用也。

未山丑向

正针未丑兼丁癸,分金坐丁未向丁丑。缝针丁癸兼未丑,分金坐庚午向庚子。穿山癸未丁丑,透地丁未水,坐□卦,宿坐井二十九度,向牛二度吉。

正针未丑兼坤艮,分金坐辛未向辛丑。缝针未丑兼丁癸,分金坐丁未向丁丑。穿山丁未辛丑,透地己未火,坐晋卦,宿坐井二十三度,向斗十八度吉。

山运

己年戊辰木,冬至后变金。乙年庚辰金,冬至后变水。辛年壬辰水,冬至后变火。丁年甲辰火,冬至后变土。癸年丙辰土,冬至后变木。如木运忌用年月日时纳音金克,变运亦然,柱中有制化迪吉。余运仿此。

凡选择必本太岁,而太岁之吉神固所当趋,太岁之凶杀尤所宜避,今详列于左。

趋吉神

通天窍、走马六壬,同亥卯未巳酉丑四柱。三无旺气,宜用大暑中元节气。天符正经,宜用戊癸双化地支三合。天地转运图,宜用子午卯酉四柱。金精鳌极,宜用卯酉巳亥辰戌年。玉环炉传斗首,宜丁壬甲己戊癸天干。五运,宜用乙庚丁戊年。六气,宜用君火相火湿土司令月。太极,宜用土金四柱。雷霆,宜用巳酉丑卯未辰日。

避凶杀

傍阴府,忌戊癸二干全,单不忌。弓箭,无忌。气运,忌壬年孤,己年虚,己未年吉。消灭,兼丁忌甲辰甲戌日,兼坤忌庚午庚子日。日流太岁,忌己未旬,合历格亦可用。曜气星,忌乙卯日,冲山忌丑支。坐三杀,忌申子辰四柱。向三杀,忌寅午戌局。天星,忌甲乙二干全,单不忌。地曜,忌寅卯二支全,单不忌。

或以庚癸全为天星,巳酉丑局为地曜者,非。

未山丑向,除申子辰年月日时犯坐杀,寅午戌年向杀,除丑年月日坐岁破向太岁,并除月家犯天官符占山向及地官符占山,俱不利,不备载录。谨将所利开山立向年月日时定局,详列于左。

丁卯年

竖造:二、四、五、六、八、九月利。

安葬:二、四、五、六、八、九月利。入墓二、八月利。

己巳年

竖造:宜用五、六、八、九、十月利。

安葬:五、六、八、九、十月利。入墓不利。

辛未年

竖造:正、二、五、六、八、九月利。

安葬:正、二、五、六、八、九月利。入墓二、八月利。

癸酉年

竖造：宜用二、八、九、十月利。
安葬：二、八、九、十月利。入墓二、八月利。

乙亥年

竖造：正、三、四、五、六、九月利。
安葬：正、二、四、五、六、九月利。入墓不利。

己卯年

竖造：二、四、五、六、八、九月利。
安葬：二、四、五、六、八、九月利。入墓二、八月利。

辛巳年

竖造：宜用五、六、八、九、十月利。
安葬：五、六、八、九、十月利。入墓不利。

癸未年

竖造：宜用正、二、六、八、九月利。
安葬：正、二、六、八、九月利。入墓二、八月利。

乙酉年

竖造：宜用二、五、八、九、十月利。
安葬：二、五、八、九、十月利。入墓二、八月利。

丁亥年

竖造：正、二、四、五、六、九月利。
安葬：正、二、四、五、六、九月利。入墓不利。

辛卯年

竖造:二、四、五、六、八、九月利。
安葬:二、四、五、六、八、九月利。入墓二、八月利。

癸巳年

竖造:宜用六、八、九、十月利。
安葬:六、八、九、十月利。入墓不利。

乙未年

竖造:正、二、五、六、八、九月利。
安葬:正、二、三、五、六、八、九月利。入墓二月利。

丁酉年

竖造:宜用二、五、八、九、十月利。
安葬:二、五、八、九、十月利。入墓二、八月利。

己亥年

竖造:正、二、四、五、六、九月利。
安葬:正、二、四、五、六、九月利。入墓不利。

癸卯年

竖造:宜用二、四、六、八、九月利。
安葬:二、四、六、八、九月利。入墓二、八月利。

乙巳年

竖造:宜用五、六、八、九、十月利。
安葬:五、六、八、九、十月利。入墓不利。

丁未年

竖造:正、二、五、六、八、九月利。
安葬:正、二、五、六、八、九月利。入墓二、八月利。

己酉年

竖造:宜用二、五、八、九、十月利。
安葬:二、五、八、九、十月利。入墓二、八月利。

辛亥年

竖造:正、二、四、五、六、九月利。
安葬:正、二、四、五、六、九月利。入墓不利。

乙卯年

竖造:宜用二、四、五、六、八、九月利。
安葬:二、四、五、六、八、九月利。入墓二、八月利。

丁巳年

竖造:宜用五、六、八、九、十月利。
安葬:五、六、八、九、十月利。入墓不利。

己未年

竖造:宜用正、二、五、六、八、九月利。
安葬:正、二、五、六、八、九月利。入墓二、八月利。

辛酉年

竖造:宜用二、五、八、九、十月利。
安葬:二、五、八、九、十月利。入墓七月利。

癸亥年

竖造:宜用正、二、四、六、九月利。

安葬:正、二、四、六、九月利。入墓不利。

未山丑向选逐月竖造安葬吉日定局

上层竖造(除十二月冲山不载)

正月:癸酉、乙酉、丁酉、己酉、辛未、丁未。

二月:辛未、丁未、乙亥、己亥、辛亥、癸未、己未、丁亥。

四月:丁卯、辛卯、癸卯、己卯、甲午、丙午、壬午、戊午、庚午。

五月:辛未、癸未、乙未、丁未、己未、己亥。

六月:乙亥、辛亥、丁亥、甲寅、丙寅、壬寅。

八月:乙巳、癸巳、丁巳、戊寅、庚寅、壬寅。

九月:丁卯、辛卯、癸卯、乙亥、辛亥、丁亥。

十月:辛未、乙未、丁未、癸酉、辛酉、丁酉、己酉、戊午、甲午、壬午、庚午。

右造日不犯倒家杀、克山运可用。

下层安葬(除重复日不载)

正月:丁卯、辛卯、乙卯、癸卯、癸酉、乙酉、丁酉、己酉、辛酉。

二月:癸未、丁未、己未、寅日,犯地曜不取。

四月:癸酉、乙酉、丁酉、辛酉、己酉、甲午、庚午、戊午。

五月:向杀无吉日。

六月:丁酉、辛酉、癸酉、乙酉、丁卯、辛卯、癸卯、甲寅、庚寅、壬寅、甲壬、丙寅、丙午、壬午。

八月:庚寅、戊寅、丙寅、壬寅、甲寅。

九月:丁卯、辛卯、癸卯、乙卯、癸酉、乙酉、丁酉、辛酉。

十月:辛未、癸未、丁未、乙未、己未、丁卯、己卯、癸卯、乙卯、甲午、戊午、庚午、辛卯。

右葬日不犯太阳密、克山运可用。

时家定局

寅、卯、巳、午、未、酉、戌、亥。吉时不犯阴府克山可用。

按未山正五行属阴土,宜用火土当权之月,若用金水木司令之时,则四柱作用必要生旺。论窍马宜用纯阴,第双山五行属水,惟用亥卯未木局补山上吉,巳酉丑局补向次之。或谓金局克木犯地曜泄土者,非。但丑支卯山不可用寅午戌向杀之阳,不合窍马,不可全用,不已则用三阴一阳,四中失一却无妨。若二阳二阴,平分驳杂不利。申子辰坐杀之阳,即天窍马一字不可犯矣。若夫斗首、三才、天符各例,皆宜参合,谨分列于后。

斗首未山五行属木,宜用木春司令之月,天干宜用丁壬为元辰,宜有气有位。甲己为武财,宜生入克入。戊癸为廉贞,只宜一位,不宜重见。丙辛为贪官,只宜休囚居年月外。乙庚为破鬼,亦宜休囚,不宜居日时内。地支宜用生旺胎养墓之善用也。

三才未山兼坤,天干宜用丙丁,为相生旺丁星,丁壬癸为财禄星,戊己为辅助健主星,忌用申乙为七杀伤人星,庚辛为泄弱晦滞星。地支忌用辰戌丑未,为四大破军星,申与巳亥为紊乱星。宜用子午卯酉为四大利星,寅为贪狼五吉星,但不可泥于板局,总在人之活用矣。

天符未山属南方,乃君火相火之气主之。有正气天符,有杂气天符,皆用化气,有化气太过,有化气不及。正气则用戊癸双化,杂气则用戊癸丁壬乙庚,太过则用戊壬庚,不及则用癸丁乙。地支宜三合类象局,更参合天星、三奇、贵人禄马乃为善用也。

坤山艮向

正针坤艮兼未丑,分金坐丁未向丁丑。缝针未丑兼坤艮,分金坐辛未向辛丑。穿山己未癸丑,透地甲申水,坐坤卦,宿坐井十三度,向斗九度吉。

正针坤艮兼申寅,分金坐辛未向辛丑。缝针坤艮兼未丑,分金坐丁未向丁丑。穿山壬申丙寅,透地丙申火,坐否卦,宿坐井六度,向斗一度吉。

山运

甲己年戊辰木,冬至后变金。丙庚年丙辰金,冬至后变水。丙辛年壬辰水,冬至后变火。丁壬年甲辰火,冬至后变土。戊癸年丙辰土,冬至后变木。如木运忌年月日时纳音金克,变运亦然,柱中有制化迪吉。余运仿此。

凡选择必本太岁,太岁之吉神固所当趋,太岁之凶杀尤所宜避,今详列于左。

趋吉神

通天窍、走马六壬,同用申子辰水局,寅午戌火局。三元旺气,宜用立秋上元,大暑中元,处暑下元。天符正经,宜用甲己双化地支三合。天地转运图,宜用子午卯酉四柱。金精鳌极,宜用子午丑未寅申年。玉环炉传斗首,宜丙辛戊癸丁壬天干。五运,宜用庚乙戊丁年。六气,宜用君火相火湿土司权之月。太极,宜用土金四柱。雷霆,宜用申子辰寅卯午日。

避凶杀

正阴府,忌丙辛二干,地字亦不可用。弓箭,忌寅申二支全,单申支不忌。气运,忌壬年孤,己年虚,壬辰己未年吉。消灭,忌庚子庚午日。日流太岁,兼未申忌己未戊申旬中克山。曜气星,忌乙卯日。坐三杀,兼未申忌申子辰亥卯未四柱。向三杀,兼未忌寅午戌巳酉丑会局四柱。天星,忌甲乙二干全,单乙不忌。地曜,忌寅卯二支全,单不忌。

或以戊己全为天星,辰戌丑未全为地曜者,非。

坤山艮向,兼未申属南北,除申子辰年月日时坐杀,寅午戌年向杀丙辛年月日犯正阴府,除月家官符占山向,俱不利。谨将所利开山立向年月日时,详列于后。

乙丑年

竖造:宜用二、五、六、八、十月利。

安葬:五、八月利。入墓二、八月利。

丁卯年

竖造:宜用三、四、六、八、九月利。
安葬:二、四、八、九月利。入墓二、八月利。

己巳年

竖造:宜用五、八、九、十、十二月利。
安葬:二、五、八、九、十月利。入墓不利。

癸酉年

竖造:宜用二、五、九、十、十二月利。
安葬:五、九、十月利。入墓二月利。

乙亥年

竖造:宜用正、二、五、六、十二月利。
安葬:正、二、五月利。入墓不利。

丁丑年

竖造:宜用二、六、八、九、十二月利。
安葬:二、八、九月利。入墓二、八月利。

己卯年

竖造:正、二、四、五、八、九月利。
安葬:正、二、四、五、八、九月利。入墓二、八月利。

癸未年

竖造:宜用正、二、五、六、九、十二月利。
安葬:正、三、五、九、十月利。入墓二月利。

乙酉年

竖造:宜用二、五、八、十、十二月利。
安葬:二、五、八、九月利。入墓二、八月利。

丁亥年

竖造:正、二、四、六、九、十二月利。
安葬:正、二、四、九月利。入墓不利。

己丑年

竖造:二、五、八、九、十二月利。
安葬:二、五、八、九月利。入墓二、八月利。

癸巳年

竖造:宜用五、六、九、十、十二月利。
安葬:五、九、十月利。入墓不利。

乙未年

竖造:宜用正、二、五、六、八月利。
安葬:正、二、五、八月利。入墓二、八月利。

丁酉年

竖造:宜用二、八、九、十二月利。
安葬:二、八、九月利。入墓二、八月利。

己亥年

竖造:宜用正、二、四、五、九、十二月利。
安葬:二、四、五、九月利。入墓不利。

癸卯年

竖造:正、二、四、五、六、九月利。
安葬:正、二、四、五、九月利。入墓二月利。

乙巳年

竖造:五、六、八、十、十二月小利。
安葬:五、八、十月利。入墓不利。

丁未年

竖造:正、二、六、八、九、十二月中小利。
安葬:正、二、八、九月利。入墓八月利。

己酉年

竖造:二、五、八、九、十、十二月利。
安葬:二、五、八、九、十月利。入墓八月利。

癸丑年

竖造:宜用二、五、六、九、十二月利。
安葬:二、五、九月利。入墓二月利。

乙卯年

竖造:宜用二、五、六、八月利。
安葬:二、三、八月利。入墓八月利。

丁巳年

竖造:宜用六、八、九、十二月利。
安葬:宜八、九月利。入墓不利。

己未年

竖造：宜用二、五、八、九、十二月利。
安葬：二、五、八、九月利。入墓二、八月利。

癸亥年

竖造：正、二、四、五、六、九、十二月大利。
安葬：正、二、四、五、九月利。入墓不利。

坤山艮向兼未丑选逐月竖造安葬吉日定局

上层竖造（除重复日不载）

正月：癸酉、乙酉、丁酉、己酉、丁未。
二月：癸未、丁未、己未、乙亥、己亥、丁亥、癸亥、乙丑、丁丑、己丑、癸丑。
四月：丁卯、癸卯、丁卯、己卯、丁丑、己丑、癸丑、甲午、戊午、壬午。
五月：癸未、乙未、丁未、己未、己亥。
六月：乙亥、丁亥、戊寅、甲寅、壬寅。
八月：乙丑、丁丑、癸丑、己丑、丁巳、己巳、癸巳、戊寅、庚寅、壬寅。
九月：丁卯、己卯、癸卯、乙亥、丁亥。
十月：乙未、丁未、癸酉、乙酉、丁酉、己酉、戊午、甲午、壬午。
十二月：己巳、癸巳、乙巳、戊寅、庚寅、甲寅、壬寅。
右造日不犯倒家杀、克山运可用。

下层安葬（除重复日不载）

正月：丁卯、癸卯、乙卯、癸酉、乙酉、丁酉、己酉。
二月：癸未、丁未、己未、寅日，犯地曜不取。
四月：癸酉、乙酉、丁酉、己酉、乙丑、丁丑、己丑、癸丑、甲午、庚午、戊午。
五月：乙丑。
六月：剑锋杀，安葬不利。

八月:丁丑、癸丑、戊寅、庚寅、甲寅、壬寅。

九月:癸酉、乙酉、丁酉、丁卯、癸卯。

十月:乙未、癸未、己未、丁未、丁卯、己卯、乙卯、癸卯、庚午、甲午、戊午。

十二月:剑锋杀,安葬不利。

右葬日不犯太阳密、克山运可用。

时家定局

丑、寅、卯、巳、午、未、酉、戌、亥。吉时不犯正阴府、克山运方可用。

坤山艮向,兼申寅属东西,除亥卯未年月日时坐杀,巳酉丑年向杀,除丙辛年月日犯正阴府,除寅年犯巡山罗睺占向,并除月家犯天官符占山向及地官符占山,俱不利,不备载录。谨将所利开山立向年月日时定局,详列于左。

甲子年

竖造:宜用三、五、八、十二月利。

安葬:三、五、八月利。入墓八月利。

戊辰年

竖造:宜用五、九、十、十一月利。

安葬:五、九、十一月利。入暮:十一月利。

庚午年

竖造:宜用五、七、八、十、十二月利。

安葬:五、七、八、十月利。入墓八、十一月利。

壬申年

竖造:宜用三、八、九、十一、十二月利。

安葬:三、八、九、十一月利。入墓八月利。

甲戌年

竖造:七、十一月利。入墓八、十二月利。
安葬:三、四、五、八、九月利。入墓八月利。

庚辰年

竖造:宜用三、五、七、八、十二月利。
安葬:三、五、八、十一月利。入墓八、十一月利。

壬午年

竖造:宜四、七、八、九、十一、十二月利。
安葬:四、七、八、九、十一月利。入墓八、十一月利。

甲申年

竖造:宜用三、八、九、十二月大利。
安葬:三、八、九月利。入墓八月利。

戊子年

竖造:宜用正、五、十一、十二月利。
安葬:正、五、十一月利。入墓十一月利。

壬辰年

竖造:宜用三、八、九、十一、十二月利。
安葬:二、八、九、十一月利。入墓八、十一月利。

甲午年

竖造:四、五、七、八、九、十二月利。
安葬:四、五、七、八、九月利。入墓八月利。

戊戌年

竖造:宜用四、五、九、十一、十二月利。
安葬:四、五、十一月利。入墓十一月利。

庚子年

竖造:正、三、五、八、十一、十二月利。
安葬:正、三、五、八、十一、十二月利。

甲辰年

竖造:宜用三、五、八、九、十二月利。
安葬:三、五、八、九月利。入墓八月利。

戊申年

竖造:宜用九、十一、十二月大利。
安葬:宜用九、十一月利。入墓不利。

庚戌年

竖造:宜用三、五、八、十一、十二月利。
安葬:三、五、八、十一月利。入墓八、十一月利。

壬子年

竖造:宜用正、三、八、十一、十二月利。
安葬:正、三、八、十一月利。入墓八、十一月利。

戊午年

竖造:宜用五、九、十、十一、十二月大利。
安葬:五、九、十一月利。入墓十一月利。

庚申年

竖造：宜用三、八、十一、十二月利。

安葬：三、八、十一月利。入墓八月利。

壬戌年

竖造：宜用三、四、八、九、十一、十二月利。

安葬：三、四、八、九、十一月利。入墓八、十一月利。

坤兼艮山向申寅选逐月竖造安葬吉日定局

上层竖造（除重复日不载）

正月：甲午、壬午、戊午、癸酉、乙酉、丁酉、己酉。

三月：甲子、戊子、壬子、己巳、乙巳、癸巳、甲申。

四月：甲子、戊子、甲午、壬午、戊午。

五月：壬辰、戊辰、甲辰、甲戌、庚戌、戊戌、壬戌。

七月：甲子、戊子、壬子。

八月：壬辰、戊寅、庚寅、壬寅、庚寅。

九月：甲午、戊午、壬午。

十一月：戊辰、庚辰、甲辰、戊寅、庚寅、甲寅、壬寅、甲戌、庚戌、戊戌、壬戌。

十二月：甲申、庚申、甲寅、戊寅、壬寅。

右造日不犯倒家杀、克山运可用。

下层安葬（除重复日不载）

正月：壬午、癸酉、乙酉、丁酉、己酉、戊午。

三月：甲申、壬申、庚申、壬子、壬午、癸酉、乙酉、丁酉。

四月：甲午、戊午、戊子、己酉日向杀。

五月：甲申、庚申、壬申、庚寅、戊寅、壬寅、甲寅、甲戌。

七月：壬子、壬辰、壬申、癸酉、乙酉、丁酉、己酉。

八月：壬申、甲申、戊申、庚申、戊寅、庚寅、壬寅、甲寅、壬辰。

九月：壬午、甲午、庚午、丙午、庚寅、壬寅、甲寅、癸酉、丁酉、子日。

十一月：甲申、壬申、戊申、庚申、壬辰、甲辰、戊寅、庚寅、壬寅、甲寅、戊辰。

十二月：剑锋杀，安葬不利。

右葬日不犯太阳密、克山运可用。

时家定局

子、丑、寅、辰、巳、午、申、酉、戌。余时三杀不可用。

右吉时不犯正阴府、克山运可用。

按坤山正五行属阴土，宜用火土当权之月，用水财局次之。若用金木司令之时则四柱作用必要生旺。第坤乃西南之隅，兼未宜从南，须用阴年亥卯未局合坐山上吉，巳酉丑局合向次之。申子辰坐三杀寅午配向三杀，俱不合坐向，不可用矣。惟向杀单用一字不妨。若兼申宜从西，须用阳年申子辰局合坐山上吉。寅午戌局合向次之。亥卯未坐三杀，巳酉丑向三杀，俱不合坐向，不可用。惟单用一字向杀，亦不必尽拘，书云“四中失一却无妨”是也。要之选择悉遵监历诸家，而斗首、三才、天符亦宜参合，谨将各例分列于左。

斗首坤山五行属水，宜用冬水司令之月。天干宜用丙辛为元辰，宜有气有位。戊癸为武财，宜生入克入。丁壬为廉贞，只喜一位，不宜重见，重见泄气，乙庚为贪官，宜休囚无气居年月外。甲己为破鬼，亦宜休囚无气，不可居日时内。地支宜生旺胎养墓，微著得位，总在天元、地元、人元吊帑，均须调剂善用。至兼未从木元，兼申从水元，又炉传之例也。

三才坤山兼未，天干宜用丙丁，为相生旺丁星，壬癸为财禄星，戊己为健主星，忌用甲乙为七杀星，庚辛为泄弱星。地支宜用子午卯酉为四大利星，寅为贪狼星，忌用辰戌丑未为四大破军星，申与巳亥为凶曜星。若夫兼申又从申庚论。此以天干补向，以地支补山，选择者知之。

天符坤山属四隅，乃湿土之气主之。有正气天符，有杂气天符，皆用化气。有化气太过，有化气不及，正气天干则用甲己双化，杂气则用甲己戊癸丙辛,太过则用甲戊丙,不及则用己癸辛。地支双宜三合类象局,更参合天星、七政、三奇、贵人禄马可也。

申山寅向

正针申寅兼坤艮,分金坐丙申向丙寅。缝针坤艮兼申寅,分金坐辛未向辛丑。穿山甲申戊寅,透地戊申土,坐毕卦,宿坐参六度,向箕一度吉。

正针申寅兼庚申,分金坐庚申向庚寅。缝针申寅兼坤艮,分金坐丙申向丙寅。穿山戊申壬寅,透地癸酉金,坐兑卦,宿坐觜半度,向尾十三度吉。

山运

甲年戊辰水,冬至后变金。庚年庚辰金,冬至后变水。丙年壬辰水,冬至后变火。壬年甲辰火,冬至后变土。戊年丙辰土,冬至后变木。如木运忌年月日时纳音金克,变运亦然,柱中有制迪吉。余运仿此。

凡选择必本太岁,而太岁之吉神固所当趋,太岁之凶杀尤所宜避,今详列于左。

趋吉神

通天窍、走马六壬,同用申子辰寅午戌四柱。三元旺气,宜用處暑下元节气。天符正经,宜用乙庚双化地支三合。天地转运图,宜用辰丑未四柱。金精鳌极,宜用子午辰戌巳亥年。玉环炉传斗首,宜丙辛戊癸丁壬天干。五运,宜用甲丙辛癸年。六气,宜用湿土炼金当权月。太极,宜用土金四柱。雷霆,宜用丑寅巳亥卯未日。

避凶杀

傍阴府,忌丙辛二干全,一字不忌。弓箭,无忌。气运,忌戊年孤,乙年虚,戊申平气吉。消灭,兼坤庚子庚午,兼庚丁卯丁酉日。日流太岁,忌戊申旬,合格合历不妨。曜气星,忌乙卯日。坐三杀,忌用亥卯未四柱。冲破,忌寅支一向,三杀忌巳酉丑局。天星,忌丙丁二干全,单不忌。地曜,忌巳午二支全,单不忌。

或以戊己二干全为天星,辰戌丑未全为地曜者,非。

申山寅向,除亥卯未年月日时坐杀,巳酉丑年向杀,除寅年坐岁破向太岁,除月家天地官符占山向,俱不利。谨将所利开山立向年月日时定局,详列于左。

甲子年

竖造:宜用三、五、八、十一、十二月利。

安葬:三、五、八、十一、十二月利。入墓八、十一、十二月利。

戊辰年

竖造:三、五、八、九、十一、十二月利。

安葬:三、五、八、九、十一、十二月利。入墓二、八、十二月利。

庚午年

竖造:五、七、八、九、十一、十二月利。

安葬:五、七、八、九、十一、十二月利。入墓八、十一月利。

壬申年

竖造:宜用三、八、九、十一、十二月利。

安葬:三、八、九、十、十一月利。入墓八、十二月利。

甲戌年

竖造:三、四、五、八、九、十一、十二月利。

安葬:在、四、五、八、九、十一、十二月利。入墓八、十一、十二月利。

丙子年

竖造:宜用三、五、十一月利。

安葬:三、五、十一月利。入墓十一月利。

庚辰年

竖造:三、五、八、九、十一、十二月利。
安葬:三、五、八、九、十一、十二月利。入墓五、十一、十二月利。

壬午年

竖造:宜用五、十一月利。十二月大利。
安葬:五、十一、十二月利。入墓十一月利。

甲申年

竖造:宜用三、八、九、十、十二月利。
安葬:二、八、九、十一、十二月利。入墓八、十二月利。

丙戌年

竖造:三、四、五、九、十一、十二月利。
安葬:三、四、五、十、十二月利。入墓八、十二月利。

戊子年

竖造:宜用三、五、八、十一、十二月利。
安葬:三、五、八、十一、十二月利。入墓十一、十二月利。

壬辰年

竖造:三、五、八、九、十一、十二月利。
安葬:三、五、八、九、十一、十二月利。入墓八、十一、十二月利。

甲午年

竖造:宜用五、七、八、九、十一、十二月利。
安葬:五、七、八、九、十一、十二月利。入墓八、十一月利。

丙申年

竖造:宜用三、九、十一月大利。
安葬:三、九、十一月利。入墓不利。

戊戌年

竖造:三、四、五、八、九、十一、十二月利。
安葬:三、四、五、八、九、十一、十二月利。入墓八、十一、十二月利。

庚子年

竖造:宜用三、五、八、十一、十二月利。
安葬:三、五、八、十一、十二月利。入墓八、十一、十二月利。

甲辰年

竖造:宜三、五、八、九、十一、十二月利。
安葬:三、五、八、九、十一、十二月利。入墓八、十一、十二月利。

丙午年

竖造:宜用五、七、九、十一月中利。
安葬:五、七、九、十月利。入墓十一月利。

戊申年

竖造:宜用三、八、九、十一、十二月利。
安葬:二、八、九、十、十一月利。入墓八、九、十一、十二月利。

庚戌年

竖造:三、四、五、八、九、十一、十二月利。
安葬:三、四、五、八、九、十一、十二月利。入墓八、十一、十二月利。

壬子年

竖造:宜用三、五、八、十一、十二月利。
安葬:三、五、八、十一、十二月利。入墓十一、十二月利。

丙辰年

竖造:宜用三、五、九、十一月利。
安葬:三、五、九、十二月利。入墓十一月利。

戊午年

竖造:五、七、八、九、十一、十二月利。
安葬:五、七、八、九、十一、十二月利。入墓八、十一月利。

庚申年

竖造:宜用三、八、九、十一、十二月利。
安葬:三、八、九、十一、十二月利。入墓十二月利。

壬戌年

竖造:三、四、五、八、九、十一、十二月利。
安葬:三、四、五、八、九、十一、十二月利。入墓八、十一、十二月利。

申山寅向选逐月竖造安葬吉日定局

上层竖造(除三月冲山不载)

三月:甲子、丙子、戊子、庚子、壬子、甲申、丙申、己巳、乙巳、癸巳。
四月:甲子、戊子、丙子、庚子、甲午、丙午、庚午、壬午、戊午。
五月:壬辰、甲辰、丙辰、甲戌、壬戌、戊戌。
七月:甲子、丙子、戊子、庚子、壬子。
八月:庚辰、壬辰、丙辰。

九月:甲午、戊午、庚午、壬午。

十月:戊辰、庚辰、甲辰、丙辰、甲戌、丙戌、戊戌、庚戌、壬戌。

十二月:甲申、丙申、庚申。

右造日不犯倒家杀、克山运可用。

下层竖造(除重复日不载)

三月:壬申、甲申、丙申、庚申、甲子、丙子、壬子、庚午、壬午、丙午、癸酉、丁酉、乙酉、辛酉、庚子。

四月:庚午、甲午、戊午、庚子、丙子、甲庚。

五月:甲申、丙申、壬申、庚申、戊申。

七月:丙子、壬子、癸酉、乙酉、丁酉、辛酉、乙酉、壬辰、丙辰。

八月:壬申、甲申、庚申、丙申、戊申、丙辰、壬辰。

九月:庚午、甲午、壬午、丙午、癸酉、丁酉、辛酉、庚酉。

十一月:壬申、甲申、戊申、丙申、庚申、甲辰、丙辰、壬辰、戊辰。

十二月:壬申、甲申、丙申、庚申、甲午、壬午、庚午、丙午。

右葬日不犯太阳安密、克山运可用。

时家定局

子、丑、辰、巳、午、申、酉、戌。吉时不犯阴府克山可用。

按申山正五行属阳金,宜用土金当权之月。若用水木司令之时,则四柱必要生旺。论窍马宜用纯阳,第双山五行又属水,申子辰水局补山吉。或谓水局泄申金者,非。寅午戌虽合窍马,然结火局补向次之。或谓火局克申金者,亦非。巳酉丑向杀之阴,不合窍马,不可全用。不已则用三阳一阴,四中失一却无妨。若二阴二阳,平分驳杂不利。惟亥卯未坐三杀之阴,一字不可用矣。若夫斗首、三才、天符各例,俱宜参合,谨分列于后。

斗首申山五行属水,宜用冬水司令之月。天干宜用丙辛为元辰,宜生旺有气。戊癸为武财,宜生入克入。丁壬为廉子,只喜一位,不宜重见。乙庚为贪官,只宜休囚居外。甲己为破鬼,亦宜休囚,不宜居内。地支宜用水局生旺胎养墓。要之,天元地元人元吊帑,均须善用也。

三才申山兼庚,天干宜用壬癸,为相生旺丁星,戊己为旺财星,忌用庚辛为七杀伤害星。地支宜用辰戌丑未为四大利星,卯为五吉明龙星,忌用寅申巳亥为四大破军凶星,子午卯酉亦为差错不利之星。选择家亦当神而明之。

天符申山属西方,乃燥金之气主之,有正气天符,有杂气天符,皆用化气。有化气太过,有化气不及,正气天干则用乙庚双化,杂气则用乙庚甲己丁壬,太过则用甲戊丙,不及则用丁己,地支宜用三合类象局,更参合天星、三奇、贵人禄马方为妙用也。

庚山甲向

正针庚甲兼申寅,分金坐丙申向丙寅。缝针申寅兼庚甲,分金坐庚申向庚寅。穿山庚申甲寅,透地乙酉水,坐妹卦,宿坐毕八度,向尾四度吉。

正针庚甲兼酉卯,分金坐庚申向庚寅。缝针庚甲兼申寅,分金坐丙申向丙寅。穿山癸酉丁酉,透地丁酉火,坐孚卦,宿坐毕三度,向心五度吉。

山运

甲己年戊辰木,冬至后变金。乙庚年庚辰金,冬至后变水。丙辛年壬辰水,冬至后变火。丁壬年甲辰火,冬至后变土。戊癸年丙辰土,冬至后变木。如木运忌纳音金克,变运亦然,柱中有制化迪吉。余仿此。

凡选择必本太岁,而太岁之吉神固所当趋,太岁之凶星尤所宜避,今详列于左。

趋吉神

通天窍,宜用申子辰寅午戌四柱。走马六壬,宜用巳酉丑亥卯未四柱。天符正经,宜乙庚双化地支三合。三元旺气,宜用白露中元节气。天地转运图,宜用辰戌丑未四柱。金精鳌极,宜用子午寅申丑未年。玉环炉传斗首,宜乙庚丁壬丙辛干。太极,宜用土金四柱。五运,宜用甲辛丙癸年。六气,宜用湿土燥金令月。雷霆,宜用巳酉丑辰戌日。

避凶杀

俯傍府,忌戊癸二干全,单不忌。弓箭,忌卯酉二支全,单酉不忌。气运,忌□年孤、乙年虚。日流太岁,忌戊申旬中克山日。消灭,忌丁卯酉日。曜气星,忌丁巳日,合格合历亦可用。坐三杀,忌亥卯未四柱。天星,忌丙甲二干全,单干不忌。地曜,忌巳午二支全,单支不忌。

或以丙辛为天星,寅午戌局为地曜者,非。

庚山甲向,除亥卯未年月日时坐杀,除壬年犯浮天空亡占向,除月家犯天官符占山向,及地官符占山,俱不利。谨将所利开山立向年月日时,详列于左。

甲子年

竖造:宜用五、七、九、十二月利。

安葬:五、九、十二月利。入墓十二月利。

乙丑年

竖造:正、三、四、七、九、十一月利。

安葬:三、四、九、十一月利。入墓十一月利。

丙寅年

竖造:宜用正、四、七、十一、十二月利。

安葬:四、十一、十二月利。入墓十一、十二月利。

戊辰年

竖造:宜用正、四、七、九、十二月利。

安葬:四、九、十二月利。入墓四、十二月利。

己巳年

竖造:正、三、四、七、十一月大利。

安葬:三、四、十一、十二月利。入墓四月利。

庚午年

竖造:正、二、三、八、十二月利。
安葬:三、八、十一、十二月利。入墓八、十一月利。

癸酉年

竖造:宜用三、四、七、九、十一月利。
安葬:三、四、九、十一月利。入墓十一月利。

甲戌年

竖造:正、三、四、七、八、十二月利。
安葬:三、四、八、十二月利。入墓八、十一月利。

丙子年

竖造:宜用五、七、九、十二月利。
安葬:五、九、十二月利。入墓十二月利。

丁丑年

竖造:正、三、四、七、九、十一月利。
安葬:三、四、九、十一月利。入墓十一月利。

戊寅年

竖造:正、四、七、八、十一、十二月利。
安葬:四、八、十一、十二月利。入墓十一、十二月利。

庚辰年

竖造:正、四、七、九、十二月大利。
安葬:四、九、十二月利。入墓十二月利。

辛巳年

竖造:正、三、四、七、十一月利。
安葬:三、四、十一月利。入墓四月利。

甲申年

竖造:宜用正、四、五、七月利。
安葬:宜四、五月利。入墓不利。

乙酉年

竖造:宜用三、四、七、九、十一月利。
安葬:三、四、九、十一月利。入墓四、十一月利。

丙戌年

竖造:宜用正、三、四、七、十二月利。
安葬:三、四、十二月利。入墓十二月利。

戊子年

竖造:宜用五、七、九、十一月利。
安葬:五、九、十二月利。入墓十二月利。

己丑年

竖造:正、三、四、七、九、十一月利。
安葬:三、四、九、十一月利。入墓十一月利。

庚寅年

竖造:正、四、七、八、十一、十二月利。
安葬:四、八、十一、十二月利。入墓十一、十二月利。

癸巳年

竖造:宜用正、三、四、七、十一月利。
安葬:三、四、十一月利。入墓不利。

甲午年

竖造:宜用正、三、八、十一、十二月利。
安葬:三、八、十一、十二月利。入墓十、十二月利。

丙申年

竖造:宜用正、四、五、七月利。
安葬:四、五月利。入墓四月利。

丁酉年

竖造:宜用三、四、七、九、十一月利。
安葬:三、四、九、十一月利。入墓十一月利。

戊戌年

竖造:正、三、四、七、八、十二月利。
安葬:三、四、八、十二月利。入墓八、十二月利。

庚子年

竖造:宜用正、四、七、九、十二月利。
安葬:五、九、十二月利。入墓十二月利。

辛丑年

竖造:正、三、四、七、九、十一月利。
安葬:三、四、十二月利。入墓八、十二月利。

甲辰年

竖造:宜用正、四、七、九、十二月利。
安葬:四、九、十二月利。入墓十二月利。

乙巳年

竖造:正、三、四、七、十一月中利。
安葬:三、四、十一月利。入墓四月利。

丙午年

竖造:宜用正、三、十、十二月利。
安葬:三、十一、十二月利。入墓十一月利。

戊申年

竖造:宜用正、四、五、七月利。
安葬:四、五月利。入墓四月利。

己酉年

竖造:宜用三、四、七、九、十一月利。
安葬:三、四、九、十一月利。入墓四、十一月利。

庚戌年

竖造:正、三、四、七、八、十二月利。
安葬:三、四、八、十二月利。入墓八、十二月利。

癸丑年

竖造:正、三、四、七、九、十一月利。
安葬:三、四、九、十一月利。入墓十一月利。

甲寅年

竖造:正、四、十、八、十一、十二月利。
安葬:四、八、十一、十二月利。入墓十一、十二月利。

丙辰年

竖造:宜用正、四、七、九、十二月利。
安葬:四、九、十二月利。入墓四、十二月利。

丁巳年

竖造:宜用正、三、四、七、十一月利。
安葬:三、四、十一月利。入墓不利。

戊午年

竖造:宜用正、三、八、十一、十二月利。
安葬:三、八、十一、十二月利。入墓八、十一月利。

庚申年

竖造:宜用正、四、五、七月大利。
安葬:四、五月大利。入墓不利。

辛酉年

竖造:宜用三、四、七、九、十一月利。
安葬:二、四、九、十一月利。入墓四、十一月利。

庚山甲向选逐月竖造安葬吉日定局

上层竖造(除重复日不载)

正月:癸酉、乙酉、戊午、己酉、庚午、壬午、丙午。

三月:甲子、丙子、庚子、壬子、戊子、己巳、乙巳、癸巳、甲申、丙申。

四月:丁丑、癸丑、己丑、甲子、丙子、戊子、庚子、甲午、庚午、甲午、丙午。

五月:壬辰、丙辰、甲辰、甲戌、庚戌、壬戌、戊戌、戊辰。

七月:甲子、丙子、庚子、戊子、壬子、甲申、丙申、庚申、壬申。

八月:乙丑、丁丑、己丑、癸丑、己巳、癸巳、丁巳、戊寅、庚寅、壬寅、丙辰、壬辰、庚辰。

九月:甲午、丙午、庚午、壬午、戊午。

十一月:戊辰、丙辰、庚辰、甲辰、甲戌、丙戌、庚寅、壬寅、戊寅、壬寅、甲寅、丙寅。

十二月:己巳、癸巳、乙巳、甲申、丙申、庚申、戊寅、丙寅、壬寅、甲寅。

右造日不犯倒家杀、克山可用。

下层安葬(除重复日不载)

正月:剑锋不利庚甲。

三月:癸酉、乙酉、辛酉、甲申、丙申、庚申、壬申、庚午、壬午、丙午、子日。

四月:乙酉、己酉、癸酉、辛酉、乙丑、丁丑、己丑、辛丑、癸丑、庚午、甲午、戊午、庚子。

五月:甲申、壬申、丙申、庚申、戊寅、庚寅、壬寅、甲寅、丙寅、戊申。

七月:犯剑锋杀,安葬不利庚甲庚。

八月:丙寅、戊寅、庚寅、壬寅、甲寅、甲申、壬申、丙申、戊申、庚申、丁丑、癸丑、己丑。

九月:乙酉、癸酉、丁酉、辛酉、丙寅、庚寅、甲寅、壬寅、庚午、壬午、甲午、丙午、子日。

十一月:甲申、丙申、庚申、戊申、甲辰、壬辰、戊辰、丙辰、庚寅、戊寅、丙寅、壬寅。

十二月:乙酉、辛酉、丁酉、癸酉、庚申、甲申、丙申、壬申、丙午、壬午、甲午、丙午、庚寅、丙寅、壬寅、甲寅、子日。

右葬日不犯太阳密、克山运可用。

时家定局

子、丑、寅、辰、巳、午、申、酉、戌。余时坐三杀不可用。

右吉时不犯傍阴府、克山可用。

按庚山正五行属阳金，宜用土金当权之月。若用水木火司令之时，则四柱必要生旺。论窍马阴阳可以兼用，纯阳合窍，纯阴合马，即三阳一阴，三阴一阳，俱可。二阳二阴，窍马两合亦可，非驳杂也。第双山五行亦属金，巳酉丑金局补山上吉。合马行旺不得以向杀忌之，申子辰局合窍兼申亦上吉，非泄气之谓。寅午戌虽合马，庚金衰败绝之位，权作。惟嫌其火局克山，若之自全局亦不妨。亥卯未坐三杀虽云合马，一字不可用矣。要之，选择悉遵监历诸家，而斗首、天符、三才亦宜参合，谨将各例分列于后，以备博览。

斗首庚山五行属金，宜用秋金司令之月。天干宜用乙庚为元辰，宜生旺有气。丁壬为武财，宜生入克入。丙辛为廉子，只宜一位，不宜重见，重见泄气。甲己为贪官，只宜休囚居年月外。戊癸为破鬼，亦宜休囚，不宜居日时内。地支宜用生旺胎养墓，微著得位，不可使元辰居于死绝受克也，忌死绝无气。总之天元、地元、人元与元气之生克比和，方得妙用。至兼申从水元，兼酉从金元。论地支不论天干，又炉传之例也。

三才庚山兼申，天干宜用壬癸，为相生旺丁星，戊己为旺财星，忌用庚辛为七杀星。地支宜用辰戌丑未为四大利星，卯为五吉星，忌用寅申巳亥为四大破军星，子午与酉为差错凶星。若夫兼酉又从酉辛论，此以天干补向，以地支补山，在人变化活用也。

天符庚山属西方，乃燥金之气主之。有正气天符，有杂气天符，皆用化气。有化气太过，有化气不及，正气天干则用乙庚双化，杂气则用乙庚甲己丁壬。太过则用甲戊丙，不及则用丁己。地支宜用三合类象局，更参合天星、七政、三奇、贵人禄马方为善用也。

酉山卯向

正针酉卯兼庚申,分金坐丁酉向丁卯。缝针庚甲兼酉卯,分金坐庚申向庚寅。穿山乙酉己卯,透地辛酉木,坐履卦,宿坐昴四度,向房一度吉。

正针酉卯兼辛乙,分金坐辛酉向辛卯。缝针酉卯兼庚甲,分金坐丁酉向丁卯。穿山己酉癸卯,透地甲戌火,坐兑卦,宿坐胃十二度,向氐十度吉。

山运

甲己年乙丑金,冬至后变水。乙庚年丁丑水,冬至后变火。丙辛年己丑火,冬至后变土。丁壬年辛丑土,冬至后变木。戊癸年癸丑木,冬至后变金。如金运忌年月日时纳音火克,变运亦然,柱中有制化迪吉。余运仿此。

凡选择必本太岁,而太岁之吉神固所当趋,太岁之凶杀尤所宜避,今详列于左。

趋吉神

通天窍,宜用申子辰寅午戌四柱。走马六壬,宜用巳酉丑亥卯未四柱。天符正经,宜乙庚变化地支三合。三元旺气,宜用秋分上元,白露中元,寒露下元。天地转运图,宜用寅申巳亥四柱。金精鳌极,宜用土金四柱。玉环炉传斗首,宜乙庚丁壬丙辛天干。太极,宜用土金四柱。五运,宜用甲辛丙癸年。六气,宜用湿土燥金当令月。雷霆,宜用申子辰寅午戌日。

避凶杀

正阴府,忌乙庚二干,一字不可用。弓箭,无忌。气运,忌戊年孤,乙年虚,戊申年吉。消灭,兼庚忌丁卯丁酉日,兼辛忌丙子丙午日。曜气星,忌丁巳日,合格合历亦吉。日流太岁,忌己酉旬,合格合历亦不妨。坐三杀,忌亥卯未四柱。天星,忌丙丁二干全,单不忌。地曜,忌巳午二支全,纯巳不忌。

或以丙辛全为天星,寅午戌局为地曜者,非。

酉山卯向,除亥卯未年月日时坐杀,寅午戌年月日时坐炙退,除乙庚年月日犯正阴府,除月家犯天地官府占山向,俱不利。谨将所利开山立向年月日时,详列于左。

甲子年

竖造:宜用七、十二月大利。
安葬:七、十二月利。入墓十二月利。

戊辰年

竖造:宜用四月利。
安葬:宜用四月利。入墓四月利。

己巳年

竖造:宜用三、四、七、十一月利。
安葬:三、四、七、十一月利。入墓四月利。

壬申年

竖造:宜用七月利。
安葬:宜用七月大利。入墓不利。

癸酉年

竖造:宜用三、四、十一月小利。
安葬:三、四、十一月利。入墓十一月利。

丙子年

竖造:宜用七、十二月大利。
安葬:七、十二月利。入墓十二月利。

丁丑年

竖造:宜用三、七、十一月大利。
安葬:三、七、十一月利。入墓十一月利。

辛巳年

竖造:宜用三、四、七月大利。
安葬:三、四、七月利。入墓四月利。

甲申年

竖造:宜用四、七月大利。
安葬:宜用四、七月利。入墓不利。

戊子年

竖造:并无利月可取。
安葬:并无利月可取。

己丑年

竖造:三、四、七、十一月利中利。
安葬:三、四、七、十一月利。入墓十一月利。

壬辰年

竖造:宜用七、十二月大利。
安葬:七、十二月利。入墓十二月利。

癸巳年

竖造:宜用三、四、十一月大利。
安葬:三、四、十一月利。入墓不利。

丙申年

竖造:宜用四、七月大利。
安葬:四、七月利。入墓四月利。

丁酉年

竖造:宜用三、七、十一月大利。
安葬:三、七、十一月利。入墓十一月小利。

辛丑年

竖造:宜用三、四、七月大利。
安葬:三、四、七月利。入墓不利。

甲辰年

竖造:宜用四、七、十一月中利。
安葬:四、十二月利。入墓四、十一月利。

戊申年

竖造:宜用四月利。
安葬:宜用四月利。入墓四月利。

己酉年

竖造:宜用三、四、七、十月大利。
安葬:三、四、七、十月利。入墓四、十一月利。

壬子年

竖造:宜用七、十二月大利。
安葬:七、十二月利。入墓十二月利。

癸丑年

竖造:宜用三、四、十一月大利。
安葬:三、四、十一月利。入墓十一月利。

丙辰年

竖造:宜用四、七、十二月大利。
安葬:四、七、十二月利。入墓四、十二月利。

丁巳年

竖造:宜用三、七、十一月大利。
安葬:三、七、十一月利。入墓不利。

辛酉年

竖造:宜用三、四、七月大利。
安葬:三、四、七月利。入墓四月利。

酉山卯向选逐月竖造安葬吉日定局

上层竖造(除重复日不载)

三月:己巳、癸巳、甲子、丙子、戊子、庚子、壬子、甲申、丙申。
四月:丁丑、癸丑、己丑、甲子、丙子、戊子。
七月:甲子、丙子、戊子、壬子、甲甲、丙甲、壬申。
八月:丁丑、癸丑、己丑、己巳、癸巳、丁巳、丙辰、壬辰。
十一月:戊辰、丙辰、甲辰。
十二月:己巳、癸巳、甲申、丙申。
右造日不犯倒家杀、克山运可用。

下层竖造(除重复日不载)

三月:丁酉、癸酉、辛酉、甲申、丙申、壬申、甲子、丙子、壬子。
四月:丁酉、癸酉、辛酉、己酉、丁丑、己丑、癸丑、辛丑。
七月:癸酉、丁酉、辛酉、己酉、壬子、丙子、戊午、丙辰、壬辰、丙申、壬申。
八月:甲申、壬申、丙申、丁丑、癸丑、壬辰、丙辰、戊申。

十一月：甲申、丙申、壬申、戊申、甲辰、丙辰、戊辰、壬辰。

十二月：癸酉、丁酉、辛酉、甲申、壬申、丙申、壬子、丙子。

右葬日不犯正阴府、克山运可用。

时家定局

子、丑、辰、巳、申、酉。吉时不犯正阴府、克山运，亦可利用。

按酉山正五行属阴金，宜用土金当权之月，若用水木火司令之时，则四柱作用，必要生旺。论窍马阴阳可以兼用，纯阳合窍，纯阴合马，即三阴一阳，三阳一阴，二阳二阴，窍马两合俱可，非驳杂也。第双山五行亦属金，用巳酉丑金局补山上吉，合走马六壬不得以向杀忌之。申子辰局合通天窍亦吉，非泄气之谓，寅午戌局虽合窍，但坐炙退不可用。不得已权用三进一退，亦不妨。亥卯未坐三杀，虽合马一字，不可犯矣。然世人皆知用巳酉丑月日时，而巳酉丑年不知用向，其庸术之甚也。若夫斗首、三才、天符各例，皆宜用参合，谨详列于后。

斗首酉山五行属金，宜用秋金司令之月。天干宜用乙庚为元辰，宜生旺有气。丁壬为武财，宜生入克入。丙辛为廉贞，只宜一位，不宜重见。甲己为贪官，只宜休囚居年月外。戊癸为破鬼，亦宜休囚，不宜居日时内。要之建庙堂立社用贪破不妨。地支宜用金局生旺胎养墓，微著得位，三元调剂，亦要人之善用也。

三才酉山兼辛，天干宜用壬癸，为相生旺财星，甲为帮辅健寿星，忌用庚辛为七杀生祸星，乙为触犯向首将军星。地支宜用寅申巳亥为四大利星，辰为五吉贪狼星，极忌子午卯酉为四大破军伤龙星，戌与丑未为不利星。但不宜执于板局，当神而明之。

天符酉山属酉方，乃燥金之气主之。有正气天符，有杂气天符，皆用化气。有化气太过，有化气不及，正气天干则用乙庚双化，杂气则用乙庚甲己丁壬，太过则用甲戊丙，不及则用丁己。地支宜用三合类象局，更须参合天星、垣局、三奇、贵人禄马，斯为美课也。

辛山乙向

正针辛乙兼酉卯，分金坐丁酉向丁卯。缝针酉卯兼辛乙，分金坐辛酉向辛卯，穿山辛酉乙卯，透地丙戌土，坐履卦，宿坐胃五度，向氐三度吉。

正针辛乙兼戌辰，分金坐辛酉向辛卯。缝针辛乙兼酉卯，分金坐丁酉向丁卯。穿山甲戌戊辰，透地戊戌土，坐履卦，宿坐娄十一度，向亢六度吉。

山运

甲年戊辰木，冬至后变金。庚年庚辰金，冬至后变水。丙年壬辰水，冬至后变火。壬年甲辰火，冬至后变土。戊年丙辰土，冬至后变木。如木运忌纳音金克，变运亦然，柱中有制化迪吉。余运仿此。

凡选择必本太岁，太岁之吉神固所当趋，太岁之凶杀尤所宜避，今详列于左。

趋吉神

通天窍、走马六壬，同用寅午戌申子辰四柱。三元旺气，宜用寒露下元节气。天符正经，宜用乙庚变化地支三合。天地转运图，宜用寅申巳亥四柱。金精鳌极，宜用子午丑未巳亥年。玉环炉传斗首，宜用甲己丙辛乙庚天干。五运，宜用甲丙癸辛年。六气，宜用湿土燥金司令之月。太极，宜用土金四柱。雷霆，宜用寅午戌申子辰日。

避凶杀

傍阴府，忌甲己二干全，单甲不忌。弓箭，忌辰戌二支全，单不忌。气运，忌戊年孤，乙年虚，戊申年吉。消灭，忌丙子丙午日。日流太岁，忌己酉旬中克山日。曜气星，忌丁巳日。坐三杀，忌亥卯未四柱。向三杀，忌巳酉丑会局。天星，忌丙丁二干全，单丙不忌。地曜，忌巳午二支全，单午不忌。

或以壬乙为天星，申子辰局全为地曜者，非。

辛山乙向，除亥卯未年月日时坐杀，巳酉丑年向杀，除子年犯巡山罗睺占向,并除日家犯天地官符占山向,俱不利,不备载录。谨将各利开山立向年月日时定局,详列于左。

丙寅年

竖造:宜用正、四、七、十一、十二月大利。
安葬:正、四、七、十一、十二月利。入墓十一、十二月利。

戊辰年

竖造:宜用正、四、七、十二月利。
安葬:正、四、七、十二月利。入墓四、十二月利。

庚午年

竖造:宜用正、三、八、十一、十二月大利。
安葬:正、三、十一、十二月利。入墓十一月利。

壬申年

竖造:宜用正、四、五、七月利。
安葬:正、四、五、七月利。入墓四月利。

甲戌年

竖造:宜用正、七、八、十二月利。
安葬:正、六、七月利。入墓十二月利。

戊寅年

竖造:正、四、七、八、十一、十二月利。
安葬:正、四、七、十一、十二月利。入墓十一、十二月利。

庚辰年

竖造:宜用正、四、七、十二月利。
安葬:正、四、七、十二月利。入墓十二月利。

壬午年

竖造:宜用正、三、八、十一、十二月利。
安葬:正、三、十月利。入墓十一月利。

甲申年

竖造:宜用正、五、七月大利。
安葬:正、五、七月利。入墓不利。

丙戌年

竖造:正、四、七、八、十二月利。
安葬:正、四、七、十二月利。入墓十二月利。

庚寅年

竖造:宜用正、四、七、八、十一、十二月利。
安葬:正、四、七、十一、十二月利。入墓十一、十二月利。

壬辰年

竖造:宜用正、四、七、十二月中利。
安葬:正、四、七、十二月利。入墓四、十二月利。

甲午年

竖造:宜用正、三、八、十一、十二月利。
安葬:正、三、十一、十二月利。入墓十一月利。

丙申年

竖造:宜用正、四、五、七月大利。
安葬:正、四、五、七月利。入墓四月利。

戊戌年

竖造:宜用正、四、七、八、十二月利。
安葬:正、四、七、十二月利。入墓十二月利。

壬寅年

竖造:正、四、七、八、十一、十二月大利。
安葬:正、四、七、十一、十二月利。入墓十一、十二月利。

甲辰年

竖造:宜用正、七、十二月大利。
安葬:正、七、十二月利。入墓十二月大利。

丙午年

竖造:正、三、八、十一、十二月大利。
安葬:正、三、十一、十二月利。入墓十一月利。

戊申年

竖造:正、四、五、七月大利。
安葬:正、四、五、七月利。入墓四月利。

庚戌年

竖造:正、四、七、八、十二月利。
安葬:宜正、四、七、十二月利。入墓十二月利。

甲寅年

竖造:正、七、八、十一、十二月大利。
安葬:正、七、十一、十二月利。入墓十一、十二月利。

丙辰年

竖造:宜用正、四、七、十二月利。
安葬:正、四、七、十二月利。入墓四、十二月利。

戊午年

竖造:正、三、八、十一、十二月利。
安葬:正、三、十一、十二月利。入墓十月利。

庚申年

竖造;宜用正、四、五、七月利。
安葬:正、四、五、七月利。入墓不利。

壬戌年

竖造:宜用正、四、七、八、十二月利。
安葬:正、四、七、十二月利。入墓十二月利。

辛山乙向选逐月竖造安葬吉日定局

上层竖造(除重复日不载)

正月:庚午、壬午、甲午、戊午、癸酉、乙酉、乙酉、丁酉。
三月:甲子、庚子、戊子、壬子、己巳、癸巳、乙巳、甲申、丙申。
四月:庚午、壬午、甲午、戊午、己子、戊午、庚子。
五月:甲戌、戊戌、庚戌、丙戌、甲戌、壬戌、壬辰。
七月:甲子、戊子、庚子、壬子、甲申、壬申、丙申、庚申。
八月:戊寅、庚寅、壬寅、丙辰、庚辰、壬辰。
九月:甲午、庚午、壬午、戊午。
十一月:甲戌、丙戌、戊戌、庚戌、壬戌、壬寅、戊寅、庚寅、丙寅、甲寅、五辰日。

十二月:甲寅、丙寅、戊寅、壬寅、甲申、丙申、庚申。

右造日不犯倒家杀、克山运可用。

下层安葬(除重复日不载)

正月:壬午、癸酉、乙酉、丁酉、辛酉、己酉、辛酉、戊午。

三月:庚午、壬午、甲午、庚午、甲申、丙申、壬申、庚申、癸酉、乙酉、丁酉、辛酉、甲午。

四月:甲午、庚午、戊午、癸酉、乙酉、丁酉、辛酉。

五月:戊寅、庚寅、甲寅、壬寅、甲申、丙申、庚申、壬申、丙寅、乙戌日。

七月:壬子、丙辰、壬辰、癸酉、乙酉、辛酉、丁酉、己酉、壬申、戊申。

八月:犯剑锋杀,安葬不利。

九月:庚午、壬午、甲午、甲寅、丙寅、庚寅、壬寅、乙酉、癸酉、丁酉、辛酉、子日。

十一月:甲寅、戊寅、庚寅、壬寅、戊辰、甲辰、丙辰、壬辰、甲申、丙申、庚申、戊申、壬申、丙日。

十二月:甲寅、丙寅、庚寅、壬寅、甲申、丙申、庚申、甲午、庚午、壬午、子日。

右葬日不犯太阳密、克山运可用。

时家定局

子、丑、寅、辰、巳、午、申、酉、戌。吉时不犯阴府、克山可用。

按辛山正五行属阴金,宜用土金当权之月,若用木水司令之时,则四柱必要生旺。论窍马宜用纯阳,第双山五行又属火,用寅午戌局补山,合窍马上吉。或谓火克辛金者,非。申子辰局亦合窍马次之,或谓水局泄辛金者,非。巳酉丑局向杀之阴,失窍失马,兼戌不可全用,不已则用二阳一阴不妨。惟兼酉全用合山亦吉,亥卯未坐杀之阴,不合窍马,一字不可犯也。若夫斗首、天符、三才各例,亦宜参合,详列于后。

斗首辛山五行属土,宜用四季之令。天干用甲己为元辰,宜生旺有气。丙辛为武财,宜生入克入。乙庚为廉子,只宜一位,不宜重见。戊癸为贪官,只宜休囚居外。丁壬为破鬼,亦宜休囚,不可居内。地支宜用生旺胎养墓,总在天元、地元、人元吊帑与元气之生克比和矣。若兼酉从金元,兼戌从土元,又炉传之例也。

三才辛山兼酉,天干宜用壬癸,为相生旺丁星,甲为辅佐星,忌用庚辛为七杀凶星,乙为触犯向首星。地支宜用寅申巳亥为四大利星,辰为贪狼星,最忌子午卯酉为四大破军星,戌与丑未为不利星。若夫兼戌又从乾论也。

天符辛山属西方,燥金气主之。有正气天符,有杂气天符,皆用化气。有化气太过,有化气不及,正气则用乙庚双化,杂气则用乙庚甲己丁壬,太过则用甲戊丙,不及则用己丁。地支宜用三合类象局,更合天星、五运、六气、贵人禄马为妙。

戌山辰向

正针戌辰兼辛乙,分金坐丙戌向丙辰。缝针辛乙兼戌辰,分金坐辛酉向辛卯。穿山丙戌庚辰,透地庚戌金,坐有卦,宿坐娄一度,向角九度吉。

正针戌辰兼乾巽,分金坐庚戌向庚辰。缝针戌辰兼辛乙,分金坐丙戌向丙辰。穿山庚戌甲辰,透地壬戌水,坐需卦,宿坐奎十三度,向角一度吉。

山运

甲年戊辰木,冬至后变金。庚年庚辰金,冬至后变水。丙年壬辰水,冬至后变火。壬年甲辰火,冬至后变土。戊年丙辰土,冬至后变木。如木运忌年月日时纳音金克,变运亦然,柱中有制化迪吉。余仿此。

凡选择必本太岁,而太岁之吉神固所当趋,太岁之凶杀尤所宜避,今详列于左。

趋吉神

通天窍、走马六壬,同寅午戌申子辰四柱。三元旺气,宜用霜降中元节气。天符正经,宜乙庚变化地支三合。天地转运图,宜用子午卯酉四柱。金精鳌极,宜用子午辰戌巳亥年。玉环炉传斗首,宜甲己丙辛乙庚天干。五运,宜用庚丁戊乙年。六气,宜用君火相火湿土司令之月。太极,宜用土金四柱。雷霆,宜用寅午戌申子辰日。

避凶杀

傍阴府,忌丁壬二干全,单用不忌。弓箭,无忌。冲破,忌辰支。气运,忌壬年孤、己年虚,壬戌年吉。消灭,兼辛忌丙子丙午日,兼乾忌辛丑辛未日。日流太岁,忌戊戌旬中克山日。曜气星,忌壬午日,合格合历亦可用。坐三杀,忌用亥卯未四柱。向三杀,忌用巳酉丑会局。天星,忌甲乙二干全,单用不忌。地曜,忌寅卯二支全,单寅不忌。

或以壬乙全为天星,申子辰局为地曜者,非。

戌山辰向,除亥卯未年月日时坐杀,巳酉丑年向杀,除辰年坐岁破向太岁,并除月家天官符占山向,及地官符占山,俱不利,不备载录。谨将所利开山立向年月日时定局,详列于左。

甲子年

竖造:宜用正、四、七、八、十一月利。

安葬:正、四、七、八、十一月利。入墓八、十一月利。

丙寅年

竖造:宜用正、五、九、十一、十二月利。

安葬:正、五、九、十一、十二月利。入墓十一、十二月利。

庚午年

竖造:正、四、五、七、九、十二月利。

安葬:正、四、五、七、九、十一月利。入墓不利。

壬申年

竖造:宜用四、五、七、八、十一月利。

安葬:四、五、七、八、十一月利。入墓四、八月利。

甲戌年

竖造:正、四、五、七、九、十一月利。
安葬:正、四、五、七、九、十一月利。入墓十一月利。

丙子年

竖造:宜用正、四、七、八、十一月利。
安葬:正、四、七、八、十一月利。入墓四、八、十一月利。

戊寅年

竖造:宜用正、五、九、十一、十二月利。
安葬:正、五、九、十一、十二月利。入墓十一、十二月利。

壬午年

竖造:宜用正、四、五、七、十二月利。
安葬:正、四、五、七、九、十二月利。入墓不利。

甲申年

竖造:宜用四、五、七、八、十一月利。
安葬:四、五、七、八、十一月利。入墓不利。

丙戌年

竖造:宜用正、四、五、七、九、十二月利。
安葬:正、四、五、七、九、十一月利。入墓十二月利。

戊子年

竖造:宜用正、四、七、八、十一月利。
安葬:正、四、七、八、十一月利。入墓八、十一月利。

庚寅年

竖造:宜用正、五、九、十一、十二月利。
安葬:正、五、九、十一、十二月利。入墓八月利。

甲午年

竖造:宜用正、四、五、七、九、十二月利。
安葬:正、四、五、七、九、十二月利。入墓不利。

丙申年

竖造:宜用正、五、九、十一、十二月利。
安葬:正、五、七、八、十一月利。入墓四、八月利。

戊戌年

竖造:宜用正、四、五、七、九、十二月利。
安葬:正、四、五、七、九、十一月利。入墓十二月利。

庚子年

竖造:宜用正、四、七、八、十一月利。
安葬:正、四、七、八、十一月利。入墓八、十一月利。

壬寅年

竖造:宜用正、五、九、十一、十二月利。
安葬:正、五、九、十一、十二月利。入墓十一月利。

丙午年

竖造:宜用正、四、五、七、九、十二月利。
安葬:正、四、五、七、九、十二月利。入墓不利。

戊申年

竖造:宜用四、五、七、八、十一月利。
安葬:四、五、七、八、十一月利。入墓四、八月利。

庚戌年

竖造:正、四、五、七、九、十一月利。
安葬:正、四、五、七、九、十一月利。入墓十一月利。

壬子年

竖造:宜用正、四、七、八、十一月利。
安葬:正、四、七、八、十一月利。入墓四、八、十一月利。

甲寅年

竖造:宜用正、五、九、十一、十二月利。
安葬:正、五、九、十一、十二月利。入墓十一月利。

戊午年

竖造:正、四、五、七、九、十二月利。
安葬:正、四、五、七、九、十二月利。入墓利利。

庚申年

竖造:宜用四、五、七、八、十一月利。
安葬:四、五、七、八、十一月利。入墓八月利。

壬戌年

竖造:正、四、五、七、九、十一月利。
安葬:正、四、五、七、九、十一月利。入墓十一月利。

戌山辰向选逐月竖造安葬吉日定局

上层竖造(除三月冲山不载)

正月:甲午、丙午、戊午、庚午、壬午、己酉、癸酉、丁酉。
四月:甲午、丙午、庚午、壬午、戊午、甲子、丙子、戊子、庚子。
五月:甲戌、庚戌、戊戌、丙戌、壬戌。
七月:甲子、丙子、戊子、庚子、壬子。
八月:丙寅、戊寅、庚寅、壬寅。
九月:甲午、丙午、戊午、庚午、壬午。
十一月:丙寅、戊寅、庚寅、壬寅、甲寅、甲戌、丙戌、戊戌、庚戌、壬戌。
十二月:丙寅、戊寅、壬寅、甲寅、甲申、丙申、庚申。
右造日不犯倒家杀、克山运可用。

下层安葬(除重复日不载)

正月:丙午、壬午、癸酉、丁酉、乙酉、己酉、辛酉、丙寅、戊寅、戊午。
四月:庚午、甲午、戊午。
五月:丙寅、癸寅、庚寅、甲寅、壬寅、甲申、丙申、壬申、庚申、戊申。
七月:丙子、壬子、癸酉、乙酉、丁酉、己酉、辛酉。
八月:庚寅、戊寅、丙寅、甲寅、壬寅、甲申、丙申、庚申、壬申、戊申。
九月:丙寅、庚寅、壬寅、甲寅、甲午、庚午、壬午、丙午、癸酉、乙酉、丁酉、辛酉、子日。
十一月:甲寅、庚寅、丙寅、甲寅、壬寅、甲申、丙申、戊申、庚申、五庚日。
十二月:甲寅、丙寅、庚寅、壬寅、甲申、丙申、壬申、庚申、甲午、丙午、庚午、壬午、子日。

右葬日不犯太阳密、克山运可用。

时家定局

子、丑、寅、巳、午、申、酉。吉时不犯阴府克山可用。

按戊山正五行属阳土,宜用火土当权之月,若用金水木司令之时,则四柱必要生旺。论窍马宜用纯阳,第双山五行又属火月,寅午戌火局补山上吉。单得用水局补向次之。惟辰支冲山不可用,巳酉丑向杀之阴不合窍马不可用。不已水局补向次之,惟辰支冲山不可用。巳酉丑向杀之阴不合窍马不可用,不已用一字向杀不妨。若用二阳二阴,驳杂不利,亥卯未坐杀之阴,失窍失马一字不可犯矣。若夫斗首、三才、天符各例,皆宜参合,谨详列于后。

斗首戊山五行属土,宜用四季之令,天干宜用甲己为元辰,宜有气有位。丙辛为武财,宜生入克入。乙庚为廉贞,只宜一位,不宜重见。戊癸为贪官,只宜休囚居年月外。丁壬为破鬼,亦宜休囚,不宜居日时内。地支宜用生旺胎养墓,微著令宜,此中元气之生克比和,亦在人之调剂善用也。

三才戊山兼乾,天干宜用丙丁,为相生旺丁星,壬癸为财帛星,戊己为辅佐星,大忌甲乙为七杀创祸星,庚辛为泄弱星。地支宜用子午卯酉为四大利星,巳为五吉星,忌用辰戌丑未为剥龙凶星,寅申与亥为相左星。选择者当知活用矣。

天符戊山属西方,乃燥金之气主之。有正气天符,有杂气天符,皆用化气。有化气太过,有化气不及。正气天干则用乙庚双化,杂气则用乙庚甲己丁壬,太过则用甲戊丙,不及则用己丁。地支宜用三合类象局,更须参合天星、七政、五运、六气、三奇、贵人禄马,方为善用也。

按:太岁压本命以用安葬日入中宫,顺寻太岁,如在坎过轮祭主命在坎,今又作壬子癸坎山则忌之,若葬别山,非为压也。从所作壬子癸山,如太岁乙亥火祭生,系戊寅土则太岁生我,命亦无害,近更妙勿。又如太岁丙寅祭主甲子,却不是压命杀,而反是我岁禄临身,能催官贵,善甲子以丙寅为真禄马也。

太岁在中宫所压年生		甲子	癸酉	壬午	辛卯	庚子	戊子	六命
太岁在乾	压祭主	乙丑	甲戌	癸未	壬辰	庚戌	己未	六命
太岁在兑	压祭主	丙寅	乙亥	甲申	癸巳	壬寅	辛亥	六命
太岁在艮	压祭主	丁卯	丙子	乙酉	甲午	癸卯	壬子	六命

（续表）

太岁在中宫所压年生		甲子	癸酉	壬午	辛卯	庚子	戊子	六命
太岁在离	压祭主	戊辰	丁丑	丙戌	乙未	甲辰	癸丑	六命
太岁在坎	压祭主	己巳	戊寅	丁亥	丙申	乙巳	甲寅	六命
太岁在坤	压祭主	庚午	己卯	戊子	丁酉	丙午	乙卯	六命
太岁在震	压祭主	辛未	庚辰	己丑	戊戌	丁未	丙辰	六命
太岁在巽	压祭主	壬申	辛巳	庚寅	己亥	戊亥	丁巳	六命

另一法，不用甲子入中，即在太岁落处，再数六十甲子一周，更验，详载八卷下。

（新镌陈子性二十四山向造葬应验藏书卷之七终）

新镌陈子性造葬日用事宜应验藏书卷之八

岭南　陈子性手著　男衍参订　孙式基式猷纂辑

避宅出火

（谓请祖先福神香火暂居空界等事）

吉日：甲子、丁卯、己巳、辛未、甲戌、乙亥、丙子、丁丑、戊寅、己卯、壬午、甲申、乙酉、戊子、甲午、乙未、庚申、己酉、壬子、癸丑、乙卯、己丑。宜天德、月德、黄道诸吉日。

六壬逐年出火例：寅申子午年辰上起天罡，丑未年寅上，卯酉年未上，辰戌丑未年申上，巳亥年丑上，各年上起天罡，顺寻胜光、传送、神后、功曹四方出避，吉。如不台六壬出火，又当别择，不可拘定。

出火吉方	寅申子午年	丑未年	卯酉年	辰戌年	巳亥年
胜光	午	辰	酉	戌	卯
传送	申	午	亥	子	巳
神后	子	戌	卯	辰	酉
功曹	寅	子	巳	午	亥

宜天德、月德、月空、三奇方出避亦吉。

论出火方位法，如香火堂住宅之东方有年月三杀、天地官符、大月建、小儿杀占之，极欲修造，必要出火造宅，移过所修造东方之东，将所修造之位反作西视之，乃能避杀。余西南北三方仿此。非俗所云，杀在东则要东方住宅出火也。

逐月出火吉日

移徙居处同看吉日。

正月：丁卯、乙卯、辛卯、癸卯、癸酉、丁酉、壬午、甲午、丙午、戊午、丁未。

二月：己巳、癸巳、乙丑、丁丑、乙亥、丁亥、丙戌、己亥、五未日、甲申、丙申。

三月：丁卯、乙卯、癸酉、丁酉、庚午、丙午、乙酉、癸巳、癸卯。

四月：甲子、庚子、丙子、丁卯、癸卯、乙卯、甲午、庚午、丙午。

五月：戊辰、壬辰、甲戌、丙辰、辛亥、己亥、乙丑、癸丑、戊申、丙申、戊申、庚申、五未日。

六月：乙亥、己亥、辛亥、甲申、庚申、丙申、五寅日

七月：甲子、丙子、辛未、丁未、庚子、壬子、癸卯、丙辰。

八月：甲戌、壬戌、乙亥、辛亥、己亥、癸丑、乙丑、壬辰、丙辰、庚辰、癸巳。

九月：庚午、壬午、丙午、甲午、乙亥、丁亥、癸巳、癸卯。

十月：甲子、庚子、丙子、壬子、乙未、丁未、辛未、甲午、庚午。

十一月：乙丑、癸未、乙未、甲申、庚申、壬辰、丙辰、甲戌、乙亥、辛未。

十二月：丙寅、戊寅、壬寅、甲寅、甲申、甲午、庚申、丙申。

论不出火避宅法，如在前后左右原有旧宅，安处人眷就旧宅住近新造堂厅屋，盖所造之屋虽隔池塘园地，与旧宅相近，谓之坐宫修方，不必出火避宅，于旧宅中宫置罗经格定方位，视所修之方年月并无紧杀，却可起符修造。若所造堂厅廊屋向后，要安处人眷仍须开山立向年月大利。

论修造主人眷方不出火，或在一二百步之外空闲屋内出避，则亦不问方道矣。论避宅出火，即是回避命星出火，移出祖先福神香火也，或因速修营，或就旺砍黄坎移家口暂居停外，此作当权大小修营亦用之。土木犯轻，人犯重，此理时师那得知。小可修营不动中宫，须少缓以待年月利，不可轻易。古

人云:出火易归火难也。

论倒堂净尽拆去旧宅,于吉方小屋权居,盖因净尽拆去别无存着,故不得已寻吉方避之,与符使祖先香火同归一处,俟修造完日,移香火入宅乃可。

入山伐木

(谓砍伐木料等事)

凡伐木起工日,切不可犯穿山杀,如或材木到场,不可放堆黄三杀、八座、戊己方及天地官符、大月建、小儿杀方。

吉日:己巳、庚午、辛未、壬申、甲戌、乙亥、戊寅、己卯、壬午、戊子、乙酉、甲午、乙未、丙申、壬寅、丙午、丁未、戊申、己酉、甲寅、乙卯、己未、庚申、辛酉。

宜明星、黄道、天德、月德诸吉星,定、成、开日。

忌天贼、正四废、龙虎、刀砧、赤口、蛀口、独火、鲁班杀、斧头杀、受死、荒芜、月破、红嘴朱雀、山痕、山隔、破败、危日。

刀砧杀:春亥日,夏寅日,秋巳日,冬申日。

斧头杀:春辰日,夏未日,秋酉日,冬子日。

鲁班杀:春子日,夏卯日,秋午日,冬酉日。

正四废:春庚申、辛酉,夏壬子、癸亥,秋甲寅、乙卯,冬丙午、丁巳。

凶日	月											
	正	二	三	四	五	六	七	八	九	十	十一	十二
木马杀	巳	未	酉	申	戌	子	亥	丑	卯	寅	辰	午
龙虎	巳	亥	午	子	未	丑	申	寅	酉	卯	戌	辰
受死	戌	辰	亥	巳	子	午	丑	未	寅	申	卯	酉
天贼	辰	酉	寅	未	子	巳	戌	卯	申	丑	午	亥
月破	申	酉	戌	亥	子	丑	寅	卯	辰	巳	午	未
破败	申	戌	子	寅	辰	午	申	戌	子	寅	辰	午
独火	巳	辰	卯	寅	丑	子	亥	戌	酉	申	未	午
建日	寅	卯	辰	巳	午	未	申	酉	戌	亥	子	丑

（续表）

凶日	月											
	正	二	三	四	五	六	七	八	九	十	十一	十二
危日	酉	戌	亥	子	丑	寅	卯	辰	巳	午	未	申
荒芜	巳	酉	丑	申	子	辰	亥	卯	未	寅	午	戌
山隔	未	巳	卯	丑	亥	酉	未	巳	卯	丑	亥	酉

朱雀：乙丑、甲戌、癸未、壬辰、辛丑、庚戌、己未、己未。

四离：春分、秋分、夏至、冬至前一日。

四绝：立春、立夏、立秋、立冬前一日。

九土鬼：乙酉、癸巳、甲午、辛丑、壬寅、己酉、丙戌、丁巳、戊午，与建、破、平、收日方忌。

山痕：大月，初二、初八、十七、二十。小月，初五、十四、十六、二十一、二十七日。

伐竹木不蛀日：每月初五以前遇血忌日伐之，吉。七月甲辰、壬辰、丙辰日值飞廉、血忌伐之亦吉。春蛀竹、夏蛀木，十月小阳春伐竹蛀父宜立冬后立春前择日用危日。凡伐竹木，宜秋冬月多不蛀，屡试验。忌建、破、平、收日。

古德蛀历日

甲子● 甲戌● 甲申○ 甲午● 甲辰○ 甲寅○

乙丑⊗ 乙亥⊗ 乙酉⊗ 乙未⊗ 乙巳○ 己卯○

丙寅○ 丙子● 丙戌○ 丙申○ 丙午● 丙辰○

丁卯○ 丁丑○ 丁亥○ 丁酉○ 丁未○ 丁巳●

戊辰○ 戊寅○ 戊子○ 戊戌○ 戊申○ 戊午●

己巳○ 己卯○ 己丑○ 己亥○ 己酉○ 己未●

庚午○ 庚辰○ 庚寅○ 庚子● 庚戌○ 庚申●

辛未○ 辛巳● 辛卯○ 辛丑○ 辛亥○ 辛酉●

壬申○ 壬午○ 壬辰● 壬寅○ 壬子○ 壬戌●

癸酉● 癸未○ 癸巳○ 癸卯○ 癸丑○ 癸亥●

右古德历历书云:圈全黑是竹木并蛀日,圈全白是竹木不蛀日,圈右边黑者是蛀木日,圈左边黑者是蛀竹日。

六甲蛀日:砍伐竹木则生蛀虫,鸡鸭鹅抱卵初出则多死,种五杀亦生蛀虫,验矣。

六甲蛀日:甲子、甲午旬,上五日蛀。甲戌甲辰旬,下五日蛀。甲申、甲寅旬不蛀。

逐月伐木吉日

正月:丁卯、辛卯、己卯、丙午、壬午、丁丑。

二月:戊寅、甲寅、甲申、乙未、戊申。

三月:己巳、甲申、丁酉、癸巳、乙巳。

四月:庚午、壬午、丙戌。

五月:己巳、丙辰、戊辰。

六月:乙亥、癸酉、甲申、丁酉、辛亥、庚申。

七月:甲子、丙子、戊子、庚子、戊辰、壬子、丙辰。

八月:乙亥、甲申、己亥、戊申、辛亥、庚申。

九月:己卯、丙戌。

十月:甲子、庚午、壬午、甲午、戊午、乙未、丁未、辛未、丙午。

十一月:己丑、癸丑、丙寅、甲寅、甲申、戊申、庚申、丑未月。

十二月:五午日、戊寅、甲寅、己卯、乙卯、甲申、庚申、丙辰。

搭厂堆木

凡木粒堆垛,及搭厂起工,宜取天道、太阳、天月二德、三奇照应三方不可置于年三杀、天地官符、大小月建及造工本命之方,若断木起工令主人师匠不安值百步外则无禁忌。且作栋梁之木,须宜吉方架起,勿使男女坐踏污秽。

起工架马

（谓修削梁栋木料等事）

吉日：己巳、辛未、甲戌、乙亥、戊寅、己卯、壬午、甲申、乙酉、戊子、庚寅、乙未、己亥、壬寅、丙午、戊申、己酉、壬子、乙卯、己未、庚申、辛酉及成、开日。

忌火星、独火、受死、天贼、地贼、月破、鲁班杀、斧头杀、刀砧杀、木马杀、荒芜、四离、四绝、正四废、破败、大小空亡日。

架马吉方：宜天德、月德、月空、三奇、帝星、六白照临之位起工利。

开画柱眼用寅申巳亥四柱吉日。

逐月起工修料吉日

正月：五卯日、五午日、辛未、乙未、丁丑、五酉日。

二月：乙丑、丙申、甲申、丁丑、癸丑、丙戌、五寅日。

三月：己巳、甲申、癸巳、乙巳。

四月：甲子、丙子、戊子、庚子、庚午、丁丑、癸丑。

五月：乙亥、甲申、己亥、辛亥、庚申。

六月：乙亥、丁亥、辛亥、癸酉、丁酉、甲申、庚申、己酉、辛酉。

七月：五子日、己卯、癸卯、丁卯、辛卯、辛未、乙未、丙辰、戊辰。

八月：丙寅、戊寅、甲申、戊申、戊辰、庚辰、丙辰、乙亥、己亥、丁亥、辛亥、庚寅、庚申。

九月：乙亥、丁亥、辛亥。

十月：庚午、壬午、辛未、乙未、丁未、丙午、戊午。

十一月：乙丑、丁丑、辛丑、癸丑、庚寅、壬寅。

十二月：丙寅、戊寅、壬寅、甲寅、己卯、乙卯、己巳、癸巳。

总论

架马凶方:忌年家木马杀、三杀、独火、官符及月家州县官符、流财、小儿杀、大月建、身皇定命,惟坐宫修方不出火避宅忌之。又忌堆大杀白虎凶方。

论移宫修方架马法:作主人眷不出火避宅,则就所修之方取吉方起工架马,如出火避宅,起工架马却不问方道。

论拆除旧屋倒堂竖造架马法:作主人眷既已出火避宅,如起工架马与新立宅舍同。

论架马活法:凡修作在近空屋内,或在一百步之外,起工架马并不问吉凶方道。

起符吉日:某日起造随事临时自起符之后,一任用工修造,百无所忌。

拆卸旧宅

吉日:甲子、乙丑、戊辰、己巳、辛未、壬申、癸酉、甲戌、丁丑、戊寅、己卯、庚辰、辛巳、癸未、甲申、丁亥、己丑、壬辰、癸巳、甲午、乙未、己亥、辛丑、癸卯、甲辰、乙巳、己酉、庚戌、辛亥、壬子、癸丑、丙辰、丁巳、庚申、辛酉、除、破日。忌天贼、受死、正四废。

拆屋忌方:凡坐宫修作方道用土起手拆屋,忌年三杀、月家州县官符、大月建、小儿杀、打头火、阴阳的杀、身皇定命,并忌从此方起手及忌雷霆大杀、白虎占方,起手须从天德、三奇、月德吉方起手。如出火避宅后拆除旧宅则不问方道。

动土平基

（谓开基取土、填平基址等事）

动土吉日:甲子、癸酉、戊寅、己卯、庚辰、辛巳、甲申、丙戌、甲午、丙申、戊戌、己亥、庚子、甲辰、癸丑。宜月空、成、开日，癸酉土公生日，甲戌庚乙己辛土公赦日，甲子、庚午、辛未、庚子、丙午、丁未、丙辰、丁巳、辛酉土公败日，此日动土不避伏龙土公。

宜天德、月德、月空、天恩、黄道，又宜除、定、执、危、成、开日，并相合造主本命，无对冲日。忌土瘟、土府、土痕、天贼、月建与天地转杀、建、破、收日、九土鬼、受死、土符日，及忌癸未、乙未、土公死日、戊午、黄帝死日。

填基吉日：甲子、乙丑、丁卯、戊辰、庚午、辛未、己卯、辛巳、甲申、乙未、丁酉、己亥、丙午、丁未、壬子、癸丑、甲寅、乙卯、庚申、辛酉。筑墙宜伏断闭日。补葺墙垣，宅龙：六七月占墙，伏龙：六七月占西墙。墙壁因雨倾倒，就当日起工便筑，即为无犯，若俟天晴停留三五日，须择吉，不可轻动。

支	年											
	子	丑	寅	卯	辰	巳	午	未	申	酉	戌	亥
岁天德吉方	巽	庚	丁	坤	壬	辛	乾	甲	癸	艮	丙	乙
土皇杀凶方	巽	巽	坤	坤	乾	乾	子	卯	午	午	艮	艮
土皇游凶方	乾	乾	艮	艮	巽	巽	午	酉	子	子	坤	坤

家	月											
	正	二	三	四	五	六	七	八	九	十	十一	十二
生上吉方	辰	午	申	戌	午	未	酉	午	申	戌	子	巳
生气吉方	子	丑	寅	卯	辰	巳	午	未	申	酉	戌	亥
地仓吉方	午	申	亥	辰	丑	寅	巳	辰	午	酉	巳	辰
土符凶方	丑	巳	酉	寅	午	戌	卯	未	亥	辰	申	子
土皇杀凶方	巳	辰	卯	寅	丑	子	亥	戌	酉	申	未	午
土公凶方	春东及墙			夏南及门			秋西及井			冬北及中庭		
天贼己后凶日	辰	酉	寅	未	子	巳	戌	卯	申	丑	午	亥
地贼	子	子	亥	戌	酉	午	午	午	巳	辰	卯	子
土府月建	寅	卯	辰	巳	午	未	申	酉	戌	亥	子	丑

（续表）

家	月											
	正	二	三	四	五	六	七	八	九	十	十一	十二
土符	丑	巳	酉	寅	午	戌	卯	未	亥	辰	申	子
土瘟	丑	巳	午	未	申	酉	戌	亥	子	丑	寅	卯
土忌	寅	巳	申	亥	卯	午	酉	子	辰	未	戌	丑
地破	亥	子	丑	寅	卯	辰	巳	午	未	申	酉	戌
月破	申	酉	戌	亥	子	丑	寅	卯	辰	巳	午	未
玄武	酉	亥	丑	卯	巳	未	酉	亥	丑	卯	巳	未
受死	戌	辰	亥	巳	子	午	丑	未	寅	申	卯	酉
天　瘟	未	戌	辰	寅	午	子	酉	申	巳	亥	丑	卯
魁　罡	巳亥	子午	丑未	寅申	卯酉	辰戌	巳亥	子午	丑未	寅申	卯酉	辰戌
地　囊	庚子	癸丑	甲子	己丑	戊辰	癸巳	丙寅	丁卯	戊辰	庚子	辛未	乙未
	庚午	癸未	四寅	己卯	戊午	癸未	丙申	丁巳	戊子	庚戌	辛丑	乙酉

凶时：巳、辰、卯、寅、丑、子、亥、戌、酉、申、未、午。

天地转杀：春乙卯、辛卯，夏丙午、戊午，秋辛酉、癸酉，冬壬子、丙子。

天地正转：春癸卯，夏丙午，秋丁酉，冬庚子。

月建转杀：春卯，夏午，秋酉，冬子。

正四废：春庚申、辛酉，夏壬子、癸亥，秋甲寅、乙卯，冬丙午、丁巳。

土忌：初六、二十三、十二、初八、十六、二十四、初九、二十五、初四、十四、二十、初六。

土公箭：每月初七、十七、二十七。

土痕：大月，初三、初五、初七、十五、十八。小月，初一、初二、初六、二十二、二十六、二十七。

九土鬼：乙酉、癸巳、甲午、辛丑、壬寅、己酉、庚戌、丁巳、戊午。与建、破、平、收日忌。

土公占：大月，初三、初五、初八。小月，初一、初十、初八。

戊己日:土王用事后,忌戊己日,余日不忌。戊己日昏忌司壬非也。

逐月动土吉日

正月:甲子、戊子、丙子、壬子、丙午、壬午、甲午、辛未、癸未、丁未、己未、丁酉、戊午、五卯日。

二月:乙丑、丁丑、辛丑、辛未、丁未、己未、丙亥、辛亥、庚戌、甲戌、壬戌、甲申、戊申、五寅。

三月:丙子、戊子、庚子、壬子、己巳、癸巳、丁巳、庚午、甲申、戊申。

四月:甲子、丙子、戊子、庚子、乙日、卯日、辛丑、癸丑、甲戌、庚戌、壬戌、五酉日、五戌日。

五月:五丑、五寅、辛未、己未、丁未、乙亥、己亥、辛亥、壬辰、丙辰、甲戌、戊戌、庚戌、壬戌。

六月:甲子、丙子、庚子、戊子、五卯、五寅、四亥、甲戌、庚申。

七月:五子、五午、辛未、乙未、己未、戊辰、壬辰、丙辰、癸酉、丁酉。

八月:乙丑、丁丑、丙寅、戊寅、庚寅、壬寅、乙丑、丁丑、癸丑、己巳、癸巳、丙辰、壬辰、戊丑。

九月:丁卯、己卯、辛卯、癸卯、己巳、癸巳、五午、丁巳、癸酉、辛酉。

十月:五子、五卯、五未、五酉日、庚午、壬午、甲戌。

十一月:五丑、戊辰、丙辰、己巳、癸巳、乙未、丁未、己未、乙亥、己亥、辛亥、五寅、五戌。

十二月:五寅、五午、己巳、甲申、戊申、癸巳、庚申。

论取土方,陈希夷银匙云:土皇方犯之主疯痨、水盅土府日并方主人浮肿水气土瘟日并方,主两脚浮肿,天贼日主招盗。如不出火,须忌年月凶杀占方。

定磉扇架

（谓下磉井架发槌等事）

凡筑磉先于龙腹下手筑一槌，次龙背，又次龙头，四次龙足，周而复始，筑之则吉。先犯头损宅长，犯足损宅母，己巳、己亥二日为地柱，如筑磉犯之，损宅长。

逐月定磉法局

上二局下磉用之看月依次下，头三、西背、足四、西腹一，正五九月：乾二，二六十月：艮二，正月三月：巽三坤四艮五，坤三巽四乾五，南七五月，北南，七月，北。南栋六西栋七，东栋六西栋七，九月，十一月。

下南八下北磉，下南八下北磉，腹一，东足，四背，东头三，三七十一月二巽二，四八十二月一坤，腹一东足，四背，西头二，乾三艮四坤五，东栋六西栋七，南，六月，北南，八月，北下南八下北磉，下南八下北磉，十月，十二月。下二局磉用之看月依次筑，头四，东背，二足东腹四。

已上断除白蚁之法，要合得年月日时，有一白、六白、八白同到，主白蚁不食。

定磉吉日：甲子、乙丑、丙寅、戊辰、己巳、庚午、辛未、甲戌、乙亥、己卯、辛巳、壬午、癸未、甲申、丁亥、己丑、庚寅、癸巳、乙未、丁酉、己亥、庚子、壬寅、癸卯、丙午、己酉、壬子、癸丑、甲寅、乙卯、丙辰、丁巳、己未、庚申、辛酉。

宜天德、月德、天月德合、天福、天富、天喜、天月恩及诸吉日，满、成、平日。

忌正四废、天地贼、魁罡、建破、天瘟、天地火、独火、阴阳错、火星、荒芜、受死、朱雀黑道。

逐月定磉吉日

正月:癸酉、乙酉、丁酉、己酉、辛未、丁未、五午日。

二月:五寅、五丑、乙亥、丁亥、己亥、辛亥、甲申、五未日。

三月:己巳、癸巳、乙巳、甲申、丙申、丁酉、五子日。

四月:甲子、丙子、戊子、丁子、丁丑、己丑、癸丑、五卯、五午日。

五月:五寅、戊辰、壬辰、丙辰、甲戌、戊戌、庚戌、壬戌、己未、五未。

六月:丙寅、戊寅、壬寅、甲寅、甲申、丙申、庚申、乙亥、丁亥、辛亥。

七月:五子、丁卯、辛未、乙未、戊辰、丙辰、丁未。

八月:乙丑、丁丑、己丑、癸丑、丙寅、戊寅、庚寅、壬寅、庚辰、壬辰、己辰、庚辰、丙辰。

九月:己卯、辛卯、癸卯、乙亥、丁亥、辛亥、五午。

十月:五子、五酉日、庚午、壬午、甲午、戊午、辛未、乙未、丁未。

十一月:五寅日、五辰日、五戌日、申日次。

十二月:丙寅、戊寅、壬寅、甲寅、己巳、癸巳、乙巳、甲申、丙申、庚申。

论定磉便为立向修方,如用三月竖造则清明前仍是二月节,若其月有凶神占,决不可定磉。盖未得三月竖造山向方道吉神而犯二月凶神矣。如前月不利则须与竖造同月,但竖造既得吉日则在前定磉,难得全吉之日,取吉多凶少亦可用,然扇架又轻于定磉故也。

起手发槌

凶日	月											
	正	二	三	四	五	六	七	八	九	十	十一	十二
划削血刃杀	亥	申	巳	寅	卯	午	未	酉	戌	丑	子	辰
鲁班跌蹼杀	寅	巳	申	亥	卯	午	酉	子	辰	未	戌	丑

右杀假如交正月节后,划削血刃杀在亥,鲁班杀在寅,切忌向此二方,发

槌竖柱犯之损人。夫工匠若竖柱时划削血刃，依大杀白虎日方，压禳如鲁班跌蹼杀日并方宜避之。

鲁班杀凶方：甲己日辰方，乙庚日午方，丙辛日申方，丁壬日亥方，戊癸日寅方。

三杀方：申子辰日忌巳午未方，巳酉丑日忌寅卯辰方，寅午戌日忌亥子丑方，亥卯未日忌申酉戌方。

右杀假如己巳日竖造，先用屋柱于地贴起长枋一条，起手发槌连打三竖向寅卯辰方谓之出本日凶杀，然后发槌竖柱则不问方道。又发槌竖柱择其方不犯划削、跌蹼日、鲁班杀、大杀白虎方，忌之。

白虎占方

甲子、庚子、癸酉、己酉、壬午、戊午、辛卯日占壬子癸方。
乙丑、辛丑、甲戌、庚戌、癸未、己未、壬辰日占未坤申方。
丙寅、壬寅、乙亥、辛亥、甲申、庚申、癸巳日占甲卯乙方。
丁卯、癸卯、丙子、壬子、乙酉、辛酉、甲午日占辰巽巳方。
甲辰、戊辰、丁丑、癸丑、丙戌、壬戌、乙未日占中宫。
己巳、乙巳、戊寅、甲寅、丁亥、癸亥、丙申日占戌乾亥方。
庚午、丙午、乙卯、己卯、戊子、丁酉日占庚酉辛方。
辛未、丁未、庚辰、丙辰、己丑、戊戌日占丑艮寅方。
壬申、戊申、辛巳、丁巳、庚寅、己亥日占丙午丁方。
论坐宫修方忌从此方起手发槌，凶。

雷霆白虎入中宫

甲己月：丁卯、丙子、壬子、乙酉、甲午、癸卯、辛酉日。
乙庚月：戊辰、甲辰、丁丑、壬戌、丙戌、乙未、癸丑日。
丁壬月：乙丑、辛丑、甲戌、癸未、壬辰、庚戌、己未日。
丙辛戊癸月：辛未、己丑、戊戌、庚辰、丙辰、丁未日。
假如不出火避宅，忌动中宫；既出火，倒堂拆造则不论矣。

十恶大败

甲己年:三月戊戌,七月癸亥,十月丙申,十一月丁亥日。

乙庚年:四月壬申,九月乙巳。

丙辛年:三月辛巳,九月庚辰,十月甲辰日。

丁壬年:无忌。

戊癸年:六月己丑日。

论竖造发槌,不宜向日三杀方者,有邻人舍干妨碍难避三杀方,或取八节三奇、天德、月德方。凡发槌宜向前及左右,忌向方。作主人眷忌本日三杀方。

竖造宅舍

(论造厅堂竖柱上梁等事)

凡择竖造日,要先明坐某、向某、兼某某三分,或倒堂起,或白地起。白地则问其离居若干远近,至一百二十步乃不论方道,若近则要方道利乃可。若在坐山三杀方,旧居要出香火,如方道不利,急于起造,即移居出火,作移宫修方论,不能坐宫修方也。天地官符、三杀忌占坐与方,天官符亦忌占向,大月建、小儿杀忌占方,如坐宫修方尤忌。四的杀占方,太岁戊己杀占方,出了香火起造与修方俱不论也。正阴府一字不可犯,傍阴府单一字不忌,弓箭忌双不忌单,天星地曜忌双,全单一字不忌,三杀可向不可坐,要亦合窍马方可向,若不合窍马只可单一字向杀也,曜气杀日亦不可用,年月克山运要日时制化,无制不可用。年克家长忌,月克宅母忌,日克宅众忌,时克子孙忌。要亦因时制宜看其生旺休囚,杀星休囚制神生旺则吉。本命相合不相冲克,又合得禄马贵人极妙。宅主命刃忌阳刃飞刃双全,单一字相合不忌。白地离远只论坐各利,若修整在檐内论中宫,名为阴方道,要中宫利。在檐外论方道,名为阳方道,要方道利方可修整。如香火堂之前两廊天井在看墙内,名为阴阳方道,论中宫亦论方道,要中宫方道利,方可修整。后廊斗底与香火堂相通亦然,然于前后左右离屋即单论方道也。起屋要先行墙后上梁,不可倒行逆施,上梁之后即入火安神不妨,但安神之后不可歇工,歇久则又另择吉日方可动作。安神后安门又宜取中宫利日,若连工修造亦不妨也。宅主宅众年庚年日俱不可冲克,以宅主宅男为主,其余不近前亦不妨。至入火则又经合家男女俱不冲克也,如坐宫修方不犯紧杀,只犯本命四的杀,若合得本命禄马贵人亦自不妨。若动土破土历忌土王用事后日,要之,土王用事后遇戊己日方忌耳。朱雀天牢黑道及划削血刃,此乃小星,吉多可用。土瘟先日动土吉,九土鬼不与建破平收同日可用,伏断干支相生吉,雷霆白虎占中宫,戊辰、丁丑、丙戌、乙未、甲辰、癸丑、壬戌七日出香火及新地俱可用。

论竖造位命,以行墙脚为是,上梁次之,定磉又次之。动土如人之受胎,行墙脚如人之初生,上梁如人之加冠,盖动土未有向止不得起运,定磉颇有向亦重之,行墙脚方立定坐向尤重于动土,定磉缜乃布运也,上梁则向止先定矣,而造命必以行墙为主方准,其告符或在动土,或在行墙则不拘也。今人或云兴工,或云知兴工修方,兴工动土,兴工行墙,兴工竖柱上梁,皆是兴工,或云起木或云起土,多以上梁造命,殊不知轻重,盖竖造自下而上,时俗不论行墙,专以上梁造命,失之远矣。论百忌历纂只有己巳、辛未、甲戌、乙亥、乙酉、己酉、壬子、乙卯、己未、庚申十日,六甲图又有戊子、乙未、己亥三日,通前共十三日。撮要外有己卯、甲申、己丑、庚寅、癸卯、戊申、壬戌七日,云半吉见注云,若此七日遇黄道、天德、月德,故可用也。又有戊寅、壬寅,虽非正起造日,以月家吉神多,故可用也。己酉日在正、六、十月尤吉,不可以土鬼论。若月内无此全吉日,须别择吉多凶少者用之,不可蹉过本月吉利山向也。忌本命日及冲命日,火星、伏断、冰消瓦陷、杨公忌、子午头杀、天贼、地贼、正四废、转杀与月建同日,大忌。刑冲刃害又与山向无碍为吉,取日命为主宰。

立柱吉日:丙寅、辛巳、戊申、己亥,又宜寅申巳亥为四柱日。

上梁吉日:甲子、乙丑、丁卯、戊辰、己巳、庚午、辛未、壬申、甲戌、丙子、戊寅、庚辰、壬午、甲申、丙戌、戊子、庚寅、甲午、丙申、丁酉、戊戌、己亥、庚子、辛丑、壬寅、癸卯、乙巳、丁未、己酉、辛亥、癸丑、乙卯、丁巳、己未、辛酉、壬戌,若上梁与竖造同日,则不必再择吉日也。

凶日	月											
	正	二	三	四	五	六	七	八	九	十	十一	十二
天贼	辰	酉	寅	未	子	巳	戌	卯	申	丑	午	亥
地贼	子	子	亥	戌	酉	午	午	午	巳	辰	卯	子
天瘟圈吉	未	戌	辰	寅	午	子	酉	申	巳	亥	丑	卯
受死	戌	辰	亥	巳	子	午	丑	未	寅	申	卯	酉
荒芜	巳	酉	丑	申	子	辰	亥	卯	未	寅	午	戌
月建	寅	卯	辰	巳	午	未	申	酉	戌	亥	子	丑
月破	申	酉	戌	亥	子	丑	寅	卯	辰	巳	午	未
天穷圈者利	子	寅	午	酉	子	寅	午	酉	子	寅	午	酉
次地火即平日	巳	午	未	申	酉	戌	亥	子	丑	寅	卯	辰
独火月火	巳	辰	卯	寅	丑	子	亥	戌	酉	申	未	午
天火狼藉	子	卯	午	酉	子	卯	午	酉	子	卯	午	酉
朱雀黑道圈利	卯	巳	未	酉	亥	丑	卯	巳	未	酉	亥	丑
冰消瓦陷	巳	子	丑	申	卯	戌	亥	午	未	寅	酉	辰
天牢黑道圈利	申	戌	子	寅	辰	午	申	戌	子	寅	辰	午
划削血刃吉多可用	亥	申	巳	寅	卯	午	未	酉	戌	丑	子	辰
魁罡钩绞	巳亥	子午	丑未	寅申	卯酉	辰戌	巳亥	子午	丑未	寅申	卯酉	辰戌
五墓	乙未	乙未	戊辰	丙戌	丙戌	戊辰	辛丑	辛丑	戊辰	壬辰	壬辰	戊辰
阴错	庚戌	辛酉	庚申	丁未	丙午	丁巳	甲辰	乙卯	丙寅	癸亥	壬子	癸丑
阳错	甲寅	乙卯	丙辰	丁巳	丙午	丁未	庚申	辛酉	庚戌	癸丑	壬子	癸丑
杨公忌	十三	十一	初九	初七	初五	初三	初九	廿七	廿五	廿三	廿一	十九

正四废：春庚申、辛酉，夏壬子、癸亥，秋甲寅、乙卯，冬丙午、丁巳。

灭没：弦虚，晦娄，朔角，望亢，虚鬼，盈牛。

伏断（干支相生吉）：子虚、丑斗、寅室、卯女、辰箕、巳房、午角、未张、申鬼、酉觜、戌胃、亥壁。

火星：

寅申巳亥月：乙丑、甲戌、癸未、壬辰、辛丑、庚戌、己未日。

子午卯酉月：甲子、癸酉、壬午、辛卯、庚子、己酉、戊午日。

辰戌丑未月：壬申、辛巳、庚寅、己亥、戊申、丁巳日，大忌。

倒家杀：

甲己年庚午日，乙庚年□申日，丙辛年戊戌日，丁壬年壬子日，戊癸年甲寅日。此例载六畜门。

九土鬼：乙酉、癸巳、甲午、辛丑、己酉、庚戌、丁巳、戊午，与建、破、平、收日乃忌。

逐月竖造吉日

正月：五子日、乙酉、丁酉、甲酉、癸酉、辛未、丁未。

二月：五丑、五寅、五亥日、丁未、己未、辛未、癸未、甲申、戊申。

三月：五子、己巳、癸巳、乙巳、甲申、丙申，寅日历用但犯天贼。

四月：五卯日、甲午、丙午、庚午、戊午、壬午、甲子、丙子、戊子、庚子、丁丑、己丑、癸丑。

五月：五未日、五戌日、壬辰、丙辰、戊辰。

六月：乙申、丙申、庚申、戊亥、丁亥、辛亥、丙寅、甲寅、己寅、壬寅。

七月：甲子、丙子、戊子、庚子、壬子、乙未、丁未、辛未、丁卯。

八月：未丑、丁丑、乙丑、癸丑、己寅、庚寅、壬寅、戊巳、癸巳、丙辰、庚辰、壬辰。

九月：辛卯、癸卯、五午日、乙亥、丁亥、辛亥。

十月：五子日、庚午、壬午、甲午、己未、丁未、辛未、五酉日、戊午。

十一月：甲辰、丙辰、五寅日、戊辰、庚辰、五戌日。

十二月：甲寅、丙寅、壬寅、己巳、乙巳、癸巳、甲申、丙申、庚申。

右吉日不犯前段诸凶神杀，可用。

论倒堂竖造克择年月，与新立宅舍一同，若在前原有旧宅净尽拆去谓之倒堂。竖造宜在近方出火避宅，俟工夫完备另择吉年月日，方可入宅归火。

且修造内堂完备，已归火入宅，续后起造厅廊，只作修方向择年月所有山家墓运，正傍阴府并不须忌，惟忌浮天空亡、巡山罗睺及月飞宫方道紧煞耳。

论竖造不忌中宫神煞，凡修造已避宅出火则不忌中宫神煞，只忌开山立向凶神。如竖造之月有州县官符、大月建、小儿杀、雷霆白虎、大杀白虎、朱雀占中宫，竖造不妨，止忌当日归火犯之，非俗云上梁之日即有中宫之说也。

论工力未辨宜将吉日先造一间，否则，先行墙竖柱以应日子，以后连接工夫亦自无妨。论杂造日，凡作厨灶、厕廨、猪椆、鸡栖、牛栏、马枋，周回杂屋，须择吉日与方道，若宅舍遭水火倾颓，七日之内择日起工竖造，若山向不利，先造小屋权住，然后竖造正屋。

论东家修作、西家起符照方法，凡邻家修方造作，就本家中宫置罗经格定邻家视所修之方，如值本年官符、三杀、独火、月家飞宫州县官符、小儿杀、大月建、打头火等煞，就本家屋内前后左右起立符使，依移宫法坐符使，从权请起祖先香火，暂归空界无碍，俟月节过，视本居方道无紧杀占，然后安还祖先香火所有符使俟岁暮方可送也。

盖屋泥饰

盖屋吉日：甲子、丁卯、戊辰、己巳、辛未、壬申、癸酉、丙子、丁丑、己卯、庚辰、癸未、甲申、乙酉、丙戌、戊子、庚寅、丁酉、癸巳、乙未、己亥、辛丑、壬寅、癸卯、甲辰、乙巳、戊申、己酉、庚戌、辛亥、癸丑、乙卯、丙辰、庚申、辛酉。

泥壁吉日：甲子、乙丑、己巳、甲戌、丁丑、庚辰、辛巳、乙酉、丁亥、庚寅、辛卯、壬辰、癸巳、甲午、乙未、甲辰、乙巳、丙午、戊申、庚戌、辛亥、丙辰、丁巳、戊午、庚申、建、平日。

逐月盖屋吉日

正月：丁酉、癸酉。

二月：庚寅、己未、甲申、己亥、辛亥、戊申。

三月：五子日、己巳、甲申、丁酉、癸酉。

四月:甲子、丙子、戊子、庚丑、癸丑、五卯日。

五月:庚寅、甲寅、壬寅、丙辰、己巳、己未、庚申、戊申。

六月:丙申、庚申、辛酉、丁酉、乙亥、辛亥、癸酉。

七月:五子日、丙辰、戊辰。

八月:庚寅、己亥、辛亥、乙丑、癸丑。

九月:己卯、辛卯、癸卯、辛亥。

十月:甲子、戊子、庚子、壬子、乙未。

十一月:庚寅、丙辰、甲申、戊申、壬寅。

十二月:己巳、乙巳、甲申、庚申、丙申、丙寅、戊寅、壬寅。

盖屋凶日:天火、八风、火星、午日,赤帝死丁巳日,其余凶星与竖造例同看。

八风凶日:丁丑、己酉、甲申、甲戌、丁未、辛未、甲戌、甲寅。

天百牢日:初一、初三、初五、十一、十三、十六、十七、十九、二十七、二十九、三十日。

造作门楼

(谓修门造门尺寸等事)

吉日:甲子、乙丑、辛未、癸酉、甲戌、壬午、甲申、乙酉、戊子、己丑、辛卯、癸巳、乙未、庚亥、庚子、壬寅、戊申、壬子、甲寅、丙辰、戊午。宜天德、月德、天月恩、天喜、天富、福星、六合、满、成、开日。

忌火星、天地贼、月建转杀同日、正四废、灭没、凶败、债不、执、破、平、收日。

九良星:丁亥、癸巳年占大门,壬寅、庚申年在门,丁巳年占前门,丁卯、癸酉、己卯年占后门忌修。九良杀:己未年占门。

春不作东门,秋不作西门,夏不作南门,冬不作北门。

丘公杀:甲己年九月占,乙庚年十一月占,丙辛年正月占,丁壬年三月占,戊癸年五月占。牛黄:六、七、十二月在门。牛胎:三、九月在门,猪胎:三、四月在门。

六甲孕神:三、九月在门。土公:春夏在门。大小耗:正、七月在门。

红觜朱雀:庚午、己卯、戊子、丁酉、丙午、乙卯六日,门大夫死日,庚寅日。

六甲占门,甲己、卯酉日。

已上凶星只忌修门,新造则不忌。

债不星方:戊癸年坤庚方,甲己年占辰,乙庚年占坎寅,丙辛年占午,丁壬年占乾,不宜作门安门。

债不星月:大月,初三、十一、十九、二十七。小月,初二、初十、十八、二十六。忌作门安门。

门光星

小月从上(左)数下(右),大月从下(右)数上(左),白圈者吉,丫字损畜,人字损人。

小月○○●●●○○●●●○○○●●●○○○●●●○○●●●○○○大月
丫丫丫　人人人　丫丫丫　人人人　丫丫丫

凶日	月											
	正	二	三	四	五	六	七	八	九	十	十一	十二
灭门	巳	辰	卯	寅	丑	子	亥	戌	酉	申	未	午
小耗	未	申	酉	戌	亥	子	丑	寅	卯	辰	巳	午
四耗	春	壬	子	夏	乙	卯	秋	戊	午	冬	辛	酉
九空财离	辰	丑	戌	未	卯	子	酉	午	寅	亥	申	巳
死气官符	午	未	申	酉	戌	亥	子	丑	寅	卯	辰	巳
月虚月杀	丑	戌	未	辰	丑	戌	未	辰	丑	戌	未	辰

其余天火火星、天地贼、独火、受死、伏断、荒芜、魁罡、正四废、建、破照竖造门看。

逐月造门安门吉日

正月:五卯日、五午日、癸酉、乙酉、丁酉。

二月:乙丑、丁丑、丙寅、戊寅、甲寅、壬寅、五亥、辛未、癸未、己未、甲申、辛丑、庚戌。

三月:五子日、己巳、癸巳、甲申、丙申、癸酉、乙巳、乙卯。

四月:甲子、丙子、戊子、庚子、丁卯、辛卯、乙卯、癸丑、五午日。

五月:丙寅、壬寅、甲寅、壬辰、五未、己亥、辛亥、丙申、庚申、癸巳、戊申、五戌。

六月:丙寅、戊寅、壬寅、甲寅、甲申、丙申、乙亥、辛亥、癸酉、己酉、庚申日、辛酉日。

七月:戊辰、丙辰、庚辰、五子日、乙酉、丁酉、己酉、辛酉、癸卯。

八月:己丑、癸丑、戊辰、庚辰、壬辰、丙寅、戊寅、壬寅、癸巳、乙巳、丁巳、戊申、庚申、亥日。

九月:己卯、辛卯、癸卯、五午日、乙亥、丁亥、辛亥。

十月:甲子、丙子、庚子、庚午、丙午、辛未、己未、壬午、四酉日。

十一月:乙丑、丁丑、丙寅、戊寅、壬寅、甲寅、五辰、己亥、辛亥、甲戌、庚戌、己巳、乙未。

十二月:寅日、甲申、丙申、庚申、己巳、癸巳、庚子、壬午、乙巳、卯日。

塞门吉日:宜伏断门日。忌丙辰、己巳、庚午、丁巳日。

鲁班尺式

财 财帛荣昌 病 灾病难免 离 主人败破 义 主生孝顺 官 主生贵子 劫 主生据掠 害 主人病厄 本 主家兴隆

按鲁班尺只分八寸,内书财、病、离、义、官、劫、害、本八字,其尺八寸,以曲尺一尺四寸四分,为之鲁班尺,一寸比曲尺有一寸八分,故八寸该曲尺一尺四寸四分也。凡人家造门,依用此尺。

曲尺之图

一白、二黑、三碧、四绿、五黄、六白、七赤、八白、九紫、十白、右曲尺有十寸,每寸有十分,凡遇起造及门门高低长短度量,皆从此做门,须当对准鲁班尺八寸全吉字则吉。

《鲁班经》云:凡造宅开门,须用准合阴阳,然后使尺寸量度用本财吉星三白为吉,其白外但得九紫为小吉,尺要合鲁班尺,与曲尺上下相同则吉。

按九天玄女装门路法,以玄女尺算之,每尺止得九寸有零,却分财病离义官劫害本八位,其尺寸长短不齐,惟本门与财门相接最吉,义门惟寺观、学舍、义聚之所可装,宫门惟官府可装,其余民俗尺装本门与财门相接最吉。

论门楼不可专主门楼经、玉辇经,误人不浅,故不编入。门向须避直冲尖射砂水,路道恶石,由均崩破孤峰枯木神庙之类,谓之乘杀入门,凶。宜迎山、迎水、避水斜割、悲声。经云:以水为朱雀者忌夫湍激。

论黄泉门路天机诀云:

庚丁坤位是黄泉,乙丙须防巽水先。

甲癸向中休见艮,辛壬水路怕当乾。

犯者主极死少丁,杀家长,常病忤逆。

庚丁向忌安单坤向门路水步。乙丙向忌安单巽向门路水步,甲癸向忌安单艮向门路水步。辛壬向忌安单乾向门路水步。其法乃死绝处相对宫为黄泉。

黄泉曜气歌

乾山看马震山猴,巽鸡艮虎兑蛇头。

坤兔离猪坎龙位,环宅遇之一切休。

假如乾龙属金,见四爻壬午火克之。余仿此。

论造门修门法,如立向亦忌浮天空亡、巡山罗睺及忌年月炙退、三杀、官符、大小月建占方,凶。若鼎新造门,仍勿论修方杂忌。

天井放水
（附结砌天井、门渠、理窖等事）

论阳年放水，甲庚丙壬乙辛丁癸此八干放之，主人财兴旺，富贵绵远，切忌放十二支神上流通。内有寅申巳亥，名曰四隅，最凶。不宜放折，又名曰四维水，犯之主骨肉伤残，不吉之兆。

天井放水诗诀

决沟折放有真机，须向天干忌四隅。
十二支神君莫犯，阳山依旧折阳时。
阴龙仍折阴干水，莫向阳干说是非。
若是脱龙并就局，阴阳须混莫猜疑。

又秘云：阳山阳向水流阳，富贵百年昌。阴山阴向水流阴，家富斗量金。此之谓也。又如来龙属阳，或后二节值阴，三节又阳，先宜放阳干，次折阴干，再后折阳干而出，大吉。或到头一节二节俱属阳，只宜放阳干水，不宜放阴干水，犯之主人财冷退，阴龙须放阴水。余仿此。如前而阴阳水湿朝入者宜作气法生入克出。

阳干阳向放水所宜：甲壬乙癸乾坤六向阳龙放阳水吉。

阴干阴向放水所宜：丙丁庚辛艮巽六向阴龙放阴水吉。

又秘云：如阴阳二宅或有脱落龙脉作向者，俱要论阴阳折放。

来山如就龙脉作向者，俱要论阴阳折放。

已上放水，切宜详审向道，大忌八杀黄泉并白虎空亡占向，若有占方向放之，主退落牛田，损人短寿。务要分龙清洵，以定其折放，若失龙水向，祸必到矣。

乾坤二卦，不宜折放，名父母宫，主凶。逐月州县官符紧杀，仍须避忌。

红嘴朱雀作水沟凶日：辛未、庚辰、己丑、戊戌、丁未、丙辰。余凶星照竖造。

逐月砌天井放水吉日

正月:甲子、五卯日、五午日、癸酉、丁酉。

二月:乙丑、戊寅、甲寅、五未日、甲申、己亥、丁亥、辛亥、乙亥。

三月:己巳、乙巳、五子日。

四月:庚午、乙卯、丁卯、己卯、辛卯、甲子、庚子、戊子、丙子、甲戌。

五月:乙丑、庚寅、戊寅、丙辰、丁未、己未、甲戌、乙亥、己亥。

六月:戊寅、丙申、庚申、甲申、戊申、辛卯、丁亥、辛卯、乙亥、己亥。

七月:甲子、壬子、戊子、庚子、庚午、丙午、辛未、丁未、戊辰、壬子、己未。

八月:乙丑、丁丑、丙寅、戊寅、己巳、癸巳、甲戌、庚戌、壬辰、庚寅、癸丑、丁巳。

九月:庚午、壬午、丙午、戊午、己卯、癸卯。

十月:戊子、甲子、庚午、壬午、乙未、癸酉、辛酉、甲戌。

十一月:戊辰、甲辰、甲戌、庚戌、己亥、辛亥。

十二月:丙寅、戊寅、甲寅、甲申、癸巳、庚申。

论水法多门,难以备载,只揭其大略,以便取用而已。盖放天干而出,勿放地支而出者,天干乃虚无之气,地支有形质之位,若放支辰遇太岁冲动之年,必生灾患,故曰天干无忌,地支有杀也。然放水有前后中天井,必自后由中宫达前,取大中小神位屈曲而出,若直流不曲则财不聚,若不由中宫是日无元辰,为水无根也,且必从天井中必安土圭,所谓井中放水也。

建造衙门

(与竖造逐月吉日并览吉凶星亦同)

黄罗紫檀年月定局

中皇吉	德星吉	荣耀吉	灾神凶	刑祸凶	奸隶凶
黄罗吉	紫檀吉	宥神吉	伏罪凶	显星凶	狱符凶

黄罗紫檀年月排方局

以中皇加太岁月建日辰,阳顺阴逆。

并将排山方所得值星入中宫,依阳顺阴逆飞见吉凶到方。

排山掌诀

乾六甲　兑七丁巳丑　艮八丙　离九壬寅戌

中五

巽四辛　震三庚亥未　坤二乙　坎一癸申辰

起例:以年求月,月求日,日求时,将所得之星入中宫,顺逆寻某向,看此值星。

飞宫排方论

使值星入中宫,吉星亦吉,凶星亦凶。假以甲丙辰年五月庚戌日辰时作丁向,将中皇加太岁辰上,顺行到月建午值荣耀即以荣耀入中宫顺行到丁向,是刑祸,此月凶。将中皇加月建午上顺行至戌上,是刑祸,即将刑祸入中宫顺行到丁向,是黄罗日,吉。将中皇加日支戌上,顺行至辰时,是黄罗入中宫顺行到丁向,是宥神值时,吉。此阳年月日时例;若阴年月日时则逆行,飞宫亦逆须是阳年得阴月日时,阴年得阳月日时大吉。余仿此。

	阳　年　月　日　时　局					
年月日时	子	寅	辰	午	申	戌
中皇吉○	子癸	寅甲	辰巽	午丁	申庚	戌乾
德星吉○	丑艮	卯乙	巳丙	未坤	酉辛	亥壬
荣耀吉○	寅甲	辰巽	午丁	申庚	戌乾	子癸
灾神凶●	卯乙	巳丙	未坤	酉辛	亥壬	丑艮

（续表）

	阳 年 月 日 时 局					
刑祸凶●	辰巽	午丁	申庚	戌乾	子癸	寅甲
奸隶凶●	巳丙	未坤	酉辛	亥壬	丑艮	卯乙
黄罗吉○	午丁	申辰	戌乾	子癸	寅甲	辰巽
紫檀吉○	未坤	酉辛	亥壬	丑艮	卯乙	巳丙
宥神吉○	申庚	戌乾	子癸	寅甲	辰巽	午丁
伏罪凶●	酉辛	亥壬	丑艮	卯乙	巳丙	未坤
显星凶●	戌乾	子癸	寅甲	辰巽	午丁	申庚
狱符凶●	亥壬	丑艮	卯乙	巳丙	未坤	酉辛

	阴 年 月 日 时 局					
年月日时	丑	卯	巳	未	酉	亥
中皇吉○	丑艮	卯乙	巳丙	未坤	酉辛	亥壬
德星吉○	子癸	寅甲	辰巽	午丁	申庚	戌乾
荣耀吉○	亥土	丑艮	卯乙	巳丙	未坤	酉辛
灾神凶●	戌乾	子癸	寅甲	辰巽	午丁	申庚
刑祸凶●	酉辛	亥壬	艮丑	卯乙	巳丙	未坤
奸隶凶●	申庚	戌乾	子癸	寅甲	辰巽	午丁
黄罗吉○	未坤	酉辛	亥壬	丑艮	卯乙	巳丙
紫檀吉○	午丁	申庚	戌乾	子癸	寅甲	辰巽
宥神吉○	巳丙	未坤	酉辛	亥壬	丑艮	卯乙
伏罪凶●	辰巽	午丁	申庚	戌乾	子癸	寅甲
显星凶●	卯乙	巳丙	未坤	酉辛	亥壬	丑艮
狱符凶●	寅甲	辰巽	午丁	申庚	戌乾	子癸

逐月建院司府州县衙门厅堂

并鼓楼儒学吉日同用,凶星同竖造局。

正月:己酉、乙酉、癸酉、丁酉、丙午、壬午、庚午。

二月:乙未、己未、乙亥、丁亥、己亥、癸未、丁未、辛丑、甲申、己丑。

三月:己巳、甲申、癸巳、乙丑、丙申、甲子、丙子、壬子。

四月:己卯、乙卯、癸卯、丁卯、庚午、丙午、癸丑、己丑、甲子、丙子、丁丑、辛卯、壬午、庚子。

五月:丙寅、庚寅、甲寅、辛未、甲戌、辛巳、癸未、丙戌、戊戌、乙未、壬寅、庚戌、己未。

六月:乙亥、甲申、壬申、丙申、辛亥、辛未、丁亥、己未、甲寅。

七月:壬子、戊子、乙亥、辛未、丁未、甲子、戊辰、甲辰、庚子、丙子、庚辰、丙辰。

八月:癸丑、乙丑、己丑、庚辰、辛丑、丁巳、丁丑、乙亥、丙辰、壬辰。

九月:乙亥、辛亥、庚午、壬午、丙午、丁亥。

十月:壬子、辛未、乙未、丁未、甲子、庚子、庚午、壬午、甲午、癸酉。

十一月:甲申、戊申、庚申、丙申、壬申、甲戌。

十二月:戊寅、甲申、庚申、丙寅、丙申、甲寅、己巳、壬寅、乙巳。

上吉日,不犯独火、天火、地火、冰消瓦陷、火星、天贼、地贼、天瘟、正四废、受死、建、破日、阴阳错日、转杀、伏断、灭没、凶败、十恶大败、天空亡日、杨公忌、荒芜。

逐月建造帅府将坛

吉日新增补入,原本无载。

正月:丙午、丁酉、丙子、辛卯、癸卯。

二月:乙丑、甲申、己亥、辛亥、甲寅、己未。

三月:己巳、癸巳、乙巳、丙子、壬子。

四月:己卯、辛卯、癸卯、乙卯、庚午、壬午。

五月:丙寅、庚寅、甲寅、甲戌。

六月:乙亥、甲申、庚申、丙申、辛亥。

七月:壬子、庚子、丙子、丙辰。

八月:乙亥、己巳、乙丑、庚寅、癸巳。

九月:庚午、壬午、丙午。

十月:壬子、辛未、乙未、甲子、庚子、壬午、甲午。

十一月:甲申、丙申、庚申。

十二月:甲寅、庚申、甲申、丙寅、丙申。

上吉日,不犯兵禁争雄等神凶星,同前避忌。

建造神庙

(与竖造逐月吉日并览)

凡择起庙日,要看明庙在村场某方,宜坐向与方道通利,庙不食入村场乃可。若修庙又忌煞占庙日,地新建不忌。单取坐向方道利足矣。倘有煞占庙则预先择日,请神出宫,不在庙内炷香,休义抛隔三四个月入,然后择神杀不在月日拆卸修造,权用亦可。惟取先年无杀占庙出火拆卸,次年竖造更为稳利耳。起庙上梁与造宅同,但起庙尤忌寅申巳亥辰戌日,犯破碎杀入火安神则与入宅同。合行十灵日更作迁社修社坛同,至于庙轮经、金华经年月日时诸例,难以尽合,但要山向方位符合,取太阳、太阴、帝星诸吉集临,制化妙用,不必尽拘也。

拆庙神不在吉日:丙寅、己巳、庚午、乙亥、丙子、戊寅、辛巳、癸卯、壬子、庚寅、壬辰、癸巳、戊戌、己亥、庚子、辛丑、壬辰、甲辰、辛亥、壬子、癸丑、甲寅、庚申、壬戌日。

修神庙忌年九良星:甲子、丁卯、甲戌、壬午、戊戌、甲辰、丁未、己酉、庚戌、癸丑、庚申十一年占庙。

九良煞:子午卯酉年、辰戌丑年及七月占庙,忌修,鼎新不忌。

修庙吉年:寅申巳亥未年大利。

造庙忌碎破日:己卯、庚申、甲寅、壬辰、戊辰五日凶。

起庙怕劫杀日:子年怕丑亥日,戌年怕酉亥日,亥年怕子戌日。

庙中白虎神日:子年丑午日,丑年寅日,寅年申巳亥日,卯年酉日,辰年戌日,巳年酉亥日,午年子日,未年亥酉日,申年巳亥日,酉年卯寅日,戌年辰日,亥年巳日。名为七杀凶。

造庙破碎忌日歌

寅犯地主大难当,劝首逢申命不长。
辰犯大王无灵圣,乡村逢戌起瘟瘟。
巳犯时师难躲避,匠人逢亥见阎王。
豺虎星歌伤六畜,并日食死群年月。
日时食尽一坊人。岁食切忌用收成。
季月收成以开行,孟月却居平定上。
仲月莫逢执破乡。

虫食方诗

月下当起建,阴成阳定方。
此名虫食位,寄语预提防。

如正月起寅,阳年定午位,阴年戌戌位是。

寻元射方例

甲己射乾乙庚坤,丙辛仗剑向南门。
丁壬地户通来往,戊癸寻山逐虎奔。

九梁九柱例(阳年先梁后柱,阴年先柱后梁)

欲识九梁九柱星,俱从太岁是行程。
遁取年甲逢太岁,一梁耳柱定枯荣。

假如甲己年遁起丙寅，戊辰、己巳为梁柱也。

五音忌建庙方例：

角音乾乙方，商音忌辛场。
徵音丁艮土，宫羽坤癸乡。

入庙吉日例

月下除日好驱邪，闭日好掩恶劝善。
寅卯定日并执日，月建太岁可避闪。

入庙忌日例

日时属木损劝首，日时属金匠人当。
日时属火损术者，日时属水损客商。

五凤吉日（又名五虎食血鸟雀）

春庚寅，夏庚午，秋庚申，冬庚子乙酉。

盖宫殿寺观主绝雀儿。

王归殿例（此与大王回庙同）

春从丙入壬，夏从丁入癸。
秋从艮入坤，冬从乾入巽。

神归殿天恩吉日

正月丙。二月丁。三月庚。四月己。五月戊。六月辛。七月壬。八月癸。九月庚。十月乙。十一月甲。十二月辛。

年凶方	子	丑	寅	卯	辰	巳	午	未	申	酉	戌	亥
众保官符亦名朱雀	卯	子	酉	午	卯	子	酉	午	卯	子	酉	午
众栏杀	艮	乾	坤	巽	艮	乾	坤	巽	艮	乾	坤	巽

月凶方	月											
	正	二	三	四	五	六	七	八	九	十	十一	十二
建方并月犯损丁	寅	卯	辰	巳	午	未	申	酉	戌	亥	子	丑
破方并日	申	酉	戌	亥	子	丑	寅	卯	辰	巳	午	未
月游刀砧方日	申	巳	寅	亥	申	巳	寅	亥	申	巳	寅	亥
木呼杀日忌砍山	寅	巳	申	亥	卯	子	酉	午	辰	丑	戌	未
木髓杀山木忌伐	辰申	子寅	申戌	午未	卯辰	寅申	巳酉	午未	寅申	亥卯	巳酉	未辰
刀砧杀方	丁癸	寅申	乙辛	壬丙	丁癸	寅申	乙辛	壬丙	丁癸	寅申	乙辛	壬丙
神号鬼哭日	庚戌 戌未	辛亥 亥戌	壬子 子辰	癸丑 丑寅	甲寅 寅午	乙卯 卯巳	丙辰 辰酉	丁巳 巳申	戊午 午巳	己未 未亥	庚申 申丑	辛酉 酉卯

四时忌方：丁癸损申子辰人，甲庚损寅午戌人，丙壬损亥卯未人，乙辛损巳酉丑人。

齐钉杀方：春辰巽，夏丑艮，秋戌乾，冬未坤。

大王回庙忌局

春：大王辰巳，土地寅卯，人户戌亥，劝首戌亥，师人未申，匠人未申。

夏：大王丑寅，土地巳午，人户未申，劝首未申，师人丑寅，匠人辰巳。

秋：大王戌亥，土地申酉，人户辰巳，劝首辰巳，师人丑寅，匠人丑寅。

冬：大王未申，土地亥子，人户丑寅，劝首丑寅，师人辰巳，匠人戌亥。

金华经日

横路凶　郎君吉　五伤凶　五路凶

使者凶　　　　　　　　　大王吉

神禄吉　　　　　　　　　神会吉

神禁凶　神福吉　小王吉　夫人凶

起日例：

正七起子二八寅，三九原来却在辰。

四十须知午上始，五十一月并居申。

六十二月起于戌，横路为头用顺下。

凡人修作社庙、神宫、塑画神吉日，值神会、神福、神禄三日大吉，劝首、村众、平安，若遇大王、小王、郎君三日，吉星多可用。若遇横路、五伤、五路、夫人、神禁、使者六日人众不安，百事不利。旧本七伤，今作夫人。

庙移经向

功曹　九司　鼓乐吉　香炉吉

大吉吉　　　　　　　礼拜吉

神镇　　　　　　　　神案

村主　关讼　天罡　神符吉

假如乾向未加功曹，坤向辰加艮向戌加巽向，丑加甲乙向，子加丙丁向，卯加庚辛向，午加壬癸向，酉加功曹顺行，得吉星吉。常将年月日时加神案顺行。

庙经取日

横路　紫气吉　村主　游岩

火星　　　　　　　　香炉

旺人吉　　　　　　礼拜吉

少丁　　神祈吉　　神案　　官符

此取正七起子二八寅，三九辰，四十午，五、十一申，六、十二戌。

庙经取日

神怨　　神德吉　　神禁　　神败

神过　　　　　　　　　　神福吉

神福吉　　　　　　　　　神祸

神败　　神禁　　神德吉　　神怨

此亦取正七起子二八寅之例，若迁得神德、神福星，吉。合此局尤佳。此局年月日时起庙造屋修方，依此以寻吉凶。

庙经取时

青龙吉　　明堂吉　　天刑　　朱雀

勾陈　　　　　　　　　　金匮吉

司命吉　　　　　　　　　天德吉

玄武　　天牢　　玉堂吉　　白虎

此取时，寅申日子时起，卯酉日寅时起，辰戌日辰时起，巳亥二日午时起，子午二日起于申，丑未之日戌时起青龙为首顺行。吉凶黄道同。

庙经取时

太乙　　地皇　　地火　　地凶

大凶　　　　　　　　　　地吉吉

进财吉　　　　　　　　　地进吉

大杀　　小杀　　地官　　地杀

此取时寅申日子加太乙，卯酉日寅加太乙，辰戌日辰加太乙，巳亥日子加太乙，丑未日戌加太乙，子午日申加太乙。顺行取时，若遇地吉、地进、地官、进财，利。

庙轮经

神宫吉	判官	三台吉	庙祖	社稷
直殿				左相吉
小娘吉	夫人吉	太子	大王	右相吉

每以年月日时加社稷,如子年以子加社稷,年上起月,月上起日,日上起时,顺行十二宫,看坐向吉凶。

社稷:难为劝首及尼户,官事缠绵大退财。

左相:富贵添丁增福寿,乡村白屋出公侯。

右相:官灾盗贼皆无遇,劝首终为富贵人。

大王:五杀六畜皆不旺,遭官刑狱祸临门。

太子:退田人病招官讼,口舌奸非盗财来。

夫人:五谷血财皆兴旺,进田添产益乡人。

小娘:家旺人兴进产业,东南方出白花生。

直殿:五谷不熟牛马死,人丁退败尽倾田。

神宫:五谷丰登天道利,出人高贵跨金鞍。

判官:重生口舌出凶贼,退尽田产孕妇危。

三台:劝首乡村多发福,黑牛白犊瑞来临。

庙祖:出外遇凶常遇难,常招声哑损牛羊。

每遇辰戌巳午并三、四、五、九月大凶,造神宫切须仔细,如乾向以未上起功曹,顺行得乾向未,每顺行十二宫便知吉凶也。

建立社坛

（谓迁安社坛石龛等事）

金华经年月例

村主凶 神头凶 大吉吉 功曹凶 社典吉

关讼凶 鼓乐吉

天罡凶 神符吉 神案凶 礼拜吉 香炉吉

其法子年月以子加村主,丑年月以丑加村主,并顺行十二宫。余仿此。

金华经:本只说八向十二位土山水形势吉凶,今据《历法统宗》,其例云:

四建常加村主神,年月日时一顺行。

若人晓得金华例,便是桃源洞里人。

金华经定局

吉方年月日时	子	丑	寅	卯	辰	巳	午	未	申	酉	戌	亥
大吉	寅	卯	辰	巳	午	未	申	酉	戌	亥	子	丑
社典	辰	巳	午	未	申	酉	戌	亥	子	丑	寅	卯
鼓乐	巳	午	未	申	酉	戌	亥	子	丑	寅	卯	辰
香炉	午	未	申	酉	戌	亥	子	丑	寅	卯	辰	巳
礼拜	未	申	酉	戌	亥	子	丑	寅	卯	辰	巳	午
神符	酉	戌	亥	子	丑	寅	卯	辰	巳	午	未	申

修社坛忌年

九良星:甲子、戊戌、甲辰、丁未、庚戌、癸丑、庚申。已上七年俱占社坛,忌修,新立不忌。

殿塔寺院

(与竖造逐月吉日并览,宜忌同前)

龙积王造殿经:宜四、七、八、十、十一月,并宜乙丑、乙酉、乙卯、丁亥、壬辰、己巳、庚申、己酉、甲申、辛酉、己卯、乙亥日,大利。

忌寅午戌辰巳年月,并乙巳、丁巳、癸酉、丁酉、丁亥、壬辰年月日时,及寅申日,辛未、乙未、丙戌行,壬寅日不利,及建、破日。

红嘴朱雀凶日:己巳、戊寅、丁亥、丙申、乙巳、甲寅、癸亥。

择日图局

金刚○	阿难○	罗汉○	世尊○
观音●			迦乘○
天王●			童子○
夜叉●	善神●	恶神●	圣绘○

假如正、七月以寅加天王,如未日顺数值世尊吉。又如亥日仍寅上加天王,又亥值恶神,凶。余仿此。

十二月起例

正七月寅加天王,二八月辰加天王。

三九月午加天王,四十月申加天王。

五十一月戌加天王,六十二月子加天王。

择时局例

寅申来寻虎，卯酉就龙门。
辰戌尤骑马，巳亥逐猴孙。
子午归逢犬，丑未鼠边存。
要识时中宿，与日一同轮。

佛骨经年月局

僧命凶　经藏吉　大德凶　徒弟凶　僧财吉
佛骨凶　　　　　　　　　　　　　佛刑凶
僧库吉　佛口凶　钵盂凶　衣钵吉　僧身凶

其法以太岁月建加僧命，顺行十二位，遇吉则吉，逢凶则凶。

佛骨经定局图

年　月	子午	卯酉	寅申	巳亥	辰戌	丑未
经藏吉方	丑	辰	卯	午	巳	寅
僧财吉方	辰	未	午	酉	申	巳
衣钵吉方	未	戌	酉	子	亥	申
僧库吉方	戌	丑	子	卯	寅	亥

逐年僧院修方吉凶

寅午戌年月：

六害酉、三杀戌、灾杀亥、劫杀子、天杀丑、地杀寅、财库卯、禄库辰、马库巳、官库午、天库未、地库申。

亥卯未年月：

六害午、三杀未、灾杀申、劫杀酉、天杀戌、地杀亥、财库子、禄库丑、马库寅、官库卯、天库辰、地库巳。

申子辰年月：

六害卯、三杀辰、灾杀巳、劫杀午、天杀未、地杀申、财库酉、禄库戌、马库亥、官库子、天库丑、地库寅。

巳酉丑年月：

六害子、三杀辰、灾杀寅、劫杀卯、天杀辰、地杀巳、财库午、禄库未、马杀申、官库酉、天库戌、地库亥。

值库吉，值杀害凶。凡僧院忌甲庚丙壬四向，如前有台塔钟阵方可。

九良星：庚年忌修僧尼寺院，戊辰、己巳、乙亥、己卯、庚辰、丁亥、癸巳、丁酉、戊戌、甲辰、丁未、己酉、辛亥、癸丑、壬戌。

四季九良星占(并附逐月所占)

春逢楼殿莫修营，夏季城隍起祸殃。
秋在桥头损劝首，冬惟门户主重丧。

三月清明节占庙十一日，四月立夏在庙九日，九月寒露节在庙一日。

正月占井阶，损子生人，占申酉方，犯亥子师人。

二月占院阶，损丑生人，占辰方损丑未术人并劝首。

三月占堂庙，损寅申生人，占子方损申卯戌亥人。

四月占寺观灶，损六畜及子生人。

五月占僧堂佛殿东水路，损丑未生人。

六月占庙东水路，损卯生人，及木匠、公事杀、寅午戌生人。

七月占桥庙井，损卯生人，及劝首并术人。

八月占桥巳午，损亥戌命工匠十二命公事，损人亦不少。

九月占五通堂大门，犯杀牛马公事。

十月占半大门，损术土匠人并释子。

十一月占钟楼，损辰生人，及匠人申戌亥命。

十二月在天日月无忌。

已上九良星所占，只忌修整，凡鼎新不忌。

建造宫观

（与竖造逐月吉日同看）

金华经年

天罡凶	道财吉	道库吉	经缠吉
道符凶			道杀凶
道刑凶			河魁凶
紫衣吉	道禄吉	华盖吉	小师凶

子午年天罡加子，寅申年用道刑方。

卯酉子居紫衣位，辰戌年来道禄长。

巳亥每临华盖上，丑位道符子位藏。

顺行十二常加子，有人会者细推详。

右起例法以年建加天罡，顺行十二位。

金华经月

道教凶	天师吉	道流凶	道坐凶
道符凶			上元吉
下元吉			三师吉
道耗凶	太清吉	中元吉	道刑凶

正七月分起道教，二八当居下元边。

三九太清加上是，四十道刑位为尊。

五十一月上元位，六十二月道流长。

每以十二常加子，达了道通是神仙。

已上起月日法，以月建日建值加道教，顺行十二位。

九良星：修宫观忌年，丁卯、戊辰、己丑、乙亥、己卯、庚辰、丁酉、己亥、己酉、辛亥、癸丑、壬戌。已上十二宫，九良煞亥年占宫观。

金华经年方定局

	子午	寅申	卯酉	辰戌	巳亥	丑未
道财吉方	丑	卯	辰	巳	午	寅
道库吉方	寅	辰	巳	午	未	卯
经缠吉方	卯	巳	午	未	申	辰
华盖吉方	未	酉	戌	亥	子	申
道禄吉方	申	戌	亥	子	丑	酉
紫衣吉方	酉	亥	子	丑	寅	戌

金华经月方定局

	正七	二八	三九	四十	五十一	六十二
天师吉日	丑	卯	巳	未	酉	亥
上元吉日	辰	午	申	戌	子	寅
三师吉日	巳	未	酉	亥	丑	卯
太清吉日	未	酉	亥	丑	卯	巳
中元吉日	申	戌	子	寅	辰	午
下元吉日	戌	子	寅	辰	午	申

建师入宅

(与竖造逐月吉日同看)

宜命日贵禄化支吉,忌四柱刑坤刀克。

宝楼经局

老君凶	祖师吉	兵马凶	文疏吉
本师凶			弟子吉
神枳凶			永碗凶
香炉吉	尊主吉	鞭笏吉	本师凶

起年月日法:年支问老君,循行十二辰。月起本师位,日求祖师真。如子年以子加老君,子月以子加本师,子日以子加祖师。余仿此。

丁酉日,西王母忌。丙辰日,南斗忌。丙寅日,北斗忌。丁酉日,太岁死。戊子日,趋死。壬戌日,天师父死。丁亥日,地师死。丙戌日,地师母死。甲寅日,本师死。辛亥日,师父死。庚子日,师母死。甲子乙亥日,东王公忌。已上计诸日,不宜建宅。

年吉方	子	丑	寅	卯	辰	巳	午	未	申	酉	戌	亥
祖师吉	丑	寅	卯	辰	巳	午	未	申	酉	戌	亥	子
文疏吉	卯	辰	巳	午	未	申	酉	戌	亥	子	丑	寅
弟子吉	辰	巳	午	未	申	酉	戌	亥	子	丑	寅	卯
鞭笏吉	未	申	酉	戌	亥	子	丑	寅	卯	辰	巳	午
尊主吉	申	酉	戌	亥	子	丑	寅	卯	辰	巳	午	未
香炉吉	酉	戌	亥	子	丑	寅	卯	辰	巳	午	未	申

月吉方	子	丑	寅	卯	辰	巳	午	未	申	酉	戌	亥
鞭笏吉	丑	寅	卯	辰	巳	午	未	申	酉	戌	亥	子
尊主吉	寅	卯	辰	巳	午	未	申	酉	戌	亥	子	丑
香炉吉	卯	辰	巳	午	未	申	酉	戌	亥	子	丑	寅
祖师吉	未	申	酉	戌	亥	子	丑	寅	卯	辰	巳	午
文疏吉	酉	戌	亥	子	丑	寅	卯	辰	巳	午	未	申
弟子吉	戌	亥	子	丑	寅	卯	辰	巳	午	未	申	酉
日吉方	子	丑	寅	卯	辰	巳	午	未	申	酉	戌	亥
祖师吉	子	丑	寅	卯	夺	巳	午	未	申	酉	戌	亥
文疏吉	寅	卯	辰	巳	午	未	申	酉	戌	亥	子	丑
弟子吉	卯	辰	巳	午	未	申	酉	戌	亥	子	丑	寅
鞭笏吉	午	未	申	酉	戌	亥	子	丑	寅	卯	辰	巳
尊主吉	未	申	酉	戌	亥	子	丑	寅	卯	辰	巳	午
香炉吉	申	酉	戌	亥	子	丑	寅	卯	辰	巳	午	未

建造桥梁

(与竖造逐月吉日同览)

凡竖造桥梁要先明人居宅场在某方,桥在某方,桥坐某向,某以来水为坐,以去水为向,坐向之利与造宅同,不用寅申巳亥日、水痕日,宜方道坐向通利日,并合天轮经。须择年月四课相应,否则,用日时相应大吉。已成之后择日开桥,来往行与移居入宅日同。修桥又忌九良星占桥,庚申、壬寅二年不利。

下石竖桥吉日:戊子、壬子、己丑、癸卯、己卯、乙卯、辛未、己未、乙未、己酉、乙酉、壬戌、甲戌。与竖造日同。打椿不吉日与动土日同。

上桥板吉日:甲子、乙丑、丁卯、戊辰、庚午、辛未、甲戌、丙子、庚辰、壬午、丙戌、戊子、甲午、辛酉、丁酉、庚子、辛丑、癸卯、己酉、己未、癸丑、乙卯。与上梁日同。

造桥十干吉日：丁辛二日合泽风大过卦。

造桥六支吉日：丑、卯、辰、未、酉、戌日，不卯四天，非水旺日不用。

行桥吉日：甲子、戊子、庚子、乙丑、己丑、辛丑、乙卯、己卯、辛卯、甲辰、戊辰、庚辰、甲午、丙午、己未、辛未、乙酉、巳酉、辛酉、甲戌、戊戌、庚戌。

水痕忌日：水土痕日不用辰生，只用水土衰败年月日时，逢金音克木凶，若水值衰败，水土生旺，桥道易损，宜用暗金伏断、建、成、定日，又暗金时吉。

四旺凶日：春乙卯，夏丙午，秋辛酉，冬壬子。

四天并凶日：天地转，八风，飞廉，天赦，收日，龙禁，咸池，蛟龙。

土公败日：庚午、丁未、丙辰。已上土公败日不定，与定磉同。

寅日杀主人，申日杀劝首，巳日杀师人，亥日杀匠人。

天轮经局

天轴凶　　地竖凶　　金龙吉　　渡河吉

天合吉　　　　　　　　　　　　水库凶

暗将凶　　　　　　　　　　　　金池吉

奈河凶　　金华吉　　地禁凶　　拦路凶

子午戌乾上，卯酉寅申方。寅申辰巽位，巳亥甲庚乡。辰戌午丁作，丑未子癸场。地轴为起例，术者细推详。

天轮黄道年吉方

	子	午	卯	酉	寅	申	巳	亥	辰	戌	丑	未
金龙星	子	癸	辰	巽	午	丁	戌	乾	申	庚	寅	甲
渡河星	丑	艮	己	丙	未	坤	亥	壬	酉	辛	卯	乙
金池星	卯	乙	未	坤	酉	辛	丑	艮	亥	壬	巳	丙
金华星	午	丁	戌	乾	子	癸	辰	巽	寅	甲	申	庚
天合星	酉	辛	丑	艮	卯	乙	未	坤	巳	丙	亥	壬

许真君三元取日例

蛟龙	河母	水官	精灵
海神			光雾
真君			河伯
三官	龙王	济渡	水母

正七子上起蛟龙,二八寅上又是踪。

三九辰上是本位,四十午上是龙宫。

五十一月申中取,六十二月戌中逢。

其法每月当起蛟龙顺行。仿此推之,以定吉凶宜忌,同前。

建造祖祠

凡起祖祠与造宅同,要问明宅场在某方,今起祠在某方,要方道利与人居无碍乃可,如有碍则使其避宅出火。至于逐月吉日及吉凶诸星,俱照竖造宅舍看。

塑画神像

(附开光、安座、写真容等事)

十灵吉日:乙亥、癸未、庚寅、丁酉、壬寅、甲辰、庚戌、辛亥、丙辰、戊午。

吉宿:春秋二季,宜用心危单张,四宿值日属太阴吉。夏冬二季,宜用房虚昴星,四宿值日属太阳吉。

开神佛光吉日:戊辰、己巳、辛未、戊寅、己卯、丙子、丁丑、甲申、乙酉、丙戌、己丑、辛卯、戊戌、辛丑、甲辰、乙巳、丁未、己酉、庚戌、辛亥、壬子、癸丑、丙辰、庚申、辛酉、壬戌、癸亥。

已上二十七日,系合九龙台塔吉龙值日。

宜天月德、天恩、福生、黄道、生气、除、满、成、开日,及日干生旺有气,吉。

忌天贼、伏断、荒芜、正四废、天空、地空、六壬空亡、鬼神空屋、神隔、鬼隔、神号、鬼哭、天瘟、地贼、受死、魁罡、九空、独火、破败、建日、朱雀、阴阳错、天地转杀、九丑、九土鬼。

神隔:正巳、二卯、三丑、四亥、五酉、六未、七巳、八卯、九丑、十亥、十一亥、十二未。

鬼隔:正申、二午、三辰、四寅、五子、六戌、七申、八午、九辰、十寅、十一子、十二戌。

月凶方	月											
	正	二	三	四	五	六	七	八	九	十	十一	十二
神号鬼哭日	庚戌 戌未	辛亥 亥戌	壬子 子辰	癸丑 丑寅	甲寅 寅午	乙卯 卯巳	丙辰 辰酉	丁巳 巳申	戊午 午巳	己未 未亥	庚申 申丑	辛酉 酉卯

天地空亡:

巳	午	未
	天	
辰		申
卯		酉
寅		戌
丑	子	亥

右太岁起正月,月上起初一,并逆行,遇午为天空,子为地空,闰月从本月起。

大小空亡:

巽	离	坤
	大	
震		兑
艮	坎	乾

右乾上起正月,月上起初一,并逆行,遇离为大空,遇坎为小空。

安香火周堂多不准验,其例载在入宅归火门。

鬼神空屋:春申,夏寅,秋巳日,冬亥日。吉多不忌。

逐月塑画神像吉日(写真容行乐同看)

正月:乙酉、癸酉、丁酉、戊午。

二月:乙未、己未、癸未、乙亥。

三月:乙巳、辛酉、癸酉、己酉。

四月:甲子、乙丑、庚辰、庚子、乙卯、丁酉。

五月:丙寅、戊寅、辛未、乙亥、庚戌。

六月:乙亥、丁亥、丁酉、辛亥、甲寅。

七月:甲辰、丁酉、壬辰、甲子、戊午。

八月:乙丑、丁丑、丙辰、庚辰、壬辰。

九月:丙午、庚午、乙亥、壬午、辛卯。

十月:庚午、丙午、辛未、癸未、乙未、丁未、丁酉。

十一月:丙寅、庚寅、乙巳、丙辰。

十二月:甲申、丙申、庚申、丙寅、壬寅、甲寅、戊寅。

绘真行乐

吉日:宜甲子、乙丑、丙寅、丁卯、戊辰、己巳、辛巳、壬午、癸未、庚寅、辛卯、壬辰、癸巳、己亥、庚子、辛丑、乙巳、丁巳、甲申、庚申、壬寅、癸卯日。

宜天恩、天福、福生、福厚、天月德、要安、圣心、普护、活曜、幽微、明星、神在、天瑞、司命、黄道、生气、阴德、益后、续世日。

大明吉日:辛未、壬申、癸酉、己卯、壬午、甲申、壬寅、甲辰、丙午、庚戌、丙辰、己未、庚申、己酉、辛酉,此合太阳所照之日,大吉。

天瑞吉日:戊寅、己卯、辛巳、庚寅、壬子五日。

忌受死、天瘟、死风、死神、致死、正四废、建、破、平、收、灭没,并十干无禄日。

修作厨房

吉日:丙寅、己巳、辛未、戊寅、己卯、甲申、乙酉、戊申、己酉、壬子、甲寅、乙卯、己未、庚申,并定、成、开日。依竖造吉日,亦可通用。忌火星、天火、独火、建、破、天贼。

九良星年:乙丑、丁丑、戊子、己丑、壬寅、戊午六年吉。三、四、十二月占,丑年占。

修厨杀:子午卯酉年占,杀新妇。六甲胎神,忌丙辛日占。

红嘴朱雀日:甲子、癸酉、壬午、辛卯、庚子、己酉、戊午七日到震宫,凶,犯损新妇。

丘公暗刀杀:甲己年六月,乙庚年八月,丙辛年十月,丁壬年二月,戊癸年三月。

修厨忌用:九良杀十二月占,宅龙六七月占,马胎七月占,伏龙十一月占,耗星五、十二月占,猪胎十一月占,牛胎五、八月占,猫胎十一月占。

已上诸凶只忌修葺,不忌新造。

逐月修造厨吉日

正月:庚午、辛未、乙酉、甲午、丁酉、丙午。

二月:五丑、丙寅、戊寅、辛未、癸未、己亥、乙亥、辛亥、己未、丁未、甲寅、甲申。

三月:己巳、癸巳、丙子、戊子、壬子、甲申、丙申、乙巳。

四月:丙子、戊子、丁卯、己卯、丁丑、癸丑、戊申、庚申、壬午、丙午、己丑、癸卯。

五月:五寅、辛辰、丙辰、丁未、癸未、甲未、己未、庚戌、戊戌、甲戌、壬戌、己亥。

六月:丙寅、甲寅、戊寅、壬申、丙申、庚申、乙亥、辛亥。

七月:丙子、壬子、戊子、丙辰、辛未、乙未、丁未、丁卯、丙辰。

八月：癸丑、丁丑、丙寅、戊寅、庚寅、壬寅、己巳、癸巳、甲辰、丙辰、乙亥、庚申

九月：辛卯、癸卯、庚午、丙午、甲午、乙亥、丁卯、辛亥。

十月：丙子、戊子、壬子、庚午、甲午、辛未、乙未、丁未、五酉日。

十一月：五寅、五辰日、甲申、戊申、庚申、甲戌、庚戌、丙戌。

十二月：丙寅、甲寅、戊寅、壬寅、癸巳、己巳、甲申、丙申、乙巳、庚申。

泥作火灶

吉日：甲子、乙丑、癸酉、甲戌、乙亥、癸未、甲申、乙酉、己丑、壬辰、甲午、甲辰、乙巳、己酉、辛亥、癸丑、甲寅、乙卯、己未、庚申。

作灶动土日：甲子、庚午、辛未、庚子、丙午、丁未、丙辰、丁巳、辛酉，系土公败日，作灶不避伏龙土公占。灶宜向西南吉，向东北凶。

宜天德、月德、天月德合、玉堂、黄道、生气、平、定、成日。

秋作灶大吉，春次吉。集正云：盖占时候不及，则逐月选吉日用之。

正二月戌丑，三四月子卯，五六月寅巳，七八月辰未，九十月午酉，十一十二月申亥。

忌戊戌、己亥、庚子、辛丑、壬寅，此五日登太微宫，修作祭祀凶。

拆灶忌初八、十六、十七日，修灶忌初七、十五、二十七日。九良星：戊子、戊午年占灶。

拆灶作灶年中，自立春至大寒节俱要方道利，天地官符、大月建、小儿杀、年月三杀及九良星，不占方利。拆灶则忌杂灶占灶，新作灶则单取此方，无三杀、官符、大月建占之，惟岁官交承则不忌煞占方，俱利动作，但要查家中有无六甲，如有六甲则忌，六甲所占之处，及伤胎煞日伤胎煞方俱不宜重修，并仿此。

修灶习方，宅龙正、二、三、八，伏龙七、八，耗星三、八，六甲胎神四、十一，游龙八、十一，伏龙正、八，羊胎四、五、十、十二，猪胎三、七、八，马皇十一月，牛胎十、三，牛黄十月。

土公日、丘公煞及六甲胎神亦须忌之，照前例看。

论宅龙,主大伤,游龙伏龙上损自土公,主宅长、宅母足肿,用土公败日不忌。耗星主野兽损牲,云宅龙并土公主夏招时气,鼎新作不忌。

凶日	月											
	正	二	三	四	五	六	七	八	九	十	十一	十二
毁杀	寅	寅	辰	辰	午	申	申	申	戌	戌	子	子
丰至	申	申	戌	戌	子	子	寅	寅	辰	辰	午	午
微冲	酉	酉	亥	亥	丑	丑	卯	卯	巳	巳	未	未
重折	卯	卯	巳	巳	未	未	酉	酉	亥	亥	丑	丑
地瘟	辰	巳	午	未	申	酉	戌	亥	子	丑	寅	卯

四部:春午,夏卯,秋子,冬酉。

其余朱雀、天瘟、天火、天地贼、阴阳错、正四废、火星及建、破日,亦须忌之。

逐月作灶吉日

正月:乙亥、辛亥、辛未、甲午、己酉。

二月:乙丑、己丑、辛未、癸未、乙未、己未、乙亥、辛亥、癸丑、戊寅、己亥、甲申。

三月:甲子、庚子、壬子、己巳、癸巳、癸酉、乙酉、乙卯。

四月:甲子、庚子、己丑、癸丑、戊午、五卯日。

五月:戊寅、庚寅、甲寅、庚辰、壬辰、戊辰、甲辰、己巳、乙巳、甲戌、庚戌、庚申。

六月:戊寅、甲寅、甲申、乙亥、辛亥。

七月:壬子、戊子、庚子、戊辰、庚辰、甲辰、己巳、辛未、乙未。

八月:乙丑、己丑、癸丑、甲辰、庚辰、戊辰、壬辰、己巳、癸巳、乙巳。

九月:己卯、辛卯、癸卯、乙亥、辛亥、庚午、壬午。

十月:甲子、壬子、辛未、乙未、癸酉、己酉、甲午。

十一月:戊辰、庚辰、壬辰、甲辰、壬申、甲申、庚申、戊申、戊寅、甲寅、己巳、壬巳、癸丑、甲戌。

十二月:戊寅、壬寅、甲寅、己巳、癸巳、乙巳、甲申、戊申。

炉冶铸造

铸造吉日:宜庚寅、辛卯金石合日,开、成、平、定日。

忌庚申、辛酉金石离日,火隔、焦坎、建、破日。

开窑灶日:宜天月二德、要安、黄道、上吉、定、成、开日。忌火隔、焦坎、建、破日。

作窑灶日:宜要安、建、平、定、成日、闭、收日。忌赤口、土瘟、四废、破、满日。

凶日	月											
	正	二	三	四	五	六	七	八	九	十	十一	十二
火隔	午	辰	寅	子	戌	申	午	辰	寅	子	戌	申
焦坎	辰	丑	戌	未	卯	午	酉	子	寅	亥	申	巳
天贼	辰	酉	寅	未	子	巳	戌	卯	申	丑	午	亥
地贼	子	子	亥	戌	酉	申	午	午	巳	辰	卯	子
荒芜	巳	酉	丑	申	子	辰	亥	卯	未	寅	午	戌

正四废:春庚申、辛酉,夏壬子、癸亥,秋甲寅、乙卯,冬丙午、丁巳。

金痕忌:大月,初五、初六、初七、二十七。小月初二、二十八、二十九。忌熔金银铜铁锡。

右造葬烧窑吉日,依前逐月作灶吉日同用。

祭祀灶神

吉日：丁卯、壬申、癸酉、甲戌、乙亥、己卯、庚辰、甲申、乙酉、丁亥、己丑、丁酉、癸卯、甲辰、丙午、己酉、辛亥、癸丑、乙卯、辛酉、癸亥。礼记注，孟夏阳极化阴，故祀之。宜天德、月德、福生、黄道、正阳、五祥、除、成、开日。每月六癸日，三元日，三八月社日。忌天狗、游祸、寅日、建、破、平、灭没、凶败日。

凶日	月											
	正	二	三	四	五	六	七	八	九	十	十一	十二
福生	酉	卯	戌	辰	亥	巳	子	午	丑	未	寅	申
正阳	丑	卯	巳	未	酉	亥	丑	卯	巳	未	酉	亥
游祸巳后凶日	巳	寅	亥	申	巳	寅	亥	申	巳	寅	亥	申
冗天狗开日	子	丑	寅	卯	辰	巳	午	未	申	酉	戌	亥
天狗满日	辰	巳	午	未	申	酉	戌	亥	子	丑	寅	卯
鬼隔	申	午	辰	寅	子	戌	申	午	辰	寅	子	戌
建破	寅申	卯酉	辰戌	巳亥	午子	未丑	申寅	酉卯	戌辰	亥巳	子午	丑未

逐月祀灶吉日

正月：己丑、癸丑、甲子、丙午、癸酉、乙酉、丁酉。

二月：癸未、乙未、己未、甲戌、乙亥、丁亥、辛亥。

三月：甲子、壬子、乙巳、甲申、癸酉、丁酉、己卯、癸卯、乙卯。

四月：甲子、丁丑、己丑、己卯、乙卯、庚辰、丙辰、庚午、丙午、癸丑、丁酉。

五月：丙辰、甲寅、辛未、甲戌。

六月：己卯、癸卯、乙卯、丁亥、辛亥、甲申、丁酉。

七月：五子日、庚辰、壬辰、甲辰。

八月：乙丑、丁丑、癸丑、庚辰、壬辰、丙辰、甲辰、庚寅。

九月：辛卯、癸卯、庚午、丙午、癸酉、丁酉、庚申、辛酉。

十月：庚午、甲午、丙午、五未日、乙酉。

十一月：五辰日、乙巳、壬申、甲申、庚申、甲戌。

十二月：甲寅、甲申、丙申、庚申、乙亥、丁亥、辛亥。

穿井导泉

（附淘井、修符法等事）

吉日：甲子、乙丑、甲申、丁亥、甲午、乙未、庚子、辛丑、壬寅、己酉、乙巳、辛亥、癸丑、丁巳、辛酉、辛卯、壬午，宜开日。惟三、六、九、十二月开日犯天贼，忌起手动土。

历法兼取癸酉、丙子、癸未、乙酉、戊子、癸巳、己亥、戊午、庚申、癸亥，穿井吉。

忌土符、土府、地囊、建、破、平、收、闭日开渠，忌子日开池井，忌卯日、小耗、四废日。

凶日	月											
	正	二	三	四	五	六	七	八	九	十	十一	十二
九空	辰	丑	戌	未	卯	子	酉	午	寅	亥	申	巳
土忌	寅	巳	申	亥	卯	午	酉	子	辰	未	戌	丑
水隔	戌	申	午	辰	寅	子	戌	申	午	辰	寅	子
闭日	丑	寅	卯	辰	巳	午	未	申	酉	戌	亥	子
死气	午	未	申	酉	戌	亥	子	丑	寅	卯	辰	巳
受死	戌	辰	亥	巳	子	午	丑	未	寅	申	卯	酉
天地贼	辰子	酉子	寅亥	未戌	子酉	巳午	戌午	卯午	申巳	丑辰	午卯	亥子
天土瘟	未辰	戌巳	辰午	寅未	午申	子酉	酉戌	申亥	巳子	亥丑	丑寅	卯卯

泉闷泉竭闭日：戊辰、辛巳、己丑、庚寅、壬辰、戊申、甲寅。

天地转杀：春乙卯、辛卯，夏丙午、戊午，秋辛酉、癸酉，冬壬子、丙子。

伏断日：子虚、丑斗，寅室、卯女，辰箕、巳房，午角、未张，申鬼、酉觜，戌胃、亥壁。

水痕日:大月,初一、初七、十一、十七、二十三、三十。小月,初三、初七、十二、二十六。

红嘴朱雀:戊辰、丁丑、丙戌、乙未、甲辰、癸丑、壬戌。鼎新不忌,修井忌之。

逐月穿井吉日(修井同看)

正月:甲子、丙子、戊子、壬子。

二月:乙丑、丁丑、辛丑、乙亥、己亥、辛亥。

三月:甲子、丙子、戊子、庚子、庚午。

四月:甲子、丙子、戊子、庚子、乙丑、丁丑、癸丑、庚午。

五月:乙丑、丁丑、癸丑、乙未、己未、丙辰。

六月:甲甲、丙申、庚申。

七月:庚午、壬午、甲午、丙午、戊午。

八月:己巳、丙辰。

九月:庚午、壬午、甲午、丙午、戊午。

十月:庚子、庚午、壬午、五未日、五酉日。

十一月:癸未、己未、乙未、丁未、甲戌、丙戌、庚戌。

十二月:丙寅、甲申、庚申、乙亥、己亥。

论井取方道,人家以茶亭为中宫,寺观以神座为中宫。取山向方大利为主,以视穿井方道。假如住屋坐卯向酉,龙自坤申庚酉申戌西方上来,得卯方井水清而洁。余仿此。

求穿井方道,取本山生旺方流泉,则穿井忌年家、三杀、州县官符及户家紧杀,若在一百二十步外来忌。惟岁官交承之际择吉日开则不问方道,吉。

修井吉日:甲申、庚子、辛丑、乙巳、辛亥、癸丑、丁巳。穿井通用宜二、三、四、十、十一、十二月利。

穿井修井凶日:忌天地转杀与月建同日,土瘟、正四废、伏断。

修井忌年,丁丑、癸未、乙未、壬寅、己未、庚申六年,九良星占井,若在前其地原无井则无凶杀占,即今择日鼎新穿井不忌。若在前其地原有井,则方有煞占,切忌。

修整淘洗：修井吉日，壬午、戊戌日，主横财。

修井忌月：大小耗星二八月占，土公七八九月占，游龙八九月占。

猪胎五六月占，牛黄五七月占，伏龙八月在泉，马胎羊胎十月占。

淘井忌夏月，多致死人，宜先以鸡毛放井中试之，如摇动不宜便下。

五音井方：宫音子午卯酉方，商音辰戌丑未方，角音乙辛丁癸方，徵音寅申巳亥方，羽音甲庚丙壬方，四凶乾坤艮巽方。

宫音属土：食宫不足食角凶，商徵吉昌羽哑聋。

商音属金：商角无泉徵水伤，食宫食羽大吉昌。

角间属木：角徵伤人宫损儿，羽商丁旺最神奇。

徵间属火：徵水不足商半凶，宫角吉昌羽祸重。

羽音属水：羽竭宫平徵溺人，角商吉利最堪珍。

造作厕道

作厕吉方：甲庚乙辛丙壬丁癸辰戌丑未方位，立之大吉。

作厕忌方：子午为天甲，卯酉为天横，寅申巳亥为四生，四隅乾为天门，巽为地户，坤为人门，艮为鬼路，又为四维立逑大害。不可对前门后门，及中栋来龙与不可近井灶。经云：鬼来跳是也。论作厕忌年月紧煞方道，如新立宅舍，未经归火不须避忌方道神煞。

修厕忌月：六甲胎神八月占，丑未日占，牛胎四十月占，鼎新不忌。

吉日：丙寅、戊辰、丙子、丙申、庚子、壬子、丙辰为天聋日。乙丑、丁卯、己卯、辛巳、乙未、丁酉、己亥、辛丑、辛亥、癸丑、辛酉为地哑日，吉。

宜天乙绝气、伏断、闭日，忌执、破、满、开日。

吉日	月											
	正	二	三	四	五	六	七	八	九	十	十一	十二
天乙绝气	初六	初七	初八	初九	初十	十一	十二	十三	十四	十五	十六	十七
伏断日	子虚	丑斗	寅室	卯女	辰箕	巳房	午角	未张	申鬼	酉觜	戌胃	亥壁

土公箭：每月初七、十七、二十七。

土公占：大月，初二、初五、初八。小月，初一、初十、二十八。

逐月作厕吉日

正月：五卯日、五午日、丁酉。

二月：庚寅、甲寅、壬寅、戊寅、五未日、乙亥、己亥、辛亥。

三月：五子日、五卯日、己巳、乙巳、甲申、丙申。

四月：五子日、癸丑、己丑、五午日、戊辰、庚辰、丙辰。

五月：五寅、乙丑、辛丑、己丑、五巳、乙未、己未、辛未、戊戌、丙戌。

六月：甲寅、丙寅、甲申、丙申、庚申、乙亥、丁亥、辛亥。

七月：五子、五卯日、辛未、乙未、丙辰、戊辰、庚辰。

八月：五丑、丙辰、戊辰、己巳、丁巳、癸巳、戊戌、丙戌、庚戌、戊申、庚申。

九月：五午日、五酉日。

十月：五子、乙未、辛未、庚午、壬午、甲午、戊午、丁未、戊戌。

十一月：甲辰、戊辰、庚辰、丙辰、乙未、癸未、乙亥、己亥、己未、辛亥。

十二月：甲子、壬子、甲寅、壬寅、丙寅、戊寅、甲申、庚申。

入宅归火

（谓入宅安祖先福神香火等事）

吉日：甲子、庚子、乙丑、丁丑、癸丑、丙寅、壬寅、庚寅、甲寅、乙卯、丁卯、癸卯、壬辰、乙巳、庚午、丙午、辛巳、癸巳、乙未、丁未、甲申、庚申、甲戌、庚戌、乙亥。

宜天德、月德、天恩、明星、黄道、母仓、天月德合、上吉、次吉。

凡入火安神，要坐向中宫利宅主，年庚不相冲克。如坐向不利，紧急移居则暂将神位安侧，至大利年月日方安正可也。亦必要中宫又忌月厌、归忌、阴阳错。安大小月建朱雀占中宫，大杀白虎雷霆白虎占中宫，又忌月厌、归忌、阴阳错。安宅正绝烟火、杨公忌、四离、四绝、气往亡、天瘟、受死、火星、天火、正四废、四忌、五穷、冰消瓦解、披麻杀、天空、灭没等日月，忌百晦日与本命相冲克日。新屋入火合家人口俱宜人，择得俱合乃可。问有一二女命不合此时，不入，俟安神后皆入亦可。若屋归火安神人多，不能尽合，单得宅主相合，安复卯可，其余有碍者，临期勿近亦吉。并忌建、破、平、收、尸宿、朱雀、天牢黑道、冰消瓦解，小疵吉多，可用不哉。

凶日	月											
	正	二	三	四	五	六	七	八	九	十	十一	十二
月厌	戌	酉	申	未	午	巳	辰	卯	寅	丑	子	亥
归忌	丑	寅	子	丑	寅	子	丑	寅	子	丑	寅	子
天贼	辰	酉	寅	未	午	巳	戌	卯	申	丑	午	亥
地贼	子	子	亥	戌	酉	午	午	午	巳	辰	卯	子
天瘟	未	戌	辰	寅	午	子	酉	申	巳	亥	丑	卯
受死	戌	辰	亥	巳	子	午	丑	未	寅	申	卯	酉
天火	子	卯	午	酉	子	卯	午	酉	子	卯	午	酉
独火	巳	辰	卯	寅	丑	子	亥	戌	酉	申	未	午
往亡	寅	巳	申	亥	卯	午	酉	子	辰	未	戌	丑
披麻	子	酉	午	卯	子	酉	午	卯	子	酉	午	卯
荒芜	巳	酉	丑	申	子	辰	亥	卯	未	寅	午	戌
建破	寅申	卯酉	辰戌	巳亥	午子	未丑	申寅	酉卯	戌辰	亥巳	子午	丑未
平收	巳亥	午子	未申	申寅	酉卯	戌辰	亥巳	子午	丑未	寅申	卯酉	辰戌
阴错	庚戌	辛酉	庚申	丁未	丙午	丁未	庚申	辛酉	庚戌	辛亥	壬子	癸丑
阳错	甲寅	乙卯	甲辰	乙巳	丙午	丁未	庚申	辛酉	庚戌	辛亥	壬子	癸丑
绝烟火	丁卯	甲子	癸酉	庚午	丁卯	甲子	癸酉	庚午	丁卯	甲子	癸酉	庚午
杨公忌	十三	十一	初九	初七	初五	初三	廿九	廿七	廿五	廿三	廿一	十九
伏断	子虚	丑斗	寅室	卯女	辰箕	巳房	午角	未张	申鬼	酉觜	戌胃	亥壁

四忌五穷：春甲子、乙亥，夏丙子、丁亥，秋庚子、辛亥，冬壬子、癸亥。

正四废：春庚申、辛酉，夏壬子、癸亥，秋甲寅、乙卯，冬丙子、丁巳。

空宅（吉多可用）：春申日，夏寅日，秋巳日，冬亥日。

九丑（吉多可用）：己卯、壬午、乙酉、戊子、辛卯、丁酉、壬子、戊午、辛酉、乙卯。

离窠（吉多可用）：五戊、丁卯、己巳、辛巳、壬申、壬午、辛丑、辛亥、癸亥、壬戌。

九土鬼:乙酉、癸巳、甲午、辛巳、壬寅、己酉、庚戌、丁巳、戊午。不遇建、破、平、收日可用。

朱雀占中宫日:丙寅、乙亥、甲申、癸巳、壬寅、辛亥、庚申。单入宅居住不安香火祖先神不忌。

大杀白虎占中宫日:戊辰、丁丑、丙戌、乙未、甲辰、癸丑、壬戌。

雷霆入中宫日:甲己月,癸卯、丁卯、丙子、壬子、乙酉、辛酉、甲午。乙庚月,戊辰、甲辰、癸丑、丁丑、丙戌、壬戌、乙未。

白虎入中宫日:丙辛戊癸月,辛未、丁未、庚辰、丙辰、戊戌、己丑。丁壬月,乙丑、辛丑、庚戌、甲戌、己未、癸未、壬辰。

正绝烟火歌:正五九日丁卯凶,二六十月甲子逢。三七十一忌癸酉,四八十二庚午宗。

错绝烟火歌:正七尸□戌妨,二八巳亥当。六十二卯酉,四十忌牛羊。五十一寅申,三九子午殃。此系差错之例,屡用无妨,择吉者勿疑。

火星:

寅申巳亥月:癸未、壬辰、辛壬、庚戌、己未、乙丑、甲戌。

子午卯酉月:甲子、癸酉、壬午、辛卯、庚子、己酉、戊午。

辰戌丑未月:壬申、辛巳、庚寅、己亥、戊申、丁巳。

天地空:太岁起正月,月上起初一,并逆行,遇午为天空,忌入宅。

巳	午	未
	天	
辰		申
卯		酉
寅		戌
丑	子	亥

逐月入宅吉日

移徙居处同看。横天朱雀,二十五日忌移徙。

正月:丙午、丁酉、癸酉、癸卯。

二月:乙丑、己未、丁未、辛未、癸未、丙申、己亥、丁亥。

三月:己巳、乙巳、丁酉。

四月:庚子、甲子、甲午、丙午吉,丙子、癸卯、乙卯、辛卯。

五月:丙辰、壬辰、己巳、乙巳、辛未、癸未、丁未、己未、丙申、戊申、己亥、丁亥、甲戌。

六月:戊寅、甲寅、丙申、癸酉。

七月:甲子、丙子、庚子、壬子、癸卯、辛未、丁未。

八月:乙丑、庚辰、壬辰、丙辰、己巳、乙巳、甲戌、己亥

九月:辛卯、癸卯、丁亥、五午日。

十月:庚子、壬子、庚午、甲午。

十一月:乙丑、丙辰、壬辰、己巳、乙巳、辛未、癸未、壬申、丙申、戊申、辛巳。

十二月:甲寅、戊寅、己巳、乙巳、甲午、丙申。

入宅周堂例

入	宅	周	堂	例
月清○	三刑●	三財○	五商●	玉堂○
六道●				天艮●
臺階●	白圈吉		黑圈凶	玄武●
三從●				地耗○
昌盛○	家亡○	天福○	五嚴○	月福○

大月初一从月清向六道类数,小月初一从玉堂向天艮逆数。

安香火周堂

堂	周	火	香	安
安○災○師○	黑凶	利○富○	白吉	天○害●煞●

大月初一从安向利顺数，小月初一从天向利逆数。

此周堂二例，乃是板局，屡不准验，暂存于此，知者勿泥。

造作仓库

吉日：乙丑、己巳、庚午、壬午、丙子、己卯、庚寅、壬辰、甲午、乙未、庚子、壬寅、丁未、甲寅、戊午、己亥、丙辰、壬戌，宜满、成、开日、天仓、天财、天富、月财吉。修仓柜宜伏断日。

春己巳、丁未，夏甲午，秋乙亥、壬午，冬辛未、庚日、壬辰。

修仓吉日：甲子、乙丑、丙寅、丁卯、壬申、乙未、甲午、甲辰。盖仓宜成、开日。泥仓宜建、闭日。

造仓修仓忌日：大小耗、天地贼、九空、月虚、四耗、灭没、十恶大败、空亡日。

逐月造作仓库吉日

正月：丙寅、庚寅。

二月：五未、丙寅、己亥、庚寅、甲寅。

三月：不吉。

四月:庚子、丁卯、庚午、己卯、丙子。

五月:己未。

六月:丙寅、甲寅、甲申、庚申。

七月:丙子、壬子。

八月:乙丑、乙亥、己亥、癸丑。

九月:庚午、壬午、丙午、戊午。

十月:庚午、辛未、乙未。

十一月:庚寅、甲寅、丙寅、壬寅。

十二月:甲申、庚申、壬寅、丙寅、甲寅。

塞鼠穴日:宜壬辰、庚寅、满、闭、除日、飞廉、受死、月杀、暗金伏断日时。正月上艮鼠死日、天狗吼日、天狗满日是。

断除白蚁日:宜暗金伏断日,火闭、金闭、土闭、满日,三白日时,受死、月杀同到,极验。白蚁属商,用丙丁奇临方,及丙丁日九紫以制之,宜放右弼水。黑蚁属羽,用死门乙奇加临,及戊己日八白以制之,宜放左辅水则蚁自绝。

伏断日:子虚、丑斗、寅室、卯女、辰箕、巳房、午角、未张、申鬼、酉觜、戌胃、亥壁。

伏断时:角斗奎并值日亥辰时,亢牛娄鬼值日申时,氐女胃柳巳时,房虚星昴子寅酉时,心危毕张午时,尾室觜翼丑卯戌时,箕壁参轸未时。

暗金伏断日:太阳值年巳日房宿是,太阴值年子虚未张日是,火星值年酉觜寅室是,水星值年辰箕亥壁是,木星值年午角是,金星值年丑子申鬼是,土星值年卯女戌胃是。

暗金伏断时:太阳逢巳时,太阴子未时,火星鸡虎论,水星辰亥居,土星卯戌时,木星午时是,金星申时是。

论暗金伏断时,其宿主以鬼牛娄亢为四金宿,在日家明金,在时家为暗金,虽云暗金,其亢金龙鬼金羊牛金牛,不能制鼠,故不用也。正用娄金狗方能制其鼠,能用暗日时,若时真日正,永断其鼠也。

入仓开店

(谓五谷入仓、开张店肆等事)

吉日:甲子、乙丑、丙寅、己巳、庚午、辛未、甲戌、乙亥、丙子、己卯、壬午、癸未、甲申、庚寅、辛卯、乙未、己亥、庚子、癸卯、丙午、壬子、甲寅、乙卯、己未、庚申、辛酉。

宜天德、月德、六合、天仓、天富、五富、月财、阳德、满、成、开日。

忌空亡、灭没、四方耗、大小耗、月虚、凶败日、天地贼、四忌、五穷、建、破、平、收、闭日。

开仓忌日:壬申、戊寅、戊戌、丙辰、戊午、申日,并不宜开仓,春夏子,秋未、冬寅日,又忌月虚、四耗、小耗、五虚日。

忌大小耗,五、十一月在仓,丘公暗刀杀,羊胎六、九月占,马胎四、九月占,牛黄六、九月占,六甲胎神六月占。

逐月入仓开店肆吉日

惟开仓忌用申日,余同看。

正月:己卯、癸卯、壬午、丙午、戊午、癸酉、丁酉、丁卯。

二月:丙寅、庚寅、五未、乙巳、辛巳、己巳、乙亥、己亥、己未、丁未、辛亥、丁亥。

三月:五卯日、五子日、壬申、丙申、甲申。

四月:丙子、庚子、己丑、丁丑、癸丑、庚卯、辛卯、癸卯、壬午。

五月:五寅日、五辰日、辛未、己未、庚戌、乙未。

六月:丙寅、戊寅、甲寅、甲申、丙申、五酉、乙亥、丁亥、辛亥、卯日。

七月:五子日、丙辰、戊辰、庚辰、丁卯、癸卯。

八月:乙丑、丁丑、乙巳、癸巳、庚申、己亥、乙亥、癸丑、己巳、戊戌。

九月:五子、五午日、辛酉、乙亥、丁亥、己亥。

十月:五子日、庚午、辛未、乙未、丁酉、乙酉、癸酉。

十一月:丙辰、五寅日、乙丑、丁丑、己丑、癸丑、甲戌、乙亥。

十二月:戊寅、壬寅、己卯、辛卯、乙卯、癸卯、甲申、庚申、壬申、戊申。

论造作仓屋,先须登堂局看水城平正与看地势,乃立向以作之。若不合地形,不合甲庚丙壬亦不可拘定。又宜别立山向,如拣用年月日,只取利田年月,若造仓近当兼用修方造作法,若在屋檐滴水内,须用中宫可也。

修筑墙垣

(谓填覆坑阱、补葺垣墙、平治道涂等事)

修路吉日:宜天德、月德、黄道、建、平日。忌月建与转杀同日,天贼、正四废。修路忌年九良星,壬寅、庚申年在路,牛黄二、十二月在路沟。修水路忌年九良星,丁丑、乙未、癸未年占水路,塞垣宝穴宜闭日、伏断日。

筑墙宜益后,忌九空。破屋坏垣宜除、破日。

补墙塞穴宜闭日、伏断日。并忌年月紧杀方。泥节砌阶平治道涂宜平、定、建、成、闭日。修墙忌日,宅龙六、七月占墙,伏龙六七月占西墙。

凡垣墙因风雨倾倒,当时修筑不必择日,若俟晴后过三五日,又须择吉,不可轻动。

逐月修筑吉日

正月:甲子、丙子、庚子、壬子、丁卯、己卯、戊午。

二月:乙丑、甲寅、戊寅、庚寅、己未、丁未、辛未、甲申、戊申。

三月:五子日、己卯、己巳、癸酉、丁酉。

四月:甲子、庚子、戊子、丙子、癸丑、庚午、甲戌。

五月:乙丑、甲寅、庚寅、丙寅、丙辰、己未、丁未、乙亥、己亥、辛未、辛亥。

六月:甲寅、戊寅、乙卯、己卯、辛卯、丁卯、甲申、戊申、庚申、乙亥、己亥、辛亥、丙寅。

七月:五子日、庚午、丙午、壬辰、辛未、乙未。

八月:乙丑、癸丑、戊寅、庚寅、丙辰、壬辰、甲戌、庚戌。

九月:己卯、辛卯、癸卯、庚午、丙午、甲午。

十月:甲子、戊子、庚午、壬午、丁酉、辛酉、癸酉、甲戌。

十一月:丙辰、壬辰、丁未、己未、乙亥、己亥、辛亥。

十二月:甲寅、戊寅、庚寅、丙寅、甲申、戊申、丙申、庚申。

分居各爨

吉日:甲子、庚子、乙丑、丙寅、壬寅、乙卯、庚辰、丙辰、乙巳、癸巳、庚午、甲午、辛未、己未、甲申、癸酉、丁酉、戊戌、天月德、天月德合、天恩、明星、母仓。

忌绝烟火、天空、披麻、受死、归忌、天瘟、正四废、伏断、灭没、杨公忌、九丑、离窠日。

分火周堂定局

自如	债不	财帛
爵相		兴旺
福寿	平等	争讼

大月从爵相向自如顺行,小月从财帛向债不逆飞。白圈吉,黑圈凶。

逐月分爨吉日

正月:癸酉、丁酉。

二月:己丑。

三月:己巳、乙巳、癸巳。

四月:甲子、庚子、乙卯。

五月:辛未、己未。

六月:甲申、庚申、丙申。

七月:辛未。

八月：庚辰、丙辰。

九月：火库归戌不吉。

十月：庚午、戊戌、甲午。

十一月：水克火不吉。

十二月：丙寅、壬申、庚申、甲申。

均分财产

宜天成、天财、地财、月财、禄库、天贵、天富、五富、福厚。

忌建、破、平、收、九空、财离、天贼、地贼、天穷、受死、流财、四耗、五穷、五虚、凶败、伏断、九土鬼、荒芜、灭没、天休废、赤口、人隔日。

吉日	月											
	正	二	三	四	五	六	七	八	九	十	十一	十二
天成	未	酉	亥	丑	卯	巳	未	酉	亥	丑	卯	巳
天财	辰	午	申	戌	子	寅	辰	午	申	戌	子	寅
地财	巳	未	酉	亥	丑	卯	巳	未	酉	亥	丑	卯
月财	午	巳	巳	未	酉	亥	午	巳	巳	未	酉	亥
天富	辰	巳	午	未	申	酉	戌	亥	子	丑	寅	卯
五富	亥	寅	巳	申	亥	寅	巳	申	亥	寅	巳	申
忌人隔	酉	未	巳	卯	丑	亥	酉	未	巳	卯	丑	亥

天富：春甲乙，夏丙丁，秋庚辛，冬壬癸。

福厚：春寅，夏巳，秋申，冬亥。

逐月均分家财吉日

正月：五卯、丙午、壬午、丁酉、癸酉

二月：五巳、五未日、乙丑、丁丑、乙亥、辛亥、丁亥、己亥。

三月:戊子、庚子、五卯日、甲申、丙申、壬申。

四月:五丑、五卯日、甲子、庚子、庚午、壬午。

五月:甲辰、丙辰、戊辰、辛巳、辛未。

六月:甲申、丙申、庚申、丑卯日、乙亥、己亥、辛亥。

七月:乙未、辛未、戊辰、壬辰、庚辰、丙辰。

八月:乙巳、己巳、庚申、五丑日、甲戌、己亥、乙亥。

九月:丙午、庚午、壬午、辛酉。

十月:五子日、甲午、庚午、丁酉、癸酉。

十一月:乙丑、辛丑、癸丑、丁丑、乙亥。

十二月:乙卯、辛卯、癸丑、申日、癸酉。

修作碓磨

(附油榨吉日同看)

安碓方:宜东北艮方,及巳午戌亥方者,本山长生帝旺方吉。今人安碓以屋论,多用碓头打向。

安磨方:宜生旺方,如在中宫则不论方。又宜十干方,方即甲禄在寅之说也。

吉日:庚午、辛未、甲戌、乙亥、庚寅、庚子、庚申,宜定、成、开日。

忌建、破、平、收日,受死、凶败、五虚、荒芜、月虚、月空、天贼、灭没、五墓、土府、土符、地囊凶日。安碓四柱忌刃杀、地贼,吉多则亦不忌,动土忌。土公箭移修忌土符公占,春三月不修磨,夏三月不修碓,七月胎神占碓磨,子午日占碓,乙庚日占碓磨,正、七月牛胎占磨,十一月马胎占碓,五月羊胎占碓。已上忌修整,如鼎新不忌。

逐月安修碓磨吉日

正月:甲子、丙子、戊子、壬子、丁卯、己卯、甲午、丙午、壬午、戊午、己酉。

二月:乙丑、丁丑、甲寅、丙寅、戊寅、庚寅、辛未、丁未、乙亥、己亥、辛丑、辛亥。

三月：庚子、丙子、戊子、壬子、己巳、乙巳、癸巳、甲申、庚申。

四月：五卯、四子日、五丑、五酉、庚午、甲午。

五月：五寅、甲辰、丙辰、壬辰、五未、戊戌、庚戌、甲戌、壬戌。

六月：五卯、五寅日、甲申、庚申、丙申、乙亥、丁亥、己亥、辛亥。

七月：五子、丙辰、甲辰、戊辰、壬辰、五午日、辛未。

八月：乙丑、癸丑、己巳、乙巳、辛巳、癸巳。

九月：五午日。

十月：庚午、甲午、庚午、五未、五酉日、己卯、癸卯、乙卯。

十一月：五辰、五戌、乙亥、丁亥、己亥、辛亥。

十二月：甲寅、丙寅、戊寅、壬寅、五巳日、甲申、丙申、庚申。

牧养栏枋

（谓造安六畜栏槽等事）

宜天德、月德、定、成、开日、六仪、母仓、天仓、生气、四相日。纳畜用龙虎日。

忌飞廉、天地贼、受死、大小耗、月刑、月害、建、闭、收日，及破群、天瘟、钩绞、四废日。

穿牛、割牛、骟马、羯羊、镦猪、镦鹅、割犬、净猫并忌刀砧、血忌、飞廉、受死、血支日。

论造六畜栏枋，如新立宅舍未归火入宅者，惟择吉日并不问年月方道神杀。

论现住屋之前后左右，欲造牛马猪羊栏枋，须看月方道无凶杀占，乃宜起手，若修作离住屋百步外则不论矣。

论修造六畜栏屋竖造造日忌火星，盖屋日忌天火。如动土日与修造动土例同，仍忌大小耗、天贼、飞廉、正四废、刀砧、瘟星入日、千斤杀方、月家丘公杀，及年月紧杀凶神方。逐月六畜神所值切忌修葺。

修六畜栏枋栖桡总忌

年凶方	子	丑	寅	卯	辰	巳	午	未	申	酉	戌	亥
岁干神	震	巽	艮	酉	南	栏	东	卯辰	巽巳	坤	南	乾
牛黄七杀	巽	艮	乾	巽	艮	乾	巽	艮	乾	巽	艮	乾
牛火血杀	子	午	丑	未	寅	申	卯	酉	辰	戌	巳	亥
牛飞廉方	辰	辰	午	午	申	申	戌	戌	子	子	寅	寅
大耗六畜	午	未	申	酉	戌	亥	子	丑	寅	卯	辰	巳
小耗并忌	巳	午	未	申	酉	戌	亥	子	丑	寅	卯	辰

月凶方	正	二	三	四	五	六	七	八	九	十	十一	十二
流财方	甲	丁	甲	丁	乙	丙	乙	丁	丙	甲	乙	丙
流财方	庚	癸	庚	癸	辛	壬	辛	癸	壬	庚	辛	壬
月破	申	酉	戌	亥	子	丑	寅	卯	辰	巳	午	未
畜官符	午	未	申	酉	戌	亥	子	丑	寅	卯	辰	巳
净栏杀	未	申	酉	戌	亥	子	丑	寅	卯	辰	巳	午
刀锋杀	甲	乙	巽	丙	丁	坤	庚	辛	乾	壬	癸	艮
马皇杀	枋	枋槽	枋仓碓	庭门碓	枋仓	碓枋	枋堂	枋	堂仓	枋门	庭庭仓	灶枋厨
马胎杀	门	枋	户	仓	枋	枋	厨	枋	仓	井	门碓	厨
牛胎杀	磨	栏	门	门	厨	场	磨	栏	门	门	灶	灶
牛胎杀	堂	栏	仓	厕	仓	堂	碓	厅	仓	厕	仓	厨
牛黄杀	栏	沟路	廨碓	灶	井炉	囷仓	井	炉焙	囷仓	灶	门	路沟
羊胎杀	栈	卯	门	沟	碓	仓	厅	卯	仓	灶	门	大户
羊胎杀	栈	沟	身	灶	灶	栈	楼	碓	门	沟	灶	路
猫胎	梁	沟	水沟	户	磨	井	栖	房	枋	栏	厨	炉
猪胎	身稠	身稠	门灶	门	井	井	灶	灶	篱壁	篱壁	门稠	稠

凶日	月											
	正	二	三	四	五	六	七	八	九	十	十一	十二
牛火血	丑	未	寅	申	卯	酉	辰	戌	巳	亥	午	子
牛飞廉	午	午	申	申	戌	戌	子	子	寅	寅	辰	辰
牛腹胀	戌	戌	戌	丑	丑	丑	辰	辰	辰	未	未	未
受死	戌	辰	亥	巳	子	午	丑	未	寅	申	卯	酉
飞廉杀	戌	巳	午	未	寅	卯	辰	亥	子	丑	申	酉
大耗	申	酉	戌	亥	子	丑	寅	卯	辰	巳	午	未
天瘟	未	戌	辰	寅	午	子	酉	申	巳	亥	丑	卯
土瘟	辰	巳	午	未	申	酉	戌	亥	子	丑	寅	卯
天贼	辰	酉	寅	未	子	巳	戌	卯	申	丑	午	亥
地贼	子	子	亥	戌	酉	午	午	午	巳	辰	卯	子
荒芜	巳	酉	丑	申	子	辰	亥	卯	未	寅	午	戌
九空空亡	辰	丑	戌	未	卯	子	卯	午	寅	亥	申	巳
小耗	未	申	酉	戌	亥	子	丑	寅	卯	辰	巳	午
瘟星入日	初六	初五	初三	廿五	廿四	廿三	二十	廿七	十七	十三	十二	十一
杨公忌	十三	十一	初九	初七	初五	初三	初九 廿九	廿七	廿五	廿三	廿一	十九

天狗食日:春子,夏卯,秋午,冬酉。与刀砧日同。

牛皇杀:子仓,丑仓,寅仓,卯仓,辰廨,巳廨,午廨,未廨,申栏,酉栏,戌栏,亥栏。

惊走日:大月,初五、十七、二十九。小月,初八、二十。

破群杀:戊辰、己卯、庚寅、壬辰、甲寅、庚申,忌出入。

千斤杀方:春巽,夏坤,秋乾,冬艮。

刀砧杀日方:春亥子,夏寅卯,秋巳午,冬申酉。

牛黄杀方:子丑寅卯原在仓,辰巳午未廨中藏。更有四辰不吉利,申酉戌亥入栏房。此四日忌修牛栏,凶。

郭景纯六畜金镜定局

坤乙兑丁巳丑艮丙震庚亥未十二坐山

刀兵,凶。占丙壬方。

刀砧 ,凶。占子午方。

紫气,吉。占癸丁方。

一德,吉。占丑未方。

虎豹,凶。占坤艮方。

狐狸,凶。占寅申方。

贪狼,吉。占甲庚方。

太阳,吉。占卯酉方。

太阳,吉。占卯酉方。

豹狼,凶。占乙辛方。

三台,吉。占辰戌方。

奇罗,吉。占巽乾方。

血刃,凶。占巳亥方。

乾甲申子辰癸巽辛寅午戌壬十二坐山

刀兵,凶。占甲庚方。

刀砧,凶。占卯酉方。

紫气,吉。占乙辛方。

一德,吉。占辰戌方。

虎豹,凶。占乾巽方。

狐狸,凶。占巳亥方。

贪狼,吉。占丙壬方。

太阳,吉。占子午方。

豺狼,凶。占丁癸方。

三台,吉。占未丑方。

奇罗,吉。占坤艮方。

血刃,凶。占甲寅方。

已上图局皆以坐山论,凡庶人以茶亭为中宫,寺观以坛坐为中宫,将罗经中宫格定,方道从前寻吉方安置栏槽为吉。

歌诀

一德中宫宜养马,三台位上定猪方。
牛屋奇罗马上吉,羊逢紫气定高强。
贪狼位上安鸡鸭,豺虎孤狸最不吉。
更兼血刃大难当,刀兵连及刀砧杀。
六畜必定见灭亡,只此便为金镜位。
世人畜养自商量。

倒栏杀忌局

	甲己年	乙庚年	丙丁年	辛壬年	戊癸年
猪栏	乙巳丁巳 辛卯癸卯	乙巳丁巳 辛巳癸巳	乙巳丁巳 辛未癸未	乙巳丁巳 辛酉癸酉	乙巳丁巳 辛亥癸亥
牛栏	乙巳丁巳 辛巳癸巳	乙巳丁巳 辛未癸未	乙巳丁巳 辛酉癸酉	乙巳丁巳 辛亥癸亥	乙巳丁巳 辛丑癸丑
马枋	甲戌丙戌 戊戌庚戌 壬戌	甲子丙子 戊子庚子 壬子	甲寅丙寅 戊寅庚寅 壬寅	甲辰丙辰 戊辰庚辰 壬辰	甲午丙午 戊午庚午 壬午
羊栈	乙亥丁亥 己亥辛亥 癸亥	乙丑丁丑 己丑辛丑 癸丑	乙卯丁卯 己卯辛卯 癸卯	乙巳丁巳 己巳辛巳 癸巳	乙未丁未 己未辛未 癸未
鸡栖	乙丑丁丑 己丑辛丑 癸丑	乙卯丁卯 己卯辛卯 癸卯	乙卯丁卯 己卯辛卯 癸己	乙未丁未 辛未己未 癸未	乙酉丁酉 己酉辛酉 癸酉

起例诗

年干五虎遁甲子,遁见甲干犯支安。
将支来跨虎顺走,遇亥名为猪倒栏。
丑牛午马鸡逢酉,未上须知羊倒栏。

造作牛屋

动土平基日:甲子、丙寅、丁卯、癸酉、庚辰、甲申、乙酉、乙未、丁酉、甲辰、丙午、丁未、壬子、甲寅、乙卯、庚申、辛酉。忌土瘟日、天贼、瘟星入日。忌血支、天狗食畜、破日。

作生牛吉日:宜甲子、乙巳、庚午、甲戌、乙亥、丙子、庚辰、壬午、癸未、庚寅、庚子。

修牛栏凶日:春子戌亥,夏寅卯丑,秋巳午辰,冬申酉未。

又忌牛火血、飞廉、钩绞、天贼、刀砧、执、破、正四废、地贼、大小空、争雄天地、凶败日。

纳牛吉日:丙寅、壬寅、乙巳、辛亥、戊午。针牛日忌血支、血忌、刀砧、受死。

纳牛凶日:乙丑、壬申、己卯、庚寅、癸丑、甲寅、庚申,又破群日。

教牛吉日:庚午、壬午、己丑、甲午、庚子、辛亥、壬子、甲寅。忌牛钩绞、正四废、九土鬼日。

卖牛吉日:丙寅、丁卯、庚午、丁丑、癸未、甲申、辛卯、丁酉、戊戌、庚子、庚戌、辛亥、戊午、壬戌。又正月寅午戌,六月亥卯未,又成、收、开日。

逐月造牛栏吉日(忌癸日)

正月:丁卯、己卯。

二月:戊寅、甲寅、戊寅、丙寅、庚寅。

三月:己巳、乙巳。
四月:庚午、壬午、丙午。
五月:己巳、壬辰、乙未、丙辰。
六月:庚申、甲申。
七月:辛未、乙未、丁未。
八月:乙丑、丁丑、己丑。
九月:五午日、乙亥、丁亥、辛亥。
十月:甲子、庚子、丙子、壬子、庚午、丙午、甲午、酉日。
十一月:五寅日、乙亥、己亥、甲戌、丙戌。
十二月:丙寅、戊寅、甲寅。

逐月穿牛吉日

线牛针牛同用,宜生气伏断日。
正月:乙卯、己卯、丁卯、辛卯、癸卯、五午日。
二月:乙丑、己丑、丁丑、辛丑、癸丑、五寅日。
三月:己巳、乙巳、己未、辛未、丁巳。
四月:庚午、戊午、壬午、甲戌、丙午、甲午。
五月:戊辰、甲戌、丙辰、庚辰、壬辰、五未日。
六月:五申日、乙亥、己亥、丁亥、辛亥。
七月:五子日、丁卯、辛卯、癸卯。
八月:五丑日、丙寅、庚寅、壬寅、戊寅。
九月:辛未、乙亥、丁亥、己亥、辛亥。
十月:五子日、乙卯、戊辰、戊午、庚午、壬午、甲午。
十一月:戊辰、丙辰、乙巳、甲戌、丙戌。
十二月:五寅日、己巳、癸巳。

逐月教牛吉日

正月:乙卯、癸卯、丁卯、癸酉、丁酉、己酉、戊午、庚午、壬午、庚子、壬子、辛亥。

二月:乙丑、己丑、丙寅、乙卯、丁未、乙未、乙亥、丁亥、己亥。

三月:壬子、庚子、丁卯、庚午、壬午。

四月:丙子、庚子、丁丑、甲寅、庚午、壬午、丙午、甲戌。

五月:丙寅、甲寅、己巳、乙未、甲戌、丙戌、辛亥。

六月:庚寅、甲寅、辛亥、乙亥。

七月:丙子、庚子、壬子、五未日、庚午、壬午。

八月:丙寅、戊寅、庚寅、戊辰、庚辰、丙辰、丁丑、甲戌、丙戌。

九月:庚子、壬子、庚午、壬午、癸酉、丁酉、己酉、辛酉。

十月:五子日、乙卯、庚午、壬午、辛未、己未、癸未。

十一月:甲寅、丙辰、丁丑、乙未、甲戌、丙戌、辛亥。

十二月:甲寅日、戊子、庚子、壬子、甲申、庚申、乙亥、辛亥。

凶星同前例查看。

造作猪椆

吉日:甲子、戊辰、甲戌、壬申、庚辰、戊子、辛亥、癸巳、甲午、乙未、庚子、壬寅、癸卯、甲辰、乙巳、戊申、壬子、申子辰日。

忌正四废、飞廉、刀砧、天贼、天瘟、地贼、伏断、灭没、月杀、瘟星入、惊走日。

造槽安槽:宜禄旺在亥,及食神重及六合、三合、龙德、天月合日。

买猪吉日:甲子、乙丑、癸未、乙未、甲辰、壬子、癸丑、丙辰、壬戌。忌破群日。

郭丁杀:三、四、七、十一月忌修椆。猪胎占正、二十一月,忌修椆。

剻猪宜伏断,忌血支、刀砧。俗忌,亥不出猪,及破群日。

逐月造作猪椆吉日(凶星同前例查看)

正月:丁卯、己卯、癸卯、乙卯、壬午。

二月:戊寅、庚寅、甲寅、癸未、乙未、己未。

三月:辛卯、丁卯、己巳。

四月:五子日、癸丑、丁丑、丙午、甲午。

五月:戊辰、壬辰、丙辰、癸巳、乙未、甲戌。

六月:甲申、庚申、辛酉、辛亥、乙亥。

七月:甲子、庚子、戊子、壬子、甲午、五未日。

八月:乙丑、癸丑、丙辰、壬辰、甲戌。

九月:甲午、辛酉、癸酉、丁酉。

十月:甲子、庚子、戊子、壬子、壬午、庚午、乙未、辛未。

十一月:戊寅、庚寅、戊辰、丙辰、庚辰、乙未。

十二月:甲子、壬子、庚子、戊寅、甲寅。

造作羊栈

吉日:丁卯、戊寅、己卯、辛巳、甲申、庚寅、壬辰、甲午、庚子、壬子、癸丑、甲寅、庚申、辛酉。

忌天贼、四废、刀砧、地贼日,及天瘟、九空、受死、飞廉、血忌、大小耗、九土鬼日。

买羊吉日:甲子、丙寅、庚午、丁丑、庚辰、辛巳、壬午、癸未、甲申、己丑、甲午、庚子、丁巳、戊午。

逐月造羊栈吉日(凶星同前六畜例看)

正月:丁卯、己卯、甲寅、戊寅、丙寅。

二月:戊寅、庚寅、甲寅。

三月:丁卯、己卯、甲申、己巳。

四月:庚子、丙子、癸丑、庚午、丙午。

五月:乙丑、壬辰、丙辰、癸巳。

六月:壬辰、甲申、庚申、辛酉、辛亥。

七月:庚子、壬子、甲申、庚申、戊申。

八月:壬子、癸丑、壬辰、丙辰、壬戌。

九月:癸丑、壬戌、丙戌。

十月:甲子、庚子、壬子、庚午。

十一月:戊寅、庚寅、甲寅、壬辰、丙辰。

十二月:乙丑、癸丑、戊寅、甲寅、丙辰。

鸡鹅鸭栖

吉日:乙丑、戊辰、癸酉、辛巳、壬午、癸未、庚寅、辛卯、壬辰、乙未、丁酉、庚子、辛丑、甲辰、乙巳、壬子、丙辰、丁巳、戊午、壬戌、满、成、开日。

忌刀砧、大小耗、天贼、正四废日。镦鸡日,宜伏断日,忌飞廉、血支、血忌、受死日。

抱鸡鹅鸭卵,宜天月德、生气、益后。忌日厌、受死、荒芜、闭日、空亡、蛀日。

郭丁杀:正、六、十月占鸡栖忌修。狐狸杀:大月建日,小月危日。

逐月造栖吉日(凶星同前例查看)

正月:癸酉、丁酉、壬午。

二月:庚寅、乙未、丁未、己未、癸未。

三月:辛卯、丁卯、己巳。

四月:庚子、癸丑、庚午、丙午、壬午。

五月:己丑、戊辰、壬辰、丙辰、癸未、乙未、壬戌。

六月:癸酉、丁酉、甲申、庚申、乙亥、丁亥。

七月:庚子、丙子、戊子、壬子、乙未、丁未。

八月:乙丑、辛丑、癸丑、戊辰、壬辰、丙辰、壬戌、甲戌。

九月:癸酉、丁酉、辛酉。

十月:甲子、庚子、壬未、辛未、丁未、乙未、壬午。

十一月:庚寅、戊辰、壬辰、乙未、癸未。

十二月:甲子、庚子、壬子、甲寅、戊寅。

造作马枋

(附安马槽、骟马、针灸等事)

宜甲子、丁卯、辛未、乙亥、己卯、甲申、壬子、辛卯、壬辰、壬寅、乙巳、戊子、庚子、天月德日。

忌戊寅、庚寅、戊午、天贼、四废、受死、地贼、凶贼、争雄、瘟星入日。

修马枋吉日:宜戊子、己丑、甲寅、乙巳。

买马吉日:乙亥、乙酉、戊子、壬辰、乙巳、壬子、己未及戊己三井日、收、成日。

教马驹吉日:己巳、甲戌、乙亥、丁丑、壬午、丙戌、戊子、己丑、癸巳、乙未、丙申、壬寅、丁未、己酉、甲寅、丙辰、丁巳、建、收日。

骟马针灸凶日:忌血支、血忌、刀砧、受死、荒芜、月厌、天瘟、午日,及大风阴晦并不得针灸,血忌即续世日,血支即开日。

逐月作马枋吉日

正月:丁卯、己卯、乙亥、庚午。

二月:辛未、丁未、己未。

三月:丁卯、己卯、甲申、乙巳。

四月:甲子、庚子、戊子、庚午。

五月:丙子、壬子、壬辰、丙辰、辛未。

六月:甲申、庚申、乙亥。

七月:甲子、庚子、丙子、壬子、戊子、辛未。

八月:乙丑、壬辰、丙辰、甲戌。

九月:辛酉。

十月:甲子、壬子、庚子、庚午、辛未、乙未。

十一月:辛未、壬辰、乙亥。

十二月:甲子、庚子、戊子、丙寅、甲寅。

逐月教马驹吉日

正月:辛亥。

二月:戊子、甲寅、丁丑、丁未、丙辰、壬午、乙未、甲戌、丙戌。

三月:壬子、戊子、壬寅、甲寅、丙辰、己巳、乙亥。

四月:丁丑、丙午、壬午、乙未、辛酉、丙戌。

五月:丁丑、己巳、丙戌、甲戌、甲寅、壬午、乙未。

六月:甲寅、丙辰、己巳、壬午、乙未、己酉、辛酉。

七月:无吉日。

八月:甲戌、丙戌、丁丑、己巳、戊子、壬午、乙未、丙辰、辛酉、乙亥。

九月:戊子、己巳、丙戌、甲戌、丁丑、壬午、乙未、辛酉、己酉。

十月:无吉日。

十一月:甲寅、甲子、戊子、丙子、乙亥、乙未、丁丑、己酉、辛酉、丙辰。

十二月:戊子、壬寅、甲寅、戊戌、甲戌、丁丑、辛酉、乙亥。

养蚕作茧

浴蚕吉日:甲子、丁卯、庚午、壬午、戊午。

作取丝灶日:宜子、寅、申、酉及开、收日。

出蚕吉日:甲子、庚午、癸酉、庚辰、乙酉、甲午、乙巳、甲申、午午、乙未、癸卯、丙午、丁未、戊申、甲寅、戊午生旺吉,及天德、月德日,宜庚午蚕父生日。忌庚戌蚕姑死日。

安蚕架箔吉日:甲子、庚午、癸酉、丙子、戊寅、己卯、丙戌、庚寅、甲午、乙未、丙午、甲寅、戊申,生气、满、成、开日,及卯日、午未日。

总忌天地贼、受死、魁罡、钩绞、大小耗、狼籍、破败、四耗、荒芜、四废、耗绝、蚕王谷仓日。

将军入室方:亥子丑年二月入坤,寅卯辰年八月入艮,巳午未年四月入乾,申酉戌年四月入乾,九月入巽。犯之损蚕。其法以月建入中宫,顺寻是年将军位到蚕室,故谓之将军入室。如子年蚕室在坤,将军在酉。二月修葺将月建卯入中宫,顺寻酉到坤。余仿此。蚕室是将军之妻,若误犯之,以果酒于本方禳之,吉。

年凶方	子	丑	寅	卯	辰	巳	午	未	申	酉	戌	亥
蚕官	未	未	戌	戌	戌	丑	丑	丑	辰	辰	辰	未
蚕室	坤	坤	乾	乾	乾	艮	艮	艮	巽	巽	巽	坤
蚕命	未	午	亥	戌	巳	丑	寅	申	卯	辰	子	酉
蚕室行宫		坎		巽			兑			兑		坎
	正	二	三	四	五	六	七	八	九	十	十一	十二
蚕王谷仓	申	丑辰 未戌		亥	卯子 酉午		寅	丑辰 未戌		巳	卯子 酉午	

逐月养浴安架吉日

正月:癸酉、癸卯、甲寅、丁卯、壬午、庚午。

二月:甲寅、乙巳、戊寅、庚寅。

三月:丁卯、癸卯、乙巳、甲申、戊申。

四月:丁卯、庚午、癸卯、甲子、丙子、壬午。

五月:乙未、戊寅、庚寅、甲寅、丁未、乙巳。

六月:甲寅、戊申、甲申、癸酉、庚寅、戊寅。

七月:甲子、癸酉、乙未、丙子。

八月:甲申、戊申、乙巳。

九月:庚午、癸酉、壬午、丙午。

十月:甲子、庚午、癸酉、乙未、壬午、丁未。

十一月:戊寅、甲寅、庚寅。

十二月:乙卯、戊申、甲申、庚寅、甲寅、戊寅。

收割蜂蜜

割蜂日，宜除、危、定、执、开、成日。忌建、满、平、收、破、闭日。

蜂王杀：春忌丙寅六辛日。夏忌辰戌巳日，秋忌戊辰日，冬忌丙戌日。

忌天贼、天瘟、受死、飞廉、大杀、大小耗、破群、月厌、血支、血忌、灭没、月杀、九空、天休囚败、蜂王杀、六不成日。

逐月收割吉日

正月：乙卯、丁卯、癸卯、乙酉、己酉、癸酉。

二月：乙丑。

三月：己巳、乙巳、癸巳。

四月：五子、五午日、己丑、丁丑、辛卯。

五月：乙未、辛未、丁未、己未。

六月：甲申、丙申。

七月：丁卯、辛卯、癸卯。

八月：丁丑、己丑、辛丑、癸丑。

九月：丁亥、辛亥。

十月：五子、五午日、乙未、辛未。

十一月：甲戌、庚戌、壬戌、甲辰、庚辰。

十二月：己巳、壬寅、癸巳。

买纳猫犬

纳猫日：宜甲子、乙丑、丙子、丙午、丙辰、壬午、庚午、庚子、壬子，天月德、生气日。

取犬日：宜辛巳、壬午、乙酉、壬辰、甲午、乙未、丙午、丙辰、戊午日。

总忌钩绞、受死、飞廉、九空、归忌、往亡、天狗下食、灭没、六畜走惊日。

镦猫日:宜伏断日,忌日刃、刀砧、受死日、血忌日。凶星同前六畜例看。

逐月买猫犬吉日

正月:乙丑、庚午、丙午、壬午。

二月:乙丑。

三月:无吉日。

四月:甲子、庚子、丙子、壬子、乙丑、壬午。

五月:乙丑、戊辰、壬辰、丙辰。

六月:甲申、庚申。

七月:甲子、丙子、庚子、壬子、乙巳。

八月:乙丑。

九月:辛未、辛酉。

十月:甲子、庚子、壬子、乙卯、己卯、壬午、庚午。

十一月:乙丑、壬子。

十二月:甲子、庚子、丙子、壬子、戊寅、甲寅、丙寅。

开凿池塘

(谓养鱼等事)

吉日:甲子、乙丑、甲申、壬午、庚子、辛丑、辛亥、癸巳、癸丑、辛酉、戊戌、乙巳,宜成、闭日。

忌满、开、建、执、破、魁罡、死气、天百穿、天百空、土瘟、天地贼、大小耗、天瘟、受死日。

天狗守塘吉日:春卯,夏午,秋酉,冬子。此吉日会合暗金伏断更妙。

暗金伏断日

太阳星值年逢巳房日是,水星值年辰箕亥壁日是,太阴星值年子虚未张日,木星值年逢牛角日是,火星值年酉觜寅室日是,金星值年丑斗申鬼日是,土星值年卯女戌胃日是。

暗金伏断时例

太阳房虚昴星四宿值日,子寅酉时是。

太阳心危毕张四宿值日,午时是。

水星角斗奎井四宿值日,辰亥时日。

金星亢牛娄鬼四宿值日,申时是。

土星氐女胃柳四宿值日,丑时是。

水星箕壁参轸四宿值日,未时是。

火星危室觜翼四宿值日,丑卯戌时是。

已上日时修作陂塘筑堤断獭大利开池塘正吉,乙丑牛宿,丙寅尾,庚辰亢,乙未鬼,庚戌娄,合此宿值日吉。

取鱼吉日:辛巳、戊子、辛卯、壬辰、丙申、己酉、辛酉日。

凶日	月											
	正	二	三	四	五	六	七	八	九	十	十一	十二
龙口伏	卯	子	酉	午	卯	子	午	酉	卯	子	酉	午
鱼破群	子	亥	戌	酉	申	未	午	巳	辰	卯	寅	丑
永隔	戌	申	午	辰	寅	子	戌	申	午	辰	寅	子
池耗	申	戌	子	□	辰	丑	申	戌	子	□	辰	丑
地耗	辰	卯	寅	未	子	巳	戌	酉	申	丑	午	亥
四部	午	午	午	卯	卯	卯	子	子	子	酉	酉	酉
龙会	未	戌	亥	亥	丑	戌	未	卯	丑	丑	戌	卯
蛇会	午未	午未	戌	戌	戌	丑	丑	丑	辰	戌	戌	亥
作塘陂	子	丑	寅	卯	辰	巳	午	未	申	酉	戌	亥
修塘陂	亥	戌	酉	申	未	午	巳	辰	卯	寅	丑	子

(续表)

凶日	月											
	正	二	三	四	五	六	七	八	九	十	十一	十二
鬼贼	初二	初三	□	初五	初二	初三	□	初三	初十	初三	初九	初七
天休废	初四	十三	廿三	初四	十三	廿二	初四	十三	廿二	初四	十三	廿二
天休废	初九	十八	廿七	初九	十八	廿七	初九	十八	廿七	初九	十八	廿七
天百穿	初一	初三	初五	初七	十三	十六	十七	十九	廿一	廿七	廿九	
天百空	初一	初三	初五	十一	十三	十六	十七	十九	廿七	廿九	三十	

五虚:春丑,夏子,秋未,冬寅。

四耗:春壬子,夏乙卯,秋戊午,冬辛酉。

土痕:大月,初三、初五、初七、十五、十八。小月,初一、初六、二十二、二十六、二十七。

水痕:大月,初一、初七、初十、十七、二十三、三十。小月,初三、初七、十一、二十六。

黄獭星:丁丑、癸未、庚寅、壬辰、甲午、己亥、丁未、甲寅、戊午、壬戌日。

狐狸星:大月危日,小月定日。

鹦鹉星:大月,初五、初十、十九。小月,初七、初八。

开塘放水法,将罗经于塘心格定,取辰戌丑未寅方放水去,吉。如放辰戌方,用庚戌日放丑未,用乙丑、乙未日寅方,用丙寅日开水路亦吉。合娄尾二宿益吉。

逐月开池塘吉日

正月:癸酉、丁酉。

二月:丙寅、戊寅、庚寅、甲寅、乙亥、己亥、丁亥。

三月:五子、丁卯、乙卯、己巳、乙巳、甲申。

四月:甲子、戊子、庚子、丁丑、己丑、癸丑、庚午、癸酉、癸卯。

五月:乙丑、己丑、丁丑、己巳、乙巳、癸巳、辛未、己未。

六月:戊寅、甲寅、庚寅、丁卯、己卯、辛卯、五申。

七月:丙辰、戊辰、甲辰、庚辰、辛未、丁未。

八月:壬辰、丙辰、戊辰、庚辰、己巳、辛巳、甲戌、五申日。

九月:庚午、壬午、丙午、己酉。

十月:己卯、乙卯、乙未、辛未、己未、庚午、甲戌、戊戌、丙戌。

十一月:丙辰、五未日、乙亥、己亥。

十二月:五寅日、甲申、庚申、丙申、戊申。

修作陂塘

(谓储积水利灌溉田禾等事)

吉日:甲子、己巳、庚午、癸酉、甲戌、己卯、辛巳、癸未、甲申、乙酉、乙巳、庚寅、丙申、己亥、壬子、癸丑、乙卯。宜伏断、土闭、成、黄道、天月德合日。修筑堤防同用。

忌满、破、开日,冬壬癸日,及崩腾、龙蛇会日、天地贼、受死、月忌、天百穿、月建日。

塞水吉日:宜伏断、土闭日。忌土瘟、破、开日。

开沟渠吉日:甲子、乙丑、辛未、己卯、庚辰、丙戌、平、开日。忌天贼、死四部及子日。

江河决水吉日:癸酉、戊申、四吉星、伏断水闭日。忌壬不决水。

红嘴朱雀凶日:辛未、庚辰、己丑、戊戌、丁未、丙辰日。忌开沟渠,凶。

逐月修作陂吉日

凶星同前开池塘例看。

正月:癸酉、乙丑、丁酉、癸丑。

二月:丙寅、戊寅、庚寅、甲寅、乙亥、丁亥、己亥、辛亥。

三月:五子日、丁卯、己卯、己巳、甲申、丙申、戊申、乙巳。

四月:甲子、戊子、庚子、乙丑、丁丑、己丑、癸丑、庚午、癸亥、辛亥。

五月:五寅日、己巳、辛巳、乙巳。

六月:戊寅、庚寅、乙亥、己亥、辛亥、甲申、丙申、戊申、甲申、五卯。

七月:五子日、戊辰、壬辰、甲辰、丙辰。

八月:甲申、丙申、庚申、戊申、己巳、辛巳、甲戌。

九月:庚午、壬午、丙午。

十月:甲子、丁卯、己卯、乙卯、辛未、乙未、己未、庚午。

十一月:五申、丙辰、辛未、己未、己亥、辛亥。

十二月:五寅日、甲申、丙申、戊申。

筑池断獭

(逐月吉日畋猎网鱼同看)

开池宜用天狗坐塘日,天狗下食日时,天狗食畜日,暗金伏断时,及用时家奎娄尾箕四宿,能制其獭。若合时值日,正永断其獭也。但宜择生旺吉日放鱼下池可也。又宜于池中心安定罗经,从戌方开池门理水沟,以戌方属大寅方亦吉。

天狗坐塘日:宜开池及筑池门,埋水沟能断獭,但其法以每月初一日是辰戌丑未日,则此月有天狗日,若不是辰戌丑未,值初一日则此月无天狗,毋其倒将初一日辰入宫,顺数九宫,遇戌入中宫,便是天狗坐塘日,吉矣。

畋猎网鱼

(谓畋猎捕获禽兽附结网罟等事)

宜月杀、飞廉、土朔、执、危、收日,及五合日、寅卯日。注云:壬寅、癸卯江河合日,宜渔猎。捕禽兽鱼物,宜用三奇死门,主得利。

作网窑吉日:宜用杀、收、执、受死、飞廉、黑道、天地转杀。

雨水后夏至前收执危日,宜捕鱼。霜降后立春前,收危执日宜畋猎,吉利。

鱼会日:戊辰、庚辰、己亥三日,宜捕鱼。

鱼鸟会日:己巳、甲辰、壬子、丙辰、丁巳、戊午日,宜捕鱼打鸟、畋猎获利。

忌天赦、天恩、月恩、天解、月解、大小空亡、大小耗、九空、焦坎、开日、山林隔日。

天恩日:忌出猎捕鱼,甲子、乙丑、丙寅、丁卯、戊辰、己卯、庚辰、辛巳、壬午、癸未及己酉、庚戌、辛亥、壬子、癸丑不宜用。

八禄日时:甲寅、乙卯、丙巳、丁午、戊巳、己午、庚申、辛酉、壬亥、癸子,宜出猎。

刀砧日:春亥子,夏寅卯,秋巳午,冬申酉,宜出猎。

畋猎野兽,宜七元宿,主选时用奎娄箕尾四宿,能收捕兽,并能月杀方土出猎。

出猎吉日	月											
	正	二	三	四	五	六	七	八	九	十	十一	十二
三合日	午戌	亥未	申子	酉丑	寅戌	亥卯	子辰	巳丑	寅午	卯未	申辰	巳亥
六合日	亥	戌	酉	申	未	午	巳	辰	卯	寅	丑	子
天狗食畜日	子	子	子	卯	卯	卯	午	午	午	酉	酉	酉
天狗下食日	子	丑	寅	卯	辰	巳	午	未	申	酉	戌	亥
飞廉	戌	巳	午	未	寅	卯	辰	亥	子	丑	申	酉
受死	戌	辰	亥	巳	子	午	丑	未	寅	申	卯	酉
月煞	丑	戌	未	辰	丑	戌	未	辰	丑	戌	未	辰
日	子	丑	寅	卯	辰	巳	午	未	申	酉	戌	亥
天狗下食时	亥	子	丑	寅	卯	辰	巳	午	未	申	酉	戌
三合时	申辰	巳酉	午戌	亥未	申子	酉丑	寅戌	亥卯	子辰	巳丑	寅未	卯未
六合时	丑	子	亥	戌	酉	申	未	午	巳	辰	卯	寅

出猎忌日	月											
	正	二	三	四	五	六	七	八	九	十	十一	十二
出隔	未	巳	卯	丑	亥	酉	未	巳	卯	丑	亥	酉
林隔	卯	丑	亥	酉	未	巳	卯	丑	亥	卯	未	巳
月恩	丙	丁	庚	己	戊	辛	壬	癸	庚	乙	甲	辛

天赦:春戊寅,夏甲午,秋戊申,冬甲子。

逐月渔猎吉日(筑池断獭同看)

正月:五未日、乙酉、丁酉、癸酉、辛酉、乙亥、丁亥、己亥、辛亥。

二月:乙巳、丁巳、己巳、癸巳、五申、丙戌、甲戌、戊戌、庚戌、丙子、戊子、庚子。

三月:丙午、甲午、庚午、戊午、乙酉、丁酉、癸酉。

四月:戊寅、甲寅、壬寅、庚寅、丙辰、甲辰、壬辰、五戌。

五月:己丑、丁丑、辛丑、戊寅、甲寅、壬寅、庚寅、五卯、乙亥、己亥、辛亥。

六月:戊寅、甲寅、壬寅、庚寅、乙卯、辛卯、癸卯、五子、五辰、五戌。

七月:五丑日、乙卯、辛卯、癸卯、丙辰、甲辰、乙巳、丁巳、己巳、癸巳。

八月:戊寅、甲寅、壬寅、庚寅、丙辰、甲辰、壬辰、丁亥、己亥、癸亥、五巳。

九月:戊子、庚子、己卯、丁卯、乙丑、辛丑、辛卯、癸卯、癸巳、未日。

十月:戊辰、壬辰、五午日、丙申、甲申、戊申、庚申、壬戌、戊戌、丙辰。

十一月:辛未、丁未、己巳、癸巳、乙未、己未、乙酉、丁酉、癸酉、己酉、辛酉、丁巳。

十二月:丙辰、甲辰、五午、五申日、乙酉、丁酉、癸酉、辛酉、戌日。

种莳栽植

(谓播种百谷菜蔬、栽接花木竹等事)

耕种吉日:甲子、乙丑、丁卯、己巳、庚午、辛未、癸酉、乙亥、丙子、丁丑、戊寅、己卯、辛巳、壬午、癸未、甲申、乙酉、丙戌、己丑、辛卯、壬辰、癸巳、甲午、乙未、戊戌、己亥、庚子、辛丑、壬寅、癸卯、甲辰、丙午、戊申、己酉、癸丑、甲寅、丙辰、丁巳、戊午、己未、庚申、辛酉、癸亥。

浸谷吉日:甲戌、乙亥、壬午、乙酉、壬辰、乙卯、成、开日,用社日亦吉。

下秧吉日:辛未、癸酉、壬午、庚寅、甲午、甲辰、乙巳、丙午、丁未、戊申、己酉、乙卯、辛酉。

栽值吉日:宜母仓、六仪、除、满、成、收、开日。忌死神、死气、乙日、建、破日。

栽木吉日:甲子、丙子、丁丑、己卯、壬辰,宜四相、成日。

栽竹吉日:辰日、午月十三日、竹醉日。又云:正月一日、二月二日、三月三日,吉。

种花木吉日:宜除、满、成、收、开、闭日,四相、成日。移接花木同日。

种麻吉日:四月三卯日,种豆六月三卯日,种时八月三卯日。

种莳吉日:宜母仓、四相、生气、除、满、平、收、开日。

烧田日:宜已未日。忌火隔日。

百虫不食吉日:乙丑、乙亥、乙未、己亥、壬寅、癸卯、壬子,宜下种子。忌天火、地火、焦坎日。

鼠雀不食吉日:甲午、癸亥日,宜种植。

飞虫不食吉日:初一、初四、初五、初七、初九、初十、十八、二十、二十二、二十九日,宜种五谷。

天地不成收凶日:丙戌、乙未、壬辰、辛亥,忌天地贼、地空亡日,种植无收。

弄风旬日:秋社前逢庚,入秋社后逢巳,在此十日忌种菜。

田父、田祖、田夫、后稷葬死日,丙戌、丁亥、丁未、甲寅、乙巳、辛亥、癸巳日,忌种植。

田痕忌:大月,初六、初八、二十二、二十三日。小月,初八、十一、十三、十七日。忌耕种植。

逐月栽植吉日(除乙日)

正月:四卯、四酉日、己亥、辛亥、丁亥。
二月:甲子、丙子、戊子、庚子、壬子。
三月:四丑、四卯日、四巳日。
四月:五子、五卯、五午日、四亥日。
五月:五辰日、辛巳、辛未。
六月:五寅日、丙辰、庚辰、甲申、丙申、庚申。
七月:四卯日、四巳日。
八月:甲戌、庚戌、壬戌。
九月:四未日、己巳、己酉、己亥。
十月:五子日、五午日、四酉日。
十一月:四丑、四酉日、甲戌、庚戌、壬戌。
十二月:五申日、五戌日。

六种收割

(堆垛禾秆同看)

逐月收割吉日

正月:五卯日、甲午、庚午、壬午、四酉日,五亥日。
二月:五巳日、癸未、五戌日、己亥、癸亥。
三月:丙子、戊子、五卯日、己巳、乙巳、癸巳。
四月:丁丑、己丑、癸丑、五寅、五卯、五辰、五午日。
五月:五丑、五寅、五巳日、丙辰、甲辰、戊辰、五未日。
六月:丁卯、庚辰、戊辰、己巳、丁巳、癸巳、己酉、癸酉。
七月:癸卯、己卯、丁卯、五辰日、己巳、丁巳、癸巳、己酉、癸酉。

八月:癸丑、五辰、五巳、五申、五戌日、丁亥、己亥。
九月:己巳、癸巳、五午日、五酉日。
十月:甲子、戊子、五午日、乙未、辛未、己酉、乙酉、癸酉、戊戌、壬戌。
十一月:五丑日、癸未、乙未、辛未、乙酉、乙亥、辛亥、己亥。
十二月:甲子、戊子、庚子、辛卯、癸卯、乙卯、甲辰。

五谷试新

宜危、定、收、成、闭、开日。

逐月试新吉日

正月:丁酉、癸酉。
二月:己亥、辛亥、癸亥、丁亥。
三月:丙子、壬子、己卯、癸卯、辛卯、丁卯。
四月:乙丑、丁丑、癸丑、己丑、辛卯、己卯、癸卯。
五月:五辰、辛巳、乙巳、己巳、乙丑、辛丑、戊寅、庚寅、己丑、甲寅。
六月:甲寅、丙寅、庚寅、五卯日。
七月:五卯日、丙辰、庚辰、壬辰、五巳日、乙未、辛未。
八月:五巳日、五丑日、戊辰、庚辰、壬辰。
九月:辛丑、癸丑、丙午、庚午、壬午、丁酉、癸酉。
十月:甲午、戊午、庚午、乙未、辛未、己未、辛酉、癸亥、壬戌。
十一月:无吉日。
十二月:庚申、丙申、戊申、壬申。

造酒酱醋

宜天德合、黄道、生气、福生、天月恩日。春用氐箕宿,夏用亢宿,秋用奎宿,冬用危宿。忌戊子、甲辰、灭没日。丁酉杜庚死日,忌作酒。

造面饼药吉日:辛未、乙未、庚子日。忌六甲不蛀日。

藏腌胙醯瓜菁吉日:初一、初三、初七、初九、十一、十三、十九日。忌灭没、晦日。

造酱吉日:丁卯及黄道、天月德合、六合诸吉。忌辛日蛄日。

造酒吉日:丁卯、癸亥、庚午、甲午、己未,宜满、成、败、开日。

逐月造酒酱醋吉日

正月:丁卯、己卯、癸卯、乙卯。

二月:乙丑、癸丑、丁丑、己巳、乙亥、己亥。

三月:甲子、己丑、庚午、壬午、丙午、丁未。

四月:乙丑、丁丑、辛卯、乙卯、丁卯、庚午、壬午、丙午。

五月:丙寅、庚寅、甲寅、辛未。

六月:丁卯、己卯、辛卯、癸卯、甲寅、戊寅、癸酉。

七月:丁卯、癸卯。

八月:戊辰、壬辰、己巳、乙亥、己亥。

九月:庚午、壬午、丙午。

十月:甲子、庚子、乙未、丁未、癸未、辛未、庚午、癸酉、甲戌。

十一月:丙寅、戊寅、庚寅、甲申、戊申。

十二月:甲申、戊申、庚申。

安机经络

(谓经纺、织线、织造布帛、缎疋等事)

吉日:甲子、乙丑、丁卯、癸酉、甲戌、丁丑、己卯、癸未、甲申、辛巳、壬申、丁亥、壬子、己丑、壬辰、癸巳、甲午、丙申、丁酉、戊戌、己亥、壬寅、甲辰、乙巳、辛亥、壬子、癸丑、甲寅。宜满、成、开日。忌庚日、建、破、收日。

安机吉日:宜平、定日。

忌天贼、受死、魁罡、蚩尤、天火、地火、正四废、伏断、钩绞、九土鬼日。

凶日	月											
	正	二	三	四	五	六	七	八	九	十	十一	十二
天贼	辰	酉	丑	申	子	巳	戌	卯	申	丑	午	亥
荒芜	巳	酉	丑	申	子	辰	亥	卯	未	寅	午	戌
受死	戌	辰	亥	巳	子	午	丑	未	寅	申	卯	酉
蚩尤	寅	辰	午	申	戌	子	寅	辰	午	申	戌	子
钩绞	巳	子	未	寅	酉	辰	亥	午	丑	申	卯	丑

正四废：春庚申、辛酉，夏壬子、癸亥，秋甲寅、乙卯，冬丙午、丁巳。

伏断：子虚、丑斗、寅室、卯女、辰箕、巳房、午角、未张、申鬼、酉觜、戌胃、亥壁。

九土鬼：乙酉、癸巳、甲午、辛丑、壬寅、己酉、庚戌、丁巳、戊午。

逐月安机经络吉日

正月：癸卯、丁卯、庚午、壬午、丙午、癸酉。

二月：甲寅、庚寅、己巳、辛巳、癸巳、乙巳、丁巳。

三月：丁卯、癸卯、乙巳、甲申。

四月：甲子、丙子、丁卯、癸卯、庚午、壬午。

五月：甲寅、戊寅、庚寅、乙巳、丁未、乙未。

六月：甲寅、戊寅、甲申、五酉日。

七月：甲子、丙子、乙未、癸酉。

八月：乙巳、甲申、戊申、乙亥、己亥、辛亥。

九月：庚午、壬午、丙午、癸酉。

十月：甲子、庚午、壬午、乙未、丁未、癸酉。

十一月：甲寅、丙寅、戊寅、壬寅、庚寅。

十二月：甲寅、丙寅、戊寅、乙巳、甲申、五卯日。

起网作染

（谓染造布帛等事）

宜黄道、天德、月德、天月恩显曲传星、益后、续世、生气、福生、母仓、月杀、飞廉、天地正转日，宜除、成、定危、开、闭日。

忌执、破、平、收、满日、天地贼、天瘟、受死、月厌、死气、火星、休废、正四废、月破、伏断、大小空亡、天地灭没日。

逐月起网作染吉日

正月：丁丑、己丑、癸丑、丁酉、癸酉、四卯日。

二月：乙卯、己亥、乙亥、丁亥、癸亥。

三月：己巳、乙巳、乙卯、五子日。

四月：四子、丁丑、己丑、五卯、五辰日、丙午、甲午。

五月：五丑、甲辰、丙辰、戊辰、庚辰、辛巳、五未日。

六月：甲寅、戊寅、丙寅。

七月：乙卯、丁卯、辛卯、癸卯。

八月：丙辰、庚辰、戊辰、壬辰、己巳、辛巳、乙巳。

九月：丙午、庚午、壬午、丁酉、辛酉、癸酉、丁亥、辛亥、癸亥。

十月：五子日、庚午、乙未、辛未、辛酉、癸酉、戊戌、丙戌、壬戌。

十一月：五未日、甲戌、壬戌。

十二月：五子日、甲申、丙申、庚申。

裁衣合帐

（谓制造冠冕、佩带、衣领、履舄等事）

吉日：甲子、乙丑、丙寅、丁卯、戊寅、己巳、癸酉、甲戌、乙亥、丙子、丁丑、己卯、庚辰、辛巳、癸未、甲申、乙酉、丙戌、丁亥、戊子、己丑、辛卯、壬辰、癸巳、甲午、乙未、丙申、戊戌、庚子、辛丑、癸卯、甲辰、乙巳、戊申、己酉、戊午、甲寅、乙卯、丁巳、辛酉、壬戌。

宜天月德、天月德合、六合、除、满、定、危、成、开、闭及重复、旺日,并宜初一、初二、初四、初五、十九、二十一、二十二、二十七、二十八日。

忌天火、天贼、月破、小耗、火星、长短星、九土鬼、正四废、月火、天瘟、灭没日。

凶日	月											
	正	二	三	四	五	六	七	八	九	十	十一	十二
天贼	辰	酉	寅	未	子	巳	戌	卯	申	丑	午	亥
天火	子	卯	午	酉	子	卯	午	酉	子	卯	午	酉
地贼	子	子	亥	戌	酉	午	午	午	巳	辰	卯	子
月火	巳	辰	卯	寅	丑	子	亥	戌	酉	申	未	午
长星	初七	初四	初一	初九	十五	初十	初八	初四 初五	初三 初四	初十	十二	初五
短星	二	十一	十九	十六	廿五	廿五 廿二	十二	十八 十九	十六 十七	十四	廿一	廿五

火星凶日:

正、四、七、十月:乙丑、甲戌、癸未、壬辰、辛丑、庚戌、己未。

二、五、八、十一月:甲辛、癸酉、壬午、辛卯、庚子、己酉、戊午。

三、六、九、十二月:壬申、辛巳、庚寅、己亥、戊申、丁巳。

裁衣二十八宿吉凶

角安稳,亢得食,氐不安,房益衣,心盗贼,尾必害,箕得病,斗美味,牛进喜,女有病,虚得根,危造毒,室小厄,壁获宝,奎得财,娄增寿,胃减服,昴火烧,毕多事,觜鼠咬,参逢盗,井离别,鬼吉祥,柳丧服,星寿服,张逢欢,翼得财,轸长久。

逐月裁衣合帐吉日

正月：丁丑、己丑、丁卯、五午日、乙酉、丁酉、癸酉。

二月：五丑、五寅、五未、丙巳、己巳、丁戌、壬戌、乙亥、辛亥、甲戌。

三月：己巳、乙巳、癸巳、甲申、丙申、乙卯、辛卯、戊辰、壬辰、庚申。

四月：四子、己丑、丁丑、癸丑、五辰、己卯、壬午、戊午、五辰。

五月：五辰、五巳、五未日、四申、五戌日、壬寅。

六月：五酉、戊寅、庚申、丙申、乙亥、丁亥、辛亥。

七月：五子日、戊辰、丙辰、庚辰、甲辰、辛未、乙未、丁未。

八月：五丑、五辰日、乙亥、己亥、乙亥、辛亥、甲申、戊申。

九月：庚戌、丙戌、乙亥、□亥、辛亥、癸亥、己酉、戊午。

十月：乙未、辛未、丁未、庚午、壬午、丙戌、壬戌、戊戌。

十一月：五寅、五辰、癸丑、丁丑、乙丑、甲戌、丙戌、癸未、乙未、己亥、乙亥。

十二月：甲子、甲寅、丙寅、五卯日、癸巳、己巳、戊寅。

造作妆奁

吉日：甲子、乙丑、辛未、癸酉、丁丑、己卯、壬午、甲申、丁亥、壬辰、壬寅、丙午、辛亥、丙辰、己未、庚申、辛酉。

宜黄道、生气、天喜、玉堂、益后、续世、天月二德日。

忌天瘟、天贼、钩绞、正四废、荒芜、火星、破、危日。

逐月造作吉日

正月：五卯日、壬午、丙午、戊午。

二月：甲寅、丙寅、庚寅、乙亥、丁亥、己亥、辛亥。

三月：甲子、丙子、庚子、壬子、乙卯、癸卯、乙巳。

四月:癸丑、丁丑、乙卯、癸卯、辛卯、甲辰、丙辰、庚辰、丙午、庚午。

五月:甲寅、丙寅、庚寅、甲辰、丙辰、庚辰、乙未、己未、辛未、丁未。

六月:甲申、丁亥、乙亥、辛亥。

七月:戊辰、甲辰、丙辰、庚辰、甲子、戊午、壬午、庚子、壬子。

八月:乙丑、丁丑、甲戌、丙戌、乙亥、丁亥。

九月:戊午、庚午、丁酉、癸酉、乙亥、丁亥。

十月:五子日、乙未、辛未、丙戌。

十一月:甲寅、丙寅、乙巳、癸巳、乙亥、丁亥。

十二月:甲子、庚子、丙子、壬子、乙丑。

造作仪仗

(谓造男女轿车等事)

宜黄道、銮兴、凤辇、禄库、天成、吉庆星、六仪、天恩、福星、福厚、天福、天月德、天喜、建、除、开、定、闭、成日。

忌黑道、正四废、伏断、破日、十恶无禄日。

天恩吉日:甲子、乙丑、丙寅、丁卯、戊辰、己卯、庚辰、辛巳、壬午、癸未、己酉日。

天福吉日:己卯、辛巳、庚寅、辛卯、壬辰、癸巳、己亥、庚子、辛丑、乙巳、丁巳、庚申。

十恶无禄大败日:甲己年三月戊戌日,七月癸亥日,十月丙申日,十一月丁亥日,乙庚年四月壬申日,九月乙巳日。丙辛年三月辛巳日,九月庚辰日,十月甲辰日。丁壬年无忌。戊癸年六月己丑日。

逐年吉日(与造作乐器同看)

正月:壬午、丙午、戊午。

二月:甲寅、丙寅、戊寅、五未日、乙亥、丁亥、己亥、辛亥、乙丑。

三月:甲子、丙子、戊子、壬子、乙卯、己巳、乙巳、甲申、丙申。

四月：丁丑、己丑、乙卯、丁卯、己卯、辛卯、甲辰、丙辰、戊辰、庚辰、丙午、庚午。

五月：乙丑、己丑、五寅、五辰、己巳、乙巳、辛巳、五未、五戌。

六月：乙亥、己亥、丁亥、辛亥、癸酉、丁酉、甲申、庚申。

七月：五子日、丙辰、戊辰、庚辰、癸卯。

八月：丁丑、己丑、癸丑、戊戌、丙戌、壬戌。

九月：丙午、庚午、壬午、丁酉、辛酉、癸酉、丁亥、辛亥、乙亥。

十月：五子日、乙未、辛未、戊戌、壬戌。

十一月：五辰日、戊戌、甲戌、壬戌。

十二月：五子日、甲寅、戊寅。

造作乐器

（谓打造器皿首饰铜锡铁器等事）

宜天成、天库、禄库、天地财、天月德、福厚、寅日、庚寅辛卯金石合日、天恩、天福日。忌大败、六不成、破败日、乙卯师旷死日。

吉日	月											
	正	二	三	四	五	六	七	八	九	十	十一	十二
天财	辰	午	申	戌	子	辰	辰	午	申	戌	子	辰
地财	巳	未	酉	亥	丑	卯	巳	未	酉	亥	丑	卯
月财	午	巳	巳	未	酉	亥	午	巳	巳	未	酉	亥
禄库	戌	子	寅	辰	午	申	戌	子	寅	辰	午	申
破败凶日	申	戌	子	寅	辰	午	申	戌	子	寅	辰	午
大败六不成	寅	午	戌	巳	酉	丑	申	子	辰	亥	卯	未

打造桔槔
（谓造水车附造纺车纤车等事）

造水四吉日：宜青龙、黄道、平、定日。

忌气道虚耗佳我，天百穿、天火、地火、九土鬼、水隔、水痕、四废、钩绞、伏断、执、破日。

造纺四纤车吉日：宜黄道、天地转杀、建、除、满、闭、开、定、成日。

忌钩绞、伏断、四废、荒芜、赤口日是。逐月吉日与造作仪仗同看。

雕刻版册
（附勒碑铭造牌坊等事）

宜天恩、天德、天月德合、天喜、显传曲星、发安、吉庆、月财、旺日、相日、五堂、续世、建、成、定、满、除日。监牌坊吉日与竖造日同例。

忌破、平、收、天火、受死、火星、伏断、四废、天贼、灭没日。

逐月雕刻吉日

正月：五卯日、五午日、丁酉、癸酉、己酉。

二月：乙亥、丁亥、己亥、己未、癸未、辛未。

三月：五子日、己巳、乙巳、甲申、丙申。

四月：五子、乙卯、丁卯、己卯、丁丑、己丑、癸丑、五午日。

五月：甲寅、丙寅、五辰日、乙丑、己丑、辛丑、乙未、己未、辛未、甲戌。

六月：甲寅、丙寅、甲申、丙申、庚申、乙亥、丁亥、辛亥。

七月：丙子、戊子、壬子、丁卯、己卯、辛卯、癸卯、戊辰、庚辰。

八月：丙辰、戊辰、五丑日、辛巳、己巳、戊戌、庚戌、壬戌、丁亥、辛亥、庚辰。

九月：庚午、丙午、壬午、戊午、丁亥、辛亥。

十月：五子日、五午日、辛未、乙未、辛酉、己酉、丁酉、癸酉。

十一月：五寅日、甲辰、戊辰、庚辰、五未日、甲戌、庚戌。

十二月：丙寅、戊寅、甲寅、甲子、甲申、庚申。

立券交易

吉日：辛未、丙子、壬午、癸未、甲申、辛卯、乙未、癸卯、庚子、壬子、甲寅、乙卯、己未、辛酉日、执、成、收日，宜聚财日。

宜天月德、天月德合、六合、三合、五合、阳德、黄道日。

忌空亡、长短星、赤口、咸池、荒芜、天贼、魁罡、钩绞、受死、大小耗、财离、耗绝、五穷日。

凶日	月											
	正	二	三	四	五	六	七	八	九	十	十一	十二
天贼	辰	酉	寅	未	子	巳	戌	卯	申	丑	午	亥
地贼	子	子	亥	戌	酉	午	午	午	巳	辰	卯	子
荒芜	巳	酉	丑	申	子	辰	亥	卯	未	寅	午	戌
小耗	未	申	酉	戌	亥	子	丑	寅	卯	辰	巳	午
大耗	申	酉	戌	亥	子	丑	寅	卯	辰	巳	午	未
财离	辰	丑	戌	未	寅	子	酉	午	亥	午	申	巳
钩绞	亥	午	丑	申	卯	戌	巳	子	未	寅	酉	辰
受死	戌	辰	亥	巳	子	午	丑	未	寅	申	卯	酉
长星	初七	初四	初一	初九	十五	初十	初八	初四 初五	初三 初四	初十	十二	初五
短星	二	十一	十九	十六	廿五	廿五 廿二	十二	十八 十九	十六 十七	十四	廿一	廿五
四方耗	初二	初三	初四	初五	初二	初三	初四	初五	初二	初三	初四	初五

四耗:春壬子,夏乙卯,秋戊午,冬辛酉。

虚败:春己酉,夏甲子,秋辛卯,冬庚午。

五穷:春甲子、乙亥,夏丙子、丁亥,秋庚子、辛亥,冬壬子、癸亥。

正四废:春庚申、辛酉,夏壬子、癸亥,秋甲寅、乙卯,冬丙午、丁巳。

耗绝:庚辰、辛巳、丙戌、丁亥、庚戌、辛亥、丙辰、丁巳。

逐月立券交易吉日(忌戊己日)

正月:丙子、庚子、壬子、卯日、壬午。

二月:寅日、癸未、丁未、戌日、亥日。

三月:子日、卯日、壬午、甲申。

四月:丙子、庚子、卯日、丑日、辰日、庚午。

五月:丁丑、寅日、壬辰、壬午、丁未、辛未、癸未。

六月:卯日、寅日、甲申、辛酉。

七月:丙子、庚子、壬子、卯日、辰日、壬午、丁未、辛未、癸未。

八月:丁丑、癸丑、五辰日、甲申、己日、乙亥。

九月:丙子、庚子、壬子、午日、辛酉。

十月:甲子、丙子、庚子、壬子、壬午、癸未、乙未、辛未、辛酉。

十一月:丑日、寅日、壬辰、乙未、丁未、辛未。

十二月:子日、寅日、卯日、申日。

出行求财

(商贾、经营、乘船、渡水等事)

吉日:甲子、乙丑、丙寅、丁卯、戊辰、辛未、甲戌、乙亥、己卯、甲申、己丑、庚寅、甲午、乙未、庚子、辛丑、壬寅、癸卯、丁未、己酉、壬子、甲寅、乙卯、庚申、辛酉、壬戌。

历法有庚午、丁丑、丙戌、丙午、癸丑日。

宜天月德、二德合、天恩、月恩、驷马、满、成、开日。忌每月十五日。

四顺日:建宜行,成宜离,寅宜往,卯宜归。

四逆日:申不利,酉不离,七不往,八不归。

商贾兴贩吉日:宜己卯、丙戌、壬寅、丁未、己酉、甲寅日。忌六壬空亡、大小空亡。乘船忌九空、焦坎、招摇、龙禁、八风、咸池、触水龙。远回忌归忌、月厌、月忌。

合伴吉日:宜六合、三合、天德合、月德合、黄道。忌赤口、咸池、空亡、破日。

驾车吉日:宜要安、平、定日。忌月厌、大杀、破日。

出行又宜奇门二奇、五马、四相日。忌灭没、荒芜、月忌、旬中空亡、截路空亡、四离四绝、往亡、五不归、天贼、月厌、受死、伏断、咸池、空亡、财离、九空、魁罡、天地争雄、阴阳错、正四废、破败、离窠、人民离、九土鬼、九丑、气往亡、天翻地覆日。

凶日	月											
	正	二	三	四	五	六	七	八	九	十	十一	十二
归忌	丑	寅	子	丑	寅	子	丑	寅	子	丑	寅	子
受死	戌	辰	亥	巳	子	午	丑	未	寅	申	卯	酉
天贼	辰	酉	寅	未	子	巳	戌	卯	申	丑	午	亥
地贼	子	子	亥	戌	酉	午	午	午	丑	辰	卯	子
往亡	寅	巳	申	亥	卯	午	酉	子	辰	未	戌	丑
五鬼	午	寅	辰	酉	卯	申	丑	酉	子	亥	未	戌
荒芜	巳	酉	丑	申	子	辰	亥	卯	未	寅	午	戌
咸池	卯	子	酉	午	卯	子	酉	午	卯	子	酉	午
九空	辰	丑	戌	未	卯	子	酉	午	寅	亥	申	巳
财离	辰	丑	戌	未	寅	子	酉	午	亥	卯	申	巳
天罡	巳	子	未	寅	酉	辰	亥	午	丑	申	卯	戌
河魁	亥	午	丑	申	卯	戌	巳	子	未	寅	酉	辰

（续表）

凶日	月											
	正	二	三	四	五	六	七	八	九	十	十一	十二
月厌	戌	酉	申	未	午	巳	辰	卯	寅	丑	子	亥
天隔	寅	子	戌	申	午	辰	寅	子	戌	申	午	辰
凶日　月	正	二	三	四	五	六	七	八	九	十	十一	十二
天翻巳如亥日不用亥	巳	辰	申	巳	丑	子	亥	戌	卯	午	寅	巳
地覆如正月不用巳时	亥	戌	酉	申	卯	午	酉	辰	酉	辰	未	卯
天地争雄	巳午	亥子	午未	子丑	未申	丑寅	申酉	寅卯	酉戌	卯辰	戌亥	辰巳
亡嬴	甲寅	甲午	甲戌	丁卯	丁巳	庚辰	庚寅	庚子	戊辰	癸亥	癸巳	癸巳
阴错	庚戌	辛酉	庚申	丁未	丙午	丁巳	甲辰	乙卯	甲寅	癸丑	壬子	癸亥
阳错	甲寅	乙卯	甲辰	丁巳	丙午	丁未	庚申	辛酉	庚戌	癸亥	壬子	癸丑

伏断:子虚、丑斗、寅室、卯女、辰箕、巳房、午角、未张、申鬼、酉觜、戌胃、亥壁。

离窠:丁卯、戊辰、己巳、戊寅、辛巳、戊子、己丑、戊戌、己亥、辛丑、戊午、壬戌、癸亥。

九魁:壬午、乙酉、戊午、辛卯、壬子、戊子、己酉、己卯、辛酉。

四离:春分、秋分、夏至、冬至前一日是。

四绝:立春、立夏、立秋、立冬前一日是。

人民离:戊申、己酉。

五不归:己卯、辛巳、丙戌、壬辰、丙申、己酉、辛亥、壬子、丙辰、庚申、辛酉。

九土鬼:乙酉、癸巳、辛丑、庚戌、丁巳、甲午、壬寅、己酉、戊申。

气往亡:立春七日,京直(惊蛰)十四,清明二十一,立夏八日,芒种十六,小暑十四,立秋九日,白露十八,寒露二十七,立冬十日,大雪二十,小寒三十。

灭没:弦虚,晦娄,朔角,望亢,虚鬼,盈斗。

台司出行吉日:出行正子午,二申丑未良,三月寅申吉,四子卯天长,五月寅申马,七马猴最强,八未申酉亥,九子戌吉祥,十子亥和酉,十一子寅昌,六未十二亥,离绝人民殃。

周公八天定局

天门日:初一、初九、十七、二十五。主得贵人助之,大吉。

天贼日:初二、初十、十八、二十六。主有非灾,所为大凶。

天财日:初三、十一、十九、二十七。主倍获财宝喜,大吉。

天阳日:初四、十二、二十、二十七。主见贵人,万事大吉。

天仓日:初五、十三、二十一、二十九。主因商贾得利,大吉。

天集日:初六、十四、二十二、三十。主所为百事不遂,凶。

天富日:初七、十五、二十三。主为商贾,求财大吉。

天盗日:初八、十六、二十四。主百事所为不宜,凶。

右周公八天局日,择有吉辰多有不合者,人遂致疑,按此无验,姑存其例耳。但合吉星,值日不犯月厌、四离、四绝、受死、伏断诸凶,亦吉。

逐月出行求财吉日(不用戊己日)

正月:五子日、五午日、癸酉、丁酉、未日次。

二月:五卯、五丑、五未日、戊申、庚申、甲戌、丙戌、甲申。

三月:甲子、丙子、壬子、戊辰、壬辰、丙辰、丙午、庚午、丁卯、丁酉。

四月:五子日、五卯日、戊辰、戊午、己酉。

五月:五寅、乙丑、丁丑、丁未、辛未、戊辰、壬辰、甲申、庚申、己亥、乙亥、己未。

六月:甲寅、丙寅、戊寅、庚寅、己卯、乙卯、辛卯、癸卯、乙未、己未、辛未、癸未、乙亥。

七月:五子日、五午日、甲申、庚申、癸卯。

八月:乙丑、丁丑、癸丑、壬辰、壬寅、壬戌、乙亥、五酉日。

九月:癸卯、壬午、庚午、丙午、戊午、甲戌、丙戌、庚戌、壬戌。

十月:五子、五酉日、庚午、甲午、辛亥、己亥、甲戌、乙亥。

十一月:五寅、乙丑、丁丑、癸丑、乙未、甲申、乙亥。

十二月:甲寅、丙寅、庚寅、壬寅、辛卯、乙卯、癸卯、甲申、甲午。

八门三奇日方定局

门	休死伤杜开惊生景
甲子乙丑丙寅 戊子己丑庚寅 壬子癸丑甲寅	坎坤震巽乾兑艮离
丁卯戊辰己巳 辛卯壬辰癸巳 乙卯丙辰丁巳	坤震乾坎离巽兑艮
庚午辛未壬申 戊午己未庚申 甲午乙未丙申	震乾离坤艮坎巽兑
癸酉甲戌乙亥 辛酉壬戌癸亥 丁酉戊戌己亥	巽坎坤兑震艮离乾
丙子丁丑戊寅 庚子辛丑壬寅	乾离艮震兑坤坎巽
己卯庚辰辛巳 癸卯甲辰乙巳	兑巽坎艮坤离乾坎
壬午癸未甲申 丙午丁未戊申	艮兑巽离坎乾震坤
乙酉丙戌丁亥 己酉庚戌辛亥	离艮兑乾巽震坤坎

休门○:主在官高遂,求财买卖得利,百事大吉。

死门●●:主百里外遇疾病,防失物,出师行军大败。

伤门●:主六十里内得见血光,兵阵相伤。宜求鱼捕猎。

杜门●:主远出必忧,求谋不遂,出军大败。

开门○:主求财见贵,万事大利,宜见官陈讼得理。

惊门●:主求财不遂,防有血光之灾,见惊恐大凶。

生门○:主求事吉,买卖不利,谒见贵得财,出军大得胜。

景门●:主八十里外逢盗贼,求谋不遂,出军大败。

天金刚日

奎娄角亢鬼牛星,出军定是不还兵。

买卖远行逢盗贼,经商求利百无成。

欲识星辰吉凶处,出在天符秘客经。

论出行回家日时,看官历逐月下求四大利吉时,并用黄道吉时,但得一吉时到免大凶。所有九魁、河魁、截路空亡等时,皆不避忌。

出财放债

吉日:庚辰、庚午、丙戌、癸巳、己亥、乙巳、辛亥、乙卯、辛酉、满、成日。

忌壬申、戊寅、戊戌、丙辰、戊午、赤口、空亡、财离、债不、无禄日。

十干无禄日:壬申、庚辰、辛巳、丁亥、己丑、丙申、戊戌、甲辰、乙巳、癸亥、壬申、戊戌日最忌,余吉多可用。

债不凶日:大月,初三、十一、十九、二十七。小月,初二、初十、十八、二十六。

逐月出财吉日

正月:五卯日、庚午、壬午、丙午、丁酉。

二月:己巳、癸巳、辛巳、乙巳、辛未、己未、癸未、辛亥、己亥、丁亥。

三月:五子日、乙巳、丙申、丙午。

四月:五子日、五丑日、己卯、庚午。

五月:甲申、丙申、庚申、戊辰、甲戌、庚戌。

六月:己卯、癸酉、乙酉、辛酉、丁亥、乙亥、辛亥。

七月:壬子、丁卯、己卯、癸卯、壬午、戊辰、庚辰。

八月:癸丑、己丑、己巳、辛巳、乙巳、丁巳、庚辰、丁亥、己亥。

九月:五子日、庚午、壬午、甲午。

十月:庚午、壬午、癸酉、五未日。

十一月:丙寅、庚寅、壬寅、甲寅、戊辰、甲戌。

十二月:五卯日、甲申、庚申。

纳财取债

宜天德、月德、天月德合、天恩、月恩、天财、月财、天富、天仓、母仓、丰旺、收、成、满、闭日。

忌财离、虚败、破日、十干无禄、大败、天上大空亡、月害、长短星、四废、天贼、赤口日。

丰收吉日:春亥,夏巳,秋申,冬寅。

天工大空亡日:丁丑、戊寅、丁未、壬辰、癸巳、戊申、壬戌、癸亥。

逐月吉日与出财放债日同看。

装造舟楫

（附行船装载同看）

吉日：甲子、丙寅、丁卯、戊辰、己巳、丁丑、戊寅、壬午、乙酉、辛卯、癸巳、甲午、乙未、庚子、辛丑、壬寅、辛亥、丙辰、戊午、己未、辛酉，宜满、成、开日。忌灭没日。

造舡料起工架马吉日：与起造起工、架马日同。忌鲁班杀、木马杀、刀砧杀、划削血刃、天火、天贼、火星、六不成日。

动土结壁：与竖造动土平基日同。忌土符、土府、土瘟、土忌、土痕、月建日。

合底起廒安梁头：与竖造上梁日同。

宜天月二德方起手。忌土杀、官符。

开舡头安金顶：已上三条宜黄道、天恩、月恩、天德、月德、二德合、要安、平、定、成日。忌天贼、地贼、火星、伏断、正四废、水痕、灭没、受死、执、破日。

做板宜向天月德方起工吉。盖篷吉日与盖屋日同。忌天火、天地贼、八风日。

任船吉日：宜伏断、收、闭日。忌执、破日。

新船下水吉日：与出行日同。宜天月德合、要安、月财、平安、成日。忌风波、咸池、水痕、触水龙日、大恶时、天地争雄日、天翻地覆、河伯、张宿、龙禁日。

触水龙日：丙子、癸未、癸丑忌行舟。行舟忌张宿、丙子、癸未、戊戌、癸丑、乙卯。

天翻地覆日忌造船

正月：初一、初九、十三、十九、二十五。

二月：初六、十二、十八、二十四、三十。

三月：初五、十一、十七、二十三。

四月：初二、初八、十四、二十、二十六。

五月：初二、初九、十五、二十一、二十七。

六月：初四、初十、十六、二十二、二十八。

七月：初一、初七、十三、十九、二十五。

八月：初六、十二、十八、二十四、三十。

九月：初五、十一、十七、二十三、二十九。

十月：初二、初八、十四、二十、二十六。

十一月：初三、初九、十五、二十二、二十七。

十二月：初四、初十、十六、二十二、二十八。

江河离日：壬申、癸酉。河伯死日：庚辰。子胥死日：壬辰日。每月忌十九日，不行船，若先一日移转船头，亦不忌。

凶日	月											
	正	二	三	四	五	六	七	八	九	十	十一	十二
风波日	子	丑	寅	卯	辰	巳	午	未	申	酉	戌	亥
河伯日	亥	子	丑	寅	卯	辰	巳	午	未	申	酉	戌
凶日　月	正	二	三	四	五	六	七	八	九	十	十一	十二
白浪	寅	卯	辰	巳	午	未	申	酉	戌	亥	子	丑
覆舟	申	酉	戌	亥	子	丑	寅	卯	辰	巳	午	未
咸池	卯	子	酉	午	卯	子	酉	午	卯	子	酉	午
天贼	辰	酉	寅	未	子	巳	戌	卯	申	丑	午	亥
荒芜	巳	酉	丑	申	子	辰	亥	卯	未	寅	午	戌
受死	戌	辰	亥	巳	子	午	丑	未	寅	申	卯	酉
招摇	辰	卯	寅	丑	子	亥	戌	酉	申	未	午	巳
殃败	卯	寅	丑	子	亥	戌	酉	申	未	午	巳	辰
九空	辰	丑	戌	未	卯	子	酉	午	寅	亥	申	巳
蛟龙	未	申	戌	申	戌	壬	辰	未	辰	申	子	巳
水隔	戌	申	午	辰	寅	子	戌	申	午	辰	寅	子
危日	酉	戌	亥	子	丑	寅	卯	辰	巳	午	未	申

四激:春丑,夏戌,秋辰,冬未。

八风:春丁丑、己酉,夏甲申、甲辰,秋辛未、丁未,冬甲寅、甲戌。

正四废:春庚申、辛酉,夏壬子、癸亥,秋甲寅、乙卯,冬丙午、丁巳。

大恶时(如建日用建时便是):子、丑、寅、卯、辰、巳、午、未、申、酉、戌、亥。

水痕:大月,初一、初七、二十三、三十。小月,初三、初七、十二、二十六。

氐尾箕斗危娄胃昴毕张星轸并大吉。

海角经:室牛房参井并次吉。忌龙禁日,初二、初八、十四、二十、二十六日是。

灭没日:弦、虚、晦、娄、朔、角、室、亢、虚、鬼、盈、牛。

逐月行船吉日

(造船同看,并合上梁类乃可)

正月:甲子、庚子、壬子、壬午、丙午、甲午、戊午、辛亥。

二月:乙未、丁未、己未、辛未、己亥、辛亥、乙亥。

三月:甲子、庚子、壬子、己巳、丁卯、己卯、癸卯。

四月:五卯日、乙酉、丁酉、辛酉。

五月:丙申、丙辰、乙未、丁未、己未、辛未。

六月:丁卯、己卯、辛卯、辛酉、丙申、庚申。

七月:甲子、庚子、壬子、庚午、壬午、丙午、丁未。

八月:乙丑、丁丑、戊寅、丙寅、庚寅、壬寅、己巳、甲戌、乙亥、辛亥。

九月:甲子、庚子、丙午、庚午、丁酉、辛酉、乙亥、丁亥、辛亥。

十月:丁卯、辛卯、癸卯、丁酉、辛酉、己酉。

十一月:丁丑、乙丑、丙辰、戊辰、辛亥、乙亥、己亥。

十二月:丙寅、庚寅、戊寅、壬寅、乙卯、癸卯、辛卯、丁卯。

许真君传授龙神行日

不可行舡,主风。

正月:初三、初八、十一、二十五,月尽龙会日。

二月:初三、初九、十二,月尽龙神朝玉帝。

三月:初三、初七、二十七,龙神朝上帝。

四月:初八、十二、十七、十九,龙会太白。

五月:初五、十一、二十九,天帝龙正朝玉帝。

六月:初九、二十七,地神龙王朝玉皇。

七月:初七、初九、十五、二十七,神杀交易。

八月:初三、初八、二十七,龙神朝会。

九月:十一、十五、十九,龙神朝玉皇。

十月:初八、十五、二十七,东海君朝玉皇。

十一月、十二月,无忌。

又龙禁日:初二、初八、二十、二十六日,忌行舡。

求医疗病

(谓用针灸、服药、治诸病等事)

求医疗病吉日:己酉、丙辰、壬辰。宜天医、天后、生气、普护、要安、破、除、成、开日。

忌死神、死气、致死、游祸、月害、月往亡、气往亡、朔望、弦晦、灭没、建、平、满、收日。

合药吉日:戊辰、己巳、庚午、壬申、乙亥、戊寅、甲申、丙戌、辛卯、乙未、丙午、辛亥、己未,宜除、破、开日。忌辛未、扁鹊死日。

服药吉日:乙丑、壬申、癸酉、乙亥、丙子、丁丑、壬午、甲申、丙戌、己丑、壬辰、癸巳、甲午、丙申、丁酉、戊戌、己亥、庚子、辛丑、戊申、乙酉、癸丑、辛酉。宜破、除、开日。忌游祸、满日。

针灸吉日:丁卯、庚午、甲戌、丙子、丁丑、壬午、甲申、丙戌、丁亥、辛卯、、壬辰、丙申、戊戌、己亥、庚子、辛丑、甲辰、乙巳、丙午、戊午、戊申、壬子、癸丑、乙卯、丙辰、己未、壬戌。宜天医、要安、除、破、成、开日。忌血忌、血支、灭没、辛未、月虚、受死日。

开堂经云:忌月厌、月杀、月刑、死刑、独火。又云:建日不治头,闭日不治日,男忌除日,女忌破日。

一云:男忌戌日,女忌巳日。针灸孕妇五胎月神占身忌之。

吉日	月											
	正	二	三	四	五	六	七	八	九	十	十一	十二
天医	戌	亥	子	丑	寅	卯	辰	巳	午	未	申	酉
天后	申	巳	寅	亥	申	巳	寅	亥	申	巳	寅	亥
普护	申	酉	寅	卯	戌	辰	亥	巳	子	辛	丑	未
要安	寅	申	卯	酉	辰	戌	巳	亥	午	子	未	丑
生气开日	子	丑	寅	卯	辰	巳	午	未	申	酉	戌	亥
除日(女宜男忌)	申	酉	戌	亥	子	丑	寅	卯	辰	巳	午	未
破日(男宜女忌)	申	酉	戌	亥	子	丑	寅	卯	辰	巳	午	未
死神(巳后凶日)	巳	午	未	申	酉	戌	亥	子	丑	寅	卯	辰
死气	午	未	申	酉	戌	亥	子	丑	寅	卯	辰	巳
败死	酉	午	卯	子	酉	午	卯	子	酉	午	卯	子
游祸	巳	寅	亥	申	巳	寅	亥	申	巳	寅	亥	申
月害	巳	辰	卯	寅	丑	子	亥	戌	酉	申	未	午
生亡	寅	巳	申	亥	卯	午	酉	子	辰	未	戌	丑
白虎黑道	午	申	戌	子	寅	辰	午	申	戌	子	寅	辰
月厌	戌	酉	申	未	午	巳	辰	卯	寅	丑	子	亥
月杀	丑	戌	未	辰	丑	戌	未	辰	丑	戌	未	辰
慈日	辰	巳	午	未	申	酉	戌	亥	子	丑	寅	卯
妇日	丑	寅	卯	辰	巳	午	未	申	酉	戌	亥	子
血忌	丑	未	寅	申	卯	酉	辰	戌	巳	亥	午	子
火隔	午	辰	寅	子	戌	申	午	辰	寅	子	戌	申

死别:春戌,夏丑,秋辰,冬未。

十干日占:甲头、乙喉、丙肩、丁心、戊腹、己腰、辛膝、壬胫、癸足。

十支日占:子口,丑腰耳,寅胸,卯脾鼻,辰腰膝,巳手,午心,未手,申头背,酉嘴,戌头面,亥头。

四季日:春左胁,夏在脐,秋右胁,冬右腰。

逐月疗病服药吉日

正月:五子、五卯、五申日。

二月:五丑、五酉、五亥日。

三月:五子、五寅、五巳、五酉、戌日。

四月:五丑、五卯、五午日。

五月:五寅日、五辰日。

六月:五丑、五卯、五巳、五申日。

七月:五寅、庚辰、五午日。

八月:五卯日、五巳日。

九月:五午日、五申日、五亥日。

十月:五子、五巳、五酉日。

十一月:五丑、五午、五申日。

十二月:五寅日、五亥日。

编者注:

五子日:甲子、丙子、戊子、庚子、壬子。

五丑日:乙丑、丁丑、己丑、辛丑、癸丑。

五寅日:丙寅、戊寅、庚寅、壬寅、甲寅。

五卯日:丁卯、己卯、辛卯、癸卯、乙卯。

五辰日:戊辰、庚辰、壬辰、甲辰、丙辰。

五巳日:己巳、辛巳、癸巳、乙巳、丁巳。

五午日:庚午、壬午、甲午、丙午、戊午。

五未日:辛未、癸未、乙未、丁未、己未。

五申日:壬申、甲申、丙申、戊申、庚申。

五酉日：癸酉、乙酉、丁酉、己酉、辛酉。

五戌日：甲戌、丙戌、戊戌、庚戌、壬戌。

五亥日：乙亥、丁亥、己亥、辛亥、癸亥。

逐月针灸吉日

正月：丙子、庚子、壬子、丁卯、辛卯、乙卯、辰日、甲申、亥日。

二月：丙子、庚子、五丑、乙亥、丁亥、己亥、辛亥、庚午、壬午、乙巳、壬子、卯日。

三月：五子、己巳、乙巳、丑日、辰日、庚午、壬午、丙午。

四月：五卯、庚午、壬午、甲午、丙午、酉亥日。

五月：甲辰、丙辰、壬辰、己未、甲申、丁亥、己亥。

六月：丁卯、乙卯、辛卯、己未、甲申、乙亥、丁亥、辛亥。

七月：五子日、五卯日、乙巳、申日、戌日。

八月：子日、丑日、巳日、午日、亥日。

九月：子卯日、午日、己未、甲申、亥日。

十月：卯日、辰日、巳日、午日。

十一月：子日、丑日、辰日、乙巳、甲申。

十二月：丑日、卯日、乙巳、戌日。

右吉日不犯死气、神致死、血支、血忌诸凶，并忌闭日、火隔。男忌戊日，女忌□日。论人得病以药疗之，针灸补泻，盖卒然有病，岂待执日而后求医服药乎？然先贤必用择日，欲人不轻服也，至于针灸诸凶，又当避之。

开用生坟

（附合寿木等事）

妙行真人游行年例

游魂绝命凶　催官进禄吉
长命富贵吉　黄泉急脚凶
迎生生气吉　盖福进德吉
催尸的杀凶　延年增寿吉
迎财进宝吉　灭魂急脚凶
喜龙合禄吉　增禄添禄吉

其法不论男女本命，并起游魂顺行，遇吉则吉，逢凶则凶。如子生人即以子加游魂绝命，若值子午卯酉年，不可作行坟合寿木，要逢八位吉星。其他仿此，忌生坟合寿木。

右法系子午卯酉生命，忌用子午卯酉年，寅申巳亥生命忌用寅申巳亥年，辰戌丑未生命忌用辰戌丑未年。即生命犯建、破、魁罡之年为忌也。

王可崇九龙经

乾火车凶　兑死败凶　艮金库吉　离狮子吉
中紫袍吉
巽血光凶　震金毕吉　坤天凶吉　坎飘逢凶
上元男五二宫，女一宫，中元男五宫顺，女七宫逆。下元男八宫，女四宫。

四离经

太阳吉　延寿吉
休停凶　太阳凶

男一十起太阳顺行，零年亦顺。女一十起太阳逆行，零年亦逆。

八宫催尸

坤香炉吉	兑如意吉	乾黄泉凶
离火把凶		坎路口凶
巽旒兆凶	震棺木凶	艮贵人吉

男一十起乾宫，黄泉顺行，零年亦顺。女一十起坤宫，香炉逆行，零年亦逆。乾称父用顺行，坤称母当用逆行。

歌曰：

黄泉当年死，路口卖他人。
棺木埋儿妇，旒兆葬子孙。
火把为人借，吉利逢贵人。
香炉主贵子，如意进金银。

阎王催尸掌诀

乾凶	兑吉	艮凶	离吉
中吉			
巽凶	震吉	坤凶	坎吉

男一十起震宫顺行，二十巽，三十中，四十乾，五十兑，六十艮，六十一离，六十二坎。女一十起兑逆行，乾之例。

杨救贫惟尸年

申	酉	戌甲子 甲戌	亥
未甲申 甲午			子
午			丑甲寅
巳	辰甲辰	卯	寅

其法不问男女，甲子、甲戌旬中生人一十起戌上，隔位逆行，二十申，三十午，三十一未，三十二申，零年节节顺回，值辰戌丑未为正杀，凶。甲申、甲午、甲辰、甲寅旬生人仿此。

起例诗曰：

甲子甲戌大头游，甲申甲午未申求。
甲辰但向龙头取，甲寅还是问青年。
寅申巳亥为长寿，子午卯酉利宜修。
辰戌丑未为正杀，行之即见过临头。

丁线虎口中

利吉	进吉	催尸凶
小延年吉	大延年吉	御尸凶

男从下数上，女从上数下，并起一岁轮数。

狗迹三元

	左厢吉	
盖凶		底凶
	右厢吉	

男一十起盖，向左厢顺行，零年亦顺。女一十起底，向左厢逆行，零年变逆，值厢吉，值盖底凶。

催尸杀例

催尸凶	五鬼凶	青龙吉
长生吉		鬼门凶
棺椁凶	男女凶	福禄吉

男一十起兑宫，催尸顺行，零年亦顺。女一十起震宫，福禄逆行，零年亦逆，值青龙、长生、福禄吉。

十二命纳音长生运例

未墓　申尘生　酉旺　戌墓　亥木生

午旺　　　　　　　　　　子旺

巳金生　辰墓　卯旺　寅火生　丑金墓

此不问男女，各从本命纳音五行生处起甲子，顺寻至本命住处，又从本命上起子顺行，零年亦顺，值生旺吉，墓凶。

催死大杀

坤大败凶　兑福寿吉　乾凤凰吉

离狮子吉　　　　　　坎麒麟吉

巽辰生吉　震进田吉　艮催死凶

此不问男女，各从本命纳音长生起，木生起乾，火生起艮，金生起巳，水土生起坤，各起一十逆行，零年亦逆。

如甲子生人，纳音金就在巳上起一十逆行，十一在震，十二在艮，遇催尸(死)，凶。

九轮催尸

乾凶　兑吉　艮凶　离吉

中吉

巽凶　震吉　坤凶　坎吉

男一十起艮顺行，女一十起坤逆行。

四宫催尸

福庆吉　催尸凶

讼笔凶　延年吉

起例不问男女,巳酉丑人讼笔起,申子辰人福庆起,亥卯未人催尸起,寅午戌人延寿起,并起一十,零年顺行。

四宫年月

兑金堂吉

离朱雀凶　　　　坎玄武凶

震玉堂吉

男戌玄武顺行,零年亦顺。女起朱雀逆行,零年亦逆。

如值震兑则吉,值坎离则凶。一云:男忌玄武为盖,女忌朱雀为底。又云:年月日时值合坎离二宫,为之四片板木齐足,犯之大凶。假如男命五十四岁四月初四日卯时合木,一十起坎,二十震,三十离,四十兑,五十坎,前一位震上起正月,数得四月又在坎,又于前一位震上起初一,数得初四日又在坎,又于前一位震上起子时,至卯时又在坎,此年月日时俱在坎位则凶。要合得震兑二宫则吉。

催尸上马杀年

巳十一,午二十,未三十,申四十。

其法不问男女,一岁巳起,岁午起日上而下遇午上马催尸,上马杀年凶。

上马杀日

申

未

午杀

巳

其法,假如四十二岁三月初五日合木,就巳上起一十,二十到午,三十到未,四十到申,四十一到巳,四十二午。又从未上起正月、二月申,三月到巳。又于午上起初一,初二到未,初三申,初四巳,初五到午。值午为上马杀日,凶。余仿此。

上马杀日，凡合木犯此杀日，令匠先用他物盛起木板，用工砍成一凡起手后，却以木马架起用二则亦列碍，如犯者可用凳架起权做一日，俟来日用木马则无犯也。

八宫长生墓运

坤未申　　兑　　乾戌亥

离　　　　　　　坎

巽辰巳　　震　　艮丑寅

法以本命长生起一十，遇乾坤艮巽为四生，又为四墓，如本命纳音木墓在未，从乾上起一十顺行，零年亦顺。

九宫墓运

乾戌火墓吉　　兑凶　　艮丑金凶　　　离吉

中凶

巽辰水土墓凶　　震凶　　坤未木墓凶　　坎吉

男一十起艮顺行，零年亦顺。女一十起坤逆行，零年亦顺。遇坎乾艮离紫日吉，其法从本命墓上起甲子，逆寻本命落何宫，就其起一十，逆数至本命纳音墓凶。

命龙星

地福吉木长生　　土星吉　　墓绝凶火长生　　　天喜吉

瘟星凶

紫气吉金长生　　木星吉　　病死凶水土长生　　福星吉

右法以本命纳音长生上起甲子，男顺女逆行，数至本命上起一十，零年依例而推，遇吉则吉，逢凶则凶。捷法不用年数，金生人遇辰戌丑未年凶，木生人遇寅申巳亥年凶，火水土生人遇子午卯酉年凶，值瘟星墓绝病死不利。

合寿木开生坟诸吉凶年例永定总局

横看	墳生作忌 / 忌生合	忌合壽木
	龍經上元　崇九中元　王可下元　閻王催尸　四輪經　楊故貪催尸殺　宮長墓運　生　尸　狗迹三元	八宮催尸　十統虎口三元　催尸殺　九輪催尸　催尸大殺　四宮催尸　長生運　十二宮
一局	男/女　震/離　乾　離/震　巽/乾　休　停　左　路/火　口/把	吉　凶　離/坎　六/陽　命　凶　四/季　命　凶
二局	男/女　巽/艮　兑/中　坎/坤　中　太/太　陰/陽	底/葢　貴/流　人/兆　吉/凶　吉　坎金/紫木　命凶　六/陰　命凶　四/仲　命凶
三局	男/女　中/兑　艮/巽　坤/坎　乾/巽　延壽凶	左　棺　木　凶/吉　凶　坤/艮　六/陽　命凶　四/孟　命凶
四局	男/女　乾/巽　離/震　震/離　兑/震　太/太　陽/陰	葢/底　流/貴　兆/人　吉　吉/凶　震/兑　火土/水　命凶　六/陰　命凶　四/季　命凶
五局	男/女　兑/中　坎/坤　巽/艮　艮/坤　休　停	左　火/路　把/口　吉/凶　凶/吉　巽/乾　六/陽　命凶　四/仲　命凶
六局	男/女　艮/巽　坤/坎　中/兑　離/坎　太/太　陰/陽	底/葢　香/黃　爐/泉　凶/吉　凶　中　金/木　命凶　六/陰　命凶　四/孟　命凶
七局	男/女　離/震　震/離　乾/巽　坎/離　延壽	右　如　意　吉　吉/凶　乾/巽　六/陽　命凶　四/季　命凶
八局	男/女　坎/坤　巽/艮　兑/中　坤/艮　太/太　陽/陰	葢/底　黃/香　泉/爐　吉/凶　凶/吉　兑/震　火土/水　命凶　六/陰　命凶　四/仲　命凶
九局	男　坤　中　艮　震　休　亭　凶	左　路　口　凶　凶　艮　太陽　命　凶　四孟　命　凶

局	男女			
九局	女	坎兑巽兑休凶	左火把吉凶坤	太陽命凶四孟命凶
十局	男 女	震乾離巽太陰 離乾震乾太陽	底貴人吉吉離金 蓋流兆吉吉坎木	命凶六命凶四命凶 陰季
十一局	男 女	巽兑坎中延壽 艮中坤	右棺木吉凶坎 凶離	六命凶四命凶 陽仲
十二局	男 女	中艮坤乾太陽凶 兑巽坎巽太陰	蓋流兆凶吉坤火 底貴人吉凶艮木	命凶六命凶四命凶 陰孟
十三局	男 女	乾離震兑休亭 震離震	左火把吉凶震 路口吉兑	六命凶四命凶 陽季
十四局	男 女	兑坎巽艮太陰 中坤艮坤太陽	底香爐吉凶巽木 蓋黃泉凶乾金	命凶六命凶四命凶 陰仲
十五局	男 女	艮坤中離延壽 巽坎兑坎	右如意凶吉中 吉凶	六命凶四命凶 陽孟
十六局	男 女	離震乾坎太陽 震離乾離太陰	蓋黃泉吉凶乾火 底香爐巽吉壬水	命凶六命凶四命凶 陰季

一局	二局	三局	四局	五局	六局	七局	八局	九局	十局	十一局	十二局	十三局	十四局	十五局	十六局
二十	廿一	廿二	廿三	廿四	廿五	廿六	廿七	廿八	廿九						
	卅十	卅一	卅二	卅三	卅四	卅五	卅六	卅七	卅八	卅九					
		四十	四一	四二	四三	四四	四五	四六	四七	四八	四九				
			五十	五十一	五二	五三	五四	五五	五六	五七	五八	五九			
				六十	六十一	六二	六三	六四	六五	六六	六七	六八	六九		
					七十	七十一	七二	七三	七四	七五	七六	七七	七八	七九	
						八十	八十一	八十二	八三	八四	八五	八六	八七	八八	八九
							九十								

凡有圈号者犯催尸。

上马杀忌合寿木。

右不问男女,如行年二十岁看一局,二十一看二局,依前局查行年落在何局,再依局看总局内吉凶。余仿此。总局既设,外有十二四连四宫年月上马杀日,忌合寿木,九宫运忌作生坟,此四家起例多端,难入总局。选择者请看前例局论合寿本作生坟,若过得总局有七八分吉,只看上马杀日,余者亦无妨也。要之择吉首以寿主本命健旺,不犯刑冲克害、山家符合培元命以明气脉趋生旺而避休囚,自然发福绵长。至若已上诸起例,俱系板局,不必尽拘,多不准验,姑存于此,以俟知者。

白鹤仙从传唐贞观三年进士可崇开生基法

法以其人本姓所属五音取长生墓库,须用上天年月大利,时师与人开生基并安厝,多有不明,年月休咎只知六轮枕经亡运,有误不少,令人死亡耗散。殊不知青龙上天宜开生穴,白虎入地宜葬亡者,唐进士可崇授此年月为寿基,以延母寿,次年登入,委有明验。其母甲子年八月十五日生,四十有四,取十月十二日未时开生基,此日合青龙上天之吉,亦从本命五音日旺处为例起甲子,顺生九宫,遇本命上起一十,至开生基之行年,仕年起正月,就月上起日,日上起时。且如王氏属商音,养在辰巽上起一十,二十在中,三十乾,四十兑。右前数法甲子八月,四十四岁取十月十二日未时开生基,四柱尽合青龙上天之吉。又如甲子本命长生到巽,便从巽上起一十,二十在□,三十乾,四十兑,四十一在艮,四十二离,四十三坎,四十四坤,得青龙上天之吉。却以本命宫起正月顺飞,十月到坤,就于坤上起初一,飞十二日到巽,又巽上起子时,飞未时则坤旬合青龙上天之吉。余仿此。

飞宫图

	青龙上天	
坤二	兑七	乾六
离九	中五	坎一
巽四	震三	艮八
	白虎入地	

此九宫即洛书之数,以此起例,一一顺飞,皆从五行生处起一十顺飞。巽离乾青龙上天,乾坎艮白虎入地。

角音起例属木:木养在戌乾上起甲子,寻本命宫上起一十。

江六乾州作艮垣,更兼震兑角音还。
四大吉星宜寻访,若问青龙尽上天。

徵音属火:火养在丑、艮上起甲子,寻本命宫上起一十。

陈八相呼出艮乡,更兼坎巽度南阳。
此是徵音寻起例,艮宫甲子细推详。

商音属金:金养在辰,巽上起甲子,寻本命宫上起一十。

谁识张公出巽游,须宜坤兑震宫求。
惟有商音开穴吉,绵延福寿永无休。

宫羽二音属水:水养在未,坤上起甲子,寻本命宫上起一十。

宫羽二音向坤行,吉从乾上又离生。
若得紧宫关寿穴,何愁金榜不题名。

又生穴诗

长生位上起依依,六甲顺行甲子随。
数至本命起一十,坎离震兑四宫推。

已上每从长生上起甲子,寻本命起一十,顺行四位大吉。余仿此。

生穴法例:子午卯酉为人魂,入墓之年主有灾。寅申巳亥名天魂,入墓主延必长寿。辰戌丑未为人魂,入墓大凶。

金书四字

其法不问阴阳二命，只论金木水火土纳音，死处起一十顺行，且如金命人一十起子到巳，为天魂，吉。午为人魂吉。本命人一十起午寅申巳亥为天魂，吉。火命人一十起子午卯酉为人魂，亦吉。水土命人一十起卯寅申巳亥，吉。

十二宫图

申命在天宫	酉命在身宫	戌年神不利	亥命在天宫
未月魂不利			子命在中宫
午命在中宫			丑日魂不利
巳命在天宫	辰年魂不利	卯年在身宫	寅命在天宫

男顺行十二支，女逆行十二支。

其法不问男女，各从本命上起一十，男顺女逆则吉，凶右见也。

假如金命人一十起子，二十到丑，三十寅，四十卯，四十一在辰，四十二巳，天坤吉。四十三午，四十四未，入墓凶。余仿此。

诗云：

命要天宫枉作为，若逢身命亦同推。
生填若用斯年月，福禄均应无尽时。
悭用年庚遵因墓，必定枉死入泉扉。

别法四个中宫指五音也，三条死路坤艮中也。

寿木生基别有功，时师不会五行踪。
四个中宫起甲子，三杀死路莫相逢。
坤艮中宫皆不吉，犯之却似烛当风。
乾坎离震巽兑吉，寿如松柏福坚崇。

生人魂印法

金丑、木未、火戌、水土辰。

只此山头起例推，更将音徵五行飞。
山人若用生魂印，二年相促入泉扉。
金生巳酉丑魂云，不犯尸魂更安宁。
水土申子辰为是，尸魂入墓不须疑。
更有木生寅卯未，犯逐儿孙相逐移。
火生寅午戌生魂，儿孙不犯上云梯。
犯着当年定须卒，生魂入墓不堪闻。
午年丁亥连丁未，千万记取其中义。
申生乙未不堪说，六十日内入黄泉。
酉年辛丑不堪作，犯着令人见清索。
戌生壬戌大难当，亥生癸酉恶须防。
子生莫卯己未日，丑生乙丑莫商量。
时人不晓其中诀，便是灾殃不可移。
先人魂今印留下，术者须知仔细详。

开生坟吉凶日

甲子日：金木命吉，水土命凶，申子辰生人魂印入墓。
乙丑日：巳酉丑女命人乃名催月之日，金生人魂入墓凶。
丙寅丁卯日：五音皆吉，春卯转杀不利，余吉。
戊辰日：生人辰年催尸大杀，不吉。
己巳日：主牛尾白矮，十全大吉。
庚午日：夏凶三。
辛未日：亥卯未木金人凶。
壬申日：五音不吉。
癸酉日：五音吉，秋凶。
甲戌日：寅午戌生人甲戌命上呼杀凶。
乙亥日：五音吉，秋凶。
丙子日：水土命人入墓冬凶，余吉。
丁丑戊寅日：五音凶。

己卯日:春凶,余吉。

庚辰日:申子辰生人宫羽音不用。

辛巳壬午癸未日:亥卯未命夏月凶。

甲申乙酉日:秋凶,余吉。

丙戌丁亥戊子日:水土命入墓,秋转杀凶。

己丑日:商角音吉,余凶。

庚寅日:皆吉。

辛卯日:春凶,余吉。

壬辰日:寅生人不用,冬凶。

癸巳甲午乙未日:亥卯未命杀,春夏凶。

丙申日:皆凶。

丁酉日:火命,余吉

戊戌日:火命人土随杀凶。

己亥庚子日:土公败命,命犯土随水土人忌。

辛丑壬寅癸卯甲辰日:庚戌命凶。

乙巳日:辛亥命凶。

丙午日:火命入墓凶。

丁未日:冬凶,余吉。

戊申日:吉,十月受死凶。

己酉日:吉,火命秋凶。

庚戌辛亥日:凶。

壬子日:土命不用,冬凶,余吉。

癸丑日:巳酉丑亥金命催尸入墓凶。

甲寅日:火命不用,秋夏吉。

乙卯日:春凶,十月凶,余吉。

丙辰日:吉,申子辰命人凶。

丁巳日:吉,冬凶。

戊午己未日:凶,庚申日吉,辛酉壬戌癸亥五音凶。

生坟寿木

宜正四废、傍四废、旬中空亡、大小空亡、天上空亡、天地空亡、伏断、本命纳音长生有气月日为吉利。其请家总局亦不必尽合也。

忌重伏丧、建、破、平、收、本命冲克、天瘟、受死、三丧、飞廉、死气、月杀、大祸、灭没、荒芜日。

如合寿木忌天火、火星、鲁班刀砧、木马杀日，生坟动土忌土符、土府、土瘟。

六甲旬生人月日空亡吉局

甲子旬人:戌亥。甲戌旬人:申酉。甲申旬人:午未。

甲午旬人:辰巳。甲辰旬人:寅卯。甲寅旬人:子卯。

本命纳音生旺人气月日吉局

金命巳午未申酉，木命亥子丑寅卯，火命寅卯辰巳午，水土命申酉戌亥子。

本命纳音入墓月日凶局

水土命忌辰，火命忌戌，本命忌未，金命忌用丑月日。

天上空亡吉日

丁丑、丁未、戊寅、戊申、癸巳、壬辰、壬戌、癸亥。

天地空亡吉日

巳	午	未
	天	
辰		申
卯		酉
寅		戌
丑	子	亥

其法以太岁起正月，月上起初一逆行，而上遇午为天空，宜合寿木，遇子为地空，开作生坟大吉。

大小空亡，每月上起初一并行。

乾正、九月，坎二、十月小空，艮三、十一月，震四、十二月，巽五月，离六月大空，坤七月，兑八月。

正四废吉日：春庚申、辛酉，夏壬子、癸亥，秋甲寅、乙卯，冬丙午、丁巳。

傍四废吉日：春庚辛，夏壬癸，秋甲乙，冬丙丁。

杨国忠通天窍吉日

春申酉，夏亥子，秋寅卯，冬巳午。

安寿木吉方

宜天德、月德、月空方，年月无杀占乃利，月要见双月，年要见双年，大利。

安寿木忌棺木杀方

寅午戌生人，忌寅卯辰方。

申子辰生人，忌申酉戌方。

巳酉丑生人，忌巳午未方。

亥卯未生人，忌亥子丑方。

凶日	月											
	正	二	三	四	五	六	七	八	九	十	十一	十二
天瘟	未	戌	辰	寅	午	子	酉	申	巳	亥	丑	卯
重丧	申	乙	巳	丙	丁	巳	庚	辛	巳	壬	癸	巳
受死	戌	辰	亥	巳	子	午	丑	未	寅	申	卯	酉
复日	庚	辛	戊	壬	癸	戊	申	乙	戊	丙	丁	戊
建日	寅	卯	辰	巳	午	未	申	酉	戌	亥	子	丑
破日	申	酉	戌	亥	子	丑	寅	卯	辰	巳	午	未
月建转杀	春	卯	日	夏	午	日	秋	酉	日	冬	子	日
木呼杀	壬	庚	戊辰	庚戌	丁亥	己未	乙未	辛	壬	丁	癸未	乙丑
木呼杀	申	子	戊申	丙戌	己巳	己卯	庚申	酉	戌	巳	癸酉	乙丑
木随杀	辰	寅	申	午未	午	申	巳	丑	寅	卯	午	未
木随杀	申	子	戌	申	酉	辰	酉	酉	亥	亥	酉	辰
三丧	春	辰	日	夏	未	日	秋	戌	日	冬	丑	日
大墓	春	乙未	日	夏	丙戌	日	秋	辛丑	日	冬	壬辰	日

天地重复:每月巳亥二日便是。

上层逐月开生坟吉日

正月:丁卯、己卯、辛卯、癸卯、丁丑、五酉日。

二月:丁丑、戊寅、五申日。

三月:丙寅、甲寅、丁未、癸酉、乙酉、丁酉、辛酉、甲申、丙申、庚申、壬申。

四月:甲子、庚子、丁丑、癸丑、戊午、戊申、癸酉、乙酉、丁酉、辛酉。

五月:甲寅、戊寅、壬辰、丙辰、壬申、甲申、丙申、庚申、壬戌。

六月:癸酉、乙酉、丁酉、辛酉、甲申、壬申、丙申、庚申。

七月:乙卯日、壬辰日。

八月:戊寅、壬辰、甲寅。

九月:丁卯、辛卯、癸卯、乙卯、庚午、丙午、甲申、戊申、壬申、庚申、癸酉、乙酉、辛酉。

十月:甲子、戊子、庚子、庚午、丙午、辛未、乙未、癸酉、乙酉、丁酉、辛酉、甲午、乙未。

十一月:戊辰、壬辰、戊寅、戊申、壬戌。

十二月:丙寅、庚寅、壬辰、壬寅、丙午。

右吉不犯天瘟、受死、重复并合寿主本命生旺有气乃可用。

下层逐月合寿木吉日

正月:丁丑、戊寅、丁卯、己卯、辛卯、癸卯、癸酉、乙酉、己酉、辛酉。

二月:丁丑、癸丑、戊寅、五申日。

三月:丙寅、甲寅、癸酉、乙酉、壬申、庚申、丁酉、丁未。

四月:甲子、戊子、丁子、丁丑、癸丑、庚子、戊申、戊午。

五月:戊寅、戊辰、甲申、戊申、丙申、庚申、丙辰、壬戌。

六月:癸酉、乙酉、丁酉、壬戌。

七月:乙卯日、壬辰日。

八月:戊寅、甲寅、壬辰。

九月:丁卯、辛卯、癸卯、乙卯、庚午、甲申、丙申、丁酉、乙酉、庚申、辛酉。

十月:甲子、戊子、甲子、丁丑、戊寅、甲午、丙午、丁未。

十一月:戊辰、戊寅、壬辰、戊申、庚戌、壬戌。

十二月:丙寅、壬寅、壬辰、丙午。

右吉日不犯受死、重复、天瘟、死气、天火、火星诸凶并为与本命冲克合用。

丧葬总忌

（谓葬法入棺捡殓成服除服等事）

年	子	丑	寅	卯	辰	巳	午	未	申	酉	戌	亥
八座日(忌行丧命座同)	癸酉	甲戌	丁亥	甲子	乙丑	甲寅	丁卯	甲辰	乙巳	甲午	丁未	甲申
八座方(忌立方命座同)	酉	戌	亥	子	丑	寅	卯	辰	巳	午	未	申
月	正	二	三	四	五	六	七	八	九	十	十一	十二
八座忌行丧	亥	子	丑	寅	卯	辰	巳	午	未	申	酉	戌
荒芜	巳	酉	丑	申	子	辰	亥	卯	未	寅	午	戌
天贼	辰	酉	寅	未	子	巳	戌	卯	申	丑	酉	亥
破杀	申	酉	戌	亥	子	丑	寅	卯	辰	巳	午	未
月建	寅	卯	辰	巳	午	未	申	酉	戌	亥	子	丑
地中白虎(吉多不忌)	巳	辰	卯	寅	丑	子	亥	戌	酉	申	未	午
魁罡	亥巳	午子	丑未	申寅	卯酉	戌辰	巳亥	子午	未丑	寅申	酉卯	辰戌
阴错	庚戌	辛酉	庚申	丁未	丙午	丁巳	甲辰	乙卯	甲寅	癸丑	壬子	癸亥
阳错	甲寅	乙卯	甲辰	丁巳	丙午	丁未	庚申	辛酉	庚戌	癸亥	壬子	癸丑
大墓日	春	乙	未	夏	丙	戌	秋	辛	丑	冬	壬	辰
四季八座	春	乙	卯	夏	丙	午	秋	庚	申	冬	辛	酉
四季忌日	春	未	日	夏	戌	日	秋	丑	日	冬	辰	日
三丧	春	辰	日	夏	未	日	秋	戌	日	冬	丑	日
重丧	甲	乙	巳	丙	丁	巳	庚	辛	巳	壬	癸	巳
复日	庚	辛	戌	壬	癸	戌	甲	乙	戌	丙	丁	戌

禳重复丧法：凡人死遇之，宜用小白纸函一个，内用黄纸朱书四字于内，置在棺上，同出吉。

正月：三月、六月、九月、十二月书六庚天刑，二月书六辛天庭，四月书六壬天年，五月书六癸天狱，七月书六甲天福，八月书六乙天德，十月书六丙天威，十一月书六丁太阴。

天地重复日：每月巳亥二日是，即禳之亦吉。

亡人落枕六轮

小火凶　　大水吉

小金凶　　大金吉

小水吉　　大火凶

男命一十起大火顺行，女一十起小火逆行，数至死年前一位起正月数死月，数至死月前一位起初一，数至死日前一位起子时，数至死时看亡人死年月日时值何星，以辨吉凶。只可停丧，不可安葬，零年亦男顺女逆。

亡人枕中记图

坤勾陈凶　　乾饿鬼凶

离玄武吉　　坎青龙吉

巽螣蛇凶　　艮禄库吉

男一十起坎顺行，女一十起离逆行，数至死年年下起月，月下起日，日下起时，看亡人死年月日时，如值凶只可停柩，不可安葬。零年亦然。

右落枕六轮及亡人枕中记二例，似不近理，凡人死生，皆有日时，子孙富贵贫贱各有命定，岂容择日而死？冬日犹可，况当夏之时，死而不举，必待吉日以致败朽，于习何忍，今姑存其例，以备览耳，智者勿泥。

落枕空亡

猪犬羊人忌卯辰，龙蛇鼠畏午未侵。

牛鸡猴人嫌酉戌,虎马卯人子丑嗔。

日时忌凶年,月次之,亡人犯此主子孙冷退,安葬不忌,即此例亦不准。

行年六道

天道吉　　地道凶　　人道吉　　佛道吉　　畜道凶　　鬼道凶

男一十起天道,数下。女一十起佛道,数上。零年亦依此数。

天道进田禄,人道郎超生,佛道终善利,地道地府行,畜道人不利,鬼道害人丁。

死日杀方定局

死日凶方	子	丑	寅	卯	辰	巳	午	未	申	酉	戌	亥
丧车	酉	戌	亥	子	丑	寅	卯	辰	巳	午	未	申
丧殃	卯	辰	巳	午	未	申	酉	戌	亥	子	丑	寅
星人丧家	中	卯十步	四十三步	卯	丧家	大门	户丙	午地十七步	子	大门廿五步	巽方廿五步	大门廿五步
毕死鬼	申	酉	戌	亥	子	丑	寅	卯	辰	巳	午	未

殃杀出日时:其法以月将起子时,数至死时,如正月巳上,二月午上,三月未上,男顺女逆数之。假如五月甲子日巳时男人死,即从月将酉日起子时,顺数至巳时在寅上,是死时殃杀,当寅日寅时出。又如六月己酉日卯时女人死,即从戌上月将起子时,逆数在未上,是死时殃杀,未日未时出。

殃杀出方:其法以亡日支干定之,男取日干墓,女取日支墓。如甲子日死男,以甲干木水墓在未,合出于西南未地。女以子支水,水墓在辰,合出于东南辰地。余仿此。

殃杀高低:甲己子午九,乙庚丑未八,丙辛寅申七,丁壬卯酉六,戊癸辰戌五,巳亥单四数。其法以死日干支配数定之,如甲子日死者干支皆九数,共一十八数,即一丈八尺高也。余仿此。

太阳密日：房虚昴星四宿是也，房值仲春，生物星居仲夏炎酷，昴居仲秋，失时之日。虚居仲冬，不正之日房吉余凶。

论雌雄殓鬼三杀的呼之说，或云一人死而有是，杀出临家，又复杀人，或又回丧家，再杀人畜，如此则死亡相继，何有止息？以理求之，不足为信，故不编入。

逐日大殓吉时

甲子：申酉。乙丑：寅卯。丙寅：亥子。丁卯：寅卯午。戊辰：巳申。己巳：巳申午。庚午：辰巳。辛未：巳午未丑。壬申：未申亥。癸酉：辰申时。

甲戌：申酉。乙亥：申酉。丙子：卯辰。丁丑：寅卯。戊寅：辰巳。己卯：巳申。庚辰：巳申。辛巳：巳未。壬午：巳未。癸未：丑未时。

甲申：酉亥。乙酉：申酉。丙戌：戌亥。丁亥：巳未。戊子：寅申。己丑：丑未。庚寅：丑申。辛卯：丑未。壬辰：申酉。癸巳：丑未时。

甲午：巳申。乙未：申酉。丙申：卯辰。丁酉：寅卯辰。戊戌：巳申。己亥：巳申。庚子：戌亥。辛丑：丑寅。壬寅：亥子。癸卯：丑未时。

甲辰：寅申。乙巳：亥子。丙午：寅卯。丁未：巳亥。戊申：寅申。己酉：巳申。庚戌：巳申。辛亥：巳未。壬子：辰戌。癸丑：丑未时。

甲寅：辰申酉。乙卯：申酉。丙辰：巳亥。丁巳：亥子。戊午：巳申。己未：午申。庚申：辰巳。辛酉：寅申。壬戌：丑寅。癸亥：巳申时。

逐日入棺吉时

子日用甲庚时，丑日乙辛时，寅日丁癸时，卯日丙壬时，辰日丁甲时，己日乙庚时，午日用丁癸时，未日乙辛时，申日甲癸时，酉日丁壬时，戌日庚壬时，亥日乙辛时。

殓棺安葬六十日的呼生人定局

(附注五音大小葬日便览)

甲子日呼辛丑生,乙丑呼辛巳生。

丙寅呼丙午生,丁卯呼甲午甲子生人。

戊辰呼癸未癸酉,己巳呼甲辰己未。

庚午呼壬戌壬辰,五音小葬日合十八家书宫羽凶。

辛未呼己亥,壬申呼丁巳,五音大葬日合四十二家书角音凶。

癸酉呼辛巳辛丑,大葬日合二十八家书角音凶。

甲戌呼戊子,乙亥呼乙未。

丙子呼丁丑乙丑,丁丑呼癸未。

戊寅呼甲辰丙午,己卯呼丁亥己未。

庚辰呼戊午戊子戊辰,辛巳呼己未。

壬午呼壬寅,五音大葬日合四十二家书羽音凶。

癸未呼甲申,甲申呼壬辰壬戌,五音大葬日角音凶徵音接灵合五十四家书。

乙酉呼丙子,大葬四十二家书,丙戌呼甲子。

丁亥呼丁巳丁亥,戊子呼己卯。

己丑呼丁未,庚寅呼丙申,大葬日合四十八家书商宫凶。

辛卯呼辛未丁未,壬辰呼壬寅壬申,小葬日合四十八家书宫羽凶。

癸巳呼甲午,甲午呼丁酉庚子。

乙未呼丙子丙申,丙申申呼己丑己丑,大葬日合四十八家书角音凶。

丁酉呼丁酉,大葬日合四十八家书角音凶。

戊戌呼癸巳癸亥,己亥呼辛未丁未。

庚子呼乙未己未,辛丑呼壬子。

壬寅呼甲寅甲辰,大葬日合四十八家书角音凶。

癸卯呼丙辰丁巳,甲辰呼庚辰,小葬日合四十八家书商羽凶。

乙巳呼丙子,小葬日合一十八葬家书宫羽凶。

丙午呼丁巳丁亥,大葬日合四十二家书商凶。

丁未呼丁未,戊申呼庚子庚戌。

己酉呼庚申庚戌,大葬己合四十八家书□音凶。

庚戌呼辛丑,辛亥呼丁亥壬午。

壬子呼丁未己巳,癸丑呼丁亥甲寅甲午。

甲寅呼癸未癸巳,小葬日合一十八家书。

乙卯呼丙辰戊子,丙辰呼甲辰甲申,五音小葬日合一十八家书宫羽凶。

丁巳呼庚子,戊午呼辛未。

己未呼丙戌,庚申呼丁巳辛巳,五音大葬日合四十八家书。

辛酉呼庚申庚辰,五音大葬日合四十二家书角音凶。

壬戌呼辛未辛酉辛丑,癸亥呼丙寅。

凡彼的呼之人区事力近。

五音大葬日合鸣吠歌吼、地虎不食,小葬日合鸣吠对己地虎不食,恒不合歌吼。

六十花甲子日有碍生人定局

(凡造葬等事皆依此避忌)

甲子日碍戊午壬午生,乙丑日碍癸未己未生。

丙寅日碍庚申壬申生,丁卯日碍辛酉癸酉生。

戊辰日碍壬戌丙戌生,己巳日碍癸亥丁亥生。

庚午日碍甲子丙子生,辛未日碍乙丑丁丑生。

壬辰日碍丙寅庚寅生,癸酉日碍丁卯辛卯生。

戊寅日碍戊辰庚辰生,乙亥日碍己巳辛巳生。

丙子日碍庚午戊午生,丁丑日碍辛未己未生。

戊寅日碍壬申甲申生,己卯日碍癸酉丁酉生。

庚辰日碍甲戌戊戌生,辛巳日碍乙亥己亥生。

壬午日碍丙子庚子生,癸未日碍丁丑辛丑生。

甲申日碍戊寅丙寅生,乙酉日碍己卯丁卯生。

丙戌日碍庚辰壬辰生，丁亥日碍辛巳癸巳生。
戊子日碍壬午甲午生，己丑日碍癸未乙未生。
庚寅日碍甲申戊申生，辛卯日碍乙酉己酉生。
壬辰日碍丙戌甲戌生，癸巳日碍丁亥乙亥生。
甲午日碍戊子壬子生，乙未日碍己丑癸丑生。
丙申日碍庚寅壬寅生，丁酉日碍辛卯癸卯生。
戊戌日碍壬辰丙辰生，己亥日碍癸巳丁巳生。
庚子日碍甲午丙午生，辛丑日碍乙未丁未生。
壬寅日碍丙申庚申生，癸卯日碍丁酉辛酉生。
申辰日碍戊戌庚戌生，乙巳日碍己亥辛亥生。
丙午日碍庚子戊子生，丁未日碍辛丑己丑生。
戊申日碍壬寅甲寅生，己酉日碍癸卯乙卯生。
庚戌日碍甲辰戊辰生，辛亥日碍乙巳己巳生。
壬子日碍丙午庚午生，癸丑日碍丁未辛未生。
甲寅日碍戊申丙申生，乙卯日碍己酉丁酉生。
丙辰日碍庚戌壬戌生，丁巳日碍己亥癸亥生。
戊午日碍壬子甲子生，己未日碍癸丑乙丑生。
庚申日碍庚寅戊寅生，辛酉日碍乙卯己卯生。
戊戌日碍丙辰甲辰生，癸亥日碍丁巳乙巳生。

论有碍生人，惟日冲克大忌，年月时冲则不忌。盖与本命干克支冲者，是为正冲，又有支冲而兼纳音相克者并不拘。同旬与不同旬皆忌，如与本命干同而支冲者是为单冲，旧本竟作上冲，差矣。且本命干克日干而支冲者是，为傍冲，命克日不忌，至与本命干支雷同，此肩则无患也。

成服吉日

宜甲子、己巳、己酉、庚寅、癸巳、丁酉、丙午、辛亥、癸丑、戊午、庚申，并鸣吠日、鸣吠对日。

忌重丧、建、破日、州县官符、大杀雷霆白虎若占中宫不家举哀成服。

鸣吠吉日:壬申、癸酉、壬午、甲申、乙酉、丙申、丁酉、壬寅、丙午、己酉、庚申、辛酉。

鸣吠对日:庚午、庚寅、壬辰、甲辰、乙巳、甲寅、丙辰、丙寅、丁卯、丙子、庚子、辛卯、甲午、癸卯、壬子、乙卯。论成服,凡有丧之家随殓成服,不用择日,但是无丧之家或在外出者,闻丧则有择日,闻丧成服之理。

逐月成服吉日

正月:丙子、壬午、丙午、戊午、五卯日、五酉日。

二月:五寅日、丙午、癸丑、五申日。

三月:甲子、丁卯、辛卯、癸卯、乙卯、庚午、丙午、癸酉、乙酉、丁酉、五申。

四月:甲子、丁卯、辛卯、癸卯、乙卯、庚午、甲午、癸丑、戊午、五酉。

五月:五寅日、五申日。

六月:甲子、壬子、庚寅、壬寅、甲寅、壬申、甲申、丙申、庚申、四酉、丙午。

七月:丙子、壬子、丁卯、辛卯、癸卯、乙卯、五酉日。

八月:丙寅、戊寅、壬寅、庚寅、五申日。

九月:甲子、庚午、壬午、甲午、丙午、丁卯、辛卯、癸卯、乙卯、癸酉、乙酉、丁酉、辛酉。

十月:甲子、戊子、庚子、五卯、五未、庚午、甲午、乙酉、丁酉、辛酉。

十一月:甲子、五寅日、五申日。

十二月:甲子、丙寅、庚寅、甲寅、壬寅、四午、四申日、丁卯、癸卯。

除灵罢服

吉日:壬申、丙子、甲申、辛卯、丙申、庚子、丙午、戊午、己酉、壬子、乙卯、己未、庚申、除日。

忌重复、三丧、建、破日,并忌月家天地官府、大小月建、雷霆白虎占中宫,不吉。

逐月除灵脱服吉日

正月:五卯日、五酉日。

二月:五寅日、五申日。

三月:丁卯、辛卯、癸卯、乙卯、癸酉、乙酉、丁酉、辛酉、庚午、丙午、壬申、丙申、甲申、庚申。

四月:丁卯、辛卯、癸卯、乙卯、庚午、甲午、戊午、五酉日。

五月:五寅日、五申日。

六月:丙寅、庚寅、壬寅、甲寅、甲申、壬申、庚申、癸酉、乙酉、丁酉。

七月:丙子、壬子、丁卯、辛卯、癸卯、乙卯、五酉日。

八月:庚寅、壬寅、甲寅、五申日。

九月:丁卯、辛卯、癸卯、乙卯、庚午、壬午、壬申、丙申、丙午、甲午、癸酉、乙酉、丁酉、辛酉。

十月:甲子、戊子、庚子、庚午、甲午、五卯、五酉日。

十一月:庚寅、戊寅、甲寅、壬寅、五申日。

十二月:丙寅、庚寅、壬寅、甲寅、丁卯、辛卯、癸卯、乙卯、庚午、壬午、甲午、丙午申日。

除灵周堂

横看日	初一	初二	初三	初四	初五	初六	初七	初八	初九	初十	十一	十二	十三	十四	十五	十六
横看日	十七	十八	十九	二十	廿一	廿二	廿三	廿四	廿五	廿六	廿七	廿八	廿九	三十		
大月	父	亡	男	亡	孙	亡	母	亡	女	亡	女夫	亡	客	亡	女	亡
小月	母	亡	孙	亡	男	亡	父	亡	女	亡	客	亡	女夫	亡	女	亡

凡遇双日值亡,大吉。如遇单日值人,临事之时宜少避之。

行丧出柩

（谓经引还移棺亲等事）

吉日：甲午、丙午、庚午、壬午、丙子、庚子、壬子、五寅日、五卯日、乙未、丁未、辛未、癸未、五申、五酉日。

宜金鸣吠对、天牛不守冢日是，及青龙华盖大吉。

忌破、平、收、重复、天地重复、八座、择怨、撞命、天坑、剑锋、崩腾、丧门方。

行丧凶方	月											
	正	二	三	四	五	六	七	八	九	十	十一	十二
择怨杀	丙	甲	庚	丙	甲	壬	庚	丙	甲	壬	庚	丙
撞命杀	甲	壬	庚	丙	甲	壬	庚	丙	甲	壬	庚	丙
剑锋杀	甲	乙	巽	丙	丁	坤	庚	辛	乾	壬	癸	日
八座方日同看命座同	亥	子	丑	寅	卯	辰	巳	午	未	申	酉	戌
三杀方年月日同看	北	西	南	东	北	西	南	东	北	西	南	东
四季八座凶日	春	乙	卯	夏	丙	午	秋	庚	申	冬	辛	酉
天坑方年月日时同看	庚	坤	巽	乾	艮	坤	巽	乾	艮	坤	巽	乾

丘公暗刀杀占门：甲己年九月，乙庚年十一月，丙辛年正月，丁年壬年三月，戊癸年五月，出丧思撞。

行丧葬日如犯诸凶方，宜向丘申青龙盖方坐立吉。

年	子	丑	寅	卯	辰	巳	午	未	申	酉	戌	亥
青龙吉方	戌	亥	子	丑	寅	卯	辰	巳	午	未	申	酉
华盖吉方	辰	巳	午	未	申	酉	戌	亥	子	丑	寅	卯

（续表）

年	子	丑	寅	卯	辰	巳	午	未	申	酉	戌	亥
岁禁凶方	南	东	北	西	东	北	西	南	东	北	西	南
剑锋凶方	丁	坤	庚	辛	乾	壬	癸	艮	甲	乙	巽	丙
八座凶方日同看	酉	戌	亥	子	丑	寅	卯	辰	巳	午	未	申
崩腾凶方	坤	乾	辛	乙	丙	壬	庚	甲	癸	丁	巳	酉
丧门凶方	寅	卯	辰	巳	午	未	申	酉	戌	亥	子	酉
重丧杀方	艮	午	乾	坎	卯子	酉乾	艮	午	戌	艮戌	午乙	坤
太岁凶方	子	丑	寅	卯	辰	巳	午	未	申	酉	戌	亥
三杀凶方年月日同看	巳 午 未	寅 卯 辰	亥 子 丑	申 酉 戌	巳 午 未	寅 卯 辰	亥 子 丑	申 酉 戌	巳 午 未	寅 卯 辰	亥 子 丑	申 酉 戌
天官符方	亥	申	巳	寅	亥	申	巳	寅	亥	申	巳	寅
地官符方	辰	巳	午	未	申	酉	戌	亥	子	丑	寅	卯
的杀凶方	未	辰	丑	戌	未	辰	丑	戌	未	辰	丑	戌

已上诸凶方在家不可停柩，安葬不可企立，凡停丧未葬者，因年月不利山头有碍，不得不停，则取四利方道寻太阳、太阴、天月德所临之位，安吉。

移柩周堂

横看日	初一	初二	初三	初四	初五	初六	初七	初八	初九	初十	十一	十二	十三	十四	十五	十六
横看日	十七	十八	十九	二十	廿一	廿二	廿三	廿四	廿五	廿六	廿七	廿八	廿九	三十		
大月	父	男	孙	亡	女夫	母	妇	客	父	男	孙	亡	女夫	母	妇	客
小月	母	女夫	亡	孙	男	父	客	妇	母	女夫	亡	孙	母	父	客	妇

右值亡大吉，值生人出柩时宜少避之。如停柩在家，方论周堂，若在外闲屋则不论周堂。亦只论月之大小，不论节气，至安葬之日，柩日在山则无周堂矣。

论丧葬用鼓乐，如其日大杀白虎雷霆白虎在中宫，或其月州县官符、大月建、小月建、小儿杀俱在中宫，宜从门外远处起动鼓乐，行人厅堂乃利。

论出丧凶神太多，难以尽盖避，人家止有一门或居城市迫塞去处，尤难回避，按古有偷丧法，移柩时不动声色，于吉日夜静或神藏杀时，或艮寅时，以棠苫铺地密地移出外愈好，却后屋外远外，然后举哀起行，大吉。

斩草破土

（谓开生基掘金井下砖等事）

吉日：甲子、丙寅、丁卯、丙子、庚寅、辛卯、癸卯、壬子、甲寅、乙卯十日，鸣吠对上吉。外有乙丑、癸丑、壬寅、己卯、壬辰、戊辰、壬午、丙午、庚午、乙未、甲申、壬申、丙申、癸酉、丁酉、丙戌十六日，俱可通用。除巳亥日犯天地重复日，不取。

下砖石吉日：庚申、壬申、癸酉、壬午、乙酉、辛酉、壬辰、丙申、己酉、丁酉、甲辰、己未、丙午、甲寅。

忌土瘟、土府、土墓、大墓、重丧、复日、土禁、土忌、土王用事后、戊己日、初一、初八、十五。日忌用鸡斩草。

土禁凶日：春亥，夏寅，秋巳，冬申。

天子斩竹诸侯斩草庶人斩草

铁券仪式：一铁券以铁为之，或梓木为之，今人多用瓦砖。长一尺，阔七寸，以朱书其文，顺为一行，逆为一行。顺令满板不空缺，要单行，不可双行。二块合文要内以铁线札腰葬之日，埋于墓前。

铁券文式：某府州县某乡人某氏某名号，生于某年某月日，终于某年某月日，寿享有几，今择于某月日时，合天地和宁、金鸡鸣玉、犬吠歌吼吉辰奉柩，葬于某乡村,土名某山某向之原,筮龟吐吉,易占允藏。伏愿,皇天后土、山川钟灵、神祇保佑、存殁相安、永叶祯吉,仅告。

逐月斩草破土吉日

正月:五卯、五酉日、壬午、丙午。

二月:五寅日、庚午、壬午、甲午、丙午、五申日。

三月:丙子、庚子、壬子、庚午、壬午、丙午、壬申、甲申、丙申、庚申。

四月:庚子、甲子、庚辰、甲辰、癸丑、乙丑、庚午、甲午、五酉日、戊辰。

五月:乙丑、五寅日、壬申、甲申、丙申、庚申。

六月:丙寅、庚寅、甲寅、壬寅、四卯日、四申、四午、四酉、子日。

七月:丙子、壬子、戊辰、丙辰、壬辰、五酉日。

八月:癸丑、戊辰、壬辰、甲辰、丙辰、五寅、五申日。

九月:丙寅、庚寅、壬寅、丙寅、乙卯、丁卯、辛卯、癸卯、四午、四酉日。

十月:甲子、五卯日、庚午、甲午、丁未、乙未、己未。

十一月:五寅日、甲辰、戊辰、丙辰、五申日、乙未、己未。

十二月:壬申、甲申、丙申、庚申、丙寅、庚寅、壬寅、甲寅、四酉、四午、卯日。

迎柩安葬

凡择安葬吉日,先明坐向兼某某三分,化命年庚祀主年月生,不可用冲克。又要明白地抑或陪坦白地,只论从向,不问中宫方道,若陪祀葬在罗圈山手里则要中宫利,近祖冢则要墓龙天牛不占冢。若在罗圈山手外只论方道,不论中宫,要新葬这方,无三杀、官符、大小月建等煞占方乃可用。至若在罗圈两边展手下葬,虽有山手围住此,又要中宫方道兼利乃可。阳宅阴宅其理相同。阳宅以屋内为中宫,阴宅以穴内为中宫,其定罗经取方位当在祖坟墓门前中尖处下罗经,犹阳宅以安神这座椿下定方位也。其杀有正傍阴府、三杀、弓箭、天星、地曜,所忌与造宅同,葬山尤忌曜气煞的呼祭主日克山运日时。若子葬父不忌年克,子葬母亦不忌月克,化命诸空亡惟寸土无光相冲克为凶,若冷地等空亡,纳音不克亦不妨,祀主命刃亦只忌阳刃飞刃二字全,单一字合禄马、贵人、六合、三合不忌。至立生基合四废且不犯受死乃可,若起山启攒,不论坐向,只要中宫利墓龙天牛不守冢即利。

宜取年月日时造命与山家符合阴阳不杂、三合补山贵人禄马为上。

忌阴阳驳杂克山无制化、阴符生旺飞天官符、阴阳消灭、太阳密日、坐杀、向杀、重丧复日、天地重复、魁罡、钩绞、三丧、阴阳错日。

化命避忌

(谓亡命忌犯诸空亡等杀)

扫地空亡

亥戌未命忌卯辰,辰巳子命忌午未,寅午卯命忌子丑,丑酉申命忌酉戌。此例一名落圹空亡,又名落枕空亡,缠身空亡。

入地空亡

甲己命忌庚午日,乙庚命忌庚辰日,丙辛命忌庚寅日,丁壬命忌庚戌日,戊癸命忌庚申日。

冷地空亡

甲己命忌子午日,乙庚命忌寅申日,丙辛命忌卯酉日,丁壬命忌丑未日,戊癸命忌辰日。

已上所忌日时,如山向利合亡命贵人禄马、太阳、太阴、帝星、生气、吉星到中宫亦化为吉,不必专疑,况历法通书未载,此空亡履用无验,惟寸土无光不可犯。

缠身官符

申子辰亡人有忌亥，寅午戌亡人忌巳，巳酉丑亡人忌申，亥卯未亡人忌寅。如亡命申子辰属水，长生在申，遇临官到亥即是，只取地支，不忌天干，亦只忌时，年日月次之。

岁害杀：亡命五虎遁到山，太岁五虎遁至山，忌太岁纳音克命。

倒冲杀：金人葬父忌巳酉丑金局，木人葬父忌亥卯未木局。余仿此。

刺害杀：亡命纳音金忌丙午丁山纳音，大忌庚酉辛山之类。

岁冲杀：亡命五虎遁至山，太岁五虎遁至山，忌太岁冲克亡。

刺穴杀：亡命纳音金忌火分金克亡命纳音，火忌水分金克之类。余仿此。

刺血杀：亡命纳音水忌山家墓运土克，变运亦然。余仿此。

已上皆忌日时，如合得亡命贵人禄马、太阳帝星，到山向制化反主发财获福。

横看	扫地空亡	入地空亡	冷地空亡	寸土无光
化命甲子属金	戊午己未火	庚午	戊子戊午火	戊午火日时庚午正冲
化命乙丑属金	丁酉甲戌火	庚辰	丙寅丙申火	己未火日时辛未正冲亦忌
化命丙寅属火	丙子丁丑水	庚寅	己卯乙酉水	甲申水日时壬申正冲
化命丁卯属火	丙子丁丑水	庚戌	丁丑丁未水	乙酉水日时癸酉正冲
化命戊辰属木	甲午乙未金	庚申	庚辰庚戌金	庚戌金日时甲戌正冲
化命己巳属木	甲午乙未金	庚午	甲子甲午金	辛亥金日时乙亥正冲
化命庚午属土	壬子癸丑木	庚辰	庚寅庚申木	壬子木日时丙子正冲
化命辛卯属土	辛卯戊辰木	庚寅	辛卯辛酉木	癸丑木日时丁丑正冲
化命壬申属金	丁酉甲戌火	庚戌	己丑己未火	丙寅火日时戊寅正冲
化命癸酉属金	丁酉甲戌火	庚申	甲辰甲戌火	丁卯火日时己卯正冲
化命甲戌属火	乙卯壬辰水	庚午	丙子丙午水	壬辰水日时庚辰正冲
化命乙亥属火	乙卯壬辰水	庚辰	甲寅甲申水	癸巳水日时辛辰正冲

(续表)

横看	扫地空亡	入地空亡	冷地空亡	寸土无光
化命丙子属水	庚午辛未土	庚寅	己卯己酉土	庚午土日时辛巳正冲
化命丁丑属水	己酉丙戌土	庚戌	辛丑辛未土	辛未土日时癸未正冲
化命戊寅属土	壬子癸丑木	庚申	戊辰戊戌木	庚申木日时甲申正冲
化命己卯属土	壬子癸丑木	庚午	壬子壬午木	辛酉木日时丙戌正冲
化命庚辰属金	戊午己未火	庚辰	丙寅丙申火	甲戌火日时乙酉正冲
化命辛巳属金	戊午己未火	庚辰	丁卯丁酉火	乙亥火日时丁亥正冲
化命壬午属木	甲子乙丑金	庚戌	乙丑乙未金	甲子金日时戊子正冲
化命癸未属木	癸卯庚辰金	庚申	庚辰庚戌金	乙丑金日时己丑正冲
化命甲申属水	己酉丙戌土	庚午	庚子庚午土	戊寅土日时庚寅正冲
化命乙酉属水	己酉丙戌土	庚辰	戊寅戊申土	己卯土日时辛卯正冲
化命丙戌属土	辛卯戊辰木	庚寅	辛卯辛酉木	戊辰木日时壬辰正冲
化命丁亥属土	辛卯戊辰木	庚戌	癸丑癸未木	己巳木日时癸巳正冲
化命戊子属火	丙午丁未水	庚申	壬辰壬戌水	丙午水日时甲午正冲
化命己丑属火	乙酉壬戌水	庚午	丙子丙午水	丁未水日时乙未正冲
化命庚寅属木	甲子乙丑金	庚辰	壬寅壬申金	壬申金日时丙申正冲
化命辛卯属木	甲子乙丑金	庚寅	癸卯癸酉金	癸酉金日时丁酉正冲
化命壬辰属水	庚午辛未土	庚戌	辛丑辛未土	丙戌土日时戊戌正冲
化命癸巳属水	庚午辛未土	庚申	丙辰丙戌土	丁亥土日时己亥正冲
化命甲午属金	戊子己丑火	庚午	戊子戊午火	戊子火日时庚子正冲
化命乙未属金	丁卯甲辰火	庚寅	乙卯乙酉水	己丑火日时壬寅正冲
化命丙申属火	乙酉壬戌水	庚申	庚辰庚戌金	甲寅水日时甲辰正冲
化命丁酉属火	乙酉壬戌水	庚戌	丁丑丁未水	庚辰金日时癸卯正冲
化命戊戌属木	癸卯庚辰金	庚申	庚辰庚戌金	乙卯水日时甲辰正冲
化命己亥属木	癸卯庚辰金	庚午	甲子庚戌金	庚辰金日时乙巳正冲
化命庚子属土	壬午癸未水	庚辰	庚寅庚申水	辛巳金日时丙午正冲

（续表）

横看	扫地空亡	入地空亡	冷地空亡	寸土无光
化命辛丑属土	辛酉戊戌木	庚寅	己丑己未火	壬午水日时戊申正冲
化命壬寅属金	戊子己丑火	庚戌	己丑己未火	丙申火日时己酉正冲
化命癸卯属金	戊子己丑火	庚申	甲辰甲戌火	丁酉火日时己酉正冲
化命甲辰属火	丙午丁未水	庚午	丙子丙午水	壬戌水日时庚戌正冲
化命乙巳属火	丙午丁未水	庚辰	甲寅甲申水	癸亥水日时辛亥正冲
化命丙午属水	庚子辛丑土	庚寅	己卯己酉土	庚子土日时壬子正冲
化命丁未属水	己卯丙戌土	庚戌	辛丑辛未土	辛丑土日时癸丑正冲
化命戊申属土	辛酉戊戌木	庚申	戊辰戊戌木	庚寅木日时甲寅正冲
化命己酉属土	辛酉戊戌木	庚午	壬子午壬木	辛卯木日时乙卯正冲
化命庚戌属金	丁卯甲辰火	庚辰	丙寅丙申火	甲辰火日时丙辰正冲
化命辛亥属金	丁卯甲辰火	庚寅	丁卯丁酉火	乙巳火日时丁巳正冲
化命壬子属木	甲午乙未金	庚戌	乙丑乙未金	甲午金日时戊午正冲
化命癸丑属木	甲午乙未金	庚申	庚辰庚戌金	乙未金日时己午正冲
化命甲寅属水	庚子辛丑土	庚午	庚子庚午土	戊申土日时己未正冲
化命乙卯属水	庚子辛丑土	庚辰	戊寅戊申土	己酉土日时辛酉正冲
化命丙辰属土	壬午癸未木	庚寅	辛卯辛酉水	戊戌木日时壬戌正冲
化命丁巳属土	壬午癸未木	庚戌	癸丑癸未水	丙子水日时癸亥正冲
化命戊午属火	丙子丁丑水	庚申	壬辰壬戌水	丙子水日时甲子正冲
化命己未属火	乙卯壬辰水	庚午	丙子丙午水	丁丑水日时乙丑正冲
化命庚申属木	癸酉庚戌金	庚辰	壬寅壬申金	壬寅金日时丙寅正冲
化命辛酉属木	癸酉庚戌金	庚寅	癸卯癸酉金	癸卯金日时丁卯正冲
化命壬戌属水	己卯丙辰土	庚戌	辛丑辛未土	丙辰土日时戊辰正冲
化命癸亥属水	己卯丙辰土	庚申	丙辰丙戌土	丁巳土日时己巳正冲

按:化命空亡一十八条,多不准验。扫地入地、冷地空亡略近理,惟寸土无光相冲克不可犯。杨公云:人生则有命,死则无命。所葬之课即亡人再生之命也。只要山家向首大利。运合真禄马贵人、窍马、帝星临位为紧,至化命空亡在所略也。先贤屡试贞吉,如化合与葬日雷同,亦亡人再生之命,元始造化,往而复返,散而复聚,返气纳骨,遗世受荫,最吉。

岁压本命起例

乾　　兑　　艮　　离

中　　每卦管三山

巽　　震　　坤　　坎

葬日中宫寻岁君,顺对太岁泊河宫。另将甲子中宫发,切忌祭主命相逢。太岁别宫亦不忌,禄马贵人翻大利。

假如辛酉年乙卯日葬,以乙卯入中宫,顺数至二坤宫得辛酉,是本命太岁,如其祭主本命有庚午、己卯、戊子、丁酉、丙午、乙卯生人同在坤宫,为太岁压本命是也。如葬作未坤山丑艮向则忌之,若葬别山非为压也,临葬时少避之更妥。

太岁压本命定局

甲子岁癸酉、壬午、辛卯、庚子、己酉、戊午。

乙丑岁甲戌、癸未、壬辰、辛丑、庚戌、己未。

丙寅岁乙亥、甲申、癸巳、壬寅、辛亥、庚申。

丁卯岁丙子、乙酉、甲午、癸卯、壬午、辛酉。

戊辰、岁丁丑、丙戌、乙未、甲辰、癸丑、壬戌。

己巳岁戊寅、丁亥、丙申、乙巳、甲寅、癸亥。

庚午岁己卯、戊子、丁酉、丙午、乙卯、甲子。

辛未岁庚辰、己丑、戊戌、丁未、甲辰、乙丑。

壬申岁辛巳、庚寅、己亥、戊申、丁巳、丙寅。

癸酉岁壬午、辛卯、庚子、己酉,岁先丁卯。

甲戌岁癸未、壬辰、辛丑、庚戌、己未、戊辰。

乙亥岁甲申、癸巳、壬寅、辛亥、庚申、己巳。

丙子岁乙酉、甲午、癸卯、壬子、辛酉、庚午。

丁丑岁丙戌、乙未、甲辰、癸丑、壬戌、辛未。

戊寅岁丁亥、丙申、乙巳、甲寅、癸亥、壬申。

己卯岁戊子、丁酉、丙午、乙卯、甲子、癸酉。

庚辰岁己丑、戊戌、丁未、丙辰、乙丑、甲戌。

辛巳岁庚寅、己亥、戊申、丁巳、丙寅、乙亥。

壬午岁辛卯、庚子、己酉、戊午、丁卯、丙子。

癸未岁壬辰、辛丑、庚戌、己未、戊辰、丁丑。

甲申岁癸巳、壬寅、辛亥、庚申、己巳、戊寅。

乙酉岁甲午、癸卯、壬子、辛酉、庚午、己卯。

丙戌岁乙未、甲辰、癸丑、壬戌、辛未、庚辰。

丁亥岁丙申、癸巳、甲寅、癸亥、壬申、辛巳。

戊子岁丁酉、丙午、乙卯、甲子、癸卯、壬午。

己丑岁戊戌、丁未、乙亥、甲戌、丙辰、癸未。

庚寅岁己亥、戊申、丁巳、丙寅、乙亥、甲申。

辛卯岁庚子、己酉、戊午、丁卯、丙子、乙酉。

壬辰岁辛丑、庚戌、己未、戊辰、丁丑、丙戌。

癸巳岁壬寅、辛亥、庚申、己巳、戊寅、丁亥。

甲午岁癸卯、壬子、辛酉、庚午、己卯、戊子。

乙未岁甲辰、癸丑、壬戌、辛未、庚辰、己丑。

丙申岁乙巳、甲寅、癸亥、壬申、辛巳、庚寅。

丁酉岁丙午、乙卯、甲子、癸酉、壬午、辛卯。

戊戌岁丁未、丙辰、乙丑、甲戌、癸未、壬辰。

己亥岁戊申、丁巳、丙寅、乙亥、甲申、癸巳。

庚子岁己酉、戊午、丁卯、丙子、乙酉、甲午。

辛丑岁庚戌、己未、戊辰、丁丑、丙戌、乙未。

壬寅岁辛亥、庚申、己巳、戊寅、丁亥、丙申。

癸卯岁壬子、辛酉、庚午、己卯、戊子、丁酉。

甲辰岁癸丑、壬戌、辛未、庚辰、己丑、戊戌。

乙巳岁甲寅、癸亥、壬申、辛巳、庚寅、己亥。

丙午岁乙卯、甲子、癸酉、壬午、辛卯、庚子。

丁未岁丙辰、乙丑、甲戌、癸未、壬辰、辛丑。

戊申岁丁巳、丙寅、乙亥、甲申、癸巳、壬寅。

己酉岁戊午、丁卯、丙子、乙酉、甲午、癸卯。

庚戌岁己未、戊辰、丁丑、丙戌、乙未、甲辰。

辛亥岁庚申、己巳、戊寅、丁亥、丙申、乙巳。

壬子岁辛酉、庚午、己卯、戊子、丁酉、丙午。

癸丑岁壬戌、辛未、庚辰、己丑、戊戌、丁未。

甲寅岁癸亥、壬申、辛巳、庚寅、己亥、戊申。

乙卯岁甲子、癸酉、壬午、辛卯、庚子、己酉。

丙辰岁乙丑、甲戌、癸未、壬辰、辛丑、庚戌。

丁巳岁丙寅、乙亥、甲申、癸巳、壬寅、辛亥。

戊午岁丁卯、丙子、乙酉、甲午、癸卯、壬子。

己未岁戊辰、丁丑、丙戌、乙未、甲辰、癸丑。

庚申岁己巳、戊寅、丁亥、丙申、乙巳、甲寅。

辛酉岁庚午、己卯、戊午、丁酉、丙午、乙卯。

壬戌岁辛未、庚辰、己丑、戊戌、丁未、丙辰。

癸亥岁壬申、辛巳、庚寅、己亥、戊申、丁巳。

安葬吉日:壬申、癸酉、壬午、甲申、乙酉、丙申、丁酉、壬寅、丙午、己酉、庚申、辛酉。只十三日鸣吠歌吼吉。

地虎不食日:庚寅、庚午、甲寅。

鸣吠吉地虎不食日:壬辰、甲辰、丙辰、己未。地虎不食日此七日小葬吉日。戊寅、乙巳六甲图以为吉,是前十三日乃十全大吉日是,后九日乃次吉日也。今放先贤葬日多不合鸣吠,取得日时生旺,暗局星过格乙孚成,屡见致福,不必拘泥。

逐月安葬吉日

正月:丁卯、辛卯、癸卯、乙卯、丙午、壬午、戊午、乙酉、丁酉、癸酉、辛酉、己酉。

二月:丙寅、戊寅、庚寅、壬寅、甲寅、癸未、丁未、己未、壬申、甲申、丙申。

三月:甲子、丙子、庚子、壬子、丁酉、辛酉、癸酉、乙酉、四午、四申、四卯。

四月:五丑日、甲午、戊午、庚子、庚午、乙酉、丁酉、己酉、辛酉、癸酉。

五月:庚寅、壬寅、戊寅、甲申、丙申、庚申、壬申、戊申。

六月:丙寅、甲寅、庚寅、壬寅、丁卯、辛卯、癸卯、乙卯、四申、四酉、四午。

七月:丙子、壬子、壬辰、丙辰、丁卯、辛卯、癸卯、乙卯、乙酉、辛酉、丁酉、己酉、癸酉。

八月:丁丑、癸丑、五寅日、丙辰、壬辰、甲申、丙申、戊申、庚申、壬申。

九月:庚子、壬子、丁卯、辛卯、癸卯、乙卯、四寅、甲午、丙午、庚午、壬午、四酉。

十月:甲子、庚子、戊子、五卯日、五未、甲午、戊午、庚午。

十一月:丙寅、甲寅、戊寅、庚寅、壬寅、甲辰、丙辰、壬辰、五申日。

十二月:丙子、庚子、四寅、四卯、四午、四申、四酉日。

逐月安葬凶日

横于朱雀,每月十七忌坦葬,俱屠。

正月:甲重丧,庚复丧,子开,丑金墓,寅建,辰三丧,巳重日,未木墓,申破,戌墓,亥重日。

二月:乙重丧,辛复丧,子收,丑开,卯建,辰三丧,巳重日,午平,酉破,戌火墓,亥重日。

三月:巳重丧,戊复丧,丑金墓,寅开日,辰三丧,巳重日,未平日,戌破日,亥重日。

四月:丙重丧,壬复丧,寅收,卯刑开,辰水墓,巳重日,未三丧,申平,戌火墓,亥重日。

五月:丁重丧,戊复丧,子破,丑金墓,卯收,辰开,巳重日,午建未丧,酉平,戌火墓,亥重日。

六月:己重丧,戊复丧,子相刑,丑破日,辰收日,巳重日,未三丧,戌火墓,亥重日。

七月:庚重丧,甲复丧,丑金墓,寅破日,巳重日,午开日,甲建日,戌三丧,亥重日。

八月:辛重丧,乙复丧,子平日,卯破,巳重日,午收,未水墓,酉建日,戌三丧,亥重日。

九月:己重丧,戊复丧,丑金墓,巳重日,未木墓,申收日,酉开日,戌火墓,亥重日。

十月:壬重丧,丙复丧,丑三丧,寅平日,辰水墓,申收日,酉开日,戌火墓,亥重日。

十一月:癸重丧,丁复丧,子建,丑金墓,卯刑,巳重日,午破,未木墓,酉收,戌火墓开日,亥重日。

十二月:己重丧、戊复丧、丑三丧、辰平日、巳重日、戌火墓、亥重日。

右建日取地支一气格,先贤多用,不得以转杀忌之,其余相刑日及开日、平日取得四柱生旺格乙孚成,亦可用,在选择家神而明之。

六十花甲子各日吉时定局

甲子:丑子寅卯申酉。乙丑:子卯巳申戌。

丙寅:丑未辰巳戌子。丁卯:寅卯午未酉。

戊辰:巳寅辰申。己巳:丑辰午未戌。

庚午:丑申卯辰午酉。辛未:寅卯申巳。

壬申:丑辰未子巳。癸酉:寅巳未卯午酉。

甲戌:寅巳申辰。乙亥:丑辰午未戌。

丙子:子丑卯午酉。丁丑:寅巳申亥。

戊寅:巳未子丑卯辰。己卯:寅子午卯未。

庚辰:辰巳午寅申。辛巳:丑巳辰子戌。

壬午:卯午申丑酉。癸未:寅卯巳。

甲申:丑辰未子。乙酉:子丑寅酉。

丙戌:寅巳申酉。丁亥:丑未辰午。

戊子:丑卯申巳。己丑:寅子巳申。

庚寅:辰子丑巳午未戌。辛卯:寅午巳未。

壬辰:寅辰巳申。癸巳:丑巳辰巳午未。

甲午:丑卯寅未申。乙未:巳亥卯申。

丙申:丑未戌辰子。丁酉:寅午未卯酉。

戊戌:寅巳申卯辰。己亥:丑辰未戌午寅。

庚子:丑申子卯申。辛丑:寅申卯巳。

壬寅:丑寅未子巳午戌。癸卯:寅卯巳未酉。

甲辰:寅巳未甲。乙巳:丑辰午未申。

丙午:丑卯寅申酉。丁未:巳申寅卯戌亥。

戊申:巳未丑辰子。己酉:寅午子未卯。

庚戌:午辰巳申寅。辛亥:丑午未辰巳子。

壬子:丑午子卯酉。癸丑:卯巳申寅戌。

甲寅:丑未辰子寅戌。乙卯:寅未卯子午酉。

丙辰:寅巳酉子申。丁巳:丑辰未午酉。

戊午:丑卯巳午未申。己未:寅卯巳午申戌。

庚申:巳辰未丑。辛酉:寅午子巳未酉。

壬戌:巳寅午申辰。癸亥:午卯巳未丑。

右时惟造葬要取三合会局,补山不能拘此,其余诸事俱依此用之,吉。俱逐日内之壬癸天干系截路空亡时,只忌上官赴任、出行、入火、安门,余事不忌。并将日干数去见甲乙者,系旬中空亡时,阳空房隐空隐造葬不密。

启攒迁葬

墓龙不守冢吉日:二月冢西开吉,三月动冢小吉,四月子地改吉,八月卯地开吉,十月去冢开吉,十一月亥地开吉,十二月冢西开吉。

墓龙在冢凶日：正月占尸杀长，五月占冢心杀长，六月占冢杀七人，七月占冢侧杀人，九月占冢中六凶。

天牛不守冢吉日：庚午、辛未、壬申、癸酉、戊寅、己卯、壬午、癸未、甲申、乙酉、甲午、乙未、丙申、丁酉、壬寅、癸卯、丙午、丁未、戊申、己酉、庚申、辛酉。此二十二日修坟、入墓、迁葬俱吉，但不犯月建、土符、土府、土瘟乃可。

发攒棺厝鸣吠对日：丙寅、丁卯、丙子、辛卯、甲午、庚子、癸卯、壬子、甲寅、乙卯。已上十日改墓、修墓亦可权用，不得以天牛守冢忌之。

故墓宿杀

春：木墓未 神南午　夏：火墓戌 神西酉　秋：金墓丑 神北子　冬：水墓辰 神东卯

会同改墓吉日

甲子、丙寅、己卯、甲申、乙酉、庚寅、丙申、辛酉、癸亥。

六甲天窍图

青龙朱运明堂大杀白虎金，么陈天刑玉堂玄武大杀大明。

甲申冢壬子丑癸向	申	酉	戌	亥	子	丑	寅	卯	辰	巳	午	未
甲戌冢艮寅申卯向	戌	亥	子	丑	寅	卯	辰	巳	午	未	申	酉
甲子冢乙辰巽巳向	子	丑	寅	卯	辰	巳	午	未	申	酉	戌	亥
甲寅冢丙午丁未向	寅	卯	辰	巳	午	未	申	酉	戌	亥	子	丑
甲辰冢坤申庚酉向	辰	巳	午	未	申	酉	戌	亥	子	丑	寅	卯
甲午冢辛戌乾亥向	午	未	申	酉	戌	亥	子	丑	寅	卯	辰	巳

右四位年月日时吉凶，合明堂、金柜、玉堂、大明，宜开墓启柜吉。

五音傍通立成

	宫土	商金	角木	徵火	羽水	
大墓	戊辰	辛丑	乙未	丙戌	壬辰	此年不可葬，凶
小墓	戊戌	辛未	乙丑	丙辰	壬戌	此年不可葬，凶
大通	子午	酉卯	卯酉	午子	子午	此年蒿里、黄泉
小通	寅申	巳亥	亥巳	寅申	申寅	此年合光明、沐浴
次吉	卯酉	午子	子午	卯酉	酉卯	此年合重神、入墓
天覆	巳午	辰戌	亥子	寅卯	申酉	此年葬，亡者安宁
地载	申酉	亥子	巳午	丑未	寅卯	此年葬，亡者安宁
大墓受杀	乙丑	甲午	丙申	丁亥	乙酉	此年不开夫墓
	己巳	戊戌	庚子	辛卯	己丑	
	癸酉	壬寅	甲辰	乙未	癸亥	
小墓受杀	乙未	甲子	丙寅	丁巳	乙卯	此年不开妇墓
	己亥	戊辰	庚午	辛酉	己未	
	癸卯	壬申	甲戌	乙丑	癸亥	
龙入圹	申	巳	亥	寅	申	此年亡人有父凶
虎入圹	寅	亥	巳	申	寅	此年亡人有母凶
五龙胎忌	乙亥	丙寅	辛巳	壬申	戊辰 戊戌 己丑 己未	此年干支被克，葬凶
	乙未	丙午	辛酉	壬辰		
	乙卯	丙戌	辛丑	壬子		
大墓	三月	十二	六月	九月	二月	此月不可葬，凶
小墓	九月	六月	十二	三月	九月	此月不可葬，凶
大通	五十	二月	二八	十一	五十一	此月合蒿里、黄泉
小通	正十一	四十	四十	正七	正七	此月合光明、沐浴

（续表）

<table>
<tr><th></th><th>宫土</th><th>商金</th><th>角木</th><th>徵火</th><th>羽水</th><th></th></tr>
<tr><td>次吉</td><td>二八</td><td>五十一</td><td>五十一</td><td>二八</td><td>二八</td><td>此月合重神、入墓</td></tr>
<tr><td>天覆</td><td>四五</td><td>三九</td><td>十十一</td><td>五十一</td><td>七八</td><td>此月葬，亡者安宁</td></tr>
<tr><td>地载</td><td>七八</td><td>十十一</td><td>四五</td><td>六十一</td><td>正十二</td><td>此月葬，亡者安宁</td></tr>
<tr><td rowspan="3">大墓受杀</td><td>四月</td><td>正月</td><td>四月</td><td>二月</td><td>四月</td><td rowspan="3">此月不开夫墓</td></tr>
<tr><td>八月</td><td>五月</td><td>八月</td><td>六月</td><td>八月</td></tr>
<tr><td>十二月</td><td>九月</td><td>三月</td><td>十月</td><td>十二月</td></tr>
<tr><td rowspan="3">小墓受杀</td><td>二月</td><td>三月</td><td>正月</td><td>四月</td><td>二月</td><td rowspan="3">此月不开妇墓</td></tr>
<tr><td>六月</td><td>七月</td><td>五月</td><td>八月</td><td>六月</td></tr>
<tr><td>十月</td><td>十月</td><td>九月</td><td>十二月</td><td>十二月</td></tr>
<tr><td>龙入圹</td><td>七月</td><td>四月</td><td>十月</td><td>正月</td><td>七月</td><td>此月亡人有父凶</td></tr>
<tr><td>虎入圹</td><td>正月</td><td>十月</td><td>四月</td><td>七月</td><td>正月</td><td>此月亡人有母凶</td></tr>
<tr><td rowspan="3">五龙胎忌</td><td>二月</td><td>正月</td><td>四月</td><td>三月</td><td rowspan="3">三月
六月
九月
十二</td><td rowspan="3">此月干支被克，葬凶</td></tr>
<tr><td>六月</td><td>五月</td><td>八月</td><td>七月</td></tr>
<tr><td>十月</td><td>九月</td><td>十二月</td><td>十一月</td></tr>
</table>

已上吉凶年月，出《茔元总录》，今北方人用之。

五音祖坟逐月方道杀

此例多不准验，姑存于此，以备览耳。

正月：乙杀一人，辛杀八人。

二月：丙杀一人，庚杀二人。

书云：蒙四十步开吉，但月杀亦不宜。

三月：丁杀一人，庚杀二人。

四月：辛杀一人，癸杀二人，子方三步开吉。

五月:癸杀八人,壬杀二人。

六月:癸杀七人,壬杀八人。

七月:庚杀二人,丙杀二人。

八月:庚杀二人,丙杀二人。

书云:东三步开吉,但日杀亦不宜。

九月:庚杀十人,乙杀五人。

十月:壬杀二人,乙杀一人。蒙北三步开吉。

十一月:壬杀一人,乙杀五人。亥方三步开吉。

十二月:壬杀二人,乙杀一人。酉方三步开吉。

四魂入墓

申重丧	酉迁移	戌入墓	亥重丧
未入墓			子迁移
午迁移			丑入墓
巳重丧	辰入墓	卯迁移	寅重丧

男亡命寅上起一十顺行,女亡命申上起一十逆行,年下起月,月下起日,日下起时,遇入墓吉。按此例,多不准验。

总论

论改坟、入墓、启攒、起柩、迁葬皆以棺木为中宫,最忌中宫神杀,必须全天牛墓龙,不必蒙及山向中宫通利乃可。若陪葬要祖坟罗圈穴外乃论方道,不论中宫,今俗师谓葬入祖坟中宫穴内,又论方道非也。

论三圹日,初六、十六、二十六,忌穿圹见,尝见人用之,无验。

论天地官符大小月建、雷霆白虎占中宫,白地何有中宫?通书谓尽一日成坟,次日不可加土,屡试无害,连工修筑无妨。

论土王用事,历书不动土破土,今屡用无害,但不用戊己日,如戊己日土王不用事,吉。至开山葬坟不忌大月建、小儿杀、罗天退,若八座日止忌行丧及忌企立方位。土禁、土府、土瘟、土符止忌破土，不忌安葬，节受死亦不忌，安葬吉，事凶。

论太阳密日，太阳乃阳光之晶，好生之德，不欲照临死丧幽暗之处，虚昴星二宿主凶，但房宿属春意融和之家，反吉。

论凶葬权法，尽三日七日有内择日安葬，不忌年月诸凶，如有月家用县官符不须昭告地祇，不斩草，名曰盗葬。尽一日成坟，吉。然必不得已乃可权葬耳，有福之家，或默逢吉日，无福之家必反逢凶课，今每见称有力者，皆穷凶事一事，以为饮食之吝，殊不知所费者小，而所害者大也。至于绝嗣，后悔何及，为子者，不可以不慎。

论成服日，有雷霆大杀白虎占中宫，不宜举哀成服。无避忌，又论辰不哭泣日，周公七尺，经云：有丧在家不忌，无丧妨。

俞我穷论岁官交承，安葬大寒后五日不忌年克山家诸凶，或就立春日临予以为不然，盖神之易位不比官之交代，官则有邮亭驿传之缓，神则符顷亥飞坐之速矣。至于日克时克则亥子之间入易一刻之际，皆可吉也。如立春时前为四绝，后为明年，此时气数已尽，福力不长，安能召吉哉？

（新镌陈子性造葬日用事宜应验藏书卷之八终）

古代纪历文献丛刊④

陈子性藏书

[清]陈子性　撰
闵兆才　编校

（下册）

华龄出版社
HUALING PRESS

下册 目录

新镌陈子性日用事宜吉凶应验藏书卷之九

新镌陈子性修方吉凶应验藏书卷之十

新镌陈子性六十吊宫造葬修方吉凶藏书卷之十一

新镌陈子性奇门造葬修方行兵应验藏书卷之十二

新镌陈子性日用
事宜吉凶应验藏书卷之九

岭南　陈子性手著　男　衍参订　孙式基
式猷　纂辑

元旦烧香

元旦,一岁之首,举凡忠合涤虑焚香拜吝,天地万云祝延,圣寿四府神香火及家祖未礼毕,然后各尽其职,宜取丑寅卯辰时,忌空亡时。假如元旦丁未日忌寅卯时,系截路空亡,又向中空亡。

焚夜间出,宜丑辰时,或交春后忌用寅时开门,系犯槌门官符,凶。

元旦出行

(第一页原书已坏)

宜向天月德、天道喜所在之方出行,吉。忌截路空亡时。

忌鹤神日游神站,不宜从方出行,如日站之方宫位宜行本日吉方。

鹤神游方

乙卯、丙辰、丁巳、戊午、己未五日,忌正东,甲卯乙。

庚申、辛酉、壬戌、癸亥、甲子、乙丑六日,忌东南,辰巽巳。

辛未、壬申、癸酉、甲戌、乙亥、丙子六日,忌西南,未坤申。

丁丑、戊寅、己卯、庚辰、辛巳五日,忌正南,庚酉辛。

壬午、癸未、甲申、乙酉、丙戌、丁亥六日,忌西北,戌乾亥。

戊子、己丑、庚寅、辛卯、壬辰五日,忌正北,壬子癸。

癸巳起至戊申十六日,鹤神在天宫。

己酉、庚戌、辛亥、壬子、癸丑、甲寅六日,忌东北,丑艮寅。

丙寅、丁卯、戊辰、己巳、庚午五日,忌正南,丙午丁。

鹤神游日

正东:宜行正西,天月德在庚吉。

东南:宜行正西,天月德在庚吉。正东:天月德合乙吉,正南:宜行正西,天月德在庚吉,正东:天月德合乙吉。

西南:宜行正西,天月德在庚吉,正东:天月德合乙吉。

正西:宜行正东,天月德在乙吉。

西北:宜行正西,天月德在庚吉,正东:天月德合乙吉。

正北:宜行正西,天月德在庚吉,正东:天月德合乙吉。

东北:宜行正西,天月德在庚吉,正东:天月德合乙吉。

右未交立春节,依此例用。

正东:宜行正南正北,天德在丁□壬,正西,月德在丙合辛。

东南:宜行正南正北,天用德合壬辛,正南,天德丁月德丙。

正南:宜行正北,天德合壬大吉,正西,月德合在辛吉。

西南:宜行正北正西,天月德合壬辛,正南,天德丁月德丙。

正西:宜行正南正北,天德在丁合壬,正南,月德在丙大吉。

西北:宜行正南,天月德在丁丙,正北,天德合壬大吉。

正北:宜行正南,天月德在丁丙,正西,月德合在辛吉。

东北:宜行正南,天月德在丁丙,正西正北,天月德合壬辛。

右巳交立春节,依此例用。

六十花甲喜神所在之方定局

甲子、己巳、甲戌、己卯、甲申、己丑,甲午、己亥、甲辰、己酉、甲寅、己未,东北。乙丑、庚午、乙亥、庚辰、乙酉、庚寅,乙未、庚子、乙巳、庚戌、乙卯、庚申、西北。丙寅、辛未、丙子、辛巳、丙戌、辛卯,丙申、辛丑、丙午、辛亥、丙辰、辛酉、西南。丁卯、壬申、丁丑、壬午、丁亥、壬辰,丁酉、壬寅、丁未、壬子、丁巳、壬戌、正南。戊辰、癸酉、戊寅、癸未、戊子、癸巳,戊戌、癸卯、戊申、癸丑、戊午、癸亥,东南。元旦宜向此方出行,吉。

袭爵受封

(与求贤进士、施恩拜封等事同看)

吉日:甲子、丙寅、丁卯、庚午、丙子、甲申、戊子、辛卯、癸巳、丁酉、壬午、己亥、庚子、壬寅、癸卯、辛亥、壬子、丁巳、庚申。

宜黄道、天德、月德、天月德合、天恩、岁德、天赦、天喜、旺相、官、民、守日。

忌死别、伏罪、不举、罪刑、牢狱、破、平、收、闭、官符、徒隶、黑道、荒芜、受死、天休废、正四废、凶败、灭没、伏断、往亡、本命刑冲日,及六不成日。凶星照上官赴任看。

逐月袭爵受封吉日

正月:己卯、丁卯、乙卯、癸卯、乙酉、丁酉、己酉、庚寅。

二月:丁卯、辛卯、癸卯。

三月:五寅日、五巳日、丙午、戊午、癸酉、乙酉、丁酉、己酉。

四月:庚午、丙午、戊午、甲午、壬午、乙酉。

五月:丙寅、庚午、甲午、丙午、戊午、壬午。

六月：五申日、五巳日、己酉。

七月：丁酉、壬申、戊申。

八月：丁酉、己酉、癸酉、乙酉、五亥日。

九月：五申日、丁亥、辛亥、辛卯、壬子。

十月：五亥日、庚午、五子日、己卯。

十一月：五子日、庚申、丙寅、庚寅、甲寅。

十二月：五寅日、五卯日、五亥日。

上册受封

（谓立坛禅受册封谥等事）

宜天德、月德、天月二德合、益后、续世、福星、福德、黄道日。

忌罪至、伏罪、牢狱日、死别、罪刑、建、破、平、收、闭日、荒芜、往亡、凶败日。

逐月上册受封吉日

正月：辛卯。二月：己巳。三月：丁巳。四月：乙酉。五月：无。六月：己巳、己酉。七月：丁酉、丁卯。八月：辛卯、辛亥。十月：无。十一月：无。十二月：乙卯、乙亥。

上官赴任

吉日：甲子、丙寅、丁卯、戊辰、乙亥、丙子、己卯、壬午、甲申、丙戌、戊子、庚子、壬寅、丙午、辛亥、壬子、癸丑、庚申、辛酉。

宜天德、月德、天月德合、天赦、天贵、岁月德、岁德合、黄道、旺、官、民、相、守日。

忌建、破、平、收、满、闭、灭没、天吏、天狱、受死、阴阳错、牢狱日、徒隶、死别、伏罪、不举、刑狱、正四废、离窠、猖鬼败亡、伏断、离绝日、休废、赤口、往亡、天地空亡、四不祥、九丑。

月德、月恩宜上官。驿马宜赴任。

赴任出行吉方	正	二	三	四	五	六	七	八	九	十	十一	十二
时阳方	子	丑	寅	卯	辰	巳	午	未	申	酉	戌	亥
天德方	丁	坤	壬	辛	乾	甲	癸	艮	丙	乙	巽	庚
月德方	丙	甲	壬	庚	丙	甲	壬	庚	丙	甲	壬	庚
德合方	辛	巳	丁	乙	辛	巳	丁	乙	辛	巳	丁	乙
月空方	壬	庚	丙	甲	壬	庚	丙	甲	壬	庚	丙	甲
天德巳后吉日	丁	申	壬	辛	亥	甲	癸	寅	丙	乙	巳	庚
月德	丙	甲	壬	庚	丙	甲	壬	庚	丙	甲	壬	庚
天德合	壬	巳	丁	丙	寅	巳	戌	亥	辛	庚	申	乙
月德合	辛	巳	丁	乙	巳	巳	丁	乙	辛	巳	丁	乙
月恩	丙	丁	庚	巳	戊	辛	壬	癸	庚	乙	申	辛
驿马	申	巳	寅	亥	申	巳	寅	亥	申	巳	寅	亥
旺日即福厚日	寅	寅	寅	巳	巳	巳	申	申	申	亥	亥	亥
官日即怀安日	卯	卯	卯	午	午	午	酉	酉	酉	子	子	子
民日即成勋日	午	午	午	酉	酉	酉	子	子	子	卯	卯	卯
相日即恩胜日	巳	巳	巳	申	申	申	亥	亥	亥	寅	寅	寅
守日即寡怨日	酉	酉	酉	子	子	子	卯	卯	卯	午	午	午
天贵	甲乙	甲乙	甲乙	丙丁	丙丁	丙丁	庚辛	庚辛	庚辛	壬癸	壬癸	壬癸
天赦	戊寅	戊寅	戊寅	甲午	甲午	甲午	戊申	戊申	戊申	甲子	甲子	甲子
母仓	亥子	亥子	亥子	寅卯	寅卯	寅卯	辰戌 丑未	辰戌 丑未	辰戌 丑未	申酉	申酉	申酉

凶日	月											
	正	二	三	四	五	六	七	八	九	十	十一	十二
天吏	酉	午	卯	子	酉	午	卯	子	酉	午	卯	子
天狱	子	卯	午	酉	子	卯	午	酉	子	卯	午	酉
受死	戌	辰	亥	巳	子	午	丑	未	寅	申	卯	酉
牢日即虎穴日	辰	辰	辰	未	未	未	戌	戌	戌	丑	丑	丑
狱日(即分宫日)	未	未	未	戌	戌	戌	丑	丑	丑	辰	辰	辰
徒隶(即后罪日)	申	申	申	亥	亥	亥	寅	寅	寅	巳	巳	巳
死别(即抱形日)	戌	戌	戌	丑	丑	丑	辰	辰	辰	未	未	未
不举(即容奸日)	子	子	子	卯	卯	卯	午	午	午	酉	酉	酉
刑狱(即井殃日)	丑	丑	丑	辰	辰	辰	未	未	未	戌	戌	戌
伏罪	亥	亥	亥	寅	寅	寅	巳	巳	巳	申	申	申
水消瓦陷	巳	子	丑	申	卯	戌	亥	午	未	寅	酉	辰
阴错	庚戌	辛酉	庚申	丁未	丙午	丁巳	甲辰	乙卯	甲寅	癸丑	壬子	癸丑
阳错	甲寅	乙卯	甲辰	丁巳	丙午	丁未	庚申	辛酉	庚戌	癸亥	壬子	癸丑

正四废:春庚申、辛酉,夏壬子、癸亥,秋甲寅、乙卯,冬丙午、丁巳。

九土鬼:己酉、癸巳、辛丑、庚戌、丁巳、乙酉、甲午、壬寅、戊香。

九丑:壬午、乙酉、戊子、辛卯、壬子、戊午、己酉、己卯、辛酉。

离窠:丁卯、戊辰、己巳、戊寅、辛巳、戊子、己丑、戊戌、己亥、辛丑、壬戌、戊午、癸亥。

伏断:子虚、丑斗、寅室、卯女、辰箕、巳房、午角、未张、申鬼、酉觜、戌胃、亥壁。

灭没:弦虚,晦娄,朔角,望亢,虚午,盈午。

四不祥:每月初四、初七、十六、十九、二十八。

四离:春分,秋分,夏至,冬至前一日是。

四绝:立春,立夏,立秋,立冬前一日是。

上官坛经图	正月	二月	三月	四月	五月	六月	七月	八月	九月	十月	十一月	十二月
上旬	迁	迁	迁	亡	死	吉	失位	迁	连过	迁	殃	迁
中旬	公事	讼	吉	迁	死位	三公	狱亡	迁	凶	口舌	方伯	失火
下旬	大凶	凶	失位	迁	死位	三公	狱亡	大吉	吉	吉	失火	方伯

迁正七月，如六、十二月，罪五、十一月，失四、十月，亡三、九月，迁二、八月。

天迁图

值迁加则吉，罪失亡则凶。每月上起初一，月大从上（左）数下（右）顺行，月小从下（右）数上（左）逆行。

逐月赴任吉日

正月：五卯、五午日、丁未、辛未、癸酉、丁酉、丙辰、癸未。

二月：五丑、五未日、四申、四亥日、甲戌、丙戌、庚戌。

三月：庚子、壬子、戊寅、丙寅、庚寅、壬寅、四酉日、己巳、癸巳、丁巳。

四月：甲子、丙子、庚子、五午日、丁酉、乙酉、甲戌。

五月：五寅日、丙辰、壬辰、戊辰、丙戌、乙亥。

六月：五子、五寅日、五申、己巳、丁巳、乙亥、丁亥、癸巳、辛亥。

七月：五子日、丙辰、壬辰、乙未、辛未、癸未。

八月：癸丑、乙丑、丁丑、丙寅、庚寅、壬寅、甲申、壬戌、乙亥。

九月：庚午、丙午、辛卯、丁卯、癸卯、乙卯、甲申、丙申、戊申、庚申、四亥日。

十月：五子日、癸卯、庚午、丁酉、辛酉、乙酉、癸酉。

十一月：五寅日、五庚日、壬辰。

十二月：五寅、五午、辛卯、癸卯、四亥、丁巳、己巳、四申、癸巳。

阳年阴年上下兀之图

巽上兀阳年	离	坤下兀
艮	坎	乾

起例，名六轮兀，阳年乾上起正月，坎上起二月，艮上起三月，巽上起四月，一月一位。阴年巽上起正月，离上起二月，坤上起三月，乾四月，一月一位。月上起初一并顺行，遇巽为上兀，坤为下兀，阳年上兀。

总论

论正五九月，按卖萍唐书音训，其注高祖纪正五九月不行刑，引释氏智论曰，天帝释以大宝镜照四大神州，每月一移，察人善恶，正五九月照南赡部州，故于此三月省刑修善。隋唐以来，事佛甚谨，著在法律，遇此二月则禁刑断屠，后人以其有禁刑断屠之条，故士大夫于此三月不上官。以其有断屠之令，宫中讲俸遇此三月不支羊肉钱，故元朝每年遇正五九月犹有十日禁刑断屠之条，其事沿唐朝故事，而后人相传，以正五九月为凶月，故忌用也。

论上官受职宜用天官，即司命贵人，即明堂、天德、黄道、将安，即荣官日，春甲寅，夏丙寅，秋庚寅，冬壬寅，即印绶，庚申、辛亥、丁未、戊申、戊午。七曜吉日，春太阳、土星、水星，夏太阳、水星，秋太阴、金星、水星，冬太阴、木星、水星。

论袭爵谥封、上官赴任吉时，宜用《授时历》逐月下四大吉时，并用黄道吉时，不论诸凶。

论本命对冲忌用，假如甲子本命忌甲子日，对冲日忌庚午戊午日。余仿此。

论上兀下兀日，盖兀者𫙋𫙊，不安之义，参详古历。初无兀日，至宋朝始有邪经，所谓六轮兀、本命兀、九宫兀、月兀、凉兀、传神兀、坎离兀、九元兀、顺逆兀、秘要兀、五位兀、大小月兀、寅午戌兀、十二宫兀，凡有三十家，皆穿凿不经，惟六轮兀乃沈学士存中在翰林修元丰历同下，寻出用之有验。今世上官以为凶日犹忌之。

论四不祥日,欧阳参政记事云:犯之多不终任。遁齐间览云:林复之言上官月,此日者鲜有善罢,屈指凡八人。沈存中云:吊历数亲知犯此日,皆不得善任。

论九土鬼日,赵坦庵云:愚尝累验之兀事有始无终,若吉星相扶则免祸而已,如凶神相会,其祸尤速。曾崇叔云:其日与建破魁罡相并者,大凶。余日无妨。

论伏断日,忌辰克干日,若其时又值亢牛娄鬼宿,极凶,乃暗金伏断时亦忌之。

论月忌日,世俗常忌之,前辈云:此俗耳,吉多可用。

论推迁官时,以上官月日干生青龙太常远近为岁迁期,以日支生青龙太常远近为月迁之期,以青龙太常所生为迁日之间所克为时。假令三月甲戌己未时文官视事,以从魁加未吉,龙乘胜光,火加辰与甲日相生吉庆,延及祖宗用去青龙隔三位则三岁为迁期,又从戌上顺数至青龙,得七则七月为迁期,又此日青龙乘胜光,火生土以戊己日为迁期,又青龙加辰为食时,则知第二年戊己日食时当迁官。他仿此。

论正官上任,俗传不宜从南门入离宫九紫火方,主城市火灾。

论牢日,春未狱日,春申徒隶,春酉俱是,春月有差,今依颁降选择历书改正。

论上官横推吉日与凶日同参详,正月天福巳日与天罡日同,天库申日与破日同,天德亥日与河魁日同。已上俱犯凶忌用,故不编人。

论上官,不宜六甲金门,如甲子旬午地,甲戌旬辰地,甲申旬寅地,甲午旬子地,甲辰旬戌地,甲寅旬申地是也。

临政亲民

(与袭爵受封日同)

宜旺、官、民、相、守日、六仪日,大吉。忌建、破、平、收、满、闭日,上朔、九土鬼、凶败、死气、灭没、受刑、休废、空亡、天吏、临日、雷公、飞流、天捧、阴私、土勃日。

逐月临政亲民吉日

按历书无载正、二、四、五、七、八、十、十一月，故不增入。

三月：五寅日、五巳日、五酉日。

六月：五巳日、五申日、五亥日。

九月：五申日。

十二月：五寅日、五巳日、五午日、五亥日。

临官视事

（逐月吉日与上官赴任同）

宜天恩、天德、月德、六仪日。忌雷公、飞流、天捧、阴私、土孛、黑道、天吏、临日、建、平、收、满、闭日，勿令年土神克受官日，假令行年在丑，以甲乙受官木日凶，天干相克，地支相冲，故凶。

文官欲令日辰之阳用传中有青大武官，欲令日辰之阴用传中有太常，又无螣蛇白虎相克者无咎，如有螣蛇相克，主有危也。详六壬课。

又欲令青龙太常与今日相生，将神六丙战上下不相克，加官高迁都无灾咎，盗败君臣利，用子孙富福，若上克下，必得免咎；下克上，不居此官，及多病，凶。

纳表上官

（谓陈进表策疏等事）

宜天德、月德、天月二德合、黄道、月空、母仓、除、危、执、成、开日。

忌建、破、平、收、满、闭日、休废、反支、天狱、官符、天吏、临日、癸日、赤口、大小空亡、荒芜、灭没、伏断、正四废、凶败日。

进表呈策、上书陈言、参官见贵，宜天德、月德、天月德合、六合、黄道、月空、母仓日。忌建、破、平、收、满、闭日。

求谋、文书、印信,宜天德、月德、天月德合、六合、黄道。忌赤口、大小空亡、荒芜、伏断、受死、凶败、争雄日。

反支凶日:初一子丑六日反,初一寅卯五日反,初一辰巳四日反,初二午未三日反,初一申酉二日反,初一戌亥一日反。

逐月纳表上章吉日

正月:甲子、丙子、壬子、辛卯、丙午。

二月:甲申、戊申、庚申、庚戌。

三月:五子日、丙寅、甲寅、壬寅。

四月:五午日、甲戌、丙戌、庚戌、壬戌。

五月:乙丑、丁丑、辛丑、壬寅、壬辰。

六月:甲子、丙子、戊子、庚子、壬子、庚寅、庚申。

七月:丙辰。

八月:五寅日、甲戌。

九月:丁卯、己卯、乙卯、辛卯、壬午。

十月:戊辰、庚辰、壬辰、庚子、乙酉、己酉、丁酉、辛酉。

十一月:丙戌、丙辰。

十二月:甲寅、五午日、甲申。

给由考满

(附致仕归老同看)

宜黄道、天恩、天福、天成、要安、天解、益后、续世、生气、成勋、福厚、民日、守日、旺日、复日。

忌九土鬼、十恶大败、天地殃败、冰消瓦陷、死别、死气、受死、正四废、荒芜、五不遇、六不成、三不返、伏断日。

替职归田宜黄道、执储、生气、天福、旺、守、成日、福生、要安、续世、益后、成勋日。

忌五离、八绝、绝阴、绝阳、十恶无禄、大败、大小空亡。

谢恩宜天恩、天赦、天喜、天德、月德、天月德合日。

逐月给由考满吉日

正月:甲子、戊子、乙未、辛未、丁酉、癸酉、丁亥、辛亥、庚子、乙丑、五卯。

二月:己巳、辛巳、甲申、丙申、戊申、壬申、丁亥、己亥、辛亥、乙亥。

三月:甲子、丙子、庚子、壬子、五卯日、己巳、乙巳、乙酉、丁酉、丁巳、癸酉。

四月:甲子、戊子、庚子、五卯日、五辰、五午、甲戌、壬戌。

五月:五辰、五申日、辛未、癸未、乙亥、辛亥、辛巳、己亥。

六月:甲寅、丙寅、庚寅、五申日、丁酉、辛酉、癸酉。

七月:五卯日、丙午、壬午、五未日。

八月:五寅日、乙巳、丁巳、癸巳、己巳、庚申、五戌。

九月:丁卯、辛卯、丙午、庚午、壬午、丁酉、辛酉、乙亥、丁亥、癸酉、辛亥。

十月:五子、甲午、戊午、庚午、壬午、乙未、己未、丁酉、辛酉、癸未、癸酉。

十一月:五子、乙丑、丁丑、甲寅、丙寅、己巳、丁巳、五戌、丁亥、辛亥、己丑。

十二月:五子、五寅、五卯、五申日、庚午、壬午。

公庭诉讼

(谓出官伸理冤情等事)

宜天德、月德、天月德合、定、成日。忌破日、罪至、刑狱、伏罪、牢日、天狱、天吏、魁罡、钩绞日。癸日不诉讼。

州隔忌扳词入状,合六壬理讼日则不忌。

六壬理讼干克支日制日,上讼下者,用乙丑、甲戌、壬午、戊子、庚寅、辛卯、甲辰、乙未、丙申、丁酉、己亥。支克干日伐日,下讼上者,用庚午、丙子、戊寅、己卯、辛巳、壬戌、甲申、乙酉、丁亥、壬辰、癸丑。干生支日宝日，支生干日义日，干支同日和日，和解者用之，如甲午、甲子、甲寅之类。

罪人赴官宜活曜、天恩、天赦、天解、生气、狱钥、天月德、乙巳、丙寅、丁巳、开、除日。

忌罪至、罪刑、伏罪、狱日、不举、分骸、天刑黑道日时。

见官：宜黄道、上官、天官、贵人、天喜、天月德合、人民合、阴阳合日。

服罪：宜天恩、天赦、天喜、贵人、天枯、解神、人解、狱钥、要安、普护日。

六合出行见官吉凶

申上马	酉自缚	戌入狱	亥弓弦
未青云			子皇恩
午大赦			丑双雁
巳坐折	辰带枷	卯麻绳	寅登程

子午皇恩并大赦，丑未双雁入青云。

寅申登程扶上马，卯酉麻绳自缚身。

辰戌带枷须入狱，巳亥弓弦半拆明。

从月建起初一顺行，一日一位，遇吉则吉，遇凶则凶。

逐月诉讼吉日

正月：戊寅、庚寅、五卯日、戊辰、壬辰、五午日。

二月：戊寅、庚寅、丙寅、甲寅、壬寅、己卯、辛卯、辛巳、丁巳。

三月：戊寅、甲寅、庚寅、己卯、辛卯、乙卯、丁巳。

四月：丙子、戊子、庚午、壬午、丙午、辛酉。

五月：庚寅、甲辰、丙辰、戊辰、丁巳、辛巳、辛未、己未。

六月：辛巳、甲申、丙申、庚申、乙酉、丁酉。

七月：丙子、戊子、庚子、壬子、己卯、辛卯、甲辰、丙辰、戊辰、壬辰。

八月：己巳、辛巳、乙巳、丁巳、乙酉、丁酉、丁亥、己亥。

九月：丙子、戊子、壬子、辛卯、己卯、丙午、丙申、甲申、丁酉、辛酉、丁亥。

十月:丙子、戊子、壬子、巳卯、辛卯、乙卯、庚午、壬午。

十一月:丙子、戊子、甲寅、戊寅、庚寅。

十二月:丙子、庚子、戊子、戊寅、庚午、丙申、庚申。

检举刑狱

(谓下狱点举罪人等事)

宜大明、天赦、天恩、天解、解神、圣心、普护、阴阳合、人民合。

忌上帝、杀害、罪至、罪刑、狱日、字日、徒隶、伏罪、官符、死气、咸池、赤口、受死、天瘟凶。

入学求师

吉日:甲戌、乙亥、丙子、癸未、甲申、丁亥、庚寅、辛卯、壬辰、己未、丙申、癸卯、甲辰、乙巳、丙午、丁未、甲寅、乙卯、丙辰、庚申、辛酉,及寅申巳亥日。

宜天德、月德、天月德合、六合、要安、黄道、益后、续世、定、成、开日。

忌赤口、破、平、收、闭日、阴阳错、正四废、天休废、灭没、荒芜、受死、大败、六不成、六壬空。

宜大小空、九土鬼、离窠、上下兀、不举、黑道。

魁星吉日:甲辰、庚辰、甲戌、庚戌。

文星吉日:乙亥、木生在亥、临官在寅。

入学忌日:乙丑日孔子死、丁巳日葬,丙寅日苍颉死、辛未日葬。

入学吉日:春寅亥日,夏寅巳日,秋巳申日,冬申亥日。

不举忌日:春子日,夏卯日,秋午日,冬酉日。

凶日	正	二	三	四	五	六	七	八	九	十	十一	十二
天贼	辰	酉	寅	未	子	巳	戌	卯	申	丑	午	亥
月空	壬	庚	丙	甲	壬	庚	丙	申	壬	庚	丙	甲
荒芜	巳	酉	丑	申	子	辰	亥	卯	未	寅	午	戌
受死	戌	辰	亥	巳	子	午	丑	未	寅	申	卯	酉
天罡	巳	子	未	寅	酉	辰	亥	午	丑	申	卯	戌
河魁	亥	午	丑	申	卯	戌	巳	子	未	寅	酉	辰
阴错	庚戌	辛酉	庚申	丁未	丙午	丁巳	甲辰	乙卯	甲寅	癸丑	壬子	癸亥
阳错	甲寅	乙卯	甲辰	丁巳	丙午	丁未	庚申	辛酉	庚戌	癸亥	壬子	癸丑
天休废	初四	初九	十三	十八	廿二	廿七	初四	初九	十三	十八	廿二	廿七

伏断:子虚、丑斗、寅室、卯女、辰箕、巳房、午角、未张、申鬼、酉觜、戌胃、亥壁。

正四废、:春庚申、辛酉,夏壬子、癸亥,秋甲寅、乙卯,冬丙午、丁巳。

九丑:己卯、壬午、乙酉、戊子、辛卯、己酉、壬子、戊午、辛酉、乙卯。

天上空亡:丁丑、丁未、戊寅、戊申、癸亥、癸巳、壬戌、壬辰。

九土鬼:己酉、癸巳、辛丑、庚戌、丁巳、乙酉、甲午、戊午、壬寅。

离窠:六戊日、丁卯、己巳、辛巳、己丑、辛丑、己亥、辛亥、壬申、壬午、壬戌、癸亥,吉多可用。

天地空亡:

巳	午	未
	天	
辰		申
卯		酉
寅		戌
丑	子	亥

右太岁起正月,月上起初一并逆行,遇午为天空,子为地空,闰月从本

月起。

大小空亡:乾正月九,坎二十月小空,艮三十一月,震四十二月,巽五月,离六月大空,坤七月,兑八月右每月起初一并顺行。

赤口:留连正月七,速喜二、八月,赤口三、九月,小吉四、十月,空亡二、十一月,大安六、十二月。

右每月起初一,并顺行。

上下兀日:一云,阳年忌阳兀,阴年忌阴兀。一云:上兀兀先生下兀兀学生。

乾阳年正月坎,艮,巽阴年正月上兀,离,坤下兀。

逐月入学吉日(进鸿门日同看)

正月:癸未、丁未、丙午、庚午、癸酉、丁酉、乙卯、五子日。

二月:五未日、甲寅、壬寅、丁丑、癸丑、甲戌、辛未、己亥、乙亥、辛亥。

三月:甲申、己酉、癸酉、丁酉。

四月:甲子、丙子、丁丑、癸丑、甲戌、庚午、五卯日。

五月:戊寅、庚寅、壬寅、壬辰、丙辰、甲戌、乙亥、己未。

六月:庚寅、甲寅、甲申、庚申、乙亥、壬寅、卯日。

七月:丙辰、壬辰、戊辰、乙未、癸未、丁未、庚子、壬子、丙子、五午。

八月:庚寅、壬寅、壬辰、丙辰、己巳、癸巳、丁巳、丁丑。

九月:庚子、辛卯、癸卯。

十月:癸卯、辛卯、壬辰、五未、甲子、庚子、五酉日。

十一月:丙戌、甲戌、庚戌、壬辰、甲申、戊申、庚申、五寅、丙辰。

十二月:戊寅、甲寅、庚寅、壬寅、乙卯、辛卯、癸卯、庚申、甲申、甲午、乙亥。

五音用日

甲乙生人,春属木,学堂寅亥,宜用亥寅二日吉。

丙丁生人,夏属火,学堂寅巳,宜用寅巳二日吉。

庚辛生人,秋属金,学堂巳申,宜用巳申二日吉。

壬癸戊己生人,冬属水,学堂申亥,宜用申亥二日吉。

造试卷吉日:宜六合、月合、生气、天德、月德、天月德合、满、成、开日。

忌六壬空亡、月空、正四废、天休废、火星、破日。

入学又宜孟仲月,不宜季月,主学生鲁钝。

应试赴举

(谓士子赴场求取功名等事)

吉日:甲子、乙丑、丙寅、辛未、甲戌、乙亥、丙子、丁丑、己卯、甲申、乙丑、庚寅、乙未、庚子、癸卯、丁未、甲寅、乙卯、庚申、辛酉。

宜黄道、天德、月德、三合、天官、天成、贵人、显曲传星、六合。

忌黑道、死气、十恶无禄、不祥、猖鬼、灭没、不举、阴阳错。

逐月应试赴举吉日

正月:癸丑、乙丑、丁丑、五未日、丁酉。

二月:五寅日、癸卯、己卯、辛卯、丙申、甲申、丙戌、甲戌。

三月:庚辰、壬午、癸酉、乙酉、己酉、丁酉。

四月:庚子、丙子、甲子、癸丑、乙丑、丁丑、壬辰、甲辰、丙戌。

五月:癸丑、乙丑、丁丑、丙寅、五辰日、己亥、乙亥、丁亥。

六月:甲寅、丙寅、庚寅、壬寅。

七月:五未日、癸卯、己卯。

八月:庚寅、壬寅、丙寅、丙辰、壬辰、乙巳、丁巳、癸巳。

九月:己卯、辛卯、己巳、癸巳、乙巳、丁巳、五酉。

十月:庚辰、壬辰、壬午、甲午。

十一月:甲子、丙子、庚子、壬寅、乙巳、丁未。

十二月:庚子、壬子、甲子、癸卯、己卯、乙卯、庚午、壬午、丙申、甲申。

男女合婚

（谓推合八字吉凶等事）

三元合婚之法

上元男七宫起甲子，中元男一宫起甲子，下元男四宫起甲子并逆行，上元女五宫起甲子，中元女二宫起甲子，下元女八宫起甲子并顺行。

其法三元男女，各从本宫起甲子，至本命宫分，却以男女两宫之数合卦，如男命在一宫，女命在四宫，即合生气日。余仿此推之。

	上　元 男　女	中　元 男　女	下　元 男　女
甲子　癸酉　壬午　辛卯 庚子　己酉　戊午	男七女五	男一女二	男四女八
乙丑　甲戌　癸未　壬辰 辛丑　庚戌　己未	男六女六	男九女三	男三女九

（续表）

	上　元 男　女	中　元 男　女	下　元 男　女
丙寅　乙亥　甲申　癸巳 壬寅　辛亥　庚申	男五女七	男八女四	男二女一
丁卯　丙子　乙酉　甲午 癸卯　壬子　辛酉	男四女八	男七女五	男一女二
戊辰　丁丑　丙戌　乙未 甲辰　癸丑　壬戌	男三女九	男六女六	男九女三
己巳　戊寅　丁亥　丙申 乙巳　甲寅　癸亥	男二女一	男五女七	男八女四
庚午　己卯　戊子 丁酉　丙午　乙卯	男一女二	男四女八	男七女五
辛未　庚辰　己丑 戊戌　丁未　丙辰	男九女三	男三女九	男六女六
壬申　辛巳　庚寅 己亥　戊申　丁巳	男八女四	男二女一	男五女七

五　鬼		福德（即延年）		天　医		生　气	
六 四	一 七	六 八	一 三	六 三	一 八	六 七	一 四
七 一	二 三	七 二	二 七	七 九	二 四	七 六	二 八
八 九	三 二	八 六	三 一	八 一	三 六	八 二	三 九
九 八	四 六	九 四	四 九	九 七	四 二	九 三	四 一

（续表）

绝　命		绝体(即祸害)		归魂(即伏位)		游魂(即六煞)	
六九	一二	六二	一九	六六	一一	六一	一六
七三	二一	七八	二六	七七	二二	七四	二九
八四	三七	八七	三四	八八	三三	八三	三八
九六	四八	九一	四三	九九	四四	九二	四七

吕才云：合得福德、生气、天医为上吉，子孙昌盛，不避冲刑害绝，钩绞及胞胎，有犯月内诸凶，并无忌也。如遇游绝、归魂、绝体者称之中等，可以较量轻重而言之，合取命卦通和月中少忌，然后可以成婚。然理无十全，但中平之上者亦吉，遇五鬼于男女多主日吉相连，若遇绝命祸必深重，于男女多有忧亡，纵使命卦和悦，又得凡吉相当，亦不宜为婚也。

男女生命	子	丑	寅	卯	辰	巳	午	未	申	酉	戌	亥
男忌婚年主疾	未	申	酉	戌	亥	子	丑	寅	卯	辰	巳	午
女忌嫁年产厄多不后嗣	卯	寅	丑	子	亥	戌	酉	申	未	午	巳	辰
骨髓破男破女家	二	三	十	五	十二	正	八	九	四	十一	六	七
骨髓破女破男家	六	四	三	正	六	四	三	正	六	四	三	正
铁扫帚男扫女家	正	六	四	二	正	六	四	二	正	六	四	二
铁扫帚女扫男家	十二	九	七	八	十二	九	七	八	十二	九	七	八

（续表）

男女生命	子	丑	寅	卯	辰	巳	午	未	申	酉	戌	亥
胞胎冲如寅申生男不娶四十月女卯酉生女不嫁五十一男	二	三	四	五	六	七	二	三	四	五	六	七
	八	九	十	十一	十二	正	八	九	十	十一	十二	正
六害亲不和	六	五	四	三	二	正	十二	十一	十	九	八	七
八败男女忌	六	九	十二	十二	六	六	十二	三	九	九	三	三
狼藉男女忌	五	八	十一	十一	五	五	十一	二	八	八	二	二
大败	四	七	十一	十	四	四	十	正	七	七	正	正
孤神男忌	正	正	四	四	四	七	七	七	十	十	十	正
寡宿女忌	九	九	十二	二	十二	三	三	三	六	六	六	九
飞天狼藉	二三	正七	五六	三三	二三	五六	十一	正七	正七	十一	五	三

男命	金	木	水	火	土
益财	七至十二月生益女家十七年	七至十二月生益女家三十年	正至六月生益女家四十年	四至九月生益女家三十年	五至十月生益女家三十年
退财	正至六月生主退女家九年	正至六月生主退女家九年	七至十二月生退女家五十年	十至三月生退女家十九年	十一至四月生退女家廿九年
望门守鳏	七月	四月	十月	正月	四月
妻多厄	五六月	二三月	八九月	十一十二月	二三月
死墓绝妨妻	五六七月	二三四月	八九十月	十一十二月	二三四月

女命	金	木	水	火	土
益财	十二至五月生益夫家廿九年	三至八月生益夫家廿九年	七至十二月生益夫家三十七年	六至十一月生益夫家三十九年	十至三月生益夫家五十年
退财	六至十一月退夫家十九年	九至十二月生退夫家廿五年	正至六月生退夫家十九年	十二至五月生退夫家三十九年	四至九月生退夫家三十五年

（续表）

女命	金	木	水	火	土
望门守寡	十月	正月	四月	四月	七月
夫多厄	八九月	十一十二月	二三月	二三月	五六月
死墓绝妨夫	五六七月	二三四月	八九十月	十一十二月	二三四月

男女生命	孤	虚	男女生命	孤	虚
甲子旬中	九十月	三四月	甲戌旬中	七八月	正二月
甲申旬中	五六月	十一十二月	甲午旬中	三四月	九十月
甲辰旬中	正二月	七八月	甲寅旬中	十一十二月	五六月

阴错阳错歌

阳差阴错是如何，辛卯壬辰癸巳多。

丙午丁未戊申是，辛酉壬戌癸亥过。

丙子丁丑戊寅日，十二宫中仔细歌。

曲脚杀：己巳、丁巳、乙巳。人命遇之，主克妻。

平头杀：如甲年乙月丙日丁时，男主伤妻，女主克夫，如不相连亦无害。

男女结婚

（谓结婚、会亲、聘礼、纳吉、请期等事）

纳婚吉日：丙寅、丁卯、戊寅、己卯、丙子、戊子、丙戌、戊戌、庚寅、壬寅、癸卯、乙巳。

宜天月二德合、六合、吉期、三合、五合、玉堂、续世、六仪、天对、阳德、天宝、天王、月恩、执、危、成、开日。

忌五离、月害、月刑、劫杀、大时、四耗、六蛇、七鸟、八龙、九虎、戊申、己酉、破、平、收日，及红嘴朱雀日。

纳采问名吉日：乙丑、辛未、戊寅、己卯、庚辰、丙戌、己丑、乙未、辛丑、甲辰、丁未、庚戌、癸丑、丙辰。宜天喜、定、危、成日。忌破、平、收日。

吉日	正	二	三	四	五	六	七	八	九	十	十一	十二
天德	丁	申	壬	辛	亥	甲	癸	寅	丙	乙	巳	庚
天德合	壬	巳	丁	丙	寅	巳	戊	亥	辛	庚	甲	乙
月德	丙	甲	壬	庚	丙	甲	壬	庚	丙	甲	壬	庚
月德合	辛	巳	丁	乙	辛	巳	丁	乙	辛	巳	丁	乙
月恩	丙	丁	庚	己	戊	辛	壬	癸	庚	乙	甲	辛
六合	亥	戌	酉	申	未	午	巳	辰	卯	寅	丑	子
阳德	戌	子	寅	辰	午	申	戌	子	寅	辰	午	申
六仪	辰	卯	寅	丑	子	亥	戌	酉	申	未	午	巳
续世	丑	未	寅	申	卯	酉	辰	戌	巳	亥	午	子
天宝金柜	辰	午	申	戌	子	寅	辰	午	申	戌	子	寅
天对天德	巳	未	酉	亥	丑	卯	巳	未	酉	亥	丑	卯
天王玉堂	未	酉	亥	丑	卯	巳	未	酉	亥	丑	卯	巳
执储明星	丑	卯	巳	未	酉	亥	丑	卯	巳	未	酉	亥

五合：甲寅、乙卯日月合，戊寅己卯人民合。

凶日	正	二	三	四	五	六	七	八	九	十	十一	十二
月害	巳	辰	卯	寅	丑	子	亥	戌	酉	申	未	午
月刑	巳	子	辰	申	午	丑	寅	酉	未	亥	卯	戌
劫杀	亥	申	巳	寅	亥	申	巳	寅	亥	申	巳	寅
大时	卯	子	酉	午	卯	子	酉	午	卯	子	酉	午

四耗:春壬子,夏乙卯,秋戊午,冬辛酉。

八龙:春甲子、乙亥。七鸟:夏丙子、丁亥。

九虎:秋庚子、辛亥。六蛇:冬壬子、癸亥。

五离:戊申、己酉人民离,忌结婚。丙申、丁酉日月离,忌会客。

逐月结婚纳采吉日

正月:庚子、丙子、戊子、五午日、乙未、丁未、辛未、癸未、己未。

二月:五丑日、庚寅、丙寅、甲寅、丙戌、甲戌、五未、四亥。

三月:庚子、丙子、戊子、庚寅、丙寅、戊寅。

四月:庚子、甲子、戊子、癸丑、乙丑、戊戌、甲戌、丙戌。

五月:甲寅、戊寅、庚寅、丙辰、甲辰、戊辰、壬辰、五未、五戌日。

六月:五寅日、五卯日、乙亥、己亥、辛亥。

七月:戊子、壬子、丁卯、癸卯、己卯、辛卯、五辰日、庚午、丙午、癸未、丁未。

八月:戊辰、壬辰、庚寅、戊寅、丙寅、五丑、五辰、丁巳、己巳、癸巳。

九月:癸卯、辛卯、丁卯、丙午、壬午、庚午、甲午、己己。

十月:庚午、壬午、五未、丙子、五卯日、戊辰。

十一月:五丑、戊寅、庚寅、五辰日、丁未、己未、乙未。

十二月:五卯日、乙巳、己巳、辛巳、癸巳、乙亥、己亥、辛亥。

送礼纳吉

(谓送仪物、请期、纳采等事)

凡择过聘日,取历书所载家结婚日,与男女本命不相冲克即可,若得与本命相合不相刑,更佳。

吉日:己卯、庚寅、辛卯、壬辰、癸巳、己亥、庚子、辛丑、乙巳、丁巳、庚申。

宜天德合、月德合、天喜、要安、益后、续世、上吉、黄道日。

忌钩绞、正四废、月忌、赤口、大小空亡、受死、凶败、天贼、荒芜、灭没、伏断、破、平、收日。

安床设帐

凡安床宜合历书所载吉日，避了凶星。历书虽不忌心、昴、奎、娄、箕、尾、参、危宿日及卧尸、死别日，然亦不可择以干净日为高，如修整房内允要中宫利，白虎等煞不占方可，若单安床亦不妨，房内即系中宫，宜择本命不相冲克吉日。

诗曰：

仙人留下一张床，心昴奎娄箕尾参。
安床若犯此星宿，十个孩儿九个亡。

吉日：丙子、甲子、戊子、庚子、乙丑、丁丑、丙寅、庚寅、壬寅、癸卯、乙卯、丙辰、庚辰、甲辰、乙巳、丙午、戊午、庚午、辛未、己未、丁未、辛酉、乙酉、甲戌、丙戌、丁亥、己亥。

宜天月德、三合、六合、天喜、益后、续世、青龙、黄道、金柜、生气、闭、成、定、危日。

忌离窠、死别、受死、卧尸、四离、正四废、人民离、死气、火星、孤神、寡宿、天狗、天刑、天害、荒芜、凶败、朱雀、空亡、九空、九土鬼、天瘟、天地贼及灭没、伏断、破、建、收、闭日。又忌女病符方、游神所在之方。

凶日	月											
	正	二	三	四	五	六	七	八	九	十	十一	十二
天贼	辰	酉	寅	未	子	巳	戌	卯	申	丑	午	亥
地贼	子	子	亥	戌	酉	午	午	午	巳	辰	卯	子
卧尸	子	酉	未	申	巳	辰	卯	寅	丑	午	戌	亥
建日	寅	卯	辰	巳	午	未	申	酉	戌	亥	子	丑
受死	戌	辰	亥	巳	子	午	丑	未	寅	申	卯	酉
九空	辰	丑	戌	未	卯	子	酉	午	寅	亥	申	巳

（续表）

凶日	月											
	正	二	三	四	五	六	七	八	九	十	十一	十二
朱雀	卯	巳	未	酉	亥	丑	卯	巳	未	酉	亥	丑
死气	午	未	申	酉	戌	亥	子	丑	寅	卯	辰	巳
月破	申	酉	戌	亥	子	丑	寅	卯	辰	巳	午	未
天瘟	未	戌	辰	寅	午	子	酉	申	巳	亥	丑	卯
罡魁	巳亥	子午	丑未	寅申	卯酉	辰戌	巳亥	子午	丑未	寅申	卯酉	辰戌
正四废	春	庚申	辛酉	夏	壬子	癸亥	秋	甲寅	乙卯	冬	丁巳	丙午

伏断：子虚，丑斗、寅室、卯女、辰箕、巳房、午角、未张、申鬼、酉觜、戌胃、亥壁。

四离：春分、秋分、夏至、冬至前一日。

四绝：立春、立夏、立秋、立冬前一日。

人民离：戊申日、己酉日。

九土鬼：辛丑、癸巳、丁巳、乙酉、庚戌、甲午、壬寅、己酉、戊午。

红嘴朱雀：丁卯、丙子、乙酉、甲午、癸卯、壬子、辛酉日并不可安床在乾方。

灭没：弦虚，晦娄，朔角，望亢，虚鬼，盈牛。

死别日：春戌日，夏丑日，秋辰日，冬未日。

离窠日：丁卯、戊辰、己巳、壬申、戊寅、辛巳、壬午、戊子、己丑、戊戌、己亥、辛丑、戊申、辛亥、戊午、壬戌、癸亥。

病符方：子年起亥，丑年起子，顺行十二位。

胎神占：正、十、十二月占床房，五、六月占床，戊癸日占房床，己亥日占床。

移床周堂定局

富吉	疾凶	凶凶
平吉		地吉
疾凶	安吉	倒凶

大月从平向富顺行，小月从地向凶逆行。

日游神所在之方，不宜安置产室，癸巳、甲午、乙未、丙申、丁酉、壬申在房北，戊戌、己亥二日在房中，庚子、辛丑、壬寅三日在房内南，癸卯日在房丙西，甲辰、乙巳、丙午、丁未四日在房东，戊申日在房内中，己酉至壬辰日四十四日出外游，吉。

逐月安床设帐吉日

正月：乙卯、己卯、辛卯、丁酉、癸酉、乙丑、丁丑。

二月：甲寅、丙寅、庚寅、壬寅、乙未、丁未、己未、乙亥、丁亥。

三月：甲子、丙子、庚子、壬子、乙卯、己卯、辛卯、癸卯、乙巳、丁巳、癸日。

四月：甲子、丙子、庚子、乙卯、辛卯、甲辰、丙辰、庚午、丙午、丁丑。

五月：甲寅、丙寅、庚寅、壬寅、甲辰、丙辰、庚辰、壬辰、五未日。

六月：甲寅、丙寅、庚寅、乙卯、己卯、辛卯、癸卯、乙亥、丁亥。

七月：甲子、丙子、庚子、壬子、丙辰、庚辰、戊辰、辛未。

八月：乙丑、丁丑、癸丑、甲辰、丙辰、庚辰、壬辰、甲戌、丙戌、乙亥、丁亥、壬戌。

九月：丙午、甲午、庚午、辛卯、乙酉、辛酉、丁酉、癸酉、乙亥、丁亥、丁巳。

十月：甲子、丙子、庚子、壬子、乙未、辛未、丙戌、壬戌。

十一月：丙寅、甲寅、壬寅、乙巳、癸巳、丁未、辛未、丁亥、乙亥。

十二月：甲子、丙子、庚子、壬子、甲寅、丙寅、壬寅。

男冠女笄

（谓冠带、巾服等事）

吉日：甲子、丙寅、丁卯、戊辰、辛未、丙子、戊寅、壬申、丙戌、壬午、辛卯、壬辰、丙申、癸卯、甲辰、乙巳、丙午、丁未、甲寅、乙卯、辛酉、壬戌。

宜天德、月德、天恩、月恩、生气、福后、益后、续世、黄道、显星、天乙贵人、成日、义日、定日。

忌受死、天穷、凶败、死气、官符、天刑、黑道、大空亡、九丑、天休废、荒芜、五不遇、天空虫、九月破、四不祥。

并宜孟仲月定、成日，惟八月定日不用，忌丑日晃冠带。

忌九凶日，正七月寅，二、八月辰，三、九月午，四、十月申，五十一月戌，六、十二月子日。

逐月冠带吉日

正月：五子日、五卯、五午日、丁酉、己酉、癸酉。

二月：五寅日、乙巳、丁巳、五未、甲申、丙申、四亥、壬申、癸日。

三月：五子日、乙卯、丁卯、己巳、乙巳、乙酉、丁酉、己卯、癸巳。

四月：甲子、戊子、丙子、五卯、五午、五酉日、戊戌、壬戌。

五月：五寅、五辰日、己巳、辛巳、癸未、己未、辛未、丙申、戊申、四亥。

六月：五卯、五申、五酉、壬寅、丙寅、乙亥、丁亥、戊寅、辛亥。

七月：五子、丁卯、己卯、辛卯、癸卯、五午、五未、乙酉、己酉、辛酉。

八月：五巳、五戌、四亥日、丙寅、戊寅、庚寅。

九月：五子日、丁卯、己卯、辛卯、癸卯、辛酉、四亥日。

十月：五子日、五卯日、甲午、戊午、庚午、壬午、五酉日。

十一月：五寅日、五辰日、五申日。

十二月：五寅日、甲午、戊午、庚午、壬午、甲申、丙申、壬申、庚申。

男女嫁娶

凡择嫁娶吉日，先明男女年庚，以女命取大利月及次利月，其日要与男女命年日不相冲克，莫犯何尚公煞，合不将日。历有嫁娶日为上，如无则用权娶日亦合不将可也。若紧急则用季分日亦了，决不可犯归忌、红纱等杀，避尽诸煞合得本命即利。妨媒即是次利，与媒人有碍耳，媒人勿见新妇面可也。有云，只忌媒人、长子，要之俱避为稳，至次月不妨媒即可相见。若无翁姑则用，妨翁姑之月日亦利，若女家无父母则用，妨女父母月日亦利。如有父母急于嫁娶则轿未来时，女父母先出去远避，勿送出门亦可。至于周堂值厨、灶、第吉，值第乃第宅之第，非兄弟之弟，值堂宜帐密香火，次早拜堂则吉。值翁、姑、妇、门时，翁姑少避之，次早拜见吉。若值夫、妇，断不可用。忌亥日、阴将阳将、阴阳俱将、气往亡、四离、四绝、月厌、厌对、归忌、天贼、八龙、受死、往亡、正红纱、人民离、日月忌晦日、冲克本命日、正伏断日。若次伏断及月忌日，合不将亦可权用。若行嫁白虎值厨、灶、死、睡吉，值堂与门宜用生肉禳之，值床用朱砂书“麒麟在此”四字，先粘床前，是夜睡亦不妨，切勿畀人在床上，惊动近人多不睡床，是夜打铺地睡一宿更稳。值路挂镜一面于轿帘外，至下轿时，又使人持生肉先行可也。

论女命如入赘论男命	子午生	丑未生	寅申生	卯酉生	辰戌生	巳亥生
大利月	六十二	五十一	二八月	正七月	四十月	三九月
妨媒人	正七月	四十月	三九月	六十二	五十一	二八月
妨女父无父母不忌	三九月	二八月	五十一	四十月	正七月	六十二
妨翁姑无翁姑不忌	二八月	三九月	四十月	五十一	六十二	正七月
妨夫主	四十月	正七月	六十二	三九月	二八月	五十一
妨女身	五十一	六十二	正七月	二八月	三九月	四十月

已上亲属，若得行嫁大利月，是遇吉期，无诸禁忌，喜见新人。若用余月，各有休咎，屡验，不可不慎也。

凶日	正	二	三	四	五	六	七	八	九	十	十一	十二
归忌	丑	寅	子	丑	寅	子	丑	寅	子	丑	寅	子
月厌杀翁	戌	酉	申	未	午	巳	辰	卯	寅	丑	子	亥
厌对杀姑	辰	卯	寅	丑	子	亥	戌	酉	申	未	午	巳
天贼	辰	酉	寅	未	子	巳	戌	卯	申	丑	午	亥

（续表）

凶日	正	二	三	四	五	六	七	八	九	十	十一	十二
月破	申	酉	戌	亥	子	丑	寅	卯	辰	巳	午	未
受死	戌	辰	亥	巳	子	午	丑	未	寅	申	卯	酉
天寡	卯	卯	卯	午	午	午	酉	酉	酉	子	子	子
地寡	酉	酉	酉	子	子	子	卯	卯	卯	午	午	午
红纱杀历不忌	巳	酉	丑	巳	酉	丑	巳	酉	丑	巳	酉	丑
披麻杀合不将吉	子	酉	午	卯	子	酉	午	卯	子	酉	午	卯
天罡	巳	子	未	寅	酉	辰	亥	午	丑	申	卯	戌
河魁	亥	午	丑	申	卯	戌	巳	子	未	寅	酉	辰
往亡	寅	巳	申	亥	卯	午	酉	子	辰	未	戌	丑
阴错	庚戌	辛酉	庚申	丁未	丙午	丁巳	甲辰	乙卯	甲寅	癸丑	壬子	癸亥
阳差	甲寅	乙卯	甲辰	丁巳	丙午	丁未	庚申	辛酉	庚戌	癸亥	壬子	癸丑
荒芜	巳	酉	丑	申	子	辰	亥	卯	未	寅	午	戌
天雄	戌	亥	子	丑	寅	卯	辰	巳	午	未	申	酉
地雄	辰	巳	午	未	申	酉	戌	亥	子	丑	寅	卯
吟神	酉	巳	丑	酉	巳	丑	酉	巳	丑	酉	巳	丑
无翘合不将吉	亥	戌	酉	申	未	午	巳	辰	卯	寅	丑	子
天地争雄(合不将吉)	巳午	亥子	午未	子丑	未申	丑寅	申酉	寅卯	酉戌	卯辰	戌亥	辰巳
正红纱	酉	巳	丑	酉	巳	丑	酉	巳	丑	酉	巳	丑

正四废：春庚申、辛酉，夏壬戌、癸亥，秋甲寅、乙卯，冬丁巳、丙午。

伏断：子虚、丑斗、寅室、卯女、辰箕、巳房、午角、未张、申鬼、酉觜、戌胃、亥壁。

红嘴朱雀：壬申、辛巳、庚寅、己亥、戊申、丁巳，损宅长。

离窠日（吉多不忌）：丁卯、戊辰、己巳、戊寅、辛巳、戊子、己丑、壬申、壬午、戊戌、己亥、辛丑、戊午、壬戌、癸亥、辛亥。

上朔日：甲年癸亥、乙年己巳、丙年乙亥、丁年辛巳、戊年丁亥、己年癸巳、庚年己亥、辛年乙巳、壬年辛亥、癸年丁巳。

人民离：戊申、己酉、亥日，主生离。

四离四绝：春分、秋分、夏至、冬至前一日四离。立春、立夏、立秋、立冬前一日四绝。

灭没：弦虚、晦娄、朔角、望亢、虚鬼、盈斗。

横天朱雀：忌每月初一日，初一行嫁主再嫁。

雷霆白虎中宫：甲己月：丁卯、丙子、乙酉、甲午、癸卯、壬子、辛酉。乙庚月：戊辰、丁丑、丙戌、乙未、甲辰、癸丑、壬戌。丙辛戊癸月：辛未、庚辰、己丑、戊戌、丁未、丙辰。丁壬月：乙丑、甲戌、癸未、壬辰、辛丑、庚戌、己未。右白虎在中宫日，止忌神堂动鼓乐耳，如在外奏进不妨。

月大定局

初一	初二	初三	初四	初五	初六	初七	初八
初九	初十	十一	十二	十三	十四	十五	十六
十七	十八	十九	二十	二十一	二十二	二十三	二十四
二十五	二十六	二十七	二十八	二十九	三十		

嫁娶周堂

厨	夫	姑
妇		堂
灶	弟	翁

行嫁白虎

堂	床	正
灶		堂
厨	路	门

纳婿周堂

户	夫	姑
厨		弟
灶	门	翁

论月分不论节气。

月小定局

初一	初二	初三	初四	初五	初六	初七	初八
初九	初十	十一	十二	十三	十四	十五	十六
十七	十八	十九	二十	二十一	二十二	二十三	二十四
二十五	二十六	二十七	二十八	二十九	三十		

气往亡:立春七日,惊蛰十四日,清明二十一日,立夏八日,芒种十六,小暑二十四,立秋九日,白露十八日,寒露二十七日,立冬十日,大雪二十日,小寒三十。

太白日游方

（忌迎婚嫁娶往来抵向）

初一、十一、二十一：正东。初二、十二、二十二：东南。

初三、十三、二十三：正南。初四、十四、二十四：西南。

初五、十五、二十五：正西。初六、十六、二十六：西北。

初七、十七、二十七：正北。初八、十八、二十八：东北。

初九、十九、二十九：中央。初十、二十、三十：在天。

天狗：立春后在艮，立夏后在巽，立秋后在坤，立冬后在乾，春分后在卯，夏至后在午，秋分后在酉，冬至后在子。

天狗头：春酉，夏午，秋卯，冬子。天狗尾：春卯，夏子，秋酉，冬午。

阴阳不将日例

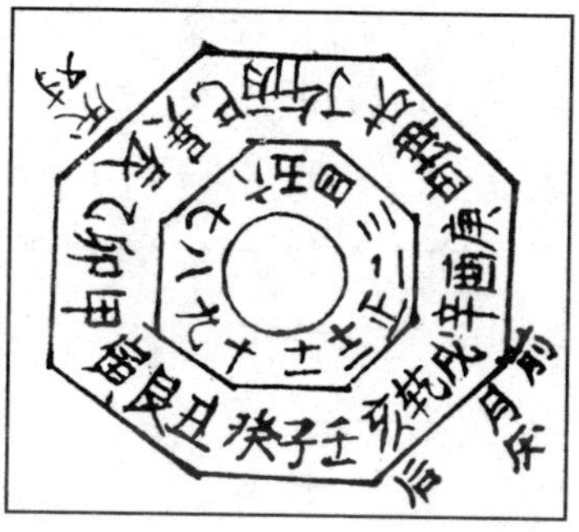

正月月厌在戌，厌对在辰，逆行十二支，自辛至巽厌前为阳，自乾至乙厌后为阴。厌前干支自配为阳将，厌后干支自配为阴将，厌后干配厌前支为阴阳俱将，厌前干配厌后支为阴阳不将。总圣云：阳将男死，阴将女亡，阴阳俱将男女俱伤，阴阳不将夫妇吉昌。戊己之干位在中宫，戊阳寄艮，己阴寄坤，春冬己不将，秋夏戊不将。

论正月阴阳不将日：丁卯、辛卯、丙寅、丙子、己卯、庚寅、庚子乃是阳边取干、阴边取支，阴阳相配，干支比和，故为不将也。更有辛亥、丁亥、丁丑、辛丑、己丑、己亥，此六日亦是不将，盖谓亥日不行嫁，丑日犯归忌，所以逐月定局内不载矣。

阳将日：如辛酉、辛未、辛巳、庚申、庚午、丙午、己酉、己巳、己未、丁酉、丁未、丁巳，纯是阳边干支，故谓阳将也。

阴将日：如壬子、壬寅、癸卯、癸亥、戊寅、甲子、甲寅、乙卯、乙亥、乙丑、癸丑、癸未。纯是阴边干支，故谓阴将也。

阴阳俱将日：如壬午、壬申、癸巳、癸未、癸酉、甲午、甲申、乙未、乙巳、乙酉、戊午、戊申日。阴边干配阳边支，故谓阴阳俱将也。今载正月为例。余月仿此。

上层逐月合不将嫁娶大利日

正月：丙子、丁卯、己卯、辛卯、庚子。

二月：丙子、庚子、乙丑、丁丑、己丑、庚戌、丙戌。

三月：乙酉、丁酉次吉。

四月：甲子、丙子、戊子、甲申、甲戌、戊戌。

五月：甲戌、甲申、丙戌、戊戌、丙申、癸未、乙未。

六月：甲申、乙酉、乙未、癸未、甲戌、癸酉、壬戌、戊戌。

七月：壬午、甲申、戊午、甲午、乙未、戊午、癸巳、壬申。

八月：壬午、甲申、戊午、甲午、壬辰、甲辰。

九月：辛卯、庚午、辛未、癸未、壬午、戊午、癸巳、癸卯。

十月：己卯、辛卯、癸卯、庚午、壬午、庚辰、壬辰、庚寅、壬寅。

十一月：丁丑、己丑、辛丑、庚辰、壬辰。

十二月：丙寅、丁卯、辛卯、己卯、庚辰、丙辰、庚寅。

下层逐月合月季分权娶小利日

正月：壬午、戊子、壬子、丙午、辛未、乙未、乙卯、癸卯。

二月：戊子、乙未、癸丑。

三月:戊寅、壬寅、甲寅、丁卯、乙卯、己卯、庚午、丙午。

四月:丁卯、己卯、辛卯、癸卯、乙卯。

五月:乙丑、丁丑、己丑、辛丑、癸丑、己未。

六月:五卯日、戊寅、庚寅、己未。

七月:丙子、壬子、丙辰、己未。

八月:乙丑、丁丑、己丑、癸丑、己巳、戊戌、乙巳。

九月:己卯、己巳、丙午、己未。

十月:丁卯、辛未、戊辰、丁未、乙卯。

十一月:戊辰、甲辰、丙辰。

十二月:戊寅、甲寅、壬寅、戊辰、己巳、癸巳、乙卯。

按历书云:大小月皆忌一日、七日、九日、十九日、十七日、二十三日、二十五日,凶。

嫁娶通用吉日:今放六甲中只有乙丑、丁卯、丙子、丁丑、辛卯、癸卯、乙巳七日有不将,壬子、癸丑、乙卯三日无不将日,忌取用。癸巳、壬午、乙未,总圣又取丙辰、辛酉、辛亥,六甲图兼取己丑、庚寅八日为次吉于内,又分四季吉日。

四季吉日:丙子、丁丑、壬午、壬子、癸丑,春秋吉。癸巳、癸卯、乙巳,夏秋冬吉。乙丑、己丑、乙未,春夏秋吉。辛卯,秋冬吉。丁卯、乙卯,夏冬吉。

何尚公杀例

巳午未生人忌用申子辰日,申酉戌生人忌用亥卯未日。

亥子丑生人忌用寅午戌日,寅卯辰生人忌用巳酉丑日。

右例即和尚煞,亦云孤神寡宿及本命三杀也,犯之主无子息。其例只论男命不论女命,与推大小利月论女命不同。和尚是男子,若以女命论者错矣,否则男女俱不犯更妙。

论男女大利年,屡用无验,盖婚姻乘时,岂得以年分拘之,只宜女年大利月耳。

论白虎值床,书“麒麟在此”贴床前,食其肉而寝其皮不妨。或用鸡缚床脚禳之,或是晚另睡别处,吉。昔人娶妇犯之,后生三子皆寅主,盖寅属虎也,可知白虎亦非凶兆，惟罗帐白虎周堂，诸书未有载，乃巫觋所传耳。

论红纱杀，四孟金鸡四仲蛇，四季丑日是红纱是也。或书以戊寅、己卯、庚申、辛酉为红纱者，非。

论天狗，忌祭祀，非嫁娶之天狗也。嫁岁厌有天狗头、天狗尾方，新人不可践踏，主损子息，此说无验。即年太岁、岁破娶类凶方，及月游都丧门凶方，皆无准验。

论披麻杀日，俗床厌禳之法，其日入门时，令新妇手执麻布，入门后即除之，或用麻布申袍鸡头向厅断禳之，亦吉。要之合不将日不忌。

论伏断值支克干伐日凶，如干克支制日，干支相生比和皆不忌。一人用卯日女宿伏断，后生子缺唇，盖卯属兔，缺唇也。

论天地寡，二、八月卯酉日，五、十一月子午日，盖阴月阴日，阳月阳日为寡，若阳月阴日、阴月阳日则非寡也。

论人隔日，惟初结婚忌之，恐人间隔耳，今嫁娶则不忌，至月忌日合不将不忌，前人屡用嫁娶贞吉。且一歌云：争雄受死日，山河皆断绝，嫁娶用此日，生离与死别。即正戌二辰争雄受死之例也。又一例，二四月子日，五七月申日，十月卯辰日，诸书俱八月选八月上吉可用。或书云：争雄每月有三日，受死每月有三日，分而为二，非也。

论月家天地官符、大小月建占中宫，及日家大杀雷霆白虎占中宫亦忌鼓乐，在香火堂起奏，在大□外奏进吉，若新妇拜堂谒祖，则不忌。

养子纳婿

（谓继后招赘、养子过房、兄弟结义等事）

养子吉日：宜天德、月德、天月德合、黄道、益后、续世、天喜、六合日。

纳婿吉日：宜忌与嫁娶同看。大利月宜论男命，忌人隔日。

结义吉日：宜司命、黄道、生气、执诸天庆、天德、月德、五合、六合、三合日。

忌五离、八绝、人隔、赤口、咸池、破败日。

论纳婿周堂，其日周堂值翁姑，即丈人、丈母也，婿入门时可出外少避，惟值夫不可用，若值厨灶门户第吉，且第宅也，非兄弟之弟，或谓妇人之弟，亦非也。

买纳奴婢
（谓买小厮工、雇进人口等事）

吉日：甲子、乙丑、丙寅、戊寅、丁卯、辛卯、戊辰、壬辰、癸巳、甲午、丙午、乙未、丁未、壬申、甲申、辛亥、辛酉、丙戌、己未、乙亥、己亥、癸卯、乙卯、壬子、甲寅。

宜明堂、玉堂、司命、黄道、天月德、收、满日。

忌归忌、钩绞、受死、天贼、地贼、死别、伏罪、徒隶、人隔、鸡缓、离窠、九土鬼、九丑、正四废、天休废、赤口、破败日、荒芜、灭没。

凶日	正七月	二八月	三九月	四十月	五十一月	六十二月
赤口	初三初九十五廿一廿七	初二初八十四二十廿六	初一初七十三十九廿五	初六十二十八廿四三十	初五十一十七廿三廿九	初四初十十六廿二廿八
天休废	初四初九	十三十八	廿二廿七	初四初九	十三十八	廿二廿七

鸡缓日：丁卯、甲戌、辛丑、戊子、乙未、壬寅、乙酉、丙辰、癸酉。

人隔日：正七月酉，二八未，三九巳，四十卯，五十一丑，六十二月亥日。

逐月进人口吉日

正月：丁卯、辛卯、癸卯、乙卯、丙午、辛未、乙未、丁未、己未。

二月：甲子、丙子、戊子、乙丑、丁丑、己丑、癸丑、甲戌、丙戌、戊戌日、五未日。

三月：五子日、五酉日、己巳、癸巳、辛卯、乙卯、丁巳、己卯、壬辰、丙午。

四月：甲子、丙子、庚子、五丑、甲辰、丙辰、丙午、甲午、辛酉、丁酉、壬戌日。

五月：戊辰、壬辰、辛未、癸未、己未、丁未、甲申、丙申、壬申、庚申、丙戌、壬戌、丙辰。

六月：五寅、五卯、五亥日、壬申、甲申、丙申、庚申、丁酉、辛酉。

七月：五子、戊辰、壬辰、己巳、癸巳、辛未、癸未、己未、丁未、癸卯、丙辰。

八月：乙丑、丁丑、甲申、壬申、丙戌、庚戌、乙亥、己亥、庚申、癸丑、辛亥。

九月：子日、己卯、辛卯、甲午、庚午、丁酉、辛酉、乙亥、辛亥、癸卯、丙辰。

十月：甲子、丙子、庚子、壬子、戊辰、壬辰、甲午、庚午、丁酉、辛酉、戊午日、五未日。

十一月：乙丑、丁丑、癸丑、辛丑、戊辰、壬辰、丙辰、甲戌、丙戌、五酉。

十二月：五寅、五卯日、己巳、癸巳、丁巳、甲午、庚午。

设宴会友

除、满、定、执、危、成、开日。忌赤口、破日、酉日、上朔日，亦忌作乐。

雷霆白虎、大杀白虎忌入中宫，及隐伏血伏忌到中宫，三者俱值忌坐中席。右云二白虎入中宫日，忌用鼓乐，俗用厌禳法，以朱砂书“大狮子占此”，贴中宫，客友将坐，先以酒滴地上则不忌。又月州县官符、大小月建在中宫，俱月日有九紫到中宫不忌。若设用酉日，大书一“酉”字倒悬以禳之，惟大筵宴忌之，小饮皆不忌。

胎产杂忌

（附婴儿避忌等事）

年凶方	子	丑	寅	卯	辰	巳	午	未	申	酉	戌	亥
禄存	兑	乾	中	巽	震	坤	坎	坤	震	巽	中	乾

（续表）

年凶方	子	丑	寅	卯	辰	巳	午	未	申	酉	戌	亥
文曲	艮	兑	乾	中	巽	震	坤	震	巽	中	乾	兑
血道	壬丙	丁	癸	甲庚	乙	辛	壬丙	丁	癸	甲庚	乙	辛
月凶方	正	二	三	四	五	六	七	八	九	十	十一	十二
六甲胎神占	床房	户室	门堂	灶	身床	床仓	碓磨	厕户	门房	房床	灶	房床
四季伤胎杀	春	子	午	夏	丑	未	秋	辰	戌	冬	巳	亥

日干游胎杀：甲己占门，乙庚碓磨，丙辛厕灶井，丁壬仓库，戊癸房床。

日支游胎杀：子午占碓，丑未厕，寅申炉，卯酉门，辰戌杂栖，巳亥床。

论胎神月日所值之处，切忌修整，犯者损身孕。《年月备要》所载，昔有人戊日于房中钉换斗昱，当夜果损身孕。

慨素云：邻有王洪，癸日修房，其夜损孕妇亡。又邻有黄允，用丑日修厕，即日亦损孕妇身亡。凡有孕妇者，宜仔细推究，不可轻作。

藏胎衣法：宜于百二十步之外埋藏，并不问方道吉凶。又宜生气方，如多产女孩用覆埋之，以黑炭夹于阴门主生男子也。忌埋九良星方，犯之主九年无子，今后试有验，如正月起子，二月丑，顺行。余仿此。

女产室床帐宜子月空房方，大吉。又云：阳月二德方，阴月二空方，忌天贼、土瘟日。

生子向方：子卯酉日向西南，辰戌丑未日向东南，寅申巳亥日向西北方。

小儿剃头

（谓剃头蓄发、女子开面、穿耳、断乳、缠足）

剃头吉日：宜乙丑、壬申、丙子、己卯、壬午、丙戌、甲寅、辛酉及四季午日。

宜天德、月德、黄道、益后、续世。忌建、破、丁日，每月十五日，及望日，剃头主生疮。

洗头吉日:甲子、丙子、丁丑、己卯、庚辰、辛巳、丁亥、辛卯、壬辰日。忌癸未日。

沐浴吉日:甲子、丁卯、辛未、癸酉、壬申、乙亥、丙子、丁丑、戊子、辛卯、丁酉、己酉、癸丑、丁巳、戊午、癸亥。及初三、初四、初八、初九、初十、十一、十二、十三、十四、十五、二十二、二十三、二十六日。宜天月二德、黄道、益后、续世。忌立秋、三伏、二社、四杀之神。

太子洗头吉日:初三富贵,初四脱色,初八长命,初九宜婚,初十加余,十一眼明,十三宜男,十四招财,十五大吉,二十二酒食,二十三大吉,二十六大吉,二十七自如,余凶。

小儿断乳:宜伏断日、卯日、成、开、生气、天德合、除、满日。

忌破败、死气、受死、本命冲克,五月、七月不断。

女子穿耳:宜天德、黄道、活曜星、天月德合,并宜节日。

忌黑道、血支、血忌、月忌、受死、月厌、刀砧、九丑、破败及十五日。

女子缠足:宜黄道、死气、天喜、天成、吉庆、活曜、要安、天月二德、天乙绝气、收、成、闭日。

忌黑道、破败、血支、血忌、人神所在本命日、九丑、生气、受死、月忌荒芜日、人神在足日。

释氏披剃:宜天德、月德、二德合、天恩、黄道、福生、益后、续世、上吉、除、满、定、执、成、开日。

逐月剃头吉日(每月除丙丁日)

正月:四子、四卯、四午、乙酉、己酉、戊辰、乙亥、己亥、辛亥。

二月:四丑、四巳日、壬申、甲申、戊申、乙亥、己亥、辛亥。

三月:四子、四巳、四午、壬申、甲申、癸酉、乙酉、戊申、己酉。

四月:四子、四丑、四卯、四午、四酉日、癸未、己未。

五月:癸丑、乙丑、四寅、四辰、四申、四酉、癸未、乙未、甲戌、戊戌。

六月:甲子、壬寅、甲寅、四卯、己巳、乙巳、四申、乙亥、己亥、辛亥。

七月:四子、辛卯、乙卯、己巳、癸巳、四午、甲戌。

八月:四丑、四寅、四巳、四申日、己亥、辛亥。

九月：庚子、壬子、己卯、辛卯、癸卯、四午、四申、乙亥、己亥。

十月：四子、四丑、四卯、四午、四未、四酉日、四辰日。

十一月：四子日、壬辰、癸巳、乙巳、癸未、乙未、甲戌、四申日。

十二月：四寅日、四巳日、四午日、四申日。

小儿坐栏

宜黄道、天德、要安、母仓、活曜、生气。忌建、破、赤口、猖鬼、六轮兀、白虎、惊叫日。

吉日	月											
	正	二	三	四	五	六	七	八	九	十	十一	十二
生气	子	丑	寅	卯	辰	巳	午	未	申	酉	戌	亥
益后	子	午	丑	未	寅	申	卯	酉	辰	戌	巳	亥
续世	丑	未	寅	申	卯	酉	辰	戌	巳	亥	午	子
要安	寅	申	卯	酉	辰	戌	巳	亥	午	子	未	丑
福生	酉	卯	戌	辰	亥	巳	子	午	丑	未	寅	申
活曜	巳	戌	未	子	酉	寅	亥	辰	丑	午	卯	申
母仓	春	亥	子	夏	寅	卯	秋	辰戌	丑未	冬	申	酉

凶日	月											
	正	二	三	四	五	六	七	八	九	十	十一	十二
受死	戌	辰	亥	巳	子	午	丑	未	寅	申	卯	酉
死神	巳	午	未	申	酉	戌	亥	子	丑	寅	卯	辰
致死	酉	午	卯	子	酉	午	卯	子	酉	午	卯	子
死气	午	未	申	酉	戌	亥	子	丑	寅	卯	辰	巳
月杀	丑	戌	未	辰	丑	戌	未	辰	丑	戌	未	辰

（续表）

凶日	月											
	正	二	三	四	五	六	七	八	九	十	十一	十二
月害	巳	辰	卯	寅	丑	子	亥	戌	酉	申	未	午
游祸	巳	寅	亥	申	巳	寅	亥	申	巳	寅	亥	申
死别	春	戌	日	夏	丑	日	秋	辰	日	冬	未	日
白虎惊叫	戌	亥	子	丑	寅	卯	辰	巳	午	未	申	酉

关煞凶忌：金生命忌戌亥日时，火生命忌未申日时，木生命忌辰日时，水土生命忌丑寅日时，即铁蛇关。甲己命忌巳酉丑日时，庚辛命忌亥卯未日时。壬癸生命忌寅午戌日时，乙戊丙丁生命忌申子辰日时。

四柱关：正七化生巳辰时，二八辰戌不堪推。三九卯酉生人恶，四十寅申主哭悲。五十一月逢丑未，六十二月子午亏。

猖鬼败亡凶日：六戊日、丁卯、壬申、辛巳、己丑、己亥、辛丑、庚戌、辛亥、庚申、壬戌。

逐月坐栏吉日

正月：甲子、丙子、五卯日、丙辰、壬午、丙午、癸酉、丁酉。

二月：五丑日、己巳、辛巳、辛未、乙未、甲申、壬申、四亥日。

三月：五子日、己巳、乙巳、庚午、癸酉、丁酉。

四月：甲子、庚子、乙丑、癸丑、丁丑、己丑、丁卯、乙卯、甲午、壬午、庚午、丙午

五月：乙丑、庚寅、甲寅、五辰、辛未、乙未、乙亥、己亥、丙戌、申日

六月：甲子、庚子、五寅日、甲申、丙申、乙亥、辛亥、庚申。

七月：甲子、丙子、庚子、壬子、戊辰、丙辰、癸卯、辛卯、五未日、庚午、丙午。

八月：丙寅、庚寅、壬寅、甲寅、乙亥、五巳日。

九月：庚午、壬午、丙午、癸卯、辛卯、乙卯。

十月:庚子日、五卯日、五午、五酉、五未日。

十一月:丙寅、庚寅、壬寅、甲寅、五未、甲戌、丙戌、甲申、庚申。

十二月:丙寅、庚寅、甲寅、壬寅、乙亥、癸卯。

习学技艺

(与前入学及与后演武教兵逐月吉日同看)

宜天月二德、天月德合、黄道、普护、福生、天马、驿马、月空、活曜星、显曲传、满、成、开日是。忌正四废、赤口、六不成、十恶大败、无禄、受死、荒芜、灭没、天地凶败、天休废、破日。

大败六不成凶日例日:

正寅二午三月戌,四巳五酉六是丑。

七申八子九月辰,十亥申卯十二未。

演武教兵

(谓督军伍、演习武艺、附祭纛等事)

宜天月德、兵宝、黄道、恩胜、成勋、福生、普护、天马、驿马、成、开日。

忌十恶无禄、大败、六不成、正四废、赤口、荒芜、灭没、受死、天败、蚩尤、罪至、伏罪、破日。

逐月演武教兵吉日(吉凶星与后立寨款同看)

正月:五子、五卯日、五午、五未日、癸酉、丁酉、丁亥、辛亥。

二月:五丑、五寅、五亥日、壬申、丙申、甲申、戊申。

三月:五子、己巳、乙巳、癸酉、丁酉、丁卯、壬申、甲申、丙申、戊申。

四月:甲子、丙子、戊子、庚子、五丑、五卯、五午日、辰日、戌日。

五月:五丑、五寅、五辰、五未、五申、五亥、五卯。

六月:五寅、五卯、五申、五酉、五戌、五亥日。

七月:五子、丁卯、己卯、辛卯、癸卯、五辰、五午、五未、五酉。

八月:五丑、五寅、五巳、五午、五申、五戌、五亥。

九月:丙子、五丑、五亥、癸酉、辛酉、己巳、辛巳、壬申、丙申、辛卯、丁酉。

十月:甲子、庚子、庚午、壬午、乙卯、五辰、五未、丁酉、辛酉、五戌。

十一月:五丑、甲寅、丙寅、戊寅、庚寅、己巳、乙巳、辛巳、壬辰、丁未、五申。

十二月:丙寅、戊寅、甲寅、五卯、庚辰、庚午、辛巳、己巳、乙巳、五申。

祭旗纛:每年秋季月值霜降日,各府衙州县设旗纛,依仪致祭。

出兵收捕

(谓征贼寇收捕逃亡等事)

吉日:乙丑、丙寅、丁卯、庚子、辛丑、庚戌、丁酉、甲午。

宜兵吉、兵宝、兵福、天月德、天月德合、天恩、普护、黄道、斗建、唐符,并宜用之。

忌蚩尤、天地争雄、凶败殃、灭没、受死、离绝、荒芜、太岁、月建、伐日、八专、猖鬼败亡、五不归、八绝、十恶大败、危日、往亡、兵禁、孤虚方。

论出兵征讨贼寇,先贤俱无立逐月吉日,其事款繁多,必有差讹,况军旅事事不可不慎,今将原定吉凶条款选定成局,以便急用,大忌游都、虏都、奴都、天网四张、五不遇、旬中空亡,并太岁、月建方行兵大凶。详见《阴符经》《符应经》《武经》。总在统兵之首不可不知,当行玉女反闭之法,以全万亿军人。又秘云,以当旬神符挂于竿上,以指敌人则敌人自服。经曰:纵令募当吾符魂魄飞而散,失若能以用兵是为师,师出以律演禽,皇极数、六壬课合论者更妙。有兵法须知,并太乙数不可不知。

攻取吉日:甲子、丙寅、甲戌、乙亥、己丑、乙未、己亥、乙巳、庚戌、除、执日。

收捕出行吉日:宜用干克支日,名曰制日,乙丑、甲戌、壬午、戊子、庚寅、辛卯、癸巳、乙未、丙申、丁酉、己亥、甲辰。已上制日宜捕人。支克干日,名伐日,庚午、丙子、戊寅、己卯、辛巳、癸未、甲申、乙酉、丁亥、壬辰、癸丑、壬戌。

已上伐日宜捕捉，忌攻取举兵。宜黄道、执、收可用。

吉凶日	月											
	正	二	三	四	五	六	七	八	九	十	十一	十二
兵福吉日	亥	子	丑	寅	卯	辰	巳	午	未	申	酉	戌
兵宝吉日	卯	辰	巳	午	未	申	酉	戌	亥	子	丑	寅
天马吉日	午	申	戌	子	寅	辰	午	申	戌	子	寅	辰
兵禁凶日	寅	子	戌	申	午	辰	寅	子	戌	申	午	辰

伐日忌举兵：庚午、丙子、戊寅、己卯、辛巳、癸未、甲申、乙酉、丁亥、壬辰、癸丑。

八专忌出军：丁未、癸丑、甲寅、乙卯、己未、庚申。

猖鬼败亡：丁卯、戊寅、辛巳、戊子、己丑、戊戌、己亥、辛丑、庚戌、戊午、壬戌。

五不归凶日：己亥、辛巳、丙戌、壬辰、丙申、己酉、辛亥、壬子、丙辰、庚申、辛酉。

八绝凶日：庚辰、辛巳、丙戌、丁亥、庚戌、辛亥、丙辰、丁巳。

大金刚凶日：角、亢、奎、娄、鬼、牛、星，忌行兵征讨，其例载在出行局内。

出兵总吉日局

正月子丑寅卯，二月亥子丑寅。
三月戌亥子丑，四月酉戌亥子。
五月申酉戌亥，六月未申酉戌。
七月午未申酉，八月巳午未申。
九月辰巳午未，十月卯辰巳午。
十一月寅卯辰巳，十二月丑寅卯辰。

逐月出兵吉日

正月：甲子、庚子、辛未、癸未、乙未、癸酉。

二月：丙寅、壬寅、癸卯。

三月：癸卯、乙巳、癸酉、己巳。

四月：甲辰、甲午、丙午。

五月：丙寅、己巳、乙亥。

六月：乙巳、辛未、乙亥。

七月：甲子、庚子、丙午、甲午、甲辰、乙巳、辛未。

八月：丁丑、己巳、乙巳、癸酉、乙亥、癸亥。

九月：癸卯、甲午、丙午、乙亥、癸亥。

十月：甲子、庚子、癸酉。

十一月：丁丑、壬寅、丙寅、乙巳、己巳。

十二月：丙寅、壬寅、癸卯、乙亥、癸亥。

旺相日时	季月	春	夏	秋	冬
干旺	戊己	甲乙	丙丁	庚辛	壬癸
干相	庚辛	丙丁	戊己	壬癸	甲乙
支旺	辰戌丑未	寅卯	巳午	甲乙	亥子
支相	申酉	巳午未	辰戌丑未	亥子丑	寅卯辰

黄道吉时并方	寅申日	卯酉日	辰戌日	巳亥日	子午日	丑未日
贵人	丑	卯	巳	未	酉	亥
鸾举	辰	午	申	戌	子	寅
上宫	巳	未	酉	亥	丑	卯
天库	未	酉	亥	丑	卯	巳
天宫	戌	子	寅	辰	午	申
福合	子	寅	辰	午	申	戌

六甲孤虚方(出《武经总要》)

甲己日寅卯虚方申酉孤方。
乙庚日子丑虚方午未孤方。
丙辛日戌亥虚方辰巳孤方。
丁壬日申酉虚方寅卯孤方。
戊癸日午未虚方子丑孤方。

论收捕、出行、征讨,据其日不值旺相之日,宜用旺相时,如败绝休囚日合旺相时亦可用。如旺相日再得旺相时尤吉,若与黄道日并行黄道方,不避孤虚方。旺相日时如丙午属火,取巳时寅支亦火旺午时黄道支干时吉。

立寨烟墩
(修筑城池同看)

宜天月二德合、明堂、金柜、兵宝、普护、天马、驿马、世守、思胜、成勋、福厚,吉。

忌阴私、天贼、天瘟、切杀、受死、蚩尤、十恶无禄、大败、天地争雄、荒芜、灭没、休废、殃败、三不返、巳亥重日。

吉日	月											
	正	二	三	四	五	六	七	八	九	十	十一	十二
天德	丁	甲	壬	辛	亥	甲	癸	寅	丙	乙	巳	庚
月德	丙	甲	壬	庚	丙	甲	壬	庚	丙	甲	壬	庚
天德合	壬	巳	丁	丙	寅	巳	戌	亥	辛	庚	申	乙
月德合	辛	巳	丁	乙	辛	巳	丁	乙	辛	巳	丁	乙
天德黄道	巳	未	酉	亥	丑	卯	巳	未	酉	亥	丑	卯
明堂	丑	卯	巳	未	酉	亥	丑	卯	巳	未	酉	亥

（续表）

吉日	月											
	正	二	三	四	五	六	七	八	九	十	十一	十二
金柜	辰	午	申	戌	子	寅	辰	午	申	戌	子	寅
天堂(天成同)	未	酉	亥	丑	卯	巳	未	酉	亥	丑	卯	巳
司命	戌	子	寅	辰	午	申	戌	子	寅	辰	午	申
普护	申	寅	酉	卯	戌	辰	亥	巳	子	午	丑	未
天马	午	申	戌	子	寅	辰	午	申	戌	子	寅	辰
驿马	申	巳	寅	亥	申	巳	寅	亥	申	巳	寅	亥
益后	子	午	丑	未	寅	申	卯	酉	辰	戌	巳	亥
续世	丑	未	寅	申	卯	酉	辰	戌	巳	亥	午	子

守日：春酉，夏子，秋卯，冬午。

成勋：春午，夏酉，秋子，冬卯。

恩胜：春巳，夏申，秋亥，冬寅。

福厚：春寅，夏巳，秋申，冬亥。

凶日	月											
	正	二	三	四	五	六	七	八	九	十	十一	十二
阴私	酉	亥	丑	卯	巳	未	酉	亥	丑	卯	巳	未
天贼	辰	酉	寅	未	子	午	戌	卯	申	丑	午	亥
天瘟	未	戌	辰	寅	午	子	酉	申	巳	亥	丑	卯
劫煞	亥	申	巳	寅	亥	申	巳	寅	亥	申	巳	寅
受死	戌	辰	亥	巳	子	午	丑	未	寅	申	卯	酉
蚩尤	寅	辰	午	申	戌	子	寅	辰	午	申	戌	子
天地殃败	卯	寅	丑	子	亥	戌	酉	申	未	午	巳	辰
复日	甲	乙	戊	丙	丁	戊	庚	辛	己	壬	癸	己
荒芜	巳	酉	丑	申	子	辰	亥	卯	未	寅	午	戌

(续表)

凶日	月											
	正	二	三	四	五	六	七	八	九	十	十一	十二
破日	申	酉	戌	亥	子	丑	寅	卯	辰	巳	午	未
三不返	寅	卯	午	寅	卯	辰	辰	卯	寅	丑	子	丑
	戌	酉	辰	巳	卯	巳	巳	午	戌	申	丑	戌
	亥	子	申	未	午	未	申	酉	未	亥	酉	亥
天地争雄	巳午	亥子	午未	子丑	未申	丑寅	申酉	寅卯	酉戌	卯辰	戌亥	辰巳

灭没日:弦虚,晦娄,朔角,望亢,虚鬼,盈牛。

十恶大败:

甲己年:三月戊戌,七月癸亥,十月丙申,十一月丁亥。乙庚年:四月壬申,九月乙巳。戊癸年:六月己丑。丙辛年:三月辛巳,九月庚辰,十月甲辰。丁壬年:无忌。

逐月立寨烟墩吉日

正月:丙子、庚子、五丑日。

二月:乙丑、丁丑、癸丑、五未日。

三月:丙子、甲子、庚子、丁卯、乙卯、癸卯、丁酉、癸酉。

四月:五辰日、庚午、壬午、癸酉、丁酉、戊戌、甲戌、壬戌。

五月:己丑、乙丑、癸丑、丙寅、甲寅、甲辰、丙辰、壬辰。

六月:丁卯、癸卯、乙卯、己卯。

七月:丙子、丁卯、癸卯、丁未、乙未、辛未。

八月:乙丑、丁丑、己丑、甲戌、丙戌、壬戌、戊戌。

九月:丙午、丁卯、乙卯、癸卯。

十月:丙子、甲子、乙卯、丁卯、丙午、癸未、癸酉、丁酉、戊戌、丙戌。

十一月:五辰日、五未日。

十二月:庚午、五申日。

祭祀鬼神

（谓祭祀家庙、祈神作福、设齐谢土等事）

吉日：甲子、乙丑、丁卯、戊辰、辛未、壬申、癸酉、甲戌、丁丑、己卯、庚辰、壬午、甲申、乙酉、丙戌、丁亥、己丑、辛卯、甲午、乙未、丙申、丁酉、乙巳、丙午、丁未、戊申、己酉、庚戌、乙卯、丙辰、丁巳、戊午、己未、辛酉、癸亥。已上共三十五日，系神在日也。

宜天月德、福生、普护、阴德、敬心、天解、益后、续世。

忌天贼、天罡、受死、鬼隔、神隔、天隔日及忌天狗、游祸、寅日、建、破日，凡时祭不拘。又忌每月初二、初四、初五、初十、二十七日。九月初二系四部禁日，虽神在不可祭祀。天狗下食时，宜避之。黄帝死日戊午。祭土地日，每月初二、十六，出《佛说经》。国立祀皇天后土，正月宜上旬神在、天德、黄道之日。

祀社稷春秋社日，上戊先日上丁。

祀孔子孟春四日，祭户孟夏一日。

祭灶季夏遇土旺，戊日土王用事。

祭中溜孟夏一日，祭门季秋霜降日，祭旗纛孟冬二日。

祭井神、祭河神吉日：庚午、辛未、壬申、癸酉、甲戌、庚子、辛酉、除、满、执、危、破日、成、开日。

吉日	月											
	正	二	三	四	五	六	七	八	九	十	十一	十二
天德	丁	甲	壬	辛	亥	甲	癸	寅	丙	乙	巳	庚
月德	丙	甲	壬	庚	丙	甲	壬	庚	丙	甲	壬	庚
福生	酉	卯	戌	辰	亥	巳	子	午	丑	未	寅	申
普护	申	寅	酉	卯	戌	辰	亥	巳	子	午	丑	未
阴德	酉	未	巳	卯	丑	亥	酉	未	巳	卯	丑	亥
敬心敬要同	未	丑	申	寅	酉	卯	戌	辰	亥	巳	子	午

（续表）

吉日	月											
	正	二	三	四	五	六	七	八	九	十	十一	十二
天解解冤吉	午	申	戌	子	寅	卯	午	申	戌	子	寅	卯
益后求嗣吉	子	午	丑	未	寅	申	卯	酉	辰	戌	巳	亥
续世求嗣吉	丑	未	寅	申	卯	酉	辰	戌	巳	亥	子	午

凶日	正	二	三	四	五	六	七	八	九	十	十一	十二
天贼	辰	酉	寅	未	子	巳	戌	卯	申	丑	午	亥
天罡	巳	子	未	寅	酉	辰	亥	丑	丑	申	卯	戌
河魁	亥	午	丑	申	卯	戌	亥	子	未	寅	酉	辰
龙虎	戌	亥	午	子	未	丑	申	寅	酉	卯	戌	辰
受死	戌	辰	亥	巳	子	午	丑	未	寅	申	卯	酉
鬼隔	申	午	辰	寅	子	戌	申	午	辰	寅	子	戌
神隔	巳	卯	丑	亥	酉	未	巳	卯	丑	亥	酉	未
天隔忌拜表	寅	子	戌	申	午	辰	寅	子	戌	申	午	辰
游祸	巳	寅	亥	申	巳	寅	亥	申	巳	寅	亥	申
穴天狗	辰	巳	午	未	申	酉	戌	亥	子	丑	寅	卯
荒芜	巳	酉	丑	申	子	辰	亥	卯	未	寅	午	戌
天狗下食日	子日	丑日	寅	卯	辰	巳	午	未	申	酉	戌	亥
天狗下食时	亥时	子时	丑	寅	卯	辰	巳	午	未	申	酉	戌

逐月祭祀吉日

正月：乙丑、丁丑、五卯、己丑、壬午、甲午、丙午、戊午、辛未、乙未、五酉。

二月：乙丑、丁丑、五未、五申、甲戌、丙戌、己丑、庚戌、丁亥。

三月:甲子、五卯日、乙巳、丁巳、甲申、丙申、壬申、戊申、五酉日。

四月:甲子、五卯、五丑、五辰、五午、五酉、甲戌、丙戌。

五月:乙丑、丁丑、戊辰、庚辰、甲戌、丙戌、丁亥、癸亥、己丑、庚戌、丙辰、五未。

六月:甲子、五卯日、五申日、丁亥、癸亥。

七月:甲子、五卯、戊辰、丙辰、庚辰、五未、五午。

八月:乙丑、丁丑、己丑、丙辰、戊辰、庚辰、丁巳、甲戌、丙戌、庚戌。

九月:五卯、五午日、五申、五酉日、丁亥、癸亥。

十月:甲子、戊辰、丙辰、五卯、五午、五未、五酉、戌日。

十一月:乙丑、丁丑、丙辰、戊辰、庚辰、五未、五申日、五酉日。

十二月:甲子、戊辰、庚辰、丙辰、乙巳、丁巳、五午日。

安谢土神

土公在中宫吉日:庚午至丁丑日,甲申至癸巳日,庚子至丁未,甲寅至癸亥。别日不在中宫不宜用,并要逐月无诸杀占中宫乃利。至坐向不必拘。

土公食日:丙寅、丁卯、戊寅、己卯、壬寅、癸卯、甲寅、乙卯、庚寅、辛卯。

歌云:五寅及五卯,土公食日饱。

土公下食日	正	二	三	四	五	六	七	八	九	十	十一	十二
甲	母	铁	行客	家	奴	小儿	男女	男女	草木	男女	六畜	小儿
乙	铁	钱	六畜	鼠	水	水精	水精	钱	女人	奴	牛	六畜
丙	奴	男女	鼠	六畜	鼠	男女	仆	小儿	石虱	父母	石	石虱
丁	土木	破家	水	水虱	鼠	小虱	破物	破物	孕妇	孕妇	山石	麦
戊	雀鸟	米	雀鸟	家人	雀	犬	白羊	草木	金石	男女	木	水
己	草木	男女	客	牛马	鱼	小虱	白羊	外人	白羊	石	石	○
庚	围	蚕	婢	牛马	女家	家鱼	鸡鱼	鱼	外人	金	此家	外人

（续表）

土公下食日	正	二	三	四	五	六	七	八	九	十	十一	十二
辛	父母	小儿	女家	家人	鱼	小鱼	小儿	山石	石杖	男女	狐	草木
壬	虱	山石	木石	上虱	虱	破物	铁	客	鱼	六畜	吉	外人
癸	罔石	石	小女	木	鱼	水	枯木	木虱	竹	小口	竹木	竹木

论祭享家庙，按伊川先生曰：冬至，阳生之始，宜祭始祖。立春，物生之始，宜祭先祖。立秋，物成之始，宜祭补各妣配祀。明道先生曰：拜坟则十月初一拜之，感霜降也，寒食则又从当礼祀之。张九韶曰：古人之祭祀鬼神，非以求福也，将以尽极本之意耳。是以竭其诚敬薦其时食，故能致鬼神之来格，后世此理不明，无诚敬之心，徒有行祷之语，于古人报本之间远矣。

祈神作福

（谓建立道场、开设齐醮、求福等事）

宜福生、黄道、天恩、天赦、母仓、天医、福德、天月德、上吉。

忌龙虎、受死、天狗、寅日、建、破、平、收日。六戊日不烧香还愿。

解冤日：子丑朔酉日，寅卯朔戌日，辰巳朔亥日，午未朔子日，申酉朔丑日，戌亥朔辰日。宜解冤，俗云咒诅魔魅之事。

报怨日：受死、执、破日，谓翻解魔魅之事。

解阴鬼日：宜解神、除神、申酉日、建日，并要定、天解、地解、天赦日。忌钩绞、受死、灭没、破、平、收日。送船出杀以住宅坐山论之，如坐北向南，宜用申子辰日杀出南方，亥卯未日杀出西方，巳酉丑日杀出东方，并吉。忌寅午戌日杀在北方，亥子丑坐宅，凶。余仿此。

逐月祈福吉日

正月：辛卯、甲午、壬午、辛未、乙未、丁未、癸酉、乙酉、辛酉、己酉。

二月:癸未、乙未、甲申、辛未、丁未、己未。

三月:甲子、丙子、壬子、己卯、丁巳、癸酉、丁酉、辛酉、己酉。

四月:丙子、壬辰、丙辰、五午、乙丑、丁丑、己卯、庚辰、己酉、丁酉。

五月:乙亥、己亥、辛亥、壬寅、庚寅、丁丑、辛丑、壬戌、丙戌。

六月:辛卯、乙卯、己巳、乙巳、丁卯、己卯、五申日、乙亥、辛亥、己亥。

七月:五子、壬辰、丙辰、癸未、庚午、甲辰、甲午。

八月:壬辰、甲辰、丙辰、庚辰、丁丑、辛丑、己丑。

九月:辛卯、甲午、庚午、壬午、丙午。

十月:甲午、壬午、乙未、癸未、辛未、丁未、庚午、丙午。

十一月:五申、乙未、己未、癸未、甲辰、丙辰、丁丑。

十二月:甲子、四寅日、庚午、甲午、壬午、戊甲、乙巳。

设齐建醮

(谓齐醮、炼度、预修因里存亡等事)

齐醮吉日:甲子、乙丑、丙寅、庚午、壬申、甲戌、乙亥、戊寅、辛巳、甲申、乙酉、己丑、辛卯、壬辰、甲午、乙未、戊戌、庚子、辛丑、癸卯、戊申、己酉、乙卯、丙辰、丁巳、己未、庚申。

预修吉日:宜天德、月德、天德合、月德合、天恩、月恩、上吉、次吉、敬心、圣心、普护、福生、生气、黄道、成、开、阴日。忌龙虎、受死、神隔、天隔、天狗下食时、伏断、荒芜、凶败、空亡、灭没日。

逐月设齐建醮吉日

正月:癸卯、己卯、庚午、甲午、己酉、乙酉、丁酉、辛酉。

二月:乙丑、丁丑、乙未、己未、甲申、丙申、甲戌。

三月:甲子、庚子、甲申、丙申、己酉、乙酉、丁酉。

四月:丁丑、辛丑、乙丑、庚午、甲午、丁酉、乙酉、己酉、甲戌。

五月:丁丑、乙丑、辛丑、庚辰、丙寅、戊寅、壬寅。

六月:甲子、丙子、戊寅、丙寅、壬寅、己卯、癸卯、五申日、己亥、乙亥。

七月:甲子、丙子、庚子、庚辰、壬辰、甲午。

八月:乙丑、丁丑、辛丑、庚辰、壬辰。

九月:癸卯、己卯、甲申、庚申、庚午、甲午。

十月:甲子、庚子、甲午、庚午、乙未、己酉、辛酉、乙酉、丁酉。

十一月:乙丑、丁丑、辛丑、乙未、己未、甲申、戊申、庚申、甲戌、庚辰。

十二月:甲子、丙寅、戊寅、壬寅、甲申、丙申、戊申、庚申。

十二命人预修年案

申 平等王 福寿案	酉 都市王 地狱案	戌 转轮王 畜生案	亥 三司院 人天案
未 泰山帝 崇德案			子 预修院 福德案
午 双成王 饿鬼案			丑 秦庆王 造案案
巳 阎罗王 追死案	辰 五官王 功德案	卯 求帝王 饮喜案	寅 初江王 畜类案

男从本命上起一十顺行,零年亦顺。女从本命上起一十逆行,零年亦逆。此例板局,多不准验。

黄录预修吉日

崇建大会择节会日,开坛起齐,若用节会日,不避诸凶。

大会日:正月初七天曹迁赏会,七月初七地府度生申会,十月十五水台府建生天。

小会日:庚申日,尸神、白人、罪过。甲子日,太乙个阅神祇本命日,百神朝会。

八节日:立春、立夏、立秋、立冬、春分、秋分、夏至、冬至。

五腊日:正月初一天腊日,五月初五地腊日,七月初七道德腊日,十月十五民岁腊日。十二月逢腊日为王侯腊。冬至第三戌为腊日,冬至本日值戌即为戌,若三戌在十一月内须用第四戌为腊日。

四始日:正月初一,四月初一,七月初一,十月初一。

节会日:甲午天节,甲申地节,甲子人节,甲辰四时会,甲戌五行会,丙午天会,壬午地会,壬子人会,庚午日会,庚申月会,丁卯真仙会,辛酉星辰会,月三日斗晨会,本命日万辰会。出《女青律》。

圣忌日:丙寅、丁卯父道忌,丙申、丁酉母道忌,壬辰、壬戌北帝忌,戊辰、戊戌南帝忌。

帝酷杀日:

正月庚申又初二,二月辛亥、辛卯又初九,三月庚戌、甲戌又初十日,四月癸亥又十一,五月壬子又十一日,六月癸丑又初十日,七月甲寅又十二,八月乙卯又十三日,九月甲辰又十三日,十月丁巳又初八,十一月丙午又十五日,十二月丁未、乙未又十三日。

二月腊月有三犯,余月两犯。

十天逐月下降日,明真科拔度死魂罪对上品,常以六阳月,每月十日,及八节甲子、庚申依威仪,其法开启日:八日、十四、十五、十八、二十三、二十四、二十八、二十九、三十。小尽取二十七日。出《玉清经》。

开发文书:忌截路空亡时,值大吉、小吉、传送、功曹为佳。

六甲修齐吉日

甲子日:善缘童子于世间检齐,宜设齐还愿,主子孙绵远,招财富贵,大吉。

乙丑日、丙寅日:阿难尊日与天喜神检齐,宜修齐还原,主一年内子孙招财,大吉。

丁卯日:司命神并恶簿童子于世间检齐,设齐还愿者,损人口,大凶。

戊辰日、己巳日:那吒太子于世间检齐,若有还愿者,作善反恶,大凶。

庚午日:青衣童子下界,作福还愿,大吉利。

辛未日:三命饿鬼下界,作福还愿,主破财损六畜,凶。

壬申、癸酉日:司命曹官下界,作福还愿起官符,凶。

甲戌、乙亥、丙子、丁丑、戊寅、己卯六日:马明王菩萨下界,作福还愿,大吉。

庚辰、辛巳日:善财童子下界,作福还愿主三年大吉。

壬午、癸未日:玄武下界,修齐还愿主一年小口啾唧。

甲申、乙酉日:阿弥陀佛下界,修齐还愿主三年大吉。

丙戌、丁亥日:朱雀下界,还愿主有官司,大凶。

戊子、己丑日:受罪司命府君下界,作福还愿主一年大过,凶。

庚寅、辛卯日:大煞神下界,作福还愿主口舌是非,大凶。

壬辰日:获富无量佛下界,作福还愿者,十倍大吉。

癸巳日:大煞神下界,保安还愿者,主十年不利,大凶。

甲午、乙未、丙申、丁酉、戊戌、己亥、庚子、辛丑:此八日,世尊下界,修齐还德主十年吉。

壬寅、癸卯日:诸佛下界,作福还愿,大吉。

甲辰、乙巳日:四门天王下降,作福还愿,主一年大凶。

丙午、丁未日:牛头夜叉下界,不宜作福,大凶。

戊申、己酉日:千佛下界,作福大吉。

庚戌、辛亥、壬子、癸丑、甲寅、乙卯:此六日,不宜作福还愿,大凶。

丙辰、丁巳、戊午日:牛头夜叉金刚下界,作福还愿主失火是非口舌。

己未日:诸佛下降,作福还愿,十倍大吉。

庚申、辛酉日:释迦佛下降,作福还愿,十倍大吉。

庚申、辛酉日:释迦佛下降,作福还愿,十倍大吉。

壬戌、癸亥日:玄天罡下界,不宜作福,主大不利。

许真君玉匣记

甲子、乙丑、丁卯、戊辰、己巳、壬申、甲戌、乙亥、己卯、庚辰、甲申、乙酉、丙戌、丁亥、戊子、己丑、辛卯、甲午、乙未、己亥、壬寅、癸卯、乙巳、丁未、己酉、甲寅、乙卯、庚申。已上二十八日诸神在地府,或在天降下人间地府,若人求福、设醮、还愿、求男乞女十倍利益,大吉。

丙寅、庚午、辛未、癸酉、丙子、丁丑、戊寅、辛巳、壬午、癸未、庚寅、壬辰、癸巳、丙申、丁酉、戊戌、庚子、辛丑、甲辰、丙午、戊申、庚戌、辛亥、壬子、癸丑、丙辰、丁巳、戊午、己未、辛酉、壬戌、癸亥,已上三十二日诸神在天,不在地府,上门西河犂石运砂直□上塔会美簿案动会生死文簿不在地府,大凶。

六十花甲子示相合同照格无差

甲子日,善财童子鉴齐吉。乙丑、丙寅日,青衣童子鉴齐吉。丁卯、戊辰、己巳日,善神鉴齐吉。庚午、辛未日,恶部神祇鉴齐凶。壬申、癸酉日,是曹官鉴齐凶。甲戌、乙亥日,是文殊诸佛鉴齐吉。丙子、丁丑、戊寅、己卯、庚辰、辛巳、壬午、癸未日,中界五岳神鉴齐凶。甲申、乙酉日,弥陀佛鉴齐吉。丙戌、丁亥、戊子、己丑日,恶部鉴齐凶。庚寅、辛卯日,天煞神鉴齐凶。壬辰、癸巳日,饿鬼鉴齐凶。甲午、乙未、丙申、丁酉、戊戌、己亥、庚子、辛丑日,诸佛鉴齐吉。壬寅、癸卯、甲辰、乙巳日,真武神鉴齐凶。丙午、丁未日,牛头夜叉鉴齐凶。戊申、己酉日,普贤菩萨鉴齐吉。庚戌、辛亥、壬子、癸丑、甲寅、乙卯、丙辰、丁巳日,三道将军鉴齐凶。戊午、己未、庚申、辛酉日,阿难世尊鉴齐吉。壬戌、癸亥日,恶部凶神鉴齐凶。

拜表上章

(谓设道场、进延生求嗣、升度、祈福等事)

吉日:甲子、乙丑、壬申、丙子、丁丑、己卯、壬午、己丑、辛卯、壬辰、庚子、壬寅、甲辰、丙午、己酉、壬子、甲寅、丙辰、己未、庚申、辛酉日。

宜黄道、福生、显曲传星、普护、上吉。

忌龙虎、受死凶日、满、破、成日、戊天门、闭日。

逐月纳章进表吉日

正月:甲子、壬子、丙子、庚子、己卯、辛卯、丙午、壬午、己酉。

二月:乙丑、丁丑、甲戌、丙戌、庚戌。

三月:甲子、庚子、丙子、壬子、甲寅、壬寅、己酉。

四月:乙丑、丁丑、己卯、辛卯、丙午、庚午、辛酉、丙戌、庚戌。

五月:乙丑、丁丑、甲寅、壬寅、丙辰。

六月:己卯、辛卯、甲寅、壬寅、庚申。

七月:甲子、丙子、壬子、庚子、丙辰、丙午、壬午。

八月:乙丑、丁丑、庚戌。

九月:己卯、辛卯、丙午、庚申。

十月:甲子、庚子、壬子、壬午、丙辰、己酉、辛酉。

十一月:乙丑、丁丑、丙辰、庚申。

十二月:甲寅、庚申、壬申。

空亡时

甲己日申酉时,乙庚日午未时,丙辛日辰巳时,丁壬日寅卯时,戊癸日子丑时。

月将选时定局

六阳日

	天罡	太乙	胜光	小吉	传送	从魁	河魁	登明	神后	大吉	功曹	太冲
子日	卯	辰	巳	午	未	申	酉	戌	亥	子	丑	寅
寅日	巳	午	未	申	酉	戌	亥	子	丑	寅	卯	辰
辰日	未	申	酉	戌	亥	子	丑	寅	卯	辰	巳	午
午日	酉	戌	亥	子	丑	寅	卯	辰	巳	午	未	申
申日	亥	子	丑	寅	卯	辰	巳	午	未	申	酉	戌
戌日	丑	寅	卯	辰	巳	午	未	申	酉	戌	亥	子

六阴日

	天罡	太乙	胜光	小吉	传送	从魁	河魁	登明	神后	大吉	功曹	太冲
丑日	辰	卯	寅	丑	子	亥	戌	酉	申	未	午	巳

（续表）

	天罡	太乙	胜光	小吉	传送	从魁	河魁	登明	神后	大吉	功曹	太冲
卯日	午	巳	辰	卯	寅	丑	子	亥	戌	酉	申	未
巳日	酉	申	未	午	巳	辰	卯	寅	丑	子	亥	戌
未日	戌	酉	申	未	午	巳	辰	卯	寅	丑	子	亥
酉日	子	亥	戌	酉	申	未	午	巳	辰	卯	寅	丑
亥日	寅	丑	子	亥	戌	酉	申	未	午	巳	辰	卯

月将选时法：阳日起大吉顺行，阴日起小吉逆行，皆以本日支遁起。

天门开闭时

阳日阴时开阳时闭，子寅辰午申戌为阳。

阴日阳时开阴时闭，丑卯巳未酉亥为阴。

右选时法，取阴阳为例，阳日阴时人门闭，阴日阳时天门开，日值大吉、小吉、传送、功曹时佳，如祈福、荐拔、开发、文字亦依月将选时用。忌截路空亡时。

论玄都律所载上章，忌戊辰、戊戌日。戌为天门，辰为地户，戌将狗，辰将龙，遇戊中宫上神，其日太上诸君丈人对杀，天下男女生死善恶，龙游五岳，狗行河梁，中黄犬大神备守天门，犯者摄人魂。若戊辰、戊戌卒有灾病，欲告诉者，择吉日上表章，无不如愿。其日或遇三元、三会、八节、本命亦于上章不忌，谓此日正许人忏悔，余日不许章奏。古人写年月日下云天门开时，今人只写右时，发行此理最好，盖别有注，谓阳日当阴时开，阴日当阳时开。注见道门定制。

崇建大齐择节会开坛吉，更值良日尤佳，虽得吉辰仍避丙寅、丁卯、丙申、丁酉、戊辰、戊戌日，及受死、龙虎、凶败为善。惟三会日无避，若启齐先得吉日而后日分或值当避之日，则不须忌。

论设清醮建佛事，大杀白虎雷霆白虎其日入中宫，州县官符入中宫，忌在正厅动鼓乐法器,犯之损人,如白虎占中宫,隔日铺舒动法器,若次日入中宫不忌。

立坛祈祷

（谓结坛起旙、祈求晴雨等事）

祈雨吉日:丙子、癸未、乙丑、癸丑、壬辰、癸巳、壬子。宜纳音水日,并申子辰水局日,宜水潦金、水天罡、血刃、月孛、紫气、交会,主两合将血刃、月孛、土渠、天罡,主雷。

忌壬申、癸酉。甲子风伯死日,雨师死日。

祈晴吉日:宜太阳、月孛、奇罗、燥火,主晴。忌灭门、灭没、受死、荒芜、神隔、鬼隔、天隔、水隔、火隔。已上详见雷霆祈祷例。

太乙水星方

子日	丑日	寅日	卯日	辰日	巳日	午日	未日	申日	酉日	戌日	亥日
子方	寅方	午方	子方	亥方	酉方	子方	寅方	午方	子方	亥方	酉方

凶日	正	二	三	四	五	六	七	八	九	十	十一	十二
天隔	寅	子	戌	申	午	辰	寅	子	戌	申	午	辰
火隔	午	辰	寅	子	戌	申	午	辰	寅	子	戌	申
水隔	戌	申	午	辰	寅	子	戌	申	午	辰	寅	子
神隔	巳	卯	丑	亥	酉	未	巳	卯	丑	亥	酉	未
鬼隔	申	午	辰	寅	子	戌	申	午	辰	寅	子	戌
死日	戌	亥	子	丑	寅	卯	辰	巳	午	未	申	酉
天地灭没	申	子	未	寅	酉	辰	寅	午	丑	申	卯	戌

求嗣继续

宜天月二德、二德合、益后、续世、祖在日。忌天隔、神隔、游祸、建、破、满日。

逐月求嗣吉日

正月：甲子、乙丑、丁丑、己丑。
二月：乙丑、乙未、丁未、己未、辛未。
三月：甲子、丙子、庚子、壬子。
四月：甲午、庚午、乙卯。
五月：甲寅、戊寅、庚寅、壬寅。
六月：壬申、甲申、戊申、庚申、壬子。
七月：丙卯、己卯、辛卯、乙辰、庚辰、甲午。
八月：甲戌、丙戌、庚戌。
九月：乙巳、丁巳、辛巳、己巳。
十月：甲戌、庚戌。
十一月：乙巳、丁巳、己巳、辛巳。
十二月：五寅日、甲子、庚子。

奏名传法

(谓剖符破券揆将传法等事)

附释氏传衣钵同,造雷旗剑印令牌天蓬尺等事。

宜黄道、神在、显曲传星、天月德、益后、续世、守日。忌大败、六不成、隔绝日。

法宙奏名受天禄旦,宜庚申、甲子、本命日,乘门受戒用守日、敬心、成、开日。

仙宫言善,宜三元节日及朔旦望日。

请香君乙酉日本香火一行便发,叶靖庚申日月三个庚申日香火行,天师己丑日七日后香火便行,重仲己卯日一百二十日后香火行,吴莫君丁卯日登香火即行,许真君辛卯日登香火即发,先皇张赵甲申乙酉度法香火旺,三元传法日丙辰香火即发。

造雷旗印剑令牌尺日:宜显曲传星及天地转杀日。

凶忌日不宜受师、教法行兵,病已见上建师入宅同看。

金华经拜受师教法年月

此例设于虚无,姑存便览。

子命:丑未卯巳申年吉,辰年大旺利,六、十二月一万三千兵度,子寅午五戌亥年凶。

丑命:寅卯子巳戌年吉利,五、十一月七万一千兵度,丑辰申酉亥年凶。

寅命:辰巳未申年吉利,二、五、八、十一月一万一千兵度,子丑寅卯午五戌亥年凶。

卯命:子未丑亥年吉利,正、五、九月三百八十兵度,丑寅卯辰巳午申戌年凶。

辰命:子丑寅卯巳酉戌吉利,三、九月一千四百七十兵度,辰午未申亥酉年凶。

巳命:寅卯辰午申酉亥利,二、三、六、十二月七百兵度,子丑巳未戌年凶。

午命:午卯辰未酉年利,三、六、九、十二月一千人兵度,丑寅巳午申戌亥年凶。

未命:卯巳申酉亥年利,五、十一月十万人兵度,子丑寅辰午未戌年凶。

申命:丑卯辰未酉亥年吉利,六月一万人兵度,子寅巳午申戌年凶。

酉命:子卯未戌亥年吉利,正、四、七、十月七千人兵度,子丑卯午申戌亥年凶。

戌命:寅辰巳未酉年吉利,四、十月七千人兵度,子丑卯午申戌亥年凶。

亥命:子丑卯午未戌年利,五、七月五百人兵度,寅辰巳申酉亥年凶。

入室坐禅

（附修养择丹鼎、行法等事）

宜用甲寅、乙卯日月合，丙寅、丁卯隧阴阳合、上吉、黄道、甲子、成、开日。

忌天隔、地隔、六不成、建、破、魁罡，凶。修养择鼎行法见崔公人乐镜，并悭真参同气例。桑门坐禅用月空、守日、闭日。

募缘题化

（谓题疏化缘、施舍、建修等事）

宜六合、天财、地财、天富、天贵、天喜、天恩、禄库、天德、月德、天月二德合、满、成日。忌空亡、赤口、大败、六不成、天耗、地耗、鬼贼、破贼、四方耗、荒芜、灭没、伏断日。

吉日	月											
	正	二	三	四	五	六	七	八	九	十	十一	十二
天贼	辰	午	申	戌	子	寅	辰	午	申	戌	子	寅
地贼	巳	未	酉	亥	丑	卯	巳	未	酉	亥	丑	卯
月财	午	乙	巳	未	酉	亥	午	乙	巳	未	酉	亥
天富	辰	巳	午	未	申	酉	戌	亥	子	丑	寅	卯
金堂	辰	戌	巳	亥	午	子	辰	戌	巳	亥	午	子
天喜	戌	亥	子	丑	寅	卯	辰	巳	午	未	申	酉
禄库	戌	子	寅	辰	午	申	戌	子	寅	辰	午	申
天贵	春	甲	乙	夏	丙	丁	秋	庚	辛	冬	壬	癸

凶日	正	二	三	四	五	六	七	八	九	十	十一	十二
大败六不成	寅	午	戌	巳	酉	丑	申	子	辰	亥	卯	未
天耗	寅	辰	午	申	戌	子	寅	辰	午	申	戌	子
地耗	酉	亥	丑	卯	巳	未	酉	亥	丑	卯	巳	未
鬼贼	亥	丑	卯	巳	未	酉	亥	丑	卯	巳	未	酉
四方耗	初二	初三	初四	初五	初二	初三	初四	初五	初二	初三	初四	初五

炼丹点黄

（谓抱炉火、起炉煎销等事）

宜庚寅、辛卯金石合、平、定、成、开、甲子、显曲传三星、上吉、黄道、生气、神在、天月二德、天月德合、紫微、幽破、天恩、天成、吉庆星、成、定日。

忌庚申、辛酉金石离日、火隔、焦坎、正四废、六不成、破日，春戊辰，夏丁巳、戊申、己巳、丑未辰也。秋戊戌、己亥、庚午、辛亥。冬戊寅卯癸酉未戌及壬丙万户，乙亥逢丁戊癸，辛巳逢建及日杀反吉。收开晦朔上朔、八绝、往亡日。已上皆凶，炼丹难成。

铸丹鼎：宜甲子六十之首阳，择黄道、神在、金石合、成日，吉多者可用。忌六不成、焦坎、金石离、火隔、赤口、破败、灭没、正四废日，凶。

造丹灶：宜六戊日取勾陈阳土，六壬申日作青龙阳木，六丙日用朱雀阳火，六庚日用白虎阳金，六壬日取玄武阳水，乃以五行金阳土筑擅砌灶，吉。

铸炼丹点置宝盂，天照兴铸鼎同。地照壬子日，太阴望中尘。

人照丙午日，太阳中时针。凡炼丹无此不能威伏鬼神，以合天地之灵。

云游吉日：宜三月十日吉，其他月宝、义、专日吉，制、伐日凶。

宝日：丁丑、丙戌、甲午、庚子、壬寅、癸卯、乙巳、丁未、戊申、辛亥、丙辰吉。干生支是也。

义日：甲子、丙寅、丁卯、己巳、辛未、壬申、癸酉、甲戌、乙亥、戊午，吉。支生干是也。

专日:戊辰、己丑、戊戌、壬午、壬子、甲寅、乙卯、丁巳、己未、庚申、癸亥。干支和是。

制日:乙丑、甲戌、壬午、戊子、癸巳、甲辰、庚寅、辛卯、乙未、丙申、丁酉、己亥。干克支凶。

伐日:庚午、丙子、戊寅、己卯、辛巳、癸未、甲申、乙酉、壬辰、癸丑、壬戌、。支克干凶。

桑门游方

(与出行日同)

入山取药:宜天仓地仓日,春秋不入东西山,冬夏不入南北山。

	正	二	三	四	五	六	七	八	九	十	十一	十二
天仓开日	初一	廿五	二十	十六	十一	初六	初二	廿五	廿一	十六	十三	初六
地仓开日	子	丑	寅	卯	辰	巳	午	未	申	酉	戌	亥

入山求仙:初入山当以天心日六己时,天心日者,寅日是也。六己者,己巳、己卯、己亥、己酉、己丑是也。初出行当须此日,又入名山当用甲子开陈日,以五行各五寸安大石上,所作事必得。初行避三庚、三辛、三壬。三庚者,庚日庚子入庚地是也。三辛三壬皆同。

瘟鬼所在

凡入瘟家问病瘟鬼占处忌从此方坐立。

初一在中庭,初二东墙下,初三在大门,初四在中门,初五在外方,初六东壁下,七八西壁下,初九十在卯,十一西墙下,十二三房中,十四南方路,十五后门立,十六在灶前,十七病人床,十八在中庭,十九在灶边,二十在社宫,二十一西果树,二十二在堂前,二十三路上立,二十四东候人,二十五路候师,二十六在厨下,二十七病床边,二十八北方井,二十九日在庙,三十病人床。

逐时瘟鬼出入

子日午时入申时出大门,丑日未时入酉时出大厅。

寅日申时入戌时出守宅,卯日酉时入亥出病人身。

辰日戌时入子时出菜馆,巳日亥时入丑时出后门。

午日子时入寅时出中厅,未日丑时入卯时出东方。

申日寅时入辰时出东方,酉日卯时入巳时出病人身床。

戌日亥日西南北方申时入病人门户。

送瘟疫时灾吉凶歌

甲子送神神便去,乙丑不去损人凶。

丙寅直向南方去,送瘟之后主兴隆。

丁卯戊辰主人凶,己巳南方千里遇。

庚午辛未伤人命,壬申癸酉不回踪。

甲戌须教大难当,乙亥丙妇去西方。

丁丑戊寅千里外,己卯直去不回藏。

庚辰辛巳永无妨,壬午癸未去西安。

甲申乙酉与丙戌,送瘟去后却回旋。

丁亥送神仍旧病,戊子己丑到西行。

庚寅辛卯壬辰日,三四五人不安宁。

癸巳送神杀长子,甲午损人不须详。

乙未丙申与丁酉,送去八十里回侵。

戊戌己亥主半吉,庚子辛丑西不归。

壬寅送神不肯去,癸卯大吉永无危。

甲辰乙巳三口亏,丙午丁未南方立。

戊申送神神又转,己酉庚戌吉无疑。

辛亥壬子并癸丑，甲寅乙卯病仍旧。
丙辰丁巳不回还，庚午伤人盘抱久。
己未小口二人忧，损师庚申及辛酉。
壬戌癸亥损人丁，仙人口诀宜遵守。

送年工吉日

（外凶日不载）

甲戌庚辰去不问，甲申乙酉哭徘徊。
丙戌丁亥千里远，壬辰癸巳乐无涯。
更有壬寅与甲辰，壬子癸丑去欣欣。
壬戌癸亥无回意，天师留下救凡人。

（新镌陈氏日用事宜吉凶应验藏书卷之九终）

新镌陈子性修方
吉凶应验藏书卷之十

修方要诀

修方之道，视白地修造为更难。一要避年月之三煞；二要避年辰之戊己；三要避年辰之十二都天所属。以流宫之生克何如，并看每年之八节九局，又避日家天地官符、大月建、小儿杀、打头火、飞天独火、月游火、罗天退、丙丁独火及诸血刃，乃得趋吉避凶之要诀，而岂易言哉？更要以坐宫为主，有坐宫而后有方位，定方位而后知趋避，所以又要论阴方道，论阳方道，论交接方道。何谓阴方道？即中宫滴水内是也。倘诸杀占中宫则不宜修作，必吉神居中乃可修动也。何谓阳方道？所修地基不与旧宅相连是也。如诸杀占所修之位，每每畋祸，甚验，必方位有吉神所占始可修作。何谓交接方道？或前后左右架屋宇与旧屋相连是也。或中宫利而方位煞占，或方位利而中宫杀占，俱不宜动作，必要内外皆有吉会方为大利，此修方之至要也。若开新基、立栋宇，或净尽拆除旧屋而创新屋，又当依开山立向法也。然造作之事，以人家所居中宫为主，所居在百步外方为新创，若在百步之内，则虽新创亦当兼以修方论也。

修方召吉神

年干	甲	乙	丙	丁	戊	己	庚	辛	壬	癸
食神	丙	丁	戊	己	庚	辛	壬	癸	甲	乙
饷神	壬	癸	甲	乙	丙	丁	戊	己	庚	辛

（续表）

年干	甲	乙	丙	丁	戊	己	庚	辛	壬	癸
岁德	甲	庚	丙	壬	戊	甲	庚	丙	壬	戊
岁德	己	乙	辛	丁	癸	己	乙	辛	丁	癸
天禄星	艮	震	巽	离	巽	离	坤	兑	乾	坎
天帑星	乾	坤	艮	兑	坎	离	震	巽	离	坤
黄甲方	戌	申	午	辰	寅	戌	申	午	辰	寅
科甲方	丁卯艮	己卯坎	辛卯坎	癸卯坤	乙卯震	丁卯巽	己卯申	辛卯申	癸卯乾	己卯兑
天喜神	寅卯	戌亥	申酉	午未	辰巳	寅卯	戌亥	申酉	午未	辰巳
文魁星	午丁	午丁	辰酉	卯戌	辰酉	辰酉	巳申	子丑	午	午
文曲星	巳丙	午丁	甲庚	酉辛	甲庚	酉辛	亥壬	戌乾	寅申	卯乙
文星贵人	子	午	申	酉	申	酉	亥	戌	寅	卯
福星贵人	寅	丑	寅	亥	申	未	午	巳	辰	丑
天福贵人	酉	申	子	亥	卯	寅	午	巳	午	巳
天官贵人	未	辰	巳	寅	卯	酉	亥	申	戌	午
天厨贵人	巳	午	巳	午	申	酉	亥	子	寅	卯
太极贵人	子	午	卯	酉	辰	未	寅	亥	巳	申
天乙阳贵人	未	申	酉	亥	丑	子	丑	寅	卯	巳
天乙阴贵人	丑	子	亥	酉	未	申	未	午	巳	卯
河节度贵人山	巳	未	巳	未	巳	未	亥	丑	亥	丑

右贵人，以年月日时建入中宫，如甲子年以甲子入中顺寻寅，在兑为福星，巳在坎为文星，天厨节度未，在震为天官，酉在中为天福。

年支吉方	子	丑	寅	卯	辰	巳	午	未	申	酉	戌	亥
月支吉方	十一	十二	正	二	三	四	五	六	七	八	九	十
岁支合	丑	子	亥	戌	酉	申	未	午	巳	辰	卯	寅
天道行	东南	西	南	西南	北	西	西北	东	北	东北	南	东
天德	巽	庚	丁	坤	壬	辛	乾	甲	癸	艮	丙	乙
天德合	申	乙	壬	己	丁	丙	寅	己	戊	亥	辛	庚
月德	壬	庚	丙	甲	壬	庚	丙	甲	壬	庚	丙	甲
月德合	丁	乙	辛	己	丁	乙	辛	己	丁	乙	辛	己
岁支德	巳	午	未	申	酉	戌	亥	子	丑	寅	卯	辰
岁德合	申	未	午	巳	辰	卯	寅	丑	子	亥	戌	酉
岁位合	辰	巳	午	未	申	酉	戌	亥	子	丑	寅	卯
华盖生气	戌	亥	子	丑	寅	卯	辰	巳	午	未	申	酉
驿马	寅	亥	申	巳	寅	亥	申	巳	寅	亥	申	巳
金柜星	子	酉	午	卯	子	酉	午	卯	子	酉	午	卯
天财星	坎	艮	巽	离	坤	乾	坎	艮	巽	离	坤	乾
天富星	寅甲	卯乙	巽辰	巳丙	午丁	未坤	申庚	酉辛	戌乾	亥壬	子癸	丑艮
地财星	丑艮	卯乙	巳丙	未坤	酉辛	壬亥	丑艮	卯乙	巳丙	未坤	酉辛	壬亥
月财星	艮寅	癸丑	壬子	乾亥	辛戌	庚酉	坤申	丁未	丙午	巽巳	乙辰	甲卯
横财星	辰巽	巳丙	午丁	未坤	申庚	酉辛	戌乾	亥壬	子癸	丑艮	寅甲	卯乙
天仓星	酉	戌	亥	子	丑	寅	卯	辰	巳	午	未	申
地仓星	辰戌	寅申	子午	巳亥	卯酉	寅申	卯酉	丑未	子午	辰戌	卯酉	寅申
人仓星	丑	戌	未	辰	丑	戌	未	辰	丑	戌	未	辰
年支吉方	子	丑	寅	卯	辰	巳	午	未	申	酉	戌	亥
月支吉方	十一	十二	正	二	三	四	五	六	七	八	九	十

（续表）

年支吉方	子	丑	寅	卯	辰	巳	午	未	申	酉	戌	亥
田宅位	卯酉	辰戌	巳亥	子午	丑未	寅申	卯酉	辰戌	巳亥	子午	丑未	寅申
杀将星	未	申	酉	戌	亥	子	丑	寅	卯	辰	巳	午
天嗣星	甲卯	巽巳	丁未	庚酉	乾亥	庚酉	辛戌	壬子	艮寅	辛戌	壬子	癸丑
天寿星	庚酉	乾亥	癸丑	甲卯	巽巳	甲卯	乙辰	丙午	坤申	乙辰	丙午	未坤
子孙道	乾巽	丙辰	丁癸	坤艮	甲庚	乙辛	乾巽	丙壬	丁癸	坤艮	甲庚	乙辛
天财星	戌	亥	子	丑	寅	卯	辰	巳	午	未	申	酉
红鸾星	卯	寅	丑	子	亥	戌	酉	申	未	午	巳	辰
天喜星	酉	申	未	午	巳	辰	卯	寅	丑	子	亥	戌
太阳侍殿	戌巳	亥午	子未	丑申	寅酉	卯戌	辰亥	巳子	午丑	未寅	申卯	酉辰
太阳守殿	丙壬	丑未	子午	巳亥	甲庚	丁癸	坤辰	卯酉	丙壬	卯酉	辰戌	巳亥
进禄星	亥壬	巽巳	坤申	亥壬	巽巳	坤申	亥壬	巽巳	坤申	亥壬	巽巳	坤申
催官鬼使	午	子	丑	未	寅	申	卯	酉	辰	戌	巳	亥
年魁星	乙辰	巽巳	丙午	丁未	坤申	庚酉	辛戌	乾亥	壬子	癸丑	艮寅	甲卯
转官星	丑	寅	卯	辰	巳	午	未	申	酉	戌	亥	子
进会星	寅艮	卯甲	辰乙	巳巽	午丙	未丁	申坤	酉庚	戌辛	亥乾	子壬	丑癸
官国星	戌乾	亥壬	子癸	丑艮	寅甲	卯乙	辰巽	巳丙	午丁	未坤	申庚	酉辛
年天太阳	坤申	辰巽	壬子	乾亥	坤申	卯乙	未坤	甲卯	丙午	卯乙	辰巽	乾亥
青龙太阴	辛戌	乾亥	壬子	癸丑	艮寅	甲卯	乙辰	巽巳	丙午	丁未	坤申	庚酉
天道	坤艮	甲庚	乙辛	乾巽	丙壬	丁癸	坤艮	甲庚	乙辛	乾巽	丙壬	丁癸
人道	乾巽	丙壬	丁癸	坤艮	甲庚	乙辛	乾巽	丙壬	丁癸	坤艮	甲庚	乙辛
利道	乙辛	丙壬	丙壬	丁癸	甲庚	甲庚	乙辛	丙壬	丙壬	丁癸	甲庚	甲庚
兵道	乙辛	巽乾	丙壬	丁癸	坤艮	庚甲	辛乙	乾巽	壬丙	癸丁	艮坤	甲庚

（续表）

年支吉方	子	丑	寅	卯	辰	巳	午	未	申	酉	戌	亥
财帛星	庚酉	戌乾	丙午	甲卯	辰巽	未坤	庚酉	戌乾	丙午	甲卯	辰巽	坤未
钱财位	辰戌	卯酉	子午	丑未	丑未	巳亥	辰戌	卯酉	子午	丑未	丑未	寅申
天庆鸾舆星	子	艮寅	辰巽	午	坤申	戌乾	子	艮寅	辰巽	午	坤申	戌乾
天官紫微星	酉	乾亥	丑艮	卯	巽已	未申	酉	乾亥	丑卯	卯	巽巳	未坤
天库少微星	卯	巽巳	未坤	酉	乾亥	丑艮	卯	巽巳	未坤	酉	乾亥	丑艮
天官凤辇星	午	坤申	戌乾	子	艮寅	辰巽	午	坤申	戌乾	子	艮寅	辰巽
天宝御游星	坤	亥	巽	坤	亥	巽	坤	亥	巽	坤	亥	巽
回驾帝星	子午	寅申	辰戌	子午	寅申	辰戌	子午	寅申	辰戌	子午	寅甲	辰戌
天贵星	酉	戌	亥	子	丑	寅	卯	辰	巳	午	未	申
天宝星	午	申	戌	子	辰	寅	午	申	戌	子	辰	寅
捉财星	庚	辛	乾	壬	癸	艮	甲	乙	巽	丙	丁	坤
五富星	巳丙	甲庚	壬亥	寅甲	巳丙	甲庚	亥壬	寅甲	巳丙	甲庚	壬亥	寅甲
福富星	巽	离	坤	坤	兑	乾	乾	坎	艮	艮	震	巽
年解星	戌未	未酉	未申	未申	巳酉	巳酉	辰戌	卯戌	亥寅	巳亥	子午	午亥
青龙生气	辛	乙	壬	丙	艮	坤	乙	辛	丙	壬	坤	艮
	甲庚	丙壬	甲庚	丙壬	甲庚	丙壬	甲庚	丙壬	甲庚	丙壬	甲庚	丙壬
驿马临官	乙辛	丁癸	乙辛	丁癸	乙辛	丁癸	乙辛	丁癸	乙辛	丁癸	乙辛	丁癸
左辅	卯	坤	子	午	艮	酉	乾	酉	艮	午	子	坤
右弼	巽	震	坤	子	午	艮	酉	艮	午	子	坤	子
武曲	子	午	艮	酉	乾	中	巽	中	乾	酉	艮	午
贪狼	申	巽	卯	坤	子	午	艮	午	子	坤	卯	巽
巨门	乾	申	巽	卯	坤	子	午	子	坤	卯	巽	申

月家吉方	甲	乙	丙	丁	戊	巳	庚	辛	壬	癸
月干德	甲	庚	丙	壬	戊	甲	庚	丙	壬	戊
干德合	己	乙	辛	丁	癸	己	乙	辛	丁	癸
月正禄	寅	卯	巳	午	巳	午	申	酉	亥	子
福星贵人	寅	亥丑	戌子	酉	申	未	午	巳	辰	卯

月支吉方日同	正	二	三	四	五	六	七	八	九	十	十一	十二
天道行	南	西南	北	西	西北	东	北	东北	南	东	东南	西
天道吉方	乙辛	乾巽	壬丙	癸丁	艮坤	庚甲	乙辛	乾巽	壬丙	癸丁	艮坤	庚甲
天德方	丁	坤	壬	辛	乾	甲	癸	艮	丙	乙	巽	庚
天德合	壬	己	丁	丙	寅	己	戊	亥	辛	庚	申	乙
月德方	丙	甲	壬	庚	丙	甲	壬	庚	丙	甲	壬	庚
月德合	辛	己	丁	乙	辛	己	丁	乙	辛	己	丁	乙
月恩方	丙	丁	庚	己	戊	辛	壬	癸	庚	乙	甲	辛
月空方	壬	庚	丙	甲	壬	庚	丙	甲	壬	庚	丙	甲
青龙黄道	子	寅	辰	午	申	戌	子	寅	辰	午	申	戌
金柜黄道	辰	午	申	戌	子	寅	辰	午	申	戌	子	寅
天德黄道	巳	未	酉	亥	丑	卯	巳	未	酉	亥	丑	卯
玉堂黄道	未	酉	亥	丑	卯	巳	未	酉	亥	丑	卯	巳
明堂黄道	丑	卯	巳	未	酉	亥	丑	卯	己	未	酉	亥
司命黄道	戌	子	寅	辰	午	申	戌	子	寅	辰	午	申
月财方	午	乙	巳	未	酉	亥	午	乙	巳	未	酉	亥
生气方	子	丑	寅	卯	辰	巳	午	未	申	酉	戌	亥
天仓方	亥	子	丑	寅	卯	辰	巳	午	未	申	酉	戌

（续表）

月支吉方日同	正	二	三	四	五	六	七	八	九	十	十一	十二
地仓方	午	申	亥	辰	丑	寅	巳	辰	午	酉	巳	辰
生土方	卯	午	申	戌	午	未	酉	午	申	戌	子	巳
停部方	未	申	酉	戌	亥	子	丑	寅	卯	辰	巳	午
天解方	申	戌	子	寅	辰	午	申	戌	子	寅	辰	午
地解方	申	申	酉	酉	戌	戌	亥	亥	午	午	未	未
月外解神方	申	酉	戌	亥	子	丑	寅	卯	辰	巳	午	未
极富星方	午	未	申	酉	戌	亥	子	丑	寅	卯	辰	巳
五福星	乙	巳	子	丁	申	卯	辛	亥	午	癸	寅	酉
天医神	卯	亥	丑	未	巳	卯	亥	丑	未	巳	卯	亥
支德星	未	申	酉	戌	亥	子	丑	寅	卯	辰	巳	午
支德合	午	巳	辰	卯	寅	丑	子	亥	戌	酉	申	未

飞宫天月德定局

	正	二	三	四	五	六	七	八	九	十	十一	十二
甲年天月德	乾	坎	离	兑	坎	艮	乾	中	坎	兑	坎	艮
己年天月德	中	震	兑	乾	离	坤	艮	中	震	中	坤	艮
乙年天月德	中	坎	兑	中	坎	乾	中	坎	中	巽	坎	乾
庚年天月德	巽	坎	兑	中	离	乾	巽	坎	中	震	离	乾
丙年天月德	震	坎	中	巽	坎	中	震	坎	巽	坤	坎	中
辛年天月德	坤	艮	中	震	兑	中	坤	艮	巽	坎	兑	中
丁年天月德	坎	坎	巽	坤	坎	震	坎	坎	坤	离	坎	震

（续表）

	正	二	三	四	五	六	七	八	九	十	十一	十二
壬年天月德	离	乾	巽	坎	中	震	离	乾	坤	艮	中	震
戊年天月德	艮	坎	坤	离	坎	坎	艮	坎	离	兑	坎	坎
癸年天月德	兑	中	坤	艮	巽	坎	兑	中	离	乾	巽	坎

飞宫水德星定局

	正	二	三	四	五	六	七	八	九	十	十一	十二
甲年壬癸	坤	坎	离	艮	兑	乾	中	申	巽	震	坤	坎
己年壬癸	震	坤	坎	离	艮	兑	乾	申	申	巽	震	坤
乙年壬癸	离	艮	兑	乾	中	中	巽	震	坤	坎	离	艮
庚年壬癸	坎	离	艮	兑	乾	中	中	巽	震	坤	坎	离
丙年壬癸	兑	乾	中	中	巽	震	坤	坎	离	艮	兑	乾
辛年壬癸	艮	兑	乾	中	中	巽	震	坤	坎	离	艮	兑
丁年壬癸	申	申	巽	震	坤	坎	离	艮	兑	乾	中	中
壬年行癸	乾	申	申	巽	震	坤	坎	离	艮	兑	乾	中
戊年壬癸	巽	震	坤	坎	离	艮	兑	乾	申	申	巽	震
癸年壬癸	申	巽	震	坤	坎	离	艮	兑	乾	申	申	巽

飞宫天赦星定局

	正	二	三	四	五	六	七	八	九	十	十一	十二
甲己年	艮	兑	乾	震	坤	坎	中	巽	震	离	艮	兑
乙庚年	中	坎	离	离刑	艮	兑刑	坤	坎	离	乾	申	巽

（续表）

	正	二	三	四	五	六	七	八	九	十	十一	十二
丙辛年	艮	兑	乾	乾	中	坎	艮	兑	乾	震	坤	坎
丁壬年	中	巽	震	离	艮	兑	中	坎	离	离	艮	兑
戊癸年	坤	坎	离	乾	中	巽	艮	兑	乾	乾	中	坎

日家吉神定局

	正	二	三	四	五	六	七	八	九	十	十一	十二
天德	丁	申	壬	辛	亥	甲	癸	寅	丙	乙	巳	庚
天德	壬	巳	丁	丙	寅	己	戊	亥	辛	庚	申	乙
月德	丙	甲	壬	庚	丙	甲	壬	庚	丙	甲	壬	庚
月德合	辛	己	丁	乙	辛	己	丁	乙	辛	己	丁	乙
月恩	丙	丁	庚	巳	戊	辛	壬	癸	庚	乙	甲	辛
月财	午	乙	己	未	酉	亥	午	乙	己	未	酉	亥
月空	壬	庚	丙	甲	壬	庚	丙	甲	壬	庚	丙	甲
天喜	戌	亥	子	丑	寅	卯	辰	巳	午	未	申	酉
生气	子	丑	寅	卯	辰	巳	午	未	申	酉	戌	亥
要安	寅	申	卯	酉	辰	戌	巳	亥	午	子	未	丑
玉堂	卯	酉	辰	戌	巳	亥	午	子	未	丑	申	寅
金堂	辰	戌	巳	亥	午	子	未	丑	申	寅	酉	卯
敬心	未	丑	申	寅	酉	卯	戌	辰	亥	巳	子	午
普护	申	寅	酉	卯	戌	辰	亥	巳	子	午	丑	未
福生	酉	卯	戌	辰	亥	巳	子	午	丑	未	寅	申

（续表）

	正	二	三	四	五	六	七	八	九	十	十一	十二
圣心	亥	巳	子	午	丑	未	寅	申	卯	酉	辰	戌
益后	子	午	丑	未	寅	申	卯	酉	辰	戌	丑	未
续世	丑	未	寅	申	卯	酉	辰	戌	巳	亥	午	子
玉富	亥	寅	巳	申	亥	寅	巳	申	亥	寅	巳	申
天富造葬作	辰	巳	午	未	申	酉	戌	亥	子	丑	寅	卯
日马仓库吉	申	巳	寅	亥	申	巳	寅	亥	申	巳	寅	亥
六合	亥	戌	酉	申	未	午	巳	辰	卯	寅	丑	子
天仓作仓吉	寅	丑	子	亥	戌	酉	申	未	午	巳	辰	卯
天财造葬作仓库吉	辰	午	申	戌	子	寅	辰	午	申	戌	子	寅
地财	巳	未	酉	亥	丑	卯	巳	未	酉	亥	丑	卯
金柜嫁娶安床吉	子	酉	午	卯	子	酉	午	卯	子	酉	午	卯
天地解	申	酉	戌	亥	子	丑	寅	卯	辰	巳	午	未
解神退煞散讼	申	申	戌	戌	子	子	寅	寅	辰	辰	午	午
天寿星作行坟寿木吉	子丑	丑子	子丑	戌亥	戌亥	戌亥	子丑	未申	未申	未申	戌亥	未申
天嗣星求嗣吉	未	酉	亥	酉	戌	子	寅	戌	子	丑	卯	巳
喝散神词讼治病	巳	巳	巳	申	申	申	亥	亥	亥	寅	寅	寅
入仓作仓库吉	未	辰	丑	戌	未	辰	丑	戌	未	辰	丑	戌
阳德嫁娶入学	戌	子	寅	辰	午	申	戌	子	寅	辰	午	申
阴德设齐祭祀	酉	未	巳	卯	丑	亥	酉	未	巳	卯	丑	亥
生天太阳	酉	子	卯	午	酉	子	卯	午	酉	子	卯	午
吉庆星	酉	寅	亥	辰	丑	午	卯	申	戌	子	寅	辰
天马日	午	申	戌	子	寅	辰	午	申	戌	子	寅	辰
青龙	子	寅	辰	午	申	戌	子	寅	辰	午	申	戌

	春	夏	秋	冬
天赦日	戊寅	甲午	戊申	甲子
母仓	亥子	寅卯	辰戌丑未	申酉
旺日	甲寅乙卯	丙午丁巳	庚申辛酉	壬子癸亥
相日	丙午丁巳	辰戌巳未	壬子癸亥	甲寅乙卯
天贵	甲乙	丙丁	庚辛	壬癸
天良	甲寅	丙寅	庚寅	壬寅

修方避凶杀

年干	甲	乙	丙	丁	戊	己	庚	辛	壬	癸
山家困龙即恕大杀	乾	庚	丁	巽	甲	乾	庚	丁	巽	甲
山家官符即天禁朱雀	亥	酉	未	巳	卯	亥	酉	未	巳	卯
穿山罗睺即坐山官符	戌	申	午	辰	寅	戌	申	午	辰	寅
直山血刃	申酉	壬	辛子	酉亥	巳	辛酉	壬	辛子	酉亥	巳
山家血刃太岁	乾兑	坎巽	坤艮	震	离	乾兑	坎巽	坤艮	震	离
四大金星即鸾移音	丁	巽	申	乾	庚	丁	巽	甲	乾	庚
头白空亡	离	坎	巽	坎	□	兑	坤	艮	乾	震
浮天空亡	壬	癸	辛	庚	坤	乾	丁	丙	甲	乙
千金血刃	申	寅	子	亥	巳	申	寅	子	亥	巳
破败五鬼	巽	艮	坤	卯	午	子	酉	乾	巽	艮
月干	甲	乙	丙	丁	巳	戌	庚	辛	壬	癸
金神七杀天金	午未	己巳	子寅 丑印	戌亥	申酉	午未	辰巳	子寅 丑卯	戌亥	申酉
金神七杀地金	申酉	辰巳	午未	寅卯	子丑	申酉	辰巳	午未	寅卯	子丑

（续表）

年干	甲	乙	丙	丁	戊	己	庚	辛	壬	癸
隐伏血刃	乾巽	子未	寅戌	亥乾	丑卯	巽乾	子未	寅戌	亥乾	丑卯
升玄燥火	丑丁	甲艮	辰辛	未癸	戌乙	丑丁	申艮	辰辛	未癸	戌乙
都天太即戊己杀	辰巳	寅卯	亥戌	申酉	午未	辰巳	寅卯	戌亥	申酉	午未
升玄血刃	巳甲	子辛	申丙	亥庚	寅壬	巳甲	子辛	申丙	亥庚	寅壬
罗天炙退	子	震	艮	艮	坤	坤	巽	巽	酉	酉
债不杀忌修门	辰	酉寅	午	乾	坤庚	辰	酉寅	午	乾	坤庚
重游太岁	巽	乙	乾	坤	午	巽	乙	乾	坤	午
地空亡	巽	子丑	坤	申	丙	坎	子丑	坤	寅	巽
飞天火	子	酉	午	卯	午	子	酉	午	卯	午
朱雀杀	乾	坤	午	巽	寅	乾	坤	午	巽	寅
正都天	子	乾	子	乾	兑	午	巽	午	巽	卯
傍都天	艮兑中	乾兑	巽	卯坤	午子	艮兑	中乾	巽申	坤卯	午子
游都天	兑	午	巽	卯	子	卯	子	乾	兑	离
夹杀都天	巽	甲	乾	庚	丁	巽	甲	乾	庚	丁
雷霆箭	乾巽	丙壬	艮坤	乾巽	艮坤	乾巽	丙壬	艮坤	乾巽	艮坤

年支	子	丑	寅	卯	辰	巳	午	未	申	酉	戌	亥
坐山罗睺	乾	艮	巽	离	兑	坤	坤	艮	坎	坎	巽	乾
天官符	亥	申	巳	寅	亥	申	巳	寅	亥	申	巳	寅
地官符	辰	巳	午	未	申	酉	戌	亥	子	壬	寅	卯
罗天炙退	甲卯	壬子	庚酉	丙午	甲卯	壬子	庚酉	丙午	甲卯	壬子	酉庚	丙午
支神退	巽兑	巽兑	坎	坎	坎	坎	乾	乾	坤艮	坤艮	离	离

（续表）

年支	子	丑	寅	卯	辰	巳	午	未	申	酉	戌	亥
山家火血	甲庚	乙辛	丙壬	丁癸	甲庚	乙辛	丙壬	丁癸	甲庚	乙辛	丙壬	丁癸
山家刀砧	乙辛	甲庚	甲庚	丁癸	甲庚	丁癸	甲庚	丁癸	丙壬	乙辛	丙壬	丁癸
白虎杀	申	酉	戌	亥	子	丑	寅	卯	辰	巳	午	未
阴中太岁	未	午	巳	辰	卯	寅	丑	子	亥	戌	酉	申
瘟杀	巳	寅	亥	申	巳	寅	亥	申	巳	寅	亥	申
灾杀即三杀	午	卯	子	酉	午	卯	子	酉	午	卯	子	酉
岁杀	未	辰	丑	戌	未	辰	丑	戌	未	辰	丑	戌
坐杀向杀	丙壬	甲庚	丙壬	甲庚	丙壬	甲庚	丙壬	甲庚	丙壬	甲庚	丙壬	甲庚
坐杀向杀	丁癸	乙辛	丁癸	乙辛	丁癸	乙辛	丁癸	乙辛	丁癸	乙辛	丁癸	乙辛
巡山罗睺	乙	壬	艮	甲	巽	丙	丁	坤	辛	乾	癸	庚
马前六害	甲	壬	庚	丙	甲	壬	庚	丙	甲	壬	庚	丙
翎毛禁向	甲庚	丁癸	丙	丙	甲庚	丙壬	甲庚	甲	丁癸	庚	庚	丙
翎毛禁向	丙壬	甲庚	壬	壬	丁癸	丁癸	丙壬	庚	壬丙	壬	辛	壬
九天朱雀	卯	戌	巳	子	未	寅	酉	辰	亥	午	丑	申
通天大煞	寅卯 辰巳	亥子	申酉 戌	午未	寅卯 子辰	亥子	申酉 戌	午未	子寅 卯辰	亥子	申酉 戌	午未
皇天大煞	卯	子	酉	午	卯	子	酉	午	卯	子	酉	午
打头火	子	酉	午	卯	子	酉	午	卯	子	酉	午	卯
飞天独火	卯	子	酉	午	卯	子	酉	午	卯	子	酉	午
独火	艮	卯	卯	子	巽	巽	酉	午	午	坤	乾	乾
流财符	戌乾	未甲	子丑	子丑	子丑	戌乾	戌乾	戌乾	子丑	未甲	未甲	未甲
天太岁	亥	申	巳	寅	亥	申	巳	寅	亥	申	巳	寅
地太岁	未	巳	辰	寅	丑	亥	戌	申	未	巳	辰	寅

（续表）

年支	子	丑	寅	卯	辰	巳	午	未	申	酉	戌	亥
皇天炙退	卯乙	子亥	酉辛	丁丁	卯乙	子癸	午辛	午丁	卯乙	子癸	酉辛	午丁
太岁堆黄	子	丑	寅	卯	辰	巳	午	未	申	酉	戌	亥
傍煞	巳	午	未	申	酉	戌	亥	子	丑	寅	卯	辰
的煞	午	未	申	酉	戌	亥	子	丑	寅	卯	辰	巳
照煞	未	申	酉	戌	亥	子	丑	寅	卯	辰	巳	午
鬼煞	丙壬	丁癸	坤艮	申庚	乙辛	乾巽	壬丙	癸丁	艮坤	庚甲	辛乙	巽乾
兵道	乙辛	乾巽	丙壬	丁癸	坤艮	甲庚	乙辛	乾巽	丙壬	丁癸	坤艮	甲庚
死道	丁癸	坤艮	甲庚	乙辛	乾巽	丙壬	丁癸	坤艮	甲庚	乙辛	乾巽	丙壬
血道	丙壬	丁癸	丁癸	甲庚	乙辛	乙辛	丙壬	丁癸	丁癸	甲庚	乙辛	乙辛
火道	丁癸	甲庚	甲庚	乙辛	乙辛	丙壬	丁癸	丁癸	甲庚	乙辛	乙辛	丙壬
地道	甲庚	乙辛	乾巽	丙壬	丁癸	坤艮	甲庚	乙辛	乾巽	丙壬	丁癸	坤艮
破碎煞	巳	酉	丑	巳	酉	丑	巳	酉	丑	巳	酉	丑
年禁煞	午	寅	亥	酉	未	卯	子	戌	巳	辰	丑	申
铁扫帚	丁癸	乙辛	丙壬	甲庚	乙辛	丙壬	丁癸	乙辛	丙壬	甲庚	乙辛	丙壬
年支	子	丑	寅	卯	辰	巳	午	未	申	酉	戌	亥
田官符	乾	乾	子丑	子丑	子丑	乾	乾	酉申	子丑	酉申	酉申	酉申
田官符	乾	乾	亥	亥	亥	乾	乾	未	亥	未	未	未
将军大煞	酉子	酉	子午	子卯	子	卯酉	卯午	卯	午子	午酉	午	酉卯
暗刀煞	辰	卯	亥	申	丑	未	辰	卯	亥	申	丑	未
帝车煞	丑	寅	卯	辰	巳	午	未	申	酉	戌	亥	子
丧门	寅	卯	辰	巳	午	未	申	酉	戌	亥	子	丑
病符	亥	子	丑	寅	卯	辰	巳	午	未	申	酉	戌

(续表)

年支	子	丑	寅	卯	辰	巳	午	未	申	酉	戌	亥
官符星	午	未	巳	辰	卯	寅	丑	子	亥	戌	酉	申
游年五鬼	戊	癸	申	申	乙	乙	丙	酉	子	庚	庚	巳
九良星	灶厨	僧堂城隍社庙	桥门路	道观	僧堂城隍社庙	船	厨灶	僧堂城隍社庙	桥门路	道观	僧堂城隍	船
九良煞	中庭神庙	水厨寅	后堂井水丑午	后堂门□寺观庙水	寺观厅寅辰	门寺观	神庙戌亥	井水门路	中庭北方	寺观神庙南方	庙堂北方	寺观厅已巳

坐山都天		甲	乙	丙	丁	戊	己	庚	辛	壬	癸	
坎				丁未	戊辰	己丑	庚戌	辛未	壬辰			
坤			丙申	丁巳	戊寅	己亥	庚申	辛巳				
震		乙酉	丙午	丁卯	戊子	己酉	庚午					
巽	甲戌	乙未	丙辰	丁丑	戊戌	己未					癸丑	
中	甲申	乙巳	丙辰	丁丑	戊申					壬寅	癸亥	
乾	甲午	乙卯	丙子	丁酉					辛卯	壬子	癸酉	
兑	甲辰	乙丑	丙戌					庚辰	辛丑	壬戌	癸未	
艮	甲寅	乙亥					己巳	庚寅	辛亥	壬申	癸巳	
离	甲子					戊午	己卯	庚子	辛酉	壬午	癸卯	

月家都天,除三、六、九、十二月入中,不载。

阳局	阴局	一坎	二坤	三震	四巽	六乾	七兑	八艮	九离
正月	正月	坎	坤	震	巽	乾	兑	艮	离
十一月	二月	艮	兑	巽	离	坎	乾	震	坤

（续表）

阳局	阴局	一坎	二坤	三震	四巽	六乾	七兑	八艮	九离
十月	四月	震	乾	离	坤	艮	坎	巽	兑
八月	五月	巽	坎	坤	兑	震	艮	离	乾
七月	七月	离	艮	兑	乾	巽	震	坤	坎
五月	八月	坤	震	乾	坎	离	巽	兑	艮
四月	十月	兑	巽	坎	艮	坤	离	乾	震
三月	十一月	乾	离	艮	震	兑	坤	坎	巽

其法寅上起戌顺行，十二支当年支属何卦移入宫，阳逆阴顺，寻用月冲处凶。如甲戌年十月修艮方，就寅上起戌便是太岁寅属艮，移入艮宫，起正月逆行，二坎、三乾、五兑、七坤，坤艮凶。

戊子杀例

歌曰：

羊师非比叠相随，血台红罗有喜归。
重渐暗同入便至，四月俱中土里堆。
十二都天正所属，流宫生克并无移。

其法以年五虎遁，从艮上顺数本太岁在何宫，止就于太岁上逆寻戊子杀止。又从戊子上逆行建、除、满、平、定、执、破字止，就破上逆起羊刃、飞刃、叠刃止，排定八卦。又从破上顺起，正、三、六、九、十二月寄中宫，而祸福如见矣。

列图于后

甲子戊辰羊刃，戊戌暗箭。重游丙子戊辰。乙丑、己巳重游。天喜己未红鸾。庚午、甲戌破坤庚午执兑,定乾。辛未、丁丑定坤。平兑癸未满乾。丙子、庚辰正月,壬戌二月,四月丙申甲辰。癸未、辛卯四月。五月辛亥,七月。壬午戊子飞刃。三月戊杀重刃天喜。癸巳、己亥暗箭乙巳,六月小刃,血刃丁巳。壬辰丙申危离。中六月平坎。乙巳辛亥执离,己巳重日丁丑三月中,酉月己杀,除坎乙丑。戊戌甲辰十月。十二月小刃,九月己杀五月。癸丑乙卯二月癸丑。戊杀十二月,八月癸巳。庚戌丙辰十月丙辰甲子八月。七月壬午。丁巳己未正月。十一月乙卯辛卯十月。壬戌,建巽戊子杀除震,满艮甲戌。癸亥,破巽,震辛未建艮戊子杀。已上一十五年同图。

叠刃庚辰戊子血忌。红鸾庚戌,已上一十五年同此图。羊刃,飞刃己亥癸亥叠刃。丙寅、戊寅红鸾戊午甲午血忌,叠刃壬申庚子,丁卯癸酉叠刃,飞刃己卯羊刃。

丙戌甲午满坤丙寅除兑,建乾戊子杀,乙亥己卯建坤戊子杀,兑丁酉破乾。壬申甲申七月庚寅壬寅八月,十月戊申,辛巳乙酉十月,十月丁未正月。庚寅庚子天喜,九月己杀,飞刃,丁亥己丑血忌辛己辛壬,十二月戊杀,暗箭丁酉。壬寅戊申平离,小刃六月中十二月戊杀坎,己未丁酉除离,己杀九月中,重刃三月执坎乙酉。甲寅庚申五月,重刃三月十一月,辛丑癸卯八月癸酉己酉,小刃六月,二月己丑辛酉。丙午壬子四月甲申,二月,正月丙戌□寅,丁未己酉七月,五月乙未四月。戊午,定巽壬子,执震,破艮丙午,辛酉,满巽,平震丁卯乙亥定艮。十五年同图。重游庚申,暗箭,羊刃,十五年同图,红鸾,天喜癸卯重游。

六十年图十干定局

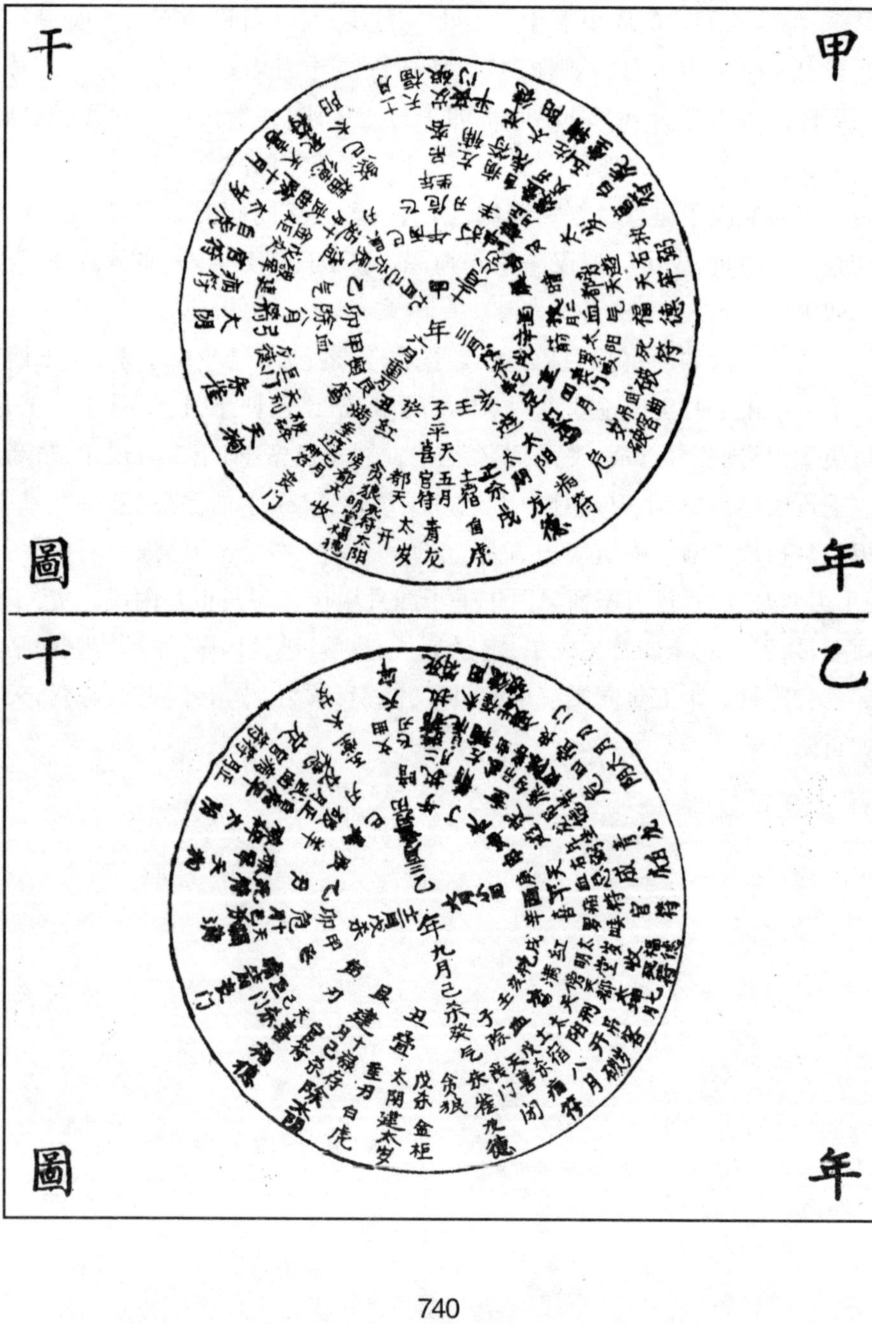

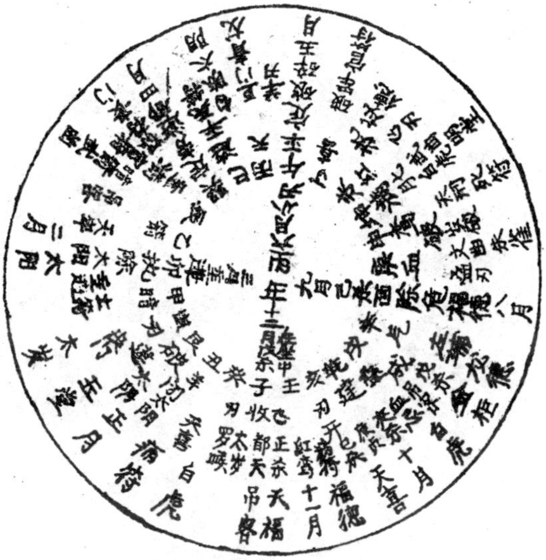

丙年干圖

丁年干圖

戊年干圖

己年干圖

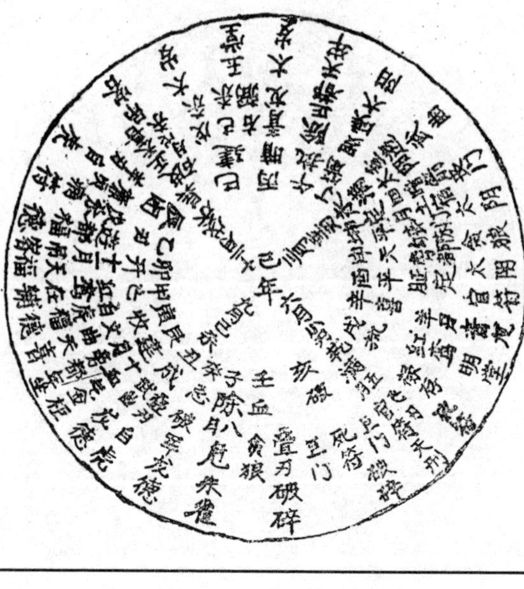

庚年干圖

辛年干圖

壬年干圖

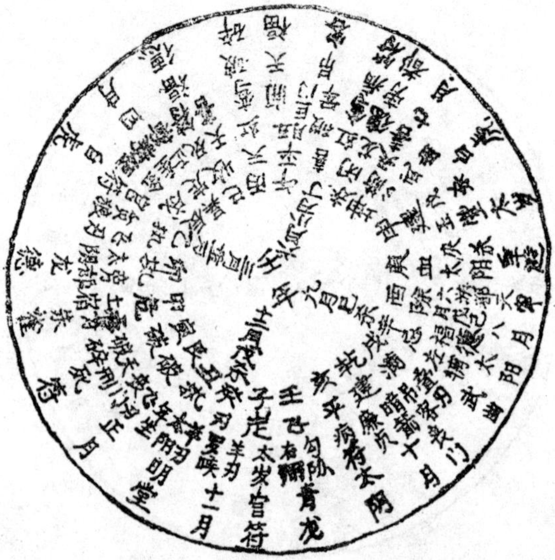

癸年干圖

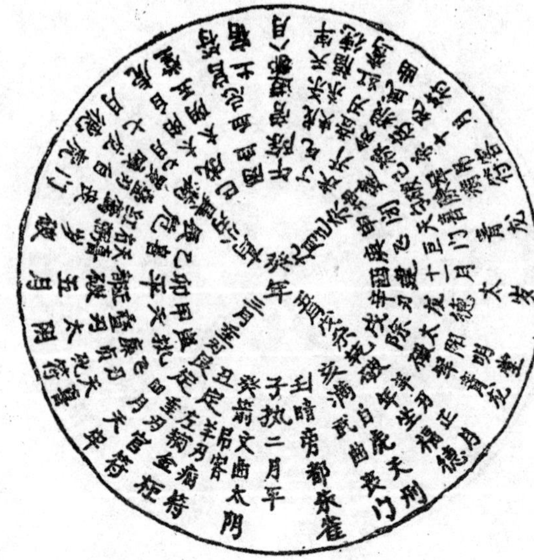

六十年雷霆正煞占方定局

雷霆正杀年月凶方定局

月家凶神	正	二	三	四	五	六	七	八	九	十	十一	十二
甲子壬辰庚午戊申丙戌 癸丑辛巳乙未丁酉乙亥	卯	寅	丑	子	亥	戌	酉	申	未	午	巳	辰
癸卯　甲寅	寅	丑	子	亥	戌	酉	申	未	午	巳	辰	卯
丙子壬午庚申戊戌 乙亥乙丑辛未己酉	丑	子	亥	戌	酉	申	未	午	巳	辰	卯	寅
丙寅乙卯甲辰癸巳	子	亥	戌	酉	申	未	午	巳	辰	卯	寅	丑
戊寅丁丑壬申 己亥庚戌辛酉	亥	戌	酉	申	未	午	巳	辰	卯	寅	丑	子
戊寅丙辰乙巳 甲午癸未丁卯	戌	酉	申	未	午	巳	辰	卯	寅	丑	子	亥
庚子己丑壬戌辛亥	酉	申	未	午	巳	辰	卯	寅	丑	子	亥	戌
庚申戊辰丙午甲申 己卯丁巳乙未癸酉	申	未	午	巳	辰	卯	寅	丑	子	亥	戌	酉
壬子　辛丑	未	午	巳	辰	卯	寅	丑	子	亥	戌	酉	申
壬寅己巳戊午丙申甲戌 辛卯庚辰丁未乙酉癸亥	午	巳	辰	卯	寅	丑	子	亥	戌	酉	申	未

月方凶神

三杀方

正	二	三	四	五	六	七	八	九	十	十一	十二
亥子丑	申酉戌	巳午未	寅卯辰	亥子丑	申酉戌	巳午未	寅卯辰	亥子丑	申酉戌	巳午未	寅卯辰

飞天独火

	正	二	三	四	五	六	七	八	九	十	十一	十二
申子辰年	乾	中	兑	乾	中	巽	震	坤	坎	离	艮	震
巳酉丑年	乾	中	巽	震	坤	坎	离	艮	兑	乾	中	兑
寅午戌年	震	坤	坎	离	艮	兑	乾	中	兑	乾	中	巽
亥卯未年	离	艮	兑	乾	中	兑	乾	中	巽	震	坤	坎

天官符

	正	二	三	四	五	六	七	八	九	十	十一	十二
寅午戌年	艮	兑	乾	中	兑	乾	中	巽	震	坤	坎	离
申子辰年	中	巽	震	坤	坎	离	艮	兑	乾	中	兑	震
巳酉丑年	坤	坎	离	艮	兑	乾	中	兑	乾	中	巽	震
亥卯未年	中	兑	乾	中	巽	震	坤	坎	离	艮	兑	乾

月游火

	正	二	三	四	五	六	七	八	九	十	十一	十二
子丑年	艮	离	坎	坤	震	巽	中	乾	兑	艮	离	坎
寅　年	震	巽	中	乾	兑	艮	离	坎	坤	震	巽	中
卯辰年	巽	中	乾	兑	艮	离	坎	坤	震	巽	中	乾
巳　年	离	坎	坤	震	巽	中	乾	兑	艮	离	坎	坤
午未年	坤	震	巽	中	乾	兑	艮	离	坎	坤	震	巽
申　年	兑	艮	离	坎	坤	震	巽	中	乾	兑	艮	离
酉戌年	乾	兑	艮	离	坎	坤	震	巽	中	乾	兑	艮
亥　年	坎	坤	震	巽	中	乾	兑	辰	离	坎	坤	震

飞宫地官符

月	正	二	三	四	五	六	七	八	九	十	十一	十二
子年	兑	乾	中	兑	乾	中	巽	震	坤	坎	离	艮
丑年	艮	兑	乾	中	兑	乾	中	巽	震	坤	坎	离
寅年	离	艮	兑	乾	艮	兑	乾	中	巽	震	坤	坎
卯年	坎	离	艮	兑	乾	中	兑	乾	中	巽	震	坤
辰年	坤	坎	离	艮	兑	乾	中	兑	乾	中	巽	震
巳年	震	坤	坎	离	艮	兑	乾	中	兑	乾	中	巽
午年	巽	震	坤	坎	离	艮	兑	乾	中	兑	乾	中
未年	中	巽	震	坤	坎	离	艮	兑	乾	中	兑	乾
申年	乾	中	巽	震	坤	坎	离	艮	兑	乾	中	兑
酉年	兑	乾	中	巽	震	坤	坎	离	艮	兑	乾	中
戌年	中	兑	乾	中	巽	震	坤	坎	离	艮	兑	乾
亥年	乾	中	兑	乾	中	巽	震	坤	坎	离	艮	兑

小儿杀

	正	二	三	四	五	六	七	八	九	十	十一	十二
申子辰 寅午戌年	中	乾	兑	艮	离	坎	坤	震	巽	中	乾	兑
巳酉丑 亥卯未年	离	坎	坤	震	巽	中	乾	兑	艮	离	坎	坤

朱雀杀

	正	二	三	四	五	六	七	八	九	十	十一	十二
子年	乾	中	兑	乾	中	巽	震	坤	坎	离	艮	兑
丑年	巽	震	坤	坎	离	艮	兑	乾	中	兑	乾	中
寅年	艮	兑	乾	中	兑	乾	中	巽	震	坤	坎	离
卯年	乾	中	巽	震	坤	坎	离	艮	兑	乾	中	兑
辰年	坎	离	艮	兑	乾	中	兑	乾	中	巽	震	坤
巳年	中	兑	乾	中	巽	震	坤	坎	离	艮	兑	乾
午年	震	坤	坎	离	艮	兑	乾	中	兑	乾	中	巽
未年	兑	乾	中	兑	乾	中	巽	震	坤	坎	离	艮
申年	中	巽	震	坤	坎	离	艮	兑	乾	中	兑	乾
酉年	离	艮	兑	乾	中	兑	乾	中	巽	震	坤	坎
戌年	兑	乾	中	巽	震	坤	坎	离	艮	兑	乾	中
亥年	坤	坎	离	艮	兑	乾	中	兑	乾	中	巽	震

九天劫杀

	正	二	三	四	五	六	七	八	九	十	十一	十二
申子辰年	艮	兑	乾	中	兑	震	巽	中	乾	兑	艮	离
巳酉丑年	中	兑	乾	中	巽	震	兑	艮	离	坎	坤	震
寅午戌年	中	巽	震	坤	坎	坎	坤	震	巽	中	震	乾
亥卯未年	卯	坎	离	艮	兑	巽	中	震	中	巽	乾	震

罗天大退

月	正	二	三	四	五	六	七	八	九	十	十一	十二
子年	天	天	巽	震	坤	坎	离	艮	兑	乾	中	天
丑年	天	天	天	巽	震	坤	坎	离	艮	兑	乾	中
寅年	中	天	天	天	巽	震	坤	坎	离	艮	兑	乾
卯年	乾	中	天	天	天	巽	震	坤	坎	离	艮	兑
辰年	兑	乾	中	天	天	天	巽	震	坤	坎	离	艮
巳年	艮	兑	乾	中	天	天	天	巽	震	坤	坎	离
午年	离	艮	兑	乾	中	天	天	天	巽	震	坤	坎
未年	坎	离	艮	兑	乾	中	天	天	天	巽	震	坤
申年	坤	坎	离	艮	兑	乾	中	天	天	天	巽	震
酉年	震	坤	坎	离	艮	兑	乾	中	天	天	天	巽
戌年	巽	震	坤	坎	离	艮	兑	乾	中	天	天	天
亥年	天	巽	震	坤	坎	离	艮	兑	乾	中	天	天

山家朱雀

正	二	三	四	五	六	七	八	九	十	十一	十二
离	坎坤	巽	乾	兑艮		离	坎坤	巽	乾	艮兑	

暗刀杀

甲己年	戌	亥	子	丑	寅	卯	辰	巳	午	未	申	酉
	犬楼	猪栏	厅堂	牛栏	蚕畜	灶厨	仓库	仓库	门 马枋	羊栈	奴婢	鸡牛
乙庚年	申	酉	戌	亥	子	丑	寅	卯	辰	巳	午	未
	奴婢	鸡栖	犬楼	猪椆	厅堂	牛栏	蚕畜	灶厨	仓库	仓库	门 马枋	羊栈
丙辛年	午	未	申	酉	戌	亥	子	丑	寅	卯	辰	巳
	门 马枋	羊栈	奴婢	鸡栖	犬楼	猪椆	厅堂	牛栏	蚕畜	灶厨	仓库	仓库
丁壬年	辰	巳	午	未	申	酉	戌	亥	子	丑	寅	卯
	仓库	仓库	门 马枋	羊栈	奴婢	鸡栖	犬楼	猪椆	厅堂	牛栏	蚕畜	灶厨
戊癸年	寅	卯	辰	巳	午	未	申	酉	戌	亥	子	丑
	蚕畜	灶厨	仓库	仓库	门 马枋	羊栈	奴婢	鸡栖	犬楼	猪椆	厅堂	牛栏

饥渴血刃

月	正	二	三	四	五	六	七	八	九	十	十一	十二
甲己年				饥					渴		中	
乙庚年			饥					渴				
丙辛年		饥					渴		中			
丁壬年	饥				渴							
戊癸年				饥			中		渴			

打头火

月	正	二	三	四	五	六	七	八	九	十	十一	十二
寅午戌年	离	艮	兑	乾	中	兑	乾	中	巽	震	坤	坎
申子辰年	乾	中	巽	震	坤	坎	离	艮	兑	乾	中	兑
巳酉丑年	震	坤	坎	离	艮	兑	乾	中	兑	乾	中	巽
亥卯未年	乾	中	兑	乾	中	巽	震	坤	坎	离	艮	兑

飞天煞局

	正	二	三	四	五	六	七	八	九	十	十一	十二
申子辰年	坎	离	艮	兑	乾	中	兑	乾	中	巽	震	坤
巳酉丑年	兑	乾	中	兑	乾	中	巽	震	坤	坎	离	艮
寅午戌年	兑	乾	中	巽	震	坤	坎	离	艮	兑	乾	中
亥卯未年	巽	震	坤	坎	离	艮	兑	乾	中	兑	乾	中
丙丁独火	乾		巽	震巽	坤震	坎坤	离坎	艮离	兑艮	乾兑	乾	

甲己年

	正	二	三	四	五	六	七	八	九	十	十一	十二
隐伏血刃顺	兑	艮	离	坎	坤	震	巽	中	乾	兑	艮	离
隐伏血刃逆	离	艮	兑	乾	中	巽	震	坤	坎	离	艮	兑
升玄血刃顺	申	亥	寅	巳	子	申	亥	寅	巳	子	申	亥
升玄血刃逆	丙	庚	壬	甲	辛	丙	庚	壬	甲	辛	丙	庚
大月建甲年	艮	兑	乾	中	巽	震	坤	坎	离	艮	兑	乾
大月建己年	坤	坎	离	艮	兑	乾	中	巽	震	坤	坎	离
丙丁独火	巽	震巽	坤震	坎坤	离坎	艮离	兑艮	乾兑	乾		巽	震巽

乙庚年

	正	二	三	四	五	六	七	八	九	十	十一	十二
隐伏血刃顺	巽	中	乾	兑	艮	离	坎	坤	震	巽	中	乾
隐伏血刃逆	乾	中	巽	震	坤	坎	离	艮	兑	乾	中	巽
升玄血刃顺	寅	巳	子	申	亥	寅	巳	子	申	亥	寅	巳
升玄血刃逆	壬	甲	辛	丙	庚	壬	甲	辛	丙	庚	壬	甲
大月建乙年	申	巽	震	坤	坎	离	艮	兑	乾	中	巽	震
大月建庚年	艮	兑	乾	中	巽	震	坤	坎	离	艮	兑	乾
丙丁独火	坤震	坎坤	离坎	艮离	兑艮	乾兑	乾		巽	震巽	坤震	坎坤

丙辛年

	正	二	三	四	五	六	七	八	九	十	十一	十二
隐伏血刃顺	坎	坤	震	巽	中	乾	兑	艮	离	坎	坤	震
隐伏血刃逆	震	坤	坎	离	艮	兑	乾	中	巽	震	坤	坎
升玄血刃顺	子	申	亥	寅	巳	子	申	亥	寅	巳	子	申
升玄血刃逆	辛	丙	庚	壬	甲	辛	丙	庚	壬	甲	辛	丙
大月建丙年	坤	坎	离	艮	兑	乾	中	巽	震	坤	坎	离
大月建辛年	中	巽	震	坤	坎	离	艮	兑	乾	中	巽	震
丙丁独火	离坎	艮离	兑艮	乾兑	乾		巽	震巽	坤震	坎坤	离坎	艮离

丁壬年

月	正	二	三	四	五	六	七	八	九	十	十一	十二
隐伏血刃顺	震	巽	中	乾	兑	艮	离	坎	坤	震	巽	中
隐伏血刃逆	中	巽	震	坤	坎	离	艮	兑	乾	中	巽	震
升玄血刃顺	亥	寅	巳	子	申	亥	寅	巳	子	申	亥	寅
升玄血刃逆	庚	壬	甲	辛	丙	庚	壬	甲	辛	丙	庚	壬
大月建丁年	艮	兑	乾	中	巽	震	坤	坎	离	艮	兑	乾
大月建壬年	坤	坎	离	艮	兑	乾	中	巽	震	坤	坎	离
丙丁独火	兑艮	乾兑	乾		巽	震巽	坤震	坎坤	离坎	艮离	兑艮	乾兑

戊癸年

	正	二	三	四	五	六	七	八	九	十	十一	十二
隐伏血刃顺	离	坎	坤	震	巽	中	乾	兑	艮	离	坎	坤
隐伏血刃逆	坤	坎	离	艮	兑	乾	中	巽	震	坤	坎	离
升玄血刃顺	巳	子	申	亥	寅	巳	子	申	亥	寅	巳	子
升玄血刃逆	甲	辛	丙	庚	壬	甲	辛	丙	庚	壬	甲	辛
大月建戊年	申	巽	震	坤	坎	离	艮	兑	乾	中	巽	震
大月建癸年	艮	兑	乾	中	巽	震	坤	坎	离	艮	兑	乾

巡山火星

正	二	三	四	五	六	七	八	九	十	十一	十二
乾	坤	坎	坎	中	卯	卯	酉	艮	艮	离	坤
七赤							九紫				七赤

翎毛禁向(向之主损血财)

正	二	三	四	五	六	七	八	九	十	十一	十二
癸	乙	壬丙	乙	癸	乙	丙	卯酉	癸	乙	丙壬	乙
癸	辛	丁癸	辛	癸	辛	午	乙辛	癸	辛	丁癸	辛

八山刀砧(犯损六畜)

正	二	三	四	五	六	七	八	九	十	十一	十二
丁癸	乙辛	丁癸	乙辛	丁癸	乙辛	丁癸	乙辛	丁癸	乙辛	丁癸	乙辛
丙壬	甲庚	丙壬	甲庚	丙壬	甲庚	丙壬	甲庚	丙壬	甲庚	丙壬	甲庚

月家禁向

正	二	三	四	五	六	七	八	九	十	十一	十二
寅甲	卯乙	辰巽	己丙	午丁	辰巽	申庚	丙庚	戌乾	壬亥	子癸	癸丑
巽巳	丁癸	坤申	甲丙	酉辛	未坤	壬亥	酉丁	丑艮	甲寅	甲卯	辛戌

流财星(犯之退财)

正	二	三	四	五	六	七	八	九	十	十一	十二
巳 午 未	申 酉 戌	酉 戌 亥	丑 寅	卯 寅	辰 巳	巳 午 未	申 酉 戌	酉 戌 亥	丑 寅	卯 寅	辰 巳

	正	二	三	四	五	六	七	八	九	十	十一	十二
九紫飞宫火	丁	坤	甲	乙	乾	壬	丁	坤	甲	乙	乾	壬
满天红火星	癸	庚	庚	辛	壬	癸	丁	甲	甲	乙	丙	丁
皇帝八座方	亥	子	丑	寅	卯	辰	巳	午	未	申	酉	戌
土皇杀占方	巳	辰	卯	寅	丑	子	亥	戌	酉	申	未	午
月独火占方	乙	丙	丁	乙	丙	丁	辛	壬	癸	辛	壬	癸

月凶方日同看	正	二	三	四	五	六	七	八	九	十	十一	十二
土符	丑	巳	酉	寅	午	戌	卯	未	亥	辰	申	子
地瘟	辰	巳	午	未	申	酉	戌	亥	子	丑	寅	卯
月建	寅	卯	辰	巳	午	未	申	酉	戌	亥	子	丑
地皇	午	巳	辰	卯	寅	丑	子	亥	戌	酉	申	未

（续表）

月凶方日同看	正	二	三	四	五	六	七	八	九	十	十一	十二
怨杀	寅	亥	申	巳	寅	亥	申	巳	寅	亥	申	巳
游都	丙	丁	坤	庚	辛	乾	壬	癸	艮	甲	乙	巽乾
鬼道	艮坤	甲庚	乙辛	乾巽	壬丙	癸丁	艮坤	甲庚	乙辛	乾巽	丙壬	丁癸
兵道	壬丙	癸丁	艮坤	甲庚	乙辛	巽乾	壬丙	癸丁	艮坤	甲庚	乙辛	巽乾
伤胎杀	春	子	午	夏	丑	未	秋	辰	戌	冬	巳	亥
四季大杀	酉	酉	酉	子	子	子	卯	卯	卯	午	午	午
地□	酉	戌	亥	子	丑	寅	卯	辰	巳	午	未	申
白虎杀	戌	亥	子	丑	寅	卯	辰	巳	午	未	申	酉
崩腾	辛	乙	丙	壬	庚	甲	癸	丁	己	丙	坤	乾
帝尊	春寅　夏巳　秋申　冬亥											
帝舍	春辰　夏未　秋戌　冬丑											
帝辂	春卯　夏午　秋酉　冬子											
镇天大杀即天狱	卯	寅	丑	子	亥	戌	酉	申	未	午	巳	辰

日家凶神

月	正	二	三	四	五	六	七	八	九	十	十一	十二
天罡即灭门	巳	子	未	寅	酉	辰	亥	午	丑	申	卯	戌
河魁即大福	亥	午	丑	申	卯	戌	巳	子	未	寅	酉	辰
五贫	巳	申	亥	寅	巳	申	亥	寅	巳	申	亥	寅
天火	子	卯	午	酉	子	卯	午	酉	子	卯	午	酉

（续表）

月	正	二	三	四	五	六	七	八	九	十	十一	十二
地火	巳	午	未	申	酉	戌	亥	子	丑	寅	卯	辰
月火血	申	亥	寅	巳	酉	子	卯	午	戌	丑	辰	未
独火灭门 同月害同	巳	辰	卯	寅	丑	子	亥	戌	酉	申	未	午
月破	申	酉	戌	亥	子	丑	寅	卯	辰	巳	午	未
月刑	巳	子	辰	申	午	丑	寅	酉	未	亥	卯	戌
月杀月虚同	丑	戌	未	辰	丑	戌	未	辰	丑	戌	未	辰
月厌	戌	酉	申	未	午	巳	辰	卯	寅	丑	子	亥

日家凶神日

日家凶神日	正	二	三	四	五	六	七	八	九	十	十一	十二
天地殃败	卯	寅	丑	子	亥	戌	酉	申	未	午	巳	辰
天罗地网	子	申	巳	辰	戌	亥	丑	申	未	午	巳	辰
天地灭没	丑	子	亥	戌	酉	申	未	午	巳	辰	卯	寅
天刑黑道	寅	辰	午	申	戌	子	寅	辰	午	申	戌	子
朱雀黑道	卯	巳	未	酉	亥	丑	卯	巳	未	酉	亥	丑
白虎黑道	午	申	戌	子	寅	辰	午	申	戌	子	寅	辰
天牢黑道	申	戌	子	寅	辰	午	申	戌	子	寅	辰	午
玄武黑道	酉	亥	丑	卯	巳	未	酉	亥	丑	卯	巳	未
勾陈黑道	亥	丑	卯	巳	未	酉	亥	丑	卯	巳	未	酉
日流财	亥	申	巳	寅	卯	午	子	酉	丑	未	辰	戌

孙钟仙血刃起例诀：

甲己顺蛇逆甲求，乙庚顺子逆午坤。
丙辛顺甲逆在丙，丁壬顺亥逆庚游。
戊癸顺从寅上起，逆从壬上定星头。

岁干	甲	乙	丙	丁	戊	己	庚	辛	壬	癸
顺血刃	巳	子	申	亥	寅	卯	子	申	亥	寅
逆血刃	甲	辛	丙	庚	壬	甲	辛	丙	庚	壬

右假如甲子年五虎遁起丙寅，从巳上顺数至太岁地支，子在卯位，是顺血刃。又如甲子年五虎遁起丙寅，从甲上顺数至太岁，支子在癸位，是逆血刃。余仿此。

钟仙升玄血刃六十年定局

	年顺逆	年顺逆	年顺逆	年顺逆	年顺逆	年顺逆
甲年	甲子卯癸	甲寅巳甲	甲辰未巽	甲午酉丁	甲申亥庚	甲戌丑乾
己年	己丑辰艮	己卯午乙	己酉甲丙	己未戌申	己酉子辛	己亥寅壬
乙年	庚子戌坤	庚寅子辛	庚辰寅壬	庚午辰艮	庚申午乙	庚戌甲丙
庚年	乙丑亥庚	乙卯丑乾	乙巳卯癸	乙未巳甲	乙酉未巽	乙亥酉午
丙年	丙子午乙	丙寅甲丙	丙辰戌坤	丙午子辛	丙申寅壬	丙戌辰艮
辛年	辛丑未巽	辛卯酉丁	辛巳亥庚	辛未丑乾	辛酉卯癸	辛亥巳巽
丁年	壬子酉丁	壬寅亥庚	壬辰丑乾	壬午酉癸	壬申巳甲	壬戌未巽
壬年	丁丑戌坤	丁卯子辛	丁巳寅壬	丁未辰艮	丁酉午乙	丁亥甲丙
戊年	戊子子辛	戊寅寅壬	戊辰辰艮	戊午午乙	戊申申丙	戊戌戌坤
癸年	癸丑丑乾	癸卯卯癸	癸巳巳申	癸未未巽	癸酉酉丁	癸亥亥庚

甲己年顺平逆建前,乙庚年顺开逆危前,丙辛年顺破逆平前,丁壬年顺收逆破前,戊癸年顺建逆收前。

九良星年占方位

子年:厨灶,中堂及神庙。正月:占井阶,损子生人。

丑年:僧堂城隍社庙,水路及厨并寅方。二月:占院阶,损丑生人。

寅年:桥井门路,后堂信午位井水丑方。三月:占堂庙,损寅申人。

卯年:道观,后堂门水尼寺道观庙。四月:占寺观灶,损六畜。

辰年:僧堂城隍社庙,寺观及厅并寅辰方。五月:僧堂佛殿东水路,损丑未生人。

巳年:占舡,门及寺观。六月:占庙东水路,损卯生人。

午年:厨灶,神庙及戌亥方。七月:占桥庙井,损亥未人。

未年:僧堂城隍社庙,门井水路。八月:占桥及巳午方,损亥戌人。

申年:桥井门路,中庭及北方。九月:占通堂大门,杀牛马。

酉年:道观,寺观神庙及南方。十月:占寺大门,损术士匠人。

戌年:僧堂城隍神庙,庙堂及北方。十一月:占钟楼,损辰生人。

亥年:占舡,厅寺观及巳方。十二月:在天,日月无。

又京本九良星六十年所占方位

甲子:神庙灶。乙丑:厨。丙寅:在天。丁卯:后门寅艮方。戊辰:寅辰方井。

己巳:中位寺观。庚午:在天。辛未:在天。壬申:在厅,癸酉艮寅卯午方后门。

甲戌:庙州县。乙亥:寺观。丙子:中庭。丁丑:厨井寅方。戊寅:东井方。

己卯:僧尼寺后。庚辰:寺观。辛巳:在天。壬午:神庙。癸未:水步井。

甲申:中宫茶厅。乙酉:在天。丙戌:在天。丁亥:巳方大门僧房。戊子:厨灶。

己丑:寅方厨舍庚寅午方。辛卯:在天。壬辰:在天。癸巳:大门僧寺。

甲午:戌亥方。乙未:水部井亥方。丙申:在天。丁酉:寺观。戊戌:州县僧堂城隍社庙。

己亥:寺观。庚子:中庭古厅。辛丑:在天。壬寅:□丑寅方厨并桥。癸卯:在天。

甲辰:僧堂社庙。乙巳:在天。丙午:在天。丁未:僧堂城隍社庙。戊申:中庭及厅。

己酉:寺观社庙。庚戌:社庙寺观。辛亥:寺观。壬子:在天。癸丑:僧堂寺观社庙。

甲寅:丑方。乙卯:在天。丙辰:寅辰方。丁巳:门前。戊午:戌亥方厨灶。

己未:在井。庚申:桥井门路社庙。辛酉:午方。壬戌:寺观。癸亥:舡巳方。

右如辰戌丑未年占僧堂俱忌。甲辰、戊辰、庚辰三年,余壬辰、丙辰则无犯。又如戊午年占灶,若前无灶则无此杀,若前有灶方有此杀占之,切忌修整更换,犯之立见灾祸。其余仿此。

论修方不出香火,宜先将罗经放中宫格定。其中宫之说有三:一曰止有一所厅廊则置罗经正栋之中;二曰有重堂厢屋之分则置罗经放天时之中;三曰有三重厅堂则置罗经于二重中厅正栋之中。要之,皆以安香火堂为主,格其所作之宫,祭其所占之杀。如所作之宫,年家无杀相占,推逐月凶杀之例,有无占否,无占者为通利,有占者则为不利。或遇寺观庵堂皆以佛殿为中宫,凡择修作中宫者,必要中宫通利,无诸煞所占方可。如在正屋后起造,年克、阴府并月家紧杀皆忌之,系是开山修方而论,如正屋之前单修葺厅廊厢屋瓦面不动梁椿不忌。年克、阴府系立向修方而论,倘拆造前厅上梁,仍要忌年克阴府也。或两傍起造亦是修方而论,至年克阴府年月内紧煞,亦宜忌之。或修造年利而月不利,或吉多而凶少,或值一二小杀所占,则用月建入中宫,遁寻其杀所泊何宫，依法制作，能为吉也。勿因山向小疵悉为拘忌，致使吉月良辰悉行差过，是可惜也。但取天月二德、太阳诸星多临山月神方，或各神出游之日，并于修造无妨，如遇风雨倾颓旬日，修整皆吉，不在此论。

修作中宫

（谓整公厅、佛堂香火等事）

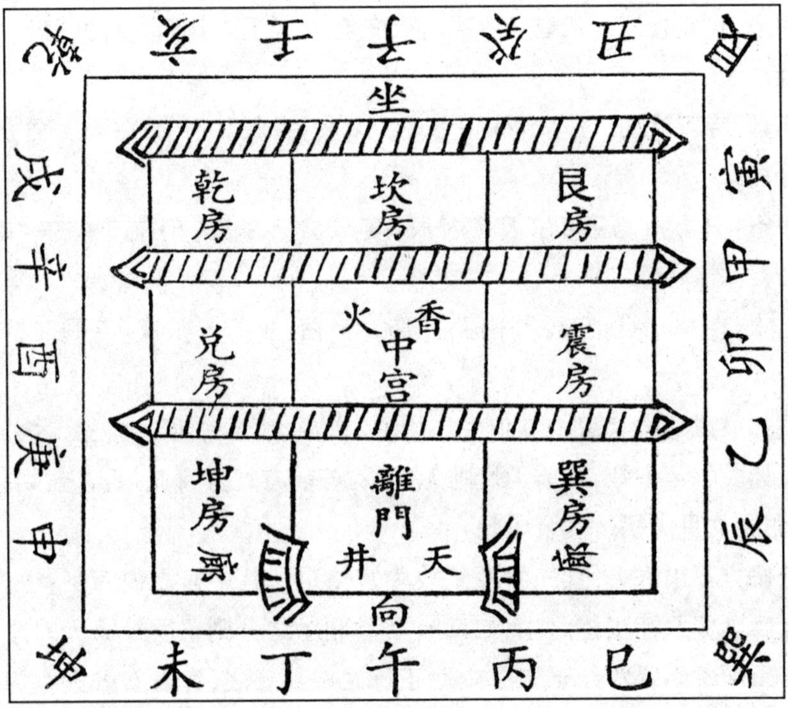

修香火堂论中宫，兼论坐上。修左右震兑房，论方位兼论坐向中宫。

修前面天井看墙，不论坐山只论方向。

修左右大门，仍要论方位，如初开忌浮天空亡、巡山罗睺、太岁。

修后左右艮乾方止论艮乾方神煞，不拘坐向。

修后座正门坎方止论坎方神煞，不拘坐向。

此子山午向图式，余各山向可以类推。

凡修方置罗经在香火堂中宫格定，至开门则置罗经于香火前之正门，为定天井放水则置罗经于天中定取方位。

修中宫避忌

九良星：丙子、壬申、甲申、庚子、戊申年占中庭，大杀白虎、雷霆白虎忌入中宫。

九良杀：辰申亥寅年在厅，阴阳的杀，忌作中庭。

凶年	甲	乙	丙	丁	戊	己	庚	辛	壬	癸
丘公杀占堂	三	五	七	九	十一	三	五	七	九	十一
饥渴血刃	三十八	二六八	二十七	十一八	五七十	四九十	三六	三七十	正六八	五七一
隐伏血刃	五八	廿二	五八	正三十三	六七	五八	廿一	五八	正三十三	六七
大月建	四	正十	七	四	正十	七	四	正十	七	四
暗刀杀占庭	三九	五十	正七一	三七	五十一	一三九	五十	正七	三十	五十

土公：冬在堂中忌动土，主宅长宅母足肿，土公败日不妨。

凶年	子	丑	寅	卯	辰	巳	午	未	申	酉	戌	亥
九良星	中堂		后堂	后堂						中庭		堂
天官符	正十	七十	四七	正四	正七	七十	四七	正四	正十	七十	四七	正四
地官符	一六	四七	五八	六九	七十	八十一	九	二十	廿一	三十二	正四	一五
小月建	正十	六	正十	六	正十	八十	正十	六	正十	六	正十	六
打头火	廿一	八十	五八	二五	廿一	八十	五八	二五	廿一	八十一	五八	二五
飞独火	二五	廿一	八十一	五八	二五	廿一	八十一	五八	二五	廿一	八十一	五八
月游火	三七	十二		三	六	十二	四	八		五	九	
月凶	正	二	三	四	五	六	七	八	九	十	十一	十二
九良杀	中庭						中庭				中宫	中堂

（续表）

凶年	子	丑	寅	卯	辰	巳	午	未	申	酉	戌	亥
耗星损畜						中庭						中庭
游龙损日							中庭				堂	堂
伏龙损日									堂		中	堂
宅龙大伤	中厅	中庭	中庭	堂	堂							

真太岁入中宫

甲戌年九月，戊午年五月，辛卯年三月，丙申年七月，丁未年六月，庚辰年三月，壬子年十月，癸亥年十月，乙酉年八月，壬寅年正月。忌修中宫。

日游神方

己酉、庚戌、辛亥、壬子、癸丑、甲寅房外之艮。戊戌、己亥房内之中。

庚申、辛酉、壬戌、癸亥、甲子、乙丑房外之巽。庚子、辛丑、壬寅房内之南。

辛未、壬申、癸酉、甲戌、乙亥、丙子房外之坤。癸卯日房内之西。

壬午、癸未、甲申、乙酉、丙戌、丁亥房外之乾。癸巳、甲午、乙未、丙申、丁酉房内之北。

戊子、己丑、庚寅、辛卯、壬辰房外之戌。甲辰、乙巳、丙午、丁未、戊申房内之东。

丁丑、戊寅、己卯、庚辰、辛巳房外之兑。乙卯、丙辰、丁巳、戊午、己未房外之震。

丙寅、丁卯、戊辰、己巳房外之离。

大杀白虎占方
（坐宫修方忌从此方起手）

甲子、庚子、戊午、壬午、癸酉、己酉、辛酉日占壬子癸方。

戊辰、丁丑、癸丑、丙戌、壬戌、乙未、甲辰日占中宫。

乙丑、甲戌、庚戌、癸未、己未、辛丑、壬辰日占未坤申方。

庚午、丙午、己卯、乙卯、戊子、丁酉日占庚酉辛方。

丙寅、壬寅、乙亥、癸巳、甲申、庚申、辛亥日占甲卯乙方。辛未、丁未、庚辰、丙辰、己丑、戊戌日占丑艮寅方。

丁卯、癸卯、丙子、壬子、乙酉、辛酉、甲午日占辰巽巳方。

壬申、戊申、辛巳、丁巳、庚寅、己亥日占丙午丁方。

己巳、乙巳、丁亥、癸亥、戊寅、甲寅、丙申日占戌乾亥方。

雷霆白虎占中宫日

甲己月：丁卯、癸卯、丙子、戊子、乙酉、辛酉、甲午日。

乙庚月：戊辰、甲辰、丁丑、癸丑、乙未、丙戌、壬戌日。

丁壬年：乙丑、辛丑、甲戌、庚戌、癸未、壬辰、己未日。

丙辛戊癸月：辛未、丁未、庚辰、己丑、戊戌、丙辰日。

红嘴朱雀临九宫日

甲子、癸酉、壬午、辛卯、庚子、己酉、戊午七日在震宫，忌修厨。

乙丑、甲戌、癸未、壬辰、辛丑、庚戌、己未七日在巽宫，忌入山伐木。

丙寅、乙亥、甲申、癸巳、壬寅、辛亥、庚申七日在中宫，忌入宅归火。

丁卯、丙子、乙酉、甲午、癸卯、壬子、辛酉七日在乾宫，忌修床。

戊辰、丁丑、丙戌、乙未、甲辰、癸丑、壬戌七日在兑宫，忌修井。

己巳、戊寅、丁亥、丙申、乙巳、甲寅、癸亥七日在艮宫，忌作僧道堂。

庚午、己卯、戊子、丁酉、丙午、乙卯六日在离宫，忌修大门。

辛未、庚辰、己丑、戊戌、丁未、丙辰六日在坎宫，忌修作水沟。

壬申、辛巳、庚寅、己亥、戊申、丁巳六日在坤宫，忌嫁娶。

朱雀歌曰

朱雀震宫起甲子，巽宫甲戌顺行装。
行到中宫莫归火，乾上一辰莫安床。
兑上占之莫修井，艮宫莫作僧道堂。
离宫大门君莫犯，坎宫水清大难当。
坤宫嫁娶损宅长，震宫修厨新妇亡。
巽位一宫管山野，入山伐木定遭殃。

破坏修营

大偷修吉日：壬子、癸丑、丙辰、丁巳、戊午、己未、庚申、辛酉八日，系诸神朝天，并工造作无忌。

九天玄女法：甲戌、乙亥、丁酉、戊戌、己亥日造作，吉。

郭氏云：丙辰、丁巳、戊午、己未、庚申、辛酉六日，八方俱吉，凡有动作，无妨。

轩辕黄帝亲授九天玄女偷修日：几有小修，不问天宫符等杀占，将罗经推足，看某日修某方利。

甲子、乙丑、丙寅日宜修乾亥壬子癸丑艮寅方。

丁卯、戊辰、己巳日宜修丙午丁未坤申庚酉辛戌方。

庚午、辛未、壬申日宜修乾亥壬子癸丑艮寅甲卯乙方。

癸酉日宜修甲卯乙辰巽巳丙午丁方。

甲戌、乙亥日宜修中宫、八方、二十四向吉。

丙子、丁丑、戊寅日宜修坤申庚酉辛戌乾亥方。

己卯、庚辰、辛巳日宜修坤方庚酉辛戌乾亥方。

壬午、癸未、甲申日宜修丙午丁未乾方。

乙酉、丙戌、丁亥日宜修巽巳丙午丁未坤方。

戊子、己丑、庚寅日宜修亥壬子癸丑方。

辛卯、壬辰、癸巳日宜日修庚酉丙午丁未坤申方。

甲午、乙未、丙申日宜修辛戌乾亥壬子癸丑艮方。

丁酉、戊戌、己亥日宜修中宫四方八位皆吉。

庚子、辛丑、壬寅日宜修庚酉辛戌乾亥方。

癸卯、甲辰、乙巳日宜修坤申庚酉辛戌乾方。

丙午、丁未、戊申日宜修未坤申庚酉辛戌乾方。

己酉、庚戌、辛日宜修巽巳丙午丁未坤申庚酉辛戌乾方。

壬子、癸丑、甲寅日宜修乾亥申安全酉丑艮寅方。

乙卯、丙辰、丁巳日宜修丙午丁未坤申庚酉申方。

戊午、己未、庚申日宜修壬子癸巳艮甲卯乙方。

辛酉、壬戌、癸亥日宜修辰巽巳丙午丁方。

右论偷修日辰，只可以小修整，如年家三杀、天地官符、月州县官符、小儿杀、大月建、剑锋血刃、阴阳的杀、身皇定命、打头火、月游火、飞天独火、月日时三杀占方修葺动作，灾祸凶。如大杀白虎占方，亦须忌之。

论逐月神杀占方忌修葺，如丘公暗刀、六甲胎神、牛黄、牛胎、马皇马胎、猪胎、羊胎占处，或月流财、净栏、畜官、大小耗星所惟忌修整化之，主损六畜，如年三杀、独火、官司府、炙退、大小耗星方，栏枋亦忌。

论修营宜天德、岁德、月德、天月德合、天恩、天赦、母仓所会日辰，修之吉福。论天仙鸾驾年月日时，俱得紫白到吉，小可修作无妨。惟忌年家天地官符、月家州县官符、三杀退大小月占方，鸾驾不能制之。

论诸家神杀，务宜察其生旺休囚，不可妄用，今人不揣其本只说凶占，如南方巳午未属火，以水局制之，殊不知日月所泊所属之不同耳。按赖布衣天机秘文捉杀之法，俱以月建入中宫，冬至阳遁，夏至逆飞，寻所占山向方所禁之煞，察其纳音所属，观其所泊何宫受制，作之则吉，无制用之则凶，故杨公云：若要发赶三杀。正得此擒杀之法也。

修作命杀

（谓修方坐命紧杀等事）

论阳的杀，以太岁遁起五虎元，逢亥入中宫，顺数寻本命所到之宫，不可修作，谓之太岁寻本命，是为阳的杀。

假如庚申生人于甲辰年修作，甲己之年遁起丙寅，至亥是乙亥，便以乙亥入中宫，顺数丙子乾，丁丑兑，戊寅艮，己卯离，庚辰坎，辛巳坤，累累顺数去，寻戊午震，己未巽，庚申中，庚申生人甲辰年不可修中宫，凶。余仿此。

论阴的杀，以本命生命年遁起五虎元，逢亥入中宫，顺数寻太岁所到离宫，不可修作，谓之本命太岁，是为阴的杀。

假如甲辰年庚申生人修作，乙庚生人正月起遁戊寅，至亥是丁亥，便以丁亥入中宫，顺数戊子乾，己丑兑，累累顺数去，寻癸卯震，甲辰巽，则甲辰年庚申生人不可作巽方。余仿此。

右历书云：凡修方造作必须究此二杀，所在不可先于其方上起工，先修吉方，而后连及之，若在中宫出火避宅，方可修作。

阴阳的杀定局立成

甲己太岁　甲己生人							
中	乙亥	甲申	癸巳	壬寅	辛亥	庚申	己巳
乾	丙子	乙酉	甲午	癸卯	壬子	辛酉	庚午
兑	丁丑	丙戌	乙未	甲辰	癸丑	壬戌	辛未
艮	戊寅	丁亥	丙申	乙巳	甲寅	癸亥	壬申
离	己卯	戊子	丁酉	丙午	乙卯	甲子	癸酉
坎	庚辰	己丑	戊戌	丁未	丙辰	乙丑	甲戌
坤	辛巳	庚寅	己亥	戊申	丁巳	丙寅	
震	壬午	辛卯	庚子	己酉	戊午	丁卯	
巽	癸未	壬辰	辛丑	庚戌	己未	戊辰	

乙庚太岁　　乙庚生人							
中	丁亥	丙申	乙巳	甲寅	癸亥	壬申	辛巳
乾	戊子	丁酉	丙午	乙卯	甲子	癸酉	壬午
兑	己丑	戊戌	丁未	丙辰	乙丑	甲戌	癸未
艮	庚寅	己亥	戊申	丁巳	丙寅	乙亥	甲申
离	辛卯	庚子	己酉	戊午	丁卯	丙子	乙酉
坎	壬辰	辛丑	庚戌	己未	戊辰	丁丑	丙戌
坤	癸巳	壬寅	辛亥	庚申	己巳	戊寅	
震	甲午	癸卯	壬子	辛酉	庚午	己卯	
巽	乙未	甲辰	癸丑	壬戌	辛未	庚辰	

丙辛太岁　　丙辛生人							
中	己亥	戊申	丁巳	丙寅	乙亥	甲申	癸巳
乾	庚子	己酉	戊午	丁卯	丙子	乙酉	甲午
兑	辛丑	庚戌	己未	戊辰	丁丑	丙戌	乙未
艮	壬寅	辛亥	庚申	己巳	戊寅	丁亥	丙申
离	癸卯	壬子	辛酉	庚午	己卯	戊子	丁酉
坎	甲辰	癸丑	壬戌	辛未	庚辰	己丑	戊戌
坤	乙巳	甲寅	癸亥	壬申	辛巳	庚寅	己亥
震	丙午	乙卯	甲子	癸酉	壬午	辛卯	
巽	丁未	丙辰	乙丑	甲戌	癸未	壬辰	

丁壬太岁　丁壬生人							
中	辛亥	庚申	己巳	戊寅	丁亥	丙申	乙巳
乾	壬子	辛酉	庚午	己卯	戊子	丁酉	丙午
兑	癸丑	壬戌	辛未	庚辰	己丑	戊戌	丁未
艮	甲寅	癸亥	壬申	辛巳	庚寅	己亥	戊申
离	乙卯	甲子	癸酉	壬午	辛卯	庚子	己酉
坎	丙辰	乙丑	甲戌	癸未	壬辰	辛丑	庚戌
坤	丁巳	丙寅	乙亥	甲申	癸巳	壬寅	辛亥
震	戊午	丁卯	丙子	乙酉	甲午	癸卯	
巽	己未	戊辰	丁丑	丙戌	乙未	甲辰	

戊癸太岁　戊癸生人							
中	癸亥	壬申	辛巳	庚寅	己亥	戊申	丁巳
乾	甲子	癸酉	壬午	辛卯	庚子	己酉	戊午
兑	乙丑	甲戌	癸未	壬辰	辛丑	庚戌	己未
艮	丙寅	乙亥	甲申	癸巳	壬寅	辛亥	庚申
离	丁卯	丙子	乙酉	甲午	癸卯	壬子	辛酉
坎	戊辰	丁丑	丙戌	乙未	甲辰	癸丑	壬戌
坤	己巳	戊寅	丁亥	丙申	乙巳	甲寅	
震	庚午	己卯	戊子	丁酉	丙午	乙卯	
巽	辛未	庚辰	己丑	戊戌	丁未	丙辰	

年的命杀(忌修方)

太岁入中宫,顺寻本命泊何宫为年的命杀。如庚子生人,用甲申年顺寻庚子泊震,则甲卯乙方宫忌修造。

月的命杀

月建入中宫,顺寻本命泊何宫为月的命杀。如庚子生人,用甲申年七月壬申入中宫,顺寻庚子在乾,则戌乾亥方忌修造。

身皇定命杀占向方定局

(零年节节自上而下)

男命

男女行年	一十	二十	三十	四十	五十	六十	七十	八十	九十
上元	艮	离	坎	坤	震	巽	中	乾	兑
上元	坤	坎	离	艮	兑	乾	中	巽	震
中元	中	乾	兑	艮	离	坎	坤	震	巽
中元	中	巽	震	坤	坎	离	艮	兑	乾
下元	艮	震	巽	中	乾	兑	艮	离	坎
下元	坤	兑	乾	中	巽	震	坤	坎	离
上元	中	巽	震	坤	坎	离	艮	兑	乾

女命

男女行年	一十	二十	三十	四十	五十	六十	七十	八十	九十
上元	中	乾	兑	艮	离	坎	坤	震	巽
中元	艮	兑	乾	中	巽	震	坤	坎	离

（续表）

男女行年	一十	二十	三十	四十	五十	六十	七十	八十	九十
中元	坤	震	巽	中	乾	兑	艮	离	坎
下元	坤	坎	离	艮	兑	乾	中	巽	震
下元	艮	离	坎	坤	震	巽	中	乾	兑

右二杀，据术者云，师巫行符灵应者可用，符使暂时遂起，作之不妨，俟作主交生过，则无凶，方可卸符则吉。

命龙入土，多不准验，姑存便览。

	一十	二十	三十	四十	五十	六十	七十	八十	九十
甲子丙寅戊辰癸卯乙巳 戊寅癸丑甲寅丁亥癸巳 甲午丙申戊戌癸酉乙亥 戊申癸未甲申丁巳癸亥	吉	全	吉	吉	全	吉	吉	全	吉
乙丑丁卯己巳庚午丙子 己卯庚辰乙酉戊丁庚寅 乙未丁酉己亥庚子丙午 己酉庚戌乙卯戊午庚申	全	吉	吉	全	吉	吉	全	吉	吉
辛未壬申甲戌丁丑辛巳 壬午丙戌己丑辛卯壬辰 辛丑壬寅甲辰丁未辛亥 壬子丙辰己未辛酉壬戌	吉	吉	全	吉	吉	全	吉	吉	全

右例以本命纳音起长生，数至本年太岁泊九宫中艮坤三便是。金长生起巽，木长生起乾，火长生起艮，水土长生起坤。如金命人忌辰戌丑未年，木命人忌寅申巳亥年，水土火命人忌子午卯酉年。

本命官符

本命官符不可修，官符犯着不能休。
时师不识官符例，败尽人间田土牛。

假如乙丑生人，甲子年修兑方，丑生人以申为官符，乙命遁得甲申为官符，将太岁入中宫，顺飞甲申在庚酉辛为本命官符，主见官非。

修方本命杀

修方立向定凶煞，本命到方祸必发。

若还本命到中宫，主见死亡应二八。

以太岁入中宫寻本命，泊在何方，假如丁卯生人甲午年修坤方，以甲午入中宫，顺寻丁卯命到坤，即本命杀也。要之，得禄马贵人、三奇、帝星集临制压不妨。

坐宫修方活法总图

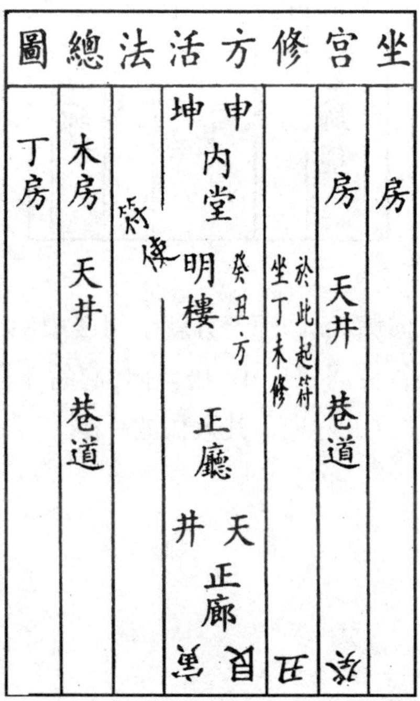

论坐宫修方隅法，如坤申山艮寅向屋，欲于正屋廊前向左屋檐滴水外修造，先于茶亭中间，将罗经格定廊前向左屋外，在癸丑方上，其年癸丑方无杀，大利。修造宜于中间向右起符，坐丁未面癸丑。令师祝云：住居坤申山、艮寅向，起符坐丁未面癸丑，修癸丑方。余仿此。

坐宫修方活法图

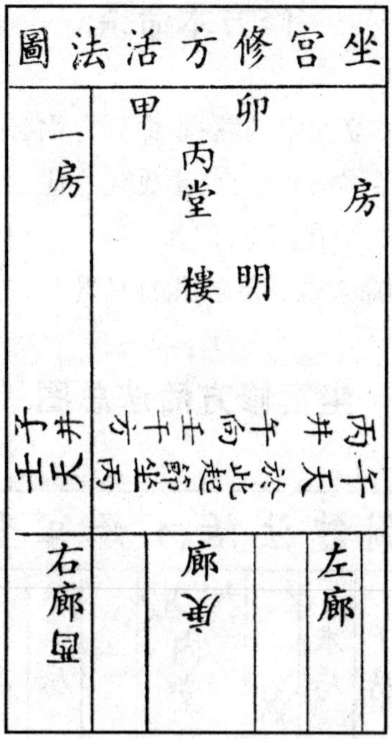

假如甲卯山、庚酉向屋，欲修壬子方就于明楼中间向左取当中起符使，坐丙午向壬子。令师祝云：住居甲卯山、庚酉向，起符坐丙午面向壬子，修壬子方，谓之坐宫修方，不须出火避宅。其余仿此。

坐宫修方活法图

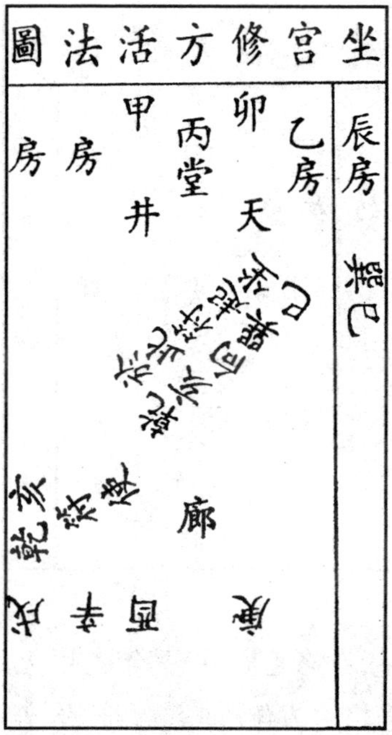

假如甲卯山、庚酉向屋，修巽巳方，若无紧杀，有吉会就于屋中间对栋柱中置罗经格定屋外向右，是巽巳方上，其年方道无杀，宜向中间向左起符使，坐乾亥面巽巳。令师祝云：住居甲卯山、庚酉向，起符坐乾亥面巽巳，修巽巳方。其余仿此。

坐宫修方活法图

假如乾亥山巽巳向屋,欲修乙辰方,其年乙辰无凶杀,大利。修造只就内栋屋中间对栋柱中置罗经格定方位,向右起符,坐辛戌向乙辰方。令师祝云:住居乾亥山、巽巳向,起符使坐辛戌面乙辰,修乙辰方。余仿此。大凡不动中宫,不必轻易出火。

移宫修方活法总图

右移宫修方法，今俗云走马修造是也。假如乾亥山巽巳向屋，欲修明楼对过右畔屋檐滴水，外就明楼中心将罗经格定是坤申方，其年州县官符所占，欲急修此方，可从权请起祖先香火暂居空界，随符祀奉，就厅上坐符使，则茶亭右边屋檐滴水外，昔之坤申方，今转而为庚酉方起符使，坐甲卯面庚酉方，若就内堂向左坐符使，则昔之坤申方今转而为丁未方起符使，坐癸丑面丁未方，凡修方不动中宫，不必出火。

移宫修方活法总图局

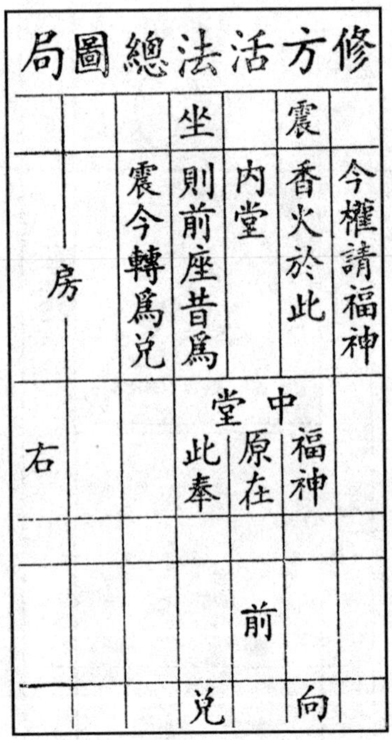

假如身命年月利作兑，不利作震，原住屋坐震，其年震不利，宜从权请起祖先福神香火，随符坐后间屋内用符使坐震面兑，则前间昔震宫住屋，今转为兑方。令师祝云：坐震宫修兑方，须用出火避宅，若后原无空屋，宜权造小屋，以出火也。余仿此。

于后间起符使坐震向兑，此之谓移宫修方。

移宫修方活法之图

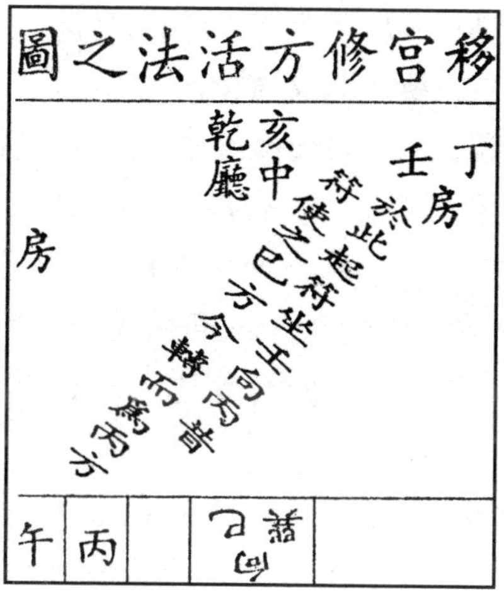

假如乾亥山屋，欲修坐巽巳方，其年巽巳方道不利，丙方却利，宜择日起符使，请起祖先福神香火，同归左畔第一间屋，内将罗经格定，起立符使坐壬宫面向内安，昔之巳方道今转而为丙方。令师祝云：坐壬宫修丙方道，候工毕，候月节已过，视居住原来巳上永定方向，及中宫无杀，而有吉会，方择吉日，请祖先福神香火还原屋正堂安奉，或无吉日，却俟大寒后五日，或岁除择日安奉亦可。

总论

论修方终始法，凡所修止在一宫，选择固易，如连说数宫，有吉有凶则如何？此当从吉宫而修之，自此连及不利之宫，庶无害也。即如造宅者，月日利而工作未便，但略起造以应日子，自此牵连以作之，固无不可，及其毕工断手又还原福德之方，是为吉兆。

凡坐宅，如于身命年月并方吉利则作之为善，如或不利与人事不使而必欲作则如何，此当迁吉而去取其方，便利可也。其迁居则宜用出宅法求年日之吉，取其方便利者，使迁居之处视所作之方，为吉利是也。

假如身命年月利作兑,不利作震,则当迁居而东,既居于东则自其居视所作之方,昔为震者今为兑矣。自此作之无不可。如迁东之居不利,或无以居,又如何?此又当别择可迁之居,终取其方便可也。

如年家利使东南,则迁其居于所作之西北,自此居视之,则昔之为震者今转而为巽矣,作之无不可。所作既成,欲入居之日,宜用入宅法。

论方道有三:阴方道;阳方道;交接方道。阴方道者,即中宫滴水内是也。阳方道者,地基不与旧宅相接是也。交接方道者,或前后左右架屋宇与旧宅相连是也。就屋上起楼及架天井,就檐滴水归襄,皆属中宫,名曰阴方道,只取中宫无杀得吉会为大利。如建亭台造轩阁,不进中宫,名曰阳方,只取外方向首利。就屋比连接架增檐添术补廊,名曰交接方道,要内外俱有吉会,方为大利。

凡作宅据方隅,当用此方法。若开新基方栋宇,或净尽拆除旧屋而创新居,此当用开山立向法也。然造作之事,以人家所居处为本宫,所居直所作百步外则新创者,始可专用开山立向法。若所居在所作百步内则虽新创,就当兼以修方法论之。若所居虽在所用百步之外,内屋宇旧房门廊素立,则其向宅忌定待向东而去西,除旧而换新,向当用作方法有多用,作山法者少,修方之法,其言详矣。

论方道远近神杀,若城隍府县寸金之地,或隔大街要道造作,未知所犯,如向京城府州县,正是寸金之地,所作之方但隔街道,作之不妨。则府京城紧要处有此修葺,为小可之作,并不问吉凶之方,俱要吉日,余即不畏州府京畿以衙庭为正作主,不论吉凶方道吉日法,大偷修日,又玄女偷修甲戌乙亥日,若是乡村之地修方道,或隔大溪水入渡不得,四时常流则不问凶星杀。若隔大河水入渡,不得须用桥道并舟所渡处,则不论吉凶。若隔水渡溪涧,有常流不绝者,神杀小可不妨。若造小厅楼台近于居宅涧大者,虽于步塘沼犹系本宅方隅,亦取方道有吉神无凶杀占之。若居城市,虽隔一街巷三五尺,非自已地亦不可犯方隅神杀。

论修向方山头法,在前原有堂屋,已归火入宅,安处人眷向后又欲修厅廊,谓之修方向,惟忌年家、浮天空亡、巡山罗睺、阴阳的杀、身皇定命紧,忌月家方向紧杀,至如年月克山家、正阴府、太岁等杀俱不忌。若于中堂后又修作后堂,不出火避宅,山头方道并须论之。

论修向方，昔有一人先有后堂已经归火入宅，原作丙向，后有一人癸卯年十月起造前厅，其年炙退占在午，十一月地官符有占巽巳，小儿杀又在丙午丁方，作后果退少丁六口，金银冷退，官非横至，术者曰：论向首，不论方道紧杀，非也。如年月克山、傍正阴府俱勿论，至于逐月紧杀亦须并忌，此论向方不论山方，故曰立向修方而论是也。

论修方用土法，自竖造之后，相连用工不住手，虽过月节修作无妨。若一住手，俟月建节候已过，欲再起用工，又得吉神盖照方道乃可。若过月节，为凶神所占，切不宜再起用土，若其月方道无杀，亦可修作。至于择日与竖造同。

论方堆垛木料，凡坐宫修作方道不出火，忌太岁、年独火、官符、年三杀、月流财、大小月建杀、身皇定命等方，忌府木料抛放地上，凶。

论修作方道法，人眷既已出火避宅，则取土堆木料架马，并不问吉凶方道，如不动中宫，不必出火。

论坐宫修方动土，如主家不出火避宅，系是坐宫修方，须忌土瘟、土皇及诸杀等方，并动土凶日，如有年月紧杀占方，从吉方起手动土，而后连及之，如新立宅舍，出火避宅则不问方道。

论坐宫修方取土方。道年三杀、独火、官符、月流财、飞宫州县官符、大小月建杀、土皇、土府、土符、土瘟等方，忌于其方取土，若在一百二十步外，则不问方道。

论住宅舍，又欲修作水廨、安碓矶、开渠、破屋坏垣、作厕、筑墙诸杂事，如修作时要所居方道上无年月家紧杀占之，却可修作。

论修中宫法，人家以茶亭为中宫，茶亭即今明楼也。神庙庵堂以殿堂为中宫，自屋檐滴水内皆谓之中宫。凡修中宫，但要中宫无杀而有吉会，修作不妨。若一住手，过月逾节恐为凶神所占，不宜再起手用工。至如修中宫宜明楼中正坐符使，注曰：明楼者，即今之川堂是也。有二天井，名曰日月眼，今人坐屋后立堂屋前起厅堂，其中一天井也，凡以寻方立向有川堂，即于川堂对中为中宫，无川堂者，即于后堂对栋为中宫也。

论修作用盘针定中宫方道法，凡以公府经正厅为中宫，寺观以佛道圣像取坛座为中宫，社坛以神王为中宫，民宅舍以茶亭为中宫。或是隔舍单堂皆以向中一间为中宫，或是单栋宅舍祖先福德香火安于左右廒间内，人眷房舍住居一头,亦以中间房舍为中宫。若在正屋侧畔横栋屋内住,安奉祖先先福神香火于横栋屋内,亦取向中一间为中宫,如人家止有正厅而无明楼,前有廊后有房,只就正厅当中对栋柱置罗经。

论杀盖宅舍祠宇法,应杀盖及粉饰屋宅,先要中宫无官符及向不犯官符、浮天空亡、血刃,中宫须得吉星奇白主之类,仍家主年庚得相合为妙,亦如修造年月,盖此等工夫必自中宫起手,举符必在中宫,故欲中宫得吉星也。如小儿杀、大月建在中宫,却不可举符在中宫,缘杀重也。又且工夫稍重粉饬,变换门户,故凶星不可犯耳。至于寺观庙宇,只论中宫屋向无凶星及九良星,其年不到却可用工。

右据术者云:凡杀盖宅舍中宫及向无凶杀,而有吉会,只就中宫起符使,权请起祖先福神香火随符使一同奉祀,必须家主人眷出避吉方,组择吉日,从中宫起手用工,又于中宫住手,俟工毕别择吉日入宅,谓之出避不出火也。盖新造宅舍,未经归入,如杀盖瓦砌粉饰,并不问中宫及向神杀,惟用吉日。自入宅归火后,若一住工过月逾节,又欲杀盖瓦砌亦须中宫及向首无凶杀,方可用工。

凡杀盖舍宅方道,切忌三杀、年月官符、打头火、小儿杀、大月建、阴阳的杀、身皇定命,忌于此凶方起手用工杀盖。若其方有凶杀,先从吉方起手,后从吉方住,去造作无妨。

论修方择年月日,先有造主的庚固论年亦论日,人命以生日为主,作事之日不可相冲,无又要不犯阴阳的杀、身皇定命,如有宅母亦忌身皇定命方,并不得先于其方起工,必须先从吉方起工,而后连及之,却又从吉方住手。古人云:立宅易,修方难。若修中宫,或修方道,盖大小凶杀最多,如年家三杀、独火、州县官符、大小耗方、月家飞宫州县官符、打头火、小儿杀、大月建、净栏杀、炙退、大杀年月、逆血刃、孙钟仙逆血刃、巡山火星、月游火星、戊己都天,然诸杀之最凶,切宜忌之。若杀在中宫,犯之灾祸,如出火避宅,方可修作,其余凶神若得三奇、禄马、鸾驾帝星、撼龙帝星、通天窍星等吉到方,从吉方起手连及为利之方,修作无妨。

凡人家正屋要倒,急欲速起,其年山向不利,欲待得利恐难久长,便当权究移宫活法。将祖先福神香火择日移居,或左横屋,或右横屋供奉,就神前屋内用罗经格定,所修正屋之处,方道得利,择取月日拆开造一间无妨。如原无横屋,独有一座正屋,便须依原现存旧址不动土,择日竖柱,不须推论山向。

论寺观修作,凡寺观修作方,先以罗经于神佛座坛正中,观所修方道吉凶方,神佛正像难于移转,只宜用坐宫修方之法。如移宫修方之法,却难于用,若所作方道并须论年家月家所占方向紧杀。凡邻家修作,就本家中宫置立罗经,格邻家所修之方,如值年月官符、太岁、三杀、独火、大小月建等杀,本家屋内前后左右起立符使,移宫活法坐符,便从权请起祖先福神,暂归空界,将符使照起邻家甩修之方,今转而为吉。候月节已过,本家住居当初永定方道无杀所占,然后奉回香火,待岁除卸符无妨。

论方道连火,尽七日内择日起工,半月日前择日前竖造,并不问吉凶方道。

论住屋一百二十步外修作,凡宅舍久处入眷,欲就宅舍一百二十步之外,修作花园、亭院、庭台、楼阁、瓦砌花台、流触曲水、磊石、作山、天池、塘道路作栏槛台榭所在,若在一百二十步外,并不问方道凶杀。

论岁官交承修造宅舍,先论修造,用主年命得利,待新旧岁官交承之际,先择吉日立符使,请起祖先福神香火,随符使出避吉方起工修葺,俟大寒五日后择日起手修作,如些小修葺并不忌年月日时克山家及岁月时凶神,就修作之日请祖先福神香火,随符使入宅,三已巳后节次用工,俟工夫完耳,待山向得利或岁除方可择日卸符安奉香火。

论岁官交承修作方道,每遇岁暮大寒中气五日后,择日用工修作方道,至立春后二日位工,谓之岁君交接之际,并不问方道吉凶神杀。如立春交节日过二日则年月凶神方位已定,不可修作,如方位无凶神,修方无碍。

论岁官交承破坏修营,如破坏修营舍宇,依前修作更得偷修日尤佳。

论起造修方,年月日时俱不可有犯刑冲、刃害,重则伤人,轻则奴畜。所喜者命日二干禄贵、建支建山向方,始无咎也。

六十年震宫杀起例诀

法先以八节各从九宫起甲子,冬至阳顺行,夏至阴逆行,寻本年太岁在何宫,就在本宫起月建,亦阳顺阴逆行,寻卯字住处,即震宫杀也。如立春起艮,顺寻丙寅太岁在坎,坎上起寅,坤上起卯是也。

又震宫杀例，正月起卯逆行十二支，八节中宫起甲子，用年泊宫遁杀。

永定正卯二寅飞，八节中宫甲子居。
阳顺九宫寻太岁，岁君住处是佳期。
就在住宫起五虎，顺寻月占泊何宫。
假如立春艮宫起，丙寅太岁坎无疑。
再把月建坎上起，卯字落要杀坤方。

此杀虽忌修方，但屡试无验，故不布局。

按修作命杀日，命龙入土本命官符日杀、震宫杀、阴阳年月四的杀、身皇定命，以一命而有数杀之忌，所修作不过东西南北四隅八方耳，而命杀之多，何方得伶俐乎？故所修之方，如有杀占，先从吉方塌手连及不利之方，则无害。

凡一切修造动土，候太岁诸神煞出，用工如值边位日即住手，其所占处及出游之方，忌修营掘凿。

太岁诸神出游出游方

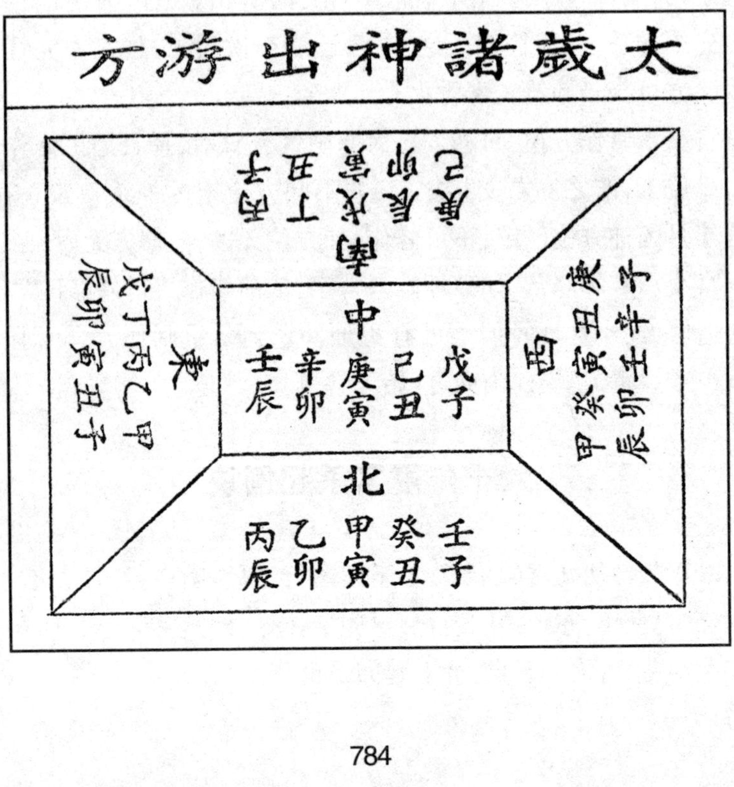

还位日：

己巳、庚午、辛未、壬申、癸酉。

甲戌、乙亥。

辛未、壬午、癸未、甲申、乙酉。

丙戌、丁亥。

癸巳、甲午、乙未、丙申、丁酉。

戊戌、己亥。

乙巳、丙午、丁未、戊申、己酉。

庚戌、辛亥。

丁丑、戊午、己未、庚申、辛酉。

壬戌、癸亥。

已前还位，忌修作占处。

大偷修日：方神杀出游定局，自壬子至辛酉，凡八日诸凶神朝天，可即工修作。值还位日即止，如所修之方，忌修作。

诸神朝天日

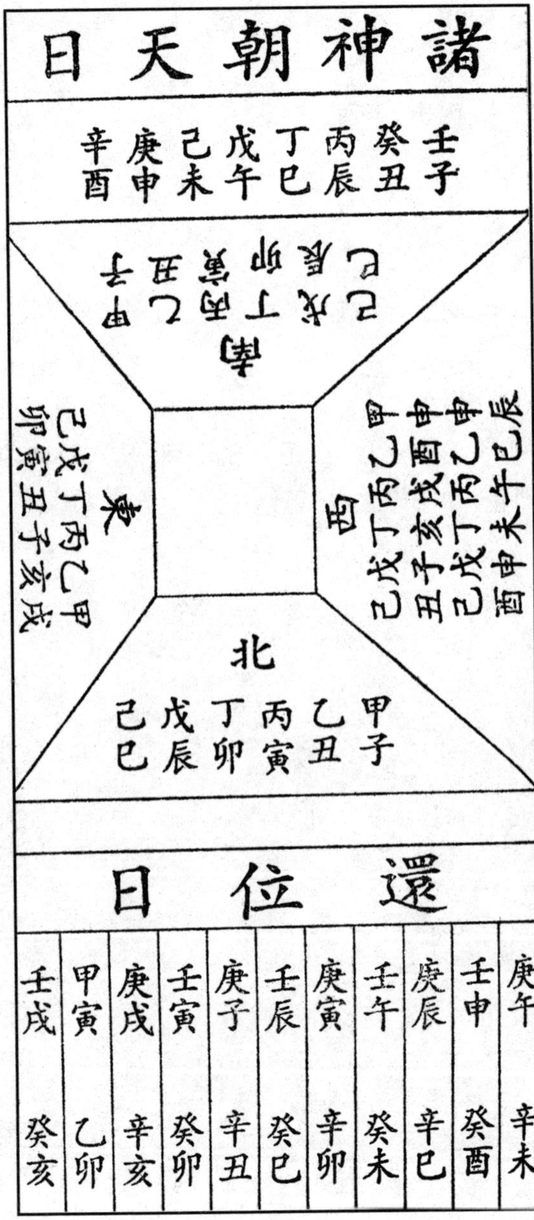
諸神朝天日
壬子 癸丑 丙辰 丁巳 戊午 己未 庚申 辛酉
南
甲子 乙丑 丙寅 丁卯 戊辰 己巳
西
甲申 乙酉 丙戌 丁亥 戊子 己丑
甲辰 乙巳 丙午 丁未 戊申 己酉
東
甲戌 乙亥 丙子 丁丑 戊寅 己卯
北
甲子 乙丑 丙寅 丁卯 戊辰 己巳
還位日
庚午 辛未
壬申 癸酉
庚辰 辛巳
壬午 癸未
庚寅 辛卯
壬辰 癸巳
庚子 辛丑
壬寅 癸卯
庚戌 辛亥
甲寅 乙卯
壬戌 癸亥

论修方年月、祸福旬月，即应先贤用之，屡验。盖修一方，如用药独味，尤效。其造宅功缓一二年方应，为其神杀寡之，故先哲符云：若要发，修三杀。若要财，修流财。若要官，修官符。盖仕官以官符为文书故也。又云：吉莫吉于修太岁。何也？有病方为贵，无伤不是奇，因其病，修之最吉。

修科甲法

凡人家科第不利者，因当时犯克气泄气之害，或科品科甲星相陷也，宜用本气生气年月日时，查太阳带本人贵元禄元命马到方。又科名科甲星得地，文昌文魁荐元并朝，依此修之，最验。

修官禄法

凡官宦爵禄不显者，皆因当时官禄星欠利，或天贵、天厨等星失陷故耳。其法当先寻本人本命贵人禄马到方，催官荐元用事，凡太阳盖照本气乘生旺，若不遇本气者，用生气年月日时俱可。

修田财法

凡人家财源不旺者，皆因当时田财二星失陷，或值克泄、劫财、耗星乘衰故也。宜审其气旺年月日时，值田财二星得地之候，又太阳、天禄、天厨、天福皆在，有用之宫，是天时地利相因，而富盛必矣。

修天嗣法

凡人家人丁不旺者，皆因天嗣男女星落陷，宫又值龙气衰弱，而受克泄也。急宜取本气生旺年月日时,及太阳带天嗣星入坐向,或带男女星入方,或父母本命天嗣男女星八座贵人禄马、交驰及功曹、传送、胜光、神后四星照临最吉。经云:功曹传送家千口,胜光神后百余丁。又云:传送功曹敌国富,胜光神后百年陈。不独子孙繁盛,而亦富盛田财矣。须看天月将过宫方可有验。

修寿元法

凡人家多出少亡者,皆因当时寿元星落陷,太阳禄马不到,又克气泄气用事,而男女立六弱之宫,急宜择本气生气年月日时,及查太阳、禄马、寿元星、福德星、天嗣星入方向,修之主眉寿。

修人家不和法

凡人家五伦不和,皆因当时刑冲,或不正星辰,更值仇难交争,五气不顺,宜择四柱纯正,三合六合,凡天月二德、红鸾、天喜宜居有用之宫,要取八字干支俱相合修之。

修贼门法

凡人家屡犯盗贼,皆因当时亡劫在庚上,而本方或带风吹水劫故也。宜择本山生旺年月日时,寻太阳照贼门,寻官星贵人到坐,或本月天乙贵人亦可,出震帝星尤妙。修之即止,庚为贼门。

修鬼门法

凡人家妖鬼为害者,皆因鬼门上犯风吹水劫,或鬼门上误用克泄日时。急宜取木龙生气旺气之候,太阳照鬼门,取天乙贵人到坐,或出震房星斗相所指之时即止,艮为鬼门。

修官符法

凡人家有狱讼之灾者,皆因当时官符临座向,或本命官符即宜撰本气生气年月日时,及恩星赦文星、皇恩、天赦星到坐向方隅,又天月二德到流年官符宫,或到其人本命,修之即解。

修病符法

凡人体值疾病,经年不愈者,皆因当时犯克气泄气,年月日时又值当年病符星在位,或在本命宫即宜查病符属何五行,而各施救生之功。定要本气生气年月日时,及帝星、赦文星、天恩、天赦、星神、天医、福德诸星多在有用之地,兼太阳、太阴并照贵人禄马,悉并朝天德、月德,又与解神相合,而恩皇二星皆无克陷,由是修之即愈。

修养畜血财法

凡人家六畜多灾者,盖因当时年月犯着千斤血刃、饥渴血刃、年月流财星或净栏杀、大小耗星故也。急宜取四柱生气健旺之候,或年月流财兴旺要避年头血刃及顺逆血刃,又要四家福德星,寅申巳亥四长生,子午卯酉四极二德宜马,贪狼宜鸡,赤三官宜猪,黄维宜牛,紫气宜羊,太阳宜六畜,依法修之。

修白蚁法

凡白蚁之害,皆因当时犯火罗二星,又不得水孛生旺,而年月日时又值衰弱之候故也。宜择水龙气旺之际,火罗退气之时,又得暗金伏断日时尤妙。或酉亥日亦可,此二日乃本杀死绝故也。阳宅宜用木匠曲尺在白蚁处量到四尺九寸即止,将斧头在正处打四十九下,大发喝声,众皆齐声应之。如起屋之状,如阴宅即在寅位起,取土修埋遂及他方,法如前。

修鼠穴法

凡鼠之为害,皆因本气不到而克气泄气用事,又值耗星生旺,而太阳不照,宜寻年月日时气旺之际,及甲申、壬申、闭日,或云伏断日时可。若上二日逢闭日,又值暗金伏断日时,百发百中,无一不效。

修远回法

凡远乡久不思归者,因当时犯年月日时克泄之候,或犯四离、四绝、死别、天魂、不返、五不归日,或截路空亡、天翻地覆时,此财当用驿马为主,以本人命元为作用,如取得本气既利,然后查本人四柱驿马,俱要生旺到向,或三方四正之官,而本命四柱驿马不失陷,太阳又宜得地,五星不值迟留伏逆,修之即回。

暗杀伤

本命五虎遁其方,遁到其方看纳音。

又将太岁五虎遁,到方须克纳音妨。

假如丙戌生人,癸酉年修辰巳方,本命五虎遁得壬辰癸巳方属水,又以癸酉太岁五虎遁得丙辰丁巳方属土,克命是也。

天伤地伤

宅主年生看纳音,即将太岁遁于寅。

遁至天干又寻地,纳音克命忌修营。

假如宅主丙子纳音水命,用戊癸年修造遁至丙辰,得丙辰土为天伤克命,凶。用丙辛年修造遁至干支得庚子土,为地伤克命,凶。余仿此。

的命杀

太岁中宫寻本命,寻着本命不堪修。

再将月建中宫发,顺寻本命造应休。

二将月建中宫遁,去寻太岁本年头。

三者到位君休作,财散人离公事忧。

此乃布衣三不修也。其法以本年太岁入中宫,顺寻本命到处一不可修也。又将月建入中,顺寻本命到处一不可修也。再将月建入中,顺寻本年太岁到此三不可修也。名曰三不修。

金神三杀方

四孟月寅申巳亥日酉方,四仲月子午卯酉日巳亥方。四季月辰戌丑未日丑方。

年家日

甲子年宝瓶,甲戌起坤行,甲申寻震。

虎杀方

甲辰中宫是,甲寅乾上方,六十日方位。

月游白虎方

甲乙月亥辰日,丙丁月卯未日,戊己月午戌日,庚辛月辰申日,壬癸月子寅日。

四季白虎方

春月向南游,夏孛不可修,秋虎北方是,三冬西更忧。

(新镌陈氏修方应验藏书卷之十终)

新镌陈子性六十吊宫
造葬修方吉凶藏书卷之十一

岭南　陈子性手著　男　衍参订　孙式基
式猷　纂辑

六十甲子坐山方位吊宫喜忌

卜葬择日法，先看坐山落在何宫，此宫喜某干某支，忌某干某支为主。其法先将太岁入中宫，轮某干支到此宫，喜则此年可用，忌则此年不用。次则以月建入中宫，轮某干支到此宫，喜则此月可用，忌则此月不用。如此年此月此山可用矣，乃取此月内吉日，与化命祭主坐山相配者，入中宫轮值干支，此山喜则用此山，忌则另择，必须配合得宜乃用之。假如癸酉年太岁入中宫，吊甲戌到乾，乾山大利，以甲为乾纳也。戌山受克，亥山平平，吊丁丑到离则丑午一穿，丑为丁库，午山丁山皆不利，唯丙山平平，此太岁入中宫以查一年内吉凶之例也。至查月建法，如正月作乾宫，甲寅入中宫，吊乙卯到乾，乙即坤也。对待夫妇，乾山大利。戌与卯合亥卯会局，戌山亥山皆利，乃就立春后三十日择之。假如化命祭主命系甲子，则初九癸丑为印绶，带合带贵之日可用，乃取癸丑入中宫，吊甲寅到乾，甲为乾纳，寅为甲禄，乾山大利。寅与亥合寅戌合局，则亥山戌山亦利，已较前甲戌干支到乾者更为利。盖大抵年不利而月日利亦可解之。假如癸酉年上丁丑到离，不吉。已若月建九月壬戌入中宫，吊丙寅到离，则寅午合局，丙火旺地，丙午丁三山又皆利矣。如祭主化命，或系辛巳，或系辛未，则十七戊午日，戊干生辛金，午为辛贵，此日可用。取入中宫吊壬戌到离,壬为离纳,午戌会局则午山又可用也。丁得壬合丁山亦吉。丙壬入戌库则丙山不吉矣,此查月建、查日元轮吊之例也。但凡干支到山,遇本山或化命或祭主命之,禄马贵人纳甲为吉,遇八煞、三刑、六害为凶。六十吊宫喜忌图,本山之禄马纳甲刑煞破害皆详注明白,其化命祭主命皆依此推之可也。

吊定六十年月日时图局

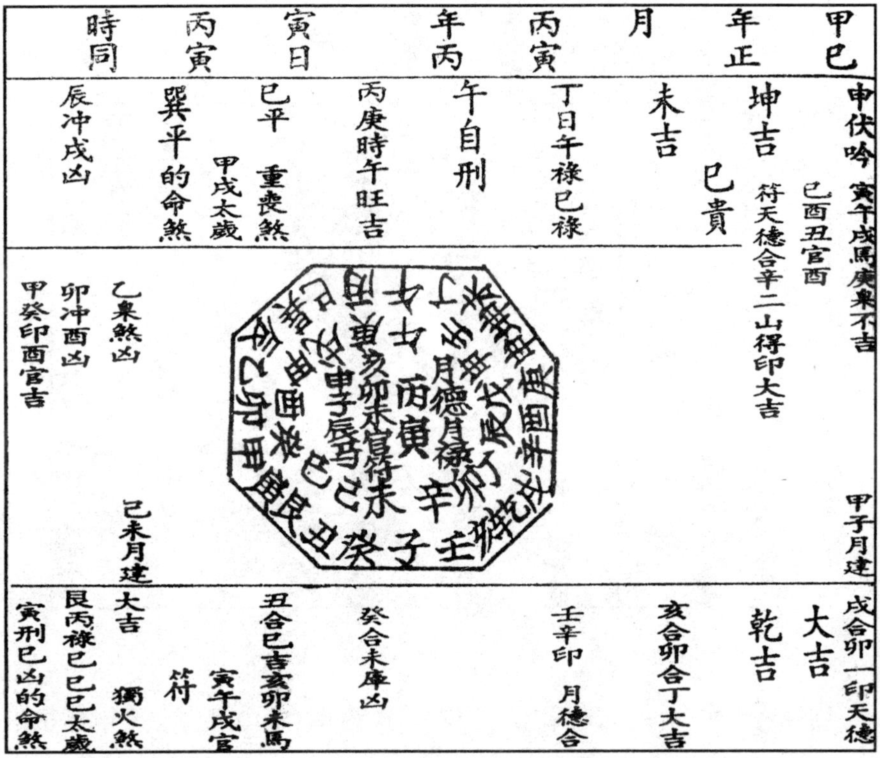

是局也，巳年岁禄归离，丙山、丁山、午山皆午利，嫌日刑用辛卯日吊乙未到午则吉。亥山与卯合，丁又与亥中之壬合，又卯为壬贵，大吉。况丁为天德，壬子癸得甲岁贵，殊子未相穿，若用寅日吊申到坎则吉。巳坤山未山以天德合巳贵甲马之壬申到山，实吉。辛山酉山戌辰为正印以生之，丑山合巳带印亦吉。

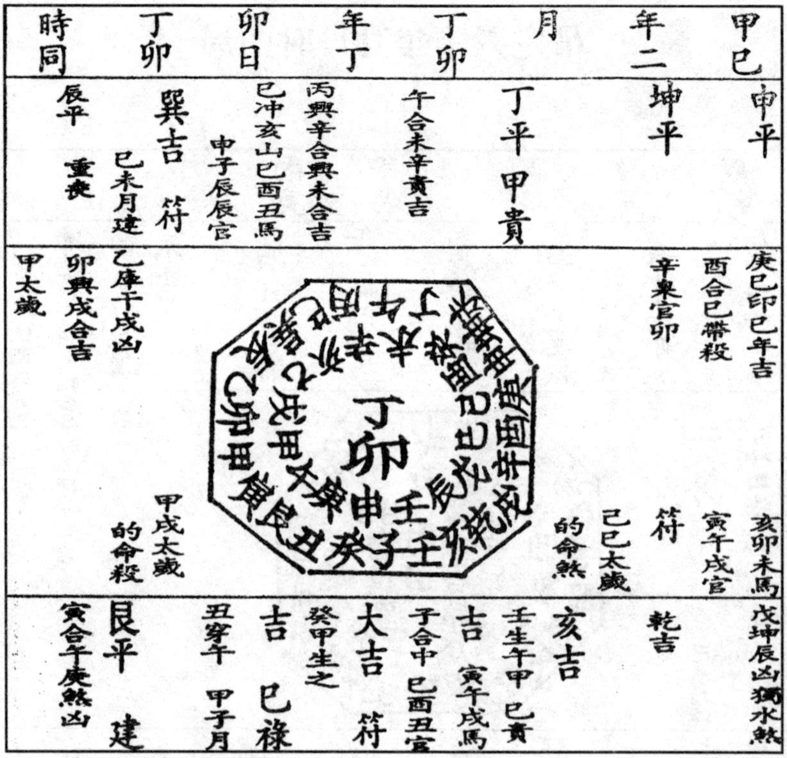

是局也,甲贵到离,丙与辛合,午与未合,丙山、午山大吉。壬申巳贵甲马到坎,坎山、壬山皆吉。甲为月德,到震宫,甲卯乙三山皆利。艮寅二山,巳禄合局亦吉。乾山平吉,戌亥巳三山大凶。

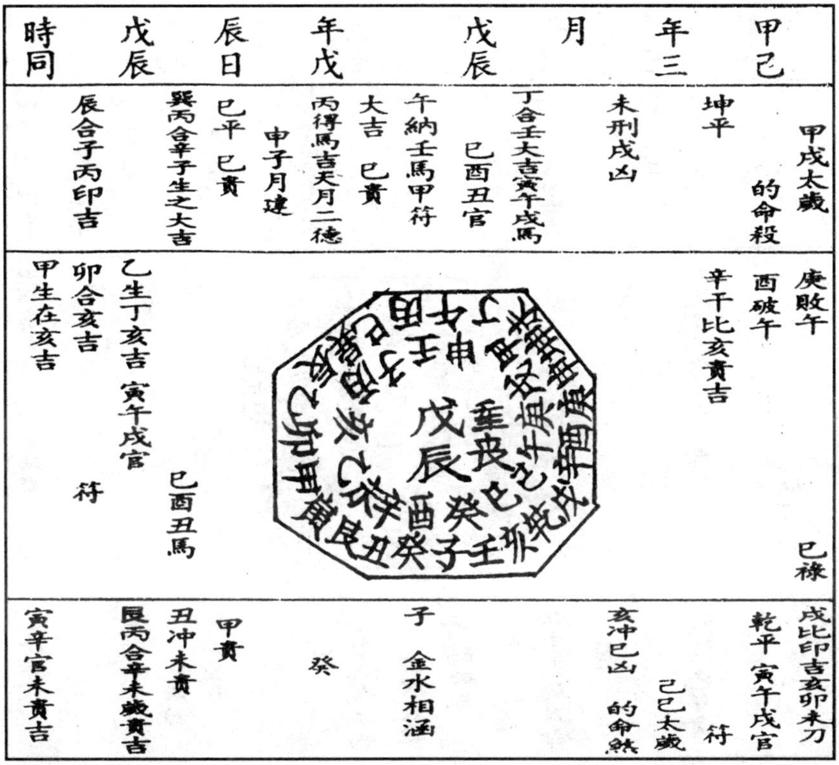

是局也，癸酉到坎，金水相生壬子癸三山皆吉。壬申为马而带天德月德到离为离所纳，则丁午丙三山何利。如之艮寅二山，丙合辛而得贵，辛酉二山得午贵为巳禄，大利。丑山阳贵来会带刑冲，宜用癸卯日吊丙午到艮，干支皆合则吉已。

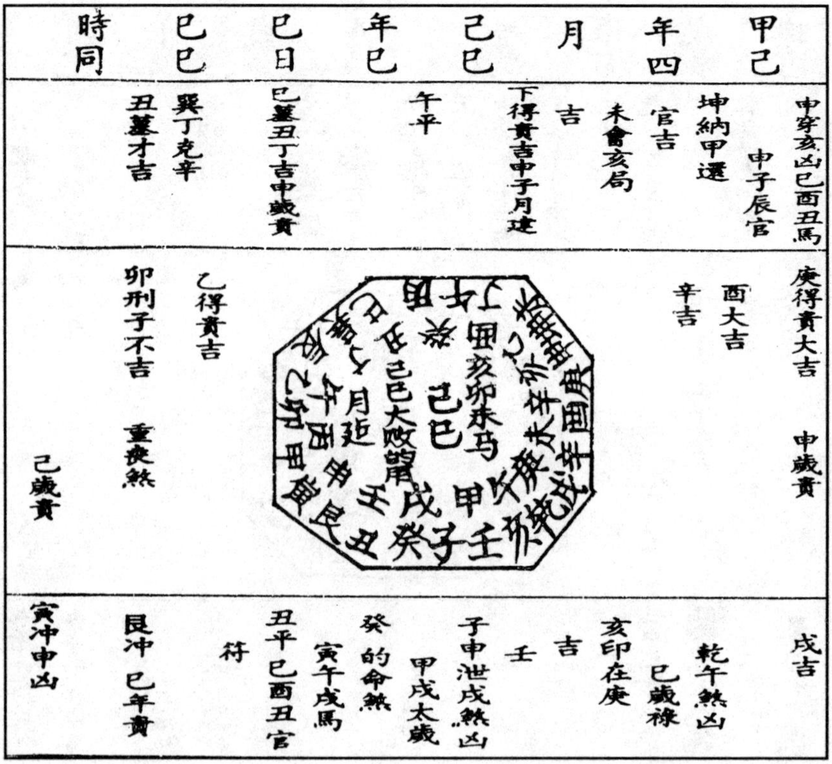

是局也，辛未到兑，辛为天德，吉。巳而未为申贵，庚酉辛山同利，坤山乙亥加临乙纳甲亥长生最利。丙山得酉贵，申山乙山得岁贵，并自己之贵大吉。寅山申冲亥山克午禄马，皆虚惜哉。

此局四己巳吊四乙亥到坤，吊四辛未到庚，坤庚二山大利。四丙子到乙山辛向。

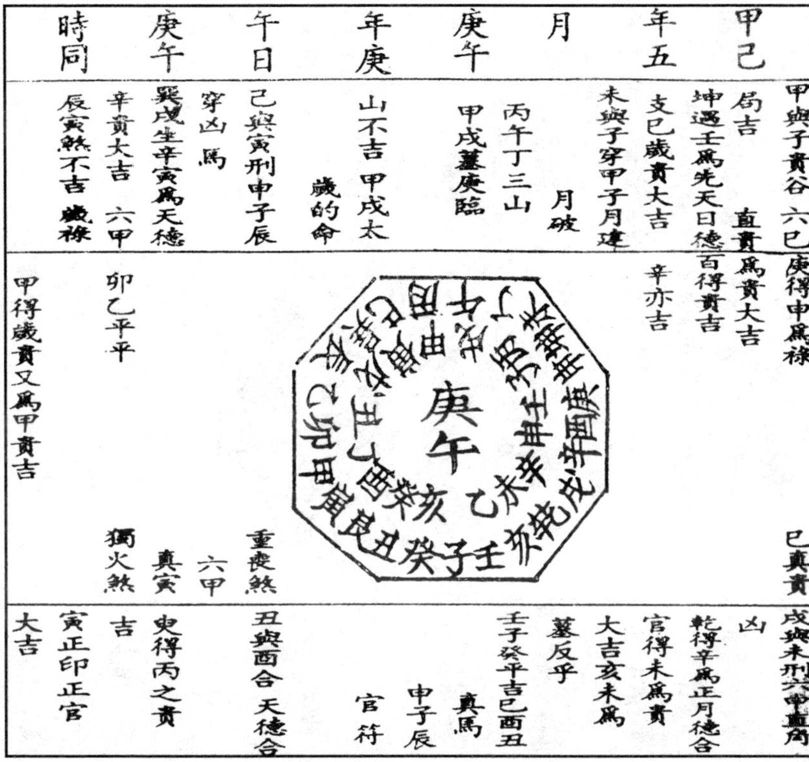

是局也，坤山得丙子，丙不巳印子为坤之先天水土旺支，庚山得壬申为六巳阴贵，而宾庚禄，乾山纳甲，辛为官木为甲贵兼六甲岁贵，申山得丁丑真贵加临，巽山纳辛戊土生之寅为辛贵，又兼甲禄甲马是，此数山皆大吉者。未山子穿，巳山寅穿，且刑戌山未刑。

辛未到乾吉，巳再得用辛巳日吊壬午到乾，或甲寅日吊乙卯到乾更吉。

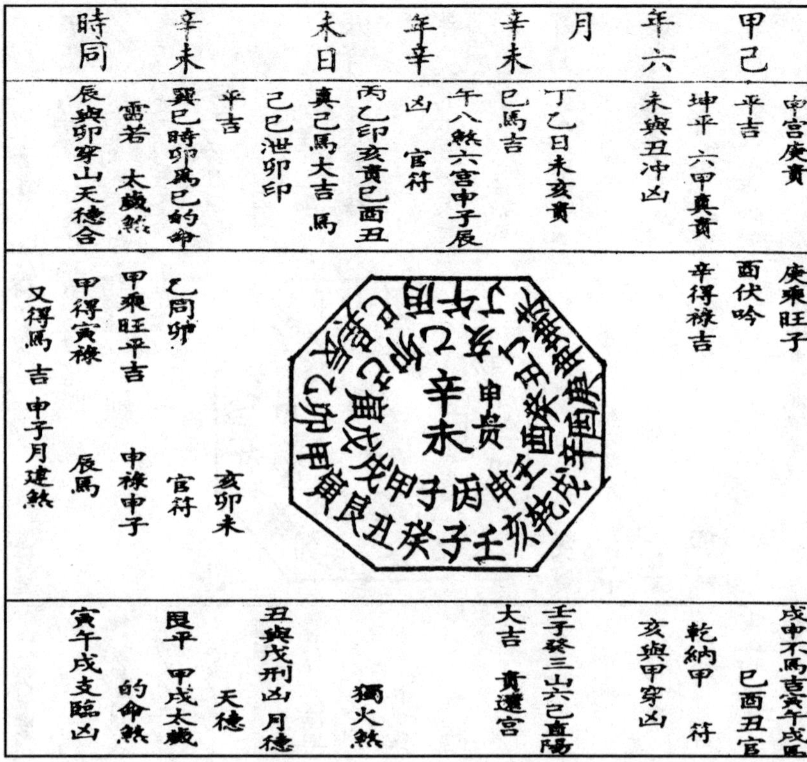

是局也,丙山得乙正印,亥为阴贵,丁山合亥是之壬亥为丁阳贵,甲山得禄得马,壬子癸三山得六巳阳贵,还宫俱为大吉。午山煞入丑山戌刑未山丑冲,皆凶。

丁丑到坤用丙午日吊壬丁到坤,大吉。壬子为坤宫所喜干支,而与丁壬合起,最利。

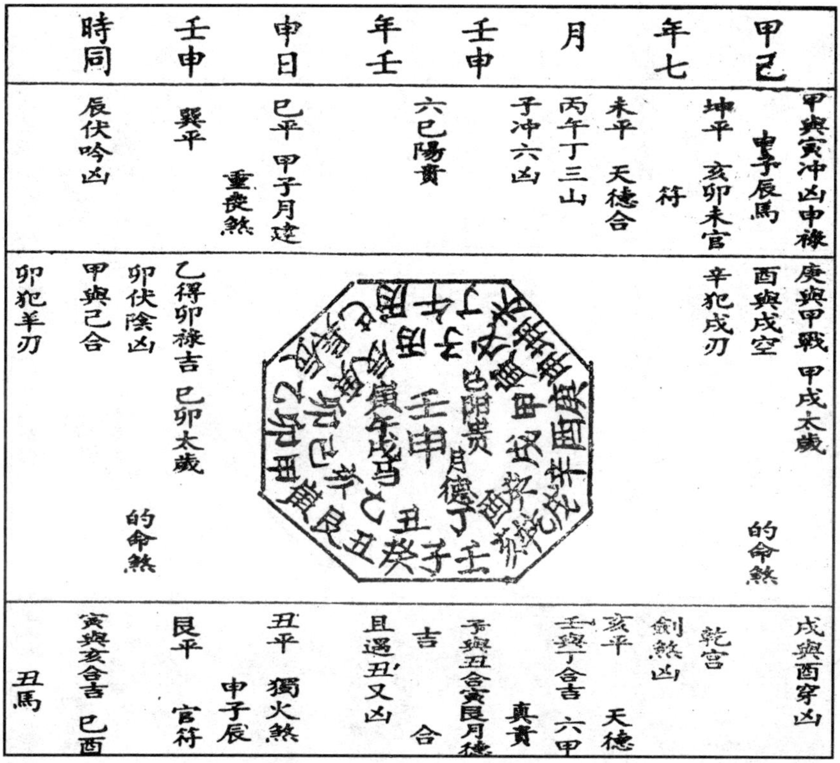

是局也，壬山、子山合丁为月从合，合丑得六甲之贵，最吉。乙山得卯禄，寅山与亥合次吉。子冲离宫丙午丁山者，凶。甲山寅冲，酉山戌穿，戌山酉穿，癸山丑刃，皆不利。丙子己年真阳贵，若用丁酉巳吊辛丑到离，则与丙子相合，丙山、午山亦可用。凡禄马贵人、天德月德之带刑害冲破者，皆用合法以化之，以成其美，皆如此。甲山吊己如到震为犯羊刃煞，即通书云将军箭也，锡山周宅用四丙申吊四癸卯到震，是犯四大将军箭，巳向为八九年即发鼎甲。

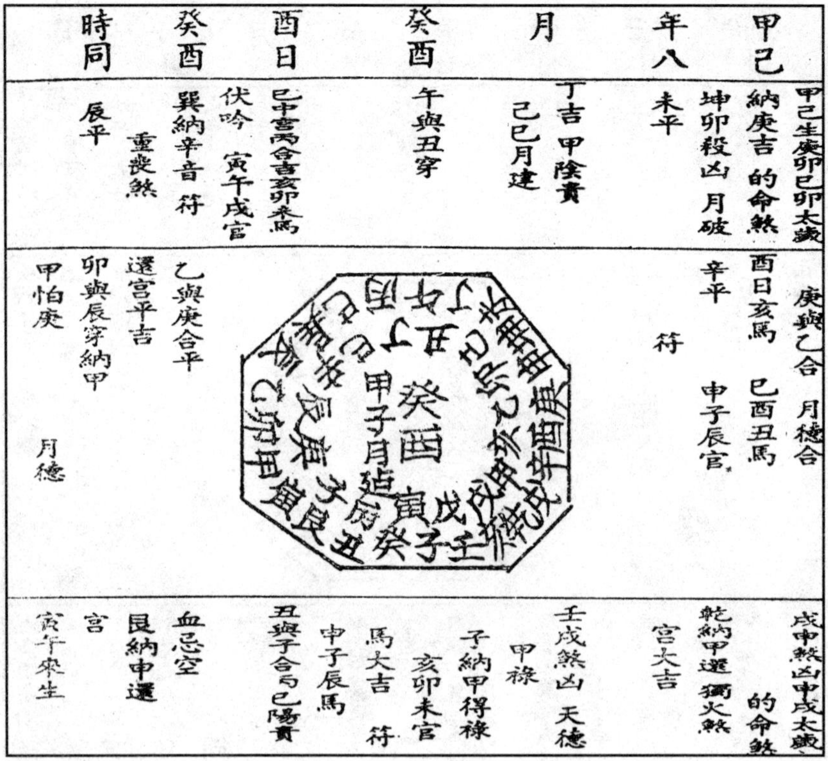

是局也，巽山得辛巳纳甲还宫，子山、癸山亦纳甲还宫，甲年禄马同到，而丑山丙以生之，子与合之，又得用巳日丙酉到离可用。坤山己卯为煞，大凶。乾山甲戌纳甲还宫，亦吉。但戌犯独火煞，须用寅日合之，吊卯到乾又合之，大吉。

巽山辛卯重丧，若双棺归葬，则无害已。

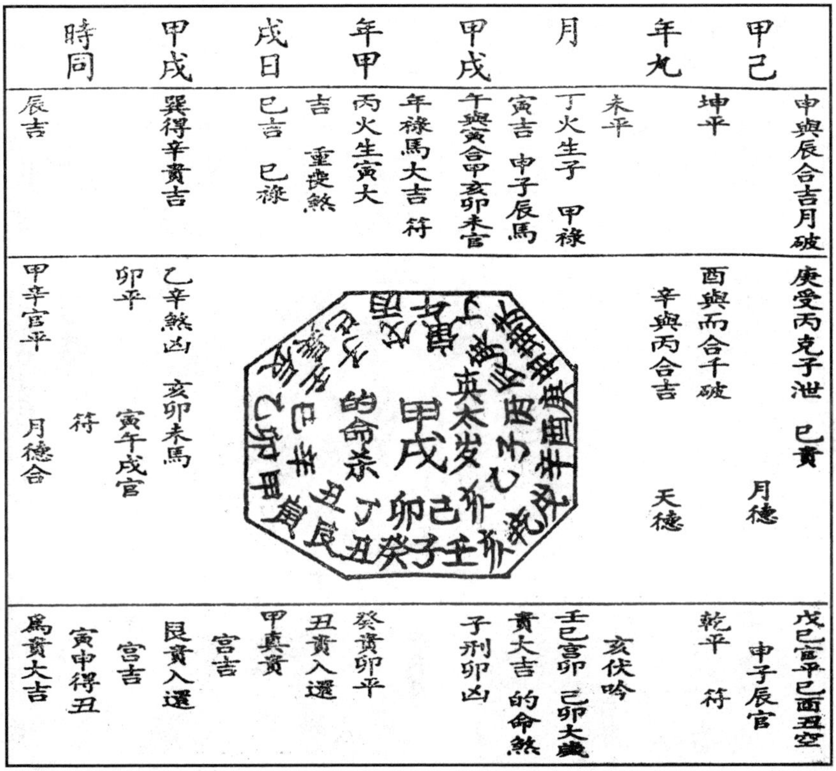

是局也，午山得禄马之寅生之合之，大吉。丑山、艮山、寅山贵人还宫，大吉。丙山遇生亦吉。壬午到巽山，午为巳禄，为辛贵，大吉。辛山合天月二德，酉山亦然，但酉忌子破，喜在后天，须用寅日吊辰到兑，大吉巳，子山亦然。卯来刑子，须用巳日吊戌到坎，大吉。

此四甲戌吊四丙寅到离，丙午丁三山大吉，吊四壬午到巽，则巽山乾向地，大吉。

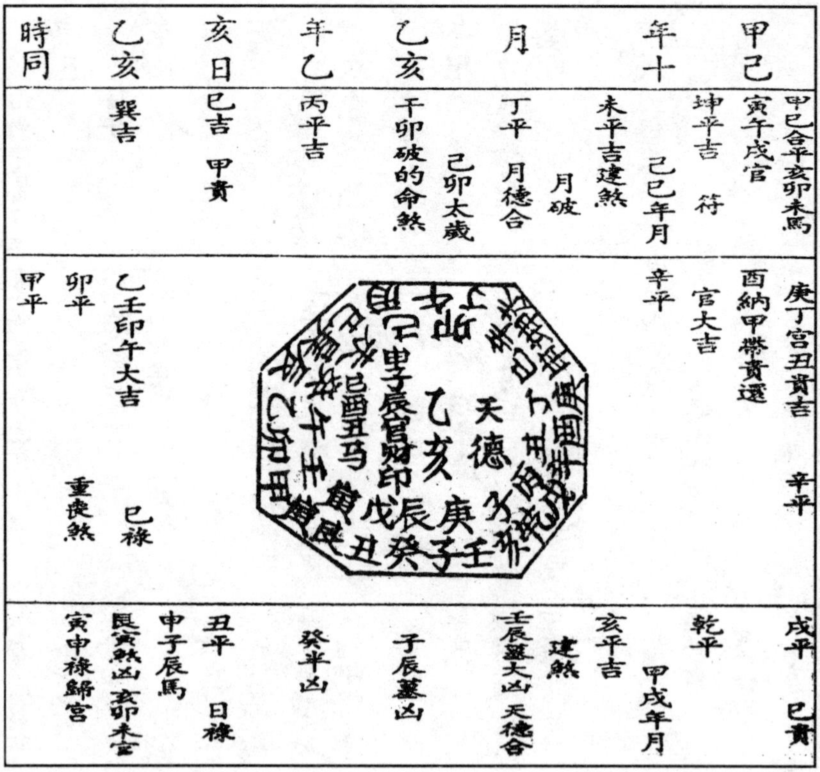

是局也，乙山得壬为正印，得午遇长生最吉。又午为巳年禄，酉山得丁为纳甲，得丑带贵带合，最吉。但丑为酉墓，喜巳日吊未到兑，冲开墓库为妙。寅山遇甲于申子辰年带禄带马，用巳日吊申到艮，或申日吊亥到艮，冲之引之，乃大吉。庚山丁官丑贵，亦吉。二子山最凶，甲山上枭下泄，亦凶

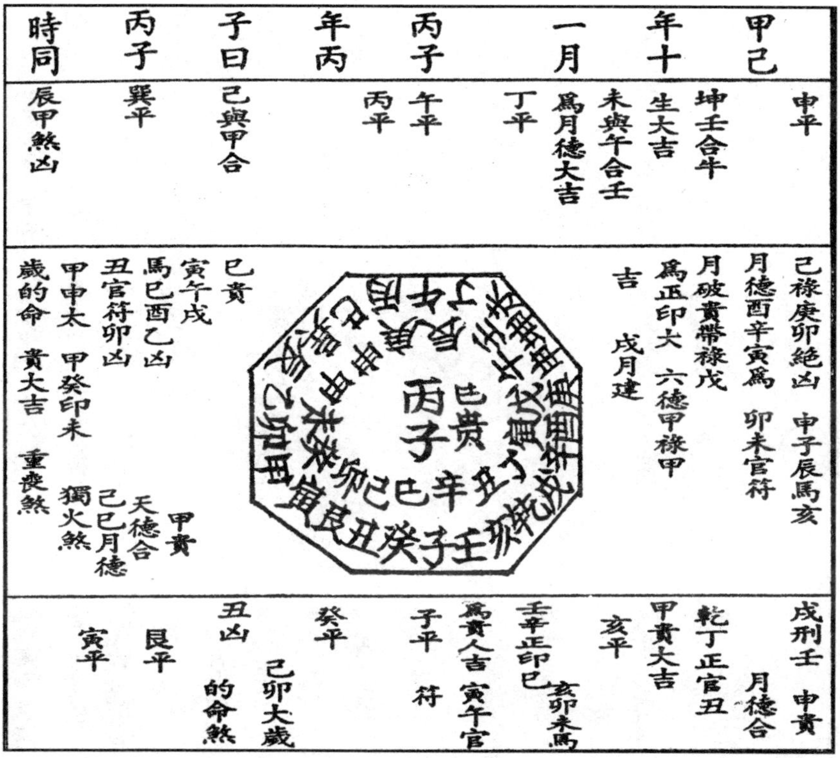

是局也，未山得巳年禄合，壬又为月德临之壬山，辛为正印，巳为贵人，甲山癸为正印未为贵，有辛山、酉山戊为正印，寅为贵人，乾山丁为正官，丑为甲贵，皆大吉。坤山壬午生之最吉。至于戌山丁印丑贵而刑，若遇己亥日吊子到乾岁日，二贵合到亦大吉，庚山最凶。

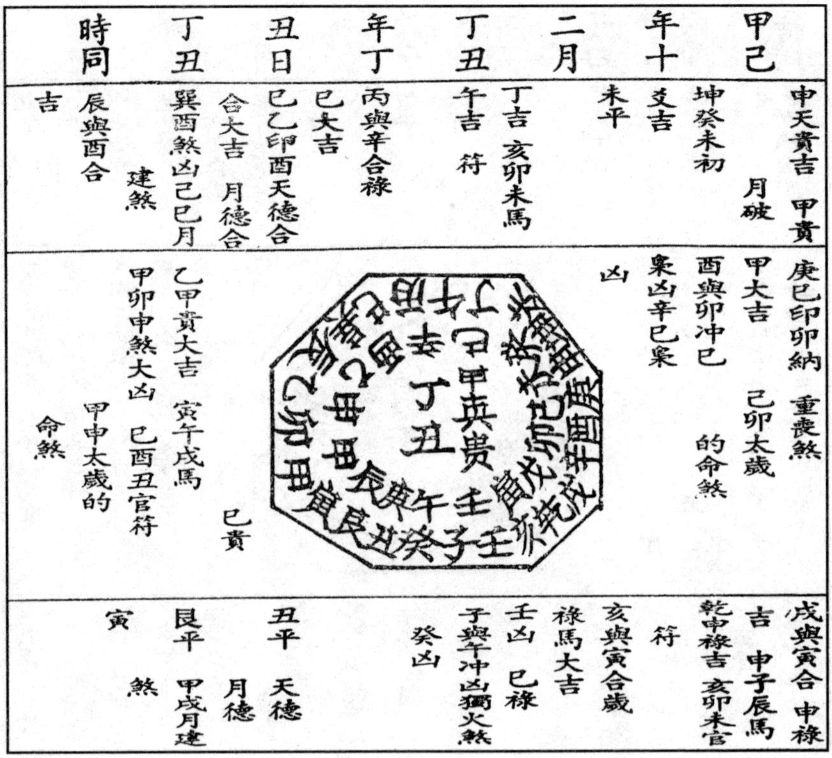

是局也，丙山合辛禄巳，庚山巳印，卯纳巳山，乙印酉合丙之贵人，大吉。乾山纳甲得禄，戊土生乾金，乙山甲比申贵，皆吉。戊山与寅合，亥山与寅合，亦吉。子山午冲，酉山卯冲，巽山酉煞，卯山申煞，皆大凶。

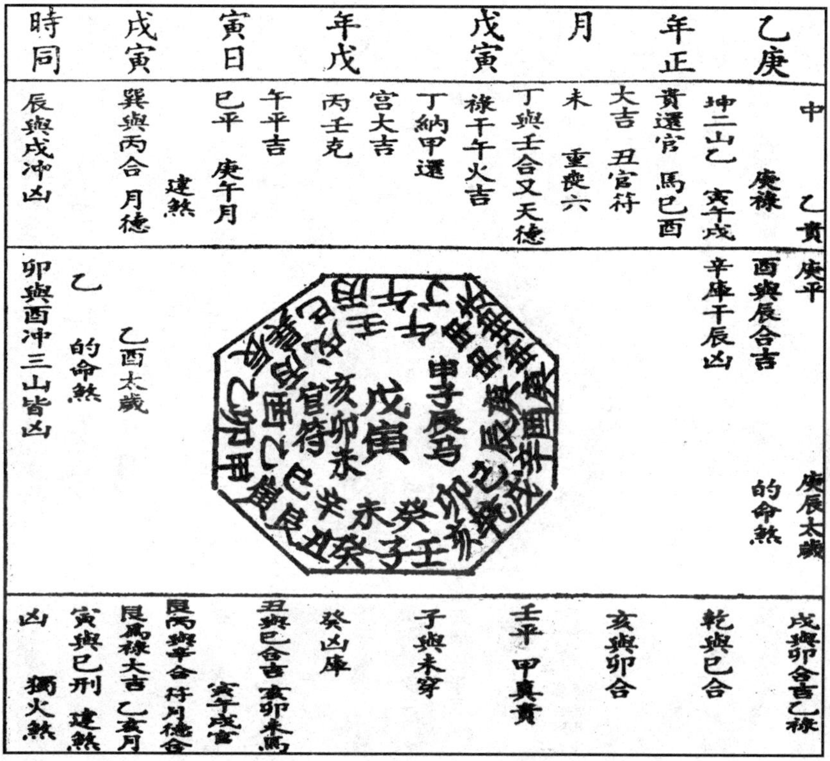

是局也，壬午还宫，丁山第一，午次之，丙受克，辛巳到艮，丙与辛合，丙禄干巳，大吉。寅山刑巳，大凶。甲申到坤乙之真贵还宫，故未坤申三山皆利。癸未为庚，岁贵到坎，相穿贵而不贵，酉山与辰合亦吉。卯山酉冲，辰山戌冲，大凶。

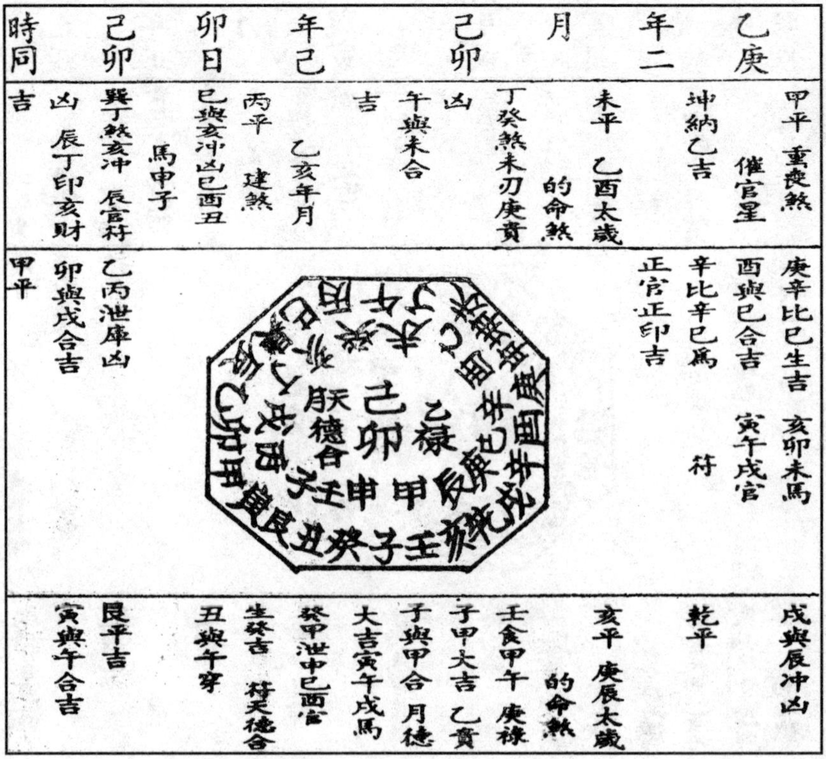

是局也，甲申到坎，庚午禄马带月德天德合，乙年带贵，带月德天德合，且为坎之长生是壬山、子山、癸山，大吉。辛巳到兑，庚山长生大吉。酉山辛山得正官正印，但嫌八煞，善择日者，用亥支日吊丑到兑则合戌金局乃大吉已。其次坤山、艮山、辰山亦得和平，总在善择日者得其变通，即如癸未与午相合而癸为七煞，美中不足，善土则取甲子日吊戊到离，或庚子日吊甲到离，戊则合癸化火，甲则化煞生印，讵不甚美。

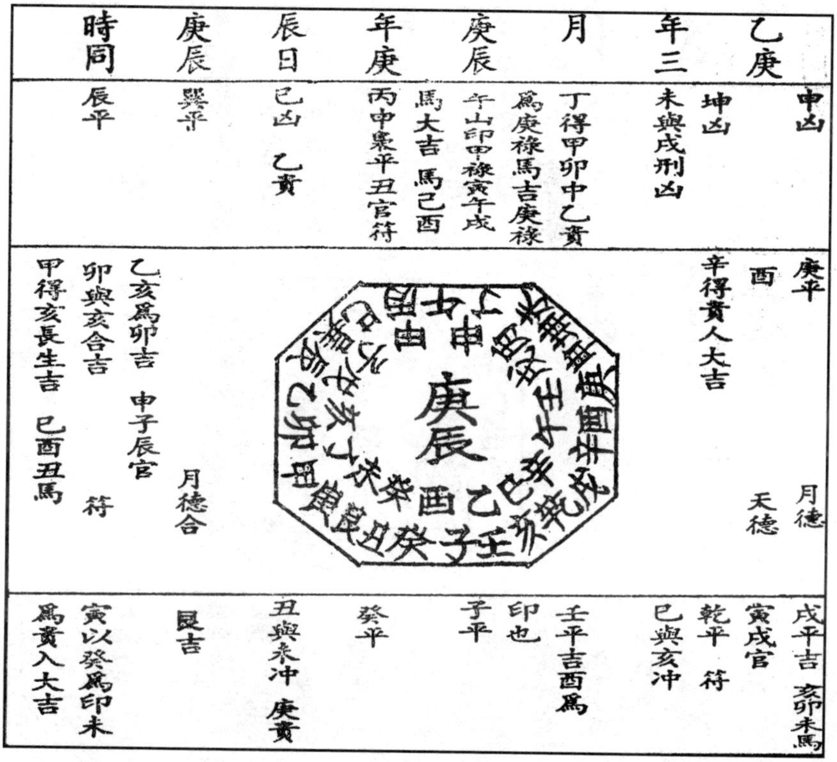

是局也，甲申为乙年贵人，庚年禄马吊到离宫，丁午二山大吉。丙山嫌甲枭，喜乙干日，吊己卯到离则亦吉。丁亥到震，甲山、卯山、乙山皆利。癸未吊到艮，寅山、艮山皆吉。惟丑与未冲，贵人不安，喜卯支日吊午到艮，或甲到日吊亥到艮则吉。以午与未合，亥与未合，且生丑也。壬午则兑辛山全吉。若得乙巳日主吊丁未到兑，更为大吉。

此四庚辰、丁午、甲卯、乙寅数山重，吉。

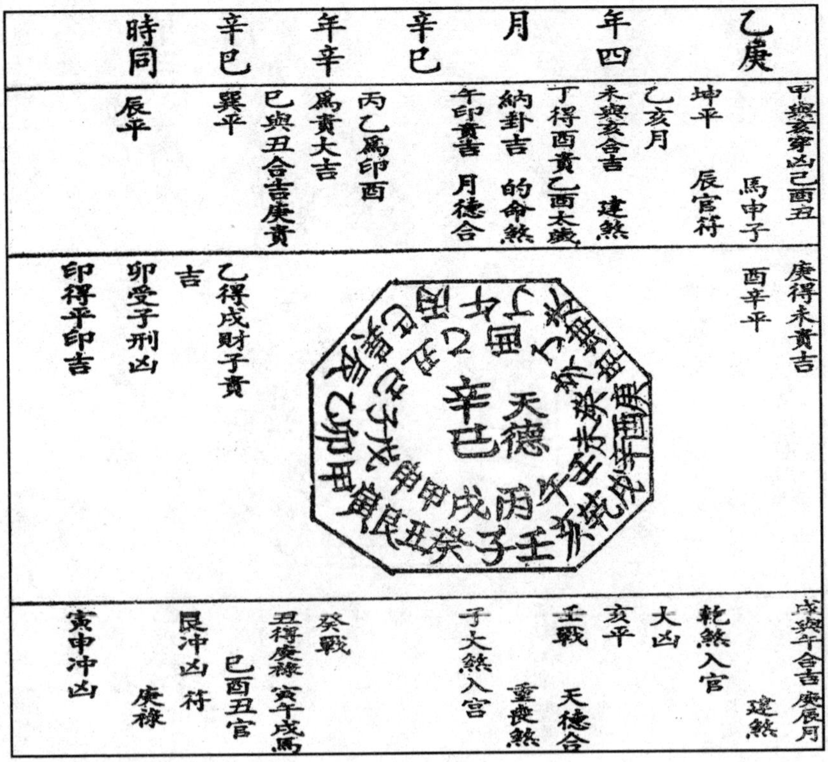

是局也，丙山得乙正印生之，酉辛合丙为贵，大吉。乙山得戊子真贵，丑山得庚禄马，丑又为甲贵，俱利。戊山、申山次吉。

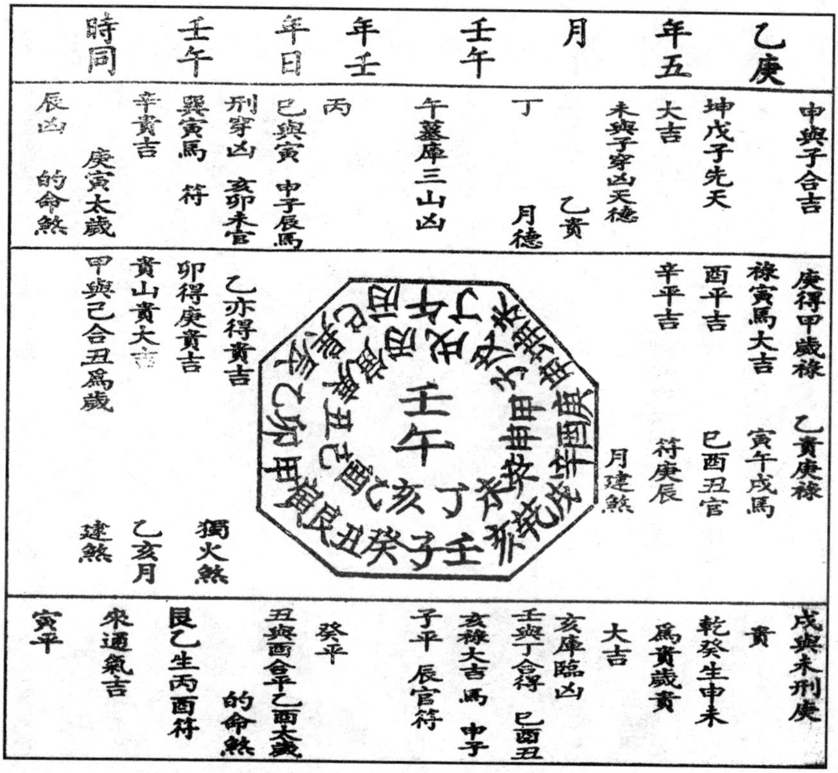

是局也，己丑到震，甲山得山贵，岁贵与巳相合，大吉。丁亥到坎，壬山合丁禄亥，乾山纳甲癸为正印，未为阳贵，庚山申为山禄、岁禄、岁马，巽山纳辛，寅为辛贵，皆大吉者。次之乙卯二山，辛酉二山，丑山、申山亦吉。而坤山得戊子正坎先天而带岁贵，更为奇特。丙山、午山、丁山吊得丙戌，干旺戌墓富，令逢库不利，若得丁卯日吊辛未到离，丙与辛合，午与未合，且未刑开，戊库最利，最利用壬戌日吊丙寅到离，合成火局，亦美。

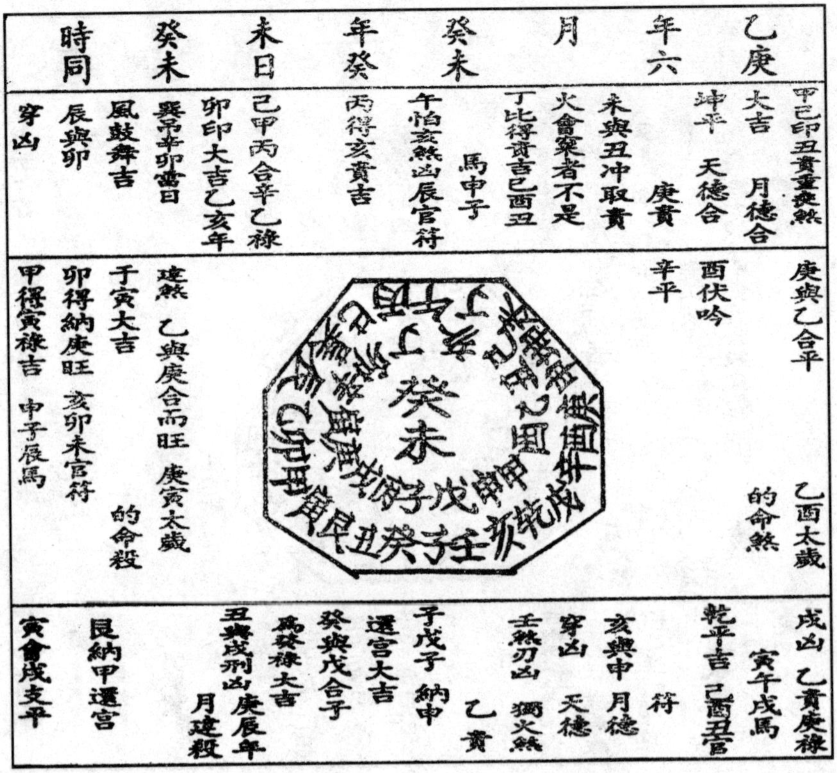

是局也，辛卯到巽，巽山纳辛，卯为长子，与长又配，大吉。巳山丙合辛而卯为巳印，戊子还坎，子山得其正，癸山戊与癸合，子为癸禄，尤吉。庚寅到卯纳甲还宫而带马，卯山得其正，而巳山与庚合，旺子寅大吉。申山己印，丑为庚贵，月天德合，大吉。艮山纳丙亦吉。午山亥煞，丑山戊刑，未山丑刑，大凶。

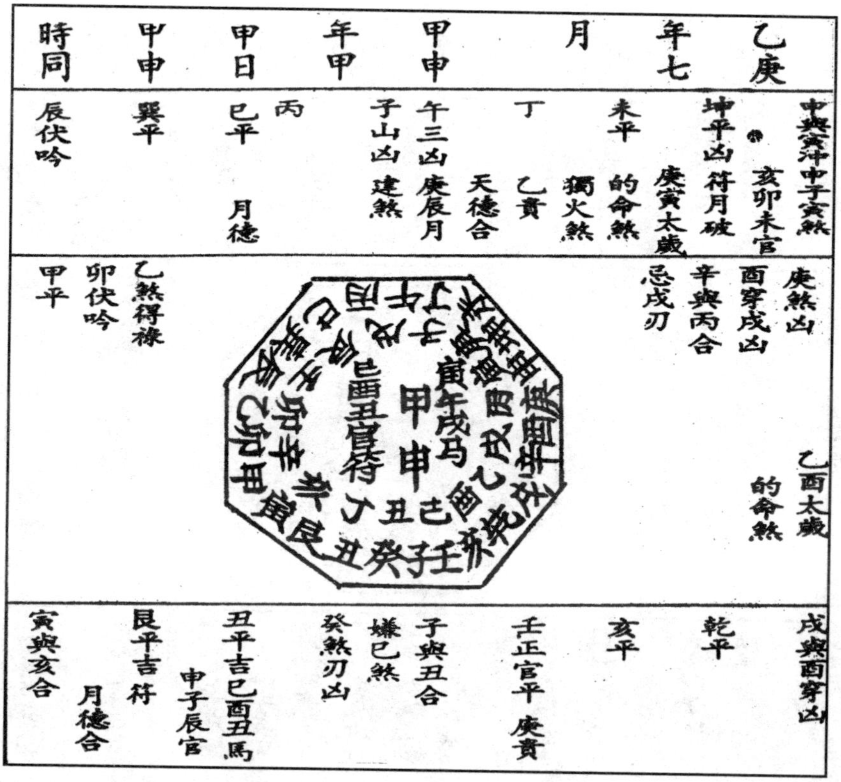

是局也，诸山少吉，唯丁亥耐艮，艮丑二山顺利，而寅与亥合，忌丁泄气，宜用己干日吊壬到艮，得丁壬化木以助山更吉。己丑到坎，癸山人凶，子山合丑而嫌巳煞，宜月己干日吊甲到坎为美。不然用乙干日吊庚到坎，化煞生印更妙。乙山得卯禄，宜用己干日吊丙到震，丙辛化水，若己卯日吊丙戌到震尤美。其余若得岁贵月德诸吉，而所吊干支与山为仇，且选日主以河息之便，有转凶为吉之妙。

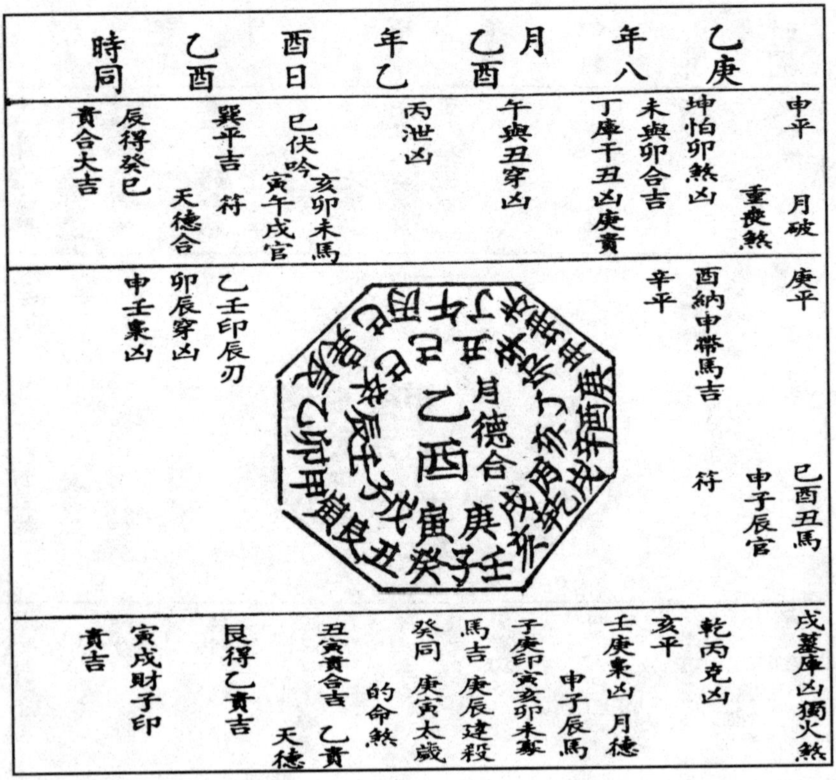

是局也，癸巳贵人，丁亥贵人俱干支相合，戊子乙岁之贵亦干支合，大吉。己丑庚贵而泄干，不吉也。酉山得丁亥，丑艮寅三山得戊子，巽山、辰山得癸巳皆大吉者。奈午与丑穿，丁库丙泄皆贵，而不贵须用己巳日，主吊甲子到离，合巳合丑，去吝得利为妙。

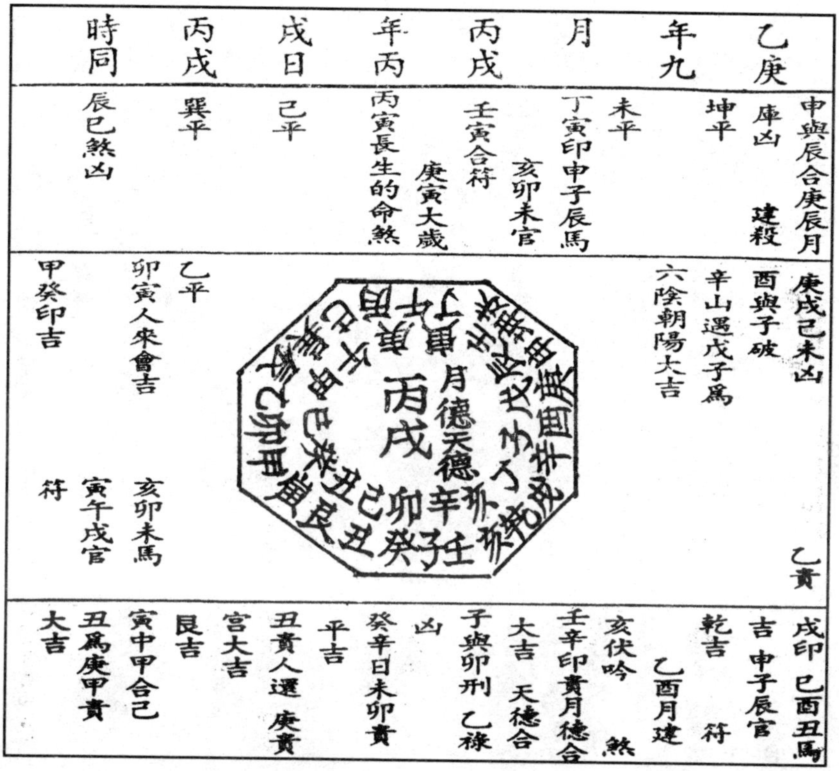

是局也，寅山得己丑，干合支贵，大吉。丙山、午山、丁山吊庚寅来生本山，大吉。壬山辛为正印，卯为阳贵，大吉。丑艮山亦吉，但戊子坎也，先天在益最宜，而子却破酉为嫌，若得辛亥日主吊癸丑到兑，则化火化土最得巧妙，如此用法则庚山且反凶为吉矣。

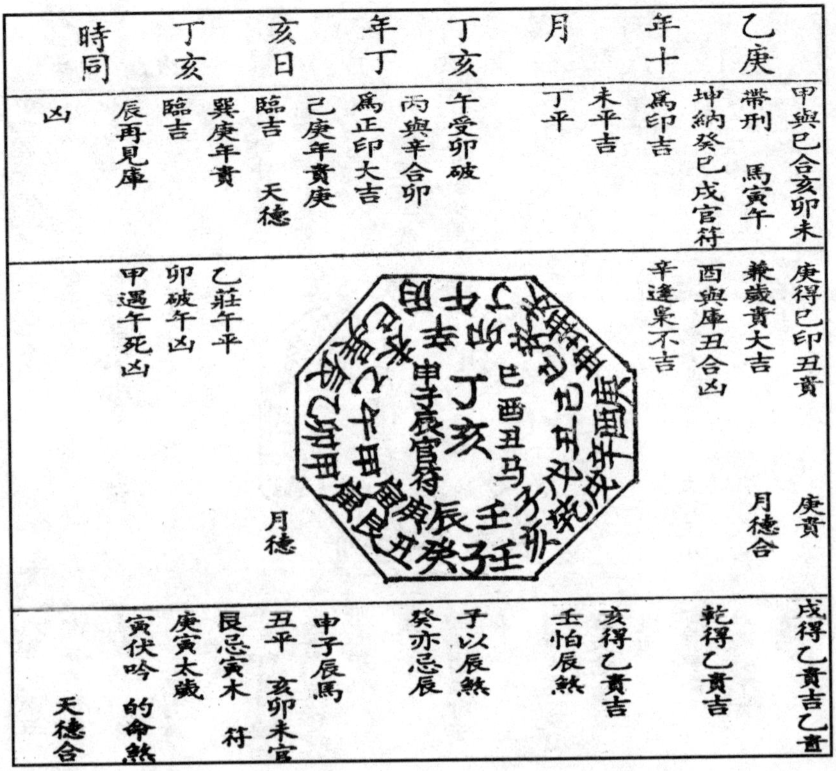

是局也，庚山得巳之正印，丑之贵人到家。丙山得与辛合卯，乙木以生丙火，最吉。次则坤纳癸巳，乙未为岁贵而临巳巽巳，二山皆吉。但酉辛被巳丑为枭，宜用壬戌日吊甲子到兑，□与巳合，子与丑合，乃好。

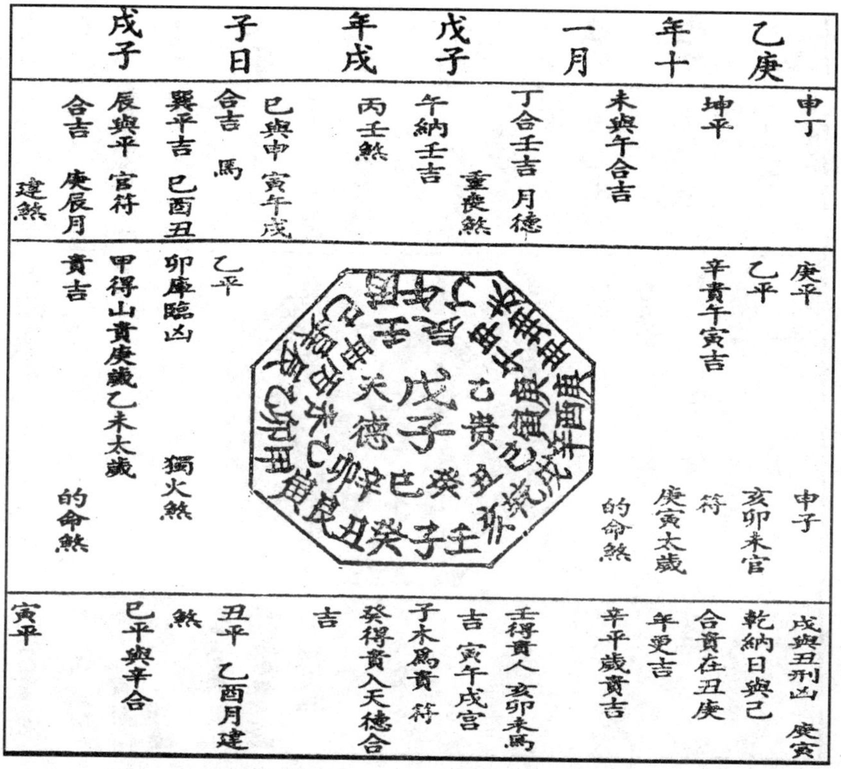

是局也,吊己丑到乾,乾纳音甲,干合支贵,若在庚年尤为得力。吊辛卯到艮,艮纳音丙,干合支生,乙年更得贵吊来,喜吊寅到兑,辛山得贵吊未到震,甲贵亦然。子山得癸巳贵人,兼为天德癸山同之,壬亦云吉。丁山合壬巽,辛合丙亦皆可用。

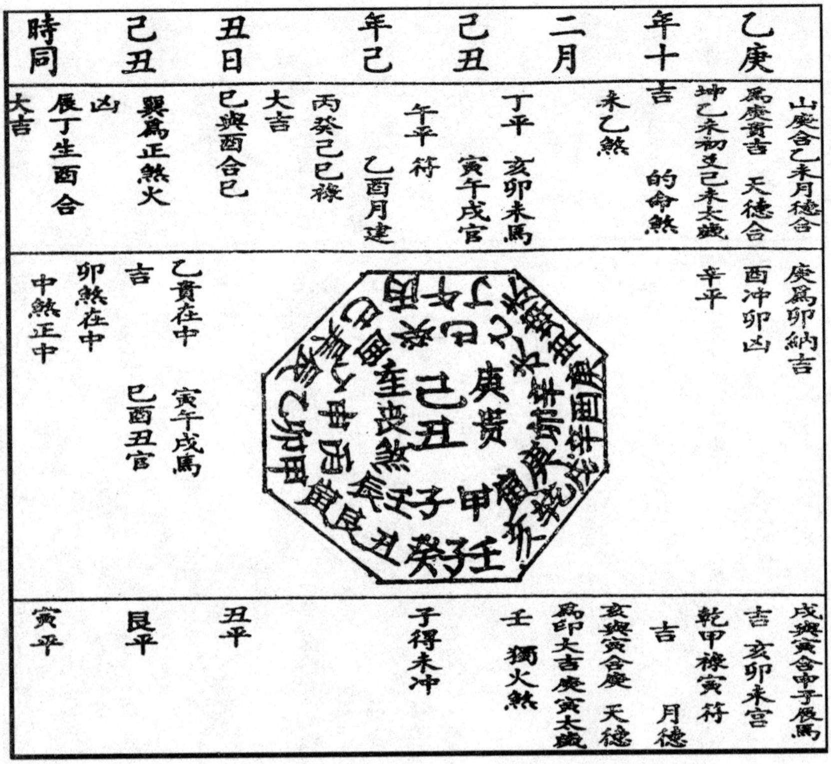

是局也，申山为庚金与乙合而贵在未，庚年为岁贵，更宜丙山得巳禄，亥山得寅合，乙山得申贵庚禄，巳山得酉合，辰山得丁生酉合，皆吉焉者也。戌与寅合，亦吉。

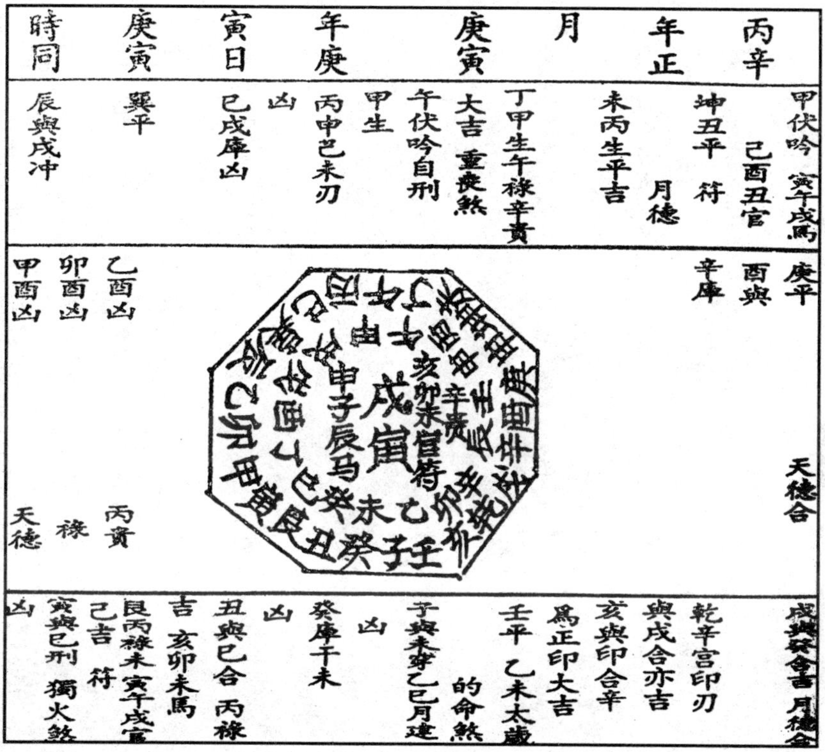

是局也，丁山得甲生之，午为辛贵，山禄大利，亥山合卯贵，辛为印，乾山辛为官合卯，酉山合辰，正山合巳，皆吉。而日丙年为岁禄更喜。至于乙未穿子，坎山大丙，若用乙丑日吊庚午到坎，乙与庚合，午与未合，是亦可用。丁酉冲卯震山，大凶。若用乙卯日主吊壬戌到震，丁与壬合，卯与戌合，是又可用。

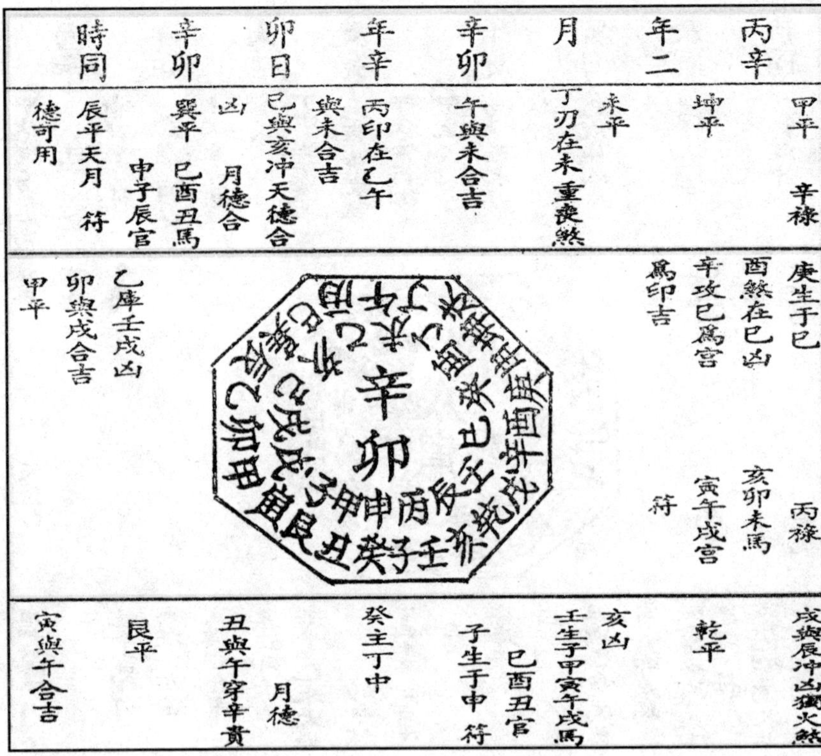

是局也，乙未到午，未与午合，乙木生丙，是丙山、午山吉已。卯与戌合，子与申合，寅与午合，卯山、子壬癸三山、寅山皆吉。辛山得癸巳加临，若在丙年岁禄尤嘉，四辛卯亦好。

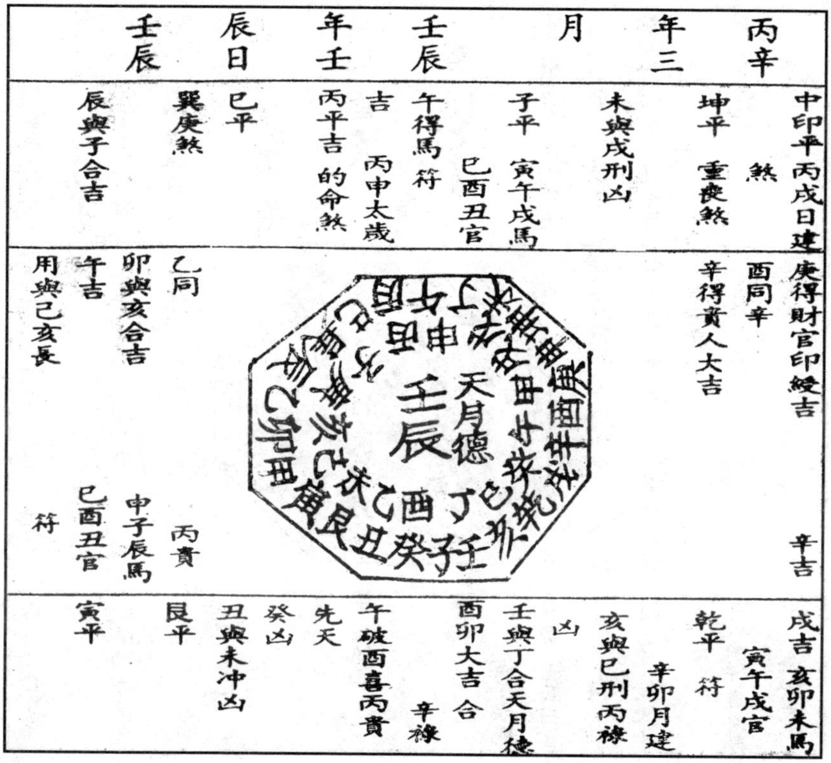

是局也，甲山、卯山、乙山大吉，甲与已合，而得亥生卯与亥合，而巳生纳甲之庚，二山尤利。唯酉掌丙贵辛禄天在先天之坎，殊子能破酉，若用壬甲日主吊丁丑到坎，则子与丑合，丑与酉合，斯为大吉。甲午为辛贵，庚山得财官印绶全备，大利。而酉山、辛山得贵人，头上戴财，亦更利也。唯未山、丑山、亥山不吉。

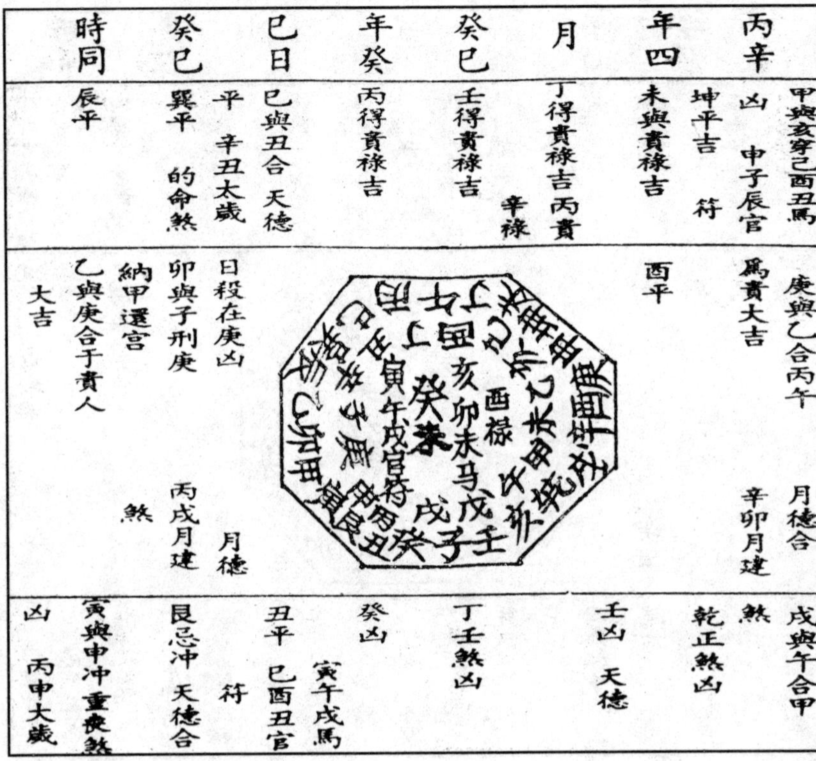

是局也，丁酉到离，丙年贵，辛年禄，且为丙午丁之贵则丙山、丁山、午山大吉。乙山得庚合而生子贵，庚山得乙合又得未贵，皆大吉。唯乾山、壬子癸三山大凶，万不可用事。

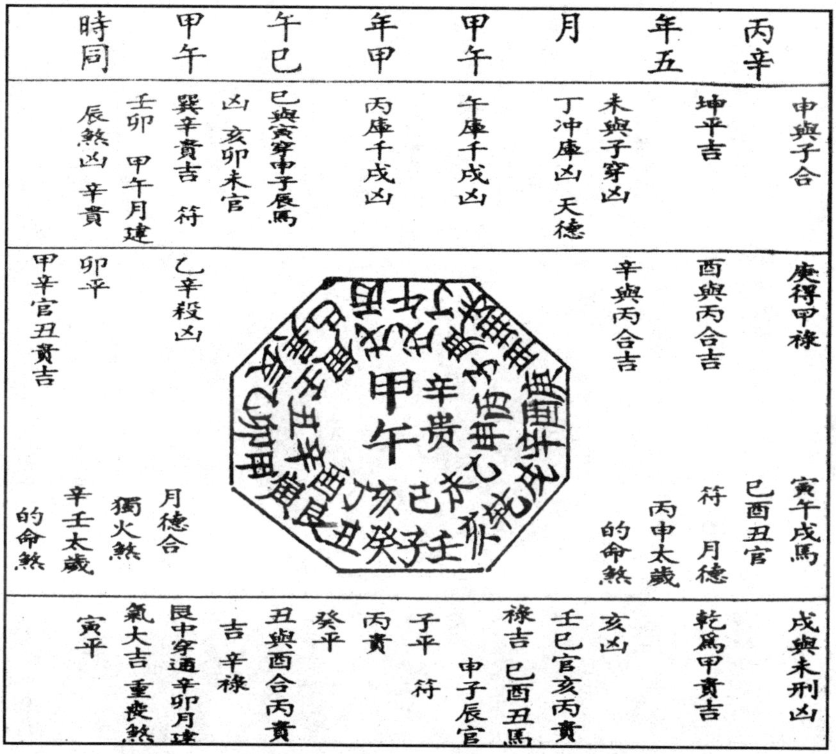

是局也,甲申得官得贵,壬山得官得禄,巽山得贵,乾山得贵,皆大利者。艮山得丁酉到官,为山泽通气,尤利。辛山丙合而旺于申,亦利。

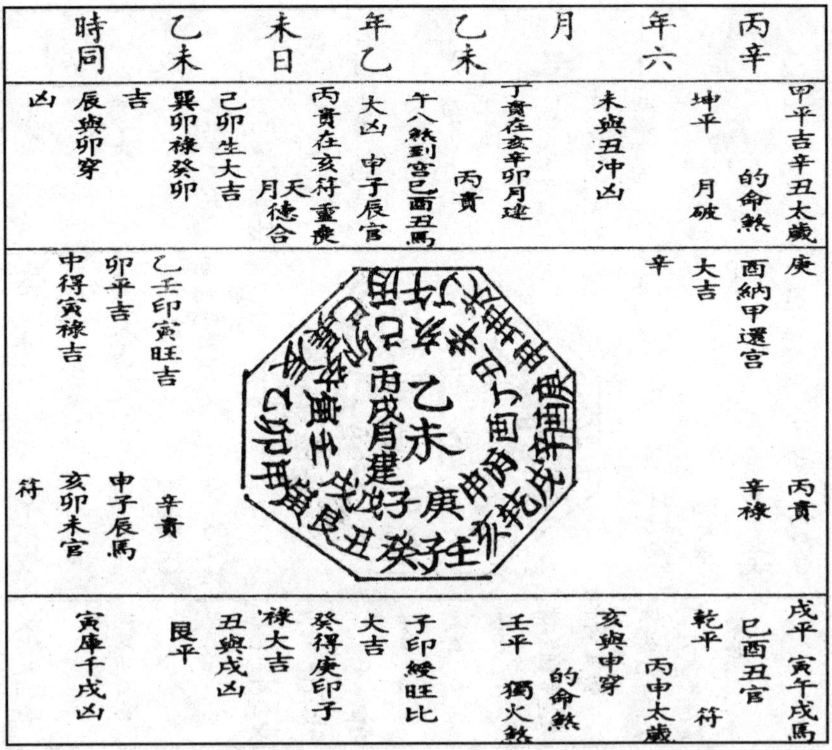

是局也,癸山得印得禄,乙山得印得旺,皆利。而丁酉在丙年为岁贵,辛年为岁禄,又得纳甲还宫酉位,庚山、酉山、辛山大吉。丙丁二山得亥贵加临,殊为午之八煞,须用庚戌日主吊甲寅到午,则甲与己合,寅与亥与午合,皆事巽山辰山得癸,亦吉。

酉为丙贵,丁为酉纳,酉为辛禄,飞吊还家,大吉。但士庶用之大妙,仕宦不宜,主歇任还家故也。

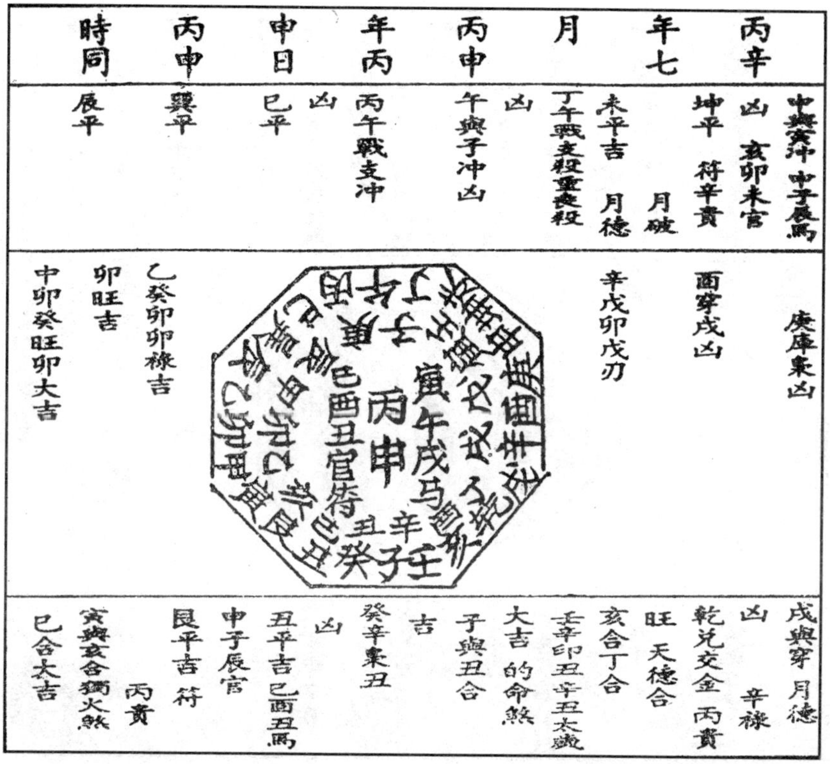

是局也，寅山得己亥，干支皆合，壬山得辛丑，干印支合，大吉。子山得丑合，而辛为枭，须用辛干日，主吊丙到坎为妙。乾山得丁酉，系兑在紫白，为交剑煞，以为金过旺也。然既以金为本而加旺益美已。凡子支归子，辰支归辰之类，通书皆为伏位忌之，而壬午、戊子、丁酉、辛巳、乙未、甲戌又为纳甲还家取之，何也？且无锡周宅，葬苏州光福地，甲山庚向，用四丙申吊四癸卯到震，乃癸卯发科，甲辰探花，是又不以位为嫌可知。

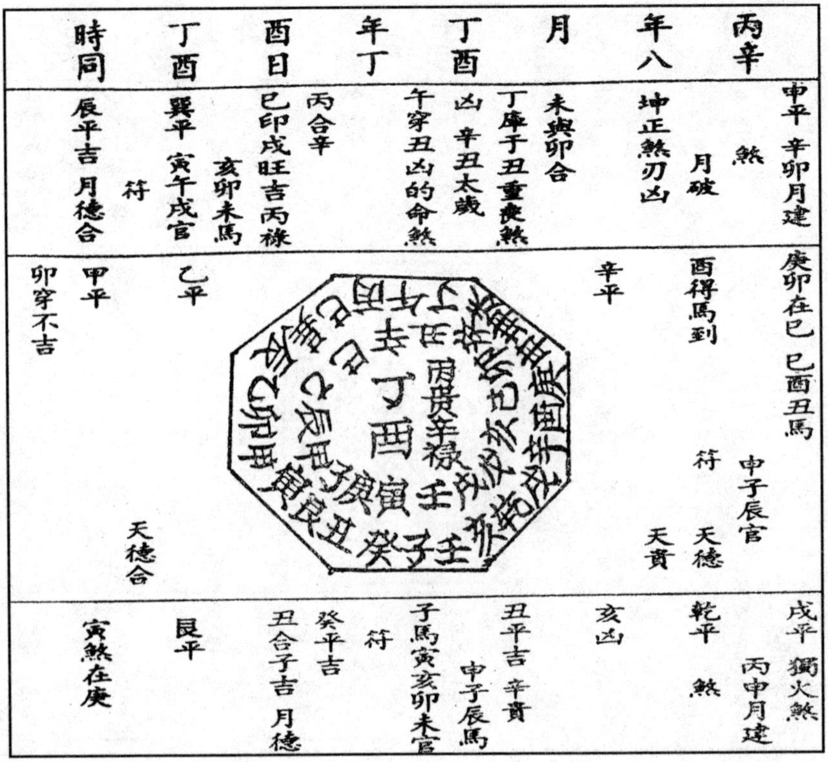

是局也，中宫最利，丑山得子合，庚山、酉山、壬山、子山、癸山皆得本山马到，再合岁马岁贵，更吉。坤山吊得癸卯正煞，大凶。

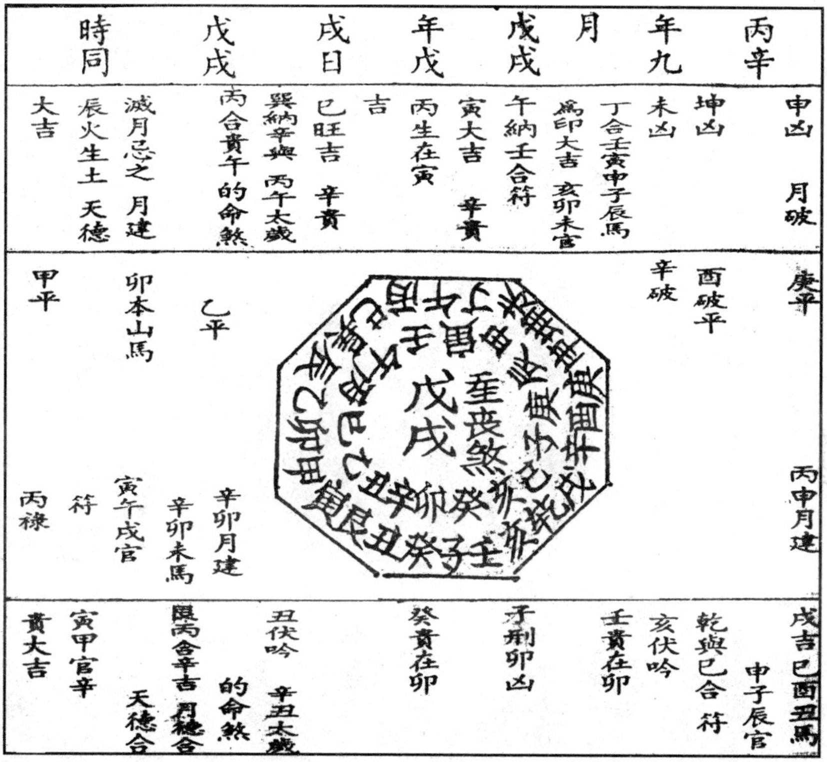

是局也，吊壬寅到离，壬为乾纳，午生在寅，故丁与壬合，寅为甲木，子之卯绶，丁山、午山大利。丙山生在寅，却与壬战，须用癸日干吊丁到离，与壬作合，乃大吉。寅山吊辛为甲官，吊丑为甲贵，与甲山而吊辛丑到震。同例，巽山所纳者辛，吊丙午到山，丙以合之，午以贵之，与吊丙午到兑而辛山获利何殊？壬癸子得子卯相刑，不吉。用乙巳日吊庚戌到坎，则壬山、癸山乃同美，戊煞故不取。

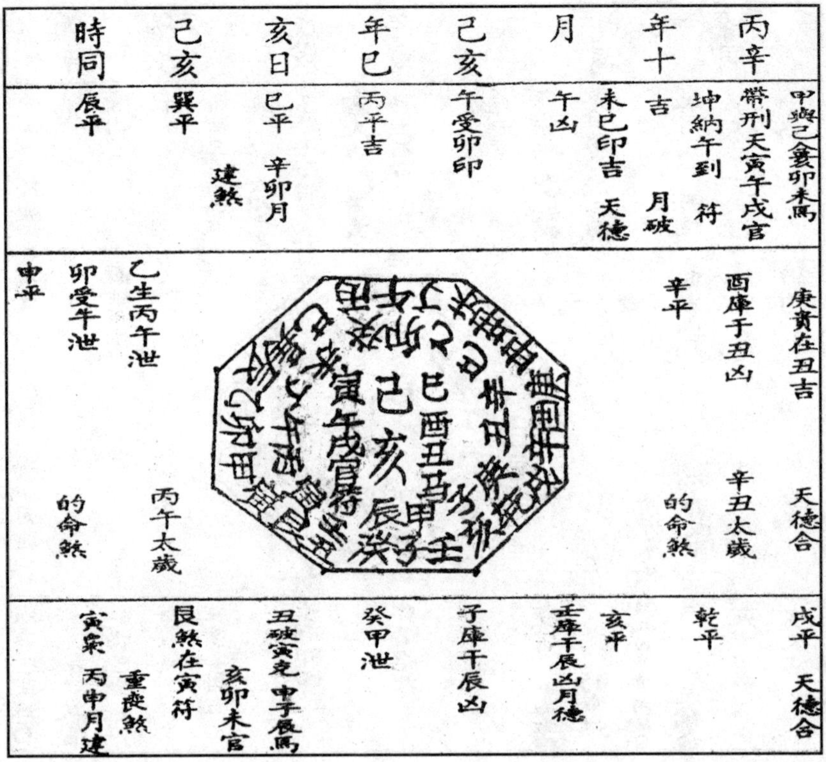

是局也，诸山无大美者，唯坤山得乙带印到家，庚山得丑为贵，二山吉，其余将如之何？则唯善通者择日以变之。如震宫得丙午为泄气，丑吊辛未到震则丙辛化水，反为印绶之美，甲辰到子为库为煞，日吊申支到坎，合成水局则辰亦不作祟，癸卯到离，癸克午也，用甲午日元吊戊戌到离，则戊与癸合，卯与戌合，皆化为火，丙山、午山、丁山皆利矣。此法正理，其用最妙，儒家宜审之，俗术不足语也。

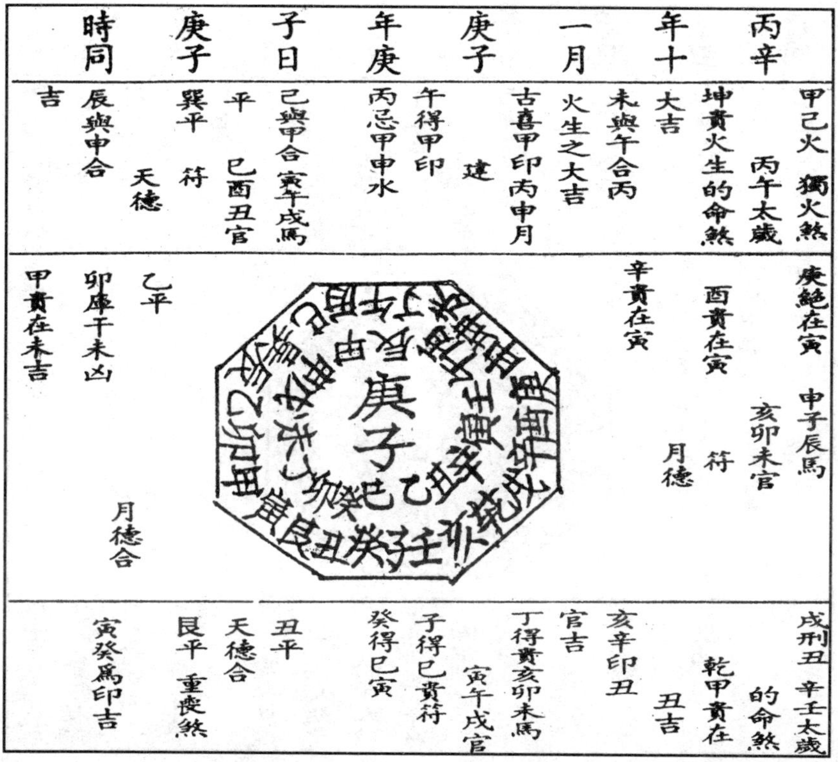

是局也,坤山得生气,乾山得官贵,申山得贵人,酉山、亥山、壬山、子山、癸山皆得贵,皆吉。亥山亦吉。丁山、午山得印,亦吉。而庚山、酉山、辛山吊壬寅,壬为月德,寅为辛贵,为尤利。

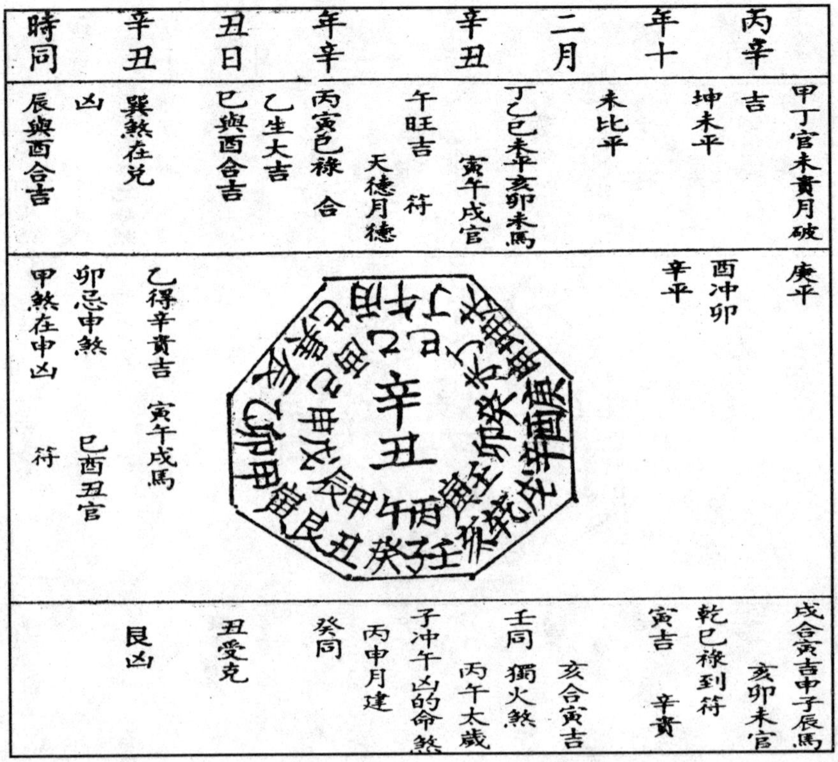

是局也，丙山得乙巳，乙木生丙午，丙禄于巳，若在丙年而得岁禄，更为有力。乾山得壬寅纳甲禄寅，而壬干亦乾所纳，如在辛年而得岁贵，更觉多福。癸卯到酉相冲，戊申到辰，己酉到巽，八煞入宫，大凶。

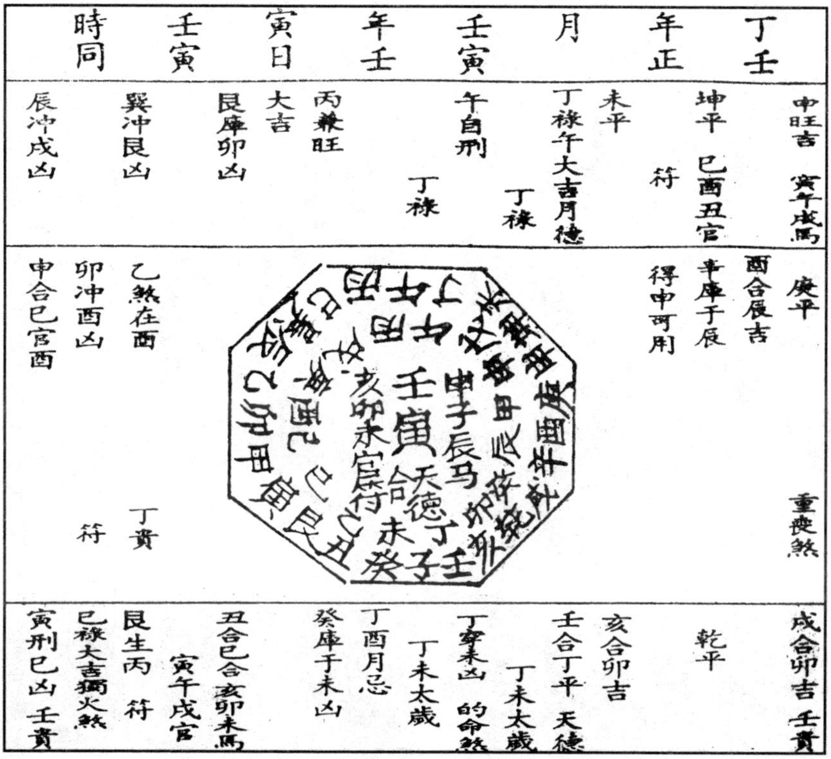

是局也，艮山吊乙巳得印得禄，大吉。亥山合卯，戌山合卯，酉山合辰，亦皆为吉。卯山冲大凶。丙午到离，若用丁卯日吊辛未到离，则大吉也。丙与辛合，午与未合，方不至过旺。

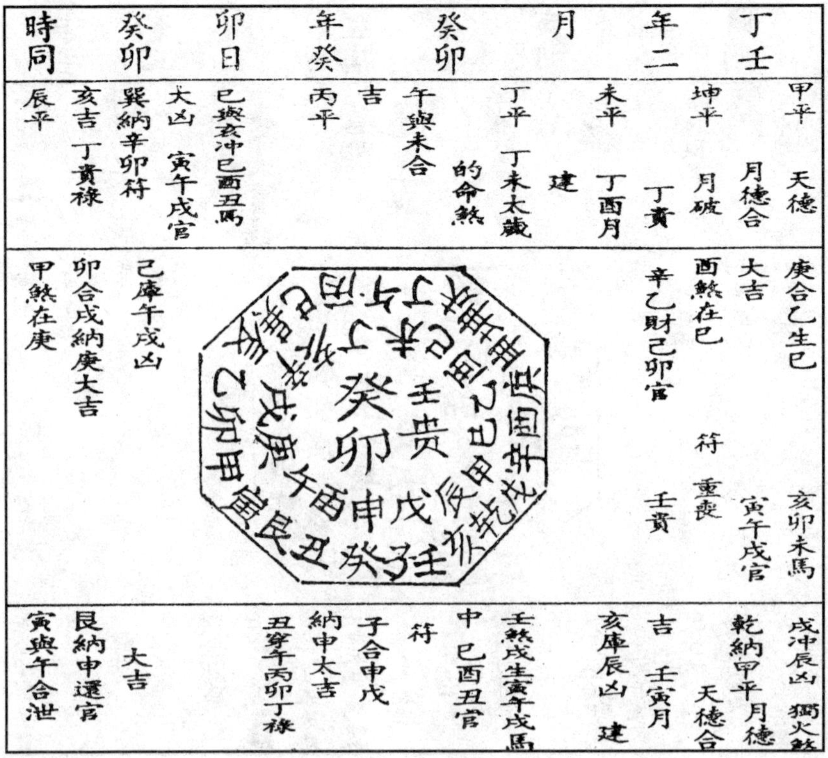

是局也，卯山得庚戌为震纳庚，卯与戌合，大利。子山得戊申，坎纳戊，申为长生，大利。艮山得丙午，纳申还宫，又大利。庚山得乙巳，乙与庚合，庚生在巳，又大利。癸山得戌，合得申之庚金以生之，又大利。午山得未合，巽山得辛纳，亦皆利也。

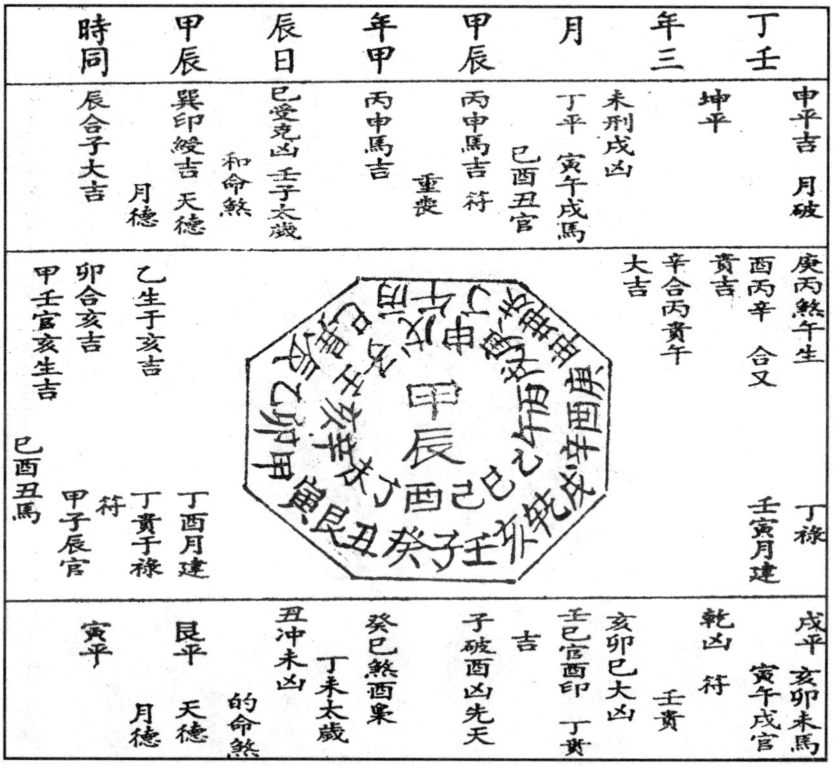

是局也，巽中得壬子水以生木，辰山得壬子合成水局，甲山得辛为官，得亥长生，乙山得辛为煞，在春得亥甲合，皆大吉。酉山、辛山得丙午天干合地支贵。时将入夏，须己巳日元吊辛未到七兑最好。壬山得巳官酉生，大利。子山兑为坎之先天，受破须用申支日元吊丑到坎，以解两贤之厄，则大遂心怀，甲为午山丙山马，亦利。

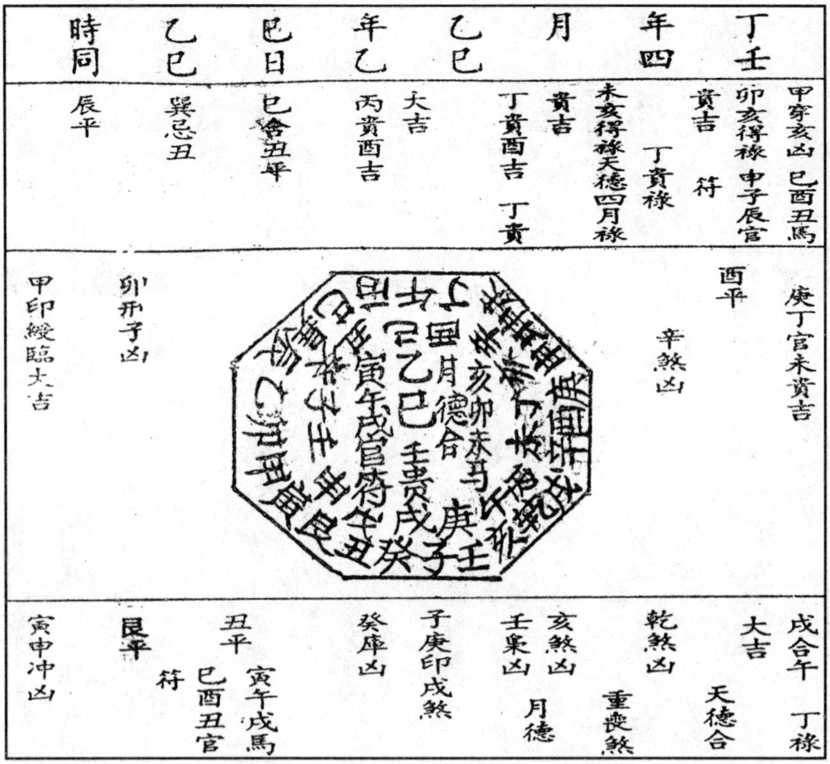

是局也，午山得己酉，己纳于离，而酉午交相为贵，大吉。丁山、丙山同焉。乙山得壬子，干印支贵，最难遇者，庚山丁为正官，未为贵人，亦大吉。坤山未山，辛为天德，亥马丁贵壬禄，大吉。子山癸山得庚印绶，殊戌为煞，吊得寅支到坎，乃为全美。甲山得壬子，吊得丁丑到震，最巧最好。巽山所忌癸丑丁丑者，以其暗邀酉煞也，若用庚辰日吊戊子旬四禄，则大吉。如乙巳年作巽山乾向地，三月庚辰入中宫，戊子到巽尤美。

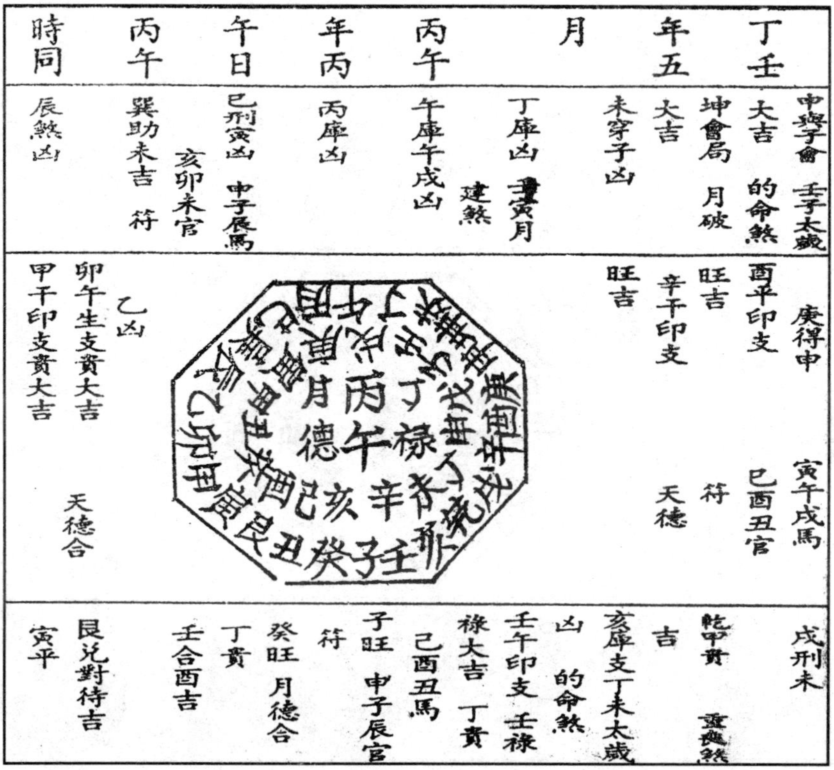

是局也，坤山申山得壬子会成水局，大吉。甲山癸印丑贵，卯山癸所贵而纳庚得丑贵，皆大吉。辛亥到坎，金水相涵，而壬山干印支禄为尤美。酉山、辛山，戊为正印，申为帝旺，大利。己酉到艮，山泽通气，甲寅到巽，木助木山，皆为利益。离宫得戌为晦气，甲寅到辰宾，大煞也。

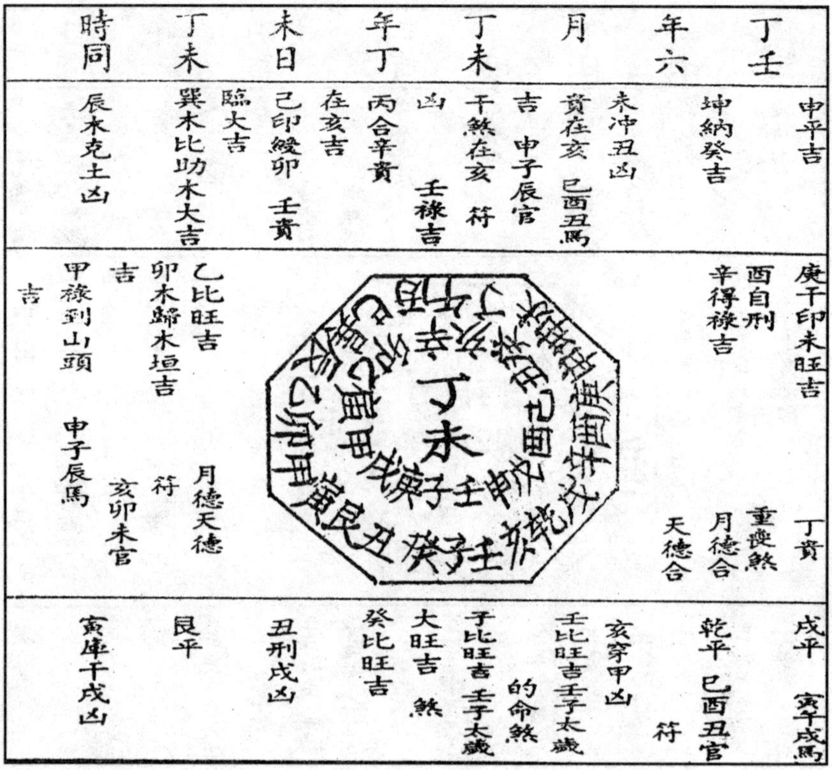

是局也，巽山乙卯甲山木来助木，大吉。壬子癸山亦得水助吉。坤山纳癸丑爻吉。午山吊得辛亥为煞，大凶。而丙山则干合支贵终以煞为嫌，用事者吊丙寅到离，为福最大。巳在壬戌日元吊丙合辛，吊寅合亥合午也，如是则午山亦可用。

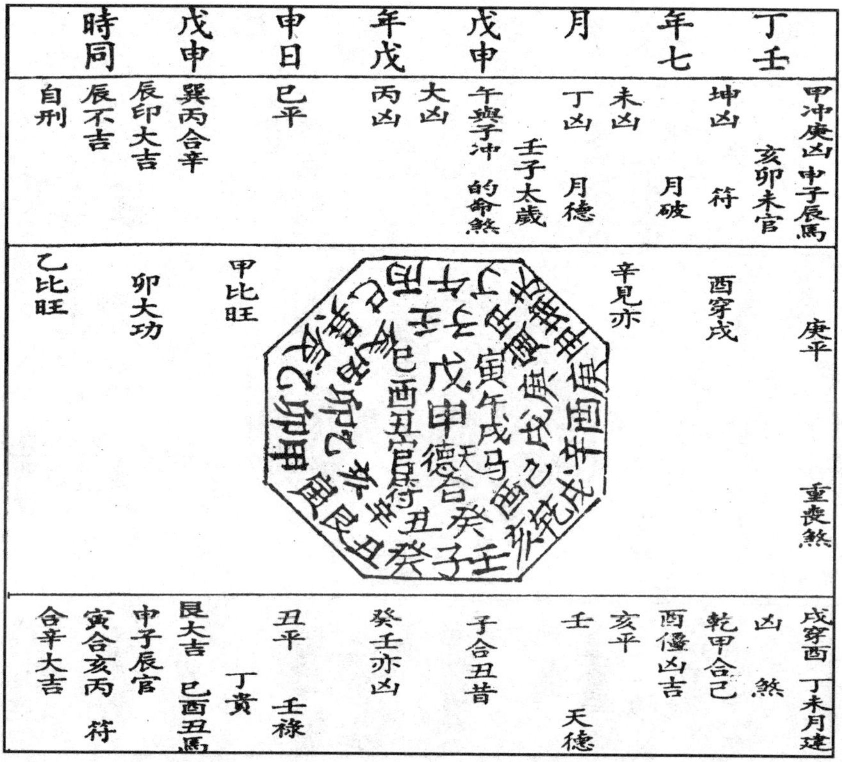

是局也，丙午丁三山，未坤申三山皆大凶恶，艮山、寅山最利，乾山次之，壬子癸甲卯乙六山皆得平和比助。

甲寅乙卯到坤艮二宫，喜日主择吊丙午丁巳火午支壬子癸亥到离宫，则择日吊甲寅、乙卯到离庚申、辛酉到震巽宫，则择日吊壬子、癸亥到震巽，丙午、丁巳到乾兑，戊辰、戊戌、己丑、己未到坎，皆如此。

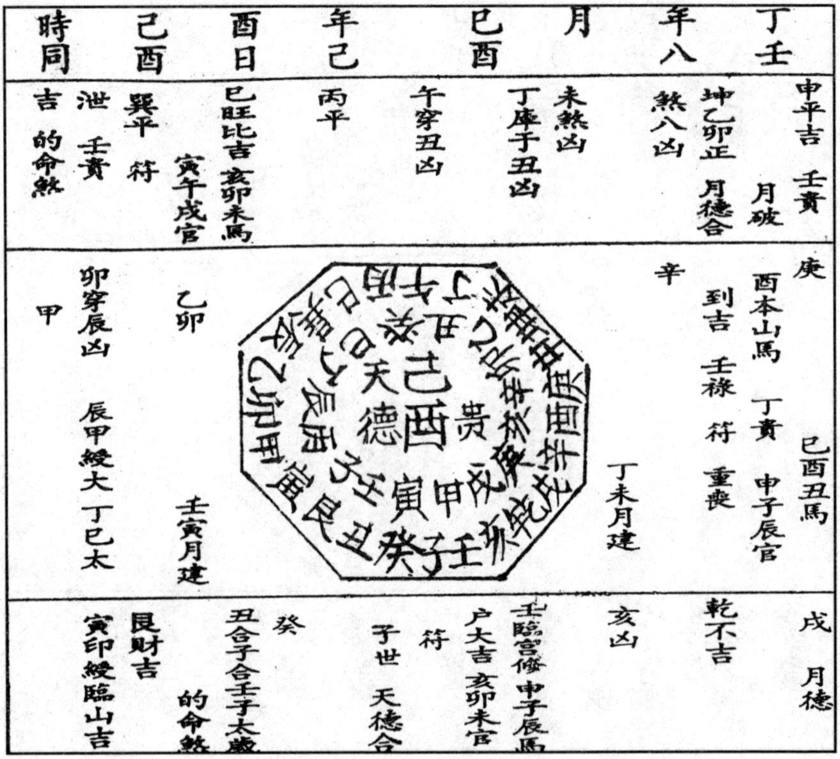

是局也，辰山丁巳重重印绶，寅山得壬子亦然。辛亥到门为本山之马，丁年官贵，壬年官禄，庚酉辛三山何利如之，辰卯相穿而甲山、卯山、乙山皆受累，甲寅入坎，而壬山、子山、癸山气尽泄矣。

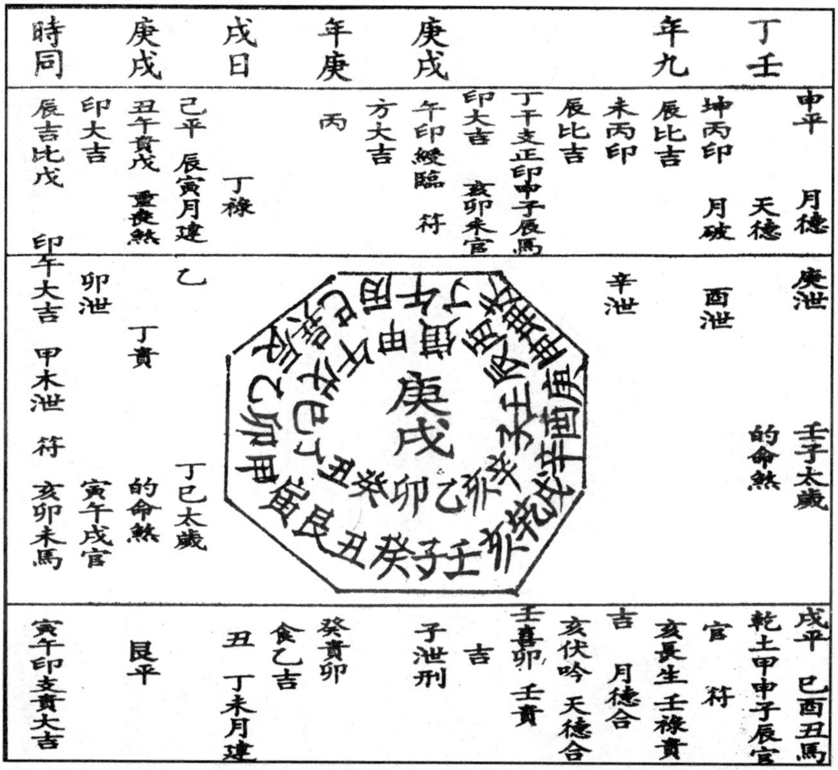

是局也，主子临兑丁，巳临震乙，卯临坎心，山皆遇泄，惟甲寅临离，大得生气，丙午丁三山最利。万一事在必行，刻不容缓，则凡山之泄气者，将如之何？惟是兑宫吊丁丑，坎宫吊庚戌，震宫吊壬申化财、化印、化比，则凡山皆利已又。万一不得凑巧，则兑宫吊己丑、己未、戊辰，坎宫吊庚申、辛酉，震宫吊壬子、癸亥，皆吊我印绶，克去伤官食神，不敢盗我生气矣。此变通妙法也，俗士何知？

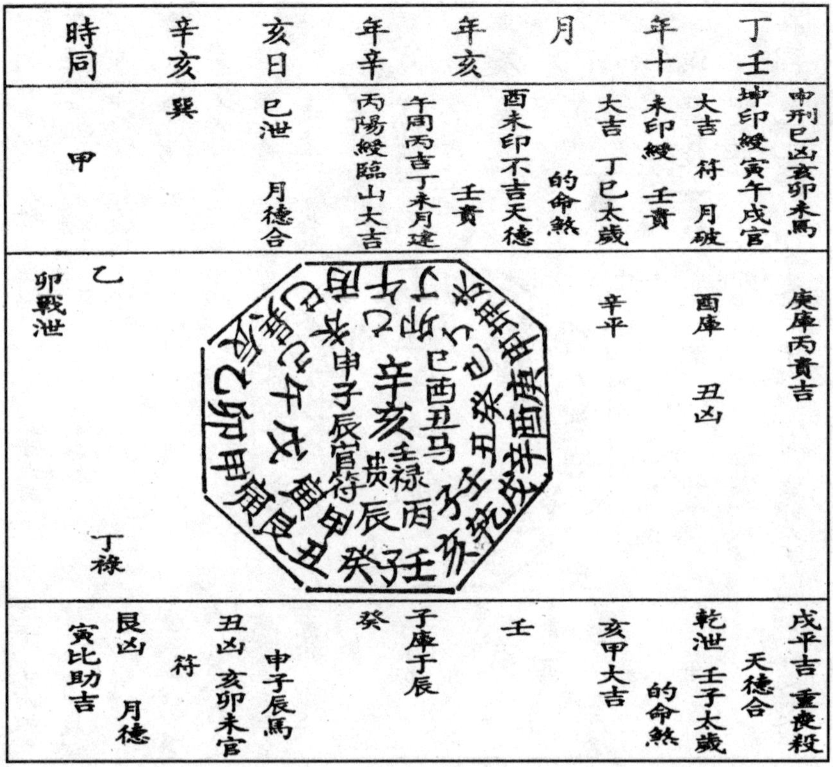

是局也，丙山得乙卯印绶，甲山得甲寅比扶，亥山得壬子比扶，坤山、未山得丁巳印绶泄，喜吊癸未到震，子得丙辰为库，喜吊辛酉到坎，则亦吉。

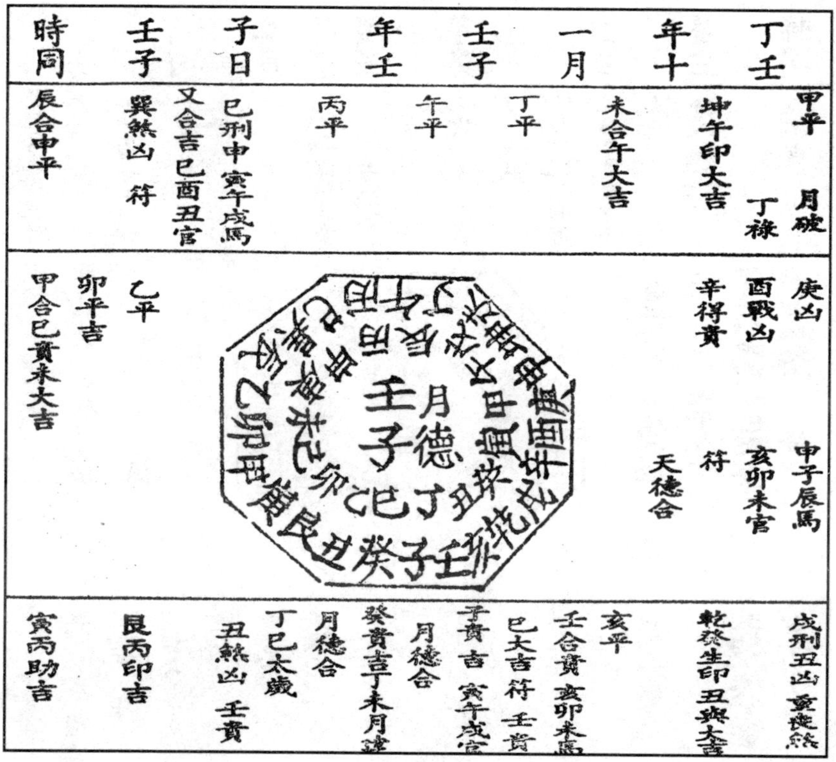

是局也，甲山合己得贵，壬山合丁得贵，乾山癸生甲，丑为贵，坤山、未山戌比午印，酉山、辛山以甲为财，以寅为贵，皆大吉者也。丑山乙卯克之，庚山甲寅战之，巽山庚申克之，皆大不利。

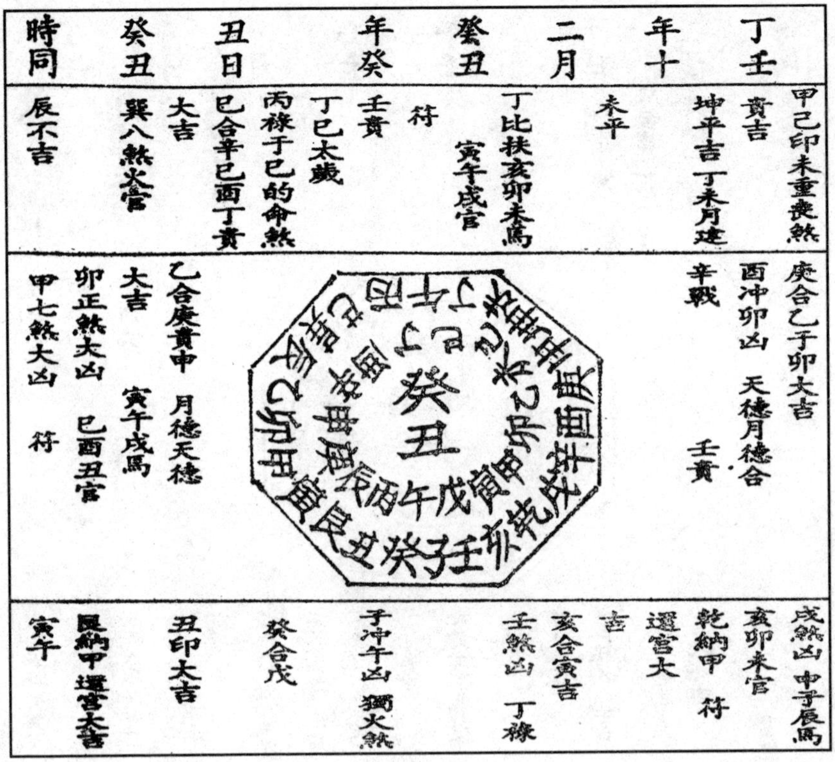

是局也,丙辰艮山初爻还宫,甲寅乾山三爻还宫,庚山合乙而卯纳之,申山庚金也。巳印未贵,丙山得禄于巳,皆大吉者也。庚申到卯,辛山到巽,八煞入宫,大凶。乙山合庚贵申嫌金大重,宜壬子到震,化煞生印,大吉已。

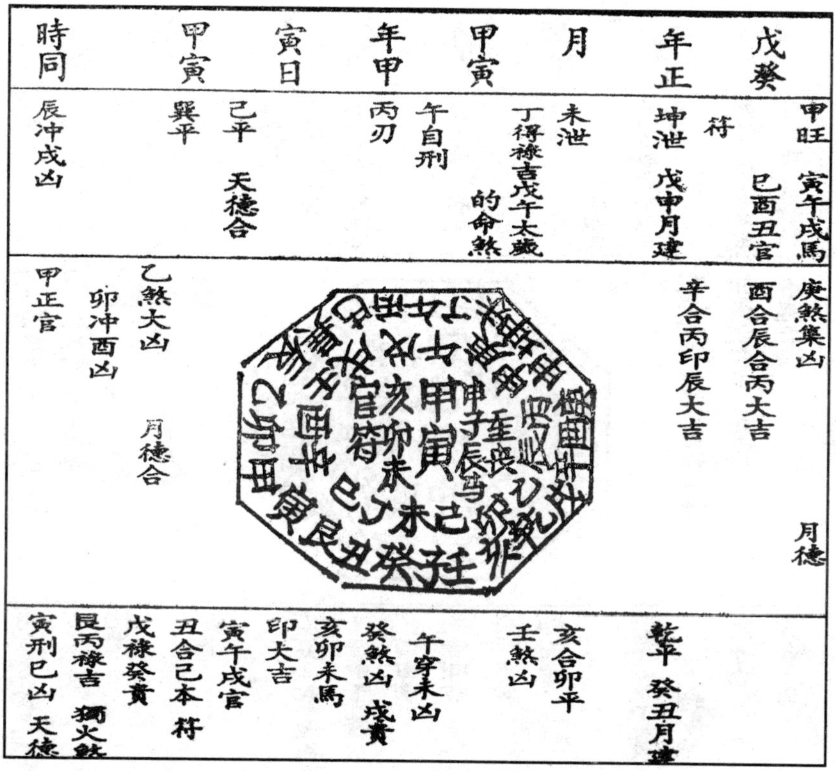

是局也，丙辰到兑庚山，遇煞遇枭凶。酉山则与辰合，辛与丙合，辛山则与丙合，而辰为印，固大吉也。丑山丁以生之，巳以合之，亦吉。其最凶者，癸山得己未，卯山、乙山得辛酉，辰山得壬戌是也。

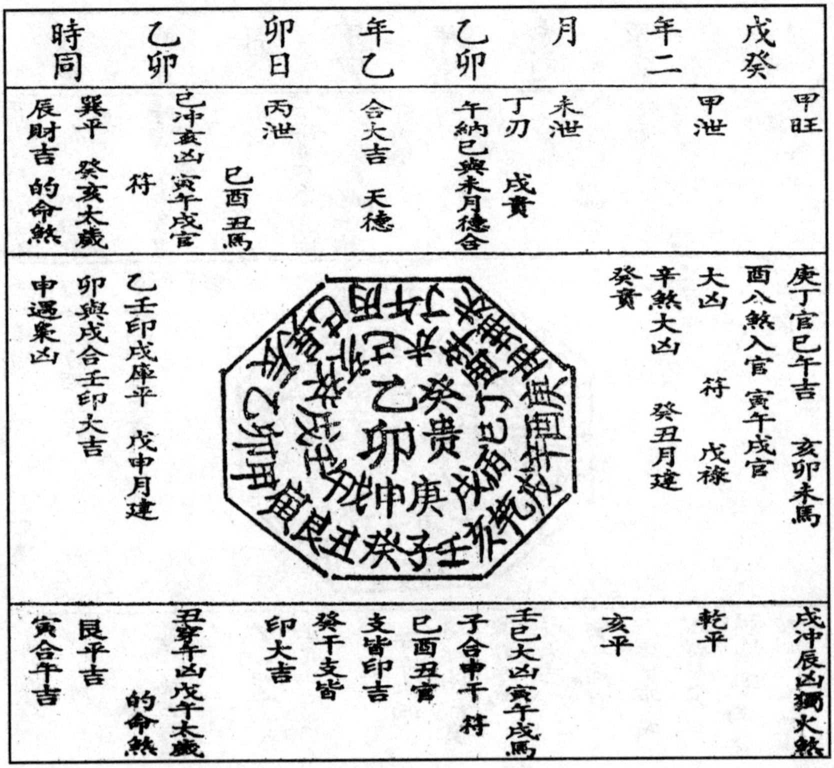

是局也，丁巳到兑庚利，而酉辛皆凶，庚申到坎壬凶，而癸子大吉。卯山与戊合，壬为印绶吉。巳乙山见壬则喜，见戊为投库，遂不全吉。离纳己与未合，丁山大吉，癸亥到巽亦是水来生木，戊午临艮趱得土火生扶，巳山火也。癸亥来而扑灭坤未主也，辛酉入而空虚。

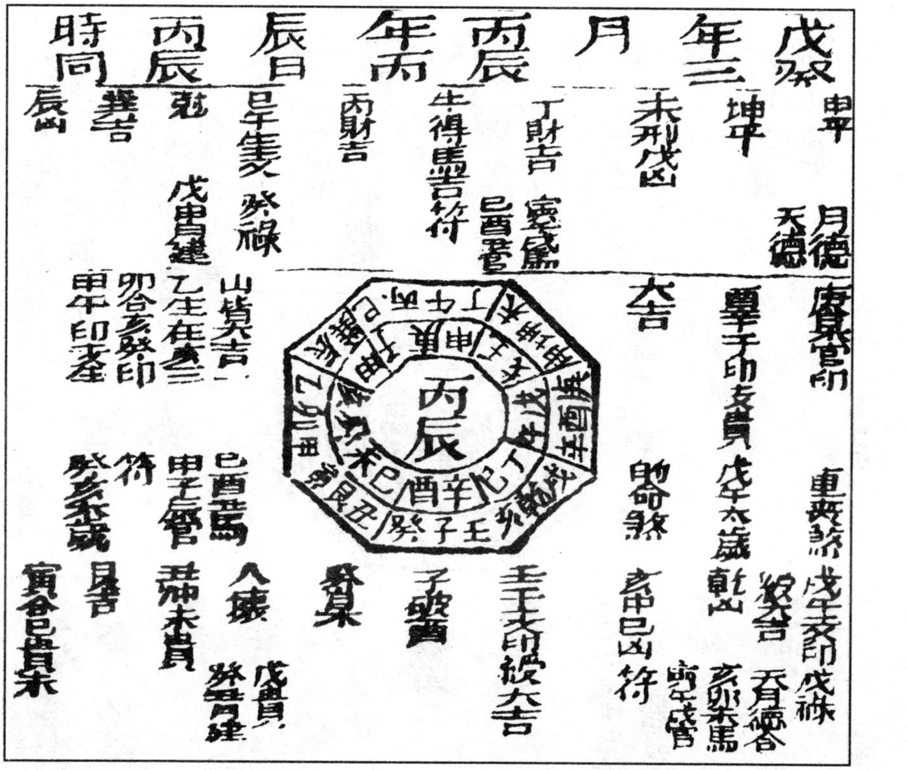

是局也，戊午到兑，酉山、辛山吉以生之，午以贵之，辛酉到丙壬山大得印绶，癸亥到震甲山，干支皆得资生，卯乙皆合长生。戊山遇丁巳，印绶重重，寅山得己未暗合，贵巽山得甲子于助，又生丙午丁三山，马负财来，山皆吉，唯有丑山贵而不贵，五要声书按索图云，贵人会窠夫未戊之阴贵，丑戌之阳贵，彼此会合一宫，固为甚美。殊未却刑丑而丑未一冲贵人，虽会将相不合，岂国家之利乎？唯巳卯酉亥寅午子申五会为美也。

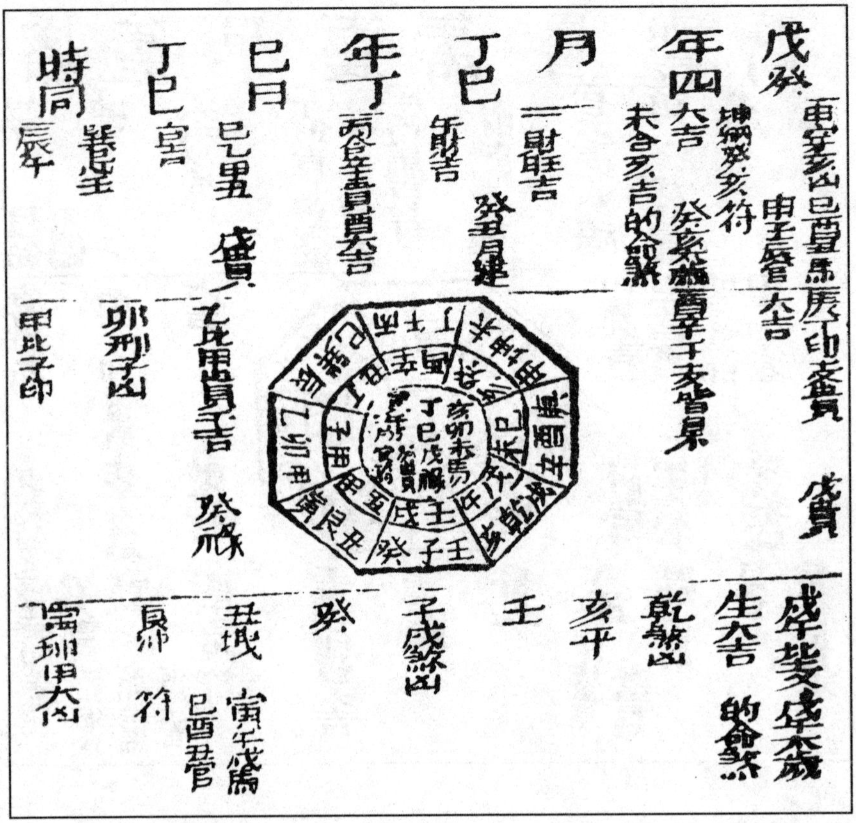

是局也，辛酉到立午山云吉，丙山干合支贵，尤吉。甲子入辰，卯与子刑，凶。甲乙二山入卯贵则吉，己未到兑，庚山干印支贵，最吉。辛山、酉山则为果也。癸亥到坤，坤山、未山两吉，申山则犯独火煞，其最凶者，寅山干支冲克，万不可误事。

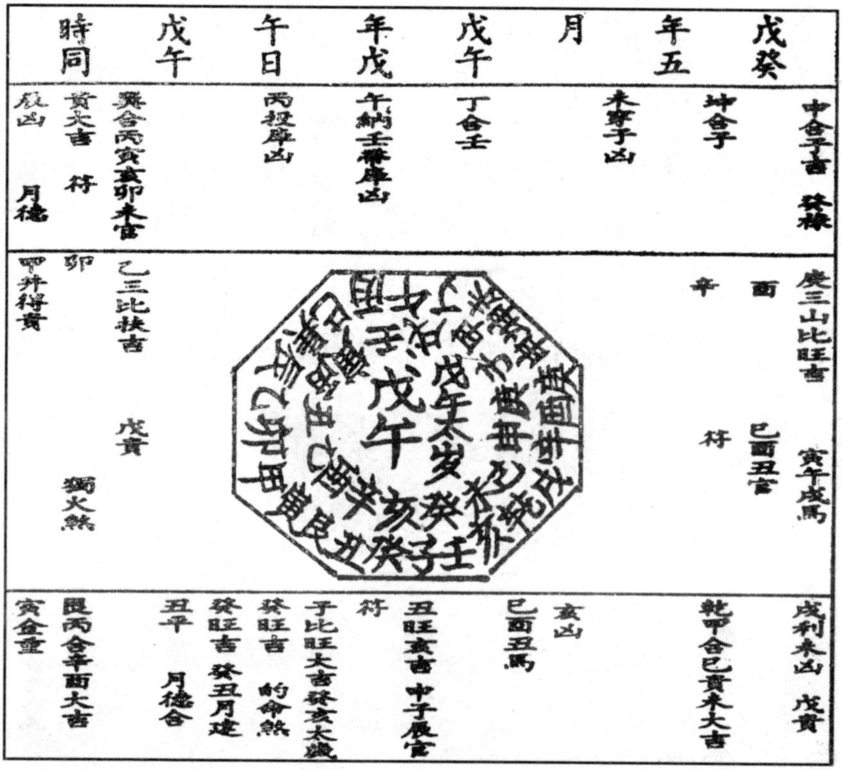

是局也，庚山、酉山、辛山、壬山、子山、癸山、甲山、卯山、乙山皆得比扶助旺，巽山之辛合丙贵寅，艮山之丙合辛贵酉，乾山之甲合己贵未，皆巧相遇者也。

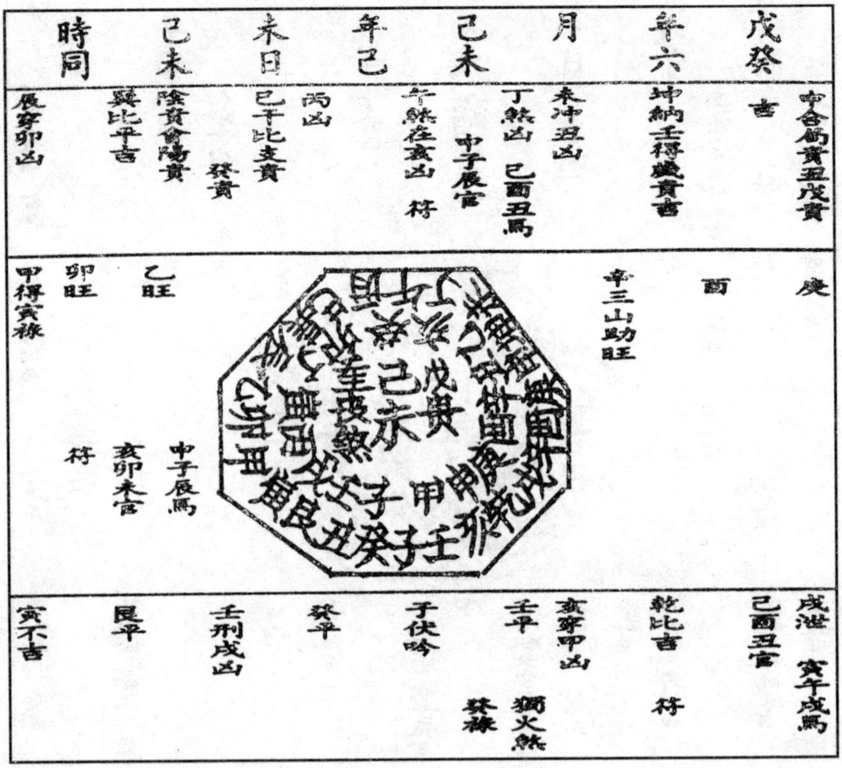

是局也,庚山、酉山、辛山比助旺相,平吉。坤山纳乙丑,戊年得岁贵,尤佳。巳山癸年阴贵,官丁卯,癸年阳贵人,丁助巳火,卯生丙火,阴贵会阳贵之窠,以视己未己丑,丑坦之带刑冲何如哉!

戊癸 年七 月 庚申 年庚 申日 庚申 時同

申冲寅凶申子辰馬

亥卯未官

坤凶 符

未平

丁平

午冲子凶

丙凶

己灐 天德合

戊辰太歲

巽辛印吉 的命煞

辰伏吟

庚子 戊午月建

月德

酉辛戌凶

辛平

乙得祿吉 癸丑月建

月德合

卯伏吟

甲平

戌穿酉凶

乾比吉

亥午支印綬大吉

壬平

子合丑吉

癸刃凶

丑財吉申子辰官

艮吉 符

寅午支印癸亥太歲

綬大吉 的命煞

獨煞火

是局也，寅山与亥合，癸水生甲木，大吉。亥山辛酉干支皆为印绶，巽山得戊辰为财，而实龙生辛金，皆大吉者。

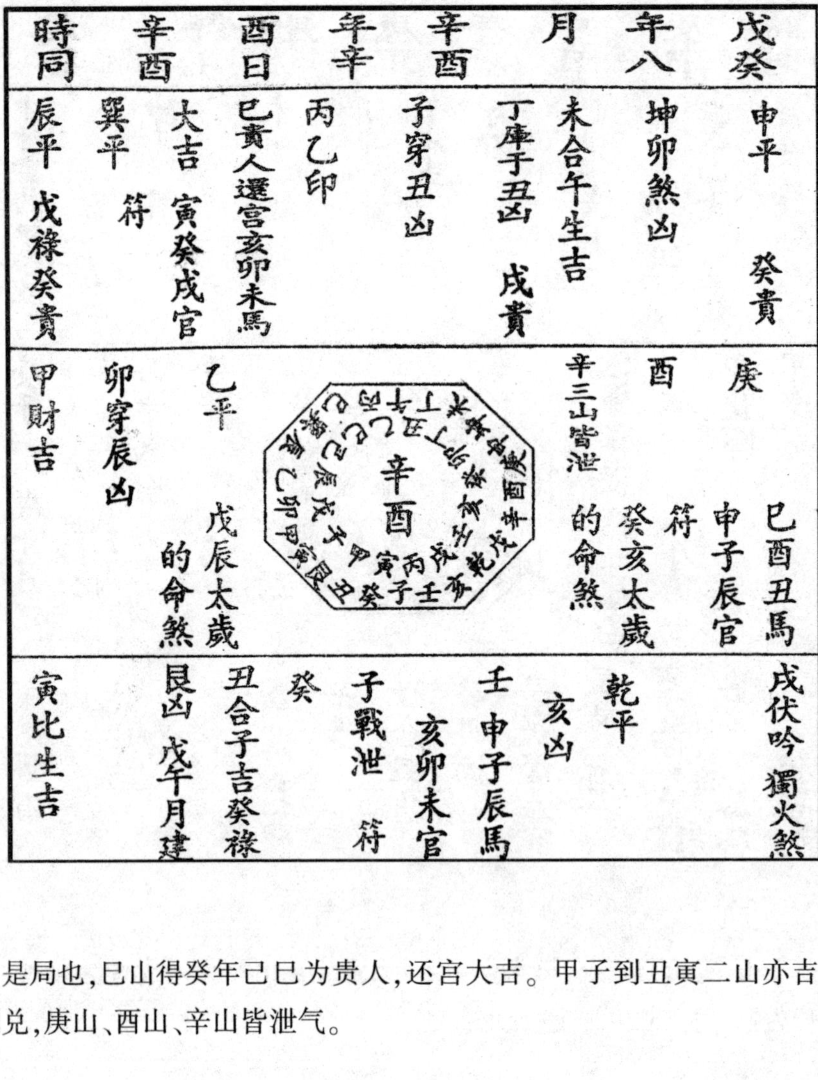

是局也，巳山得癸年己巳为贵人，还宫大吉。甲子到丑寅二山亦吉。癸亥到兑，庚山、酉山、辛山皆泄气。

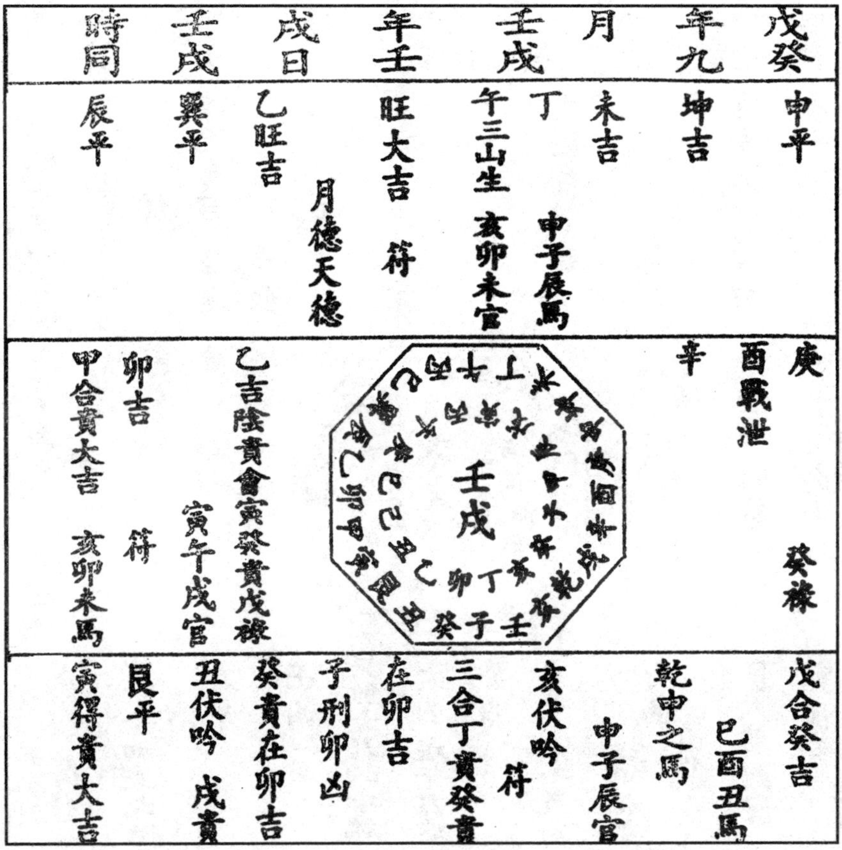

是局也,丙寅到离,丙山、午山、丁山皆得辰生比扶,吉已。巳阴贵人,卯阳贵,甲山、卯山、乙山皆得岁贵而吉。壬山得丁卯干合支贵,大吉。甲子入兑,与庚山、酉山、辛山上战下泄,凶已。

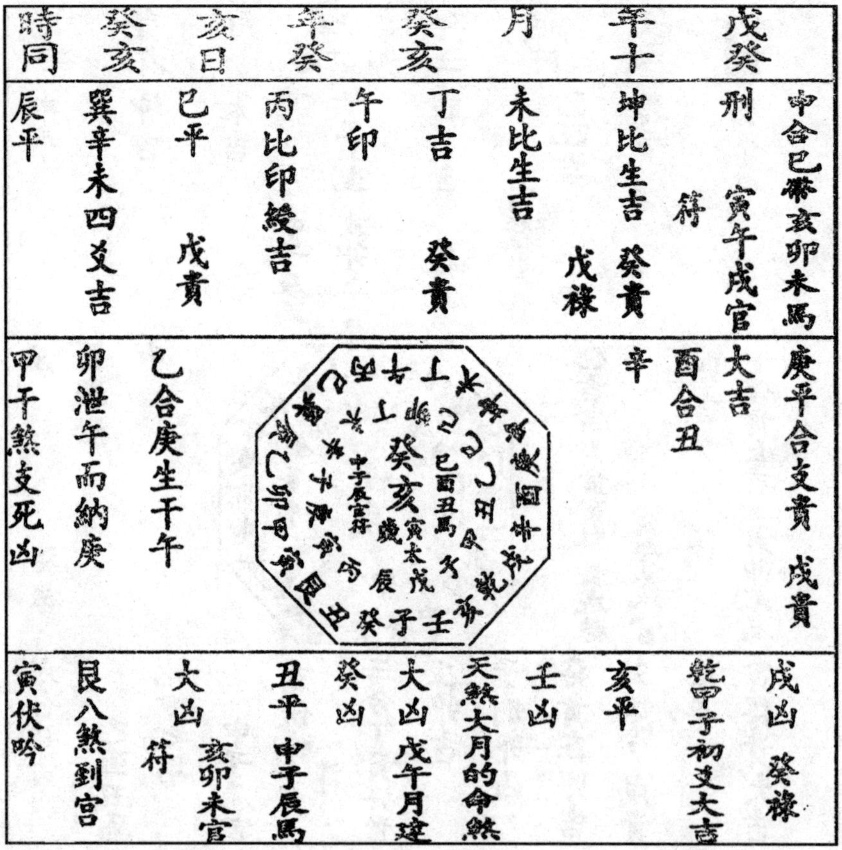

是局也，乾山纳甲子初爻，巽山纳辛未四爻，皆得其正志也。己巳带禄带贵到坤宫，坤山、未山大吉。申山合申带刑，若择日带己酉，或丁酉到二黑乃佳。巳庚山合乙贵，丑大利，乙山合庚生午固吉。若吊得癸未到震，美中加美。

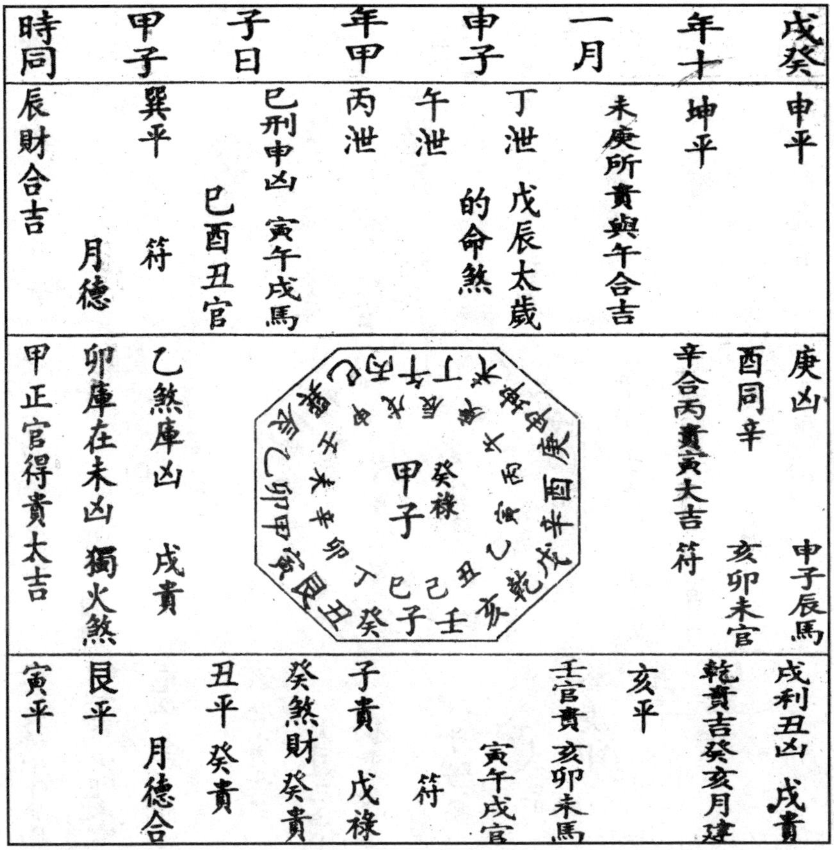

是局也，丙午丁三山皆为戊辰所泄，若吊得癸酉到离，戊癸化火，辰酉合金则又不泄矣。甲山得辛未，壬山得己巳，辛山、酉山得丙寅，皆午为正官，支为贵人，大吉者也。

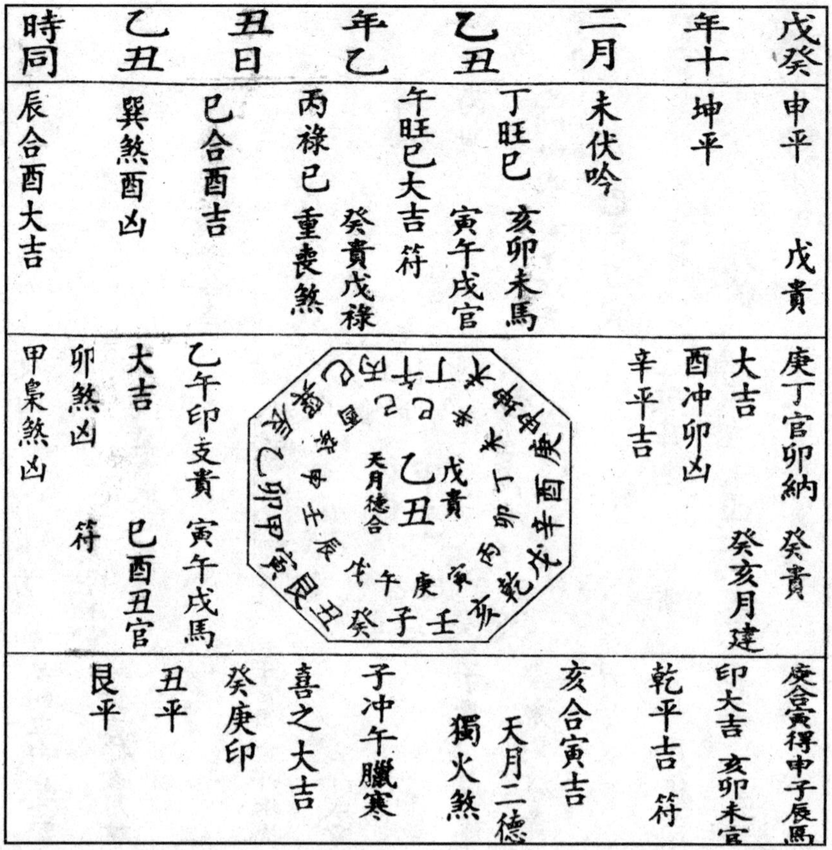

是局也，己巳掌岁禄、岁贵，旺于南离，丙山、午山、丁山大利。乙山得壬以生之，申以贵之，大吉。亥与寅合得丙火以暖之，庚纳于卯而得丁火为之官，壬子癸三山，时当若寒而庚午飞来金以生之，火以温之，皆大吉巳。此法兼合时令，再论生克，乃通变之法要也。

二十四山所喜干支定局

(此与六十吊宫喜忌图相为表里)

术家选择葬日,多以洪范、斗首、墓运、阴府诸法,细查源委,俱有征验。子位五行正理,惟纳甲官禄贵人、三合、五合、六合、印绶、北旺,更所当用八煞、三刑、六冲、三破、六害亦所当忌。而且所用之吉,若遇所忌之凶,尤当除去。如《五要奇书》内贵人会穷一法,深得妙理,殊知取义不精,乃舍酉亥诸贵相会之吉不取,而单取己丑入地、己未入艮,以为阴贵人入阳贵宫,阳贵人入阴贵宫,不知丑未二支既冲又刑,以贵人而过刑冲,凶恶遭毒已,何贵之有?予于二十四山所喜干支,若遇刑冲等忌既恶除去,而其当用,中有同一干支也,纳甲既取禄贵,又取北合,又取不嫌,重录者正以见此干支为此山喜,而又喜其美可知也,详录于左。

壬山

甲纳于离,禄在亥,贵在卯,巳合在丁,印在辛酉,北旺在亥子。

取纳甲:壬午正纳甲,丙午纳甲兼财,甲午纳甲兼食,壬子纳干兼生,壬子纳干兼旺。

取正禄:丁亥禄兼合,辛亥禄兼印,癸亥禄兼北。

取阳贵:丁卯贵兼合,辛卯贵兼印,癸卯贵兼北。

取阴贵:丁巳贵兼合,辛巳贵兼印,癸巳贵兼北。

取干合:丁亥合兼禄,丁卯合兼贵,丁巳合兼贵,丁酉合兼贵。

取印绶:辛酉,丁酉印兼合,癸酉印兼北。

取比旺:壬子,癸亥。

子山

属癸水,纳甲在戊癸,戊禄在巳,贵有丑未,未与子穿不取,癸禄在子,贵在巳卯,卯与子刑不取,合在丑申辰,本库不取,印在庚,申旺在亥子。

取纳甲:戊子正纳甲,戊申纳甲兼合,癸亥纳甲兼旺,癸巳纳甲兼贵,癸丑纳甲兼合。

取戊禄癸贵:癸巳禄兼北,辛巳禄兼印,丁巳禄兼旺。

取癸禄:戊子禄兼纳甲,丙子禄兼北,庚子禄兼印。

取戊贵:癸丑禄兼纳甲,辛丑贵兼印合,取癸贵,癸巳贵兼北,辛巳贵兼印。

取支合:壬申合禄北,癸丑合兼北,辛丑合兼印,戊申合兼纳甲。

取印绶:庚申正印,庚子印兼旺。

取比旺绶:壬子,癸亥。

癸山

甲纳干,坎禄在子,贵在卯,己合在戊,印在庚,申旺子亥。

取纳甲:戊子正纳甲,壬子纳甲兼北,丙子纳甲兼财,庚子纳甲兼印。

取阴贵:丁卯贵兼财,癸卯生兼北贵。

取阳贵:丁巳贵兼财,癸巳贵兼北。

取干合:戊甲合兼印,戊午合兼财,戊子合兼禄。

取印绶:庚申正印绶,庚子印绶兼禄,庚午印绶兼财。

取比旺:壬子,癸亥。

丑山

属巳土,甲纳于酉,酉纳丁,丁巳禄在午,相穿不取,巳贵在子,申丁贵在亥,酉合在子巳酉,印在巳丙,旺在辰戌(三刑不取),丑未(六冲不取)。

取纳甲:丁酉正纳甲,丁巳纳甲合印,丁亥纳甲兼贵,丁丑纳甲兼北。

取巳贵:甲子贵兼合,甲申贵兼合,戊子贵兼北,戊申贵兼北,丙子贵兼印,丙申贵兼印,壬子贵兼财,壬申贵兼财。

取丁贵:丁酉贵兼纳甲,丁亥贵兼纳甲,己酉贵兼北,己亥贵兼北。

取支合:甲子干支合,丙子合兼印,戊子合兼北,丁巳纳甲三合,己巳合兼北。

取印绶:丙辰印兼北,丁巳印兼合,丙子印兼合。

取比旺:戊辰北扶,己丑北扶,戊子北兼合。

艮山

属戊土,纳甲在丙,丙戊禄在巳,丙贵在酉亥,戊贵在未,丑合在辛癸,印在丁,午旺在辰戌丑未。

取纳甲:丙午纳甲兼印,丙辰纳甲兼旺,丙子纳甲兼财,丙戌纳甲兼北,丙申纳甲兼艮。

取戊禄:丁巳禄兼印,辛巳禄兼合,乙巳禄兼丙印,癸巳禄兼合,己巳禄兼地。

取丙贵:辛酉贵兼合,辛亥贵兼合,乙亥贵兼印,乙酉贵兼印,乙酉贵兼印,丁亥贵兼印。

取戊贵:丁丑生戊带贵,辛未贵兼合,辛丑贵兼合,乙丑贵兼印,乙未贵兼印,丁未贵兼印。

取干合:癸酉合戊对待,癸巳合戊兼禄,辛亥合戊兼贵,癸亥合戊兼贵。

取北旺:戊辰,戌戌,戊,己丑未。

寅山

属甲木,甲纳于离,离纳己壬,壬禄在亥,贵在卯巳(利穿不取),甲贵在丑,未合在亥,午泄戊库,印在癸,子旺在寅卯。

取纳甲:壬寅纳甲兼旺,己未纳甲兼贵,己丑纳甲兼贵,己卯纳甲兼旺。

取壬禄:己亥禄兼合,癸亥禄兼印,己亥禄兼北。

取中贵:己未贵兼合,癸未贵兼印,己丑贵兼合,癸丑贵兼印。

取壬贵:己卯贵兼合,癸卯贵兼印。

取支合:癸亥合兼印,己亥干支皆合,甲戌合兼比。

取印绶:壬子正印,癸亥正印。

取比旺:甲寅,乙卯。

甲山

甲纳于乾。禄在寅,贵在未丑,合在巳,印在子癸,旺在寅卯。

取纳甲:甲寅正纳甲,甲辰纳甲兼财,甲子纳甲兼印。

取正禄:甲寅正禄,戊寅禄兼财印。

取阳贵:己未合贵,癸未印绶而贵,乙未贵兼比,辛未贵人带官。

取阴贵:己丑合贵,癸丑印绶贵,乙丑贵兼比,辛丑戌日大忌。

取干合:己亥合而得生,己未合而得贵,己卯合而得旺,己丑合而得贵。

取印绶:壬子,癸亥,癸卯,癸未丑。

取比旺:甲寅,乙卯,癸卯。

卯山

属乙木,纳甲在庚,庚禄在申(八不煞取),贵在丑未,乙贵在申(八煞忌入),子忌刑,合在戌亥未,印在壬,亥旺在寅卯。

取纳甲:庚戌纳甲带合,庚寅纳甲带旺。

取阳贵:乙丑贵兼合,己丑贵兼印,癸丑贵兼印。

取阴贵:乙未贵兼比合,己未贵兼印财,癸未贵兼印。

取支合:庚戌合兼纳甲,戊戌合兼财,甲戌合兼比,乙亥合印生比,癸亥合兼印,己亥合兼财,乙未合兼比,癸未,己未。

取印绶:壬戌印兼合,癸亥印绶,癸卯印兼旺。

取比旺:乙亥比兼印,乙未比兼财,甲寅,乙卯。

乙山

甲纳于坤,禄在卯(八煞),贵在甲子,合在庚,印在壬,亥旺在寅卯。

取纳甲:乙亥纳甲兼印,乙未纳甲财,乙丑纳印兼财。

取阳贵:庚申春夏可用,戊申贵兼财,甲申贵兼比,壬申贵兼比。

取阴贵:庚子肖日大忌,戊子贵兼财,甲子贵兼比,壬子正印第一。

取干合:庚子合兼贵,庚寅合兼旺,庚午合兼生。

取印绶:壬子正印,癸亥印,壬寅比兼旺,壬午印兼生。

取比旺:乙未北兼财,乙亥比兼合,甲寅,乙卯。

辰山

属戊土,甲纳于坎,坎纳戊癸,戊禄在巳,癸禄在子,戊贵在丑未,癸贵在巳卯(相穿忌之),合在酉申子,印在丁,午旺在辰戌丑未。

取纳甲:戊辰纳甲兼旺,戊纳甲兼印,戊申纳甲兼合,戊子合纳甲。

取癸禄贵:丁巳禄兼印,己巳禄贵兼比,癸巳禄贵兼合。

取癸禄:庚子禄兼食,戊子禄兼比。

取戊贵:癸丑贵兼合,癸未贵兼合,丁丑贵兼印,丁未贵兼印,己丑贵兼比,己未贵兼比。

取支合:戊子合兼比,戊申合兼比,庚子合兼食,庚申合兼食,癸酉干支贵合,己酉合兼比,丁酉合兼印。

取印绶:丁巳正印第一,丙午全印,丁丑印兼比,丁亥印兼财。

取比旺:戊辰全旺,己未全旺,己丑全旺,戊午印兼比。

巽山

属乙木,纳甲在辛,辛禄在酉(八煞大忌),乙禄在卯,辛贵在午寅,乙贵在申,子合在丙,印在壬,亥旺在寅卯。

取纳甲:辛卯纳甲兼禄,辛亥纳甲兼印,辛未纳甲兼财,辛丑纳甲兼财。

取乙禄:乙卯禄比,癸卯禄兼印,辛卯纳印兼禄。

取辛贵:丙午灭日大忌,丙寅贵兼合,戊午贵兼印,戊寅贵兼印,壬午贵兼印,壬寅贵兼印,甲午贵兼比,甲寅贵兼比。

取乙贵:壬子贵兼印,壬申贵兼印,甲申贵兼比,丙申贵兼合,甲子贵兼比。

取干合:丙子合兼贵,丙辰合财印,丙申合兼乙贵,丙寅合兼贵。

取印绶:壬子全印,癸亥全印,壬寅,壬午。

取比旺:甲寅全旺,乙卯全旺,甲子比兼印,乙亥比印兼。

巳山

属丙火,甲纳于酉,酉纳丁,丁禄在午,贵在亥(相冲忌),酉合在申酉丑,印在乙,卯旺在巳午。

取纳甲:丁酉正纳甲,丁巳纳甲兼旺,丁卯纳甲兼印。

取丁禄:甲午禄印带,丙午禄旺带,庚午禄财带,辛巳禄兼合。

取支合:丁酉贵带纳甲,乙酉贵带印,辛酉贵带合。

取支合:丙申合带比,甲申合带印,庚申合带财。

取印绶:乙酉合带财,乙巳印兼旺,乙卯正印第一。

取比旺:丙午,丁巳。

丙山

甲纳于艮,禄在巳,贵在酉,亥合在辛,印在乙,卯旺在巳午。

取纳甲:丙寅纳甲长生,丙午纳甲兼旺,丙印纳甲带财。

取正禄:乙巳禄兼印,辛巳兼禄合,丁巳禄兼旺。

取阳贵:辛酉贵兼合,乙酉贵兼印,丁酉贵兼禄。

取阴贵:辛亥贵兼合,乙亥贵兼印,丁亥贵兼比。

取干合:辛卯合兼印,辛巳合兼禄,辛酉合兼贵,辛亥合兼贵。

取印绶:乙卯灭日大忌,乙巳印兼禄,乙酉印兼贵,乙亥印兼贵。

取比旺:丙午,丁巳。

午山

属丁火,纳甲在壬巳,己禄在亥(八煞大忌),壬贵在卯,巳贵在子申,丁贵在亥(煞忌)酉,合在未,寅戌(库不取),印在甲,寅旺在巳午。

取纳甲:壬午正纳甲,壬申纳甲带财,壬寅纳甲兼财,巳酉纳兼财,己巳纳甲兼旺,乙卯贵兼印,丁卯贵兼印比,辛卯贵兼财,乙巳贵兼印。

取壬贵:丁巳贵兼旺,辛巳贵兼财。

取己贵:丙申贵兼比,甲申贵兼印,庚申贵兼财。

取丁贵:辛酉贵兼财,丁酉贵兼比。

取支贵:丁未合兼旺,辛未合兼财,己未先天纳申,甲寅合兼印,丙寅合兼旺,庚寅合兼财。

取印绶:甲寅印兼合,甲午兼旺,甲申印兼贵。

取比旺:丙午,丁巳,丁酉兼财。

丁山

甲纳于酉,禄在午,贵在亥,酉合在壬,印在甲,寅旺在巳午。

取纳甲:丁酉正纳印,丁巳纳甲兼旺,丁卯纳甲带印,丁亥纳甲兼贵。

取正禄:壬午禄兼合,甲午禄兼旺印,丙午禄兼比,庚午禄兼财。

取贵人:丁亥贵兼比,辛亥贵兼财,丁酉贵兼比,辛酉贵兼财。

取干合:壬午干合支禄,壬申合兼财,壬寅合兼印。

取印绶:甲寅,甲午印兼禄,甲申贵兼财。

取比旺:甲午旺兼印,辛巳旺兼财,丙午,丁巳。

未山

属己土,甲纳于卯,卯纳庚,庚禄在申,己禄在午,庚贵在丑(相冲不取)未,巳贵在子(相穿有取)申,合在午卯亥,印在己,丙旺在辰戌(刑)丑(冲)未。

取纳甲:庚午纳甲兼合,庚辰纳甲兼贵,庚申纳甲兼贵。

取己禄:丙午合禄兼印,合甲午禄兼巳合,壬午禄兼合财。

取庚贵:乙未贵兼合,己未贵兼比旺,癸未贵兼财旺。

取庚禄己贵:丙申禄贵兼印,壬申禄贵兼财,戊申禄贵兼旺,丙午合兼印,甲午干皆合,壬午合兼财,庚午合兼纳甲。

取支合:癸卯合兼财,辛卯合兼会,己卯合兼比,丁卯纳口大忌,癸亥合兼财,己亥合兼比,辛亥合会。

取印绶:丙午印兼合,丁巳,丙辰利兼旺。

取比旺:己巳比兼印,戊午比兼印,己未,戊辰。

坤山

属己土,纳甲在乙,癸乙禄在卯(八煞大忌),癸禄在子(先天大利),乙巳贵在子申,癸贵在巳卯,合在庚,印在巳,丙旺在辰戌丑未。

取纳甲:乙巳纳甲兼印,乙未纳甲兼旺,乙亥纳甲兼财,乙丑纳甲兼旺。

取己禄:庚午禄兼乙合,壬午禄兼乙印,丙午禄兼印,甲午禄兼巳合。

取巳贵:戊申贵兼比,丙申贵兼印,甲申禄兼印,壬申贵兼财。

辰癸禄巳贵:戊子贵先天,庚子贵合先天,壬子贵财先天,甲子贵合先天。

取干合:庚申合兼贵,庚子消日大忌,庚辰合兼旺,庚午合兼印。

取印绶:丙午印绶,丁巳印绶,丙子山兼禄贵,丙辰利兼印。

取比旺:戊辰,戊戌,戊午,己丑,己未。

甲山

属庚金,甲纳于坎,坎纳戊癸,戊禄在巳,癸禄在子,戊庚贵在丑未,癸贵在卯巳,合在巳子辰(库忌),印在巳丑未,旺在申酉。

取纳甲:戊子丑纳甲,戊申纳甲兼旺,戊午纳甲兼印。

取戊禄:癸巳禄合纳甲,己巳禄合兼印,乙巳禄兼合。

取癸禄:庚子禄合干合,甲子禄合兼财,戊子禄合纳甲。

取庚戊贵:癸未贵兼纳甲,乙未贵兼合,己未贵兼印,辛未贵兼比。

取戊贵:癸丑贵兼纳甲,乙丑贵兼合,己丑贵兼印,辛丑贵兼比。

取癸贵:癸巳贵合兼纳,乙巳贵兼合,己巳贵合兼印,辛巳贵合兼比。癸卯贵纳纳甲,乙卯贵兼合,己卯贵兼印,辛卯贵兼比。

取支合:庚子合兼比,戊子合兼纳甲。

取印绶:己丑,己未,戊辰,戊戌。

取比旺:庚申,辛酉。

庚山

甲纳于卯,禄在申(八煞忌),贵在丑未,合在乙,印在巳丑,未旺在申酉。

取纳甲:乙卯干合支纳大吉,己卯方印支纳大吉,辛卯纳甲兼比。

取阳贵:己丑贵兼印,乙丑贵兼合,辛丑贵兼比。

取阴贵:乙未贵兼合,己未贵兼印,辛未贵兼比。

取干合:乙卯合纳甲,乙未合兼贵,乙丑合兼贵,乙酉合兼旺。

取印绶:己未印兼贵,己丑印兼贵,己卯印纳旺,己酉印兼旺。

取比旺:庚申,辛酉。

酉山

属辛金,纳甲在丁,丁禄在午,丁贵在亥酉,辛贵在寅,午合在辰巳(煞大忌),丑库印在戊戌(相穿不取),辰旺在申酉。

取纳甲:丁酉纳甲第,丁未纳甲兼印,丁丑纳甲兼印,丁亥纳甲兼马。

取丁禄辛贵:丙午禄贵兼合,甲午禄贵兼财,壬午禄贵兼合,庚午禄贵兼比。

取辛贵:丙寅贵兼合,壬寅贵兼合,甲寅贵兼财,庚寅贵兼比。

取贵人:丁亥贵兼纳甲,辛亥贵兼比,丁酉贵兼纳甲,辛酉贵兼旺。

取支合:戊辰合兼印,庚辰合兼比,甲辰消日大忌,丙辰合辛合酉。

取印绶:戊辰印兼合,戊申印兼旺,戊午印兼禄,戊寅印兼贵。

取比旺:庚申,辛酉。

辛山

甲纳于巽,禄在酉(八煞大忌),贵在午,寅合在丙,印在戊辰,戊旺在申酉。

取纳甲:辛卯纳甲正吉,辛丑纳甲兼印,辛未纳甲兼印,辛亥纳甲兼印。

取贵人:戊午贵兼印,庚午贵兼比,甲午贵兼财,丙午灭日大忌,戊寅贵兼印,庚寅贵兼比,甲寅贵兼财,丙寅贵兼合。

取干合:丙寅合兼贵,丙辰合兼印,丙申合兼旺。

取印绶:戊辰印绶,戊寅印兼贵,戊午印兼贵,戊申印兼旺。

取比印:庚申,辛未比兼印财,辛亥比兼印,辛丑比兼印财。

戌山

属戌土,甲纳于离,离纳于巳,壬禄在亥(八煞稍忌),戊禄在巳,壬贵在卯巳,戊贵在丑未(三刑忌巳),贵在子申,合在卯午寅,印在丁,午旺在丑(刑未刑)辰戌。

取纳甲:壬午正纳甲,壬申纳甲兼马,壬子纳甲兼财,壬寅纳甲兼合。

取壬禄:丁亥禄兼印,癸亥禄兼财,己亥禄兼比忌。

取戊禄壬贵:丁巳禄兼合印,癸巳禄兼合财,己巳禄兼比。

取壬贵支合:丁卯贵合兼禄,癸卯贵合兼财,己卯贵合兼比。

取支合:戊午合兼纳甲,戊寅合兼比,壬午合兼纳甲,壬寅合兼财。

取印绶:丙午,丁巳。

取比旺:戊戌,戊午旺兼败,己巳比兼印禄,己亥比兼财马。

乾山

属庚金,纳甲在壬甲,甲禄在寅,印贵在未丑,壬禄在亥,壬贵在卯巳,庚禄在申,合在巳,丁印在巳未,丑旺在申酉。

取纳甲:甲寅纳甲得禄,甲辰父母,甲申兄弟,甲戌父母,甲子子孙,壬申,壬寅,壬辰,壬戌。

取甲禄:壬寅纳甲兼禄,庚寅禄兼比,戊寅禄兼印,甲寅纳甲兼禄。

取壬禄:丁亥禄兼合壬,己亥禄兼印合,乙亥禄兼合庚,辛亥禄兼比。

取阳贵:己未贵兼印,乙未贵兼财,癸未贵兼甲印,辛未贵兼官印。

取阴贵:己丑贵兼印,乙丑贵兼印,癸丑贵兼甲印,辛丑没日大忌。

取壬贵:丁巳贵兼合壬,己巳贵兼合甲,乙巳贵兼合庚,辛巳贵兼比。丁卯贵兼合壬,己卯贵兼印合,乙卯贵兼合庚,辛卯贵兼比。

取印绶:己未印兼贵合,己丑印兼贵合,己卯印兼财,己酉印兼旺。

取比旺:庚申,辛酉。

亥山

属壬水,甲纳于卯,卯纳庚,庚禄壬申(相穿不取),庚贵在丑未(七克水忌),壬贵在卯巳(相冲不取),合在寅卯未(库忌),印在辛,酉旺在亥子。

取纳甲:庚寅纳甲兼合,庚子纳甲兼旺,庚午纳甲兼财。

取壬禄比旺:辛亥禄兼印旺,丁亥禄兼合,癸亥禄兼比旺。

取壬贵支合:辛卯贵兼支合,丁卯贵兼合,癸卯贵兼比合。

取支合:壬寅合兼比,丙寅合兼财,甲寅合兼食。

取印绶:辛酉,辛卯甲兼合贵,辛亥印兼禄。

取比旺:壬子,丙子旺兼财。

贵人会窠法

甲:阳贵辛未,阴贵日乙丑年丁丑。乙:阳贵甲申,阴贵日丙子年戊子。

丙:阳贵丁酉,阴贵己亥。丁:阳贵辛亥,阴贵己酉。

戊:阳贵日癸丑年乙丑,阴贵己未。己:阳贵日申子年丙子,阴贵壬申。

庚:阳贵日丁丑年己丑,阴贵癸未。辛:阳贵庚寅,阴贵甲午。

壬:阳贵癸卯,阴贵乙巳。癸:阳贵丁巳,阴贵乙卯。

甲年三月戊辰入中,吊辛未到艮为阳贵入阴,未冲丑刑丑。

六月辛未入中,吊丁丑到坤为阴贵入阳,丑冲未刑未。

乙年二月己卯入中,吊甲申到坎为阳贵入阴。

五月壬午入中,吊戊子到坤为阴贵入阳,申子会局更利。

丙年七月丙申入中,吊丁酉到乾为阳贵入阴。

八月丁酉入中,吊己亥到兑为阴贵入阳,兼得驿马更吉。

丁年八月己酉入中,吊辛亥到兑为阳贵入阴。

七月戊申入中,吊己酉到乾为阴贵入阳。

戊年三月丙辰入中,吊己未到艮为阴贵入阳。

六月己未入中,吊乙丑到坤为阳贵入阴,丑未刑冲不吉。

己年二月丁卯入中,吊壬申到坎为阴贵入阳。

五月庚午入中,吊丙子到坤为阳贵入阴。

庚年三月庚辰入中,吊癸未到艮为阴贵入阳。

六月癸未入中,吊己丑到坤为阳贵入阴。

辛年二月辛卯入中,吊甲午到艮为阴贵入阳。阳贵庚寅,正月入中宫止。

壬年阳贵癸卯二月入中宫止。阴贵乙巳,四月入中宫止。

癸年阳贵丁巳,四月入中宫止。阴贵乙卯,二月入中宫止。

惟此二干阴阳二贵不能相会,但此法以必取真贵五会,若照后开如甲山吊己丑、癸未到震,天干取合取印,更为精美。

运用贵人到山法

乾山:宜戊子月日吊己丑到乾,宜戊午月日吊己未到乾。

甲山:宜壬午月日吊己丑到震,宜壬子月日吊己未到震,如月吊己丑到山,喜用甲子日月。吊己未到山,喜用甲午日。如到山贵上天干,遇乙则用庚,遇丁则用壬,遇辛则用丙。地支不得六合,则用三合亦可,不然竟用己丑己未为日主更好。凡禄神马,凡天德月德吊到本宫亦即用之,为日元最妙,但不可遇刑冲破害四病,如上己丑到乾,丑与戌刑,则喜用卯支日,或用寅日吊卯到乾,则寅与戌合,戌与卯合,是为贪合忘刑法也。

坤山:宜甲寅月日吊庚申到坤,宜甲午月日吊庚子到坤。

乙山:宜用癸丑月日吊庚申到震,宜癸巳月日吊庚子到震。但庚申卯之玉人煞庚子又子卯相刑,庚申断不可用,若遇子会局则吉。庚子春夏木旺则可,亦须吊丑以合之,吊丙以制之,若吊入坤宫则子为先天,申为贵人还家而大吉也。

艮山:宜戊午月日吊辛酉到艮,宜戊申月日吊辛亥到艮。

丙山:宜丁巳月日吊辛酉到离,宜丁未月日吊辛亥到离。亥为离煞须用丙寅日,艮山吊辛亥到家不忘。

酉山:宜乙酉月日吊丁亥到兑,宜乙未月日吊丁酉到兑,为纳甲还宫,更美。

丁山:宜癸未月日吊丁亥到离,宜癸巳月日吊丁酉到离。但亥为离煞,须用壬寅合之,若吊入兑宫,亥又为本山正马,更吉。

卯山:宜戊午月日吊乙丑到震,宜戊子月日吊乙未到震。

庚山:宜癸亥月日吊乙丑到兑,宜癸巳月日吊乙未到兑。

巽山:宜戊戌月日吊丙午到巽,宜戊午月日吊丙寅到巽。

辛山:宜甲辰月日吊丙午到兑,大忌日,宜甲子月日吊丙寅到兑。

午山:宜癸亥月日吊丁卯到离,宜癸丑月日吊丁巳到离,但卯能破午,须用未日时以合之。

壬山:宜壬戌月日吊丁卯到坎,宜壬子月日吊丁巳到坎巳则吉,卯与子刑,须丑支合之。

子癸二山:戊戌月日吊癸卯到坎,宜戊子月日吊癸巳到坎,坎山则忌,卯刑巳则大吉。

二十四山并六十年太岁真禄马例

(六十年生命真贵人禄马列之于左)

甲己年命

乾山禄贵以甲取,离山禄贵以己取。

甲真禄丙寅,阳贵辛未,岁日阴贵丁丑乙丑。

己真禄庚午,阴贵壬申,岁日阳贵丙子甲子。

凡坐山太岁生命从五虎遁起,日主则从日上起时法后,乙庚戊贵人皆如此推。甲马,申子辰年丙寅,寅午戌年壬申。

己马,巳酉丑年乙亥,亥卯未年己巳。

乙庚年命

坤山禄贵以乙取,震山禄贵以庚取。乙真禄己卯,阳贵甲申,岁日阴贵戊子丙子。

庚真禄甲申,阳贵癸未,岁日阳贵己丑丁丑。

乙马,巳酉丑年丁亥,亥卯未年辛巳。

庚马,申子辰年戊寅,寅午戌年甲申。

丙辛年命

艮山禄贵以丙取,巽山禄贵以辛取。

丙真禄癸巳,阳贵丁酉,阴贵己亥。

辛真禄丁酉,阳贵庚寅,阴贵甲午。

丙马,申子辰年庚寅,寅午戌年丙申。

辛马,巳酉丑年己亥,亥卯未年癸巳。

丁壬年命

兑山禄贵以丁取,离山禄贵以壬取。

丁真禄丙午,阴贵辛亥,阴贵己酉。

壬真禄辛亥,阴贵癸卯,阴贵乙巳。

丁马,巳酉丑年辛亥,亥卯未年乙巳。

壬马,申子辰年壬寅,寅午戌年戊申。

戊癸年命

坎山禄贵以戊癸取。

戊真禄丁巳,阴贵己未,岁日阳贵乙丑癸丑。

癸真禄岁甲子日壬子,阳贵丁巳,阴贵乙卯。

戊马,申子辰年甲寅,寅午戌年庚申。

癸马,巳酉丑年癸亥,亥卯未年丁巳。

太岁生命日主贵人禄马皆备,二十四山内乾坤艮巽甲庚丙壬乙丁辛癸十二山无马,丑寅辰巳未申戌亥八山无禄。用法如六辛生命或六辛流年,欲作壬山最喜丁酉到山,酉与壬合辛正禄则择三月壬辰建入中宫,顺数丁酉到坎上旬内用事,最吉。上旬壬申旬子下有癸也。此用真禄法也,又如六辛系巳酉丑年,或命巳亥为驿马,作未山丑向地,择四月癸巳建入中宫,顺数己亥到坤上,旬末值己亥会局比助,大吉,此用真马法也,用贵人法亦如是。

支中人元篇

刘青田佐位直指赋内云:贵人至巽,宜用丙戊日与时以提之,言丙戊禄于己巳中之所藏也,则十二支中所藏人元,皆与日干关系可知,今表而出之,以便择日之取舍可也。

歌曰

子申单癸水,丑己癸辛逢。寅藏甲丙戊,卯宫乙木同。辰戊乙癸位,巳丙戊庚通,午内丁己禄,未巳丁乙荣。申庚戊壬水,酉地辛实从。戌戊辛丁立,亥壬甲木萌。

四旺支内正藏所禄之干,故酉藏辛,子藏癸,卯藏乙,午藏丁己。四生支内藏所禄之干,并所生之干亦藏,故寅藏甲丙,巳藏丙庚,申藏庚壬,亥藏壬甲。惟戊土所生有三等,土从火生,故寅中藏戊元。火能生土,故巳中又藏戊元。先天巨门作申水土同旺,故申中又藏戊元,此亥中止藏壬甲,而寅巳申三支自禄干生干,外又多一戊干也。然水土长生于申,帝旺居子,乃为确旨。至于四墓支内亦取所旺所生之干,如丑支己旺十八日,癸旺十二日,阳金庚死则阴金辛生,此丑藏己癸辛也。未支己旺十八日,丁旺十二日,阳木甲死则阴木乙生,此未藏乙己丁也。辰支乙旺十二日,戊旺十八日,阳水壬死则阴水癸生,此辰藏乙癸戊也。戌支辛旺十二日,戊旺十八日,阳火丙死则阴火丁生,此戌藏戊辛丁也。此乃所以藏之之故,非若纳音、洪范、斗首,一偏之论也。

日上起时篇

甲己还加甲,甲己年三月得戊辰,故化土。

乙庚丙作初,乙庚年三月得庚辰,故化金。

丙辛从戊起,丙辛年三月得壬辰,故化水。

丁壬庚子居,丁壬年三月得甲辰,故化木。

戊癸何方在,戊癸年三月得丙辰,故化火。

壬子是真途,龙逢则化,此十干得化之原。

日上起时,即年上起月之法,但甲子时乃甲己本日第一时,而甲子月则去年戊癸岁次之十一月耳。

用真太阳到山向法

刘青田佐位直指云:历数太阳临四维,用四维时临八干,用八干时临十二支,用用十二支时乃为归垣合局。其诀一日只一时,妙甚!此青田真诀也,世俗不知,但知:

立春:太阳到子行虚危宿,用子山或子向。

雨水:太阳到壬行室宿度,用乾山或乾向。

惊蛰:太阳到亥行壁宿度,用亥山或亥向。

春分:太阳到乾行奎宿度,用壬山或壬向。

清明:太阳到戌行娄宿度,用戌山或戌向。

谷雨:太阳到辛行胃宿度,用辛山或辛向。

立夏:太阳到酉行昴宿度,用酉山或酉向。

小满:太阳到庚行毕宿度,用庚山或庚向。

芒种:太阳到申行参宿度,用申山或申向。

夏至:太阳到坤行□宿度,用坤山或坤向。

小暑:太阳到未行鬼宿度,用未山或未向。

大暑:太阳到丁行昴宿度,用丁山或丁向。

立秋:太阳到午行星张宿,用午山或午向。

处暑:太阳到珍行翌宿度,用丙山或丙向。

白露:太阳到巳行轸宿度,用巳山或巳向。

秋分:太阳到巽行角宿度,用巽山或巽向。

寒露:太阳到辰行亢宿度,用辰山或辰向。

霜降:太阳到乙行氐宿度,用乙山或乙向。

立冬:太阳到卯行房心宿,用卯山或卯向。

小雪:太阳到甲行星宿度,用甲山或甲向。

大雪:太阳到寅行箕宿度,用寅山或寅向。

冬至:太阳到艮行斗宿度,用艮山或艮向。

小寒:太阳到丑行牛宿度,用丑山或丑向。

大寒:太阳到癸行女宿度,用癸山或癸向。

此以太阳十五日行一山之法也。殊不知天体带二十八宿向西旋转,每日一周天,唯太阳亦与天向西而转,天行速,日行迟,每日不及天一度。假如十一月初十冬至太阳躔箕水豹三度,以正午时正四刻,太阳与箕三度之天体同在正南之中也,第二日十一午时正四刻,但见太阳在正南,正中时天体之箕三度转过而西一度,故台历遂记云曰:行箕四度,是太阳附天体而西行,每日差一度。其实一时行一宫,如初十日正午时,太阳丽天之箕三度,则未时太阳与箕三度之天同转到天,申时同转到申,酉时同转到酉,以至子时亦同转到子,卯时同转到卯,转至午时但见天体之箕三度过四,则太阳在四度已是分明。太阳与天一时行一宫,十二时则行十二宫,非冬至太阳到寅即停止,寅方而不行也。青田云:其诀一日只一时甚妙。果然如我地子山午向,此日只午时太阳到向,先一时则太阳在巳,后一时则太阳在未,遂与午向不合。如我地艮山坤向,候未时七八刻,申时一二刻,则太阳到坤先则在未,后则在申,此所以云一日只一时也。亦即六壬数月将加时之法,知此则不必拘冬至太阳在寅,止做寅山寅向之一地矣。每日二十四山,皆可用太阳,但记我地是乙向即候乙时太阳即到乙,我地丁向即候丁时太阳便到丁。太阳到向,阳光正照,诸煞潜避,何忌之有?然太阳之尊,以阳光照注在天则有,在地则无,今行一善法,以日之出地入地为准,夏日长则自卯至酉从昼论,自戌至寅从夜论。冬日短则自酉至卯从夜论，自辰至申从日论。其左夏也，由酉辛戌乾亥壬子癸丑艮寅甲卯此十三山皆有日光在天，俱用向上之时。乙辰巽巳丙午丁未坤申庚此十一山则用坐下之时，以太阳到向上之时，乃入地而元光可见也。至于冬月唯酉卯二山无日光之可取，其余则或坐或向仍不失也，此从一日只一时用法之中分别，更精一善法也。然而尤有精焉者，此则要查本年台历，如冬至前后太阳躔箕水豹星，我所扦之山向分金在四木宿，则水来生木大利。若分金在四水宿，则水来助水亦利。若分金在四土宿，则土去克水亦利。分金在金宿见水则为泄，分金在火宿见水则为煞，不利矣。如此分别生克制化之法，精密无以复加矣，诚得此法则诸凶煞自不足论矣。假如我地扦辛乙山向兼卯酉，大抵分金在胃氐度。癸丁山向兼子午，大抵分金在柳女度，内则以四土论，查台历太阳到壬行室火，到丙行巽火，到甲行尾火，到庚行皆火。如我地辛山乙向、乙山辛向皆用乙时，癸山丁向、丁山癸向皆用丁时，则大吉已。若太阳行四土宿、四水宿、四日、四月宿亦吉。行四木宿为煞，大凶。行四金宿为泄，次凶。又如我地扦辛乙山向兼戌辰，大抵分金在娄亢度。癸丁山向兼丑未，大抵分金在鬼牛度，内则以四金论，查台历太阳，到辛行胃上，到丁行柳上，到乙行氐上，到癸行女上。如我地辛山乙向、乙山辛向，亦用乙时。癸山丁向、丁山癸向亦用丁时则大吉已。若太阳行四金度、四木度亦吉。行四火度为煞，大凶。行四水度为泄，次凶。唯先看我地当立何山向，作何分金坐向，宿度识之于心，乃查台历，此月内太阳某日入某宿，某日入某宿分别与我分金宿相生相克，则得已。凡山向绵有兼左兼右，举此乙辛丁癸四山向，以为例其余二十四山向，皆如此详推之。但其间星度有多寡之不同，如太阳行井木豹，有三十度，若分金在四火星、四木星、四金星，便有三十日可用，若分金在四土度、四水度便有三十日当避。如太阳行鬼金羊止二度半，若分金本四水星、四金星、四木星便止有三日可用。若分金在四木星、四水星便止有三日当避矣。星度有多寡则用太阳之日亦有多寡，而期某山某向则每一日止轮着一时，在前则未到，在后则已过，故佐位直指云：历数太阳归垣合局，其诀一日只一时。盖以此一时到我山向之一时，非太阳到乾山，山皆用乾时。太阳到卯山，山皆用卯时也。不然太阳到乾，我扦癸山丁向亦用乾时，太阳已没在地，何太阳之可见乎？此古来地仙暗地捡此一时，山得此一时，则山山皆可用，所以不拘年月神煞而皆吉也。

诸神煞到方例

天德(附诸神煞)

正丁二坤(申)宫,三壬四辛同,五乾(亥)六甲上,七癸八中艮(寅),九丙十乙位,子巽(巳)丑庚逢。

不知何所取义,以意见庚之天以好生为德,寅甲木能生丁火,巳丙火戊土能生辛金,申庚金能生癸水,亥壬水能生乙木,且木库在未,遇卯则开金库,居丑逢酉则发辰库,得水旺丙肇戌库入火茂而兴,且丙入库得乙木,壬入库得辛金,甲入库得癸水,庚入库得己土,皆以阴母而生阳干乎,究无确解。

天德合

正月在壬二月申,三丁四丙两干索,五月用癸六己干,七戌八甲没得说,九辛十月是庚求,六一癸兮藏乙确。

月德

寅午戌月在丙,申子辰月在壬,巳酉丑月在庚,亥卯未月在甲。

皆以会局而取,木局取甲,火局取丙,金局取庚,金局取庚,水局取壬,理之正者也。

月德合

火德在丙合在辛,水德壬兮合在丁,木德在甲与己合,金德在庚合乙星。丙星,后纳甲取,大为有理。

乾甲山用壬日,坎癸申辰山用癸日,戌艮丙山用丙日,震庚亥未山用庚日,巽辛山用辛日,离壬寅山用巳日,坤乙山用癸乙日,兑丁巳丑山用丁日。

母仓

春壬子、癸亥,夏甲寅、乙卯,秋戊辰、戊戌、己未,冬庚申、辛酉。壬子用事,丁巳丙午,取巽生我也,假如四月建巳以巳入中宫,二周卯支到乾吉,此吊母仓支到本山则吉。若用为日主是本月泄气日,何利?

催官鬼使

春乙,夏丁,秋辛,冬癸,取四季旺丁也。假如甲午月以甲午入中,用丁酉到艮,吾修艮方则来年士子登科,官吏荣还,开谪起复。

三煞方

亥卯未:木库在未,则申绝、酉胎、戌养、申为劫煞,酉为灾煞,戌为岁煞。

巳酉丑:金库在丑,则寅绝、卯胎、辰养,寅为劫煞,酉为灾煞,辰为岁煞。

寅午戌:火库在戌,则亥绝、子胎、丑养,亥为劫煞,子为灾煞,丑为岁煞。

申子辰:土水库在辰,则巳绝、午胎、未养,巳为劫煞,午为灾煞,未为岁煞。

年月日俱煞,非但不可造葬,并此日人养葬师,俱不可立其方位。

金神七煞(戊己都天煞)

甲己年:庚辛在午未方,戊己在辰巳方。

乙庚年:庚辛在辰巳方,戊己在寅卯子丑方。

丙辛年:庚辛在寅卯子丑方,戊己在戌亥方。

丁壬年:庚辛在戌亥方,戊己在申酉方。

戊癸年:庚辛在戌亥方,戊己在午未方。

所犯之方,不可动作,主损人口。在年忌方,在月日忌山。

飞天官符

亥卯未年月日在寅,巳酉丑年月日在申,申子辰年月日在亥,寅午戌年月日在巳。

即月德禄支也,仕官、家宜用之年月,宅长化命各有真者,如丙子年月与命癸巳干支是真禄。

重丧煞(即剑锋煞)

正月甲寅,二月乙卯,三月戊辰,四月巳丙,五月午丁,六月己未,七月庚申,八月辛酉,九月戊戌,十月亥壬,十一月子癸,十二月己丑。

吉事用之则重吉,凶事用之则重凶,人家吉事见历上注重丧二字,便不用。且二棺三四棺同出,此正重丧出而亦忌何也?

太岁煞

以月建入中宫,寻太岁到方大忌。如甲戌年五月将庚午入中宫,甲戌到九紫则离方大忌,在一甲内忌,如在二三甲则不忌。

月建煞

又名小儿煞,又名阴中太岁。

以太岁入中宫,寻月建到方大忌,即如甲戌年十二月,将甲戌入中宫,丁丑干支到八白,则艮方大忌,杀宅长儿。

又太岁煞,单论十二地支对宫为岁破,名大耗煞。

太岁:子丑寅卯辰巳午未申酉戌亥。岁破:午未申酉戌亥子丑寅卯辰巳。如子年则子方为太岁,午为岁破方。专以十二支年记与前不同,破名大耗煞。

病符煞

太岁后一位闭方也，亦名退神。

丧门煞

又即土瘟煞。

太岁前二位满方是也，不可动土行丧。

宅长煞

本山支辰吊到本山为伏位，凶。如正月作坤以寅建入中宫，申支刚到二黑坤是也。

本命座

即本命的煞也。

知宅长丙午命人作丙午方，为本命座，大忌。

又如宅长庚午命人，甲子年修坤方，以木岁甲子入中宫，顺数庚午到坤，为本命的煞。又如宅长庚午命人，甲子年三月用戊辰入中宫，顺数庚午到兑方为本命的煞。日时皆然。

五不遇煞

又为暗冲煞。

如己丑年十月作卯方，月建乙亥入中宫，吊壬午干支到卯，殊造得乙丑年、乙亥月、庚申日、丙戌时，则在山之壬水克时干之丙，丙克日干庚，庚克月干乙，乙克年干己为下克上，大凶。宜后生上前人之四柱亦然。又壬午到卯，若用戊土日干为外犯内，是子逆父，臣叛君，大凶。若用丙火日干为内犯外，稍轻,亦主刑孝。

取冲神煞

如坤方甲子年正月,用丙寅入中宫,顺轮则壬申到坤,择日戊干为外犯内,子逆父,臣叛君,大凶。若择日丙干为内犯外,稍轻,主刑孝。

三元吊宫坐山方位吉凶篇

阴阳二宅,纵横错综,不外洛书九局而已。每局生旺方宜山高水聚,煞泄方宜水围山平。九宫布局一定无移,所谓静卦者是也。至于动卦例,如上元一白流年,未观九局,先论八山,如乾山得二黑,土来生金,大吉。艮山得四绿,木来克土,大凶。巽山九紫临而泄气,震山八白到而成仇,坎为岁宫,离为开煞,岁星所临俱不可动作之类,此就山论山也。至若九宫则又照各宫,所宫论其喜忌,即以坎言本宫属水。二黑到乾,乾山以得土为生气,吉。宜造葬者,坎宫则以土来克水,转生为煞而凶已。又以离言,本宫属火,三碧到兑,坎局以见木为泄气,凶。难动作者,离局又以木来生火,转泄为生而吉已。是以今一白流年,坎宫祖茔附葬者,乾方不可附坎宫住屋修造者,乾方不可修离宫祖茔附葬者,兑方附之为得宜,离宫住屋修造者兑方修之而获福也,举此为例,则每一年山就山言,宫固与山各别。宫就宫论,宫又与宫有分,依类参考,九山九宫以及九方尽可推已,然而其间更有变通者,如艮山年上四绿到固凶,若月建九紫飞来化火生土,则艮山又吉;乾山年上二黑来固吉,月建九紫加临以煞生,恩吉中更吉。忽若三碧四绿来临,则恩星遇难,吉反为凶。而且东方八白为乾兑之生气,殊坐下震木自救不遑,而且西南七赤系震巽之煞气,殊流入土坤,得生愈毒,此所以又有逢凶化吉,变用为仇,恩宿不恩,不分轻重;难星少难,势别弱强之妙法也。究而言之,总以生我者喜,克我者忌,喜者宜得地坐生坐旺,忌者宜失势遇难遇仇为主。而喜忌外太岁所占之宫为暗建煞,卯甲子一白则坎为岁宫,乙丑九紫则离为岁宫类,及太之星临于其宫为太岁一星煞,轮着皆避,如一白管年入中,六白到坎即将六白入中轮,则一白到离是离方为真太岁一星，离宫不可动作。凡遇五黄，谆谆必禁者固同戊己都天之义，亦以逐年五黄所临之宫，即逐年太岁一星之所临故也。乾巽相加，坎离交互，艮坤交临，震兑互加，亦皆忌者，固即六冲之义也。此外一以生克为疚，诸凡杂忌亡立怪名，惊骇流俗，乃不经之论，悉无效验，何足计较哉？此实海经元时慕讲禅师择地巽日之秘旨，其言曰：君子未当不恶其仇，盗贼未当不爱其子，盖以忌者克我难在吉星，克则避之；喜者生我难在凶宿，生则越之。故又曰：善择选者，不泥其所当然，而直原其所以然则越避皆得其宜。予用宫增忌图以及斯篇，皆此意此旨也。

一白司局图

值年

上元：甲子、癸酉、壬午、辛卯、庚子、己酉、戊午。
中元：丁卯、丙子、乙酉、甲午、癸卯、壬子、辛酉。
下元：庚午、己卯、戊子、丁酉、丙午、乙卯。

值月

子午卯酉年：八月。辰戌丑未年：五月。寅申巳亥年：二月、十一月。

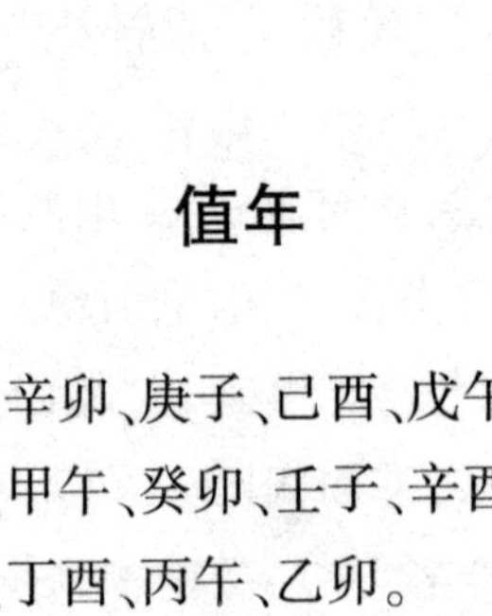

此局吊二黑到乾星生山大吉，坎山吊六白金生似大利，殊为暗建煞方所忌，离山五黄太岁一白替到此大忌。震山以宫克星可用，艮山四绿木克大凶，坤巽二山以宫生星泄气不吉，兑山卯酉对冲克大忌。用法俱错，落注各图下细阅之，自能会悟。

八山各方吉凶修造附葬查此

一白	二黑	三碧	四绿	五黄	六白	七赤	八白	九紫
中	乾	兑	艮	离	坎	坤	震	巽
坎本宫水	煞轻	退	退	替宫	值月	生重	煞轻	死
离宫煞	退	生轻	生	太岁	为暗	死	退	旺
震巽生气	死	旺轻	旺	一星	建煞	煞重	死	退
乾兑退气	生重	死真死	死	各山	八山	旺重	生轻	煞重
坤艮死气	旺轻	煞轻	煞	皆忌	皆忌	退	旺	生重

中宫过煞气退气，不可修中宫，总九宫内遇生气旺气方，最吉。死气方亦可用，煞气泄气方凶。

九紫司局图

值年

上元：乙丑、甲戌、癸未、壬辰、辛丑、庚戌、己未。
中元：戊辰、丁丑、丙戌、乙未、甲辰、癸丑、壬戌。
下元：辛未、庚辰、己丑、戊戌、丁未、丙辰。

值月

子午卯酉年：九月。辰戌丑未年：六月。寅申巳亥年：三月、十二月。

此局离山四绿来生，兑山二黑来生，大吉。震山七赤克入，艮山三碧克入，大凶。巽山克出平平。乾山生出，坤山生出，不吉。五黄太岁一星到坎凶，不用。七赤克震山大凶。若三碧值月吊一白来可化煞生印，反吉。此年白利不如月白利之诀也。

八山各方吉凶修造附葬查此

九紫	一白	二黑	三碧	四绿	五黄	六白	七赤	八白
中	乾	兑	艮	离	坎	坤	震	巽
坎宫死气	旺重	煞轻	退	值月	替宫	生重	生	煞轻
离宫旺气	煞重	退	生	为暗	太岁	死不死	死	退
震巽旺气	生重	死真死	旺	建煞	一星	煞重	煞	死真死
乾兑煞气	退	生轻	死	方皆	各山	旺重	生轻	
坤艮生气	死不死	旺轻	煞重	忌	皆忌	退	旺	

凡生旺下注重字者，以生又遇生也，为力最重，如坎以六白为生气，吊在坤上得生，更利。

八白司局图

值年

上元：丙寅、乙亥、甲申、癸巳、壬寅、辛亥、庚申。
中元：己巳、戊寅、丁亥、丙申、乙巳、甲寅、癸亥。
下元：壬申、辛巳、庚寅、己亥、戊申、丁巳。

值月

子午卯酉年：正月、十月。辰戌丑未年：七月。寅甲巳亥年：四月。

此局三碧吊生离山大吉，九紫入乾山，六白到震山，七赤到巽山，皆克入，大凶。兑山遇一白，坎山遇四绿生出，坎凶。二黑到艮，冲射亦凶。坤五黄太岁一星临忌年，七赤克巽月用二黑局吊一白到巽，年九紫克乾月，用七赤局吊八白到乾，年六白克震月，用三碧局，用一白到震，皆化难生恩，大吉。

八山各方吉凶修造附葬查此

八白	九紫	一白	二黑	三碧	四绿	五黄	六白	七赤
中	乾	兑	艮	离	坎	坤	震	巽
坎宫煞气	死	旺重	值月	退	退	替宫	生	生
离宫退气	旺	煞重	为暗	生	生重	太岁	死	死
巽震死煞	退	生重	建煞	旺	旺重	一星	煞	煞
乾兑生气	煞	退	八山	死	死不死	各山	旺	旺
坤艮旺气	生	死不死	皆忌	煞	煞重	皆忌	退	退

死气方而不死亦可用，为我之财也。

七赤司局图

值年

上元：丁卯、丙子、乙酉、甲午、癸卯、壬子、辛酉。
中元：庚午、己卯、戊子、丁酉、丙午、乙卯。
下元：甲子、癸酉、壬午、辛卯、庚子、己酉、戊午。

值月

子午卯酉年：二月、十一月。辰戌丑未年：八月。寅申巳亥年：五月。

此局吊八艮白到乾山，生之大吉。兑遇九紫，坤遇四绿，巽遇六白，皆克山，大凶。离山遇二黑，坎山遇三碧，生出，不吉。艮山遇一白，克出，平平。

坎山得二黑局，吊七赤到坎，离山得八白局，吊三碧到离，则利已。

八山各方吉凶修造附葬查此

七赤	八白	九紫	一白	二黑	三碧	四绿	五黄	六白
中	乾	兑	艮	离	坎	坤	震	巽
坎宫生气	煞轻	值月	旺	煞重	退	退	替宫	生
离宫死气	退	为暗	煞轻	退	生重	生	太岁	死
震巽煞气	死	建煞	生轻	死	旺	旺	一星	煞
乾兑旺气	生重	八山	退	生重	死不死	死	八山	旺
坤艮退气	旺	皆忌	死	死	旺重	煞重	煞轻	退

吊替者，七赤入中，轮九紫到兑，为吊白，将兑主九紫入中，轮七赤到震为替，太岁星即值年星也，太岁不可犯。

六白司局图

值年

上元:戊辰、丁丑、丙戌、乙未、甲辰、癸丑、壬戌。
中元:辛未、庚辰、乙丑、戊戌、丁未、丙辰。
下元:乙丑、甲戌、癸未、壬辰、辛丑、庚戌、己未。

值月

子午卯酉年:三月、十二月。辰戌丑未年:九月。寅申巳亥年:六月。

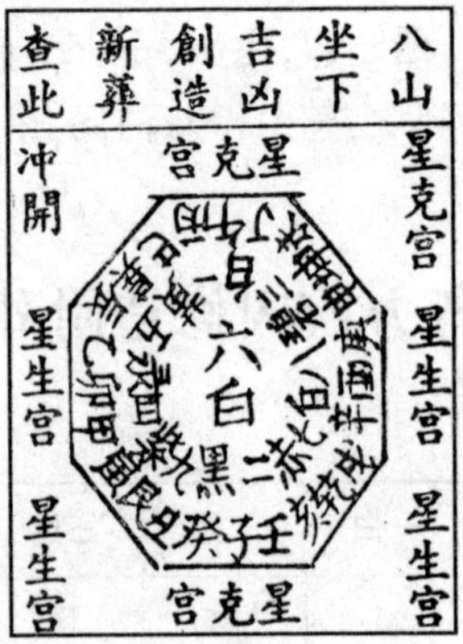

此局吊□白生入兑山,吊九紫生入艮山,大吉。其坎吊四绿到震,比扶吉。吊七赤到乾,为交剑煞,平平。吊三碧到坤山,吊二黑到坎山,吊一白到离山,星来克宫,大凶。巽乃五黄太岁一星,皆忌。八白生兑,再得月建七赤,吊九紫到兑,更加利益。

八山各方吉凶修造附葬查此

六白	七赤	八白	九紫	一白	二黑	三碧	四绿	五黄
中	乾	兑	艮	离	坎	坤	震	巽
坎宫生气	值年	煞轻	死	旺	煞	退	退	太岁
离宫死气	为暗	退	旺	煞	退	生	生重	一星
震巽煞气	建煞	死	退	生	死	旺	旺重	各山
乾兑旺气	方不	生重	煞轻	退	生	死	死不死	皆忌
坤艮退气	利	旺	生轻	死	旺	煞	煞重	

如震山宅墓，中宫不可动，万一势不得已，查兑气或一白更好，司局月分便可修作。

五黄司局图

值年

上元：己巳、戊寅、丁亥、丙申、乙巳、甲寅、癸亥。
中元：壬申、辛巳、庚寅、己亥、戊申、丁巳。
下元：丙寅、乙亥、甲申、癸巳、壬寅、辛亥、庚申。

值月

子午卯酉年：四月。辰戌丑未年：正月、十月。寅申巳亥年：七月。

此局俱皆伏位。

八山各方吉凶修造附葬查此

五黄	六白	七赤	八白	九紫	一白	二黑	三碧	四绿
中	乾	兑	艮	离	坎	坤	震	巽
坎宫煞	生	生	煞	死	旺	煞	退	退
离宫煞	死	死	退	旺	煞	退	生	生
震巽煞	煞	煞	死	退	生	死	旺	旺
乾兑煞	旺	旺	生	煞	退	生	死	死
坤艮煞	退	退	旺	生	死	旺	煞	煞

如九紫值年，离山宅墓八白到巽泄气，用此五黄司局，月建巽归本家，克艮生离大吉，巳阴做主。

四绿司局图

值年

上元:庚午、己卯、戊子、丁酉、丙午、乙卯。
中元:甲子、癸酉、壬午、辛卯、庚子、己酉、戊午。
下元:丁卯、丙子、乙酉、甲午、癸卯、壬子、辛酉。

值月

子午卯酉年:五月。辰戌丑未年:二月、十一月。寅申巳亥年:八月。

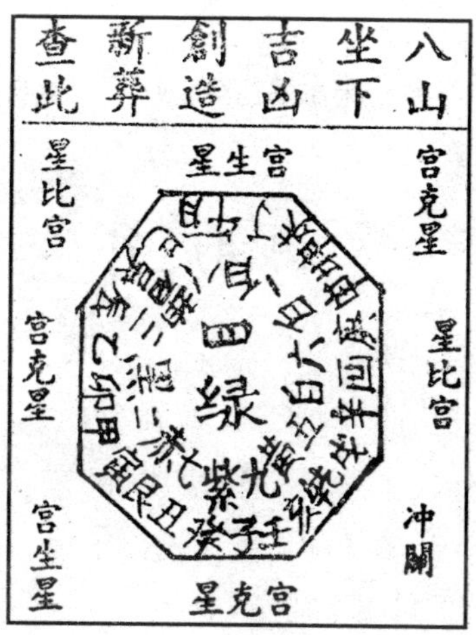

此局吊三碧到巽山,为旺气。坤山一白,震山二黑,宫克星,可用。而坎山九紫来为穿心煞,不吉。离山得八白,艮山得七赤,生出,不吉。兑山得六白,交剑煞,平平。乾山五黄,太岁一星,大忌。

八山各方吉凶修造附葬查此

四绿	五黄	六白	七赤	八白	九紫	一白	二黑	三碧
中	乾	兑	艮	离	坎	坤	震	巽
坎宫退气	太岁	生重	生重	煞	死	旺	煞轻	值月
离宫生气	一星	死不死	死不死	退	旺	煞	退	为暗
震巽旺气	所临	煞重	煞重	死	退	生轻	死	建煞
乾兑死气	各山	旺重	旺	旺	生重	煞轻	退	生轻
坤艮煞气	皆忌	退	退	旺重	生轻	死	旺	皆忌

乾兑二山,以二黑为生气,殊吊在震土破木,破木克少力。

三碧司局图

上元:辛未、庚辰、己丑、戊戌、丁未、丙辰。
中元:乙丑、甲戌、癸未、壬辰、辛丑、庚戌、己未。
下元:戊辰、丁丑、丙戌、乙未、甲辰、癸丑、壬戌。

值月

子午卯酉年:六月。辰戌丑未年:三月、十二月。寅申巳亥年:九月。

此局吊一白到震，吊九紫到坤，星来生宫，大吉。离得七赤，巽得二黑，可用。四绿到乾冲射，凶。八白克坎山，大凶。六白泄艮山，亦凶。太岁五黄到兑，大忌。六白到艮泄气，若月建得六白司局，吊九紫到艮便可用。余仿之。

八山各方吉凶修造附葬查此

三碧	四绿	五黄	六白	七赤	八白	九紫	一白	二黑
中	乾	兑	艮	离	坎	坤	震	巽
坎宫退气	退	太岁	生重	生	煞	死	值月	煞
离宫生气	生	一星	死不死	死	退	旺	为暗	退
震巽旺气	旺	替临	煞重	煞轻	死	退	建煞	死
乾兑死气	死	各山	旺重	旺	生	煞	方大	生
坤艮煞气	煞	皆忌	退	退	旺	生	忌	旺

如子山午向房坟，二黑到巽为煞，不可修附，若月日得入白局吊兑到巽旺宫，小生月煞午山。

二黑司局图

值年

上元:壬申、辛巳、庚寅、己亥、戊申、丁巳。
中元:丙寅、乙亥、甲申、癸巳、壬寅、辛亥、庚申。
下元:己巳、戊寅、丁亥、戊申、乙巳、甲寅、癸亥。

值月

子午卯酉年:七月。辰戌丑未年:四月。寅申巳亥年:正月、十月。

此局吊一白到巽山,七赤到坎山,星来生宫,大吉。乾山得三碧,兑山得四绿,宫克星,亦可用。离山克六白,亦然。八白到坤,冲射不吉。五黄到艮,太岁一星,大忌。

八山各方吉凶修造附葬查此

二黑	三碧	四绿	五黄	六白	七赤	八白	九紫	一白
中	乾	兑	艮	离	坎	坤	震	巽
坎宫煞气	退	退	替宫	生轻	生重	值月	死	旺
离宫退气	生	生	太岁	死	死	为暗	旺	煞轻
震巽死气	旺	旺	一星	煞轻	煞轻	建煞	退	生
乾兑生气	死	死	各山	旺	旺	方大	煞	退
坤艮旺气	煞	煞	皆忌	退	退	忌	生重	死

凡煞气退气到中宫,不可修祖茔,修中房。

(新镌陈子性吊宫造葬修方吉凶藏书卷之十一终)

新镌陈子性奇门
造葬修方行兵应验藏书卷之十二

岭南 陈子性阐述 男衍参集 孙式基式猷 纂辑

甲奇门论

（谓八门吉凶，附修方、造葬、行兵等事）

遁甲经书始于黄帝，感天神而降龙凤之文，命风后作兵法一十三篇，始立遁甲一十八局。遁者，隐也，幽隐之道也；甲者，仪也。遁为真符，谓六甲六仪也，天乙贵人之神也。常隐于六戊之下，盖取用兵机之法，造、葬之法，通于神明之德，故以甲遁为名也。奇者，乙丙丁为三奇也。门者，休、生、伤、杜、景、死、惊、开为八门也。继于吕望善布奇门，删成一节三元，二十四节分得七十二元，故立七十二活局也。逮黄石公知秦亡汉兴，以授于子房，子房删捷冬至十二节为阳九局，夏至十二节为阴九局。一岁计一十八局之图，图虽简而时则仍有一千八十也。是术风后作之，太公节之，留侯约之，实安邦济世之大经也。迄至起乎章，通其微奥，作《烟波钓叟歌》阐明大道，流行于世。世人鲜精其道也。奈近梓者紊淆古经，变乱遁局，妄加增减，种种繁文，但起例未悉，后学者难以尽谙。予今详著起超闰接气，更纂诸格，假如并删正阴阳遁局，以使后学稽考云尔。

奇门烟波钓叟文赋

轩辕黄帝战蚩尤，逐鹿经年战未休。
偶梦天神授符诀，登坛致祭谨虔修。
神龙负图出洛水，彩凤衔书碧云里。
因命风后演成文，遁甲奇门从此始。
一千八十当时制，太公删成七十二。
迨及汉代张子房，一十八局为精艺。
先须掌上排九宫，纵横十五在其中。
次将八卦轮八节，一节统三为正宗。
阴阳二遁分顺逆，一气三元人莫测。
五日都来换一元，接气超神为准的。
认取九宫分九星，八门又逐九宫行。
九星逢甲为直符，八门直使其宫评。
符上之门为直使，十时一换堪凭据。
直符常遣加时干，直使每加时支位。
六甲元号六仪名，三奇即是乙丙丁。
阳遁顺仪奇逆布，阴遁逆仪奇顺行。
吉门偶尔合三奇，值此须云百事宜。
更合从傍加检点，余宫不可有余疵。
三奇得使诚堪取，六甲遇之非小补。
乙逢天马丙鼠猴，六丁玉女骑龙虎。
又有三奇游六仪，号为玉女守门扉。
若作阴私和合事，请君但向此中推。
天三门兮地四户，问君此法归何处。
太冲小吉与从魁，此是天门私出路。
地户除危定与开，举事皆宜从此去。
六合太阴太常君，三辰元是地私门。

更得奇门相照耀，出行百事总欣欣。
太冲天马总为贵，卒然有难宜斯避。
但当乘取天马行，剑戟如山不应畏。
三为生气五为死，胜在三兮衰在五。
能识趋三避五时，造化真机须记取。
就中伏吟为最凶，天蓬加着地天蓬。
天蓬若到天英上，须知即是反吟宫。
八门复吟皆如此，生在生门死在死。
假令吉宿得奇门，万事皆凶不堪使。
六仪击刑何太凶，甲子直符愁向东。
戌刑在未申刑虎，寅巳辰辰午刑午。
三奇入墓好详推，甲日那堪见未时。
丙奇属火火墓戌，此时诸事不须为。
更嫌天乙来临二，月奇临六亦如之。
又有时干入墓宫，课中时下忌相逢。
戊戌壬辰兼丙戌，癸未丁丑一同凶。
五不遇时龙不精，号为日月损光明。
时干来克百千止，甲日须知时忌庚。
丁忌癸兮戊忌甲，乙忌辛兮丙忌壬。
奇与门兮共太阴，三般难得总加临。
若还得二亦为吉，举措行藏必遂心。
更得直符直使利，兵家用事最为贵。
常从此地击其冲，百战百胜君须记。
天乙之神所在宫，大将宜居击对冲。
假令直符居离九，天英坐取击天蓬。
甲乙丙丁戊阳时，神居天上要君知。
坐击须凭天上奇，阴时地下亦如之。
若见三奇在五场，偏宜为客自高强。
忽尔逢着五阴位，又宜为主好裁详。
直符前三六合位，太阴之神在前二。

后一宫中为九天，后二之神为九地。
九天之上好扬兵，九地潜藏可立营。
伏兵但向太阴位，若逢六合利逃形。
天地人分三遁名，天遁月精华盖临。
地藏日精紫微蔽，人遁当知是太阴。
生门六丙合六丁，此为天遁自分明。
开门六乙合六己，地遁如斯而已矣。
休门六丁合太阴，欲求人遁无过此。
要知三遁何所宜，藏形遁迹斯为美。
庚为太白丙荧惑，庚丙相加谁会得。
六庚加丙白入荧，六丙加庚荧入白。
白入荧兮贼即来，荧入白兮贼须灭。
丙为勃兮庚为格，格则不通勃乱逆。
丙加天乙为直符，天乙加丙为飞勃。
庚加日干为伏干，日干加庚飞干格。
加一宫兮战在野，同一宫兮战在国。
庚加直符天乙伏，直符加庚天乙飞。
庚加癸兮为大格，加己为刑最不宜。
加壬之时为上格，又嫌岁月日时迟。
更有一般奇格者，六庚慎勿加三奇。
此时若也行兵去，匹马双轮无返期。
六癸加丁蛇夭矫，六丁加癸雀投江。
六乙加辛龙逃走，六辛加乙虎猖狂。
请观四者为凶煞，百事逢之总不详。
丙加甲兮鸟跌穴，甲加丙兮龙回首。
只此二者是吉神，为事如意十八九。
八门若遇开休生，诸事逢之总称情。
伤宜捕猎终须获，杜好邀遮及隐形。
景上投书并破阵，惊能痴讼有声名。
若问死门何所主，只宜吊死与行刑。

蓬任冲辅禽阳星，英芮柱心阴宿名。
辅禽心星为上吉，冲任小吉未全亨。
大凶蓬芮不堪遇，小凶英柱不精明。
大凶无气变为吉，小凶有无一般评。
吉宿更能逢旺相，万举万全功必成。
若遇休囚并废没，劝君不必进前程。
要识九星配五行，各随八卦考羲经。
坎蓬属水离英火，中宫坤艮土为营。
乾兑为金震巽木，旺相休囚看重轻。
与我同行即为相，我生之月诚为旺。
废于父母休于财，囚于鬼兮真不旺。
假令水宿号天蓬，旺在初冬与仲冬。
相于正二休四五，其余仿此自研穷。
急则从神缓从门，三五反复天道亨。
十干加伏若加错，入库休囚吉事危。
十精为使用为贵，起宫天乙用无遗。
天目为客地为主，六甲推兮无差理。
劝君莫失此玄机，洞彻九宫扶明主。
宫制其门不为迫，门制其宫是迫凶。
天网四张无路走，一二网低有路通。
三至四宫行入墓，八九高强任西东。
节气推移时候定，阴阳顺逆要精通。
三元积数成六纪，天地未成有一理。
请观歌里精微诀，非是贤人莫传与。

奇门总歌

阴阳逆顺妙难穷，二至还归一九宫。
若能了达阴阳理，天地都来一掌中。

注曰:阴阳者,太极静而生阳,动而生阴。冬至后阳父升进用阳遁顺行,夏至后阴父起发用阴遁逆行。一者坎宫,九者离宫。冬至一阳生于子居坎一宫也,夏至一阴生于午居离九宫也。冬至后十二气为阳遁,逆布三奇,顺布六仪。夏至后十二气为阴遁,顺布三奇,逆布六仪。若能达此遁甲阴阳之理,则天地间之一气、三才、四象、五行、六甲、七曜、八门、九星皆在掌中起也。

八门九星定位诗例

一蓬坎上一蓬休,芮死排来第二流。
更有冲伤并辅杜,不离三四数为头。
禽星死五心开六,柱惊常从七上求。
内外任生居八位,九寻英景逐方游。

排山掌诀图

乾六	兑七	艮八	离九
中五			
巽四	震三	坤二	坎一

飞宫掌诀图

坤二芮死	兑七性惊	乾六心开
离九荧景	中五死禽	坎一蓬休
巽四辅杜	震三冲伤	艮八任生

天有九星以镇九宫,地有九宫以应九州。其式托以灵龟洛书之数:戴九履一,左三右七,二四为肩,六八为足,五中。中宫者土,火之子,金之母,所寄

理于西南坤位也，坎一白水居正北，坤二黑土居西南，震三碧木居正东，巽四绿木居东南，中五黄土居中宫，乾六白金居西北，兑七赤金居正西，艮八白土居东北，离九紫火居正南。

八节掌诀图

坤立秋逆	兑秋分逆	乾立冬逆
离夏至逆		坎冬至顺
巽立夏顺	震春分顺	艮立春顺

天有八风以直八卦，地有八方以应八节。节有三气，气有三候，如是八节以三因之成，二十四气，气以三乘之七十二候，以一候五日六十时，因之四千三百二十局定矣。

二十四气阴阳二遁局

二十四氣陰陽二遁局		
杜 天輔 巽 立夏四一七 小滿五二八 芒種六三九	景 天英 離 夏至九三六 小暑八二五 大暑七一四	死 天芮 坤 立秋二五八 處暑一四七 白露九三六
傷 天冲 震 春分三九六 清明四一七 谷雨五二八		驚 天柱 兌 秋分七一四 寒露六九三 霜降五八二
生 天任 艮 立春八五二 雨水九六三 驚蟄一四七	休 天蓬 坎 冬至一七四 小寒二五八 大寒三九六	開 天心 乾 立冬六九三 小雪五八二 大雪四七一

经曰：

冬至小寒及大寒，天地人元一二三。
立春雨水并惊蛰，依艮顺行八九一。
春分清明并谷雨，但起震宫三四五。
立夏小满芒种气，四五六兮立成例。
夏至小暑与大暑，九八七兮还退数。
立秋处暑并白露，从二却行于一九。
秋分寒露及霜降，七六五兮依此诀。
立冬小雪并大雪，六五四兮依此例。

六仪例诀

甲子六戊甲辰壬，甲申六庚甲午辛。
甲戌六己甲寅癸，乙丙丁兮日月星。

如冬至上元阳一局顺遁，甲子戊一宫起甲戌己，二宫甲申庚，三宫甲午辛，四宫甲辰壬，五宫甲寅癸，六宫丁奇，七宫丙奇，八宫乙奇，乙宫乃仪顺奇逆也。夏至后用阴遁逆飞，离宫起，如夏至阴上元阴九局逆遁，甲子戊起九宫，甲戌己八宫，甲申庚七宫，甲午辛六宫，甲辰壬五宫，甲寅癸四宫。丁奇三宫，丙奇二宫，乙奇一宫，乃逆仪顺奇也。九星为直符，八门为直使。日天乙直使起宫异，所谓值门相冲也。阴阳二遁各有二使，假令冬至后阳使起初起一宫，阴使初起九宫，夏至后阴使初起九宫，阳使初起一宫，故曰起宫异。所直门相冲者，冬至后阳使休门，阴使起景门，夏至后阴使起景门，阳使起休门，故曰直门相冲也。一气分三元，子午酉卯为上元，寅申巳亥为中元，辰戌丑未为下元，若不明三元，用奇不准，主有不侧也。

三元者十五日为一候，故五日换一局例。

上元甲子至戊辰，中元己巳至癸酉，下元甲戌至戊寅。

上元己卯至癸未，中元甲申至戊子，下元己丑至癸巳。

上元甲午至戊戌，中元己亥至癸卯，下元甲辰至戊申。

上元己酉至癸丑，中元甲寅至戊午，下元己未至癸亥。

九星例

天芮巨六	主坤属土	天柱破军	主兑属金	天武心伯	主乾属金
天英右穷	主离属火	天禽庚真	主中属土	天蓬贪狼	主坎属水
天辅文杜	主巽属木	天冲禄存	主震属木	天任左穷	主艮属土

八门例

坤二 天芮 死门	**兑七** 天柱 惊门	**乾六** 天心 开门
离九 天英 景门	**中五** 天禽 寄坤	**坎一** 天蓬 休门
巽四 天辅 杜门	**震三** 天冲 伤门	**艮八** 天任 生门

九星名字生旺休囚局

天蓬水星字子禽居一坎宫,相亥子旺寅卯废申酉休巳午囚辰戌丑未月。

天任土星字子章居八艮宫,相辰戌丑未旺申酉废巳午休亥子囚寅卯月。

天冲木星字子翘居三震宫,相寅卯旺巳午废亥子休辰戌丑未囚申酉月。

天辅木星字子卿居四巽宫,相寅卯旺巳午废亥子休辰戌丑未囚申酉月。

天英火星字子房居九离宫,相巳午旺辰戌丑未休申酉废寅卯囚亥子月。

天芮土星字子成居二坤宫,相辰戌丑未旺申酉废巳午休亥子囚寅卯月。

天柱金星字子由居七兑宫,相亥子旺申酉废辰戌丑未休寅卯囚巳午月。

天心金星字子襄居六乾宫,相亥子旺申酉废辰戌丑未休寅卯囚巳午月。

天禽土星字子公居五中宫,附二坤,居火土相生乃与天芮同。

八门定位

休门:地道主一坎宫,伏坎是迫离,制坤艮,和震巽,义乾兑。

生门:人道主八艮宫,伏艮,迫坎,制震巽,和乾兑,义离。

开门:天道主六乾宫,伏乾,迫震,制离,和坎,义坤艮。

景门:正道主九离宫,伏离,迫兑,制坎,和艮坤,义巽震。

杜门:伏道主四巽宫,伏巽,迫坤艮,制兑乾,和离,义坎。

伤门:官道主三震宫,伏震,迫坤艮,制兑乾,和离,义坎。

惊门:险道主七兑宫,伏兑,迫震巽,制离,和坎,义坤艮。

死门:鬼道主二坤宫,伏坤,迫坎,制震巽,和乾兑。

开门宜远行征讨,见君求名,所行通达,休门宜和进万事,治兵习业,百事吉。生门宜谒贵,营造求财,诸事吉。伤门宜渔猎捕行,逢盗贼。杜门宜逃遮隐伏诛伐凶逆。景门宜上书遁使,交阵破图。死门宜行刑诛戮,吊死送官避病。惊门宜掩捕开讼,攻击惊恐。已上八门,开休生三门吉,五凶门宜避之。

天地人三遁名

上盘六丙,中盘生门,下盘六丁,谓之月精之蔽。

上盘六乙,中盘开门,下盘六己,谓之月精之蔽。

上盘六丁,中盘休门,下盘太阴,谓之星精之蔽。

三起遁例

论阴阳贵人、三辰、地私门、六合、太阴、太常,日支上逆,自巳至戌为阴用逆,贵属阳用下一字,如阳日用未字,是阳贵也,余仿此。子午卯酉月乾坤艮巽时要神藏数乃合,用辰戌丑未月乙辛丁癸时日星定阴阳,用寅申巳亥月甲庚丙壬时逆顺贵人也,合论太阳过宫为是。

贵人起例诗

甲丑戊加羊,乙鼠己猴乡,丙猪丁鸡位,壬兔癸蛇藏,六辛当见马,庚风虎为强,辰戌魁罡位,贵人不临场。

论日贵夜贵

盖阴阳贵自寅至未为日贵,自申至午为夜贵。日贵用上一字,夜贵用下一字。自亥至辰为阳贵顺行,十二支自巳至戌为阴贵逆行。十二支此贵人以月将加时论。

论月将加时

假如十二月壬申日,以未时算以十二月月将在子时,未时上系日贵,贵就以月将数去寄行到戌上,遇卯乃未卯在戌也。

天乙贵神前

一贵神,二螣蛇,三朱雀,四六合,五勾陈,六青龙。

天乙贵神后

一天后,二太阴,三玄武,四太常,五白虎,六天罡。

干维时图

坤	庚	辛	乾
丁			壬
丙			癸
巽	乙	甲	艮

乙庚以上六时日贵用,甲辛以下六时夜贵用。

十二支图

申	酉	戌	亥
未			子
午			丑
巳	辰	卯	寅

下十二支掌图,自寅至未为日贵,自申至丑为夜贵,日贵用上一字,即上图之乙巽丙丁坤庚六时也。夜贵用下一字,即上图之辛乾壬癸艮甲六时也。自亥至辰为阳贵,顺行十二支。自巳至戌为阴贵,逆行十二支。二图当合用推,但分之以知甲在卯宫,乙在辰宫,巽在巳宫之类也。

假如正月雨水后太阳躔娵訾之次,月将在亥则以亥加所用时分,日暮以视天乙贵人所在之地,而详其逆顺以求日辰所在之方。假如甲戊庚日用卯时,属下一字暮贵,则以亥加卯宫顺行暮未在亥,亥为阳支加贵人顺行,则六合在寅,太常在未,太阴在酉也。又如甲戊庚日用午时,属上一字,用日贵人则以亥加午顺行,且丑在申,申为阴支,加贵人逆行,太阴在戌,太常在子,六合在巳。

又如甲戊庚日用子时,属下一字,用暮贵则以亥加子顺行,暮未在申,申为阴支,加贵人逆行,太阴在戌,太常在子,六合在巳。余仿此。

地私门阳贵人顺行之图

神后	子亥戌酉申未午巳辰卯寅丑	贵人	丑未申子酉亥巳卯寅
大吉	丑子亥戌酉申未午巳辰卯寅	腾蛇	寅申酉丑戌子午辰卯
功曹	寅丑子亥戌酉申未午巳辰卯	朱雀	卯酉戌寅亥丑未巳辰

（续表）

太冲	卯寅丑子亥戌酉申未午巳辰	六合	辰戌亥卯子寅申午巳
天罡	辰卯寅丑子亥戌酉申未午巳	勾陈	巳亥子辰丑卯酉未午
太乙	巳辰卯寅丑子亥戌酉申未午	青龙	午子丑巳寅辰戌申未
胜光	午巳辰卯寅丑子亥戌酉申未	天空	未丑寅午卯巳亥酉申
小吉	未午巳辰卯寅丑子亥戌酉申	白虎	申寅卯未辰午子戌酉
传送	申未午巳辰卯寅丑子亥戌酉	太常	酉卯辰申巳未丑亥戌
从魁	酉申未午巳辰卯寅丑子亥戌	玄武	戌辰巳酉午申寅子亥
河魁	戌酉申未午巳辰卯寅丑子亥	太阴	亥巳午戌未酉卯丑子
登明	亥戌酉申未午巳辰卯寅丑子	天后	子午未亥申戌辰寅丑

地私门阴贵人逆行之图

月将加所用时寻本日贵在何支,夏至后用甲戊庚乙己丙丁辛壬癸。

神后	子亥戌酉申未午巳辰卯寅丑	贵人	丑未子申亥酉午巳卯
大吉	丑子亥戌酉申未午巳辰卯寅	天后	寅申丑酉子戌未午辰
功曹	寅丑子亥戌酉申未午巳辰卯	太阴	卯酉寅戌丑亥申未巳
太冲	卯寅丑子亥戌酉申未午巳辰	玄武	辰戌卯亥寅子酉申午
天罡	辰卯寅丑子亥戌酉申未午巳	太常	巳亥辰子卯丑戌酉未
太乙	巳辰卯寅丑子亥戌酉申未午	白虎	午子巳丑辰寅亥戌申
胜光	午巳辰卯寅丑子亥戌酉申未	天空	未丑午寅巳卯子亥酉
小吉	未午巳辰卯寅丑子亥戌酉申	青龙	申寅未卯午辰丑子戌
传送	申未午巳辰卯寅丑子亥戌酉	勾陈	酉卯申辰未巳寅丑亥
从魁	酉申未午巳辰卯寅丑子亥戌	六合	戌辰酉巳申午卯寅子
河魁	戌酉申未午巳辰卯寅丑子亥	朱雀	亥巳戌午酉未辰卯丑
登明	亥戌酉申未午巳辰卯寅丑子	螣蛇	子午亥未戌申巳辰寅

阴阳直符顺逆活法图

阳直符

螣蛇　太阴　六合　勾陈　朱雀　九天　九地

阴直符

九天　九地　朱雀　勾陈　六合　太阴　螣蛇

宜藏伏天杨兵，六合太阴可隐避，地静为伏匿后二神名九地，六癸之下何以伏藏则人不见，九天之星六甲可以陈兵而击共冲，然三奇合太阴而无吉门，名曰有奇无门。门合太阴无三奇，谓有门无奇，亦吉。有直符并直使，兵家用之最为贵，若将此地击其冲，百战百胜君须记。

内顺行:假如阳一局甲子日辛未时,八休四蓬就将直符加天盘蓬去则知九地在巳,九天震,太阴在坤,六合在兑。余仿此推。

外逆行:又如阳局一宫甲巳日乙亥时,系三死九芮,以值加内盘九芮上太阴,兑六合乾九天,巽九地,震阳局,俱仿此。

阳遁局

冬至后夏至前,寻天上直符逆行右方。夏至后冬至前,寻地盘直符顺行左方。后一位为九天,后二位为九地,后三位、前一位为九天,前二位为九地,前三位为玄武,天上直符顺行,左方前一位。为玄武。地盘直符逆行右方,后一位为腾蛇,前二位为太阴,前三位为六合。腾蛇后二位为太阴,后三位为六合,直符相冲勾陈位。前一腾蛇对朱雀,八神守门当此地,阳遁顺行定无疑,阴遁逆行依此例。直符者,天乙也。直使者,八门也。居天乙以击其冲,坐生门而击死门皆百战百胜,此所以兵家用之为贵也。凡用奇门布局后,地盘已定,则加天盘六甲直符,依节气而行于各方位上,于时之太乙宫又加符使于各门诈,然后以直符随阴阳二遁顺逆统行,九天九地玄武螣蛇太阴六合白虎之离以验吉因可知矣。

阳遁顺局(阳局起例)

甲子戊:一诗曰上中下。

甲戌己:二冬至惊蛰二七四。

甲申庚:三小寒三八五相随。

甲午辛:四大寒春分三九六。

甲辰壬:五芒种六三九是仪。

甲寅癸:六谷雨小满五二八。

丁星奇:七立春八五二相宜。

丙月奇:八清明立夏四一七。

乙日奇:九雨水九六三为期。

阴遁逆局(阴局起例)

甲子戊:九诗曰上中下。

甲戌己:八夏至白露九三六。

甲申庚:七小暑八二五之间。

甲午辛:六大暑秋分七一四。

甲辰壬:五立秋二五分循环。

甲寅癸:四霜小雪五八二。

丁星奇:三大雪四七一相开。

丙月奇:二处暑雨水一四七。

乙日奇:一立冬寒露六九三。

阳遁顺行

假如立春节内庚申日午时,即是立春下局,却乃二宫起甲子戊三宫,己四宫,庚五宫,甲午辛六宫,甲辰壬七宫,甲寅癸八宫,丁奇九宫,丙奇一宫。乙奇又论壬午时,系是丙戌旬,即于三宫起甲戌,四宫乙亥,五宫丙子,六宫丁丑,七宫戊寅,八宫己卯,九宫庚辰,一宫辛巳,二宫壬午。又移三震上,甲戌符头伤门加二坤,又以三宫天冲直符加于乾六上,壬午时即是其时,离上是生门,得地下丙奇吉,可出矣。

遁阴逆行

假如大暑节内丙寅日未时,丙寅日即大暑上局,七宫起戊六宫,己五宫,庚四宫,辛三宫,甲辰壬二宫,甲寅癸一宫,丁九宫,丙八宫,乙未其时在甲午旬内却于四宫旬头起甲午三,乙未是时也。却移杜门加于三宫,景四,死九,惊二,开七,休六,生一。又以甲午天辅加于八宫,乙未时于上,其时一宫坎上得生门,地下乙奇可出。

三元分局例

甲己遇甲子、甲午、己卯、己酉为上局,甲己遇甲寅、甲申、己巳、己亥为中局。甲己遇甲辰、甲戌、己丑、己未为下局。

分局起例捷歌

甲管五日己五日,甲己子午卯酉上。甲己寅申巳亥中,甲己四墓下元象。

甲己为符月局六,二至顺阳逆阴上。节前符到便为超,节后得符为接续。旧诀幽繁起例难,补缀简歌人易熟。

论超接之法

超者,超过也。神者,日辰也。接者,承接也。气者,诸节也。节气未至而日辰先到,则后节气为主,而超越用未来之节气,此之谓超。又有节气已至而日辰未到,则后日辰为主,而待日辰至方接承节,盖其气未来而日辰未至,而奇星用于前节,此之谓接也。假如丙午年四月十三壬申,交立夏节,然四月初五日是甲八日,甲己日是四仲月也。己在立夏前九日矣,前合超越先用于甲子日,下超先用立夏上局奇己巳后用中局,此乃先得奇,后得节,凡作用取效为速。

超接诀附正受

凡节气或遇甲子、甲午、己卯、己酉日是甲己谓之正受,若不遇甲子、甲午、己卯、己酉则宫历挨究洪过几日星当用第几局，名曰超接，其造化每过也，是超至十二三日又日闰也。

奇门正超闰接局例

正超闰接欲推知，逐节先须定四奇。
四定恰当交节气，上元从此始无疑。
去去远候轮排去，正后逢超断不移。
超退向余斯有闰，闰余接局又隐之。
正超闰接遁环转，二至之前是闰期。
只此数言为疑诀，详观其诀破昏迷。
正局仲符当节气，超因符在节前推。
闰由二至超过远，接是符从节后来。
接久又还归正局，循环逐位照前排。
更无异义难通晓，不必旁求妄意猜。
但看符头在节前，便为超局不虚言。
若逢节向符前至，接气无疑合自然。
正是符头当节气，不前不后恰无偏。
闰奇独自无逢着，端的当归二至前。
但逢节气方交日，四仲符头恰祸值。
便为正局上无期，一任排推无差式。
此局既明无混渎，渐渐移来换超局。
超至旬余是闰奇，三候继终当接续。
闰期若不归芒种，便是阴中大雪时。
十五日宗斯已矣，不将超接正同推。
超或经旬经九朝，或过十一日无饶。
闰奇额在斯三日，更不加前与后头。

超闰接局例引证

假如嘉靖丙辰年十一月初十日乙丑夜子初二刻,冬至则四仲甲子符头超越一日矣,于此即是超神局,故前一日甲子为冬至上元之始。次排布中元下元至丁巳年,一年始终是超神局,直至戊午年五月十一日戊子申初刻,交芒种,乃先超用本月本月初一日,己酉符头为芒种上局,初七甲寅日为芒种中局,十二日己未为芒种下局,自初二日至十一日乃超过九日矣。至十六日癸亥则芒种上中下三局已足矣。自十七日甲子至二十六日癸酉戌时正二刻,交夏至,则符头已超越十日为太远,故十七甲子不作夏至上局,而为芒种闰奇上局,二十二己巳作芒种闰奇中局,一十七日甲戌须在夏至气候,乃用补,凡芒种闰奇下局至六月初二戊寅日止闰奇三局方终。六月初三日己卯始得夏至上局奇,则符头恰在夏至后五日矣,斯乃谓之接气,直至己未年五月初八日己卯丑时正一刻,交夏至,而己卯促符恰当其日,不前不后,是为正局。本月即是夏至上元三局,直至七月二十四日癸巳日正局已尽,而二十六日乙未寅时正二刻,交白露,则甲午仲符头又越前一日,复为超神,越至明年芒种后,又常置闰矣。

凡闰奇三候一终即为接气,接气积久乃换正奇,正奇渐移乃换超局,超局过九日、十日或十一日则当置闰。置闰之法决在芒种大雪二节之后,设退小满小雪二气后,或超九日、十日不可置闰,务于二至之前置闰,始不差误,论至于此,正超闰接气要诀至矣,还矣,但已上超例超神接气并假如歌诀明矣。

奇门吉格

天遁格

经曰:生门天芮加地丁,此为天遁自分明。假如阳遁四局乙庚日乙酉时,直符天心加时干,地丁三宫直使开门加时亥七宫,即生门与六壬临六丁于一宫,为天遁也。吉。

地遁格

经曰:开门天乙加地己地遁加斯而已矣。假如阴九局甲乙日丙寅时,直符天英加时干,地丙二宫直使景门加时支七宫,其时六乙临地巳于八宫,为地遁也,吉。

八遁格

经曰:休门天芮加地丁,欲求人遁无过此。假如阳七局乙庚日丙子时,直符天任加时干丙于五宫生门,加时支于一宫休门,天丁下临地乙直符前二太阴中于六宫,为人遁也。可隐形保身,遁灵入梦,受遁成功天则随其所求,地则随其所视,人则随其所合,诚保持全胜之机也。

神遁格

经曰:丙奇与生门,下临九天之位,得神灵所蔽可以祭神灵,开庙宇塑神像之验也。

鬼遁格

经曰:丁奇与休门相合,下临九地之位日。鬼神隐伏之蔽,其方可以采机输营劫寨藕亡拔寡之用。

风遁格

经曰:丙奇与开门相合,下临巽宫不犯墓迫,得灵音顺风爽帆之处,又辛仪与奇门下临六乙,其方以默吸风云开门合下临坤宫,宜祷祈风雨、敌垒战立旗,以候风应。

云遁格

经曰:乙奇与开门相合,下临坤但不犯墓得云之蔽,又下临六辛,其方可以吸风云求雨泽,立寨造军器。

龙遁格

经曰:伏吟乙奇与休门相合,下临六癸,或龙坎得在之蔽,其方可以祭龙神祈雨、水战、下船、开江、塞河、修桥、穿井。

虎遁格

经曰:乙奇与生门,临六辛得虎之蔽,又辛仪合生临艮,其方可招安道设建山寨、关盗防修。

举鸟跌穴

经曰:天芮加地甲子为鸟跌穴之格,吉。进必得地,云龙聚会,举动皆利。假如阳九局甲巳日辛未时,直符天英加时干六辛三宫,见天芮加甲子于九宫,即九宫见鸟跌穴也。此门从生击死速行,百事吉。

奇龙回首

经曰:天上甲子加地丙,举百事吉。虽无吉门亦可用。假如阳一局甲巳日丙寅时,直符甲子与开门加地丙于八宫,此门为回首也,举兵。

玉女守门格

经曰：又有三奇游六仪，号为玉女守门扉。若作阴私和合事，请君但从此中推。假如阳一局甲巳日甲子旬庚午时，休门与乙奇加地丁七宫是也。甲戌旬己卯时是，甲申旬戊子时，甲午旬丁酉时，甲辰旬丙午时，甲寅旬乙卯时，俱是玉女守门。

三奇得便

经曰：三奇之灵，出入用兵，开战皆吉。假如阴三局丙辛日壬辰时，乙奇开门下临地甲午于九宫，余以乙奇加甲戌，丙奇加甲子、甲申，丁奇加甲寅、甲辰是也。

天三门

本月将名加时支十二月将，顺数遍太冲小吉与从魁三方游祸天门使，假如庚午甲子年正月十五日午时月将亥，加于时支午宫神后，在未大吉，在申功曹，在酉太冲，在戌方为天三门也。天罡亥，太乙子，胜光丑，小吉寅，为天三门也。传送卯，从魁辰，为天三门也。

天三门立成定局

玄枵神后	时	子亥戌酉申未午巳辰卯寅丑
星纪大吉		丑子亥戌酉申未午巳辰卯寅
析木功曹		寅丑子亥戌酉申未午巳辰卯
大火太冲	天门	卯寅丑子亥戌酉申未午巳辰
寿星天罡		辰卯寅丑子亥戌酉申未午巳

（续表）

鹑尾太乙		巳辰卯寅丑子亥戌酉申未午
鹑火胜光		午巳辰卯寅丑子亥戌酉申未
鹑首小吉	天门	未午巳辰卯寅丑子亥戌酉申
实沈传送		申未午巳辰卯寅丑子亥戌酉
大梁从魁	天门	酉申未午巳辰卯寅丑子亥戌
降娄河魁		戌酉申未午巳辰卯寅丑子亥
娵訾登明		亥戌酉申未午巳辰卯寅丑子

地四户

月时支上加月建，古除满平一顺流。定执破危相接去，成收开闭堂支周。除定危开为地户，北方游难来修游。如九月某日时，巳时行则以戌建字加于时支巳宫，除在午为地户。满在未，平在申，定在酉，为地户。执在戌，破在亥，危在子，为地户。成在丑，收在寅，开在卯，为地户也。此午卯子酉四方俱吉。

地四户立成定局

建	时	寅卯辰巳午未申酉戌亥子丑
除	地户	卯辰巳午未申酉戌亥子丑寅
满		辰巳午未申酉戌亥子丑寅卯
平		巳午未申酉戌亥子丑寅卯辰
定	地户	午未申酉戌亥子丑寅卯辰巳
执		未申酉戌亥子丑寅卯辰巳午
破		申酉戌亥子丑寅卯辰巳午未

（续表）

危	地户	酉戌亥子丑寅卯辰巳午未申
成		戌亥子丑寅卯辰巳午未申酉
收		亥子丑寅卯辰巳午未申酉戌
开	地户	子丑寅卯辰巳午未申酉戌亥
闭		丑寅卯辰巳午未申酉戌亥子

天马方

将支加在用时支，顺转十二运卯止，卯止酉为天马方，此方游难真亨利。假如正月丙前后用子时，出行日将登明在亥，以亥字加于子宫，子在丑，丑在寅，寅在卯，卯在辰，逢卯字到辰，其辰方即天马方也。

奇门凶格

庚加岁格

歌曰：又嫌岁月日时移。假如辛未年阳五局甲巳日癸酉时，天盘六庚下临辰地盘岁于三辛，即为岁格也。但六庚加于年月日时，四干俱为凶格，不可用事。

伏干格

歌曰：庚加日干为伏干也。假如壬戌十一月丁亥日庚戌时，阳七局天盘六庚加于巽宫地盘丁奇，丁奇丁乃用日之干也。余仿此。

飞干格

歌曰:日干加庚飞干格。假如壬庚年九月癸巳日申时,阴三局天盘直符甲寅癸加于坎宫地盘,六庚癸乃用日之干,为飞干也。

天乙太露格

歌曰:加二宫兮战于野,加一宫兮战于国。假如壬戌年九月初十辛卯日巳时,阴三局直符甲申于六庚天癸同庚,乃为天乙与太白同宫格。又天庚加于地癸,又谓庚加癸兮为大格,百事凶。

天乙伏宫格

歌曰:庚加直符天乙伏。假如壬戌年三月己亥日申时,阳一局冲宫起甲子直符,则天上六庚加于坤,直符甲子之宫为天乙伏宫也。

天乙飞官格

歌曰:直符加庚天乙飞。假如壬戌年五月初六己丑午时,阳九局时旬甲子居离,以天英为直符天盘,加于地癸六庚是也。直符加六先刃敌不堪争。

刑格

经曰:加巳为刑最大宜。假如壬戌年十二月十四甲子日寅时,阳三局天上甲申庚下临巽宫地,六己巽宫有巳,则甲申刑巳是也。又日六庚加六巳尺地,须千里出行车马阻,出军半路止,若天庚加地干巳为上格,出军谋望俱不日。

庚加三奇格

歌曰:六庚慎勿加三奇。假如壬戌年十二月十五乙丑日丁亥时,阳三局直符甲申庚加于时干离宫地,天英一为下克上,先举者凶,疋马双轮无返形,若天癸六庚加地,乙奇冲辅为上克下,庚举者胜,疋马双轮能敌万人。

腾蛇夭娇

歌曰:六癸加丁蛇夭娇。假如壬戌年十一月二十六丙午日子时,阳四局开门合天盘,加巽天癸临地坎宫丁奇是也。虽得吉门,勿用。

朱雀投江

歌曰:六丁加癸雀入江。假如壬戌年九月初八己丑日申时,下阴二局天上丁奇加地,癸兑宫六癸是也,凶。

青龙逃走

歌曰:六乙加辛龙逃走。假如壬戌年九月二十五丙午日亥时,阴二局伤门与天上乙奇,加地下艮宫六辛是也,百事凶。

白虎猖狂

歌曰:六辛加乙虎猖狂。假如壬戌年九月二十五丙午日亥时,阴二局生门与天上任辛加地下震宫乙奇是也,百事凶。

白入荧格

歌曰:白入荧兮贼即来。假如甲子年十月十五甲申日丙寅时,阴八局休门天上心庚,下临地癸坎酉六丙是也,乃金入火乡,宜防贼来。

荧入白格

歌曰:荧入白兮贼须几。假如壬戌年九月乙酉日丑时,阴九局天丙加地庚于七宫是也。又为日勃格,虚诈。

六仪击刑

甲子临三宫,刑。甲戌临二宫,刑。甲申临八宫,申刑寅。甲午临九宫,刑。甲辰临四宫,刑。甲寅临四宫,寅刑巳。

迎三游五

迎三者,三宫生气也。游五者,五中宫害气也。假如阳一局丙寅时为生气,戊辰时为害也。

天网四张

歌曰:天网四张无路走,一二网低有路通。如壬戌年九月初二癸未时,阴六局伏门与直符甲辰加时干于地癸,坎宫高一尺,在坤宫高二尺,惟癸酉、癸未、癸巳、癸卯、癸丑、癸亥六时是也。顾取直符加地癸,癸干是也。又曰:天网四张不可当,此是用事有灵殃。若是有人强出者,立便身眼目血光。

伏吟返吟

就中伏吟为最凶,天蓬加着地天蓬。天蓬若到天英上,须知即是反吟宫。假如阳二局甲巳日甲子时,天上蓬星在一宫,休门又在一宫,是点门俱伏也。乙丑天蓬在离为星返也。壬申时休门在离为门返也。

五不遇时

甲日庚午时，日时干克日干也。

三奇入墓

乙奇墓坤，丙奇墓乾，丁奇墓艮。

时干入墓

丙戌墓乾，壬辰墓巽，辛丑墓艮，乙未墓坤，戊戌墓乾。

迫制和义

门克宫为迫，宫克门为制，门生宫为和，宫生门为义。

月格

庚临月干。

日格

庚临日干。

时格

庚临时干。

小格

庚临壬干。

天仪受制

休加离,伤杜加坤艮,景加乾兑,生死加坎,惊开加震巽。

尺寸高低格

直符临,一二三四五尺寸低宜矮腰出人。直符临,六七八九尺寸高过人不可用。

地网遮格

壬临时。

诗曰

回首则悦怕易遂,跌穴则显灼易成。

龙逃走则身残地,虎猖狂则财虚耗。

天遁宜用兵,地遁好安坟,人遁可安宅,六白如荧贼欲来。火入金乡贼将去,时干克者乃五不遇灵生,六仪击刑为吉凶之俱集。

急则从神缓则从门

《三元经》曰:谓有急事不择时,并三奇吉门须当天乙所在宫,及直符之神,若缓时则可待三奇吉门而去,及天上六戊所在,以六戊常为大门。

假令冬至阳一局甲巳之日丙寅时,此时天乙加六丙于八宫,直符在一宫,若有急迫可庚比天乙下及正比直符六八下去,有吉也。

出天门入地户过太阴居青龙法

《三元经》曰:初出天门六戊也,入地户六己也,过太阴六丁也,居青龙六甲也,所居之下百战百胜。假令冬至上元甲巳之日夜半生,甲子初起四出天门辰下入地户,巳下过太阴,卯下居青龙,地下百战。又法:出天门者,天上六戊在一宫,入地户天上六巳在九宫,过太阴在七宫,居天上青龙在一宫。余仿此。

推迷路法

黄石公曰:出军道逢三路,未知何道通,以月将加将天罡,在孟左道通,在季右边通,在仲中道而通也。

奇门布局法

此篇出《阴阳备用》,宜熟之,自知运遁之法,推五总罪知者录之。

夫遁甲之法,三重象三才,上层象天例九星,中层象人分八门,下层地定八卦九宫。天蓬及休门与坎一宫相对,三才定位也,乙丙丁三奇也。日乙月丙是丁奇也。戊己庚辛壬癸六仪也。一局六十时,六甲周流而甲子常同六戊,甲戌己、甲申庚、甲午辛、甲辰壬、甲寅癸常回六合,甲虽不用而六甲为天乙之贵神,当隐于六仪之下,为直符,其发用实在此,故谓之遁,此大衍虚一人元虚三之义也。蓬任冲辅禽英芮柱心九星也,号为直符,休生伤杜景死惊开八门也,进为直使二十四气,直为八卦,坎宫则冬至小寒大寒,艮宫则立春雨水惊蛰,震宫则春分清明谷雨,巽宫则立夏小满芒种,离宫则夏至小暑大暑,坤则立秋处暑白露,兑则秋分寒露霜降,乾则立冬小雪大雪,四时分至,四立为八节,得八卦也,气故各为初直二气从之,以分天地人元,又问六宫而行,各为十一元也。

冬至后十二气为阳遁顺行,夏至后十二气为阴遁皆逆行,二遁各占卦四为节中之气,各六诸气一周八卦,岁事备矣。此以月取之也三日为候,故遁法遇甲已易一局,盖自甲子至戊辰五日六十时足为上局,己巳至癸酉五日六十时足为中局,甲戌至戊寅五日六十时足为下局,三局三才之道也。由是甲己加四仲为上,加四孟皆为中,加四季皆为下,三局四之而六十甲子备矣。上局则起太气之上元,中局则起中元,下局则起下元,不易之法也。故凡日虽以气候相推,至三元先后不同,三元始终日有多少,在经有折局神局之法,因日而定局,因局而起元,终不可易,此以日取之也。凡选时先分二遁,次定三局方起三元,盖先看其日在何节气,内合为某遁,次看其日在甲巳,下合某局,于是本局起遁,冬至后阳遁则顺布六仪,逆飞三奇,夏至后阴遁则逆布六仪,顺布三奇。本法自甲至癸十干常以序行,如局逆顺,盖并先布三奇,后布六仪,令皆反之,因指六甲为六仪而布局,及布三奇并以丁丙乙为序,皆捷法也。布五宫则寄坤上,此土长生于申之说也。此奇宫终非正位,故直符直使在五则皆注避五于本时之下,恐人误用之。九宫已布满,则点出其时旬头之甲午何宫,以其呈为直符,以其门为直使,然后以加临法用之,寻本时交落何处,加以直使寻本时干落何处,加以直符加临已,乃视其时课大纲吉凶。所作之方得不得开休生三门,并天上三奇,必其时课宫,又得奇门方可用事,此三门即比方三白也。其所选时,每月先取四大吉时用之,诸法已通,必于合得吉,纵遇太岁金神等煞,亦无害。凡行方者,尤宜用之,以有诸门可上所向,若为阴阳二寄家以某宫为某山,或为某坐向而贯之,但于符应不可不详究也。夫遁甲一岁为课四千三百二十,古人约为一千八十局,后修七十二局,最后撮为间局十有八局,可谓要矣。然为局尚多,莫若止一局用盘子为简径,若又嫌干多事,唯上指为妙。上指固妙,然暗记推详于诸法,或有芒证或谬误,今此书装成日为十二时吉凶可见矣。

九宫连遁式图

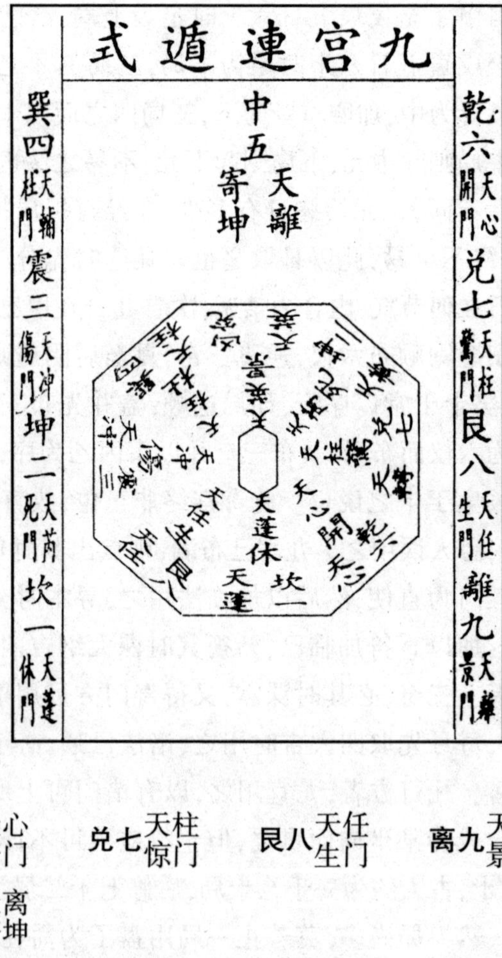

乾六 天心 开门	兑七 天柱 惊门	艮八 天任 生门	离九 天离 景门
中五 天离 寄坤			
巽四 天辅 杜门	震三 天冲 伤门	坤二 天芮 死门	坎一 天蓬 休门

三十六暗藏图

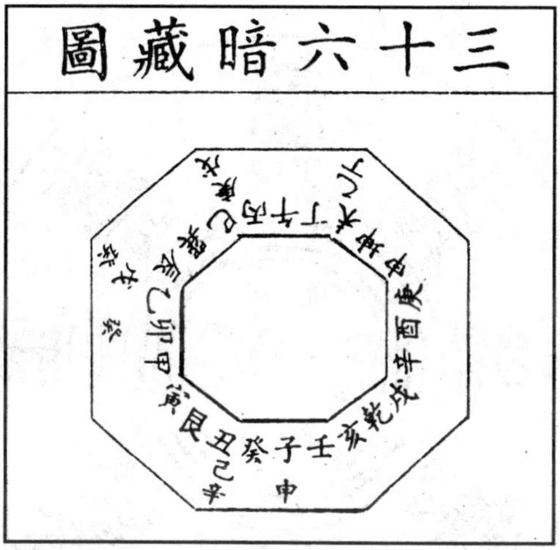

凡阴阳二遁,先随本局布奇仪六甲于九宫,然后移入八宫配九星为地盘,中以八门为人盘,六甲天盘俱如地盘,但地盘象地之论,五日方换,天盘之动逐时一移,上下加临,逆顺航行,直符吉凶则随见矣。

假如冬至后乙丑日戊寅时用事,系甲子符头阳遁一局,则从坎宫遁起,甲乙离丙艮丁兑戊还在坎巳坤庚震辛巽壬中癸乾。奇仪布毕,又将甲子起坎,阳顺行,甲戌坤甲申到震,甲午到巽,甲辰中,甲寅乾,六甲常同六仪,若正此谓也。在临,移于八宫掌为天,在人盘戊寅时系甲戌自头在坤,天芮为直符,死门为直使,直符加时干之戌在坎,直使寻旬头甲戌于坤宫顺行,加寅时支在乾以见丁奇开门,合艮丙六合生门到巽,辛丙伤门到离,乙死门到乾也。

阴遁夏至后乙丑日壬午时用事,系甲子符头阴局九局,则从离九宫遁起甲乙坎丙坤丁震戌,还在离巳艮庚兑辛乾壬中癸巽。奇仪布讫,又将甲子起离,阴逆行甲戌在艮,甲申到兑,甲戌到乾,甲辰到中,甲寅到巽,阴遁六甲亦常同于六仪也。布乾移于八宫掌天地人盘壬午时,系甲戌有头在艮,天在为直符,生门为直使,直符坤时干之壬寄坤,直使寻旬头甲戌于艮逆行,加于时在离以见乙奇生门,令九离也。

八门调坛图

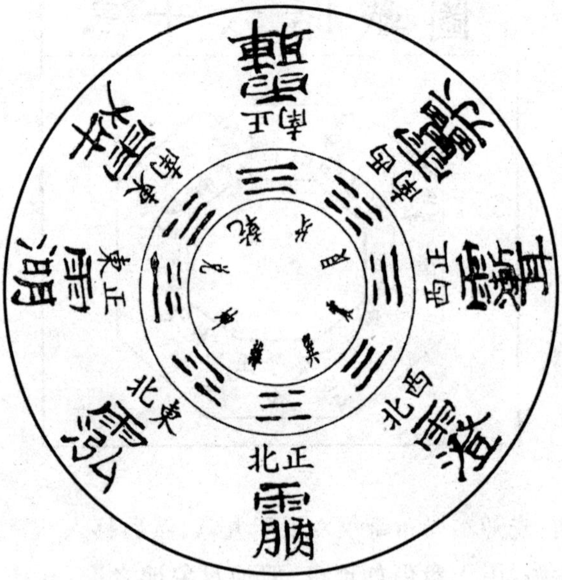

直符加进干,阳遁顺布,六仪逆布三奇,地盘为主。

直使加时支,阴遁逆布,六仪顺布三奇,天盘为客。

罡咒曰

乾元亨利贞,兑泽英雄兵,艮山封鬼户,离火驾经纶,坎水涌波涛,坤地留人门,震雷霹灵声,巽风吹山岳,五入中宫立,诸将护吾身。又密咒曰:太龟蛇合形,周行六合,威振万灵,无由不察,无愿不从,却乃始终,斩伐魔精,化育利兆,穴护中央,敢有小鬼,后来现形,吾目一视,五岳摧倾。急急如律令敕。

奇门克应

(谓三奇到方、八门出行观物有应等事)

乙日奇到乾,有人着黄衣而来,不然财钱应。到坎有人着色衣至,不然鼓声,七日内合进财,生气物大发。到艮黑白飞禽从北方来人带网应时。到震人打腊小儿应,二十日先进财,后进契书大吉。到巽白衣人骑马来,抱小儿应,连南人契书生贵子。到离有患足目人至,或小儿白飞鸟东方来,七日内进猪大吉。到坤人穿白衣西方来,或雷伤牛马应,一七日进生气契书。到兑女人三五个,并喜鹊报事,百日主商音人送田地契书,大吉。

丙月奇到乾,有双飞鸟禽,人来着皂衣,一月内有八财应大发。到坎人执杖黄白鸟西北来,六十日内进契书,东方大惊大发。到艮人着青衣过,小儿啼契,对铁器后七日内进财应。到震人执杖至春雷声鼓声,七日进财,贵丁大发。到巽有乐声应又唱喏,或南来人有惊事应。到离有黄黑飞鸟成双来,六十日进田产应。到坤有人穿皂衣南北方来,二七日进女人财吉。到兑人执杖东方来,小儿鼓声应,七日进铁物,百日进人口田地,吉。

丁星奇到乾,有人持斧来,不然牵牛羊至应,二七日合旺财大发。到坎人从南方来,抱小儿至,更有黑云而至。到艮人持文书纸笔至,或小儿手持铁器至。到震有女人成双至,及南方有女人或黑飞禽成双至,一七日进财物应。到巽小儿骑马至,或南方黑云至。到离人穿色衣来应,三七日进横财,一百二十日进契书,大吉。到坤有女着青皂衣及黑飞禽,或人担水过,三七日获物,大发。到兑有人将文书纸笔,或打鱼罟网及飞禽而至。

奇门局例

（谓六十年月日时奇门定局并克应格例等事）

校者注：以下二十幅整页图，应从第951页向第928页看，因为古书是页往右翻。

陰遁一局　如大雪下元乙庚日戊寅時　用事以小天盤直符加天

蓬甲己日甲子時乙丑　丙寅　丁卯　戊辰　己巳　庚午　辛未　壬申　癸酉時

休一一　二九　三八　四七　一六　九五　八四　七三　六二　五一反吟凶格

英甲戌　乙亥　乙庚日丙子時丁丑　戊寅　己卯　庚辰　辛巳　壬午　癸未

景九九　二八　三七　四六　一五　九四　八三　七二　六一　五九凶

任甲申　乙酉　丙戌　丁亥　戊子　己丑　庚寅　辛卯　壬辰　癸巳辰加癸小

生八八　二七　三六　四五　一四　九三　八二　七一　六九　五八加丁奇凶

柱甲申　乙未　丙申　丁酉玉女　戊戌　己亥　庚子　辛丑　壬寅　癸卯

驚七七　二六　三五　四四守門　一三　九二　八一　七九　六八　五七門伏吟

心甲辰　乙巳　丙午　丁未　戊申　己酉　庚戌　辛亥　戊癸日壬子時　癸丑

開六六　二五　三四　四三　一二　九一　八九　七八　六七　五六格格六凶

禽甲寅　乙卯　丙辰時丁巳　戊午　己未　庚申　辛酉　壬戌　癸亥奇門

死五五　三四　三三　四二　一一　九九　八八　七七　六六　五五皆伏凶

盤英星爲直符臨於時上戊坎一宮　景門直使日

大暑中元　處暑上元　秋分中元　大雪下元

陰遁二局　假令立秋癸丑上元日取丁巳時用事以天盤心星直符加　小暑中元

芮（甲己日甲子時）乙丑　丙寅　丁卯　戊辰　己巳　庚午（玉女）辛未　壬申　癸酉時　立秋上元

死二二　三一　四九　五八　二七　一六　九五（守門）八四　七三　六二

蓬甲戌時乙亥（乙庚日丙子時）丁丑（干入墓）戊寅　己卯（玉女）庚辰　辛巳　壬午　癸未（干入墓）

休一一　三九　四八　五七　二六　一五（守門）九四　八三　七二　六一

英甲申時乙酉　丙戌　丁亥（丙辛日戊子時）己丑（玉女）庚寅　辛卯　壬辰　癸巳時

景九九　三八　四七　五六　二五（守門）一四　九三　八二　七一　六九

任甲午時乙未（干入墓）丙申　丁酉（玉女）戊戌（干入墓）己亥（丁壬日庚子時）辛丑　壬寅　癸卯時

生八八　三七　四六　五五（守門）二四　一三　九二　八一　七九　六八

柱甲戌時乙巳　丙午（玉女）丁未　戊申　己酉　庚戌　辛亥（戊癸日壬子時）癸丑時

驚七七　三六　四五（守門）五四　二三　一二　九一　八九　七八　六七

心甲寅時乙卯（玉女）丙辰　丁巳　戊午　己未　庚申　辛酉　壬戌　癸亥時

開六六　三五（守門）四四　五三　二二　一一　九九　八八　七七　六六　霜降下元

時干在五宮又以人盤開門直使人白七六五四逆行至震宮止也　小暑下元

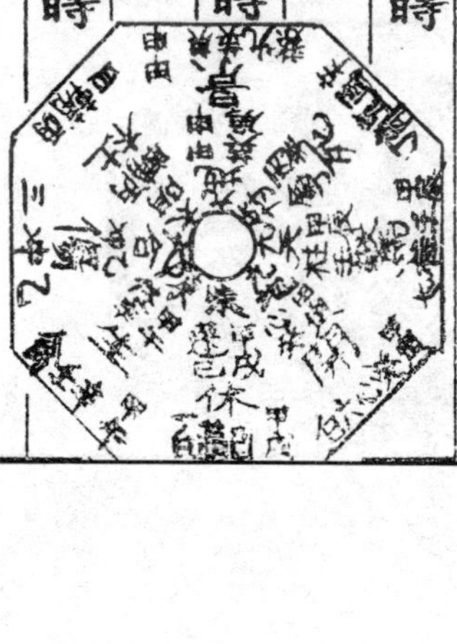

陰遁三局　如立冬下元庚寅日壬午時往事則天盤芮直符加臨地盤艮宮

冲甲己日甲子時乙丑　丙寅　丁卯　戊辰　己巳　庚午玉女　辛未　壬申　癸酉時

傷三三　四二　五一　六九　三八　二七　一六守門　九五　八四　七三

芮甲戌時乙亥　乙庚日丙子時丁丑干入墓　戊寅　己卯玉女　庚辰　辛巳　壬午　癸未時

死二二　四一　五九　六八　三七　二六守門　一五　九四　八三　七二干入墓

蓬甲申時乙酉　丙戌　丁亥　戊子　己丑　庚寅　辛卯　壬辰　癸巳時

休一一　四九　五八　六七　三六　二五　一四　九三　八二干入墓　七一

英甲午時乙未干入墓　丙申　丁酉　戊戌干入墓　己亥　丁壬日庚子時　辛丑　壬寅　癸卯時

景九九　四八　五七　六六　三五　二四　一三　九二　八一　七九

任甲辰時乙巳　丙午玉女　丁未　戊申　己酉　庚戌　辛亥　戊癸日壬子時　癸丑時

生八八　四七　五六守門　六五　三四　二三　一二　九一　八九　七八

柱甲寅時乙卯玉女　丙辰　丁巳　戊午　己未　庚申　辛酉　壬戌　癸亥時

驚七七　四六守門　五五　六四　三三　二二　一一　九九　八八　七七

又以人盤死六自一二九逆行至震二宮止看奇門入何格局也

夏至中元　白露中元

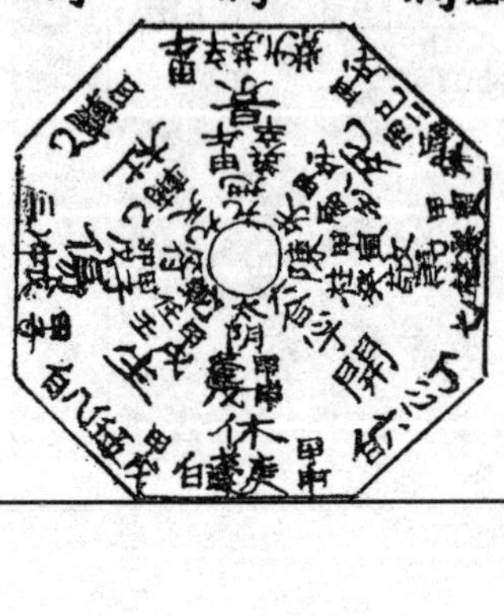

寒露下元　立冬下元

陰遁四局　如夏至中元庚午日取己卯時用事以天盤天冲直符加地

大暑下元

處暑中元

輔（甲己日）甲子時乙丑　丙寅　丁卯　戊辰　己巳　庚午（玉女）　辛未　壬申　癸酉時

杜四四　五三　六二　七一　四九　三八　二七（守門）　一六　九五　八四

冲甲戌時乙亥　（乙庚日）丙子時　丁丑（入干）　戊寅　己卯（玉女）　庚辰　辛巳　壬午　癸未時

傷三三　五二　六一　七九（入墓）　四八　三七（守門）　二六　一五　九四　八三

芮甲申時乙酉　丙戌（入干）　丁亥　（丙辛日）戊子（玉女）　己丑　庚寅　辛卯　壬辰　癸巳時

死二二　五一　六九（入墓）　七八　四七（守門）　三六　二五　一四　九三　八二

蓬甲午時乙未（入干）　丙申　丁酉（玉女）　戊戌（入干）　己亥　（丁壬日）庚子時　辛丑　壬寅時癸卯時

休一一　五九（入墓）　六八　七七（守門）　四六（入墓）　三五　二四　一三　九二　八一

英甲辰時乙巳　丙午（玉女）　丁未　戊申　己酉　庚戌時辛亥　（戊癸日）壬子時　癸丑時

景九九　五八　六七（守門）　七六　四五　三四　二三　一二　九一　八九

任甲寅時乙卯（玉女）　丙辰　丁巳　戊午　己未　庚申　辛酉　壬戌　癸亥時

生八八　五七（守門）　六六　七五　四四　三三　二二　一一　九九　八八

盤震三宫又以入盤傷門直使自三二一九八逆

行至兑七宫止看天地人三盤入何墓拂餘也

秋分下元

大雪上元

陰遁五局

直符加時干如戊癸日用丁巳時以天盤英作直符加地

禽甲巳日甲子時乙丑　丙寅　丁卯　戊辰　巳巳　庚午玉女辛未　壬申　癸酉時

死五五　六四　七三　八二　五一　四九　三八守門二七　一六　九五

輔甲戌時乙亥　乙庚日丙子時丁丑干入墓戊寅　巳卯玉女庚辰　辛巳　壬午　癸未時

柱四四　六三　七二　八一　五九　四八守門三七　二六　一五　九四

冲甲申時乙酉　丙戌干入墓丁亥　丙辛日戊子玉女巳丑　庚寅　辛卯　壬辰　癸巳時

傷三三　六二　七一　八九　五八守門四七　三六　二五　一四　九三

芮甲午時乙未干入墓丙申　丁酉　戊戌干入墓巳亥　丁壬日庚子時辛丑　壬寅　癸卯時

死二二　六一　七九　八八　五七　四六　三五　二四　一三　九二

蓬甲辰時乙巳　丙午玉女丁未　戊申　巳酉　庚戌　辛亥　壬子　戊癸日癸丑時

休一一　六九　七八守門八七　五六　四五　三四　二三　一二　九一

英申寅時乙卯玉女丙辰　丁巳　戊午　巳未　庚申　辛酉　壬戌　癸亥時

景九九　六八守門七七　八六　五五　四四　三三　二二　一一　九九

盤艮八又以入盤景作直使　白九八七逆行至乾六官止與八立入何格也

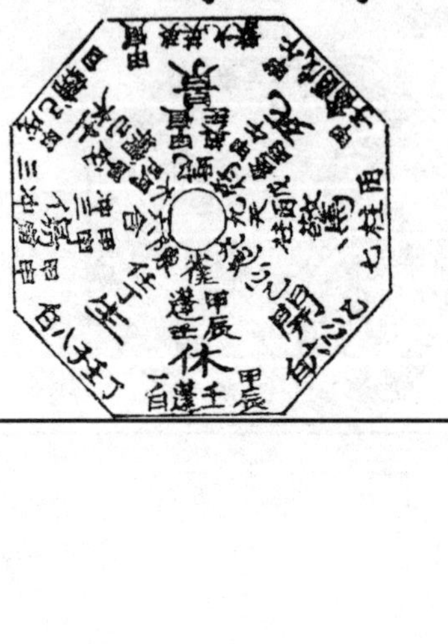

小暑下元

立秋中元

霜降上元

小雪上元

陰遁六局　直符加時干丁壬日用丙午時則以天芮直符加臨地盤

心甲己日甲子時乙丑　開乙巳在五宮地遁格　丙寅　丁卯　戊辰　己巳　庚午玉女　辛未　壬申　癸酉時

開六六　七五　八四　九三　六三　五一　四九守門　三八　二七　一六

禽甲戌時乙亥　乙庚日丙子時　丁丑六　戊寅　己卯玉女　庚辰　辛巳　壬午　癸未時干入墓

死五五　七四　八三　九二墓　六一　五九守門　四八　三七　二六　一五

輔甲申時乙酉　丙戌干入　丁亥　丙辛日戊子時　玉女己丑　庚寅　辛卯　壬辰干入　癸巳時

柱四四　七三　八二墓　九一　六九守門　五八　四七　三六　二五墓　一四

冲甲午時乙未干入　丙申　開一己在五宮地遁格　丁酉玉女　戊戌干入　己亥　丁壬日庚子時　辛丑　壬寅　癸卯時

傷三三　七二入墓　八一　九九守門　六八入墓　五七　四六　三五　二四　一三

芮甲辰時乙巳　丙午玉女　丁未　戊申　己酉　庚戌　辛亥　戊癸日壬子時　癸丑時

死二二　七一　八九守門　九八　六七　五六　四五　三四　二三　一二

蓬甲寅時乙卯玉女　丙辰　丁巳　戊午　己未　庚申　辛酉　壬戌　癸亥時

休一一　七九守門　八八　九七　六六　五五　四四　三三　二二　一一

門直使加臨地盤九宮爲定

盤時干於八宮人盤死看人力入何格以定吉凶也

夏至下元

白露下元

寒露上元

立冬上元

陰遁七局　直符加時干　直使加時宮逆行一時一宮

柱甲己日甲子時　乙丑　丙寅　丁卯　戊辰　己巳　庚午玉女　辛未　壬申　癸酉時
驚七七　八六　九五　一四　七三　六二　五一守門　四九　三八　二七
心甲戌時　乙亥　乙庚日丙子時　丁丑干　戊寅　己卯玉女　庚辰　辛巳　壬午　癸未
開六六　八五　九四　一三入墓　七二　六一守門　五九　四八　三七　二六
禽甲申時　乙酉　丙戌干入墓　丁亥　丙辛日戊子　玉女己丑　庚寅　辛卯　壬辰干　癸巳時
死五五　八四　九三　一二　七一守門　六九　五八　四七　三六入墓　二五
輔甲午時　乙未干入墓　丙申　丁酉玉女　戊戌干入墓　己亥　丁壬日庚子時　辛丑　壬寅　癸卯時
杜四四　八三　九二　一一守門　七九　六八　五七　四六　三五　二四
冲甲辰時　乙巳　丙午玉女　丁未　戊申　己酉　庚戌　辛亥　戊癸日壬子時　癸丑時
傷三三　八二　九一守門　一九　七八　六七　五六　四五　三四　二三
芮甲寅時　乙卯玉女　丙辰　丁巳　戊午　己未　庚申　辛酉　壬戌　癸亥時
死二二　八一守門　九九　一八　七七　六六　五五　四四　三三　二二

逆布六儀　順布三奇

大暑上元　處暑下元

秋分上元　大雪中元

陰遁八局　直符加時干　直使加時宮

任甲己日甲子時乙丑　丙寅　丁卯　戊辰　己巳　庚午玉女　辛未　壬申　癸酉時

生八八　九七　一六　一五　八四　七三　六二門守　五一　四九　三八

柱甲戌時乙亥　乙庚日丙子　丁丑干入墓　戊寅　己卯玉女　庚辰　辛巳　壬午　癸未干入墓

驚七七　九六　一五　一四　八三　七二門守　六一　五九　四八　三七

心甲申時乙酉　丙戌干入墓　丁亥　丙辛日戊子　己丑　庚寅　辛卯　壬辰干入墓　癸巳

開六六　九五　一四　一三　八二門守　七一　六九　五八　四七　三六

禽甲午時乙未干入墓　丙申　丁酉玉女　戊戌干入墓　己亥　丁壬日庚子時　辛丑　壬寅　癸卯時

死五五　九四　一三　一二門守　八一　七九　六八　五七　四六　三五

輔甲辰時乙巳　丙午玉女　丁未　戊申　己酉　庚戌　辛亥　戊癸日壬子時　癸丑時

杜四四　九三　一二門守　一一　八九　七八　六七　五六　四五　三四

冲甲寅時乙卯玉女　丙辰　丁巳　戊午　己未　庚申　辛酉　壬戌　癸亥時

傷三三　九二門守　一一　三九　八八　七七　六六　五五　四四　三三

逆布六儀　順布三奇

小暑上元　立秋下元

小雪中元　霜降中元

陰遁九局　直符加時干如丙辛日用壬辰時柱直符

英甲己日甲子時乙丑　丙寅　丁卯休丙戊辰　己巳丁休在乾庚午玉女守門　辛未丙開任一壬申開丁　癸酉時

景九九　一八　二七　三六在酉九五　八四六一七三丙生在午六二丁景在七五一在四四九

任甲戌時乙亥　乙庚日丙子時　丁丑　戊寅　己卯玉女庚辰　辛巳　壬午　癸未時

生八八　一七　二六　三五　九四　八三守門七二　六一　五九　四八入墓

柱甲申時乙酉　丙戌　干入丁亥　丙辛日戊子時　己丑　庚寅　辛卯　壬辰干入癸巳時

驚七七　一六　二五墓三四　九三玉女守門　八二　七一　六九　五八墓四七

心甲午時乙未　丙申　丁酉玉女戊戌干入己亥　丁壬日庚子時　辛丑　壬寅　癸卯時

開六六　一五墓入干二四　三三守門九二墓八一　七九　六八　五七　四六

禽甲辰時乙巳　丙午玉女丁未　戊申　己酉　庚戌　辛亥　戊癸日壬子時　癸丑時

死五五　一四　二三守門三二　九一　八九　七八　六七　五六　四五

輔甲寅時乙卯玉女丙辰　丁巳　戊午　己未　庚申休乙辛酉　壬戌　癸亥時

杜四四　一三守門二三　三一　九九　八八　七七臨四六六　五五　四四

直使須臨於八宮時宮也直使逆時宮行一時宮

夏至上

坎蓬休正北水

離英景正南火

白露上

震冲傷正東木

兌杜驚正西金

寒露中

乾心開西北

巽輔柱東南木

立冬中

艮任生東北土

坤芮禽死西南土

陽遁九局　直符加時干　直使加時宮

英 甲己日甲子時乙丑　丙寅　龍丁卯　戊辰　己巳　庚午玉女　辛未　丙加甲子壬申　癸酉時

景九九　八一　七一回首　六三　九四　一五　二六守門　三七鳥跌穴　四八　五九

蓬甲戌時乙亥　乙庚日丙子鳥跌穴格　丁丑干入墓　戊寅　己卯玉女　庚辰　辛巳龍　壬午　癸未時

休一一　八二　七三　六四　九五　一六守門　二七　三八回首　四九　五一干入墓

芮甲申時乙酉　丙戌　丁亥龍　丙辛日戊子玉女　己丑　庚寅　辛卯　壬辰丙加甲鳥跌穴　癸巳時

死二二　八三　七四　六五回首　九六守門　一七　二八　三九　四一墓格六五二

冲甲午時乙未　丙甲　丁酉玉女　戊戌龍回　己亥鳥跌　丁壬日庚子時　辛丑　壬寅　癸卯時

傷三三　八四　七五　六六守門　九七首干入墓　一八穴格　二九　三一　四二　五三

輔甲辰時乙巳鳥跌　丙午　丁未　戊申　己酉　庚戌龍吉　辛亥　戊癸日壬子時　癸丑時

杜四四　八五穴格　七六　六七　九八　一九　二一乙飛　三二　四三　五四

任甲寅時乙卯玉女　丙辰　丁巳龍回　戊午　己未　庚申　辛酉　壬戌丙加甲子　癸亥時

生五五　八六守門　七七　六八首宮　乙九九　一一　二二　三三　四四鳥跌穴格　五五

順布六儀　逆布三奇

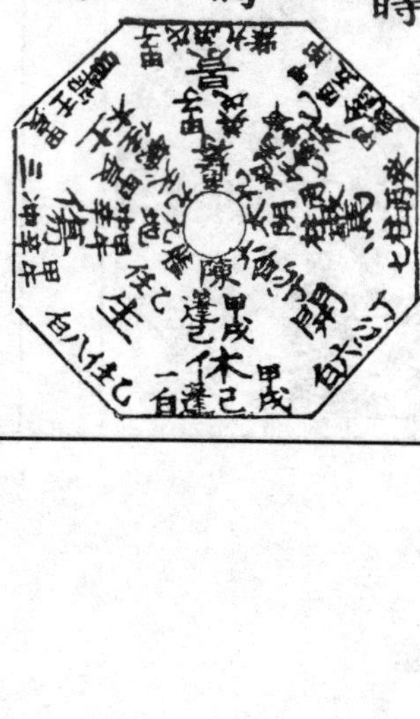

大寒中元　雨水上元　春分中元　芒種下元

陽遁八局　直符加時干用乙庚日　丙子時則以天英直符加于六宮景　小寒中元

任　甲己日甲子時　乙丑　丙寅　丁卯　戊辰　己巳　庚午玉女　辛未　壬申　癸酉時　立春上元

生八八　七九　六一　五二　八三　九四　一五守門　二六　三七　四八

英　甲戌時　乙亥　乙庚日丙子時　丁丑　戊寅　己卯玉女　庚辰　辛巳　壬午　癸未干

景九九　七一　六二　五三　八四　九五守門　一六　二七　三八　四九入墓

蓬　甲申時　乙酉　丙戌　丁亥　丙辛日戊子玉女　己丑　庚寅　辛卯　壬辰入干　癸巳時

休一一　七二　六三　五四　八五守門　九六　一七　二八　三九墓　四一

芮　甲午時　乙未入干　丙申　丁酉玉女　戊戌　己亥　丁壬日庚子時　辛丑　壬寅　癸卯時

死二二　七三墓　六四　五五守門　八六　九七　一八　二九　三一　四二

冲　甲辰時　乙巳　丙午玉女　丁未　戊申　己酉　庚戌　辛亥　戊癸日壬子時　癸丑時

傷三三　七四　六五守門　五六　八七　九八　一九　二一　三二　四三

輔　甲寅時　乙卯玉女　丙辰　丁巳　戊午　己未　庚申　辛酉　壬戌　癸亥時　谷雨下元

柱四四　七五守門　六六　五七　八八　九九　一一　二二　三三　四四

直使順臨十二宮是也觀其三　小滿下元

陽遁七局　六星直符用甲子時則天柱加七　冬至中元

柱（甲己日甲子時）乙丑　丙寅　丁卯　戊辰　己巳　庚午（玉女）辛未　壬申　癸酉時　驚蟄中元

驚七七　六六　五九　四一　七二　八三　九四（守門）一五　二六　三七

任甲戌時乙亥（乙庚日丙子）丁丑　戊寅　己卯（玉女）庚辰　辛巳　壬午　癸未時

生八八　六九　五一　四二　七三　八四（守門）九五　一六　二七　三八（入干墓）

英甲申時乙酉　丙戌　丁亥（丙辛日戊子玉女）己丑　庚寅　辛卯　壬辰（入干）癸巳時

景九九　六一　五二　四三　七四（守門）八五　九六　一七　二八（墓）三九

蓬甲午時乙未（入干）丙申　丁酉（玉女）戊戌　己亥（丁壬日庚子時）辛丑　壬寅　癸卯時

休一一　六二（墓）五三　四四（守門）七五　八六　九七　一八　二九　三一

芮甲辰時乙巳　丙午（玉女）丁未　戊申　己酉　庚戌　辛亥（戊癸日壬子时）癸丑時

死二二　六三　五四（守門）四五　七六　八七　九八　一九　二一　三二

冲甲寅時乙卯（玉女）丙辰　丁巳　戊午　己未　庚申　辛酉　壬戌　癸亥時

傷三三　六四（守門）六五　四六　七七　八八　九九　一一　二二　三三　清明下元

加七宫如用乙丑時則天柱加上時干於六宫驚門直使臨於八宫　立夏下元

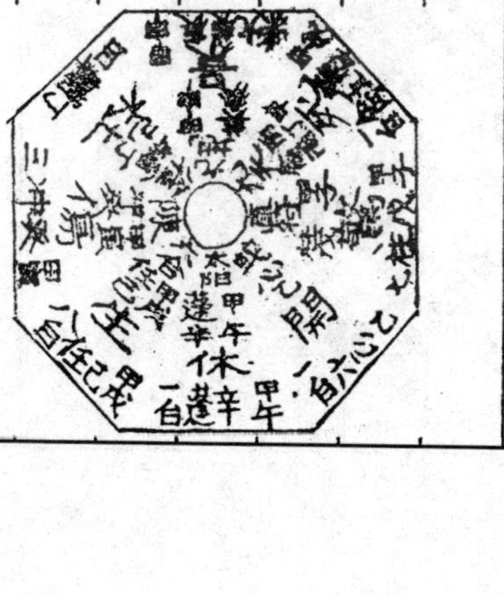

陽遁六局　直符加時干　直使加時宮　大寒下元

心甲己日甲子時　乙丑六丙加庚　丙寅　丁卯　戊辰　己巳　庚午午戊守門　辛未　壬申　癸酉時　雨水中元

開六六　五七八宮　四八　三九　六二　七二　八三庚加丙子酉宮　九四　一五　二六

柱甲戌時乙亥　丙子時乙庚日　丁丑　己卯玉女　庚辰　辛巳此時六丙　壬午此時庚加　癸未不

驚七七　五八　四九　三一　六二　七三守門　八四　九五加庚在艮八宮　一六丙子四宮　二七墓

任甲申時乙酉　丙戌　丁亥墓庚入于　戊子守門丙辛日玉女　己丑　庚寅　辛卯　壬辰　癸巳時

生八八　五九　四一加丙　三二　六三丙加庚八　七四　八五　九六　一七　二八

英甲午時乙未不　丙申辛在甲己六丙合　丁酉守門玉女　戊戌入　己亥　丙丁庚子時庚加丁壬日　辛丑　壬寅　癸卯時

景九九　五一墓　四二三宮天遁　三三丙加庚　六四墓　七五巽　八六　九七　一八　二九

蓬甲辰時乙巳　丙午玉女　丁未　庚加戊申　己酉此時六丙　庚戌　辛亥　壬子時戊癸日　癸丑時

休一一　五二　四三守門　三四丙　六五　七一加六庚八宮　八七　九八　一九　二一

芮甲寅時乙卯玉女　丙辰此時丙加　丁巳　戊午加庚　己未　庚申　辛酉　壬戌　癸亥時

死二二　五三守門　四四庚子入宮　三五　六六丙　七二　八八　九九　一一　二二　春分下元

順布六儀　逆布三奇　芒種上元

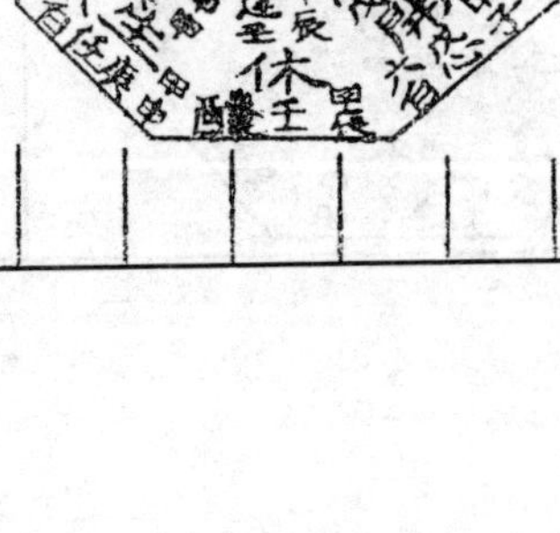

陽遁五局　此六星爲直符加時干其他傚此　小寒下元

禽甲己日甲子時乙丑 丙寅 丁卯 戊辰 己巳 庚午玉女守門 辛未 壬申 癸酉時　立春中元

死五五 四六 三七 二八 五九 六一 七二 八三 九四 一五

心甲戌時乙亥乙庚日丙子時丁丑時 戊寅 己卯玉女 庚辰 辛巳 壬午 癸未于

開六六 四七 三八 二九墓五一 六二守門七三 八四 九五 一六墓

柱甲申時乙酉 丙戌入丁亥丙辛日戊子玉女己丑 庚寅 辛卯 壬辰 癸巳時

驚七七 四八 三九墓二一 五二守門六三 七四 八五 九六入墓一七

任甲午時乙未墓 丙申 丁酉玉女戊戌入己亥丁壬日庚子時辛丑 壬寅 癸卯時

生八八 四九 三一 二五守門五三墓六四 七五 八六 九七 一八

英甲辰時乙巳 丙午玉女丁未 戊申 己酉 庚戌 辛亥戊癸日壬子時癸丑

景九九 四一 三守門二三 五四 六五 七六 八七 九八 一九

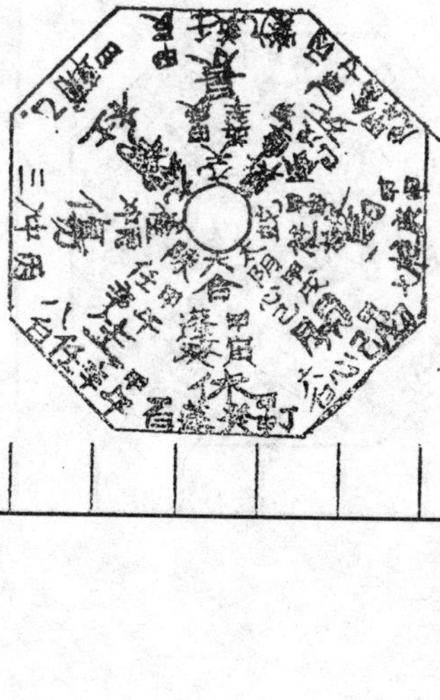

蓬甲寅時乙卯玉女丙辰 丁巳 戊午 己未 庚申 辛酉 壬戌 癸亥時　谷雨上元

休一一 四二守門三三 二四 五五 六六 七七 八八 九九 一一　小滿上元

此六門爲直使加于時宮其他傚此　二十一

陰陽遁四局　直符加時干　直使加時宮

輔甲子時（甲巳日）乙丑　丙寅　丁卯　戊辰　已巳　庚午（玉女）辛未　壬申　癸酉時　驚蟄下　中宮五寄

杜四陽　三五　二六　一七　四八　五九　六一（守門）七二　八三　九四　冬至下

禽甲戌時乙亥　丙子時（乙庚日）丁丑　戊寅　已卯（玉女）庚辰　辛巳　壬午　癸未入

死五五　三六　二七　一八　四九　五一（守門）六二　七三　八四　九五墓

心甲申時乙酉　丙戌（干入）丁亥　戊子（丙壬日）（玉女）已丑　庚寅　辛卯　壬辰入癸巳時

開六六　三七　二八墓　一九　四一（守門）五二　六三　七四　八五　九六

柱甲午　乙未時（干）丙申（休門）丁酉　戊戌　已亥　庚子時（丁壬日）辛丑　壬寅　癸卯時

驚七七　三八入墓　二九　一一（守門）（玉女）四二　五三　六四　七五　八六　九七

柱甲辰時乙巳　丙午（玉女）丁未　戊申　已酉　庚戌　辛亥　壬子時（戊癸日）癸丑時

生八八　三九　一一（守門）二二　四三　五四　六五　七六　八七　九八

英甲寅時乙卯（玉女）丙辰　丁巳　戊午　巳未　庚申　辛酉　壬戌　癸亥時

景九九　三一（守門）一二　一三　四四　五五　六六　七七　八八　九九　清明上元

順布六儀　逆布三奇　立夏上元

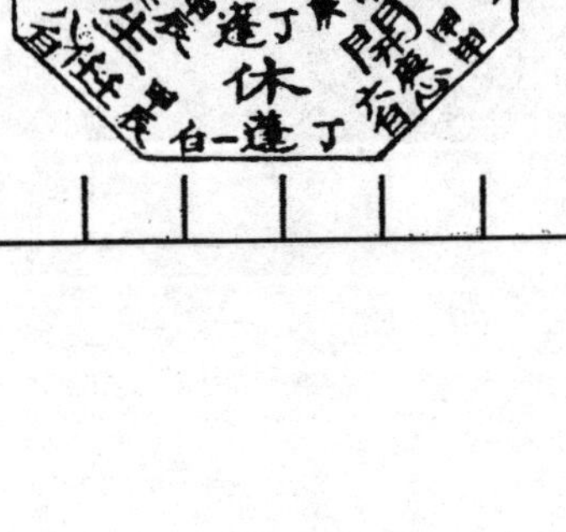

陽遁三局　天盤直符加臨地盤時干　一白六白三

冲甲己日甲子時乙丑　丙寅　丁卯戊辰　己巳　庚午玉女辛未　癸酉　大寒上白　吉星

傷三三　二四　二五　九六　三七　四八　五九守門　六一　七二　八三　春分上　各圖俱載

輔甲戌時乙亥乙庚日丙子時丁丑壬人戊寅　己卯玉女庚辰　辛巳　壬午　癸未墓

柱四四　一五　一六　九七墓凶三八　四九守門　五一　六二　七五　八四凶

禽甲申時乙酉丙戌墓丁亥丙辛日戊子玉女己丑　庚寅　辛卯　壬辰墓癸巳時

死五五　二六　一七凶九八　三九守門　四一　五三　六三　七四凶八五

心甲午時乙未　丙申丁酉玉女戊戌入己亥丁壬日庚子時辛丑壬寅　癸卯時

開六六　二七　一八　九九吉守門三二墓凶四二　五三　六四　七五　八六

柱甲辰時乙巳　丙午玉女丁未戊申　己酉　庚戌　辛亥戊癸日壬子時癸丑時

驚七七　二八　一九守門　九一　三二　四三　五四　六五　七六　八七

任甲寅時乙卯玉女丙辰　丁巳　戊午　己未　庚申　辛酉　壬戌　癸亥時　雨水下二黑二碧四

生八八　二九守門一一　九二　三三　四四　五五　六六　七七　八八　芒種中碧五黃七赤

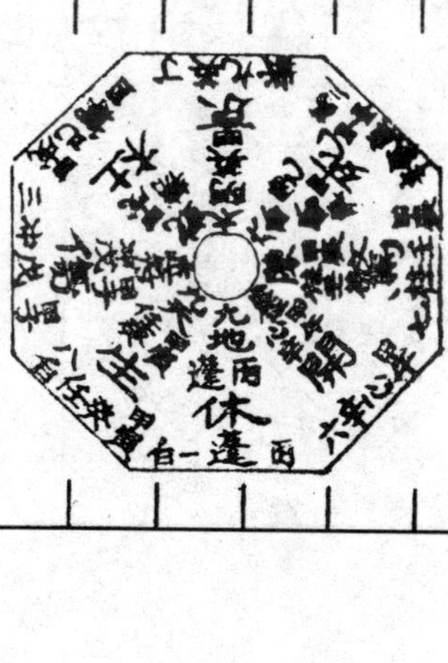

人盤直使順行地盤時宮　凶星不圖

陽遁二局　天盤直符加宮地盤時干　小寒上　東方寅甲卯

芮甲己日時乙丑時丙寅時丁卯時戊辰時己巳時庚午日辛未壬申開門六天乙癸酉時　立春下　乙辰巽南方

死二二二三　九四　八五　二六　二七　四八守門　五九　六二　三六己辛入七二　巳丙午丁未坤

冲甲戌時乙亥時乙庚日丁丑壬八戊寅時己卯玉女庚辰時辛巳壬午　癸未

傷三三　一四　九五丙子時　八六墓山　二七　三八守門　四九　五一　六二　七三

輔甲申時乙酉時丙戌時丁亥時丙辛日戊子玉女己丑時庚寅時辛卯壬辰入癸巳時

杜四四　一五　九六三墓　八七　三八守門　二九　四一　五二　六三墓七四

禽甲午時乙未墓于丙辛時丁酉玉女戊戌時己亥時丁壬日庚子時辛丑　壬寅　癸卯時

死五五　一六　九二　八八守門　二九　三一　四三　五三　六四　七五

心甲辰時乙巳時丙午玉女丁未時戊申時己酉庚戌時辛亥戊癸日壬子時癸丑八遁

開六六　一七　九八守門八九　三　三三　四二　五四　六五　七六門伏

柱甲寅時乙卯玉女丙辰時丁巳時戊戌時己未時庚申　辛酉　壬戌　癸亥時　西方申庚酉

驚七七　八一　守門九九　八一　二二　三三　四四　五五　六六　七七　谷雨中　辛戌乾北方

人盤直使順行於地盤時宮　小滿中　亥壬子癸丑艮

時家奇門　直符加時千　直符加時宫　冬至上　活圖四層皆

蓬　乙丑　丙寅　丁卯　戊辰　己巳　庚午　辛未　壬申　癸酉　驚蟄上　劃開轉輪用

休二　九二　八三　七四　一五　二六　三七　四八　五九　六一

芮甲戌時乙亥　丙子庚加丁丑　戊寅　己卯　庚辰　辛巳　壬午　癸未

死二二　九三　八四一七七五　二六　二七　三八　四九　五一　六二

冲甲申時乙酉　丙戌　丁亥時　己丑時庚寅時辛卯　壬辰墓癸巳時

傷三三　九門　八五　七六　一七　二八　二九四　五一　六三

輔甲午時乙未　丙申時丁酉　戊戌壬墓巳亥坤　辛丑時壬寅時癸卯時

杜四四　九五　八六　七七　一八　二九　四二　五三　六四

禽甲辰時乙巳　丙午　丁未　戊申時己酉時庚辰時辛亥時　癸丑時

死五五　九六　八七　七八　一九　三　三二　四三　五四　六五

心甲寅時乙卯　丙辰時丁巳　戊午　己未時庚申時辛酉時壬戌時癸亥時

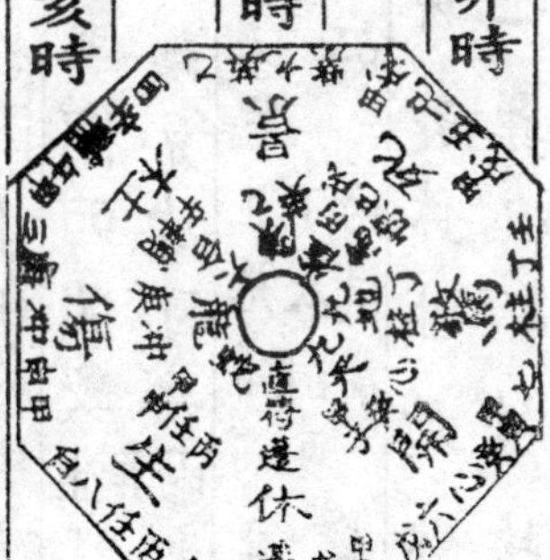

開六六　九七　八八　九七　二　二二　三三　四四　五五　六六　清明中　圖以甲己日

陽遁一局　順布六儀　送布三奇　立夏中　甲子時定局

元 戊午癸卯年 生丁艮 生丁離 開兌坤 生乙震 丁震 乾 休丁兌 丙艮乾乾兌

下元 己丑甲戌甲辰己未年 休丁震 生離巽 開生 離兌 開休 坎艮 開丁坤 休丙兌 休巽 無奇門 休震 休開 坎乾 休丙坎 生艮 休生 巽離 生乾 休丁震 生丙離

下元 庚申乙亥乙巳庚寅年 開乙兌 生坤 開離生 丙兌 休震丁 乙生離 開坎丙 丁休辰 開休艮 乾丙 休生 坎艮 休生 巽離 開兌 丙坎 開丁 坎離 生丁巽丙離

下元 辛酉丙子丙午辛卯年 開休 乾兌 開休丙 坤兌震 生兌開丙 丙丁乙 開乾 開乾 開丁巽 開坎丁坤乙離丙兌 生艮 乾兌 休丙 乾 生丁丙 兌坎艮 休丁巽生丙離 生震

下元 壬辰丁丑丁未壬戌年 休坤 休丙坎 休生 坎艮 生兌丙 乙坎 休丙震 休丙 巽艮 開坎休 丙艮 休乙 乾巽 休乙兌 生丁震 后坤 休坎

下元 癸巳戊寅戊申癸亥年 休丁坎 生丙艮 生開 兌離 休生 兌乾 生坤 生開艮 丙乙 開坎乙 丙兌 生坤 開兌生坤休乾乙離 休生 巽離 開乾 開休 乾巽 丁乙 巽離

八門橫看

現時家局上

休生傷杜景死驚開

日	家	奇	門
甲子己丑丙寅壬子甲寅癸丑 丁卯酉辰己巳辛卯癸巳壬辰	庚午己未壬申甲午丙申乙未 癸酉壬戌乙亥丁酉己亥戊戌	丙子丁丑戊寅庚子辛丑壬寅 己卯庚辰辛巳癸卯甲辰乙巳	壬午癸未甲申丙午丁未戊申 乙酉丙戌丁坤己酉庚戌辛坎
坎坤	震巽	乾兌	艮離
艮兌	巽離	坎乾	震坤
震乾	離坤	艮坎	巽兌
巽坎	坤兌	震艮	離乾
離艮	兌乾	巽震	坤坎
坤震	乾坎	離巽	兌艮
兌巽	坎艮	坤離	乾震
乾離	艮震	兌坤	坎巽

上元 乙卯庚辰乙未庚戌年 休艮生 乙震 開兑 開乙 坤震 開丙 坎離 生坤 生艮開 丙乾 生艮開 丙乾 生兑開 丙離 生乾 生九坤 丙地 休丁震 開坎丙 乙坤

上元 辛巳丙寅丙申辛亥年 生坤 開坎 生休巽 離乙 生艮 開乙乾 生丁震 開兑休乾 丙丁 丁坎 生丁申 開兑 休震 開坤

上元 壬午丁卯丁酉壬子年 休巽生離 丙丁 開休 乾坎 開生 乾艮 開休生 坤兑乾 生丙坤 休生 巽離 開坤 開坎震生 丁乙 生開離 兑丙 休丁 開震兑 開休坎丁 乾丙生

上元 癸未戊辰戊戌癸丑年 開休坎 乾乙 開生 坤乾 生丁 兑坤 休坎乾丁 丙開生艮 休艮 開丁 兑震 生坤 丙巽 開乙 艮坤 開乾 開休 乾坎 丁乙 巽離

中元 己巳甲申甲寅己亥年 開兑丙 丁震 休生兑 坤丙 生坤 休乙丙 乾震坤 休生巽 震丙 生休兑 乾乙 休生離 巽丁 開乾休坎 丁乙 開乾休坎 丁乙兑 休丙 丁 生丁震 休坤 巽丁艮

中元 庚午乙酉乙卯庚子年 開休 乾兑 開坎休艮 丁乙 生兑乙 丁乾 開丁艮 丁乙 巽離 開乙乾 開休生艮 乾坎丁 開開坤生 兑乙乾 生乙 兑坎 開生 乾艮 休巽 開兑丁 丙震

中元 辛未丙戌丙辰辛丑年 生坤 生震丁 丙乾 開丙艮 開乾 開乾生 丙艮 開兑丙 丁震 開艮休震 丁乙 生兑丙 乙艮 開乙離 丙乙坤 生兑坤

中元 壬申丁亥丁巳壬寅年 生丙巽 開休 乾坎 開乾 休丙巽 休兑丁 丙巽 休丙巽 開休 兑乾 生丁坤 開乙離 休生 巽離 開生 坎震 開乾生 丙艮

中 癸酉戊子年 開乾休坎 休巽丙巽生 開坎休丁艮 休開 生乙坤 生丁兑 開開開

辛亥 休丁震 休天乙巽 生九天離 反吟 生丁九地震

壬子 伏吟 開兌 九天坎 伏吟 開太陰坎 生天乙震 伏反吟 生九天坤 九地艮

癸丑 開九地乾 休丙坎 壬丁丙 伏吟 開丙乾 生戊艮 反吟 休戊坎

甲寅 伏吟 開乾 休乙坎 九天艮 伏吟 開戊九天乾 生丁艮休九地坎 伏吟 休丁六合坎 生丙太陰艮

乙卯 開坤 生九地乾 九天兌 反吟 休巽 生丁離 反吟 生九天兌 開離

丙辰 生任兌天戊蓬坤 丁太陰坎九天巽 開心九地兌 丙戊乾巽九地坤 休蓬兌 九天坎 生任乾 九地艮

丁巳 伏吟 開乾 休丙九 生丁艮 反吟 生九合坤 反吟 五生九天坤 九地坎

戊午 休九天天戊艮 開九地坤 休丁巽 生乙艮 生巽 開丙太陰艮

己未 開心兌 天戊蓬乾 丁震 九地兌 休丁震九地心艮 天戊九天坎 開丙坎 乙兌 九天巽 九地離

庚申 反吟 生坤 開九地巽 九天震 伏吟 開九地乾 休坎生艮 伏反吟 生坤 開巽 天戊乾 九地兌

辛酉 丙六合巽天戊巽 丁太陰離九天坎 開九地坤休丁兌 生乙 開丙太陰兌 生坎乙坤休蓬

壬戌 開九天艮 休天戊震 生巽 生乙兌開九地離景 丙艮休九天天戊坤 開震休蓬巽生任離 天八九地兌

癸亥 伏吟 開開乾 伏吟 開乾 伏吟 開乾休坎 艮離生艮

月家奇門

月 正月 二月 三月 四月 五月 六月 七月 八月 九月 十月 十一月 十二月

上 甲子 己卯 休 休兌 丁 休 乾 休 坤 休巽 丙 開丁 開離 乙 休坎 丁 開 開離 丁 休 震 生乙

元 甲午 己酉 年 艮 開坤 丙 太兌 陰 生兌 丙 生離 丁 震 生兌 心 開乾 丙 乾 兌休 坤 乙 艮 開 丁 九 離 天

日	一	二	三
甲午	伏吟 開乙乾	伏吟 開丙九天乾 生戊艮	伏吟 開乾九天離 天乙巽
乙未	天戊九地乾 生丁六合震	開丁兌 丙九地震	伏吟 開丁巽
丙申	反吟 五 開丙兌休丁六 合一乾入墓	開丁六合艮 休乙太陰震	開九天坎丁太陰 坤丙地乙六合離
丁酉	丁坎九天天乙離 天戊九地坤	生乙兌天乙坎 丙九天艮天戊巽	生任九天乾 休蓬兌九地坎
戊戌	反吟 生丁六合坤 天戊九地震	乙離天戊艮 天乙兌	休乾九地坤 丙震
己亥	開戊九地兌	反吟 開乙太陰冲	生兌丙艮 丁太陰坎天戊坤
庚子	休九天震 天戊九地巽	丙九天兌	休丁巽 生丙離
辛丑	伏吟 開坤九地乾	反伏吟 生九地坤	伏吟 休震
壬寅	休丙巽天戊九天 艮生丁六合離	生丙九天坤遁巽	反吟 休坤
癸卯	伏吟 開天戊乾 休坎	伏吟 開乙離天戊坎	伏吟 休丙坎 九天震 乙地巽
甲辰	伏吟 開乾 生戊九天艮	反伏吟 開九	伏吟 休六合坎 生休離艮
乙巳	開心坤休蓬兌 生任乾九天兌	休丙九地巽	生乙甲加丙乾 丙坎
丙午	反吟 生巽坤九地離 九天天戊巽	休丙九地兌天戊 坎丁巽九天坤	休丙戊總震 天乙甲加丙乾
丁未	反吟 休巽 生九天天戊離	休丙九地震 天乙坎天戊離	休任巽天戊坤 丙艮天乙兌
戊申	開六合坤九天艮 天乙地戊心坎	反吟 開天乙兌 休九天乾	開丙六合坎 生戊震休太陰艮
己酉	開丁坎天戊九天坤坤 生乙太陰震天乙離	生丁太陰坤	休任六合乾 乙九天巽
庚戌	生六合兌 開丙離天乙艮	開乙離 天戊艮	休乙九天兌 天戊離天乙坤

丁丑	生乙九天離　休巽丁九天艮　乙九地震　反吟　休丁震　生丙離
戊寅	反吟　休乙九天艮　生九地震　開天戊艮　休天乙兑　開乙兑　九天離
己卯	伏吟　開九地兑　伏吟　開丁坎　休乙艮　反吟　伏吟　生兑
庚辰	開天戊坤　乙九天震　生丁九天兑　乙九地離　開丙離　生兑
辛巳	開九地坎九天　乾丙離　伏吟　開乙艮　九地艮　休乙震天戊巽　生丁離九天艮
癸未	反吟　生六合　九天坤太陰坤　伏吟　丁九天艮　乙離　開太陰乾天乙離　休丙艮九天坤
壬午	伏吟　生丙九天艮　開戊乾　伏吟　開乙九地乾　伏吟　開太陰乾　休丙坎
甲申	伏吟　生丙九天艮　開戊離　伏吟　開戊九天乾　生丁艮　休坎　伏吟　休坎　生戊艮
乙酉	反吟　生丙九天兑　開戊離　開乙坤休六合兑　生六陰乾　伏吟　休太陰巽　生離
丙戌	生乾　生心九地兑　乙坎天戊九天坤　開兑　天戊坤
丁亥	反吟　五　生丙九地坤　九天離　伏吟　開乾生戊艮　反吟　丙坎　九地坎
戊子	休丁九地震　休巽　開六合坎天戊艮　丁九天離
己丑	開乙坎丙九天坤　丁九地兑　開丙兑九天坎　丁震九地艮　生丁巽天戊乾　丙九地離
庚寅	伏吟　生坤　反吟　生坤　太陰巽九天兑　吟伏　開九地乾　休坎
辛卯	開天乙兑六合巽　天戊坤九地坎　生丙震丁乾　九天大戊離　開六合坤丙地震　休天戊兑
壬辰	生六合離天戊兑　休乙癸合丁巽　開丙艮　太陰巽　生丙九地兑開乙　離休丁九天坤
癸巳	伏吟　生艮　反吟伏　開九地乾　九天兑　反伏吟　開戊乾

奇門局例

謂六十年月日時奇門定局并克應格例等事

年家奇門

已下年月姑舉奇門吉星定局餘外之星門難以盡載當於持圖加之自見矣

年	上元一局	中元七局	下元四局
甲子	伏吟 休坎	伏吟 開九天乾 休九地坎	伏吟 開乾
乙丑	反吟 生坤 景丁坎	丁九地巽 乙離	開九天兌 天乙天戊坤
丙寅	休艮 太陰坎	開丁兌 九天坤 九地兌 反吟	休丁震 生丙巽
丁卯	休丁兌 開丙九地坤	休六合坤 生丙太陰兌	開太陰離 生天戊兌
戊辰	伏吟 休乾 太陰兌 反吟	生坤 伏吟	開六合坎 休太陰艮
己巳	五休九天坤 生丙九地兌	休天乙天戊乾 乙辰九地艮	開丁坤 休丙兌
庚午	休丙巽 生丁離	休震 生丙巽 九天乾	休任巽 九天兌 天戊天乙坤
辛未	開丁震 丙加申坎	生乾 休乙兌 反吟	無奇門
壬申	開乙六合離 生心兌 九天坎 反吟	休九天巽 生丁九地離	休壬震 丙坎天戊天乙離
癸酉	伏吟 休丁坎 開丙乾 伏吟	開丁乾休乙坎	開天乙乾 休坎 生戊艮
甲戌	伏吟 開乾 伏吟	開丁九天乾 丁乙九地坎 伏吟	休丙六合坎 生太陰艮
乙亥	開丁離休天乙坤 生乙九天兌	休丙兌天戊坎 丁心天震	休太陰 生壬離
丙子	休天乙申加内震 開丁艮 九天離 反吟	生丁坤 九天坤	生申加丙乾 天戊坎

八门克应

休门:出此门三十里见阴贵人,或五十里见蛇鼠癸物,吉。日奇临休门,逢牛马及扛木人。月奇临五十里,有鼓声或乐器之声,宜咸和集,万事吉。

生门:出此门见贵人车马,或五十里见公吏人着紫皂色衣巾,吉。月奇临生门见两鼠争国,或有孝衣人。月奇临路逢病眼或人相国,星奇临逢猎者或犬,百事吉。

伤门:出此门二十里见争讼国伤出血之人,诸事凶。只宜索债、博戏、渔猎、捕盗,吉。

杜门:出此门二十里见男女同行,或六十里见恶人。日奇临杜门,主女人身着青衫。月奇临主烽火。星奇临主弓弩,此应三奇神也。

景门:出此门二十里有忧惊,或三十里见大蛇,七十里有水火,失物之事。

死门:出此门二十里见有疾病人,或五十里内见血光灾事。

惊门:出门三十里,见鸦六畜抵触,或十里内损伤,四十里见人争打,吉。如无主惊。

开门:此门二十里见贵人,着骑马吉。或四十里见猪马,逢酒食物,日奇临开门。客人红衣公吏。月奇临老人执杖,或哭。星奇临执竹杖等物应。

三奇吉凶断

乙丙丁三奇,日、月、星也,休、生、开三吉门也。其中各一临之方,如有奇有门会者,乃谓门与奇合,此时此方百事皆吉,故曰:得奇得门为上吉,有奇无门为中吉,有门无奇为小吉,奇门俱无则不吉也。

地盘三奇,是日奇守定方位,五日过一位。天盘三奇,是时奇无定方位,一时照一位。若天奇与地奇开、休、生并临此方者,则此方可修作。

歌曰

休可见君王，求利往生方。

伤门君莫犯，避杜得安康。

酒食多逢景，猎鱼死路强。

捕捉惊门得，远行开位良。

此日家八门三日一移，排山掌，取休入八宫，休生伤杜景死惊开，定其吉凶，出行嫁、捕捉牧猎出行及破坏修营，百事吉。详列于左。

修乾方得奇得门定局

上层阳遁

一局：六元壬戌时，丙奇生门到乾。

二局：一元丙寅时，乙奇生门到乾。六元戊午时，乙奇休门乾。

三局：二元戊寅时，丙奇休门到乾。

二元壬午时，丁奇休门到乾。

四元壬寅时，丙奇生门到乾。

四局：四元戊戌时，丁奇休门到乾。

六元戊午时，丁奇休门到乾。

五局：二元壬午时，丙奇休门到乾。

三元丙戌时，乙奇生门到乾。

六局：二元丙戌时，乙奇生门到乾。

七局：二元甲戌时，乙奇开门到乾。

四元甲午时，乙奇开门到乾。

五元丙午时,乙奇生门到乾。

六元甲寅时,乙奇开门到乾。

八局:地元甲戌时,丙奇开门到乾。

三元庚寅时,丙奇生门到乾。

四元甲午时,丙奇开门到乾。

六元甲寅时,丙奇开门到乾。

九局:二元甲戌时,丙奇生门到乾。

三元丙戌时,丙奇生门到乾。

四元甲午时,丁奇开门到乾。

六元甲寅时,丁奇开门到乾。

六元壬戌时,乙奇生门到乾。

下层阴遁

二局:二元戊寅时,乙奇休门到乾。五元丙午时,乙奇休门到乾。

三局:三元戊子时,乙奇开门到乾。四元甲午时,丁奇开门到乾。五元丙午时,乙奇生门到乾。六元甲寅时,丁奇开门到乾。

四局:二元甲戌时,丙奇休门到乾。二元戊寅时,丁奇休门到乾。三元丙戌时,乙奇休门到乾。二元庚寅时,丙奇开门到乾。四元甲午时,丙奇开门到乾。五元庚戌时,丁奇生门到乾。六元甲寅时,丙奇开门到乾。

五局:二元甲戌时,乙奇开门到乾。四元甲午时,乙奇开门到乾。六元甲寅时,乙奇开门到乾。

六局:五元庚戌时,丙奇开门到乾。

七局:一元丙寅时,乙奇休门到乾。二元戊寅时,丁奇生门到乾。三元壬午时,丙奇休门到乾。

八局:一元丙寅时,丙奇生门到乾。六元戊午时,丙奇休门到乾。

九局:一元庚午时,丙奇生门到乾。三元丙戌时,乙奇休门到乾。四元戊戌时,丁奇生门到乾。

右辰巽巳向修后山,戌乾向修立向,甲卯乙向修左肩,丙午丁向修右肩,丑艮寅向修左边,未坤申向修右边,壬子癸向修左前,庚酉辛向修前。八向宅同用。

修坎方得奇得门定局

上层阳遁

一局:一元甲子时,乙奇休门到坎。三元甲申时,乙奇休门到坎。三元壬辰时,丙奇生门到坎。四元丙申时,丁奇开门到坎。五元甲辰时,乙奇休门一坎。

三局:一元甲子时,丙奇休门到坎。三元甲申时,丙奇休门到坎。五元甲辰时,丙奇休门到坎。五元戊申时,丁奇生门到坎。五元壬子时,丙奇开门到坎。

四局:一元甲子时,丁奇休门到坎。一元壬申时,乙奇生门到坎。二元丙子时,丁奇开门到坎。三元甲申时,丁奇休门到坎。五元甲辰时,丁奇休门到坎。

五局:三元壬辰时,丙奇开门到坎。

六局:一元甲子时,丁奇开门到坎。

八局:二元丙子时,丁奇开门到坎。

九局:六元丙辰时,丁奇开门到坎。

下层阴遁

二局:二元丙子时,丁奇开门到坎。

三局:二元庚辰时,丙奇休门到坎。

五局:四元丙申时,乙奇生门到坎。

六局:三元戊子时,丁奇开门到坎。五元戊申时,乙奇开门到坎。

七局:一元甲子时,丁奇休门到坎。三元甲申时,丁奇休门到坎。五元甲辰时,丁奇休门到坎。五元戊申时,丙奇生门到坎。五元壬子时,丁奇开门到坎。六元丙辰时,乙奇生门到坎。六元庚申时,丁奇休门到坎。

八局:一元甲子时,丙奇休门到坎。三元甲申时,丙奇休门到坎。三元壬辰时,乙奇生门到坎。五元甲辰时,丙奇休门到坎。

九局:一元甲子时,乙奇休门到坎。一元戊辰时,乙奇开门到坎。三元甲申时,乙奇休门到坎。五元甲辰时,乙奇休门到坎。

右壬子癸向修前,丙午丁向修后,亥卯未向修左,庚酉辛向修右,未坤申向修前左,戌乾亥向修前右,丑辰寅向修左肩,辰巽巳向修右肩。此八向宅同用此局。

修艮方得奇得门定局

上层阳遁

一局:三元癸巳时,乙奇生门到艮。四元辛丑时,丙奇生门到艮。

二局:一元己巳时,丙奇休门到艮。三元乙酉时,丙奇开门到艮。

三局:二元辛巳时,乙奇开门到艮。

四局:一元乙丑时,乙奇开门到艮。一元癸酉时,丁奇生门到艮。五元己酉时,丙奇开门到艮。

三局:一元乙丑时,乙奇开门到艮。一元癸酉时,乙奇生门到艮。五元癸丑时,丁奇生门到艮。

六局:一元癸酉时,丙奇生门到艮。二元丁丑时,乙奇开门到艮。三元癸巳时,乙奇生门到艮。

七局:一元癸酉时,丙奇生门到艮。三元癸巳时,丁奇生门到艮。五元己酉时,丙奇休门到艮。

八局:一元己巳时,乙奇开门到艮。三元癸巳时,乙奇生门到艮。六元辛酉时,丙奇开门到艮。

九局:二元辛巳时,丁奇休门到艮。一元己巳时,乙奇生门到艮。

下层阴遁

一局:三元癸巳时,乙奇生门到艮。五元癸丑时,丁奇生门到艮。六元丁巳时,丁奇生门到艮。

二局:五元乙巳时,丁奇休门到艮。

三局:一元癸酉时,丙奇生门到艮。三元癸巳时,乙奇生门到艮。五元己酉时,丙奇休门到艮。

四局:二元丁丑时,乙奇生门到艮。三元癸巳时,乙奇生门到艮。

五局:三元癸巳时,乙奇生门到艮。

七局:二元辛巳时,丁奇休门到艮。三元癸巳时,丁奇生门到艮。五元己酉时,丙奇开门到艮。

七局:三元癸巳时,乙奇生门到艮。

八局:一元己巳时,乙奇休门到艮。一元癸酉时,丙奇生门到艮。

九局:一元癸酉时,丁奇生门到艮。一元癸酉时,乙奇休门到艮。五元乙巳时,乙奇生门到艮。二元己丑时,丙奇休门到艮。五元癸丑时,丁奇生门到艮。

右未坤申向修后山,丑艮寅向修前山,丙午丁向修左肩,庚酉辛向修右肩,辰巽巳向修左边,戌乾亥向修右边,壬子癸向修前右,甲卯乙向修前左。八向宅同用此局。

修震方得奇得门定局

一局:一元丁卯时,乙奇开门到震。四元乙未时,丙奇休门到震。

二局:三元丁巳时,丙奇开门到震。三元辛卯时,乙奇休门到震。六元乙卯时,乙奇开门到震。

三局:二元乙亥时,丙奇休门到震。五元丁未时,乙奇生门到震。六元己未时,丙奇休门到震。

四局:一元丁卯时,丙奇开门到震。二元乙亥时,丙奇休门到震。二元己卯时,乙奇开门到震。

六局:三元丁亥时,丙奇开门到震。

七局:一元丁卯时,丙奇休门到震。四元癸卯时,丙奇生门到震。

八局:三元丁亥时,丁奇开门到震。三元辛卯时,丁奇生门到震。四元癸卯时,乙奇休门到震。

九局:五元丁未时,丙奇开门到震。六元乙卯时,丙奇休门到震。六元己未时,丁奇开门到震。

下层阴遁

一局:四元乙未时,丁奇生门到震。五元辛亥时,丁奇休门到震。

一局:三元辛卯时,丁奇生门到震。四元己亥时,丙奇生门到震。

三局:一元丁卯时,丙奇休门到震。六元乙卯时,丙奇生门到震。

四局:二元乙亥时,丙奇开门到震。三元丁亥时,丁奇生门到震。

五局:三元辛卯时,乙奇开门到震。

六局:四元乙未时,乙奇开门到震。

七局:三元辛卯时,丙奇生门到震。五元丁未时,丙奇休门到震。五元辛亥时,乙奇开门到震。六元己未时,丁奇休门到震。

八局:三元丁亥时,乙奇开门到震。三元辛卯时,乙奇休门到震。六元乙卯时,丙奇开门到震。

九局:二元己卯时,丁奇生门到震。四元己亥时,乙奇生门到震。五元辛亥时,乙奇生门到震。

右庚酉辛向修后山,甲卯乙向修前山。丙午丁向修左边,壬子癸向修右边,未坤申向修左肩,戌乾亥向修右肩,辰巽巳向修前左,丑艮寅向修前右。八向宅修方向同此局。

修巽方得奇得门定局

上层阳遁

一局:一元壬申时,丁奇开门到巽。六元丙辰时,丙奇生门到巽。

二局:二元丙子时,丁奇休门到巽。

三局:四元庚子时,丁奇开门到巽。

四局:六元庚申时,丁奇休门到巽。

五局:一元壬申时,丁奇休门到巽。

六局:五元壬子时,丙奇开门到巽。

七局:五元壬子时,丁奇休门到巽。

八局:二元庚辰时,丙奇休门到巽。六元丙辰时,丙奇开门到巽。

九局:四元丙申时,丁奇休门到巽。

下层阴遁

一局:二元丙子时,乙奇生门到巽。三元壬辰时,乙奇休门到巽。

二局:五元壬子时,丙奇休门到巽。

三局:五元壬子时,乙奇休门到巽。

四局:二元丙子时,丁奇休门到巽。六元庚申时,丙奇开门到巽。

五局:六元丙辰时,丁奇生门到巽。

六局:三元壬辰时,丙奇生门到巽。

七局:四元庚子时,乙奇休门到巽。

九局:一元壬申时,丁奇开门到巽。三元戊子时,丙奇开门到巽。四元丙申时,丙奇开门到巽。六元庚申时,乙奇休门到巽。

右戌乾亥向修坐山,辰巽巳向修立向,未坤申向修左边,丑艮寅向修右边,庚酉辛向修左肩,壬子癸向修右肩,甲卯乙向修前右,丙午丁向修前左。八向宅修方同用此局。

修离方得奇得门定局

上层阳遁

一局:二元壬午时,乙奇生门到离。

二局:二元戊寅时,丁奇休门到离。四元壬寅时,丙奇生门到离。五元庚戌时,乙奇生门到离。

三局:五元庚戌时,乙奇开门到离。

四局:一元丙寅时,乙奇休门到离。一元庚午时,丁奇开门到离。

五局:五元庚戌时,丙奇生门到离。

六局:一元庚午时,丁奇生门到离。

七局:四元壬寅时,乙奇休门到离。五元庚戌时,丙奇休门到离。

八局:一元庚午时,丁奇休门到离。四元壬寅时,丙奇生门到离。五元丙午时,丙奇生门到离。

九局:二元壬午时,丙奇休门到离。五元丙午时,乙奇休门到离。

下层阴遁

一局:一元庚午时,丁奇生门到离。四元戊戌时,丙奇休门到离。四元壬寅时,丙奇生门到离。五元庚戌时,丙奇开门到离。

三局:四元壬寅时,丁奇休门到离。五元庚戌时,丙奇休门到离。六元壬戌时,丁奇开门到离。

五局:一元庚午时,乙奇休门到离。四元壬寅时,丁奇开门到离。

六局:三元庚寅时,丁奇生门到离。三元庚寅时,丙奇休门到离。五元庚戌时,乙奇开门到离。

八局:三元庚寅时,丁奇开门到离。五元庚戌时,丙奇生门到离。

九局:二元壬午时,乙奇生门到离。

右壬子癸向修后山,丙午丁向修立向,戌乾亥向修左肩,丑艮寅向修右肩,庚酉辛向修左边,甲卯乙向修右边,未坤申向修前左,辰巽巳向修前右。八向宅修方同用此局。

修坤方得奇得门定局

上层阳遁

一局:二元乙亥时,丁奇休门到坤。三元丁亥时,丙奇休门到坤。三元辛卯时,乙奇开门到坤。五元丁未时,乙奇生门到坤。

二局:六元己未时,乙奇休门到坤。

三局:一元辛未时,丙奇开门到坤。

四局:五元辛亥时,乙奇生门到坤。

五局:一元丁卯时,丁奇生门到坤。二元己卯时,丁奇开门到坤。六元乙卯时,丙奇休门到坤。

六局:一元丁卯时,丁奇休门到坤。二元己卯时,乙奇生门到坤。三元辛卯时,丁奇开门到坤。六元乙卯时,乙奇休门到坤。

下层阴遁

一局:二元丁卯时,乙奇开门到坤。三元丁亥时,丁奇生门到坤。二元己卯时,乙奇开门到坤。

二局:一元丁卯时,乙奇生门到坤。二元乙亥时,丙奇生门到坤。二元己卯时,丁奇休门到坤。六元乙卯时,乙奇开门到坤。五元丁未时,丁奇生门到坤。

四局:二元己卯时,乙奇生门到坤。

六局:二元乙亥时,丁奇开门到坤。三元丁亥时,丁奇休门到坤。三元辛卯时,乙奇生门到坤。五元丁未时,乙奇生门到坤。

七局:六元辛未时,丁奇开门到坤。四元己亥时,乙奇开门到坤。

右丑艮寅向修后山,未坤申向修前向,壬子癸向修左肩,甲卯乙向修右边,戊乾亥向修左边,辰巽巳向修右边,庚酉辛向修前左,丙午丁向修前右。八向宅修方同此局。

修兑方得奇得门定局

上层阳遁

一局:一元己巳时,丙奇开门到兑。

三局:二元己巳时,乙奇开门到兑。六元辛酉时,丙奇休门到兑。

四局:二元辛巳时,丙奇生门到兑。三元己丑时,丁奇休门到兑。六元丁巳时,乙奇休门到兑。

六局:三元辛巳时,乙奇休门到兑。五元乙巳时,丙奇生门到兑。

八局:二元丁丑时,丁奇休门到兑。四元辛丑时,乙奇开门到兑。

九局:四元丁酉时,乙奇开门到兑。

下层阴遁

一局:一元己巳时,丙奇生门到兑。三元乙酉时,丙奇生门到兑。

二局:三元己丑时,乙奇开门到兑。

三局:二元辛巳时,丁奇休门到兑。六元丁巳时,丙奇生门到兑。

四局:一元己巳时,丙奇休门到兑。五元乙巳时,乙奇生门到兑。六元辛酉时,丙奇开门到兑。

五局:六元辛酉时,丙奇休门到兑。

六局:三元己丑时,丁奇休门到兑。

七局:三元己丑时,丙奇开门到兑。四元丁酉时,乙奇生门到兑。六元辛酉时,丁奇休门到兑。

八局:五元乙巳时,丁奇开门到兑。

九局:一元乙丑时,丁奇生门到兑。五元己酉时,丁奇开门到兑。

右甲卯乙向修后山,庚酉辛向修立向,丑艮寅向修左肩,辰巽巳山向修右肩,壬子癸向修左边,丙午丁向修右边,戌乾亥向修左前,未坤申向修右前。八向宅修方同用此局。

金函玉镜图六十日时吉凶宜忌定局

甲子:义日,出军次吉,宜用丑庚坤子巳未亥辰时。

乙丑:制日,归行军平平,宜子丑辰酉戌巳申时。

丙寅:义日,不宜出行,行兵亥吉,宜寅未申亥子午时。

丁卯:义日,出军次吉,宜巳午酉亥丑辰未申时。

戊辰:和日,不宜出行,行军平平,宜卯辰戌寅巳亥时。

己巳:义日,行军平平,宜辰戌卯巳亥时。

庚午:伐日,行兵大败,宜子丑辰巳申亥时。

辛未:义日,宜行军,宜寅卯子申酉未戌亥时。

壬申:义日,忌出行,宜行兵,宜午未戌申亥丑时。

癸酉:义日,不宜远行,宜行兵,宜寅辰巳申戌亥卯午未酉时。

甲戌:制日,出军平平,宜丑寅未亥子午戌时。

乙亥:义日,行军大吉,宜子卯巳酉亥丑寅申戌时。

丙子:伐日,不宜出行行军,宜卯午未酉戌寅亥申时。

丁丑:宝日,忌出行,宜行兵,宜丑巳未亥子辰戌时。

戊寅:伐日,忌远行行兵,宜午酉未申时。

己卯:伐日,不宜行兵,宜子寅卯午丑未时。

庚辰:义日,忌出行,宜行兵,宜丑辰戌午巳申酉时。

辛巳:伐日,忌出行行兵,宜寅戌亥卯未酉时。

壬午:制日,行军中平,宜子午丑辰巳时。

癸未:伐日,忌出军,宜辰午寅卯巳亥时。

甲申:伐日,忌出兵行军,宜子丑辰未时。

乙酉:伐日,忌出兵行军,宜丑寅申子时。

丙戌:宝日,宜行兵出军,宜子酉申寅时。

丁亥:伐日,忌行兵,宜丑辰未戌亥时吉。

戊子:制日,行兵中平,宜未申卯酉时吉。

己丑:和日,行兵次吉,宜寅巳子卯时吉。

庚寅:制日,行兵中平,宜丑辰巳戌时吉。

辛卯:制日,行兵中平,宜戌寅卯未亥时。

壬辰:伐日,忌行兵,宜辰巳申亥酉时吉。

癸巳:制日,行兵中平,宜卯巳午辰丑时。

甲午:宝日,出兵上吉,宜丑寅卯未子时。

乙未:制日,行兵中平,宜子卯戌寅申时。

丙申:制日,行兵中平,宜丑未子戌时吉。

丁酉:制日,出兵中平,宜丑未子午辰时。

戊戌:和日,出兵次吉,宜辰酉申亥寅时。

己亥:制日,行兵中平,宜子丑辰午未戌寅卯时。

庚子:宝日,宜行兵出军,宜丑申卯酉时。

辛丑:义日,行兵次吉,宜寅卯申戌亥时。

壬寅:宝日,宜行兵,宜子丑未戌巳时吉。

癸卯:宝日,宜行兵出军,宜寅巳卯酉时。

甲辰:制日,行兵半吉,宜寅巳子卯辰时。

乙巳:宝日,宜行兵吉,宜子亥丑辰戌时。

丙午:和日,行兵中平,宜子丑午酉申时。

丁未:宝日,大宜行兵,宜巳申亥酉时吉。

戊申:宝日,宜行兵中平,宜巳辰戌未时。

己酉:宝日,宜行兵出军,宜子寅卯未时。

庚戌:义日,行兵和平,宜辰巳酉亥午时。

辛亥:宝日,宜行军出兵,宜戌午未时吉。

壬子:和日,行军次吉,宜子午酉丑巳时。

癸丑:伐日,忌出兵,宜戌寅卯巳亥申时。

甲寅:和日,出兵中平,宜子丑辰未戌巳时。

乙卯:和日,出行行兵嫁娶吉,宜寅子卯酉时。

丙辰:宝日,宜行兵,宜子巳酉寅申时吉。

丁巳:和日,行兵平平,宜丑辰未戌午时。

戊午:义日,宜出兵行军远行,宜卯时吉。

己未:和日,行兵出军中平,宜寅戌卯时。

庚申:和日,宜出兵次吉,宜丑辰巳戌时。

辛酉:和日,行兵中平,宜午未寅卯酉时。

壬戌:伐日,不宜出兵行军,宜巳亥寅时。

癸亥:和日,行兵中平,宜卯巳午辰未时。

(新镌陈氏奇门造葬修方行兵应验藏书卷之十二终)